普通高等教育"十三五"规划教材

水污染控制工程

主　编　李长波
副主编　赵国峥　徐　磊

中国石化出版社

内容提要

本书系统阐述了各种常用废水处理技术的原理、工艺和主要设备(或构筑物)的基本结构，主要工艺设计的步骤、内容和设计方法。既反映废水处理的传统方法，又吸收废水处理的新理念和新技术，注重系统性、理论性与实用性，引入工程实例体现石油石化特色。

本书可作为高等院校环境相关专业本科生及研究生教材，供水污染控制工程课程教学使用，亦可作为从事水污染治理的科研、设计、规划、管理人员参考使用。

图书在版编目(CIP)数据

水污染控制工程 / 李长波主编. —北京：中国石化出版社，2016.4(2021.1 重印)
普通高等教育“十三五”规划教材
ISBN 978-7-5114-3960-4

Ⅰ.①水… Ⅱ.①李… Ⅲ.①水污染—污染控制—高等学校—教材 Ⅳ.①X520.6

中国版本图书馆 CIP 数据核字(2016)第 086274 号

中国石化出版社出版发行

地址:北京市东城区安定门外大街 58 号
邮编:100011 电话:(010)57512500
发行部电话:(010)57512575
http://www.sinopec-press.com
E-mail:press@sinopec.com
北京科信印刷有限公司印刷
全国各地新华书店经销

*

787×1092 毫米 16 开本 25.5 印张 599 千字
2016 年 5 月第 1 版 2021 年 1 月第 2 次印刷
定价:48.00 元

前　　言

随着我国经济社会的高速发展，产生大量工业废水及生活污水，若不能被有效处理将严重威胁我国环境生态安全和社会可持续发展。为此，国家一方面积极加强与完善环境保护政策、法律法规，大力促进污水处理设施的建设进程；另一方面高度重视水污染控制工程技术人才的培养。

本书系统阐述了各种常用废水处理技术的原理、工艺和主要设备(或构筑物)的基本结构、主要工艺设计的步骤、内容和设计方法。在内容选择上力求做到既反映废水处理的传统方法，又注意吸收废水处理的新理念和新技术；在内容编排上注重系统性，力求体现各部分内容的有机联系，注重基本概念和基本理论的严谨性，注重理论性与实用性的统一，并在兼顾教材通用性的前提下，通过引入工程实例体现石油石化特色，以培养学生的基本专业素养、工程能力和创新意识。

通过本书的学习，读者将系统掌握城市污水和工业废水处理技术的基本理论和工艺过程，具备解决水污染控制工程中具体技术问题的能力，初步具备编制相关工程设计文件的能力。本书的出版对于培养环境工程尤其是石油石化行业环境保护人才，促进我国工业企业节水减排和技术进步具有十分重要的意义。

本书可作为高等院校环境相关专业本科生及研究生教材，供水污染控制工程课程教学使用，亦可作为从事水污染治理的科研、设计、规划、管理人员参考使用。本书由辽宁石油化工大学李长波主编，赵国峥、徐磊副主编，胡春玲、闫浩、陈有杰、叶盼、夏宁、魏晓旭、赵琪、李颖华、刁涤非等参与了资料收集整理、文字校对等工作，最后全书由李长波负责统稿、定稿。另外，在本书编写过程中，吸收了以往相关教材的优点，参阅了近年来高校及设计部门的资料与相关文献，在此向所有文献作者表示衷心感谢！

由于编者水平有限，时间仓促，书中难免存在疏漏和错误之处，敬请广大读者和同行专家批评指正。

编者

目　录

第一章 绪　论

水是人类生存和发展不可或缺的宝贵资源，它在地球上分布很广，但极不均匀。随着世界经济的迅猛发展，人口数量的大幅增长，人类生活水平的逐步提高，工业化和城市化步伐的加快，用水量急剧增加，加之日益严重的水环境污染，致使水资源日益短缺，水环境生态系统功能日益恶化，对人类社会的可持续发展构成了严重的威胁。因此，如何科学地、有效地防止水污染已经成为一个全球性的研究课题。

第一节　水资源与水循环

一、水资源及其分布情况

水之所以成为资源是由其自身的物理特性、化学特性及自然特性所决定的，水资源有广义和狭义之分。

广义的水资源是指自然界各种形态水的总称。它以气态、液态和固态的形式广泛存在于地球表面和地球岩石圈、大气圈和生物圈之中，其分布情况如表1－1所示。地球上97.47%的水为难以利用的咸水，淡水资源量只占水资源总量的2.53%左右。可供人类利用的水资源量还不到1%，并且这部分水资源中，只有不到全球总储水量万分之一（占淡水资源总量的0.34%）的水与人类生产生活关系最为密切。由于水资源在不同地区的分布极不平衡，加之日益严重的水源污染，使得在一定的时空范围内，水资源量十分有限，水资源危机现象在一些地区频频出现。淡水资源短缺已成为一个全球性的环境问题，世界银行调查结果表明：人口总数占世界人口40%的80个国家正面临着水资源危机问题，在发展中国家，约有10亿人喝不到清洁水，17亿人没有良好的卫生设施可供使用，每年约有2 500万人因饮用不清洁的水而死亡。

在世界上，我国的水资源量仅次于巴西、俄罗斯和加拿大，居第四位，水资源总储量平均每年可达$2.8\times10^{12}m^3$，但人均水资源拥有量仅为2340 m^3/a，为世界平均值的1/4。从人均拥有量看，我国属于缺水国家。在20世纪80年代，我国缺水城市达236座，缺水总量为$1.2\times10^7m^3/d$；90年代初期，缺水城市增加到300座，总缺水量为$1.6\times10^7m^3/d$；2000年缺水城市达到450座，总缺水量约为$2\times10^7m^3/d$。我国水资源分布呈现以下三个特点：①地域分布不均衡，呈现东南多、西北少，由东南沿海地区向西北内陆地区递减的趋势；②时程分布不均匀，冬春少雨，夏秋则易造成洪涝灾害，此外年际变化也很大；③南北方的水资源开发利用不平衡，南方多水地区利用程度较低，而北方降水少的地区开发利用程度较高。

表1-1 地球水资源分布情况

水环境类别	水储量/×10^9 m^3	占总储量的/%	占淡水储量的/%
海洋水	1338000	96.5	
地下水	23400	1.7	
其中：地下咸水	12870	0.94	
地下淡水	10530	0.76	30.1
土壤水	16.5	0.001	0.05
冰川与永久雪盖	24064.1	1.74	68.7
永冻土底冰	300	0.022	0.86
湖泊水	176.4	0.013	
其中：咸水	85.4	0.006	
淡水	91.0	0.007	0.26
沼泽水	11.47	0.0008	0.08
河网水	2.12	0.0002	0.006
生物水	1.12	0.0001	0.003
大气水	12.9	0.001	0.04
总计	1385984.61	100	
其中：淡水	35029.21	2.53	100

狭义的水资源是指在当今技术经济条件下，可为人类所利用的逐年替代的那部分淡水资源。它主要指陆地上的地表水和地下水，通常以淡水体的年补给量作为水资源的定量指标。地表水资源量是指评价区内河流、湖泊、冰川等地表水体中可以逐年更新的动态水量，即当地天然河川径流量。地下水资源量是指评价区内降水和地表水对饱水岩土层的补给量，包括降水入渗补给量和河道、湖库、渠系、渠灌田间等地表水体的入渗补给量。

二、水资源的特征

1. 循环性和有限性

水资源与其他固体资源的本质区别在于其具有流动性，是在循环中形成的一种动态的可恢复性资源。水资源在开采利用后，能够得到大气降水的补给，处在不断地开采、补给和消耗、恢复的循环之中，而且在一定时间、空间范围内，大气降水对水资源的补给量是有限的，这就决定了区域水资源的有限性。可见水循环过程是无限的，水资源量是有限的，并非取之不尽，用之不竭。

2. 时空变化的不均匀性

水资源时间分布的不均匀性主要表现在水资源在年际和年内变化幅度大。在年际之间，丰、枯水年水资源量相差悬殊，在丰水年内，汛期水量集中，有多余用水，而枯水期水量减少，不能满足用水需求。水资源空间变化的不均匀性表现在地区分布的不均匀性。如全球水资源按地区分布极不平衡，巴西、俄罗斯、加拿大、中国、美国、印度尼西亚、印度、哥伦比亚和刚果9个国家的淡水资源占世界淡水资源的60%，而约占世界人口总数

40%的80个国家和地区的人口面临淡水不足，其中26个国家的3亿人口完全生活在缺水状态。

3. 利用的多样性

水资源是被人类在生产和生活活动中广泛利用的资源，不仅广泛应用于农业、工业和生活，还用于发电、水运、水产、旅游和环境改善等。在各种不同的用途中，有的是消耗用水，有的则是非消耗性或消耗很小的用水，而且对水质的要求各不相同。水资源利用的多样性是使水资源实现一水多用、充分发挥其综合效益的有利条件。

4. 两重性

与其他矿产资源相比，水资源具有既可造福于人类，又可危害人类生存的两重性。如水量过多容易造成洪水泛滥，水量过少容易形成干旱、盐渍化等自然灾害。适量开采地下水可为国民经济各部门和居民生活提供水源，满足生产、生活的需求，无节制、不合理地抽取地下水，往往引起水位持续下降、水质恶化、水量减少、地面沉降，不仅影响生产发展，而且严重威胁人类生存。因此，在水资源的开发利用过程中尤其强调合理利用、有序开发，以达到兴利除害的目的。

三、水的循环

水具有气、液、固三态变化的独特性质，在太阳能和日地运行规律的支配下，地球上的水无时不处于变化运动之中，存在着复杂的、大体以年为周期的水循环。

1. 水的自然循环

在太阳能和地球表面热能的作用下，地球上的水不断被蒸发成为水蒸气，进入大气，水蒸气遇冷又凝聚成水，在重力的作用下，以降水的形式落到地面，这个周而复始的过程称为水的自然循环，包括蒸发、水汽输送、降水和径流四个阶段。水的自然循环又可分为大循环和小循环。如图1-1所示，从海洋蒸发出来的水蒸气，被气流带到陆地上空，凝结为雨、雪、冰雹等落到地面，一部分被蒸发返回大气（约占56%），其余部分成为地表径流（约占34%）或地下径流（约占10%）等，最终流回海洋。这种海洋和陆地之间水的往复运动过程，称为水的大循环。仅在局部地区（陆地或海洋）进行的水循环称为水的小循环。环境中水的循环是大、小循环交织在一起的，在全球范围内不停地进行着。自然界水的循环和运动是陆地淡水资源形成、存在和永续利用的基本条件。

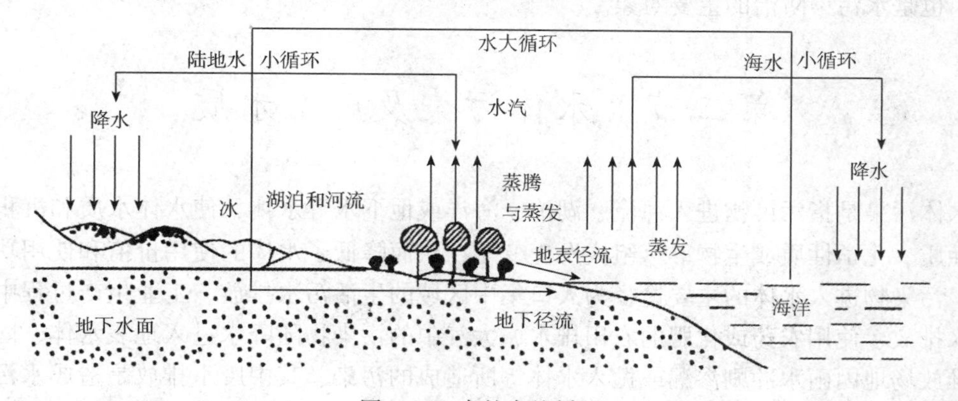

图1-1 水的自然循环

2. 水的社会循环

水由于人类的活动而不断地迁移转化，形成了水的社会循环。水的社会循环是指人类为了满足生活和生产的需求，不断取用天然水体中的水，经过使用，一部分天然水被消耗，但绝大部分变成生活污水和生产污水排放，重新进入天然水体的过程。水的社会循环由给水、用水、排水三个环节构成。

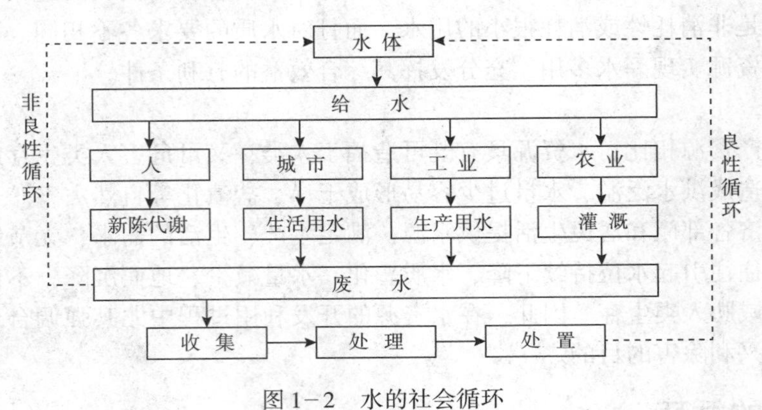

图1－2　水的社会循环

水的社会循环分良性循环和非良性循环两种类型。如图1－2所示，良性循环是指对使用后的污水经过收集、处理和处置，使其水质达到国家规定的排放标准后，才返回天然水体的循环方式；非良性循环则是对使用后的污水不经处理就直接排入天然水体的循环方式。

与水的自然循环不同，在水的社会循环中水的性质在不断地发生变化。例如，在人类的生活用水中，只有很少一部分是作为饮用或食品加工以满足生命对水的需求，其余大部分水是用于卫生目的如洗涤、冲厕等，这部分水经过使用会含有大量污染物质。工业生产用水量很大，除了一部分水作为工业原料外，大部分为冷却、洗涤用水，还有少量用于其他目的，使用后水质也发生显著变化，其污染程度随工业性质、用水性质及方式等因素而不同。在农业生产中，化肥、农药使用量的日益增多使得降雨后的农田径流中大量化学物质流入地面或地下水体。

在水的社会循环中，生活污水和工农业生产污水的排放，是形成自然界水污染的主要根源，也是水污染防治的主要对象。

第二节　水体污染及废水水质

水体污染是指污染物进入河流、湖泊、海洋或地下水等水体，使水体水质和沉积物的物理性质、化学性质或生物群落组成发生变化，从而降低了水体的使用价值和使用功能的现象。污染物进入水体的主要途径为人口集中区域的生活污水排放、工业生产过程中产生的废水排放、使用农药或化肥的农田排水、大气中的污染物随降水进入地表水体、固体废弃物堆放场地因雨水冲刷渗漏或抛入水体等所造成的污染，其中废水排放是造成水污染的主要原因。

一、废水的类型与特征

废水根据其来源一般可以分为生活污水、工业废水、初期污染雨水及城镇污水。其中，城镇污水是指由城镇排水系统收集的生活污水、工业废水及部分城镇地表径流(雨雪水)，是一种综合废水。

1. 生活污水

生活污水主要来自家庭、商业、机关、学校、医院、城镇公共设施及工厂的餐饮、卫生间、浴室、洗衣房等，包括厕所冲洗水、厨房洗涤水、洗衣排水、沐浴排水及其他排水等。生活污水的主要成分为纤维素、淀粉、糖类、脂肪和蛋白质等有机物质，以及氮、磷、硫等无机盐类及泥沙等杂质，生活污水中还含有多种微生物及病原体。影响生活污水水质的主要因素有生活水平、生活习惯、卫生设备及气候条件等。

2. 工业废水

工业废水主要是在工业生产过程中被生产原料、中间产品或成品等物料所污染的水。工业废水由于种类繁多，污染物成分及性质随生产过程而异，变化复杂。一般而言，工业废水污染比较严重，往往含有有毒有害物质，有的含有易燃、易爆和腐蚀性强的污染物，必须处理达到要求后才能排入城镇排水系统，是城镇污水中有毒有害污染物的主要来源。影响工业废水水质的主要因素有工业类型、生产工艺和生产管理水平等。

3. 初期雨水

初期雨水是雨雪降至地面形成的初期地表径流，将大气和地表中的污染物带入水中，形成面源污染。初期雨水的水质水量随区域环境、季节和时间变化，成分比较复杂。个别地区甚至可以出现初期雨水污染物浓度超过生活污水的现象，某些工业废渣或城镇垃圾堆放场地经雨水冲淋后产生的污水更具危险性。影响初期雨水被污染的主要因素有大气质量、气候条件、地面及建筑物环境质量等。

4. 城镇污水

城镇污水包括生活污水、工业废水等，在合流制排水系统中包括雨水，在半分流制排水系统中包括初期雨水。城镇污水成分性质比较复杂，不仅各城镇间不同，同一城市中的不同区域也有差异，需要进行全面细致的调查研究，才能确定其水质成分及特点。影响城镇污水水质的因素较多，主要为所采用的排水体制，以及所在地区生活污水与工业废水的特点及比例等。

二、废水水质

了解废水水质(即其中污染物的种类、性质和浓度)，对于废水的收集、处理和处置设施的设计和操作以及环境质量的技术管理都是重要的。

废水中的污染物种类大致可如下区分：固体污染物、需氧污染物、营养性污染物、酸碱污染物、有毒污染物、油类污染物、生物污染物、感官性污染物和热污染等。为了表征废水水质，规定了许多水质指标，主要有有毒物质、有机物质、悬浮物、pH 值、色度、温度等。一种水质指标可能包括几种污染物，而一种污染物也可以用多个水质指标进行表征。

(一)固体污染物

固体污染物在水中以三种状态存在：溶解态(直径小于1 nm)、胶体态(直径介于1～100 nm)和悬浮态(直径大于100 nm)。固体污染物常用悬浮物和浊度两个指标来表示。

悬浮物是一项重要的水质指标，水质分析中把固体物质分为两部分：能透过滤膜(孔径约3～10μm)的叫溶解固体(DS)；不能透过的叫悬浮固体或悬浮物(SS)，两者合称为总固体(TS)。水中悬浮物的存在不但使水质浑浊，而且使管道及设备阻塞、磨损，干扰废水处理及回收设备的工作。

浊度是对水的光传导性能的一种测量，其值可表征废水中胶体态固体污染物的含量。

(二)需氧污染物

废水中能通过生物化学和化学作用而消耗水中溶解氧的物质，统称为需氧污染物。绝大多数的需氧污染物是有机物，无机物主要有Fe、Fe^{2+}、S^{2-}、CN^-等。因而在一般情况下，需氧物即指有机物。

由于有机物的种类非常多，现有的分析技术难以将其严格区分与定量。在工程实际中常用以下几个综合水质指标来描述。

1. 生化需氧量(BOD)

在有氧条件下，由于微生物的活动，降解有机物所需的氧量，称为生化需氧量。单位为单位体积废水所消耗的氧量(mg/L)。图1－3表示有机物氧化过程的需氧关系。

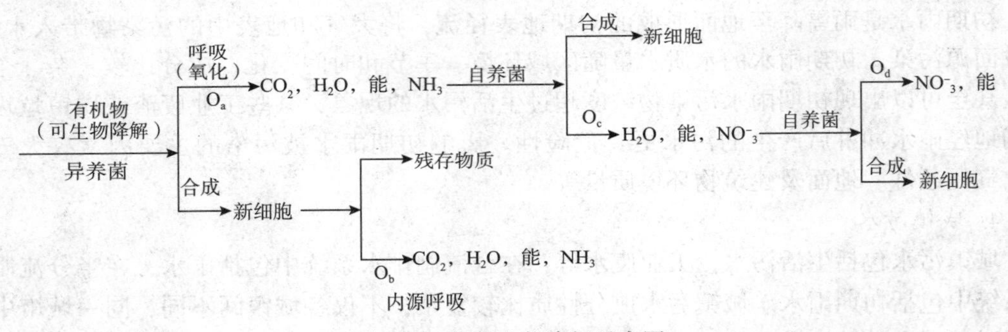

图1－3　好氧生物降解示意图

注：① 假定有机物含有C、H、O、N元素，因P、S等极少，未予考虑；
② 内部呼吸产生的氨的氧化和硝化菌内源呼吸消耗的氧未考虑。

废水中有机物的分解一般可分为两个阶段。第一阶段(碳化阶段)是有机物中的碳氧化为二氧化碳，有机物中的氮氧化为氨的过程。碳化阶段消耗的氧量称为碳化需氧量，用L_a或BOD_u表示，其值等于O_a和O_b之和。第二阶段(硝化阶段)，氨在硝化细菌作用下，被氧化为亚硝酸根和硝酸根。硝化阶段的耗氧量称为硝化需氧量，用L_N或NOD_u表示，其值等于O_c和O_d之和。

上述有机物生化耗氧过程与温度、时间有关。在一定范围内温度越高，微生物活力越强，消耗有机物越快，需氧越多；时间越长，微生物降解有机物的数量和深度越大，需氧越多。由于温带地区地面平均温度接近于20℃，故在实际测定生化需氧量时，温度规定为20℃。此时，一般有机物需20天左右才能基本完成第一阶段的氧化分解过程，其需氧量用BOD_{20}表示，它可视为完全生化需氧量L_a。在实际测定时，20天仍嫌太长，一般采用5

天作为测定时间，称为 BOD_5。各种废水的水质差别很大，其 BOD_{20} 与 BOD_5 相差悬殊，但对某一种废水而言，比值相对固定，如生活污水的 BOD_5 约为 BOD_u 的 0.7 倍。因此把 20℃、5 天测定的 BOD_5 作为衡量废水的有机物浓度指标。

BOD_5 作为有机物浓度指标，基本上反映了能被微生物氧化分解的有机物的量，较为直接、确切地说明了问题。但仍存在一些缺点：①当污水中含大量的难生物降解的物质时，BOD_5 测定误差较大；②反馈信息太慢，每次测定需 5 天，不能迅速及时指导实际工作；③废水中如存在抑制微生物生长繁殖的物质或不含微生物生长所需的营养时，将影响测定结果。

2. 化学需氧量(COD)

化学需氧量是指在酸性条件下用强氧化剂将有机物氧化为 CO_2、H_2O 所消耗的氧量。氧化剂一般采用重铬酸钾，由于重铬酸钾氧化作用很强，所以能够较完全地氧化水中大部分有机物和无机性还原物质(但不包括硝化所需的氧量)，此时化学需氧量用 COD_{Cr} 或 COD 表示。如采用高锰酸钾作为氧化剂，则写作 COD_{Mn} 或高锰酸盐指数。

与 BOD_5 相比，COD 能够在较短的时间内(规定为 2h)较精确地测出废水中耗氧物质的含量，不受水质限制。缺点是不能表示可被微生物氧化的有机物量，此外废水中的还原性无机物也能消耗部分氧，造成一定误差。

如果废水中各种成分相对稳定，那么 COD 与 BOD 之间应有一定的比例关系。一般说来，$COD_{Cr} > BOD_{20} > BOD_5 > COD_{Mn}$，其中 BOD_5/COD 比值可作为废水是否适宜生化法处理的一个衡量指标。比值越大，越容易被生化处理。一般认为 BOD_5/COD 大于 0.3 的废水才适宜采用生化处理。

3. 总需氧量(TOD)

有机物主要元素是 C、H、O、N、S 等。在高温下燃烧后，将分别产生 CO_2、H_2O、NO_2 和 SO_2，所消耗的氧量称为总需氧量 TOD。TOD 的值一般大于 COD 的值。

TOD 的测定方法是：向氧含量已知的氧气流中注入定量的水样，并将其送入以铂为催化剂的燃烧管中，在 900℃高温下燃烧，水样中的有机物即被氧化．消耗掉氧气流中的氧气，剩余氧量可用电极测定并自动记录。氧气流原有氧量减去剩余氧量即得总需氧量 TOD。TOD 的测定仅需几分钟。

4. 总有机碳(TOC)

有机物都含有碳，通过测定废水中的总含碳量可以表示有机物含量。总有机碳(TOC)的测定方法是：向氧含量已知的氧气流中注入定量的水样，并将其送入以铂为催化剂的燃烧管中，在 900℃高温下燃烧，用红外气体分析仪测定在燃烧过程中产生的 CO_2 量，再折算出其中的含碳量，就是总有机碳 TOC 值。为排除无机碳酸盐的干扰，应先将水样酸化，再通过压缩空气吹脱水中的碳酸盐。TOC 的测定时间也仅需几分钟。

(三)营养性污染物

废水中所含的 N 和 P 是植物和微生物的主要营养物质。当废水排入受纳水体，使水中 N 和 P 的浓度分别超过 0.2 mg/L 和 0.02 mg/L 时，就会引起受纳水体的富营养化，促进各种水生生物(主要是藻类)的活性，刺激它们的异常增殖，这样会造成一系列的危害。

(1)藻类占据的空间越来越大，使鱼类活动空间越来越小，衰死藻类将沉积水底，增加水体有机物量。

(2)藻类种类逐渐减少，从以硅藻和绿藻为主转为以迅速繁殖的蓝藻为主，蓝藻不是鱼类的良好饲料，并且有些还会产生出毒素。

(3)藻类过度生长，将造成水中溶解氧的急剧减少，使水体处于严重缺氧状态，造成鱼类死亡，水体腐败发臭。

N 的主要来源是氮肥厂、洗毛厂、制革厂、造纸厂、印染厂、食品厂和饲养厂等。P 的主要来源是磷肥厂和含磷洗涤剂等。生活污水经普通生化法处理，也会转化出无机的 P 和 N 等。此外 BOD、温度、维生素类物质也能促进和触发营养性污染。

(四)酸碱污染物

酸碱污染物主要由工业废水排放的酸碱以及酸雨带来。水质标准中以 pH 值来反映其含量水平。

酸碱污染物使水体的 pH 值发生变化，破坏自然缓冲作用，抑制微生物生长，妨碍水体自净，使水质恶化、土壤酸化或盐碱化。各种生物都有各自的 pH 值适应范围，超过该范围，就会影响其生存。对渔业水体而言，pH 值不得低于 6 或高于 9.2，当 pH 值为 5.5 时，一些鱼类就不能生存或生殖率下降。农业灌溉用水的 pH 值应为 6.5～8.5。此外酸性废水也对金属和混凝土材料造成腐蚀。

(五)有毒污染物

废水中能对生物引起毒性反应的化学物质，称为有毒污染物。工业上使用的有毒化学物已经超过 12000 种，而且每年以 500 种的速度递增。毒物是重要的水质指标，各类水质标准对主要的毒物都规定了限值。

废水中的毒物可分为三大类：无机化学毒物、有机化学毒物和放射性物质。

1. 无机化学毒物

无机化学毒物包括金属和非金属两类。金属毒物主要为汞、铬、镉、铅、锌、镍、铜、铁、锰、钛、钒、钼和铋等，特别是前几种危害更大。如汞进入人体后被转化为甲基汞，在脑组织内积累，破坏神经功能，无法用药物治疗，严重时能造成死亡。镉中毒时引起全身疼痛、腰关节受损、骨节变形，有时还会引起心血管病。

金属毒物具有以下特点：①不能被微生物降解，只能在各种形态间相互转化、分散，如无机汞能在微生物作用下，转化为毒性更大的甲基汞；②其毒性以离子态存在时最严重，金属离子在水中容易被带负电荷的胶体吸附，吸附金属离子的胶体可随水流迁移，但大多数会迅速沉降，因此重金属一般都富集在排污口下游一定范围内的底泥中；③能被生物富集于体内，既危害生物，又通过食物链危害人体，如淡水鱼能将汞富集 1000 倍、镉 300 倍、铬 200 倍等；④重金属进入人体后，能够和生理高分子物质如蛋白质和酶等发生作用而使这些生理高分子物质失去活性，也可能在人体的某些器官积累，造成慢性中毒，其危害有时需 10～20 年才能显露出来。

重要的非金属毒物有砷、硒、氰、氟、硫、亚硝酸根等。如砷中毒时能引起中枢神经紊乱，诱发皮肤癌等。亚硝酸盐在人体内还能与仲胺生成亚硝胺，具有强烈的致癌作用。

必须指出的是许多毒物元素，往往是生物体所必需的微量元素，只是在超过一定限值时才会致毒。

2. 有机化学毒物

这类毒物大多是人工合成有机物，难以被生化降解，并且大多是较强的三致物质(致癌、致突变、致畸)，毒性很大。主要有：农药(DDT、有机氯、有机磷等)、酚类化合物、聚氯联苯、稠环芳烃(如苯并芘)、芳香族氨基化合物等。以有机氯农药为例，首先其具有很强的化学稳定性，在自然环境中的半衰期为十几年到几十年，其次它们都可能通过食物链在人体内富集，危害人体健康。如DDT能蓄积于鱼脂中，浓度可比水体中高12500倍。

3. 放射性物质

放射性是指原子核衰变而释放射线的物质属性，主要包括X射线、α射线、β射线、γ射线及质子束等。废水中的放射性物质主要来自铀、镭等放射性金属生产和使用过程，如核试验、核燃料再处理、原料冶炼厂等。其浓度一般较低，主要引起慢性辐射和后期效应，如诱发癌症、对孕妇和婴儿产生损伤，引起遗传性伤害等。

(六)油类污染物

油类污染物包括“石油类”和“动植物油”两项。油类污染物能在水面上形成油膜，隔绝大气与水面，破坏水体的复氧条件。它还能附着于土壤颗粒表面和动植物体表，影响养分的吸收和废物的排出。当水中含油0.01～0.1 mg/L时，对鱼类和水生生物就会产生影响。当水中含油0.3～0.5 mg/L时就会产生石油气味，不适合饮用。

(七)生物污染物

生物污染物主要是指废水中的致病性微生物，它包括致病细菌、病虫卵和病毒。未污染的天然水中细菌含量很低，当城市污水、医院污水等排入后将带入各种病原微生物。如生活污水中可能会有能引起肝炎、伤寒、霍乱、痢疾、脑炎的病毒和细菌以及蛔虫卵和钩虫卵等。生物污染物污染的特点是数量大、分布广、存活时间长、繁殖速度快，必须予以高度重视。

水质标准中的卫生学指标有细菌总数和总大肠菌群数两项，后者反映水体中动物粪便污染的状况。

(八)感官性污染物

废水中能引起异色、浑浊、泡沫、恶臭等现象的物质，虽无严重危害，但能引起人们感官上的极度不快，被称为感官性污染物。对于供游览和文体活动的水体而言，感官性污染物的危害则较大。

异色、浑浊的废水主要来源于印染厂、纺织厂、造纸厂、焦化厂、煤气厂等。恶臭废水来源于炼油厂、石化厂、橡胶厂、制药厂、屠宰厂、皮革厂等。当废水中含有表面活性物质时，在流动和曝气过程中将产生泡沫，如造纸废水、纺织废水等。

各类水质标准中，对色度、臭味、浊度、漂浮物等指标都作了相应的规定。

(九)热污染

废水温度过高而引起的危害，叫做热污染，热污染的主要危害有以下几点：

(1)一方面，使水体溶解氧浓度降低，相应的亏氧量随之减少，大气中的氧向水体传递的速率减慢；另一方面，水温升高会导致生物耗氧速度加快，促使水体中溶解氧更快被耗尽，水质迅速恶化。

(2)加快藻类繁殖，从而加快水体富营养化进程。

(3)水体中的化学反应加快，使水体的物化性质如离子浓度、腐蚀性发生变化，可能对管道和容器造成腐蚀。

(4)加速细菌生长繁殖，增加后续水处理的费用。如取该水体作为给水水源，则需要增加混凝剂和氯的投加量，且使水中的有机氯化合物含量增加。

第三节　废水出路与水质标准

一、废水出路

随着我国社会经济的快速发展，工业化和城镇化水平不断提高，废水排放量持续增加，科学合理地处理好废水的出路问题是保护生态环境实现可持续发展的重要保障。

1. 废水经处理后排放水体

排放水体是废水净化后的传统出路和自然归宿，也是目前最常用的方法。废水直接排放水体会破坏水体的环境功能。为了避免废水对水体的污染，保护水生生态，废水必须经过处理达到排放标准后才能排入水体。但通常经处理净化后的废水仍有少量污染物，排入水体后有一个逐步稀释、降解的自然净化过程。污水处理场排放口一般设在江河下游或海域，以避免污染城市供水水质和影响水体环境质量。

2. 污水的再生利用

我国水资源十分短缺，人均水资源只有世界平均水平的1/4，水已成为未来制约国民经济发展和人民生活水平提高的重要因素。一方面城市缺水十分严重，另一方面大量处理后的废水直接排放，既浪费了资源，又增加水体环境负荷。经污水处理厂处理后的出水是潜在的水资源，经适当的深度处理后回用于水质要求较低的市政用水、工业冷却水等，是解决水资源短缺的有效途径。这不仅可以减少对优质饮用水水资源的消耗，更重要的是可以缓解干旱地区缺水的窘迫状态。因此，污水的再生利用是开源节流、减轻水体污染程度、改善生态环境、解决缺水问题的有效途径之一。

二、水质标准

(一)水环境质量标准

天然水体是人类的重要资源，为了保护天然水体的质量，不因污水的排入而导致恶化甚至破坏，在水环境管理中需要控制水体水质分类达到一定的水环境标准要求。水环境质量标准是污水排入水体时采用排放标准等级的重要依据，我国目前水环境质量标准主要有《地表水环境质量标准》(GB 3838—2002)、《海水水质标准》(GB 3097—1997)、《地下水质量标准》(GB/T 14848—1993)。

依据地表水水域环境功能和保护目标，《地表水环境质量标准》(GB 3838—2002)按功能高低依次将水体划分为五类：Ⅰ类主要适用于源头水、国家自然保护区；Ⅱ类主要适用于集中式生活饮用水地表水源地一级保护区、珍稀水生生物栖息地、鱼虾类产卵场、幼鱼的索饵场等；Ⅲ类主要适用于集中式生活饮用水地表水源地二级保护区、鱼虾类越冬场、洄游通道、水产养殖区等渔业水域及游泳区；Ⅳ类主要适用于一般工业用水区及人体非直接接触的娱乐用水区；Ⅴ类主要适用于农业用水区及一般景观要求水域。《污水综合排放标准》(GB 8978—1996)规定地表水Ⅰ、Ⅱ类水域、Ⅲ类水域中划定的保护区，禁止新建排污口，现有排污口应按水体功能要求，实行污染物总量控制，以保证受纳水体水质符合规定用途的水质标准。

(二)污水排放标准

污水排放标准根据控制形式可分为浓度标准和总量控制标准。根据地域管理权限可分为国家排放标准、行业排放标准、地方排放标准。

1. 国家排放标准

国家排放标准按照污水排放去向，规定了水污染物最高允许排放浓度，适用于排污单位水污染物的排放管理，以及建设项目的环境影响评价、建设项目环境保护设施设计、竣工验收及其投产后的排放管理。我国现行的国家排放标准主要有《污水综合排放标准》(GB 8798—1996)、《城镇污水处理厂污染物排放标准》(GB 18918—2002)、《污水排入城市下水道水质标准》(CJ 343—2010)及《污水海洋处置工程污染控制标准》(GB 18486—2001)等。

《污水综合排放标准》(GB 8798—1996)根据排放废水中的污染物按其性质及控制方式分为两类。第一类污染物能在环境或在动植物体内积蓄，对人类健康产生长远的影响，部分行业和污水排放方式，也不分受纳水体的功能类别，一律在车间或车间处理设施排放口采样，其最高允许排放浓度必须达到本标准要求，如表1－2所示。第二类污染物的长远影响小于第一类，规定的取样地点为排污单位排放口，其最高允许排放浓度要按地面水使用功能的要求和污水排放去向，分别执行本标准中的一、二、三级标准。

表1－2 第一类污染物最高允许排放浓度 mg/L

序号	污染物	最高允许排放浓度	序号	污染物	最高允许排放浓度
1	总汞	0.05	8	总镍	1.0
2	烷基汞	不得检出	9	苯并(a)芘	0.00003
3	总镉	0.1	10	总铍	0.005
4	总铬	1.5	11	总银	0.5
5	六价铬	0.5	12	总α放射性	1 Bq/L
6	总砷	0.5	13	总β放射性	10 Bq/L
7	总铅	1.0			

2. 行业排放标准

根据部分行业排放废水的特点和治理技术发展水平，国家对部分行业制定了国家行业排放标准，如《制浆造纸浆工业水污染物排放标准》(GB 3544—2008)、《石油化学工业污染物排放标准》(GB 31571—2015)、《海洋石油勘探开发污染物排放浓度限值》(GB 4914—2008)、《纺织染整工业水污染物排放标准》(GB 4287—2012)、《烧碱、聚氯乙烯工业水污染物排放标准》(GB 15581—1995)、《肉类加工业水污染物排放标准》(GB 13457—1992)、《合成氨工业水污染物排放标准》(GB 13458—2013)、《钢铁工业水污染物排放标准》(GB

13456—2012)及《磷肥工业水污染物排放标准》(GB 15580—2011)等。

3. 地方排放标准

省、直辖市等根据经济发展水平和管辖地水体污染控制需要，可以依据《中华人民共和国环境保护法》、《中华人民共和国水污染防治法》规定地方污水排放标准，地方污水排放标准可以增加污染物控制指标数，但不能减少；可以提高对污染物排放标准的要求，但不能降低标准。表1-3为《辽宁省污水综合排放标准》(DB 21/1627—2008)中直接排放的部分水污染物最高允许排放浓度。

表1-3　直接排放的部分水污染物最高允许排放浓度(DB 21/1627—2008)　　mg/L

序号	污染物/项目	最高允许排放浓度
1	色度(稀释倍数)	30
2	悬浮物(SS)	20
3	五日生化需氧量(BOD_5)	10
4	化学需氧量(COD_{Cr})	50
5	总氮	15
6	氨氮	8(10)
7	磷酸盐(以P计)	0.5
8	石油类	3.0
9	挥发酚	0.3
10	硫化物	0.5
11	总氰化物(按CN^-计)	0.2

4. 总量控制标准

我国现有的国家标准、行业标准和地方标准基本上都是采用浓度标准。浓度标准对每个污染指标都执行一个标准，指标明确，管理方便。但由于未考虑排放量的大小，接受水体的环境容量大小、性状和要求等，因此不能完全保证水体的环境质量。当排放总量超过水体的环境容量时，水体水质不能达到质量标准。另外企业也可能通过稀释来降低排放水中的污染物浓度，造成水资源浪费，水环境污染加剧。

总量控制标准是以与水环境质量标准相适的水体环境容量为依据而设定的。水体的水环境质量要求高，则环境容量小。水环境容量可采用水质模型法等方法计算。总量控制标准可以保证水体质量但对管理技术要求高，需要与排污许可证制度相结合进行总量控制。

按照适用范围的大小，总量控制可分几个层次：规定一个工厂(企业)每个排放口的排污总量；规定一定范围内(包括若干工厂)的排污总量，各厂协商分配，只要各厂总量不超过该范围所允许的排放总量即可。一条河流的流域往往在地理上与若干城市有关，可以规定流经某城市的河段所允许的排污总量。

总量控制可以避免浓度标准的缺点，但要实行总量控制先需做很多基础工作，如污染源调查、环境质量评价、水体自净规律和污染物迁移转化规律的研究、污染治理边际费用研究等。

第四节　水污染控制技术综述

一、废水处理基本方法

废水处理方法按对污染物实施的作用不同，大体上可分为两类：一类是通过各种外力作用，把有害物从废水中分离出来，称为分离法。另一类是通过化学或生化的作用，使其转化为无害的物质或可分离的物质，后者再经过分离予以除去，称为转化法。习惯上也按处理原理不同，将处理方法分为物理处理法、化学处理法、物理化学处理法和生化处理法四类，常用的基本方法如表1－4所示。

表1－4　废水处理基本方法

分类	单元处理法	主要设备	主要处理对象
物理处理法	调节	调节池	水质、水量
	格栅、筛网	格栅、筛网	大的悬浮物
	自然沉淀	沉淀池	悬浮物
	自然浮上	浮选池	悬浮物、胶体物
	过滤	过滤池	悬浮物
	蒸发	蒸发器、供热设备	溶解物
	结晶	结晶器、热交换器	溶解物
	反渗透	反渗透器	溶解物
	超滤	超滤器	溶解物
化学处理法	中和	反应池、沉淀池	酸、碱等
	氧化还原	反应池	溶解物
	凝聚	混凝池、沉淀池、浮选池	悬浮物、胶状物
	电解、电凝聚	电解、电凝聚器	溶解物
物理化学处理法	吸附	吸附塔	溶解物、胶状物
	离子交换	交换器	溶解物
	电渗析	电渗析器	溶解物
	萃取	萃取塔	溶解物
生化处理法	好氧生物膜法	生物滤池、生物转盘	有机物
		塔滤池、生物流化床	有机物
	好氧活性污泥法	曝气法、沉淀池	有机物
	厌氧消化法	消化池、供热设备	有机物

(1)物理处理法：利用物理作用分离污水中呈悬浮状态的固体污染物质，去除较大颗粒物和呈悬浮状污染物。

(2)化学处理法：利用化学反应，分离、转化、破坏或回收废水中的污染物(包括悬浮的、溶解的、胶体的)，并使其转化为无害物质的处理方法。

(3)物理化学处理法：利用物理化学的综合作用去除污水中的污染物质的方法。

(4)生化处理法：利用微生物的代谢作用，使污水中的溶解性、胶体的、细微悬浮状态的有机污染物转化为稳定的无害物质，最终泥水分离的废水处理方法。生化处理法包括好氧生物处理和厌氧生物处理两种，其中前者又可细分为活性污泥法和生物膜法，广泛用于处理城市污水及中低浓度有机废水的处理；后者多用高浓度有机废水的处理、污泥消化以及可生化性较差有机废水的水解酸化。

由于城市生活污水和工业废水中的污染物是多种多样的，采用单一的方法或技术很难达到预期的处理效果，往往需要整合多种方法或技术，才能处理不同性质、不同成分的污染物，达到污水净化的目的和排放标准的要求。

二、废水处理程度

废水按照处理的目标和要求，其处理程度一般可分为一级处理、二级处理和三级处理(深度处理)。

一级处理，主要去除废水中悬浮固体和漂浮物质，同时还通过中和或均衡等预处理对废水进行调节以便排入受纳水体或二级处理装置。主要包括筛滤、沉淀等物理处理法。经过一级处理后，废水的 BOD 一般只去除 30% 左右，达不到排放标准，仍需进行二级处理。

二级处理，废水经过一级处理后再用生物方法进一步去除废水中的胶体和溶解态污染物的过程，其 BOD_5 去除率可达到在 90% 以上，处理水可以达标排放，处理方法主要是活性污泥法、生物膜法、厌氧生化法等生物处理方法。

三级处理，也可称为深度处理，一般以更高的处理与排放要求或以污水的回用为目的，在一、二级处理后增加的处理过程，以进一步去除污染物，常见处理方法为生物脱氮除磷、混凝沉淀、砂滤、活性炭吸附、离子交换、电渗析、膜分离等，与前面的处理技术形成组合处理工艺。

三、典型废水处理系统

废水中的污染物组成相当复杂，往往需要采用几种方法的组合流程，才能达到处理要求。对于某种废水，采用哪几种处理方法组合形成处理系统，要根据废水的水质、水量，回收其中有用物质的可能性，经过调查研究和技术经济比较后才能决定，必要时还需进行试验。城市污水处理典型工艺流程如图 1－4 所示。

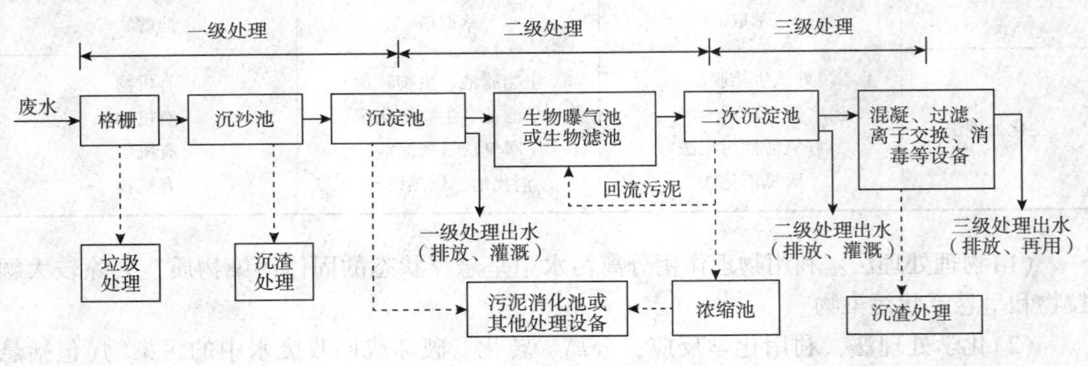

图 1－4　城市污水典型处理流程

从城市污水处理典型工艺流程可以看出，从处理方法上看，包括了物理、化学、生物的方法组合，从处理程度看，达到了二级或三级处理程度，并对城市污泥进行了综合利用和处置。城市污水处理厂产生的污泥含有大量有机物，富有肥分，但又含有大量细菌、寄生虫卵以及从生产污水中带来的重金属离子等，需无害化处理。污泥处理的主要方法是减量处理(如浓缩法、脱水等)、稳定处理(如厌氧消化法、好氧消化法等)、综合利用(如消化气利用、污泥农业利用等)、最终处置(如干燥焚烧、填埋投海、建筑材料等)。

四、废水处理反应器

废水处理中所用的构筑物与设备均可视做某一类型的反应器。反应器存在两种典型的水力混合方式，即推流式和完全混合式。

理想的推流式反应器的水流特征是：通过反应器的混合液沿流向以一个整体的形式向前流动，在垂直于液流运动方向上的任一截面上，混合液流动速率和性质是均匀的，任一液流单元(或液流中的所有组分)在反应器中的停留时间都是相同的，反应器中不存在返混现象。理想的完全混合流的水力特征是：液流一进入反应器即和反应器内所有的混合液完全混合，反应器中各点的水质都是均一的，即返混达到了最大限度。因而稳态运行条件下，反应器出流的成分和反应器内的液体完全相同。应说明的是这两种混合方式都是在极限状态下才存在的，实际的水力混合方式都是处在上述两种理想方式之间，可统称为非理想流态。但是为了方便起见，工程计算上常把接近于上述理想混合方式的情况当作理想方式来处理。

按其水力特性废水处理反应器可划分为：①间歇反应器；②推流反应器；③连续流搅拌反应器；④任意流反应器。这四种反应器进行的都是均相反应，另外还有两种非均相反应器：填料床反应器和流化床反应器。对这些反应器的特征说明如表1-5所示。

表1-5 废水处理中的主要反应器形式及其特征

反应器形式	说 明
间歇反应器	间歇式反应器采用一次加料，搅拌反应，待反应结束后再同时放出，所有物料反应时间相同，且浓度均匀，但随着时间而变化，因而是在非稳态条件下操作的
推流反应器	物料按前后顺序沿流动方向推流，反应时间是反应器长度的函数，因而反应物浓度沿路程而变化。但在反应器内所有物料的停留时间相同
连续流搅拌反应器	连续流搅拌反应器又称全混式反应器。物料边进边出，连续流动，因充分搅拌，各处浓度均匀，出口浓度与反应器内浓度一致。在稳态条件下，整个系统不随时间而变化
任意流反应器	任意流是介于推流和连续流搅拌反应器之间的某种程度的局部混合流
填料床反应器	填料床反应器是在反应器内装入填料。填料或者完全充满液体(如厌氧滤池)，或者间断接受废水(如生物滤池)
流化床反应器	流化床反应器在许多方面都与填料床反应器类似，只是在流体向上流动时，填料处于流化状态，并可通过调节流体的速度改变填料的孔隙率

在水处理反应器设计过程中，首先要考虑的是反应器的选型。选型的影响因素有过程要求、反应动力学、废水水质、经济性等。由于各因素的重要性随具体过程而异，所以在

选型时，对各因素要分别考虑。

在设计反应器时，还需考虑如何达到或接近所假设的理想状态。以设计连续流搅拌反应器为例，实际情况是总在某种程度上偏离理想状态，这时应考虑如何引入水流以达到理论上即刻和完全混合的要求。

短路是影响反应器性能的另一个常见问题。由于短路，反应器的有效容积减小，或混合不完全，或停留时间不够，从而影响处理效果。为防止反应器内产生短路，可能需要在反应器内设置折流板。如果短路是由温差引起的异重流所导致，则需要以某种形式输入能量使温度均衡，为此常采用机械搅拌和空气搅拌两种方法。

第二章　废水预处理

第一节　格栅和筛网

筛滤是去除废水中粗大的悬浮物和杂物，以保护后续处理设施能正常运行的一种预处理方法。筛滤的构件包括平行的棒、条、金属网、格网或穿孔板。其中由平行的棒和条构成的称为格栅；由金属丝织物或穿孔板构成的称为筛网。它们所去除的物质则称为筛余物。其中格栅去除的是可能堵塞水泵机组及管道阀门的较粗大的悬浮物；而筛网去除的是用格栅难以去除的呈悬浮状的细小纤维。

一、格栅

格栅一般斜置在进水泵站集水井的进口处。它本身的水流阻力并不大，水头损失只有几厘米，阻力主要产生于筛余物堵塞栅条。一般当格栅的水头损失达到10~15cm时就该清洗。

格栅按形状，可分为平面格栅和曲面格栅两种。按格栅栅条的间隙，可分为粗格栅(50~100mm)、中格栅(10~40mm)、细格栅(3~10mm)三种。新设计的废水处理厂一般都采用粗、中两道格栅，甚至采用粗、中、细三道格栅。

按清渣方式，可分为人工清渣和机械清渣两种。处理流量小或所需截留的污染物量较少时，可采用人工清渣格栅。为改善劳动和卫生条件，每天的栅渣量大于0.2 m^3 时，应采用机械清渣格栅，目前常用的有往复移动耙机械格栅、回转式机械格栅、钢丝绳牵引机械格栅、阶梯式机械格栅和转鼓式机械格栅等，如图2-1~图2-5所示。

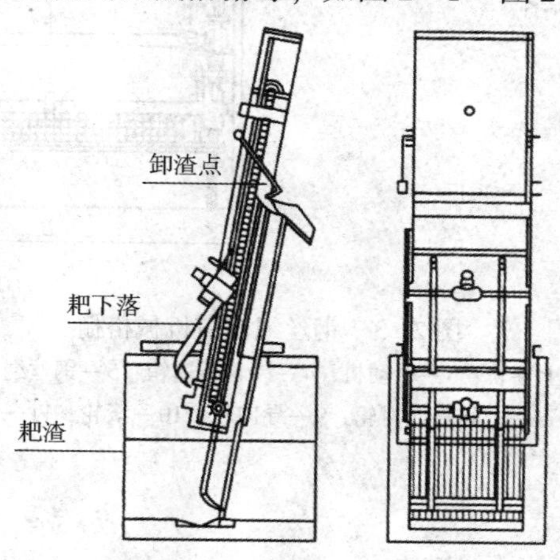

图2-1　往复移动耙机械格栅

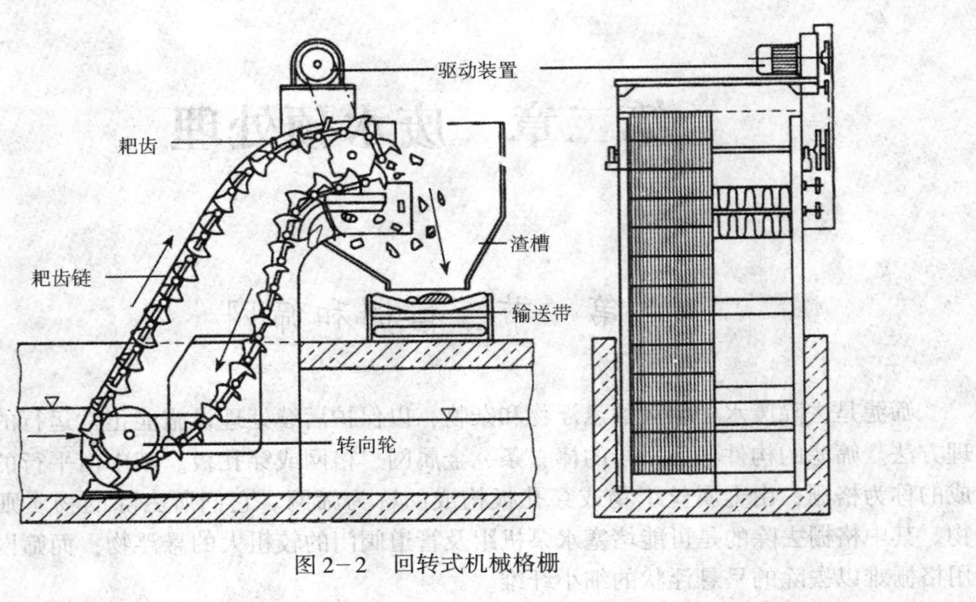

图 2－2　回转式机械格栅

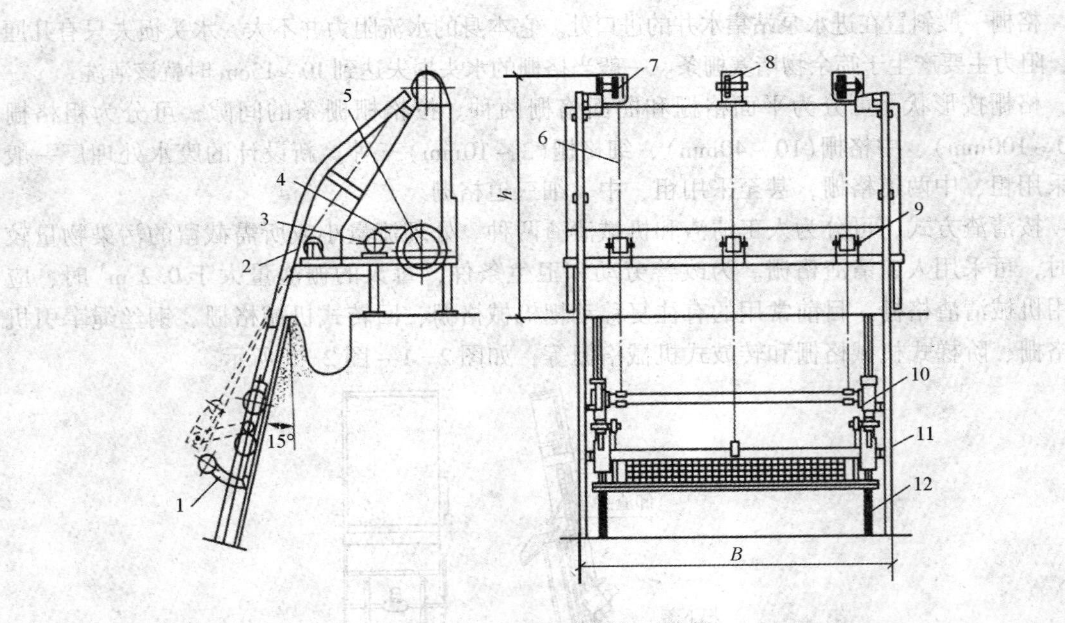

图 2－3　钢丝绳牵引机械格栅

1—除污耙；2—上导轨；3—电动机；4—齿轮减速箱；5—钢丝绳卷筒；6—钢丝绳；7—两侧转向滑轮；8—中间转向滑轮；9—导向轮；10—滚轮；11—侧轮；12—扁钢轨道

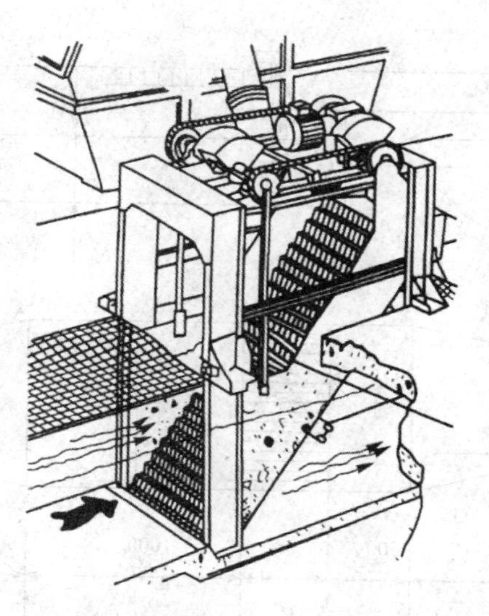

图 2-4　阶梯式机械格栅

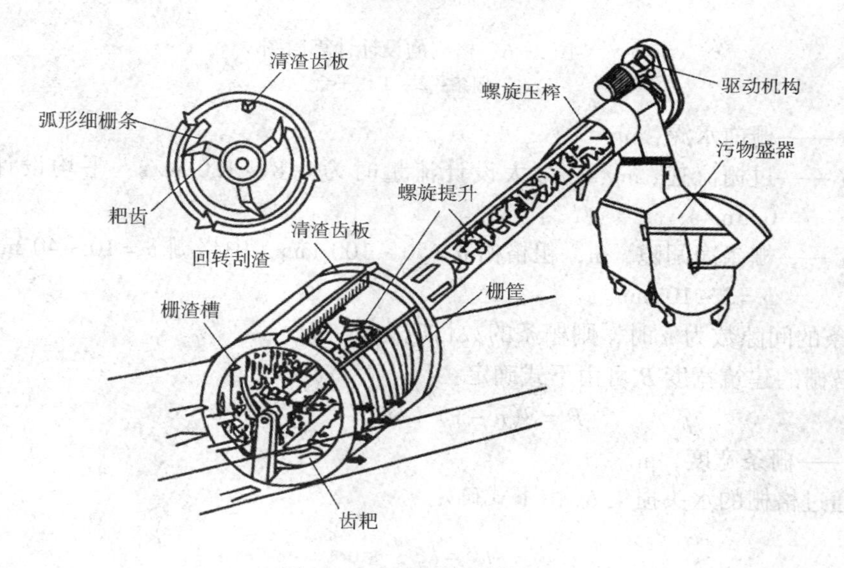

图 2-5　转鼓式机械格栅

格栅的去除效率与格栅的设计计算有很大关系。格栅的设计计算内容主要包括格栅形式选择、尺寸计算、水力计算、栅渣量计算等，尽管格栅的布置形式多样，都可通过计算简图 2-6 进行格栅的设计计算。

(1)格栅的间隙数 n 可由下式确定：

$$n=\frac{Q_{\max}\sqrt{\sin\alpha}}{bhv}$$

式中　$Q_{\max}$——最大设计流量，m^3/s；

α——格栅安置的倾角度，一般为 50°~70°，机械格栅的倾角较人工格栅大，通常为 60°~70°；

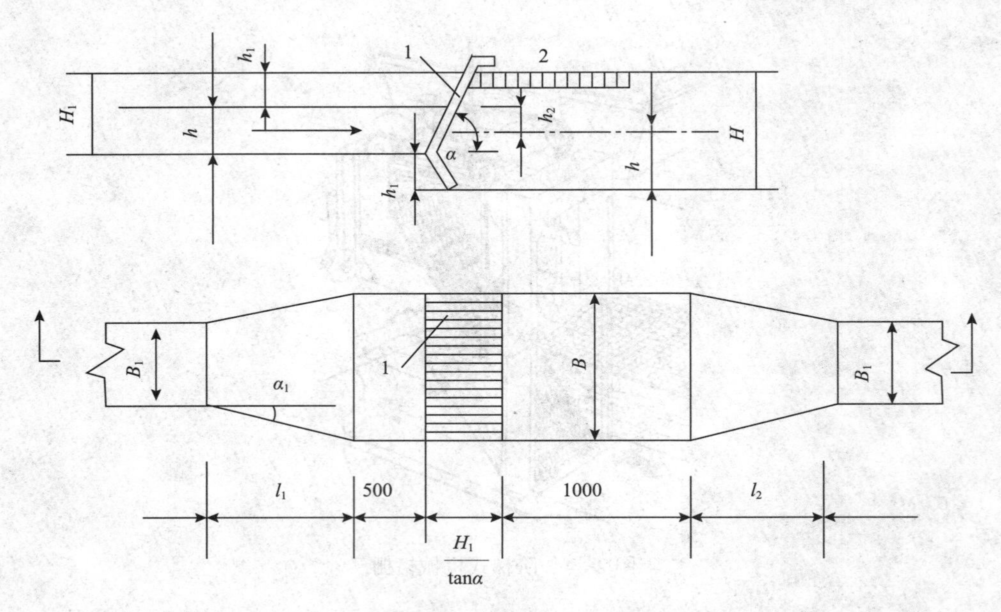

图 2-6　格栅的设计计算简图

1—栅条；2—工作平台

h ——栅前水深，m；

v ——过栅流速，m/s，最大设计流量时为 0.8 ~ 1.0 m/s，平均设计流量时为 0.3m/s；

b ——栅条净间隙，m，粗格栅 $b = 50 \sim 100$ mm，中格栅 $b = 10 \sim 40$ mm，细格栅 $b = 3 \sim 10$ mm。

当栅条的间隙数为 n 时，则栅条的数目应为 $n - 1$。

(2)格栅的建筑宽度 B 可由下式确定：

$$B = S(n-1) + bn \qquad (\mathrm{m})$$

式中　S ——栅条宽度，m。

(3)通过格栅的水头损失 h_2 由下式确定

$$h_2 = k\xi \frac{v^2}{2g}\sin\alpha$$

式中　g ——重力加速度，m/s^2；

k ——考虑到由于格栅受筛余物堵塞后，格栅阻力增大的系数，可用经验式 $k = 3.36v - 1.32$，一般采用 $k = 3$；

ξ ——阻力系数，其值与格栅栅条的端面形状有关，见表 2-1。

表 2-1　格栅阻力系数 ξ 的计算公式

格栅断面形状	计算公式	数值
锐边矩形	$\xi = \beta\left(\frac{S}{b}\right)^{4/3}$	$\beta = 2.42$
迎水面为半圆形的矩形		$\beta = 1.83$

续表

格栅断面形状	计算公式	数值
圆形		$\beta=1.79$
迎水、背水面均为半圆形的矩形		$\beta=1.67$
正方形	$\xi=\left(\frac{b+S}{\varepsilon b}-1\right)^2$	$\varepsilon=0.64$

注：表中β为栅条的形状系数，ε为收缩系数。

(4)栅后槽的总高度由下式确定：

$$H=h+h_1+h_2$$

式中　h_1——栅前渠道超高，m，一般取0.3m。

(5)栅槽总长度计算公式：

$$L=l_1+l_2+1.0+0.5+\frac{H_1}{\mathrm{tg}\alpha}$$

式中　H_1——栅前槽高，m，$H_1=h+h_2$；

l_1——进水渠道渐宽部分长度，m，$l_1=\frac{B-B_1}{2\mathrm{tg}\alpha_1}=1.37(B-B_1)$；

B_1——进水渠道宽度，m；

α_1——进水渠展开角，一般用20°；

l_2——栅槽与出水渠连接渠的渐缩长度，m，$l_2=l_1/2$。

(6)每日栅渣量计算：

$$W=\frac{Q_{\max}W_1\times86400}{K_{总}\times1000}\qquad(\mathrm{m^3/d})$$

式中　W_1——栅渣量($\mathrm{m^3/10^3m^3}$污水)，取0.1～0.01，粗格栅用小值，细格栅用大值，中格栅用中值；

$K_{总}$——废水流量总变化系数，对生活污水可参考表2-2。

表2-2　生活污水流量总变化系数

平均日流量/(L/s)	4	6	10	15	25	40	70	120	200	400	750	1600
$K_{总}$	2.3	2.2	2.1	2.0	1.89	1.80	1.69	1.59	1.51	1.40	1.30	1.20

二、筛网

一些工业废水含有较细小的悬浮物，它们不能被格栅截留，也难以用沉淀法去除。为了去除这类污染物，工业上常用筛网。选择不同尺寸的筛网，能去除和回收不同类型和大小的悬浮物，如纤维、纸浆、藻类等。

筛网过滤装置很多，有振动筛网、水力筛网、转鼓式筛网、转盘式筛网、微滤机等。目前应用于小型污水处理系统回收短小纤维的筛网主要有两种形式，即振动筛网和水力筛网。

振动筛网示意图见图 2－7，它由振动筛和固定筛组成。污水通过振动筛时，悬浮物等杂质被留在振动筛上，并通过振动卸到固定筛网上，以进一步脱水。

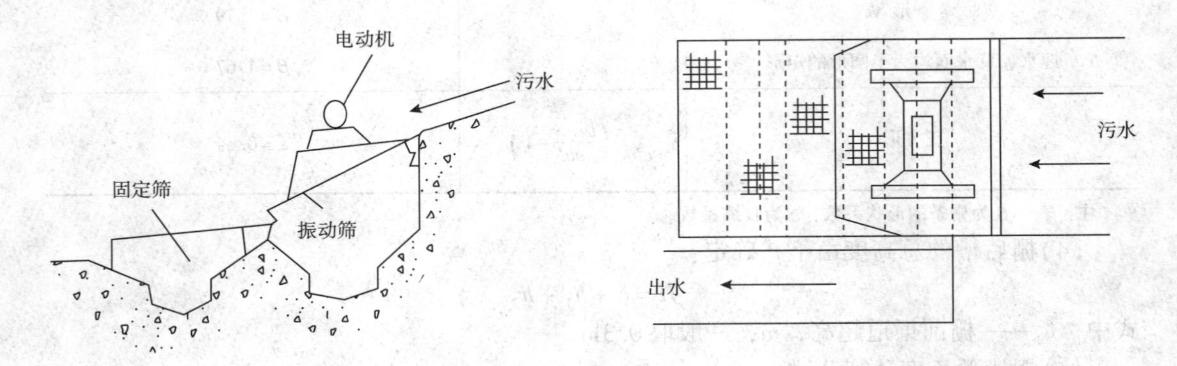

图 2－7　振动筛网示意图

水力筛网示意图见图 2－8。它也是由运动筛网和固定筛网组成。运动筛网水平放置，呈截顶圆锥形。进水端在运动筛网小端，废水在从小端到大端流动过程中，纤维等杂质被筛网截留，并沿倾斜面卸到固定筛以进一步脱水。水力筛网的动力来自进水水流的冲击力和重力作用。因此水力筛网的进水端要保持一定压力，且一般采用不透水的材料制成，而不用筛网。

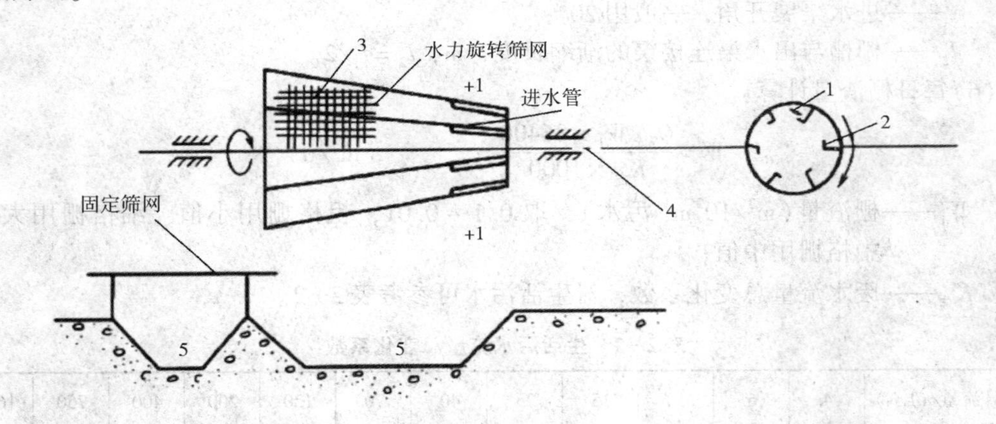

图 2－8　水力筛网构造示意图

1—进水方向；2—导水叶片；3—筛网；4—转动轴；5—水沟

三、筛余物的处置

通过格栅和筛网收集的筛余物运到处置区填埋或与城市垃圾一起处理；当有回收利用价值时，可送至粉碎机或破碎机被磨碎后再用，如图 2－9 所示；对于大型系统，也可采用焚烧的方法彻底处理。

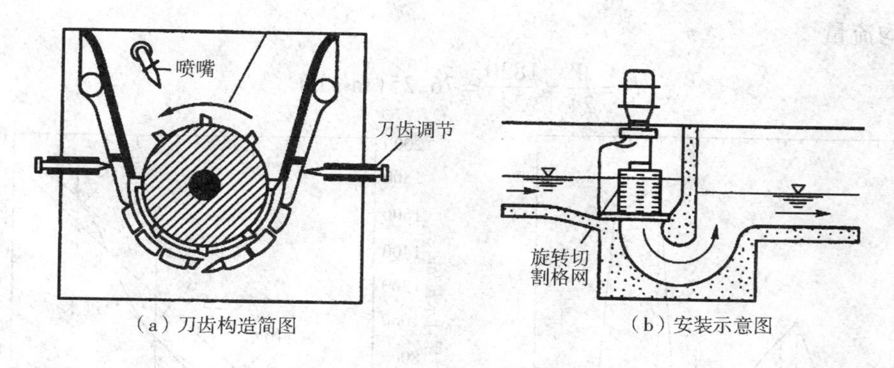

（a）刀齿构造简图　（b）安装示意图

图2－9　破碎机构造及安装示意图

第二节　水量和水质调节

废水的水量和水质并不总是恒定均匀的，往往随着时间的推移而变化。生活污水随生活作息规律而变化，工业废水的水量水质随生产过程而变化。水量和水质的变化使得处理设备不能在最佳的工艺条件下运行，严重时甚至使设备无法正常工作，为此需要设置调节池，对水量和水质进行调节。

一、水量调节

废水处理中单纯的水量调节有两种方式：一种为线内调节，见图2－10，进水一般采用重力流，出水用泵提升；另一种为线外调节，见图2－11。调节池设在旁路上，当废水流量过高时，多余废水用泵打入调节池，当流量低于设计流量时，再从调节池流至集水井，并送去后续处理。线外调节与线内调节相比，其调节池不受进管高度限制，但被调节水量需要两次提升，消耗动力大。

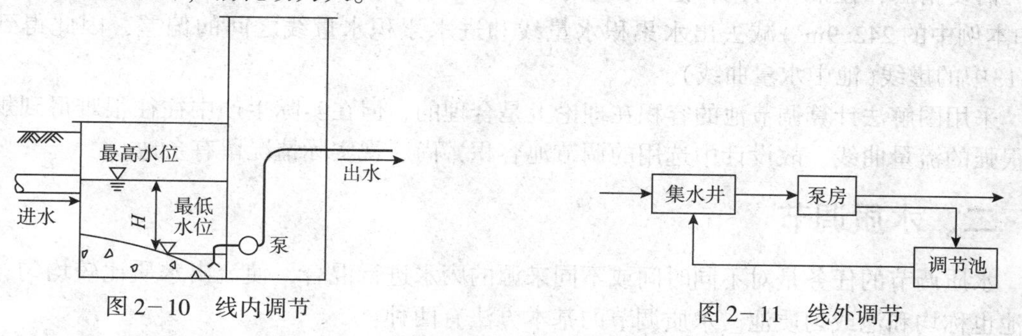

图2－10　线内调节　图2－11　线外调节

调节池的容积可用图解法计算。首先应取得生产周期内废水流量的变化曲线(以某厂水量调节池为例)，如图2－12所示。

(1)计算每日处理的总水量 W。总水量由图2－12曲线(实线)以下面积确定。

$$W = \sum_{i=1}^{24} q_i = A_1 + A_2 + A_3 + \cdots + A_{11} = 1830\ \mathrm{m}^3$$

式中　q_i——瞬时流量，m^3/h。

则平均流量

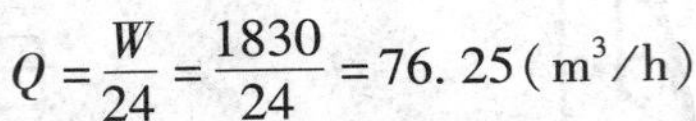

$$Q=\frac{W}{24}=\frac{1830}{24}=76.25(\text{m}^3/\text{h})$$

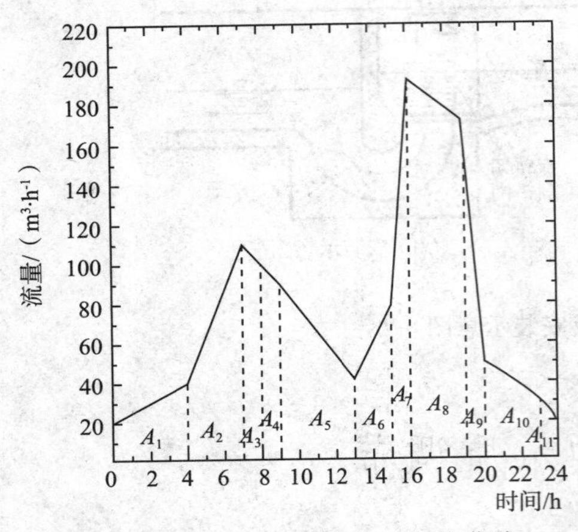

图 2－12　某厂废水流量日变化曲线

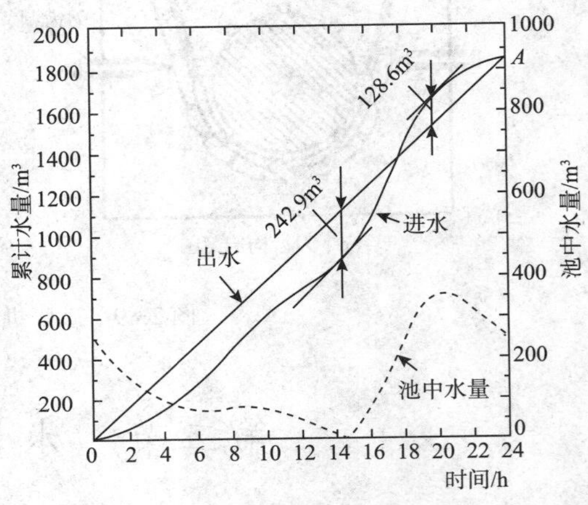

图 2－13　某厂废水流量累积曲线

(2)作累积水量曲线图。利用图 2－12 曲线下与计算时间对应的面积来确定调节池的累积进水量。例如：凌晨 4 点的累积进水量 $A_1=120\text{m}^3$；早 7 点的累积进水量 $=A_1+A_2=120+225=345\text{m}^3$，以此类推。

(3)根据不同的时间与相应的累积进水量作图，即得进水累积水量曲线，如图 2－13 所示。图 2－13 中进水累积水量曲线与右纵坐标轴交点(24，1830)记为 A，在图 2－13 左下角原点与 A 点间连线，即得调节后的出水累积水量曲线。

(4)确定进水累积水量线和出水累积水量线之间的最大正偏差和最大负偏差，二者之和就是调节池所需的最小容量。

因此，本例中调节池的最小容量 $=242.9+128.6=371.5\text{m}^3$。

需要指出，在某一时刻，池中水量等于距离调节池均匀出水累积水量线的最大负偏差(如本例中的 242.9m^3)减去出水累积水量线和进水累积水量线之间的偏差，因此得到图 2－13中的虚线(池中水量曲线)。

采用图解法计算调节池的容积在理论上是合理的，但在实际生产中往往很难得到规律性很强的流量曲线，故设计中选用的调节池容积，尚应视实际情况留有余地。

二、水质调节

水质调节的任务是对不同时间或不同来源的废水进行混合，使流出水质比较均匀，调节池也称均和池或匀质池。水质调节的基本方法有两种：

(1)利用外加动力(如叶轮搅拌、空气搅拌、水泵循环)而进行的强制调节，设备简单，效果较好，但运行费用高。

(2)利用差流方式使不同时间和不同浓度的废水进行自身水力混合，基本没有运行费，但设备结构较复杂。

图 2－14 为一种外加动力的水质调节池，采用压缩空气搅拌。在池底设有曝气管，在空气搅拌作用下，使不同时间进入池内的废水得以混合。这种调节池构造简单，效果较

好，并可防止悬浮物沉积于池内。最适宜在废水流量不大、处理工艺中需要预曝气以及有现成压缩空气的情况下使用。如废水中存在易挥发的有害物质，则不宜使用该类调节池，此时可使用叶轮搅拌。

差流方式的调节池类型很多。如图 2-15 所示为一种折流调节池。配水槽设在调节池上部，池内设有许多折流板，废水通过配水槽上的孔口溢流至调节池的不同折流板间，从而使某一时刻的出水中包含不同时刻流入的废水，也即其水质达到了某种程度的调节。

图 2-14　曝气均和池

图 2-15　折流调节池

水质调节池的容积可根据废水浓度和流量变化的规律以及要求的调节均和程度来确定废水经过一定调节时间后平均浓度为

$$c = \sum q_i c_i t_i \Big/ \sum q_i t_i$$

式中　q_i——t_i 时段内的废水流量；

c_i——t_i 时段内的废水平均浓度。

调节池所需容积 $V = \sum q_i t_i$，它决定采用的调节时间 $\sum t_i$。当废水水质变化具有周期性时，采用的调节时间应等于变化周期，如一工作班排浓液，一工作班排稀液，调节时间应为二个工作班。如需控制出流废水在某一合适的浓度以内，可以根据废水浓度的变化曲线用试算的方法确定所需的调节时间。

设各时段的流量和浓度分别为 q_1 和 c_1，q_2 和 c_2，…，等等。则各相邻两个时段内的平均浓度分别为$(q_1c_1 + q_2c_2)/(q_1 + q_2)$，$(q_2c_2 + q_3c_3)/(q_2 + q_3)$，以此类推。如果设计要求达到的均和浓度 c'与任意相邻两个时段内的平均浓度相比，均大于各平均值，则需要的调节时间即为 $2t_i$；反之，则再比较 c'与任意相邻三个时段的平均浓度，若 c'均大于各平均值，则调节时间为 $3t_i$；依次类推，直至符合要求为止。

三、水质水量调节

水质水量调节池既能调节水质，也能调节水量。常用的水质水量调节池是对角线出水调节池，如图 2-16 所示。

对角线出水调节池的特点是出水槽沿对角线方向设置。废水由左右两侧流入池内以后，经过不同的时间才流到出水槽，这样就达到了自动均衡调节的目的。可在池内设置若干纵向隔板，以避免废水在池内流动时出现短路现象。若调节池采用堰顶溢流出水，则其只能均衡水质不能调节水量。如果后续处理构筑物要求处理水量比较均匀，则应使调节池内的水位可上下自由波动。若采用重力自流技术，则调节池内的最低水位应超过后续处理构筑物的最高水位，出水可采用浮子定量设备，使出水管口上水头保持不变，出水软管中的流量即可保持稳定，如图 2-17 所示。

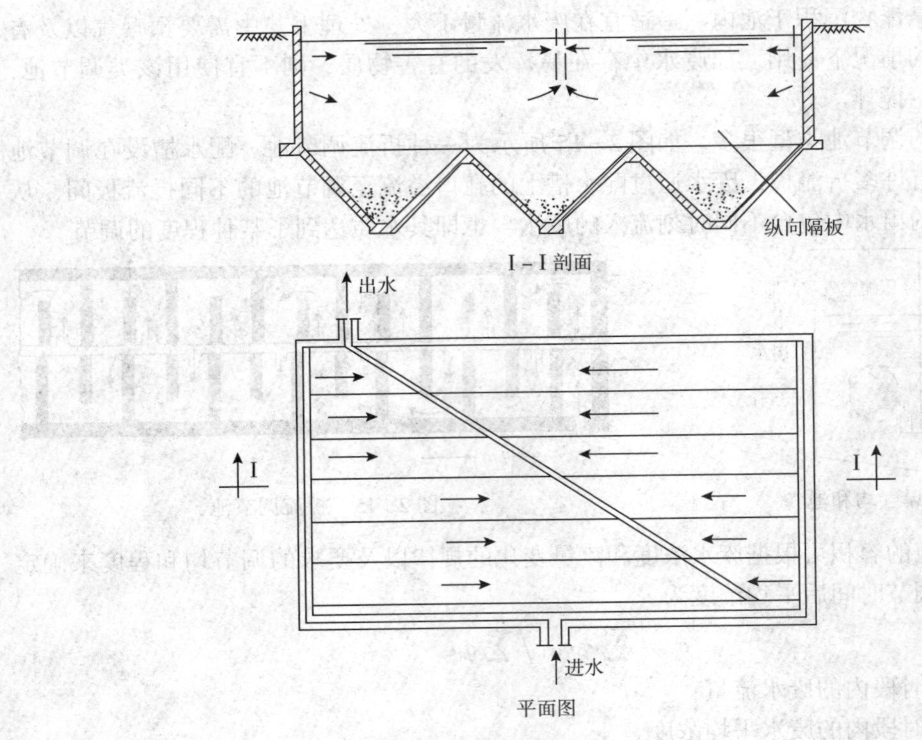

图 2－16　对角线出水调节池

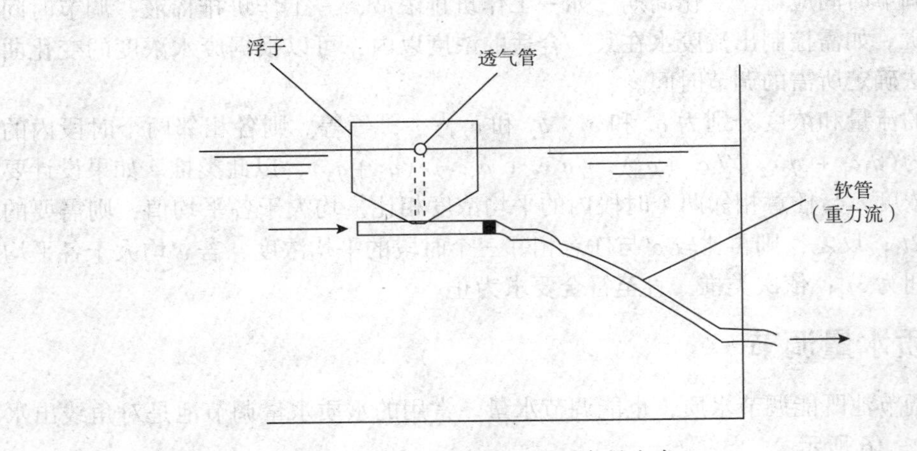

图 2－17　浮子定量出水

若上述做法在高程布置上有困难，则可用水泵将调节池内的水打入后续处理构筑物中，此时调节池内的水位是变化着的，在调节池外设水泵吸水井，水泵吸水和出水量大体上可保持相对稳定。该种布置方式可同时调节水质和水量。

最后，还应考虑把调节池放在废水处理流程的什么位置。在某些情况下，将调节池设置在一级处理之后二级处理之前可能是适宜的，这样污泥和浮渣的问题就会少一些。假如将调节池设置在一级处理之前，在设计中就必须考虑设置足够的混合设备以防止悬浮物沉淀和废水浓度的变化，有时还应曝气以防止产生气味。

第三节　中和处理

中和处理适用于废水处理中的下列情况：①废水排入受纳水体前，其pH值指标超过排放标准，这时应采用中和处理，以减少对水生生物的影响；②工业废水排入城市下水道系统前，可能对管道系统造成腐蚀，在排入前对工业废水进行中和，比对工业废水与其他废水混合后的大量废水进行中和要经济得多；③生物处理之前，需将处理系统的pH值维持在6.5~8.5范围内，以确保微生物保持最佳的生物活性。

酸性废水主要来源于化工厂、化纤厂、电镀厂、煤加工厂及金属酸洗车间等。碱性废水主要来源于印染厂、造纸厂、炼油厂和金属加工厂等。中和处理方法因废水的酸碱性不同而不同。针对酸性废水，主要有药剂中和、过滤中和、利用碱性废水中和等三种方法。而对于碱性废水，主要有利用废酸性物质中和、药剂中和两种方法。

一、酸性废水的中和处理

1. 药剂中和法

药剂中和法能处理任何浓度、任何性质的酸性废水，对水质和水量波动适应性强，中和药剂利用率高。主要的药剂包括石灰、苛性钠、碳酸钠、石灰石、电石渣等；其中最常用的是石灰(CaO)。药剂的选用应考虑药剂的供应情况、溶解性、反应速度、成本、二次污染等因素。

中和药剂的投加量，可按化学反应式估算。

$$G_a = \frac{KQ(c_1 a_1 + c_2 a_2)}{\alpha}$$

式中　G_a——总耗药量，kg/d；

Q——酸性废水量，m^3/d；

c_1、c_2——废水中酸的浓度和酸性盐的浓度，kg/m^3；

a_1、a_2——中和1 kg酸和酸性盐所需的碱量，kg/kg；

K——不均匀系数；

α——中和剂的纯度，%。

但确定投加量比较准确的方法是通过试验绘制的中和曲线确定。

中和过程中形成的沉渣体积庞大，约占处理水体积的2%，脱水麻烦，应及时清除，以防堵塞管道。一般可采用沉淀池进行分离。沉渣量可根据试验确定，也可按下式计算：

$$G = G_a(\Phi + e) + Q(S - c - d)$$

式中　G——沉渣量，kg/ d；

Φ——消耗单位药剂产生的盐量，kg/kg；

e——单位药剂中杂质含量，kg/kg；

S——废水中悬浮物浓废，kg/m^3；

c——中和后溶于废水中的盐量，kg/m^3；

d——中和后出水悬浮物浓度，kg/m^3。

石灰的投加可分为干法和湿法。干法可采用电磁振荡设备投加石灰，以保证投加均匀。它设备简单，但反应较慢，而且反应不够完全，投药量大(需为理论量的1.4~1.5倍)。当石灰成块状时，则不宜用干投法，可采用湿投法，即将石灰在消解槽内先消解成40%~50%浓度后，投入乳液槽，经搅拌配成5%~10%浓度的氢氧化钙乳液，然后投加。消解槽和乳液槽中可用机械搅拌或水泵循环搅拌(不宜用压缩空气，以免CO_2与CaO反应生成沉淀)，以防止产生沉淀。投配系统采用溢流循环方式，即输送到投配槽的乳液量大于投加量，剩余量溢流回乳液槽，这样可维持投配槽内液面稳定，易于控制投加量。

中和反应在反应池内进行。由于反应时间较快，可将混合池和反应池合并，采用隔板式或机械搅拌，停留时间采用5~10 min。

投药中和法有两种运行方式：当废水量少或间断排出时，可采用间歇处理，并设置2~3个池子进行交替工作；而当废水量大时，可采用连续流式处理，并可采取多级串联的方式，以获得稳定可靠的中和效果。

2. 过滤中和法

过滤中和法是选择碱性滤料填充成一定形式的滤床，酸性废水流过此滤床即被中和。过滤中和法与药剂中和法相比，具有操作方便、运行费用低及劳动条件好等优点，它产生的沉渣少，只有废水体积的0.1%，主要缺点是进水中硫酸浓度受到限制。常用的滤料有石灰石、大理石、白云石三种，其中前两种的主要成分是$CaCO_3$，而第三种的主要成分是$CaCO_3 \cdot MgCO_3$。

滤料的选择与废水中含何种酸和含酸浓度密切相关。因滤料的中和反应发生在滤料表面，如生成的中和产物溶解度很小，就会沉淀在滤料表面形成外壳，影响中和反应的进一步进行。以处理含硫酸废水为例，当采用石灰石为滤料时，硫酸浓度不应超过1~2g/L，否则就会生成硫酸钙外壳，使中和反应终止。当采用白云石为滤料时，由于$MgSO_4$溶解度很大，故产生的沉淀仅为石灰石的一半，因此废水含硫酸浓度可以适当提高，不过白云石有个缺点就是反应速度比石灰石慢，这影响了它的应用。当处理含盐酸或硝酸的废水时，因生成的盐溶解度都很大，则采用石灰石、大理石、白云石作滤料均可。

中和滤池主要有普通中和滤池、升流式滤池和滚筒中和滤池三种类型。

普通中和滤池为固定床形式。按水流方向分平流式和竖流式两种。目前较常用的为竖流式，它又可分为升流式和降流式两种，见图2-18。普通中和滤池滤料粒径一般为30~50 mm，不能混有粉料杂质。当废水中含有可能堵塞滤料的杂质时，应进行预处理。

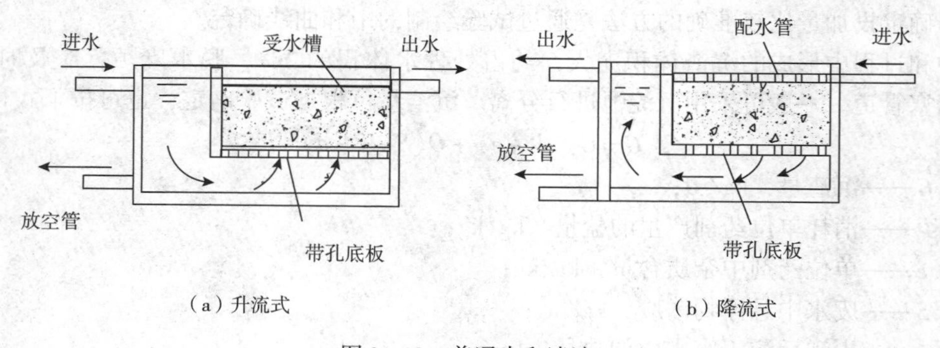

图2-18　普通中和滤池

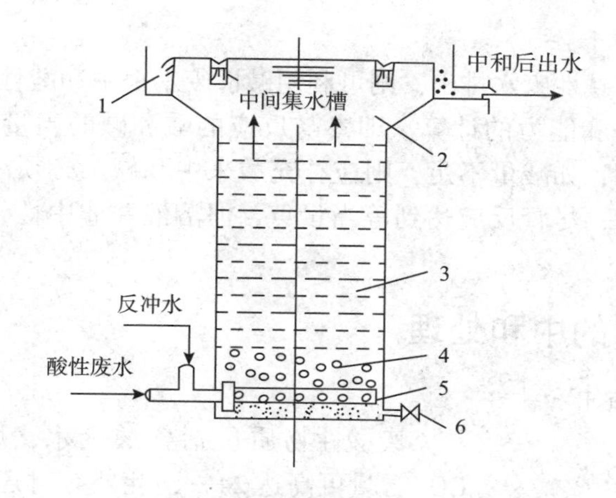

图 2-19 升流式膨胀中和滤池

1—环形集水槽；2—清水区；3—石灰石滤料；
4—卵石垫层；5—大阻力配水系统；6—放空管

升流式中和滤池（见图 2-19）与普通中和滤池相比，粒径小，滤速高，中和效果好。在升流式中和滤池中，废水自下向上运动，由于流速高，滤料呈悬浮状态，滤层膨胀，类似于流化床，滤料间不断发生碰撞摩擦，使沉淀难以在滤料表面形成，因而进水含酸浓度可以适当提高，生成的 CO_2 气体也容易排出，不会使滤床堵塞；此外，由于滤料粒径小，比表面积大，相应接触面积也大，使中和效果得到改善。升流式中和滤池要求布水均匀，因此池子直径不能太大，并常采用大阻力配水系统和比较均匀的集水系统。

为了使小粒径滤料在高滤速下不流失，可将升流式滤池设计成变截面形式，上部放大，称为变速升流式中和滤池。这样既保持了较高的流速，使滤层全部都能膨胀，维持处理能力不变，又保留小滤料在滤床中，使滤料粒径适用范围增大。

滚筒式中和滤池如图 2-20 所示。滚筒用钢板制成，内衬防腐层。筒为卧式，长度为直径的 6~7 倍。装料体积占筒体体积的一半，筒内壁设有挡板，带动滤料一起翻滚，使沉淀物外壳难以形成，并加快反应速度。为避免滤料流失，在滚筒出水处设有穿孔板。滚筒式中和滤池能处理的废水含硫酸浓度可大大提高，而且滤料也不必破碎到很小的粒径。但它构造复杂，动力费用高，设备噪声大，负荷率低［约为 $36m^3/(m^2 \cdot h)$］。

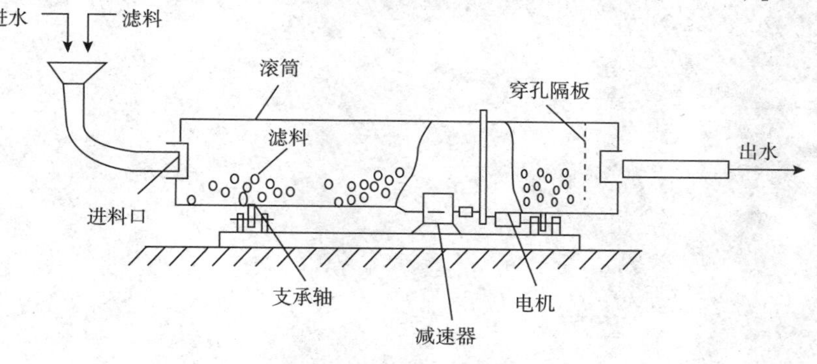

图 2-20 滚筒式中和滤池

3. 利用碱性废水中和法

如厂内或区内也有碱性废水排出，则可利用碱性废水来中和酸性废水，达到以废治废的目的。此时应进行中和能力的计算，即参与反应的酸和碱的当量数应相同。如碱量不足，还应补充碱性药剂；如酸量不足，则应补充酸来中和碱。必须注意对于弱酸或弱碱，由于反应生成盐的水解，尽管反应达到等当量点，但溶液并非中性，pH 值取决于生成盐的水解度。

二、碱性废水的中和处理

1. 利用废酸性物质中和法

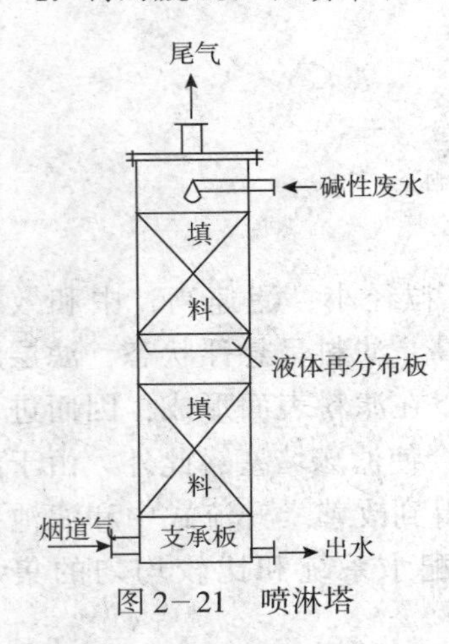

图 2－21　喷淋塔

废酸性物质包括含酸废水、烟道气等。烟道气中 CO_2 含量可高达 24%，此外有时还含有 SO_2 和 H_2S，故可用来中和碱性废水。

利用酸性废水中和法和利用碱性废水中和酸性废水原理基本相同。用烟道气中和碱性废水一般在喷淋塔中进行，如图 2－21 所示。废水从塔顶布水器均匀喷出，烟道气则从塔底鼓入，两者在填料层间进行逆流接触，完成中和过程。使碱性废水和烟道气都得到净化。根据有关文献介绍，用烟道气中和碱性废水，出水的 pH 值可由 10 ~ 12 降到中性。该法的优点是以废治废，投资省，运行费用低，缺点是出水中的硫化物、耗氧量和色度都会明显增加，还需进一步处理。

2. 药剂中和法

常用的药剂是硫酸、盐酸及压缩二氧化碳。硫酸的价格较低，应用最广。盐酸的优点是反应物溶解度高，沉渣量少，但价格较高。用无机酸中和碱性废水的工艺流程与设备，和药剂中和酸性废水的基本相同。用压缩二氧化碳中和碱性废水，采用设备与烟道气处理碱性废水类似，均为逆流接触反应塔。用二氧化碳做中和剂可以不需 pH 值控制装置，但由于成本较高，在实际工程中使用不多，一般均用烟道气。

第三章　化学混凝

各种废水都是以水为分散介质的分散体系。根据分散相粒度不同，废水可分为三类：分散相粒度为0.1～1nm间的称为真溶液；分散相粒度在1～100nm间的称为胶体溶液；分散相粒度大于100nm的称为悬浮液。其中粒度在100nm以上的悬浮液可采用沉淀或过滤处理，而粒度在1nm～100μm间的部分悬浮液和胶体溶液可采用混凝处理。

混凝就是在废水中预先投加化学药剂来破坏胶体的稳定性，使废水中的胶体和细小悬浮物聚集成具有可分离性的絮凝体，再加以分离除去的过程。

第一节　胶体特性与结构

一、胶体特性

胶体的特性包括光学性质、力学性质、表面性能、动电现象等四个方面。

1. 光学性质

胶体的光学性质是指胶体在水溶液中能引起光的散射的性质，即丁达尔效应。

2. 力学性质

胶体的力学性质主要是指胶体的布朗运动，即胶体颗粒所作的一刻不停的不规则运动。这也是胶体颗粒不能自然沉淀的原因之一。它可用水分子的热运动来解释，胶体颗粒总是处于周围水分子的包围中，而水分子由于热运动总在不停地撞击胶体颗粒，其瞬间合力不能完全抵消，就使得胶体颗粒不断改变位置。

3. 表面性能

胶体颗粒微小，故其比表面积大，具有极大的表面自由能，从而使胶体颗粒具有强烈的吸附能力和水化作用。

4. 动电现象

胶体的动电现象包括电泳与电渗，二者都是由于外加电位差的作用而引起的胶体溶液系统内固相与液相间产生的相对移动。电泳现象是指在电场作用下，胶体微粒能向一个电极方向移动的现象。与此同时，也可认为有一部分液体渗透过了胶体微粒间的孔隙而移向相反的电极，这种液体在电场中透过多孔性固体的现象称为电渗。

电泳现象说明胶体微粒是带电的。当在外加电场作用下，胶体微粒向阴极运动，说明该类胶体微粒带正电，如氢氧化铁、氢氧化铝等；相反，若向阳极运动，则说明该类胶体微粒带负电，如碱性条件下的氢氧化铝和蛋白质等，黏土胶体一般也带负电。由于胶体微粒的带电性，当它们互相靠近时，就产生排斥力，因此不能聚合。

二、胶体的结构

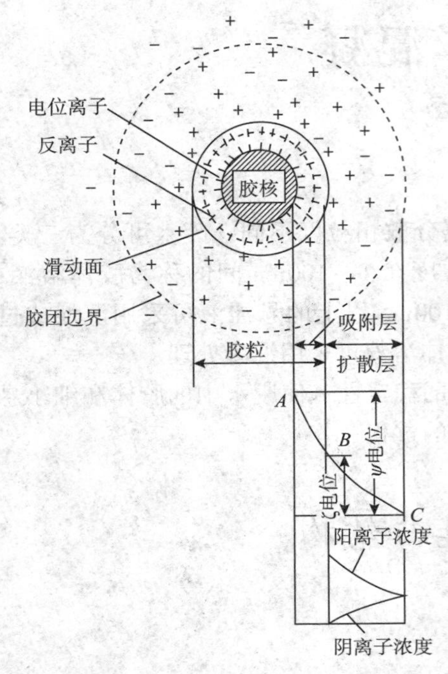

图 3－1　胶体粒子结构及其电位分布

胶体的结构如图 3－1 所示。在粒子的中心是胶核，它由数百乃至数千个分散相固体物质分子组成。在胶核表面，吸附了一层带同号电荷的离子，称为电位离子层。为维持胶体离子的电中性，在电位离子层外吸附了电量与电位离子层总电量相同而电性相反的离子，这称为反离子层。

电位离子层与反离子层就构成了胶体粒子的双电层结构。其中电位离子层构成了双电层的内层，其所带电荷称为胶体粒子的表面电荷，其电性和电荷量决定了双电层总电位的符号和大小。反离子层构成了双电层的外层，按其与胶核的紧密程度，反离子层又分为吸附层和扩散层，前者紧靠电位离子，并随胶核一起运动，它和电位离子层一起构成了胶体粒子的固定层。而反离子扩散层是指固定层以外的反离子，它由于受电位离子的引力较小，因而不随胶核一起运动，并趋于向溶液主体扩散，直至与溶液中的平均浓度相等。吸附层与扩散层的交界面在胶体化学上称为滑动面。

通常将胶核、电位离子层与吸附层合在一起称为胶粒，胶粒再与扩散层组成电中性胶团(即液体粒子)。由于胶粒内反离子电荷数少于表面电荷数，故胶粒总是带电的，其电量等于表面电荷数与吸附层反离子电荷数之差，其电性与电位离子电性相同。

胶核与溶液主体间由于表面电荷的存在所产生的电位称为 ψ 电位，而胶粒与溶液主体间由于胶粒剩余电荷的存在所产生的电位称为 ζ 电位。图 3－1 描述了两种电位随距离的变化情况。ψ 电位对于某类胶体而言，是固定不变的，它无法测出，也不具备实用意义，而 ζ 电位可通过电泳或电渗计算得出，它随着温度、pH 值及溶液中反离子浓度等外部条件而变化。目前测量 ζ 电位的方法主要有电泳法、电渗法、流动电位法以及超声波法，其中以电泳法应用最广。ζ 电位在水处理中的重要意义在于它的数值与胶态分散的稳定性相关。分散粒子越小，Zeta 电位(正或负)越高，体系越稳定。反之，Zeta 电位(正或负)越低，越倾向于凝结或凝聚，即吸引力超过了排斥力，分散被破坏而发生凝结或凝聚。

第二节　混凝机理及其影响因素

胶体颗粒保持分散的悬浮状态的特性称为胶体的稳定性。胶体能保持稳定主要有两个原因：首先，由于同类的胶体微粒电性相同，它们之间的静电斥力阻止微粒间彼此接近而聚合成较大的颗粒；其次，带电荷的胶粒和反离子都能与周围的水分子发生水化作用，形成一层水化壳，也阻碍各胶粒的聚合。一种胶体的胶粒带电越多，其ζ电位就越大；扩散层中反离子越多，水化作用也越大，水化层也越厚，因此扩散层也越厚，稳定性越强。

胶体因ζ电位降低或消除，从而失去稳定性的过程称为脱稳。脱稳的胶粒相互聚集为较大颗粒的过程称为凝聚。未经脱稳的胶体也可形成大的颗粒，这种现象称为絮凝。凝聚与絮凝结合在一起使用的过程称为混凝。

一、混凝机理

不同的化学药剂能使胶体以不同的方式脱稳、凝聚或絮凝。按机理，混凝可分为压缩双电层、吸附电中和、吸附架桥、沉淀物网捕四种。

1. 压缩双电层机理

由胶体粒子的双电层结构可知，反离子的浓度在胶粒表面处最大，并沿着胶粒表面向外的距离呈递减分布，最终与溶液中离子浓度相等，如图3-2所示。

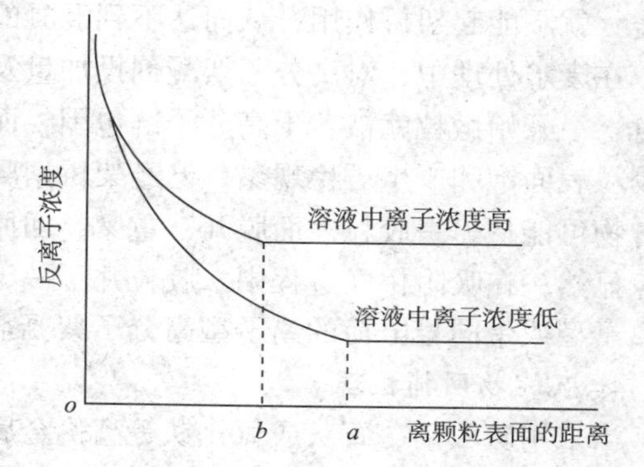

图3-2　溶液中离子浓度与扩散层厚度的关系

当向溶液中投加电解质，使溶液中离子浓度增高，则扩散层的厚度将从图上的oa减小至ob。该过程的实质是加入的反离子与扩散层原有反离子之间的静电斥力把原有部分反离子挤压到吸附层中，从而使扩散层厚度减小。由于扩散层厚度的减小，电位相应降低，因此胶粒间的相互排斥力也减少。另一方面，由于扩散层减薄，它们相撞时的距离也减少，因此相互间的吸引力相应变大。从而其排斥力与吸引力的合力由斥力为主变成以引力为主(排斥势能消失了)，胶粒得以迅速凝聚。港湾处泥沙沉积现象可用该机理较好地解释。因淡水进入海水时，海水中盐类浓度较大，使淡水中胶粒的稳定性降低，易于凝聚，所以在港湾处泥沙易沉积。

根据这个机理，当溶液中外加电解质浓度无论多高，也不会有更多超额的反离子进入扩散层，不可能出现胶粒改变极性而使胶粒重新稳定的情况。这与实际情况不符。例如，以三价铝盐或铁盐作混凝剂，当其投量过多时，凝聚效果反而下降，甚至重新稳定。实际上在水溶液中投加混凝剂使胶粒脱稳现象涉及胶粒与混凝剂、胶粒与水溶液、混凝剂与水溶液几个方面的相互作用，是一个综合的现象。而压缩双电层机理只是通过单纯静电现象来说明电解质对脱稳的作用，如仅用它来解释水中的混凝现象，会产生一些矛盾。为此，又提出了其他几种混凝机理。

2. 吸附电中和机理

胶粒表面对异号离子、异号胶粒、链状离子或分子带异号电荷的部位有强烈的吸附作用，由于这种吸附作用中和了电位离子所带电荷，减少了静电斥力，降低了ζ电位，使胶体的脱稳和凝聚易于发生。此时静电引力常是这些作用的主要方面。上面提到的三价铝盐或铁盐混凝剂投量过多，凝聚效果反而下降的现象，可以用本机理解释。因为胶粒吸附了过多的反离子，使原来的电荷变号，排斥力变大，从而发生了再稳现象。

3. 吸附架桥机理

吸附架桥作用主要是指链状高分子聚合物在静电引力、范德华力和氢键力等作用下，通过活性部位与胶粒和细微悬浮物等发生吸附桥联的过程。

当三价铝盐或铁盐及其他高分子混凝剂溶于水后，经水解、缩聚反应形成高分子聚合物，具有线形结构。这类高分子物质可被胶粒所强烈吸附。聚合物在胶粒表面的吸附来源于各种物理化学作用，如范德华引力、静电引力、氢键、配位键等，取决于聚合物同胶粒表面二者化学结构的特点。因其线形长度较大，当它的一端吸附某一胶粒后，另一端又吸附另一胶粒，在相距较远的两胶粒间进行吸附架桥，使颗粒逐渐变大，形成粗大絮凝体。

本机理能解释当废水浊度很低时有些混凝剂效果不好的现象，因为废水中胶粒少，当聚合物伸展部分一端吸附一个胶粒后，另一端因粘连不着第二个胶粒，只能与原先的胶粒粘连，就不能起架桥作用，从而达不到混凝的效果。

在废水处理中，对高分子絮凝剂投加量及搅拌时间和强度都应严格控制，如投加量过大时，一开始微粒就被若干高分子链包围，而无空白部位去吸附其他的高分子链，结果造成胶粒表面饱和产生再稳现象。已经架桥絮凝的胶粒，如受到剧烈的长时间的搅拌，架桥聚合物可能从另一胶粒表面脱开，重又卷回原所在胶粒表面，造成再稳定状态。

显然，在吸附桥联过程中，胶粒并不一定要脱稳，也无需直接接触。这个机理可解释非离子型或带同号电荷的离子型高分子絮凝剂得到好的絮凝效果的现象。

4. 沉淀物网捕机理

当采用硫酸铝、石灰或氯化铁等高价金属盐类作凝聚剂时，当投加量大得足以迅速沉淀金属氢氧化物[如 $Al(OH)_3$、$Fe(OH)_3$]或带金属碳酸盐(如 $CaCO_3$)时，水中的胶粒和细微悬浮物可被这些沉淀物在形成时作为晶核或吸附质所网捕。水中胶粒本身可作为这些沉淀所形成的核心时，凝聚剂最佳投加量与被除去物质的浓度成反比，即胶粒越多，金属凝聚剂投加量越少。

以上介绍的混凝的四种机理，在水处理中往往可能是同时或交叉发挥作用的，只是在一定情况下以某种机理为主而已。

二、异向絮凝与同向絮凝

前面分析了胶体的脱稳与凝聚，但胶体的混凝速度不但取决于胶体的脱稳速度，而且取决于胶粒间的接触碰撞率。造成胶粒相撞的主要原因是布朗运动、水流速度及水流紊动性。由布朗运动引起的碰撞凝聚称异向絮凝；由水流速度差及水流紊动性引起的碰撞凝聚称同向絮凝。

由异向絮凝造成的颗粒总浓度随时间的变化率 J_{PK}，可用下式表示：

$$J_{PK}=\frac{dN}{dt}=\frac{-4\eta KT}{3\mu}N^2$$

式中 N——时间 t 时悬浮液的颗粒总浓度，粒子数/mL；

η——碰撞效率系数，为有效碰撞次数与总碰撞次数的比值；

K——波尔兹曼常数；

T——绝对温度；

μ——液体黏度。

对均匀颗粒组成的胶体悬浮液，它的颗粒总浓度随时间变化率 J_{OK} 可用下式表示：

$$J_{OK}=\frac{dN}{dt}=\frac{-2\eta G d^3 N^2}{3}$$

式中　d——胶粒直径；

G——速度梯度。

将上述两式相除得：

$$\frac{J_{OK}}{J_{PK}}=\frac{\mu G d^3}{2KT}$$

由上式可见，胶粒的碰撞是以异向絮凝为主还是以同向絮凝为主，主要取决于胶粒粒径和速度梯度，但粒径的影响要大得多。例如当水温25℃，胶粒直径为1μm时，为使同向絮凝与异向絮凝的效果一样，所需的速度梯度 G 为 $10s^{-1}$；而当胶粒的直径为0.1μm时，则需要 $10000s^{-1}$ 的速度梯度。同样道理，直径为10μm的胶粒只需 $0.01s^{-1}$ 的 G 值就能使二者效果相当。由此可知，水体的搅拌强度越大，越有利于胶粒的同向絮凝，但只有当胶粒的直径在1μm以上时，这种作用才明显的超过异向絮凝，从而比较有效。一般当粒径大于5μm时，异向絮凝相对于同向絮凝就可忽略。

就整个混凝过程而言，微小颗粒一般总是先进行异向絮凝(通常在混合阶段)，待粒径增大后，随即进行同向絮凝(反应阶段)。混合时尽管搅拌强度大，但由于粒径小，同向絮凝速度仍远小于异向絮凝速度。混合时的剧烈搅拌主要是为了使混凝剂与废水达到快速、均匀的混合，同向絮凝在混凝中往往起决定作用。

三、混凝的影响因素

1. 废水水质的影响

1)浊度

浊度过高或过低都不利于混凝，浊度不同，所需的混凝剂用量也不同。

2)pH值

在混凝过程中，都有一个相对最佳pH值存在，使混凝反应速度最快，絮体溶解度最小，可通过试验确定。以铁盐和铝盐混凝剂为例，pH值不同，生成水解产物不同，混凝效果亦不同。由于水解过程中不断产生 H^+，因此，常常需要添加碱来使中和反应充分进行。

3)水温

水温会影响无机盐类的水解，水温低，水解反应慢。另外水温低，水的黏度增大，布朗运动减弱，混凝效果下降。这也是冬天混凝剂用量比夏天多的缘故。但温度也不是越高越好，当温度超过90℃时，易使高分子絮凝剂老化或分解生成不溶性物质，反而降低混凝效果。

4)共存杂质

有些杂质的存在能促进混凝过程，比如除硫、磷化合物以外的其他各种无机金属盐，均能压缩胶体粒子的扩散层厚度，促进胶体凝聚，且浓度越高，促进能力越强，并可使混凝范围扩大。而有些物质则则不利于混凝的进行，如磷酸离子、亚硫酸离子、高级有机酸离子等会阻碍高分子絮凝作用。另外，氯、螯合物、水溶性高分子物质和表面活性物质都不利于混凝。

2. 混凝剂的影响

1）混凝剂种类

混凝剂的选择主要取决于胶体和细微悬浮物的性质、浓度。如水中污染物主要呈胶体状态，且 ζ 电位较高，则应先投加无机混凝剂使其脱稳凝聚，如絮体细小，还需投加高分子混凝剂或配合使用活性硅酸等助凝剂。很多情况下，将无机混凝剂与高分子混凝剂并用，可明显提高混凝效果，扩大应用范围。对于高分子混凝剂而言，链状分子上所带电荷量越大，电荷密度超高，链状分子越能充分延伸，吸附架桥的空间范围也就越大，絮凝作用就越好。

2）混凝剂投加量

投加量除与水中微粒种类、性质、浓度有关外，还与混凝剂品种、投加方式及介质条件有关。对任何废水的混凝处理，都存在最佳混凝剂和最佳投药量的问题，应通过试验确定。一般的投加量范围是：普通铁盐、铝盐为10～30mg/L；聚合盐为普通盐的1/3～1/2；有机高分子混凝剂通常只需1～5mg/L，且投加量过量，很容易造成胶体的再稳。

3）混凝剂投加顺序

当使用多种混凝剂时，其最佳投加顺序可通过试验来确定。一般而言，当无机混凝剂与有机混凝剂并用时，先投加无机混凝剂，再投加有机混凝剂。但当处理胶粒粒径在50μm以上时，常先投加有机混凝剂吸附架桥，再加无机混凝剂压缩扩散层而使胶体脱稳。

3. 水力条件的影响

水力条件对混凝效果有重要影响。两个主要的控制指标是搅拌强度和搅拌时间。搅拌强度常用速度梯度 G 来表示。速度梯度是指由于搅拌在垂直水流方向上引起的速度差 $\mathrm{d}u$ 与垂直水流距离 $\mathrm{d}y$ 间的比值，即 $G=\mathrm{d}u/\mathrm{d}y$。速度梯度实质上反映了颗粒的碰撞机会。

在混合阶段，要求混凝剂与废水迅速均匀的混合，为此要求 G 在500～1000s^{-1}，搅拌时间 t 应在10～30s。而到了反应阶段，既要创造足够的碰撞机会和良好的吸附条件让絮体有足够的成长机会，又要防止生成的小絮体被打碎，因此搅拌强度要逐渐减小，而反应时间要长，相应 G 和 t 值分别应在20～70s^{-1}和15～30min。为确定最佳的工艺条件，一般情况下，可以用烧杯搅拌法进行混凝模拟试验。

第三节　常见的混凝剂与助凝剂

一、混凝剂

用于水处理的混凝剂要求混凝效果好，对人类健康无害，价廉易得，使用方便。目前常用的混凝剂按化学组成有无机盐类和有机高分子类。

（一）无机盐类

目前应用最广的是铁系和铝系金属盐，可分为普通铁、铝盐和碱化聚合盐。其他还有碳酸镁、活性硅酸、高岭土、膨润土等。

1. 硫酸铝

硫酸铝是世界上水和废水处理中使用最多的混凝剂。常用的硫酸铝含18个结晶水，其产品有精制和粗制两种。精制硫酸铝是白色结晶体。粗制硫酸铝的 Al_2O_3 含量不少于14.5%～16.5%，不溶杂质含量不大于24%～30%，价格较低，但质量不稳定，因含不溶杂质较多，增加了药液配制和排除废渣等方面的困难。硫酸铝易溶于水，水溶液呈酸性，室温时溶解度大致是50%，pH值在2.5以下，沸水中溶解度提高至90%以上。

硫酸铝使用便利，混凝效果较好，不会给处理后的水质带来不良影响。当水温低时硫酸铝水解困难，形成的絮体较松散。

硫酸铝可分干式或湿式投加。湿式投加时一般采用10%～20%的浓度。硫酸铝使用时水的有效pH值范围较窄，跟原水硬度有关，对于软水，pH值在5.7～6.6；中等硬度的水为6.6～7.2；硬度较高的水则为7.2～7.8。因此在投加硫酸铝时应考虑上述特性，以免加入过量硫酸铝，会使水的pH值降至其适宜的pH值以下，既浪费药剂，又使处理后的水发浑。

明矾是硫酸铝和硫酸钾的复盐 $Al_2(SO_4)_3 \cdot K_2SO_4 \cdot 24H_2O$，其中 Al_2O_3 含量约10.6%，是天然物，其作用机理与硫酸铝相同。

2. 聚合氯化铝(PAC)

聚合氯化铝作为一种高分子混凝剂，于20世纪60年代在日本首先进入使用阶段。其化学式可写为$[Al_2(OH)_nCl_{6-n}]_m$，式中 n 可取1到5中间的任何整数，m 为≤10的整数。这个化学式实际指 m 个 $Al_2(OH)_nCl_{6-n}$(称羟基氯化铝)单体的聚合物。

聚合氯化铝中[OH]与[Al]的比值对混凝效果有很大关系，一般可用碱化度 B 表示：$B=\frac{[OH]}{3Al}\times 100\%$。一般要求 B 为40%～60%。

聚合氯化铝与其他混凝剂相比，具有下列优点：①应用范围广，对各种废水都可以达到好的混凝效果；②易快速形成大的矾花，沉淀性能好，投药量一般比硫酸铝低，过量投加时也不会像硫酸铝那样造成水浑浊；③适宜的pH值范围较宽(在5～9间)，且处理后水的pH值和碱度下降较小；④水温低时，仍可保持稳定的混凝效果。⑤其碱化度比其他铝盐、铁盐高，因此药液对设备的侵蚀作用小。

3. 三氯化铁

三氯化铁有无水物、结晶水合物和液体，其中常用的是 $FeCl_3 \cdot 6H_2O$，为黑褐色的结晶体，有强烈吸水性，极易溶于水，其溶解度随温度上升而增加，形成的矾花，沉淀性好，处理低温水或低浊水效果比铝盐的好。三氯化铁液体、晶体物或受潮的无水物腐蚀性极大，调制和加药设备必须考虑用耐腐蚀材料。

4. 硫酸亚铁

硫酸亚铁($FeSO_4 \cdot 7H_2O$)是半透明绿色晶体，易溶于水，在水温20℃时溶解度为21%。硫酸亚铁离解出的 Fe^{2+} 只能生成最简单的单核络合物，因此，不如三价铁盐有良好的混凝效果。残留在水中的 Fe^{2+} 会使处理后的水带色，Fe^{2+} 与水中的某些有色物质作用后，会生成颜色更深的溶解物。因此，使用硫酸亚铁时应将二价铁先氧化为三价铁，然后再起混凝作用。

5. 聚合硫酸铁

聚合硫酸铁的化学式为$[Fe_2(OH)_n(SO_4)_{3-n/2}]_m$。它与聚合铝盐都是具有一定碱化度的无机高分子聚合物，且作用机理也颇为相似。适宜水温10～50℃，pH值5.0～8.5，但在 pH 值 4.0 ~ 11 范围内仍可使用。与普通铁铝盐相比，它具有投加剂量少，絮体生成快，对水质的适应范围广以及水解时消耗水中碱度少等一系列优点，因而在废水处理中的应用越来越广泛。

6. 活化硅酸

活化硅酸是在 20 世纪 30 年代后期作为混凝剂开始在水处理中得到应用的。由于呈真溶液状态的活化硅酸在通常 pH 条件下组分带有负电荷，对液体的混凝是通过吸附架桥使粒子粘连而完成的，因而常被称为絮凝剂或助凝剂。活化硅酸一般无商品出售，需在水处理现场制备，其原因是活化硅酸在储存时易析出硅胶而失去絮凝功能。活化硅酸实质上是硅酸钠在加酸条件下水解聚合反应进行到一定程度的中间产物，其组分特征，如电荷、大小、结构，取决于水解反应起始的硅浓度、反应时间(从酸化到稀释)和反应时的 pH 值。

(二)有机高分子类混凝剂

高分子混凝剂分为天然和人工两种，其中天然高分子混凝剂的应用远不如人工的广泛，主要原因是电荷密度小，相对分子质量较低，且容易发生降解而失去活性。高分子混凝剂一般为链状结构，各单体间以共价键结合。单体的总数称为聚合度，高分子混凝剂的聚合度约从 1000 到 5000，甚至更高。高分子混凝剂溶于水中，将生成大量的线型高分子。

根据高分子聚合物所带基团能否离解及离解后所带离子的电性，有机高分子混凝剂可分为阴离子型、阳离子型和非离子型。阴离子型主要是含有—COOM(M 为 H^+ 或金属离子)或—SO_3H 的聚合物，阳离子型主要是含有—NH_3^+、—NH_2^+ 和—N^+R_4 的聚合物，非离子型是所含基团不发生离解的聚合物。高分子混凝剂中，以聚丙烯酰胺(PAM)应用最为普遍，其产量占高分子混凝剂总产量的 80%。按性状，聚丙烯酰胺产品有胶状、片状和粉状，其聚合度可多达 $2\times10^4 \sim 9\times10^4$，相应的相对分子质量高达 $1.5\times10^6 \sim 6\times10^6$。聚丙烯酰胺常作为助凝剂与其他混凝剂一起使用，可产生较好的混凝效果。聚丙烯酰胺的投加次序与废水水质有关。当废水浊度低时，宜先投加其他混凝剂，再投加聚丙烯酰胺，使胶体颗粒先脱稳到一定程度为聚丙烯酰胺的絮凝作用创造有利条件；当废水浊度高时，应先投加聚丙烯酰胺，再投加其他混凝剂，以让聚丙烯酰胺先在高浊度水中充分发挥作用，吸附部分胶粒，使浊度下降，其余胶粒由其他混凝剂脱稳，再由聚丙烯酰胺吸附，这样可降低其他混凝剂的用量。

在一般情况下，不论混凝剂为何种离子型，对不同电性的胶体和细微悬浮物都是有效的。但如为离子型且电性与胶粒电性相反，就能起降低 ζ 电位和吸附架桥双重作用，可明显提高聚凝效果。而且，离子型高分子混凝剂由于带同号电荷，产生的静电斥力会使线型分子延伸开来，增大捕捉范围，活性基团也得到充分暴露，有利于更好地发挥架桥作用。因此，离子型高分子混凝剂是今后的发展重点。

二、助凝剂

助凝剂是指与混凝剂一起使用，以促进水的混凝过程的辅助药剂。助凝剂本身可以起混凝作用，也可不起混凝作用。按其功能，助凝剂可分为三种。

1) pH 调整剂

在废水 pH 值不符合工艺要求或在投加混凝剂后 pH 值有较大变化时，需投加 pH 调整剂。常用的 pH 调整剂包括石灰、硫酸、氢氧化钠等。

2）絮体结构改良剂

当生成絮体小、松散且易碎时，可投加絮体结构改良剂以改善絮体的结构，增加其粒径、密度和强度。如活性硅酸、黏土等。

3）氧化剂

当废水中有机物含量高时，易起泡沫，使絮凝体不易沉降，此时可投加氯气、次氯酸钠、臭氧等氧化剂来破坏有机物，以提高混凝效果。

第四节　化学混凝设备

整个化学混凝工艺过程包括混凝剂的配制与投加、混合、反应、澄清等几个步骤，下面分别叙述各步骤的设备。

一、混凝剂的配制与投加

混凝剂的投配分干法和湿法。干法即把药剂直接投放到被处理的水中。其优点是占地少，缺点是对药剂的粒度要求较高，投配量较难控制，对机械设备要求较高，同时劳动条件也差。用得较多的是湿法，即先把药剂配制成一定浓度的溶液，再投入被处理水中，整个投加过程见图 3－3。

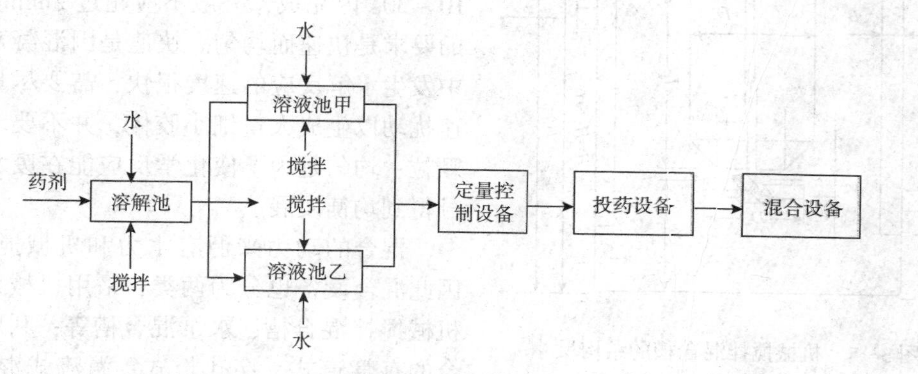

图 3－3　药剂的溶解和投加过程

溶药池是把固体药剂溶解成浓溶液。其搅拌可采用水力、机械或压缩空气等方式，视用药量大小和药剂的性质而定，一般药量小时用水力搅拌，药量大时用机械搅拌。溶药池体积一般为溶液池的 0.2～0.3 倍，溶液池应采用两个交替使用。

药液的投配要求是计量准确，调节灵活，设备简单。目前较常用的主要有计量泵、水射器、虹吸定量投药设备和孔口计量设备。其中计量泵最简单可靠，生产型号也较多。水射器主要用于向压力管内投加药液，使用方便。虹吸定量投药设备是利用空气管末端与虹吸管出口间的水位差不变，因而投药量恒定而设计的投配设备。而孔口计量设备如图 3－4 所示，主要用于重力投加系统，溶液液位由浮子保持恒定，溶液由孔口经软管流出，只要孔上的水头不变，投药量就恒定，可通过调节孔口大小来调节加药量。

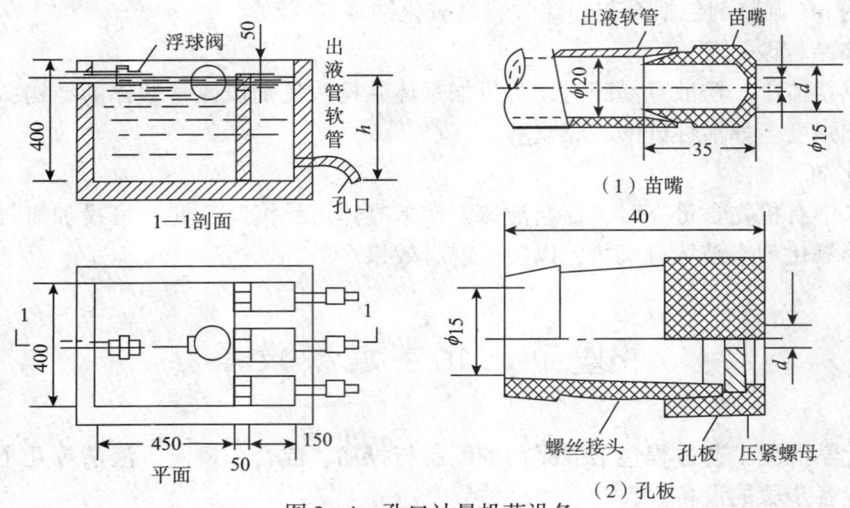

图 3-4　孔口计量投药设备

二、混合设备

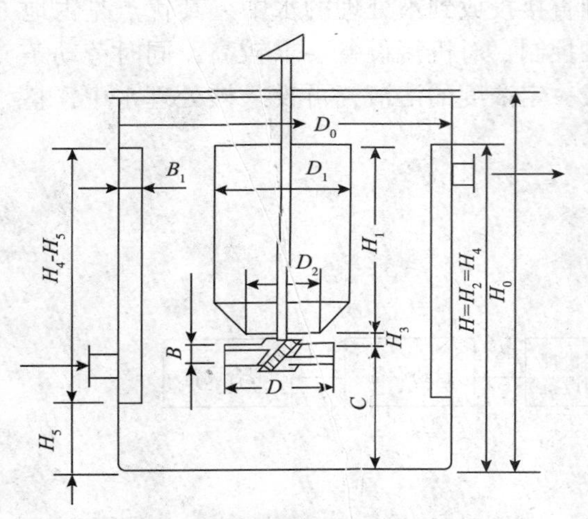

图 3-5　机械搅拌混合槽的结构尺寸

将药剂投入废水后在水中发生水解反应并产生异电荷胶体，与水中胶体和悬浮物接触，形成细小的矾花，这一过程就是混合。大约在 10～30s 内完成，一般不应超过 2min。对混合的要求是快速而均匀。快速是因混凝剂在废水中发生水解反应的速度很快，需要尽量造成急速扰动以生成大量细小胶体，并不要求生成大颗粒；均匀是为了使化学反应能在废水中各部分得到均衡发展。

混合的动力来源有水力和机械搅拌两类，因此混合设备也分为两类，采用机械搅拌的有机械搅拌混合槽、水泵混合槽等；利用水力混合的有管道式、穿孔板式、涡流式混合槽等。其中机械搅拌混合槽通过搅拌桨的快速搅拌完成混合，其结构见图 3-5。各部分比例尺寸见表 3-1。

表 3-1　机械搅拌混合槽各部分比例尺寸

槽　体			搅　拌　桨				
内径	总高 H_0	静液面高 H	直径 D	桨叶宽 B	搅拌桨与槽底距离 C	叶片倾角 θ	层数
D_0	$(1.2\sim1.4)D_0$	$0.8H_0$	$(1/4\sim1/3)D$	$(1/5\sim1/4)D$	$(0.5\sim0.7)D$	45°	四叶单层

三、反应设备

混合完成后，水中已经产生细小絮体，但还未达到自然沉降的粒度，反应设备的任务就是使小絮体逐渐絮凝成大絮体而便于沉淀。反应设备应有一定的停留时间和适当的搅拌强度，以让小絮体能相互碰撞，并防止生成的大絮体沉淀。但搅拌强度太大，则会使生成的絮体破碎，且絮体越大，越易破碎，因此在反应设备中，沿着水流方向搅拌强度应越来越小。

搅拌强度可用速度梯度 G 表示，同时速度梯度与搅拌时间的乘积 Gt 值可间接表示整个反应时间内颗粒碰撞的总次数，可用来控制反应效果，一般 Gt 值应控制在 $10^4 \sim 10^5$ 之间。近年来，有人提出应以 GtC（C 为胶体浓度）值作为反应设备的控制参数，并建议 GtC 值控制在 100 左右较好。理由是反应效果与水中颗粒浓度有关，例如当低浓度时反应设备的效率就会降低，但如果人工投加黏土，效果就能提高。

混凝反应设备也有机械搅拌和水力搅拌两类。机械搅拌反应池结构见图 3-6。反应池用隔板分为 2～4 格，每格装一搅拌叶轮，叶轮有水平和垂直两种。水力停留时间一般采用 15～30min，叶轮半径中点线速度由进水格的 0.5～0.6m/s 依次减到出水格的 0.1～0.2m/s。水力搅拌反应池在我国应用广泛，类型也较多，主要有隔板反应池、旋流反应池、涡流式反应池等。其中在废水处理中用的较多的是隔板反应池。

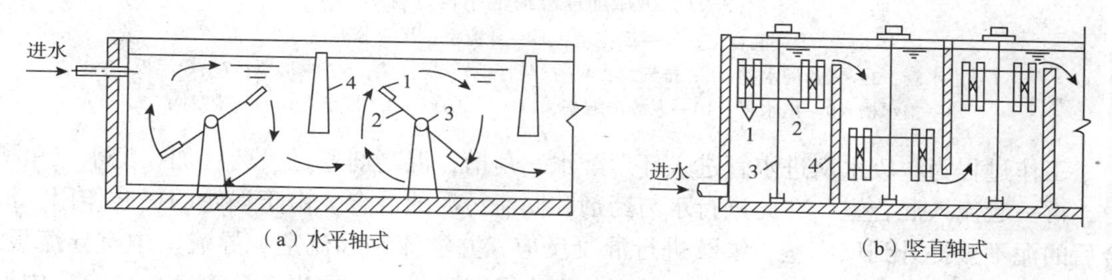

图 3-6　机械搅拌反应池

1—桨板；2—叶轮；3—转轴；4—隔板

四、澄清池

澄清池是能够同时实现混凝剂与原水的混合、反应和絮体沉降三种功能的设备。它利用的是接触凝聚原理，即为了强化混凝过程，在池中让已经生成的絮凝体悬浮在水中成为悬浮泥渣层（接触凝聚区），当投加混凝剂的水通过它时，废水中新生成的微絮粒被迅速吸附在悬浮泥渣上，从而能够达到良好的去除效果。所以澄清池的关键部分是接触凝聚区。保持泥渣处于悬浮、浓度均匀稳定的工作条件已成为所有澄清池共同特点。

澄清池能在一个池内完成混合、反应、沉淀分离等过程，因此它占地面积小，同时还具有处理效果好、生产效率高、药剂用量少等优点。它的缺点是设备结构复杂，管理比较复杂，出水水质不够稳定，尤其是当进水水质水量或水温波动时，对处理效果有影响。

根据泥渣与废水接触方式的不同，澄清池可分为两大类：一类是悬浮泥渣型，它的泥渣通过上升水流在池内形成悬浮状态，当水流从下往上通过泥渣层时，截留水中夹带的小絮体，主要形式有悬浮澄清池、脉冲澄清池等；另一类是泥渣循环型，即让泥渣在竖直方向上不断循环，通过该循环运动捕集水中的微小絮粒，并在分离区加以分离，主要形式有机械加速澄清池和水力循环加速澄清池。在废水处理中，应用最广泛的机械加速澄清池。

机械加速澄清池，多为圆形钢筋混凝土结构，小型的池子有时也采用钢板结构，主要组成部分有混合室、反应室、导流室和分离室，混合室周围被伞形罩包围，在混合室上部设有涡轮搅拌桨，由变速电机带动涡轮转动，如图3－7所示。

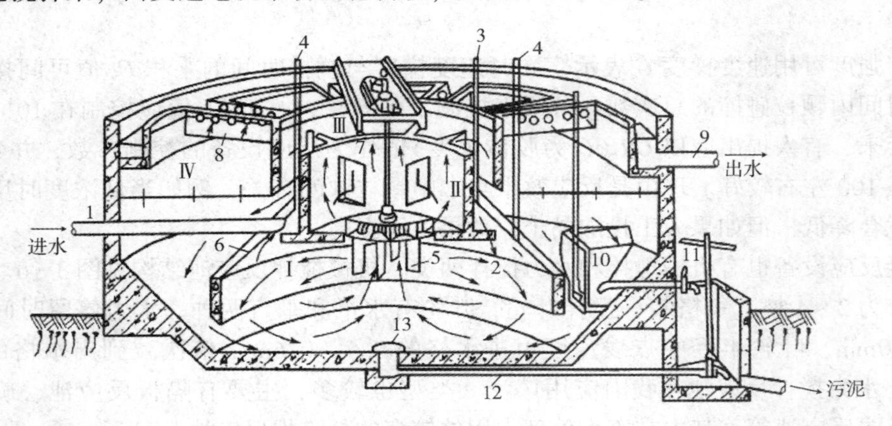

图3－7　机械加速澄清池结构透视图

Ⅰ—混合室；Ⅱ—反应室；Ⅲ—导流室；Ⅳ—分离室

1—进水管；2—三角配水槽；3—排气管；4—投药管；5—搅拌桨；6—伞形罩；7—导流板；8—集水槽；9—出水管；10—泥渣浓缩室；11—排泥管；12—排空管；13—排空阀

工作过程为：废水从进水管进入环形配水三角槽，混凝剂通过投药管加在配水三角槽中，再一起流入混合室。在此进行水与药剂和回流污泥的混合。由于涡轮的提升作用，混合后的泥不被提升到反应室，继续进行混凝反应，并溢流到导流室。导流室中有导流板，其作用在于消除反应室过来的环形运动，使废水平稳地沿伞形罩进入分离室，分离室中设有排气管，作用是将废水中带入的空气排出，减少对泥水分离的干扰。分离室面积较大，由于过水面积的突然增大，流速下降，泥渣便靠重力自然下沉，清液由集水槽和出水管流出池外。泥渣少部分进入泥渣浓缩室，定期由排泥管排出，大部分则在涡轮提升作用下通过回流缝回流到混合室。泥渣浓缩室可设一个或几个，根据水质和水量而定。为改善分离室的泥水分离条件，可在分离室内增设斜板或斜管来提高分离效果。另外，池底还有排泥放空管，以排除池底积聚的泥渣和池子放空时用。

澄清池处理效果除与池体各部分尺寸是否合理有关外，主要取决于以下两点。

1）搅拌速度

为使泥渣和水中小絮体充分混合，并防止搅拌不均引起部分泥渣沉积，要求加快搅拌速度。但速度若太快，会打碎已形成絮体，影响处理效果。搅拌速度根据污泥浓度决定，污泥浓度低，搅拌速度小，污泥浓度高，就要增大搅拌速度。

2）泥渣回流量及浓度

一般回流量大反应效果好，但因流量太大，会导致流速过大，从而影响分离室的稳定，一般控制回流量为水量的3～5倍。泥渣浓度越高越容易截留废水中悬浮颗粒，但泥渣浓度越高，澄清水分离越困难，以至于会使部分泥渣被带出，影响出水水质。因此，在不影响分离室工作的前提下，尽量提高泥渣浓度。泥渣浓度可通过排泥来控制。

第四章 重力分离

第一节 沉淀的基本理论

沉淀法是水处理中最基本的方法之一。它是利用水中悬浮颗粒和水的密度差，在重力场作用下产生下沉作用，以达到固液分离的一种过程。

按照污水的性质与所要求的处理程度不同，沉淀处理工艺可以是整个水处理过程中的一个工序，亦可以作为唯一的处理方法。在典型的污水处理厂中，沉淀法可用于污水的预处理、污水的初级处理、生物处理后的固液分离、污泥处理阶段的污泥浓缩等方面。

污泥浓缩池是将来自二沉池的污泥，或者二沉池及初沉池污泥一起进一步浓缩，以减小体积，降低后续构筑物的尺寸、处理负荷和运行成本等。

一、沉淀类型

根据水中悬浮颗粒的性质、凝聚性能及浓度，沉淀通常可以分为四种基本类型，各类沉淀发生的水质条件如图 4-1 所示。

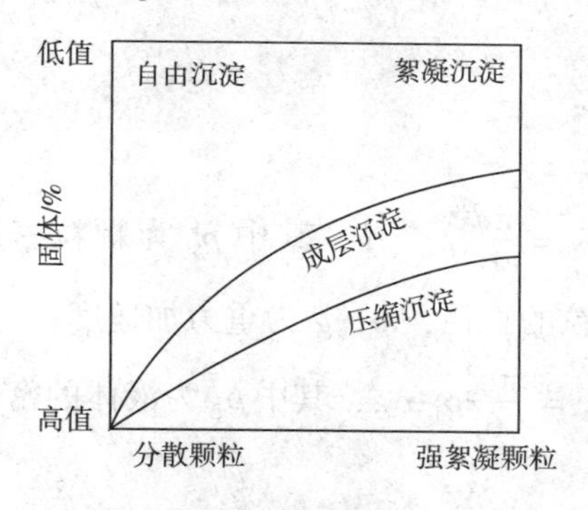

图 4-1 四种沉淀基本类型

1. 自由沉淀

自由沉淀是发生在水中悬浮固体浓度不高时的一种沉淀类型。沉淀过程悬浮颗粒之间互不干扰，颗粒各自独立完成沉淀过程，颗粒的沉淀轨迹呈直线。整个沉淀过程中，颗粒的物理性质，如形状、大小及相对密度等不发生变化。砂粒在沉砂池中的沉淀就属于自由沉淀。

2. 絮凝沉淀

在絮凝沉淀中，悬浮颗粒浓度不高，但沉淀过程中悬浮颗粒之间有相互絮凝作用，颗粒因互相聚集增大而加快沉降。沉淀过程中，颗粒的质量、形状和沉速是变化的，实际沉速很难用理论公式计算，需通过试验测定。化学混凝沉淀及活性污泥在二沉池中间段的沉淀属絮凝沉淀。

3. 成层沉淀(或称拥挤沉淀)

成层沉淀的悬浮颗粒浓度较高(5000mg/L以上)，颗粒的沉降受到周围其他颗粒影响，颗粒间相对位置保持不变，形成一个整体共同下沉。与澄清水之间有清晰的泥水界面，沉淀显示为界面下沉。二沉池下部及污泥重力浓缩池开始阶段均有成层沉淀发生。

4. 压缩沉淀

压缩沉淀发生在高浓度悬浮颗粒的沉降过程中，由于悬浮颗粒浓度很高，颗粒之间互相接触，互相支承，下层颗粒间的水在上层颗粒的重力作用下被挤出，使污泥得到浓缩。二沉池污泥斗中的污泥浓缩过程以及污泥重力浓缩池中均存在压缩沉淀。

二、自由沉淀与絮凝沉淀分析

1. 自由沉淀理论分析

水中的悬浮颗粒，都因两种力的作用而发生运动：悬浮颗粒受到的重力、水对悬浮颗粒的浮力。重力大于浮力时下沉，两力相等时相对静止，重力小于浮力时上浮。

为分析简便起见，假定：①颗粒为球形；②沉淀过程中颗粒的大小、形状、重量等不变；③颗粒只在重力作用下沉淀，不受器壁和其他颗粒影响。

悬浮颗粒在静水中一旦开始沉淀以后，会受到三种力的作用：颗粒的重力 F_1，颗粒的浮力 F_2，下沉过程中受到的摩擦阻力 F_3，沉淀开始时，因受重力作用产生加速运动，经过很短的时间后，三种作用力达到相互平衡时，颗粒即呈等速下沉(见图4-2)。

可用牛顿第二定律表达颗粒的自由沉淀过程：

$$m\frac{\mathrm{d}u}{\mathrm{d}t}=F_1-F_2-F_3 \tag{4-1}$$

式中　m——颗粒质量，kg；

u——颗粒沉速，m/s；

t——沉淀时间，s；

F_1——颗粒的重力，$F_1=\frac{\pi d^3}{6}\rho_s\cdot g$，其中 ρ_s 为颗粒密度，kg/m^3，d 为颗粒的直径，m，g 为重力加速度；

F_2——颗粒的浮力，$F_2=\frac{\pi d^3}{6}\rho_L\cdot g$，其中 ρ_L 为液体的密度，kg/m^3；

F_3——颗粒的沉淀过程中受到的摩擦阻力。

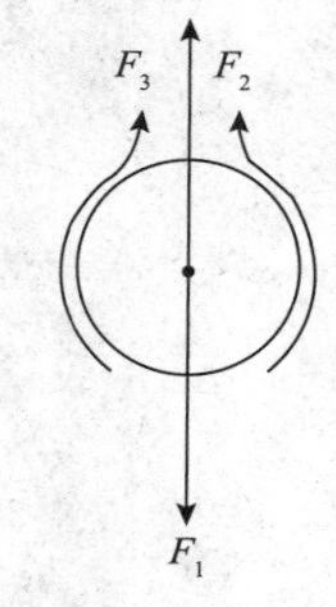

图4-2　颗粒自由沉淀过程

颗粒的沉淀过程中受到的阻力可表示为：

$$F_3=\lambda\cdot A\cdot\rho_L\frac{u^2}{2} \tag{4-2}$$

式中　λ——阻力系数，当颗粒周围绕流处于层流状态时，$\lambda=\frac{24}{Re}$，其中 Re 为颗粒绕流雷诺数，与颗粒的直径、沉速、液体的黏度等有关，$Re=\frac{ud\rho_L}{\mu}$，其中 μ 为液体的黏度；

A——自由沉淀颗粒在垂直面上的投影面积，$\frac{1}{4}\pi d^2$ 。

颗粒下沉开始时，沉速为0，逐渐加速，阻力 F_3 也随之增加，很快三种力达到平衡，颗粒等速下沉，$\frac{du}{dt}=0$，把 F_1、F_2、F_3 公式代入式(4-1)：

$$m\frac{du}{dt}=(\rho_s-\rho_L)g\frac{\pi d^3}{6}-\lambda\frac{\pi d^2}{4}\rho_L\frac{u^2}{2} \tag{4-3}$$

故

$$u=\left[\frac{4}{3}\cdot\frac{g}{\lambda}\cdot\frac{\rho_s-\rho_L}{\rho_L}\cdot d\right]^{1/2} \tag{4-4}$$

代入阻力系数公式，整理后得：

$$u=\frac{\rho_s-\rho_L}{18\mu}gd^2 \tag{4-5}$$

式(4-5)即为球状颗粒自由沉淀的沉速公式，也称斯托克斯(Stokes)公式。该式表明，颗粒沉速与下列因素有关：①颗粒沉速的决定因素是 $\rho_s-\rho_L$，当 ρ_s 大于 ρ_L 时，$\rho_s-\rho_L$ 为正值，颗粒以 u 下沉；当 ρ_s 与 ρ_L 相等时，$u=0$，颗粒在水中呈随机悬浮状态，这类颗粒如采用沉淀处理，必须采用絮凝沉淀或气浮法；当 ρ_s 小于 ρ_L 时，$\rho_s-\rho_L$ 为负值，u 亦为负值，颗粒以 u 上浮，可用浮上法去除。②u 与颗粒直径 d 的平方成正比，因此增加颗粒直径有助于提高沉淀速度(或上浮速度)，提高去除效果。③u 与液体的黏度 μ 成反比，μ 随水温上升而下降，即沉速受水温影响，水温上升，沉速增大。

2. 絮凝沉淀分析

絮凝沉淀过程中，沉淀颗粒会发生凝聚，凝聚的程度与悬浮固体浓度、颗粒尺寸分布、负荷、沉淀池深、沉淀池中的速度梯度等因素有关，这些变量的影响只能通过沉淀试验确定。

絮凝沉淀试验柱理论上可以采用任意直径，但考虑到边界影响和取样量的问题，试验柱直径一般取150～200mm，高度上应与拟建沉淀池相同，含悬浮固体混合液引入柱中时，开始应缓慢搅拌均匀，同时保证试验过程中温度均匀，以避免对流，试验时间应与拟建沉淀池沉淀时间相同，取样口的位置约间隔0.5m，在不同的时间间隔取样分析悬浮固体浓度，对每个分析样品计算去除百分率，然后像绘制等高线一样绘制等百分率去除曲线，如图4-3所示。

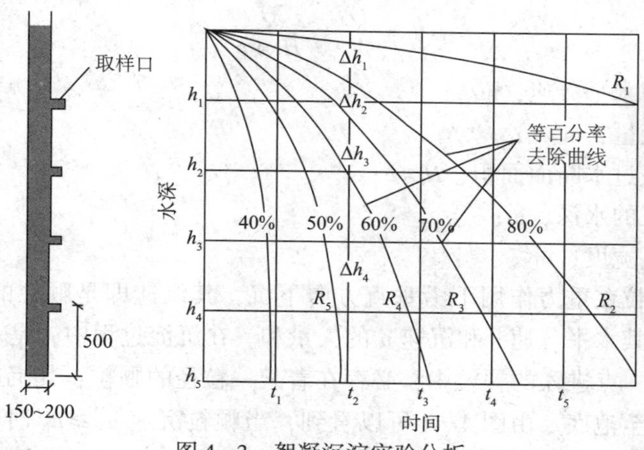

图4-3　絮凝沉淀实验分析

絮凝沉淀速度仍可以用下式计算：

$$u = \frac{H}{t} \tag{4-6}$$

式中　u——沉淀速度，m/s；

H——沉淀柱高度，m；

t——达到给定去除率所需要的时间，s。

对于指定的沉淀时间和沉淀高度，总沉淀效率 η 可用下式计算：

$$\eta = \sum_{i=1}^{n}\left(\frac{\Delta h_i}{H}\right)\left(\frac{R_i + R_{i+1}}{2}\right) \tag{4-7}$$

式中　η——总沉淀效率,%；

i——等百分率去除曲线号；

Δh_i——等百分率去除曲线之间的距离，m；

H——沉降柱总高度，m；

R_i——曲线号 i 的等百分去除率,%；

R_{i+1}——曲线号 $i+1$ 的等百分去除率,%。

三、沉淀池的工作原理

为便于说明沉淀池的工作原理以及分析水中悬浮颗粒在沉淀池内的运动规律，Hazen 和 Camp 提出了理想沉淀池这一概念。理想沉淀池可划分为五个区域，即进口区、沉淀区、出口区、缓冲区及污泥区，并作下述假定：

(1)沉淀区过水断面上各点的水流速度均相同，水平流速为 v；

(2)悬浮颗粒在沉淀区等速下沉，下沉速度为 u；

(3)在沉淀池的进口区域，水流中的悬浮颗粒均匀分布在整个过水断面上；

(4)颗粒一经沉到缓冲区后，即认为已被去除。

根据上述的假定，悬浮颗粒自由沉淀的迹线可用图 4-4 表示。

当某一颗粒进入沉淀池后，一方面随着水流在水平方向流动，其水平流速 v 等于水流速度：

$$v = \frac{Q}{A'} = \frac{Q}{H \times b} \tag{4-8}$$

式中　v——颗粒的水平分速，m/s；

Q——进水流量，m^3/s；

A'——沉淀区过水断面面积，$H \times b$；

H——沉淀区的水深，m；

b——沉淀区宽度，m。

另一方面，颗粒在重力作用下沿垂直方向下沉，其沉速即是颗粒的自由沉降速度 u。颗粒运动的轨迹为其水平分速 v 和沉速 u 的矢量和。在沉淀过程中，是一组倾斜的直线。

从沉淀区顶部 x 点进入的颗粒中，必存在着某一粒径的颗粒，其沉速为 u_0，到达沉淀区末端时刚好能沉至池底。由图 4-4 可以看到，当颗粒沉速 $u_1 \geqslant u_0$ 时，无论这种颗粒处于进口端的什么位置，它都可以沉到池底被去除，即图 4-4(a) 中的轨迹线 xy 与 $x'y'$。当

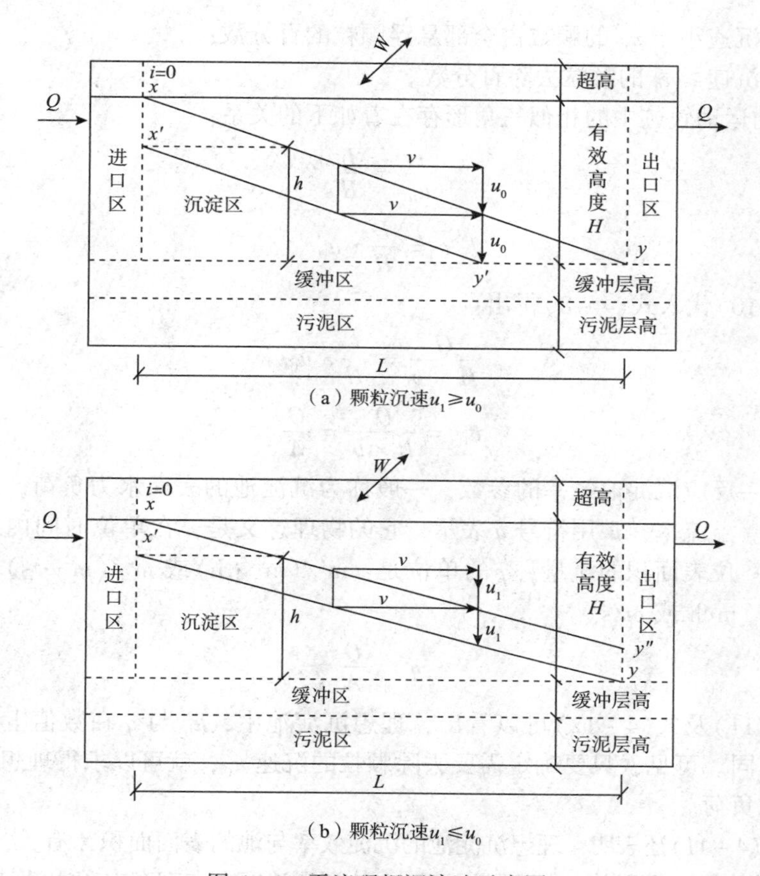

（a）颗粒沉速$u_1 \geqslant u_0$

（b）颗粒沉速$u_1 \leqslant u_0$

图 4-4 平流理想沉淀池示意图

颗粒沉速 $u_1 \leqslant u_0$ 时，从沉淀区顶端进入的颗粒不能沉淀到池底，会随水流排出，如图 4-4(b)中轨迹所示，而当其位于水面下的某一位置进入沉淀区时，它可以沉到池底而被去除，如图中轨迹线 $x'y$ 所示。说明对于沉速 u_1 小于指定颗粒沉速 u_0 的颗粒，有一部分会沉到池底被去除。

设沉速为 u_1 的颗粒占全部颗粒的 $\mathrm{d}P(\%)$，其中的 $\frac{h}{H}\cdot \mathrm{d}P(\%)$ 的颗粒将会从水中沉淀到池底而去除。

在同一沉淀时间 t，下式成立：

$$h = u_1 \cdot t$$

$$H = u_0 \cdot t$$

故：

$$\frac{h}{H} = \frac{u_1}{u_0}$$

$$\frac{h}{H}\cdot \mathrm{d}P = \frac{u_1}{u_0}\mathrm{d}P$$

而沉淀池能去除的颗粒包括 $u_1 \geqslant u_0$ 及 $u_1 < u_0$ 两部分，故沉淀池对悬浮颗粒的去除率为：

$$\eta = (1 - P_0) + \frac{1}{u_0}\int_0^{P_0} u_1 \mathrm{d}P \tag{4-9}$$

式中　P_0——沉速小于 u_0 的颗粒占全部悬浮颗粒的百分数；

$1-P_0$——沉速≥u_0 的颗粒去除百分数。

图4－4的运动轨迹中的相似三角形存在着如下的关系：

$$\frac{v}{u_0}=\frac{L}{H}$$

$$v=\frac{L}{H}\cdot u_0 \qquad (4-10)$$

将式(4－10)代入式(4－8)得出：

$$\frac{Q}{H\times b}=\frac{L}{H}\cdot u_0$$

$$u_0=\frac{Q}{L\times b}=\frac{Q}{A} \qquad (4-11)$$

式中　Q/A——反应沉淀池效率的参数，一般称为沉淀池的表面水力负荷，或称沉淀池的溢流率，常用符号 q 表示，它的物理意义是，在单位时间内通过沉淀池单位表面积的流量，q 的单位是：$m^3/(m^2\cdot h)$ 或 $m^3/(m^2\cdot s)$，也可简化为 m/h 或 m/s。

$$q=\frac{Q}{A} \qquad (4-12)$$

由式(4－11)及式(4－12)可以看出，理想沉淀池中，u_0 与 q 在数值上相同，但它们的物理意义不同。可见，只要确定需要去除颗粒的沉速 u_0，就可以求得理想沉淀池的溢流率或表面水力负荷。

此外，式(4－11)还表明，理想沉淀池的沉淀效率与池的表面面积 A 有关，与池深 H、沉淀时间 t、池的体积 V 等无关。但实际沉淀池在池深和池宽方向都存在着水流速度分布不均匀问题，以及由于存在温差、密度差、风力影响、水流与池壁摩擦力等原因造成紊流，使实际沉淀池去除率要低于理想沉淀池。同时，增加池深有利于沉淀污泥的压缩，提高排泥浓度。

第二节　沉砂池

污水中的无机颗粒如不能及时分离、去除，会严重影响污水处理厂的后续处理设施运行，会板结在反应池底部减小反应器有效容积，引起曝气池中曝气器的堵塞和污泥输送管道的堵塞，甚至损坏污泥脱水设备。沉砂池的设置目的就是去除污水中泥沙、煤渣等相对密度较大的无机颗粒，以免影响后续处理构筑物的正常运行。

沉砂池的工作原理是以重力分离或离心力分离为基础，即控制进入沉砂池的污水流速或旋流速度，使相对密度大的无机颗粒下沉，而有机悬浮颗粒则随水流带走。常用的沉砂池形式有平流式沉砂池、曝气沉砂池、旋流沉砂池等。

一、平流式沉砂池

平流式沉砂池是早期污水处理系统常用的一种形式，以降低流速使无机性颗粒沉降下来，它具有截留无机颗粒效果较好、构造较简单等优点，但也存在流速不易控制、沉砂中有机性颗粒含量较高、排砂常需要洗砂处理等缺点。图4－5所示为平流式沉砂池的基本构造。沉砂池的主体部分，实际是一个加宽、加深了的明渠，由入流渠、沉砂区、出流渠、沉砂斗等部分组成，两端设有闸板以控制水流。在池的底部设置1～2个贮砂斗，下接排砂管。

1. 平流式沉砂池的设计参数

(1)污水在池内的最大流速为0.3m/s，最小流速应不小于0.15m/s；

(2)最高流量时，污水在池内的停留时间不应小于30s，一般取30～60s；

(3)有效水深不应大于1.2m，一般采用0.25～1.0m，每格宽度不宜小于0.6m；

(4)池底坡度一般为0.01～0.02，当设置除砂设备时，可根据除砂设备的要求，确定池底的形状。

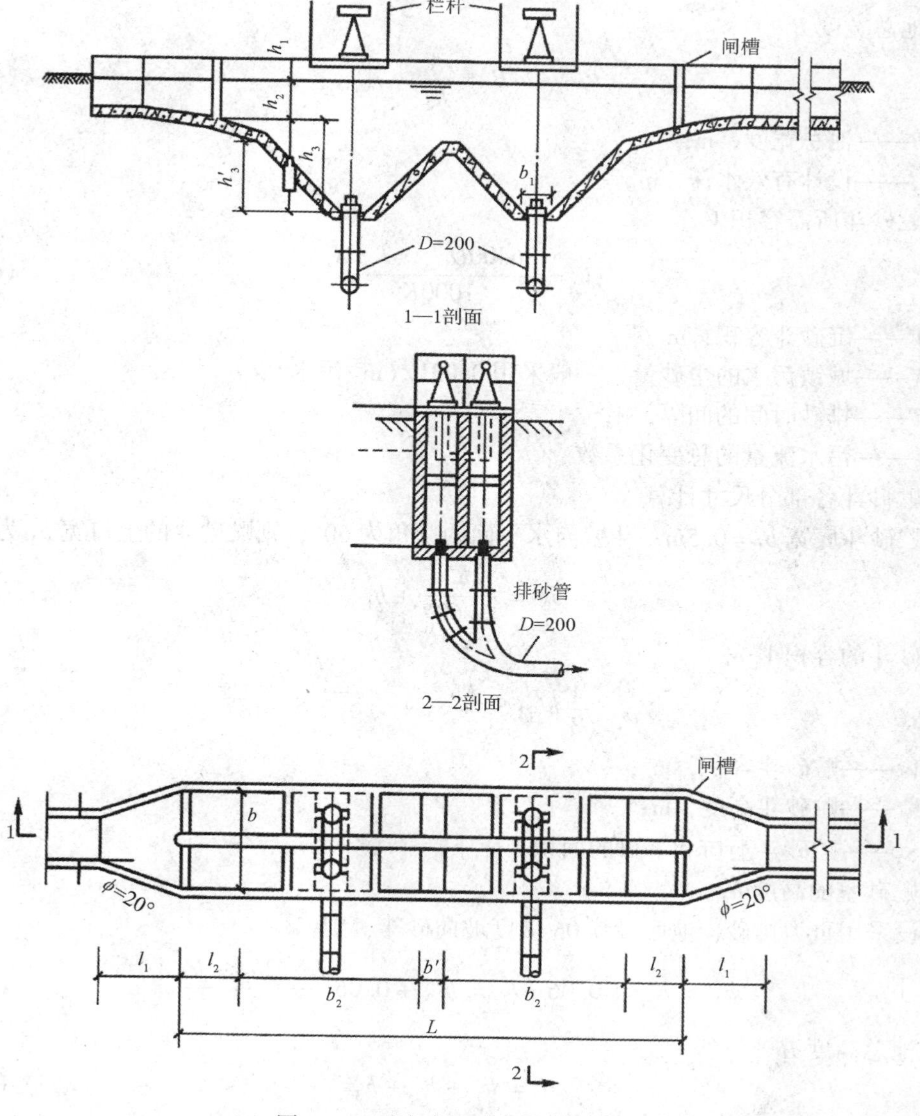

图4－5　平流式沉砂池的基本构造

2. 平流式沉砂池设计

1) 沉砂部分的长度 L

$$L = vt \tag{4-13}$$

式中　L——沉砂池沉砂部分长度，m；

v——最大设计流量时的速度，m/s；

t——最大设计流量时的停留时间，s。

2) 水流截面面积 A

$$A = \frac{Q_{max}}{v} \tag{4-14}$$

式中　A——水流断面面积，m^2；

Q_{max}——最大设计流量，m^3/s。

3) 池总宽度 B

$$B = \frac{A}{h_2} \tag{4-15}$$

式中　B——池总宽度，m；

h_2——设计有效水深，m。

4) 贮砂斗所需容积 V

$$V = \frac{86400 Q_{max} \cdot T \cdot X}{1000 K_z} \tag{4-16}$$

式中　V——沉砂斗容积，m^3；

X——城镇污水的尘砂量，一般采用 0.03L/(m^3 污水)；

T——排砂时间的间隔，d；

K_z——污水流量的总变化系数。

5) 贮砂斗各部分尺寸计算

设贮砂斗底宽 $b_1 = 0.5$m；斗壁与水平面的倾角为 60°；则贮砂斗的上口宽 b_2 为：

$$b_2 = \frac{2h'_3}{\tan 60^\circ} + b_1 \tag{4-17}$$

贮砂斗的容积 V_1：

$$V_1 = \frac{1}{3} h'_3 (S_1 + S_2 + \sqrt{S_1 \cdot S_2}) \tag{4-18}$$

式中　V_1——贮砂斗容积，m^3；

h'_3——贮砂斗高度，m；

S_1，S_2——贮砂斗上口和下口的面积，m^3。

6) 贮砂室的高度 h_3

假设采用重力排砂，池底设 0.06 坡度坡向砂斗，则：

$$h_3 = h'_3 + 0.06 \cdot l_2 = h'_3 + 0.06 \frac{L - 2b_2 - b'}{2} \tag{4-19}$$

7) 池总高度 H

$$H = h_1 + h_2 + h_3 \tag{4-20}$$

式中　H——池总高度，m；

h_1——超高，m。

8）核算最小流速 v_{min}

$$v_{min} = \frac{Q_{min}}{n_1 \cdot A_{min}} \tag{4-21}$$

式中　Q_{min}——设计最小流量，m^3/s；

n_1——最小流量时工作的沉砂池数目；

A_{min}——最小流量时沉砂池中的过水断面面积，m^2。

二、曝气沉砂池

曝气沉砂池从20世纪50年代开始使用，它具有下述特点：①沉砂中含有机物的量低于5%；②由于池中设有曝气设备，它还具有预曝气、脱臭、除泡作用以及加速污水中油类和浮渣的分离等作用。这些特点对后续的沉淀池、曝气池、污泥消化池的正常运行以及对沉砂的最终处置提供了有利条件。但是，曝气作用要消耗能量，对生物脱氮除磷系统的厌氧段或缺氧段的运行也存在不利影响。

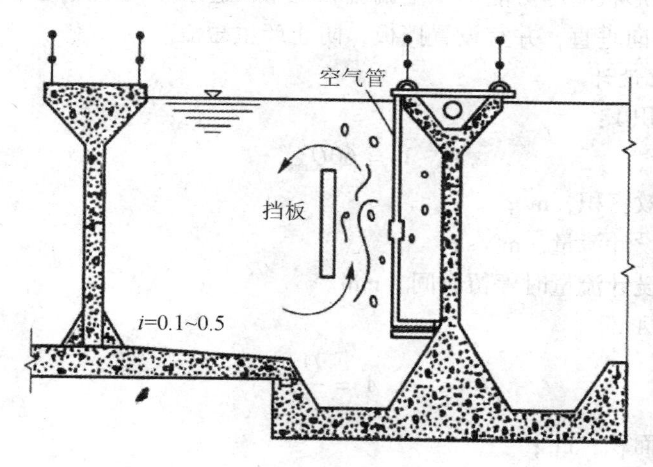

图4-6　曝气沉砂池剖面图

1. 曝气沉砂池的构造及工作原理

曝气沉砂池的剖面如图4-6所示。曝气沉砂池呈矩形，沿渠道壁一侧的整个长度上，距池底约0.6～0.9m处设置曝气装置，曝气装置下面设置集砂槽，在池底另一侧有 $i=0.1\sim0.5$的坡度，坡向集砂槽，集砂槽侧壁的倾角应不小于60°，为了曝气时能使池内水流产生旋流运动，在必要时可在设置曝气装置的一侧设置挡板。

污水在池中存在着两种运动形式，其一为水平流动（流速一般取0.1m/s，不应大于0.3m/s），同时，由于在池的一侧有曝气作用，因而在池的横断面上产生旋转运动，整个池内水流产生螺旋状前进的流动形式。旋流线速度在过水断面的中心处最小，而在池的周边则为最大。空气的供给量应保证池中污水的旋流速度达到0.25～0.3m/s之间。由于旋流主要由鼓入的空气所形成，不是依赖水流的作用，因而曝气沉砂池比其他形式的沉砂池对流量的适应程度要高很多，沉砂效果稳定可靠。

由于曝气以及水流的旋流作用，污水中悬浮颗粒相互碰撞、摩擦，并受到气泡上升时的冲刷作用，使黏附在砂粒上的有机污染物得以摩擦去除，螺旋水流还将相对密度较轻的有机颗粒悬浮起来随出水带走，沉于池底的砂粒较为纯净。有机物含量只有5%左右，便于沉砂的处置。

2. 曝气沉砂池的设计参数

(1)水平流速一般可取0.08～0.12m/s，一般取0.1m/s；

(2)最大流量时污水在池内的停留时间为4～6min，处理雨天合流污水时为1～3min，如同时作为预曝气池使用，停留时间可取10～30min。

(3)池的有效水深宜为2.0～3.0m。池宽与池深比为1～1.5，池的长宽比可达5，当池的长宽比大于5时，可考虑设置横向挡板；

(4)曝气沉砂池多采用穿孔管曝气，穿孔孔径为2.5～6.0mm，距池底约0.6～0.9m，每组穿孔曝气管应有调节阀门；

(5)每立方米污水所需曝气量宜为0.1～0.2m^3(空气)或每平方米池表面积曝气量为3～5m^3/h。

曝气沉砂池的形状应尽可能不产生偏流和死角，进水方向应与池中旋流方向一致，出水方向应与进水方向垂直，并宜设置挡板，防止产生短流。

3. 曝气沉砂池设计

(1)总有效容积V：

$$V = 60Q_{max} \cdot t \tag{4-22}$$

式中　V——总有效容积，m^3；

Q_{max}——最大设计流量，m^3/s；

t——最大设计流量时停留时间，min。

(2)池断面积A：

$$A = \frac{Q_{max}}{v} \tag{4-23}$$

式中　A——池断面积，m^3；

v——最大设计流量时水平流速，m/s。

(3)池总宽度B：

$$B = \frac{A}{H} \tag{4-24}$$

式中　B——池总宽度，m；

H——有效水深，m。

(4)池长L：

$$L = \frac{V}{A} \tag{4-25}$$

(5)所需曝气量q：

$$q = 60DQ_{max} \tag{4-26}$$

式中　q——所需曝气量，m^3/min；

D——单位污水需要曝气量，m^3/m^3 污水。

集砂槽中的砂可采用机械刮砂、螺旋输送、移动空气提升器或移动泵吸式排砂机排除。

三、旋流沉砂池

1. *旋流沉砂池构造*

旋流沉砂池沿圆形池壁内切方向进水，利用水力或机械力控制水流流态与流速，在径向方向产生离心作用，加速砂粒的沉淀分离，并使有机物随水流带走的沉砂装置。旋流沉砂池有多种类型，沉砂效果也各有不同。

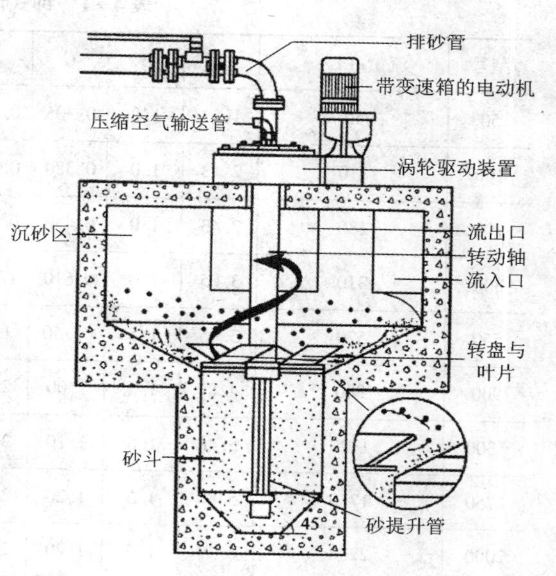

图 4-7　旋流沉砂池剖面图

一般旋流沉砂池由流入口、流出口、沉砂区、砂斗、涡轮驱动装置及排砂系统组成，如图 4-7 所示。污水由流入口切线方向流入沉砂区，旋转的涡轮叶片使砂粒呈螺旋状流动，促进有机物和砂粒的分离，由于所受离心力的不同，相对密度较大的砂粒被甩向池壁，在重力作用下沉入砂斗，有机物随出水旋流带出池外。通过调整转速，可达到最佳沉砂效果。砂斗内沉砂可采用空气提升、排砂泵等方式排除，再经过砂水分离器进行洗砂，达到砂粒与有机物再次分离从而清洁排砂的目的。

2. *旋流沉砂池的设计*

旋流沉砂池最高设计流量时的停留时间不应小于 30s，设计水力表面负荷宜为 150 ~ 200$m^3/(m^3 \cdot h)$，有效水深宜为 1.0 ~ 2.0m，池径与池深比宜为 2.0 ~ 2.5。

图 4-8 为一种旋流沉砂池——钟式沉砂池的各部分尺寸，可以根据处理流量的大小按表 4-1 选用相应型号，并确定相关尺寸。

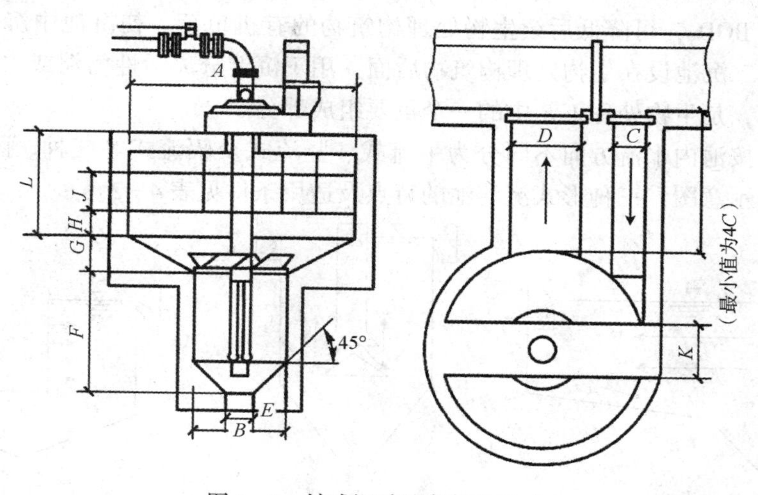

图 4-8　钟式沉砂池各部分尺寸

其他如多尔(Doer)沉砂池、用水力代替曝气产生旋流的水力旋流沉砂池等在实际工程中也有应用。

表 4-1　钟式沉砂池型号及尺寸　　m

型号	流量/(L/s)	A	B	C	D	E	F	G	H	J	K	L
50	50	1.83	1.0	0.305	0.610	0.30	1.40	0.30	0.30	0.20	0.80	1.10
100	110	2.13	1.0	0.380	0.760	0.30	1.40	0.30	0.30	0.30	0.80	1.10
200	180	2.43	1.0	0.450	0.900	0.40	1.35	0.40	0.30	0.40	0.80	1.15
300	310	3.05	1.0	0.610	1.200	0.45	1.35	0.45	0.30	0.45	0.80	1.35
550	530	3.65	1.5	0.750	1.50	0.60	1.70	0.60	0.51	0.58	0.80	1.45
900	880	4.87	1.5	1.00	2.00	1.00	2.20	1.00	0.51	0.60	0.80	1.85
1300	1320	5.48	1.5	1.10	2.20	1.00	2.20	1.00	0.61	0.63	0.80	1.85
1750	1750	5.80	1.5	1.20	2.40	1.30	2.50	1.30	0.75	0.70	0.80	1.95
2000	2200	6.10	1.5	1.20	2.40	1.30	2.50	1.30	0.89	0.75	0.80	1.95

第三节　沉淀池

沉淀池是废水处理中分离悬浮固体的一种常用构筑物，沉淀池按工艺布置的不同，可分为初沉池和二沉池。初沉池是一级污水处理系统的主要处理构筑物，或作为生物处理法中预处理的构筑物，去除对象是悬浮固体，可以去除约 40% ~55% 的 SS，同时可去除 20% ~30% 的 BOD_5，可降低后续生物处理构筑物的有机负荷。初沉池中沉淀物质称为初次沉淀污泥。二沉池设在生物处理构筑物后面，用于沉淀分离活性污泥或去除生物膜法中脱落的生物膜，是生物处理工艺中的一个重要组成部分。

沉淀池常按池内水流方向不同分为平流式、竖流式及辐流式等三种。图 4-9 为三种形式沉淀池的示意图，三种形式沉淀池的特点及适用条件见表 4-2。

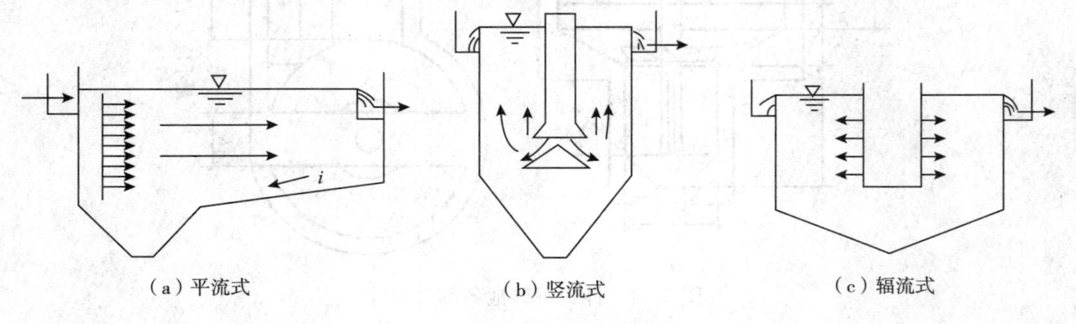

图 4-9　三种形式沉淀池示意图

表 4-2　三种形式沉淀池的特点及适用条件

池型	优点	缺点	适用条件
平流式	①对冲击负荷和温度变化适应能力较强； ②施工简单，造价低	①采用多斗排泥时，每个泥斗需要单独设排泥管各自操作； ②采用机械排泥时，大部分设备位于水下，易腐蚀	①适用于地下水位较高及地质较差的地区； ②适用于大、中、小型污水处理厂
竖流式	①排泥方便，管理简单； ②占地面积较小	①池子深度大，施工困难； ②对冲击负荷及温度变化适应能力较差； ③造价较高； ④池径不宜太大	适用于处理水量不大的小型污水处理厂
辐流式	①采用机械排泥，运行较好； ②排泥设备有定型产品	①水流速度不稳定； ②易于出现异重流现象； ③机械排泥设备复杂，对池体施工质量要求高	①适用于地下水位较高的地区； ②适用于大、中型污水处理厂

一、平流式沉淀池

1. 平流式沉淀池的构造及工作特点

平流式沉淀池呈长方形，污水从池的一端流入，水平方向流过池子，从池的另一端流出。在池的进口处底部设贮泥斗，其他部位池底设有坡度，坡向贮泥斗，也有整个池底都设置成多斗排泥的形式。

设有行车刮泥机的平流式沉淀池剖面示意见图 4-10。为使入流污水均匀、稳定地进入沉淀池，进水区应有消能和整流措施，常见几种整流方式见图 4-11，入流处的挡流板，一般高出池水水面 0.15～0.2m，挡流板的浸没深度应不少于 0.25m，一般用 0.5～1.0m，挡流板距流入槽 0.5～1.0m。

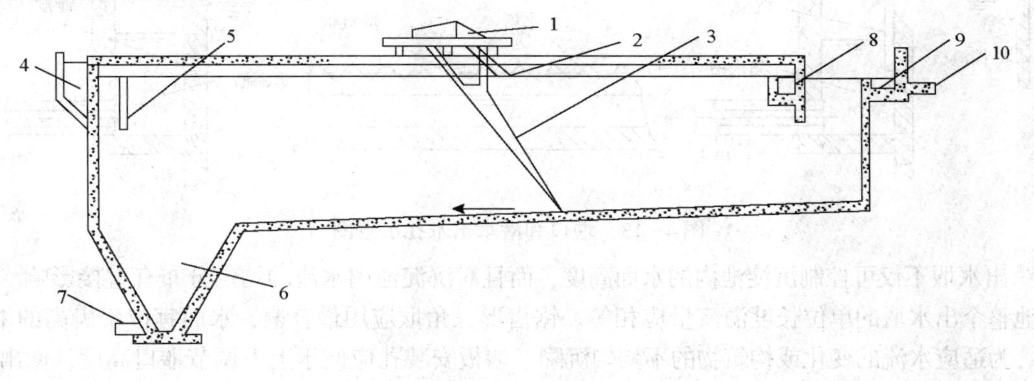

图 4-10　设有行车刮泥机的平流式沉淀池

1—刮泥行车；2—刮渣板；3—刮泥板；4—进水槽；5—挡流板；6—泥斗；7—排泥管；8—浮渣槽；9—出水槽；10—出水管

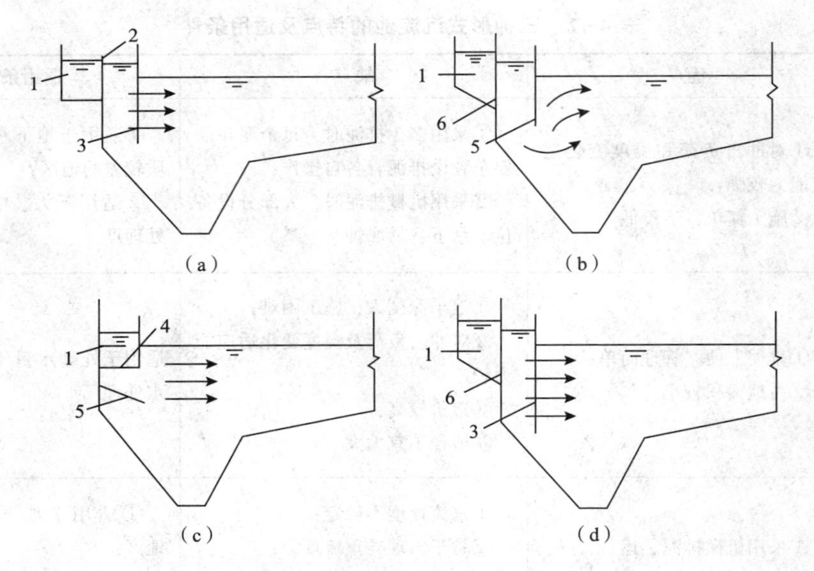

图 4－11　平流式沉淀池的进水整流措施

1—进水槽；2—溢流堰；3—穿孔整流板；4—底孔；5—挡流板；6—潜孔

平流式沉淀池的出流装置如图 4－12 和图 4－13 所示。

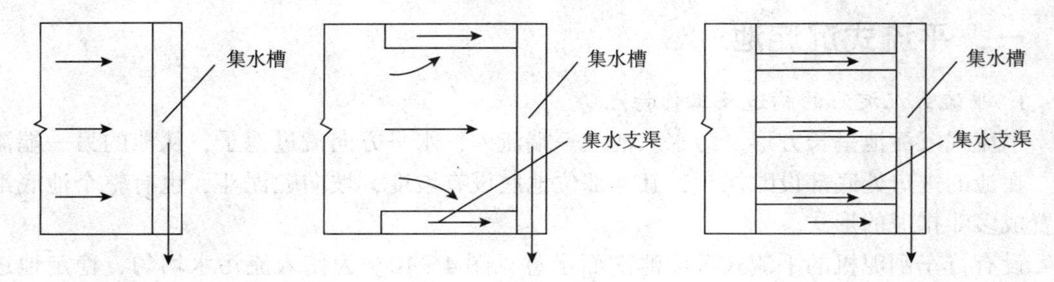

图 4－12　平流式沉淀池出口集水槽的形式

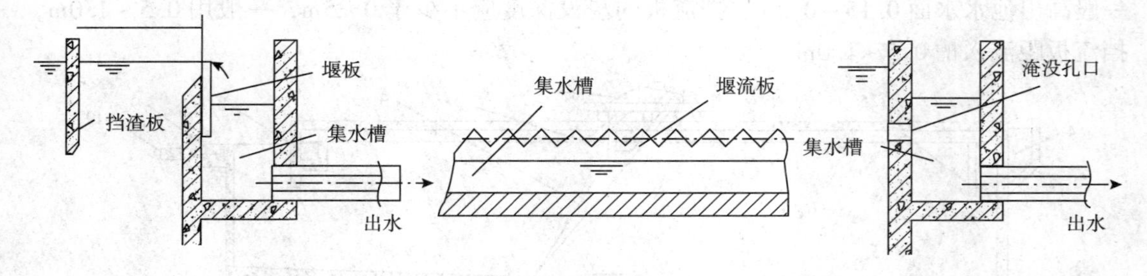

图 4－13　堰口和潜水出水孔示意图

出水堰不仅可控制沉淀池内的水面高度，而且对沉淀池内水流的均匀分布有直接影响。沉淀池整个出水堰的单位长度溢流量应相等。锯齿形三角堰应用最普遍，水面宜位于齿高的 1/2 处。为适应水流的变化或构筑物的不均匀沉降，堰板安装孔应便于上下调节堰口高度，使出水堰保持水平状态。堰前应设置挡渣板，以阻拦漂浮物，同时应设置浮渣收集和排除装置。挡板应当高出水面 0.15 ~0.2m，浸没在水面下 0.3 ~0.4m，距出水口处 0.25 ~0.5m。

平流式沉淀池排泥可以采用带刮泥机的单斗排泥或多斗排泥（见图 4－14），多斗式沉淀池可以不设置机械刮泥设备，每个贮泥斗单独设置排泥管，各自独立排泥，互不干扰，保证污泥的浓度。在池的宽度方向污泥斗一般不多于两排。

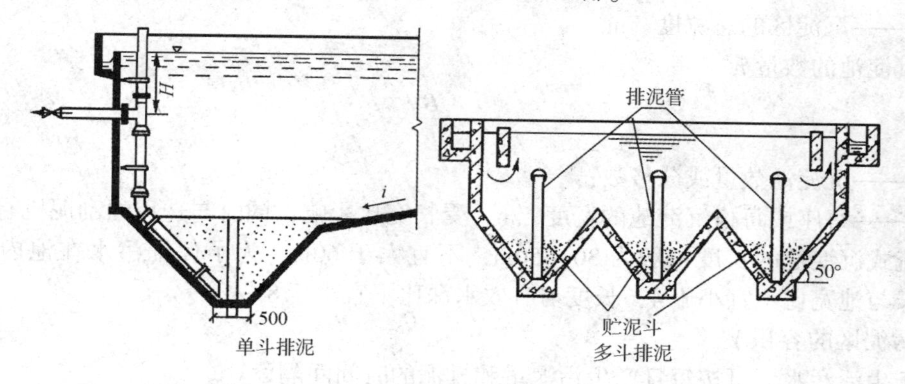

图 4－14　平流式沉淀池的单斗和多斗排泥

2. 平流式沉淀池的设计

平流式沉淀池设计的内容包括确定沉淀池的数量，入流、出流装置设计，沉淀区和污泥区尺寸计算，排泥和排渣设备选择等。设计沉淀池时应根据需达到的去除效率，确定沉淀池的表面水力负荷(或溢流率)、沉淀时间以及污水在池内的平均流速等，应该以沉淀试验为依据并参考同类沉淀池的运行资料进行设计。目前常按照表面水力负荷、沉淀时间和水平流速进行设计计算。

1)沉淀区的表面积 A

$$A = \frac{Q_{max}}{q} \tag{4-27}$$

式中　A——沉淀区表面积，m^2；

Q_{max}——最大设计流量，m^3/h；

q——表面水力负荷，$m^3/(m^2 \cdot h)$。

2)沉淀区有效水深 h_2

$$h_2 = q \cdot t \tag{4-28}$$

式中　h_2——沉淀区有效水深，m；

t——沉淀时间，初沉池一般取 0.5～2.0h；二沉池一般取 1.5～4.0h。

沉淀区的有效水深 h_2 通常取 2.0～4.0m。

3)沉淀区有效容积 V

$$V = A \cdot h_2 \tag{4-29}$$

或
$$V = Q_{max} \cdot t$$

式中　V——沉淀区有效容积，m^3。

4)沉淀池长度 L

$$L = 3.6v \cdot t \tag{4-30}$$

式中　L——沉淀池长度，m；

v——最大设计流量时的水平流速，mm/s，一般不大于 5mm/s。

5)沉淀区的总宽度 B

$$B = \frac{A}{L} \tag{4-31}$$

式中 B——沉淀区的总宽度，m。

6）沉淀池的数量 n

$$n = \frac{B}{b} \tag{4-32}$$

式中 n——沉淀池数量或分格数；

b——每座或每格沉淀池的宽度，m，受长宽比影响，同时与选用的刮泥机有关。

平流式沉淀池的长度一般为 30～50m，不宜大于 60m，为了保证污水在池内分布均匀，池长与池宽比不宜小于 4，长度与有效水深比不宜小于 8。

7）污泥区的容积 V_w

对于生活污水，可按每日产生污泥量和排泥的时间间隔设计。

$$V_w = \frac{SNT}{1000} \tag{4-33}$$

式中 S——每人每日产生的污泥量，L/(人·d)；

N——设计人口数，人；

T——两次排泥的时间间隔，d，初沉池按 2d 考虑，活性污泥法后二沉池按 2h 考虑，机械排泥初沉池和生物膜法后二沉池按 4h 设计计算。

如果已知污水悬浮固体浓度与去除率，污泥量可按下式计算：

$$V_w = \frac{Q_{max} \cdot 24(C_0 - C_1) \cdot 100}{1000\gamma(100 - p_0)} \cdot T \tag{4-34}$$

式中 C_0、C_1——沉淀池进水和出水的悬浮固体浓度，mg/L；

γ——污泥容重，kg/m^3，含水率在 95% 以上时，可取 $1000kg/m^3$；

p_0——污泥含水率，%。

8）沉淀池的总高度 H

$$H = h_1 + h_2 + h_3 + h_4 = h_1 + h_2 + h_3 + h'_4 + h''_4 \tag{4-35}$$

式中 H——沉淀池总高度，m；

h_1——沉淀池超高，m，一般取 0.3m；

h_2——沉淀区的有效深度，m；

h_3——缓冲层高度，m，无机械刮泥设备时为 0.5m；有机械刮泥设备时，其上缘应高出刮板 0.3m；

h_4——污泥区高度，m；

h'_4——贮泥斗高度，m；

h''_4——梯形部分的高度，m。

9）贮泥斗的容积 V_1

$$V_1 = \frac{1}{3}h'_4(S_1 + S_2 + \sqrt{S_1 S_2}) \tag{4-36}$$

式中 V_1——贮泥斗的容积，m^3；

S_1、S_2——贮泥斗的上、下口面积，m^2。

10）贮泥斗以上梯形部分容积 V_2

$$V_2 = (\frac{L_1 + L_2}{2}) \cdot h''_4 \cdot b \quad (4-37)$$

式中　V_2——污泥斗以上梯形部分的容积，m^3；

L_1、L_2——梯形上下底边长，m。

【例题4-1】某厂排出废水量为$300m^3/h$，悬浮物浓度(c_1)为0.43g/L，水温为29℃。要求悬浮物去除率为70%，污泥含水率为95%。已有沉淀试验的数据如图所示。试设计一平流式沉淀池。

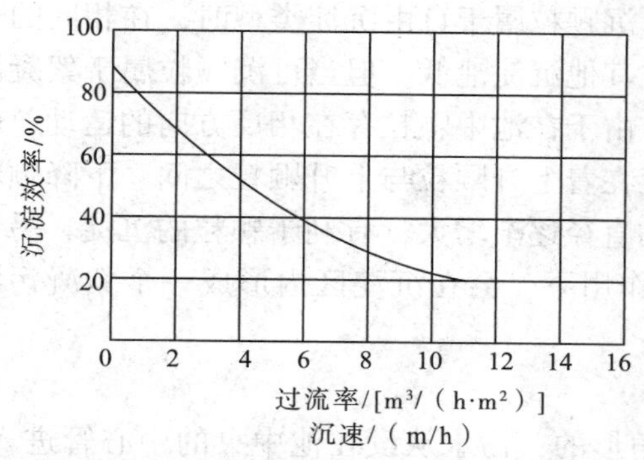

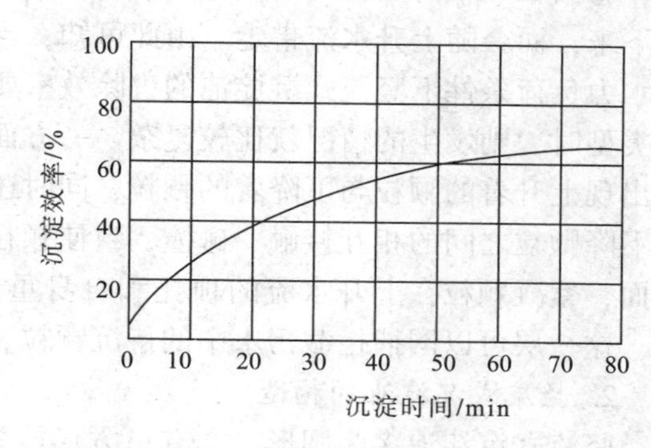

解：由沉淀试验曲线知，去除率为70%时，沉淀时间需65min，最小沉速为1.7m/h，设计时表面负荷缩小1.5倍，沉淀时间放大1.75倍，分别取1.13m/h和114min(1.9h)。

沉淀区有效表面积

$$A = \frac{300}{1.13} = 266m^2$$

如采用二池，每池平面面积$133m^2$。

沉淀池有效深度

$$h_2 = \frac{\frac{1}{2} \times 300 \times 1.9}{133} = 2.15m$$

采用每池宽度B为4.85m

则池长

$$L = \frac{133}{4.85} = 27.4m$$

$$\frac{L}{B} = \frac{27.5}{4.85} = 5.6 > 4$$

污泥容积(贮泥周期为2天计)

$$V = \frac{150(430 - 430 \times 0.3) \times 24 \times 2}{1000(100 - 95) \times 10} = 43m$$

方形污泥斗体积

$$V_1 = \frac{1}{3} \times 22.5(23.5 + 0.16 + \sqrt{4.85^2 + 0.4^2}) = 19m^3$$

用三个污泥斗，其总体积为

$$\sum V_i = 19 \times 3 = 57m^3 > V$$

池总深度

$$H = 0.3 + 2.15 + 0.675 + 2.225 = 5.35m$$

当进水挡板距进口 0.5m，出水挡板距出口为 0.3m 时，池的总长为 28.2m。

二、竖流式沉淀池

1. 竖流式沉淀池的工作原理

在竖流式沉淀池中，污水是从下向上以流速 v 作竖向流动，污水中的悬浮颗粒有以下三种运动状态：①当颗粒沉速 $u>v$ 时，则颗粒将以 $u-v$ 的差值向下沉淀，颗粒得以去除；②当 $u=v$ 时，则颗粒处于随机状态，不下沉亦不上升；③当 $u<v$ 时，颗粒将不能沉淀下来，而会随上升水流带走。由此可知，当可沉颗粒属于自由沉淀类型时，在相同的表面水力负荷条件下竖流式沉淀池的去除效率要比其他沉淀池低。但当可沉颗粒属于絮凝沉淀类型时，则发生的情况就比较复杂。一方面，由于在池中颗粒存在相反方向的运动，就会出现上升着的颗粒与下降着的颗粒，同时还存在着上升颗粒与上升颗粒之间、下降颗粒与下降颗粒之间的相互接触、碰撞，致使颗粒的直径逐渐增大，有利于颗粒的沉淀，另一方面，絮凝颗粒在上升水流的顶托和自身重力作用下，会在沉淀区内形成一个絮凝污泥层，这一层可以网捕拦截污水中的待沉颗粒。

2. 竖流式沉淀池的构造

竖流式沉淀池多为圆形，亦有呈方形或多角形的，污水从设在池中央的中心管进入，从中心管的下端经过反射板后均匀缓慢地分布在池的横断面上，由于出水口设置在池面或池壁四周，故水的流向基本由下向上。污泥贮积在底部的污泥斗中。

图 4－15 为竖流式沉淀池的构造示意图。竖流式沉淀池的平面可为圆形、正方形或多角形。为使池内配水均匀，池径不宜过大，一般采用 4～7m，不大于 10m。为了降低池的总高度，污泥区可采用多斗排泥方式。竖流式沉淀池的直径(或正方形的一边)与有效水深之比一般不大于 3。

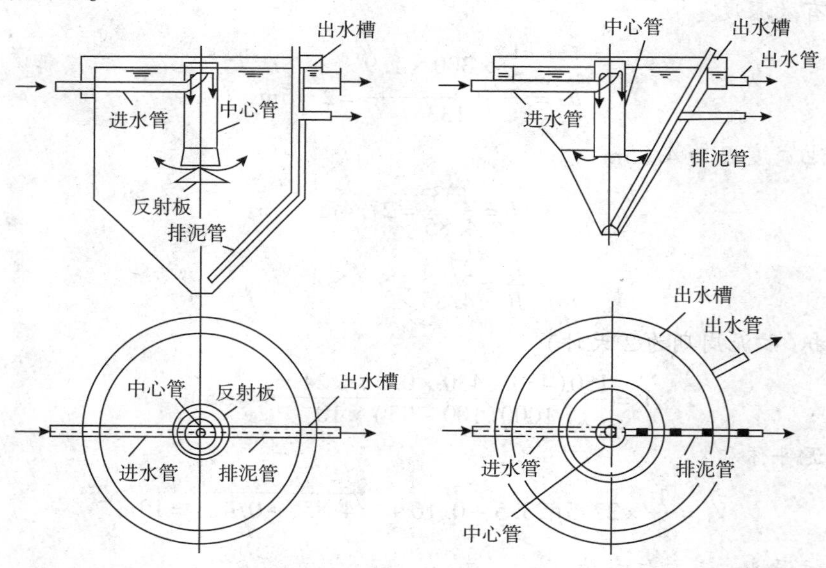

图 4－15　竖流式沉淀池

竖流式沉淀池的中心管如图 4－16 所示。污水在中心管内的流速 v_0 对悬浮颗粒的去除有一定的影响，其流速不应大于 30mm/s，中心管下口应设有喇叭口和反射板，板底面距

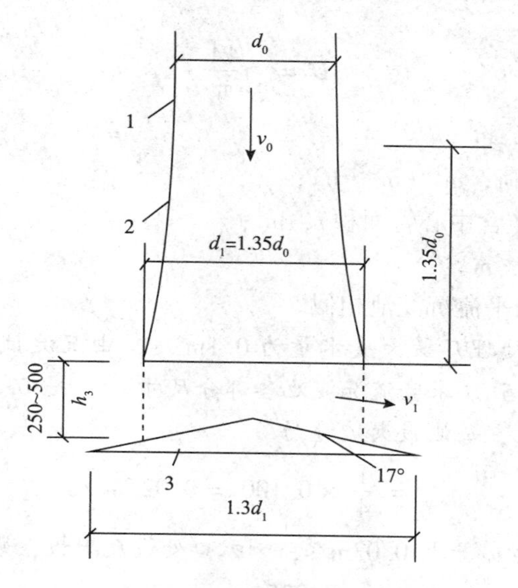

图4－16　中心管和反射板的结构尺寸

1—中心管；2—喇叭口；3—反射板

泥面不宜小于0.3m，在反射板的阻挡下，水流由垂直向下变成向反射板四周分布。水从中心管喇叭口与反射板间流出的速度 v_1 一般不大于40mm/s，水流自反射板四周流出后均匀地分布于整个池中，并以上升流速 v 缓慢地由下而上流动，经过澄清后的上清液从设置在池壁顶端的堰口溢出，通过出水槽流出池外。

3. 竖流式沉淀池的设计

1）中心管截面积 f_1 与中心管直径 d_0

$$f_1 = \frac{Q_{max}}{v_0} \tag{4-38}$$

$$d_0 = \sqrt{\frac{4f_1}{\pi}} \tag{4-39}$$

式中　Q_{max}——每组沉淀池最大设计流量，m^3/s；

f_1——中心管截面积，m^2；

v_0——中心管内流速，m/s；

d_0——中心管直径，m。

2）中心管喇叭口到反射板之间的间隙高度 h_3

$$h_3 = \frac{Q_{max}}{v_1 \pi d_1} \tag{4-40}$$

式中　h_3——间歇高度，m；

v_1——间歇流出速度，m/s；

d_1——喇叭口直径，m。

3）沉淀池面积 A 和池径 D

$$f_2 = \frac{3600Q_{max}}{q}$$

$$A = f_1 + f_2 \tag{4-41}$$

$$D = \sqrt{\frac{4A}{\pi}} \tag{4-42}$$

式中 f_2——沉淀区面积，m^2；

q——表面水力负荷，$m^3/(m^2 \cdot h)$；

A——沉淀池面积(含中心管面积)，m^2；

D——沉淀池直径，m。

其余各部分的设计与平流沉淀池相似。

【例题4-2】某废水处理厂最大废水量为$0.1m^3/s$，由沉淀试验确定设计上升流速为2.52m/h，沉淀时间为1.5h。求竖流沉淀池各部分尺寸。

解：采用四个沉淀池，每池最大流量为

$$q_{max} = \frac{1}{4} \times 0.100 = 0.025m^3/s$$

池内设中心管，流速v_0采用0.03m/s，喇叭口处设反射板，则中心管面积

$$f = \frac{0.025}{0.03} = 0.83m^2$$

$$d = \sqrt{\frac{4 \times 0.83}{\pi}} = 1.0m$$

喇叭口直径 $d_1 = 1.35d = 1.35m$

反射板直径 $d_2 = 1.3d_1 = 1.3 \times 1.35 = 1.755m$

反射板表面至喇叭口的距离

$$h_3 = \frac{0.025}{0.02 \times \pi \times 1.35} = 0.30m$$

沉淀区面积

$$f_2 = \frac{0.025 \times 60 \times 1000}{42} = \frac{0.025}{0.0007} = 35.7m^2$$

沉淀池直径

$$D = \frac{\sqrt{4(35.7 - 0.83)}}{\pi} = 6.82 \approx 7.0m$$

沉淀区深度

$$h_2 = vt \times 3600 = 0.0007 \times 1.5 \times 3600 = 3.78 \approx 3.8m$$

$$\frac{D}{h_2} = \frac{7.0}{3.8} = 1.84 < 3 \quad \text{符合要求}$$

取下部截圆锥底直径为0.4m，贮泥斗倾角为45°，则

$$h_2 = \left(\frac{7.0}{2} - \frac{0.4}{2}\right) tg45° = 3.3m$$

$$V_1 = \frac{\pi h_5}{3}(R^2 + Rr + r^2) = \frac{\pi \times 3.3}{3}(3.5^2 + 3.5 \times 0.2 + 0.2^2) = 44.87m^3$$

沉淀池的总高度

$$H = h_1 + h_2 + h_3 + h_4 + h_5 = 0.3 + 3.8 + 0.3 + 0.3 + 3.3 = 8.0m$$

三、辐流式沉淀池

1. 辐流式沉淀池构造

辐流式沉淀池是一种大型沉淀池，多呈圆形，有时亦采用正方形。池径最大可达100m，池周水深1.5～3.0m。有中心进水(见图4－17)与周边进水(见图4－18)两种形式。泥斗设在池中央，池底向中心倾斜，污泥通常用刮泥机(或吸泥机)机械排除。

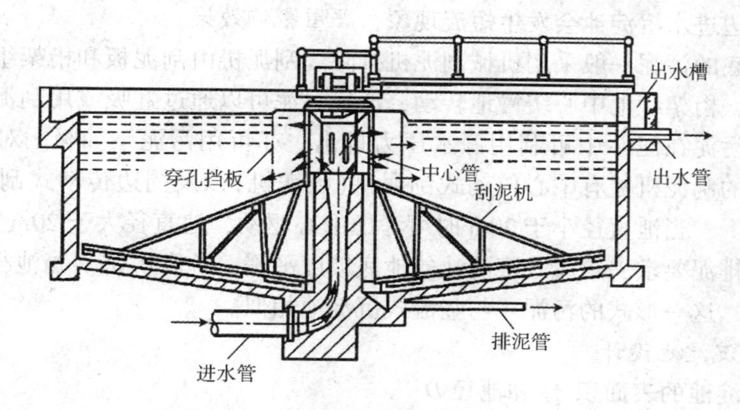

图4－17　中心进水辐流式沉淀池

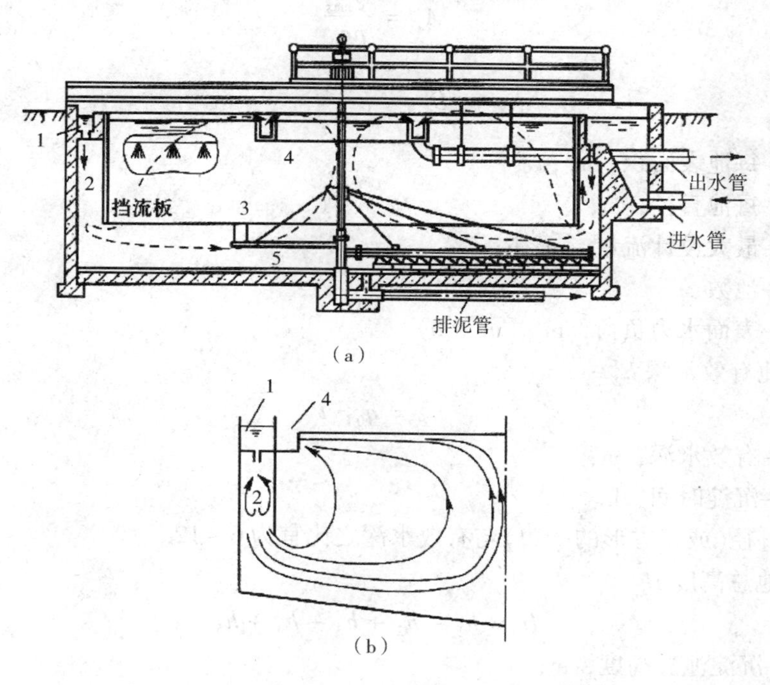

图4－18　周边进水辐流式沉淀池

1—配水槽；2—导流絮凝区；3—沉淀区；4—集水槽；5—污泥区

中心进水辐流式沉淀池进水部分在池中心，因中心导流筒流速大，活性污泥在中心导流筒内难于絮凝，并且这股水流与池内水相比，相对密度较大，向下流动时动能也较高，易冲击池底沉泥。周边进水辐流式沉淀池的入流区在构造上有两个特点：①进水槽断面较大，而槽底的孔口较小，布水时的水头损失集中在孔口上，故布水比较均匀，但配水渠内浮渣难于排除，容易结壳；②进水挡板的下沿深入水面下约2/3深度处，距进水孔口有一段较长的距离，这有助于进一步把水流均匀地分布在整个入流区的过水断面上，而且污水进入沉淀区的流速要小得多，有利于悬浮颗粒的沉淀。池子的出水槽可设在池的半径的中间或池的周边。进出水的改进在一定程度上克服了中心进水辐流式沉淀池的缺点，可以提高沉淀池的容积利用率。但是，如果辐流式沉淀池的直径很大，进口的布水和导流装置设计不当，则周边进水沉淀池会发生短流现象，严重影响效果。

沉淀于池底的污泥一般采用机械刮泥机排除。刮泥机由刮泥板和桁架组成，刮泥板固定在桁架底部，桁架绕池中心缓慢地转动，池底污泥可以通过虹吸或用刮泥板推入池中心处的泥斗中，污泥在泥斗中可利用静水压力排出，亦可用污泥泵抽吸。对辐流式沉淀而言，目前常用的刮泥机械有中心传动式刮泥机(吸泥机)以及周边传动式刮泥机(吸泥机)等，一般情况下，当池直径小于20m时可考虑中心驱动，池直径大于20m时用周边驱动。为了刮泥机的排泥要求，辐流式沉淀池的池底坡度平缓，常取0.05。当池径较小时，亦可采用多斗排泥，这一形式的污泥斗与竖流式沉淀池相似。

2. 辐流式沉淀池设计

1)每座沉淀池的表面积 A_1 和池径 D

$$A_1 = \frac{Q_{\max}}{nq_0} \tag{4-43}$$

$$D = \sqrt{\frac{4A_1}{\pi}} \tag{4-44}$$

式中　A_1——每池表面积，m^2；

D——每池直径，m；

$Q_{\max}$——最大设计流量，m^3/h；

n——池数；

q_0——表面水力负荷，$m^3/(m^2 \cdot h)$。

2)沉淀池有效水深 h_2

$$h_2 = q_0 \cdot t \tag{4-45}$$

式中　h_2——有效水深，m；

t——沉淀时间，h。

沉淀池直径(或正方形的一边)与有效水深之比宜为6~12。

3)沉淀池总高度 H

$$H = h_1 + h_2 + h_3 + h_4 + h_5 \tag{4-46}$$

式中　H——沉淀池总高度，m；

h_1——沉淀池超高，m，一般取0.3m；

h_2——有效水深，m；

h_3——缓冲层高度，m；

h_4——沉淀池底坡落差，m；

h_5——污泥斗高度，m。

四、斜板(管)沉淀池

1. 斜板(管)沉淀池的构造

哈真(Hazen)浅池理论认为，把沉淀池水平分成 n 层，就可以把处理能力提高 n 倍，为了解决沉淀池排泥问题，浅池理论在实际应用时，把水平隔板改为在沉淀区设置倾角为 α 的斜板或斜管，α 通常采用60°。由于斜板(管)湿周长，斜板(管)的雷诺数 Re 远小于层流界限500，弗劳德数 Fr 可达 $10^{-4} \sim 10^{-3}$，确保了水流的稳定性。

斜板(管)沉淀池由斜板(管)沉淀区、进水配水区、清水出水区、缓冲区和污泥区组成，如图4－19所示。按斜板或斜管间水流与污泥的相对运动方向来区分，斜板(管)沉淀池可分为异向流、同向流和横向流三种。在污水处理中常采用升流式异向流斜板(管)沉淀池，如图4－20所示。异向流斜板(管)沉淀池中，斜板(管)与水平面呈60°，斜板(管)长通常为1.0～1.2m，斜板净距(或斜管孔径)一般为80～100mm。斜板(管)区上部潜水区水深为0.7～1.0m，底部配水区和缓冲层高度宜大于1.0m。尺寸可根据具体情况调整。

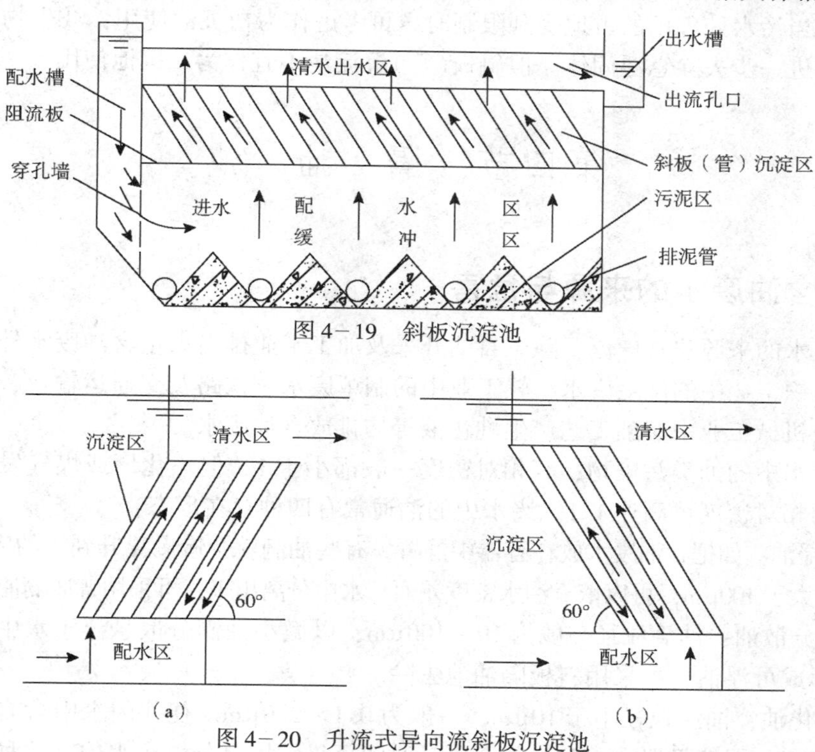

图4－19　斜板沉淀池

图4－20　升流式异向流斜板沉淀池

2. 斜板(管)沉淀池设计

1)沉淀池表面积 A

$$A = \frac{Q_{max}}{0.91nq_0} \tag{4-47}$$

式中　A——斜板(管)沉淀池表面积，m^2；

Q_{max}——最大设计流量，m^3/h；

n——池数；

0.91——斜板(管)面积利用系数；

q_0——表面水力负荷，$m^3/(m^2 \cdot h)$，可按普通沉淀池表面水力负荷的2倍计。

根据表面积和池体形状计算圆形池体的直径或矩形池体的长宽。

2)池体内停留时间 t

$$t=\frac{h_2+h_3}{q_0} \tag{4-48}$$

式中　t——池内停留时间，h；

h_2——斜板(管)上部清水区高度，m，一般取0.7～1.0m；

h_3——斜板(管)自身垂直高度，m，一般为0.866～1.0m。

其他设计参考前面所述有关章节。

3. 斜板(管)沉淀池在污水处理中的应用

斜板(管)沉淀池具有去除效率高、停留时间短、占地面积小等优点，在给水处理中得到比较广泛的应用，在污水处理中常用于：①原有污水处理厂的挖潜或扩大处理能力改造时采用；②当污水处理厂的占地受到限制时，可考虑作为初沉池使用；③生物处理后续深度处理时，进一步去除悬浮固体。但斜板(管)沉淀池不宜作为二沉池使用。

第四节　隔　油　池

一、含油废水的来源与危害

含油废水的来源非常广泛，除了石油开采及加工工业排出大量含油废水外，固体燃料热加工、纺织工业中的洗毛废水、轻工业中的制革废水、铁路及交通运输业、屠宰及食品加工业以及机械工业中车削工艺产生乳化液等均排放含油废水。

含油废水中的油类污染物，其相对密度一般都小于1，但焦化厂或煤气发生站排出的重质焦油的相对密度可高达1.1。废水中的油通常有四种存在形态：

(1)可浮油：如把含油废水放在容器中静置，有些油滴就会慢慢浮升到水的表面。这些油滴粒径通常大于100μm，可以依靠油水密度差而从水中分离出来，可采用普通隔油池去除。

(2)细分散油：油滴粒径一般为10～100μm，以微小油滴分散悬浮于水中，长时间静置后可以形成可浮油，可采用斜板隔油池去除。

(3)乳化油：油滴粒径小于10μm，一般为0.1～2.0μm。往往因水中含有表面活性剂而呈乳化状态，即使静置数小时，甚至更长时间，仍然稳定分散于水中。这种状态的油如果能消除乳化作用即可转化为可浮油，这叫破乳。乳化油经过破乳之后，就能用油水密度差来分离。

(4)溶解油：油滴粒径比乳化油还小，有的可小到数纳米，以溶解状态存在于水中，但油在水中的溶解度非常低，通常只有几个毫克每升。

油污染的危害主要表现在对生态系统、植物、土壤和水体的严重影响。含油废水排入水体后将在水体表面产生油膜，阻碍大气复氧，断绝水体氧的来源，在滩涂还会影响养殖和滩涂开发利用。含油废水浸入土壤空隙间形成油膜，产生阻碍作用，致使空气、水分和肥料均不能渗入土壤中，破坏土层结构，不利于农作物的生长，甚至使农作物枯死。

二、隔油池

常用隔油池有平流式和斜板式两种型式。图4－21为典型的平流式隔油池。从图中可以看出，它与平流式沉淀池在构造上基本相同。

废水从池子的一端流入池子，以较低的水平流速(2～5mm/s)流经池子，流动过程中，密度小于水的油粒浮出水面，密度大于水的颗粒杂质沉于池底，水从池子的另一端流出。在隔油池的出水端设置集油管。集油管一般用ϕ200～300mm的钢管制成，沿长度在管壁的一侧开弧度为60°～90°的槽口。集油管可以绕轴线转动，平时槽口位于水面上，当浮油层积到一定厚度时，将集油管的开槽方向转向水面以下，让浮油进入管内，导出池外。为了能及时排油及排除底泥，在大型隔油池还应设置刮油刮泥机。刮油刮泥机的刮板移动速度一般应与池中水流流速相近，以减少对水流的影响。收集在排泥斗中的污泥由设在池底的排泥管借助静水压力排走。隔油池的池底构造与沉淀池相同。

平流式隔油池表面一般应设置盖板，除便于冬季保持浮渣的温度，从而保证它的流动性外，同时还可以防火与防雨。在寒冷地区还应在集油管及油层内设置加温设施。

平流式隔油池的特点是构造简单、便于运行管理、油水分离效果稳定。有资料表明，平流式隔油池可以去除的最小油滴直径为100～150μm，相应的上升速度不高于0.9mm/s。

对于细分散油同样可以利用浅池理论来提高分离效果，图4－22为斜板隔油池，通常采用波纹形斜板，板间距约40mm，倾角不小于45°，废水沿板面向下流动，从出水堰排出，水中油滴沿板的下表面向上流动，经集油管收集排出。这种形式的隔油池可分离油滴的最小粒径约为80μm，相应的上升速度约为0.2mm/s，表面水力负荷为0.6～0.8m^3/(m^2·h)，停留时间一般不大于30min。

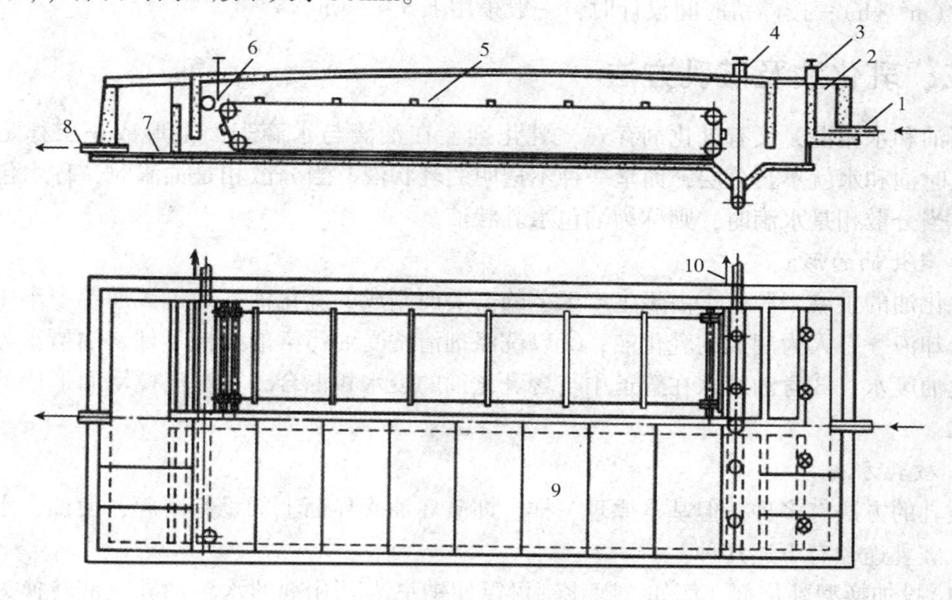

图4－21　平流式隔油池

1—进水管；2—配水槽；3—进水阀；4—排泥阀；5—刮油刮泥机；
6—集油管；7—出水槽；8—出水管；9—盖板；10—排泥管

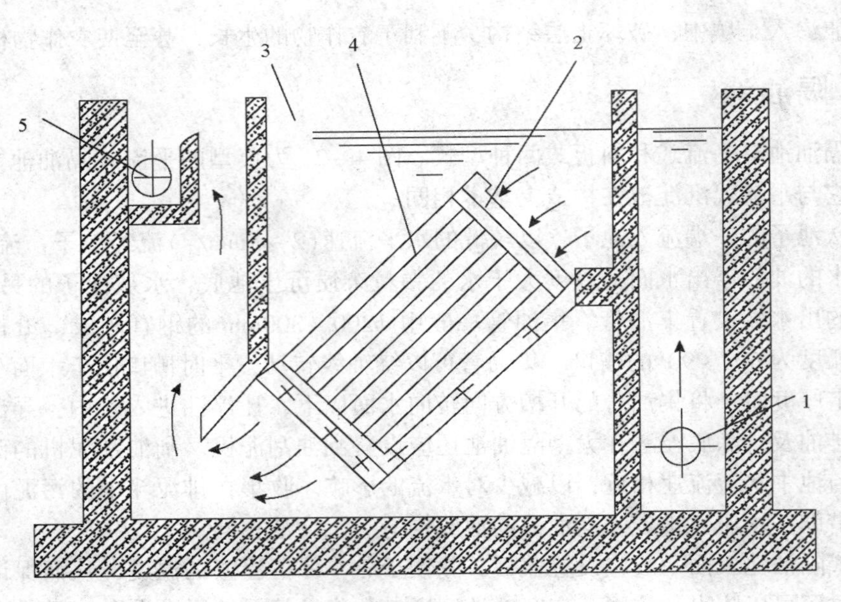

图 4-22　斜板隔油池

1—进水管；2—布水板；3—集油管；4—波纹斜板；5—出水管

隔油池的浮渣以油为主，也含有水分和一些固体杂质，对石油工业废水，含水率有时可高达50%，其他杂质一般在1%～20%左右。仅仅依靠油滴与水的密度差产生上浮而进行油、水分离，油的去除效率一般为70%～80%左右，隔油池的出水仍含有一定数量的乳化油和附着在悬浮固体上的油分，一般较难降到排放标准以下。

平流式隔油池的设计与平流式沉淀池基本相似，按表面负荷设计时，一般采用 $1.2m^3/(m^2 \cdot h)$；按停留时间设计时，一般采用1.5～2.0h。

三、乳化油及破乳方法

当油和水相混，又有乳化剂存在，乳化剂会在油滴与水滴表面上形成一层稳定的薄膜，这时油和水就不会分层，而呈一种不透明的乳状液。当分散相是油滴时，称水包油乳状液；当分散相是水滴时，则称为油包水乳状液。

1. 乳化油的形成

乳化油的主要来源：①由于生产工艺的需要而制成的乳化油，如机械加工中车床切削用的冷却液，是人为制成的乳化液；②以洗涤剂清洗受油污染的机械零件、油槽车等而产生乳化油废水；③含油废水在管道中与含乳化剂的废水相混合，受水流搅动而形成的乳化油废水。

2. 破乳方法

破乳的方法有多种，但基本原理一样，即破坏油滴界面上的稳定薄膜，使油、水得以分离。破乳途径有下述几种：

(1)投加换型乳化剂，例如，氯化钙可以使钠皂为乳化剂的水包油乳状液转换为以钙皂为乳化剂的油包水乳状液。在转型过程中存在着一个由钠皂占优势转化为钙皂占优势的转化点，这时的乳状液非常不稳定，可借此进行油水分离。因此控制“换型剂”的用量，即可达到破乳的目的。

(2)投加盐类、酸类物质可使乳化剂失去乳化作用。

(3)投加某种本身不能成为乳化剂的表面活性剂，例如异戊醇可从两相界面上挤掉乳化剂使其失去乳化作用。

(4)通过剧烈的搅拌、振荡或转动，使乳化的液滴猛烈相碰撞而合并。

(5)如以粉末为乳化剂的乳状液，可以用过滤法拦截被固体粉末包围的油滴。

(6)改变乳化液的温度(加热或冷冻)来破坏乳状液的稳定。

破乳方法的选择应以试验为依据。某些石油工业的含油废水，当废水温度升到65～75℃时，可达到破乳的效果。相当多的乳状液，必须投加化学破乳剂，目前所用的化学破乳剂通常是钙、镁、铁、铝的盐类或无机酸，有的含油废水亦可用碱(NaOH)进行破乳。另外，水处理中常用的混凝剂也是较好的破乳剂。它不仅可以破乳，而且还对废水中的其他杂质起到混凝的作用。

第五节　气　浮　池

水和废水的气浮法处理技术是在水中形成微小气泡，使微小气泡与水中的悬浮颗粒黏附，形成水－气－颗粒三相混合体系，颗粒黏附上气泡后，形成表观密度小于水的漂浮絮体，絮体上浮至水面，形成浮渣层被刮除，以此实现固液分离。由此可知，气浮法处理工艺必须满足下述基本条件：①必须向水中提供足够量的细微气泡；②必须使废水中的污染物质能形成悬浮状态；③必须使气泡与悬浮的物质产生黏附作用。有了上述这三个基本条件，才能完成气浮处理过程，达到将污染物质从水中去除的目的。

在水污染控制工程中，气浮法分离技术已广泛地应用在以下几个方面：

(1)石油、化工及机械制造业中的含油(包括乳化油)废水的油水分离；

(2)废水中有用物质的回收，如造纸废水中的纸浆纤维及填料的回收；

(3)含悬浮固体相对密度接近1的工业废水的预处理；

(4)取代二沉池进行泥水分离，特别适用于活性污泥絮体不易沉淀或易于产生污泥膨胀的情况；

(5)剩余污泥的浓缩。

一、气浮法的类型

按产生微细气泡的方法不同，气浮法分为电解气浮法、分散空气气浮法和溶解空气气浮法。

1. 电解气浮法

电解气浮法是将正负相间的多组电极浸泡在废水中，当通以直流电时，废水电解，正负两极间产生的氢气和氧气的细小气泡黏附于悬浮物上，将其带至水面而达到分离的目的。电解气浮法产生的气泡小于其他方法产生的气泡，故特别适用于脆弱絮状悬浮物。电解气浮法的表面负荷通常低于4m^3/(m^2·h)。

电解气浮法，主要用于工业废水处理，处理水量约在10～20m^3/h。由于电耗高、操作运行管理复杂及电极结垢等问题，较难适用于大型生产。

2. 分散空气气浮法

目前应用的有微孔曝气气浮法和剪切气泡气浮法等两种形式。

图 4－23 为微孔曝气气浮法示意图。压缩空气被引入到靠近池底处的微孔板，并被微孔板的微孔分散成细小气泡。微孔曝气气浮法的优点是简单易行，但也存在空气扩散装置的微孔易于堵塞、气泡较大、气浮效果不理想等缺点。

图 4－24 为剪切气泡气浮法示意图。该法是将空气引入到一个高速旋转混合器或叶轮机的附近，通过高速旋转混合器或叶轮机的高速剪切，将引入的空气切割粉碎成细小气泡。剪切气泡气浮法适用于处理水量不大，而污染物质浓度较高的废水。用于除油时，除油效果可达 80% 左右。

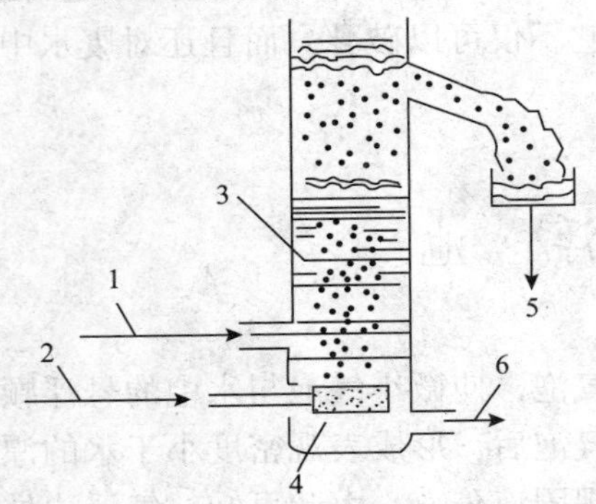

图 4－23　微孔曝气气浮法

1—入流废水；2—空气；3—分离区；
4—微孔扩散设备；5—浮渣；6—出流

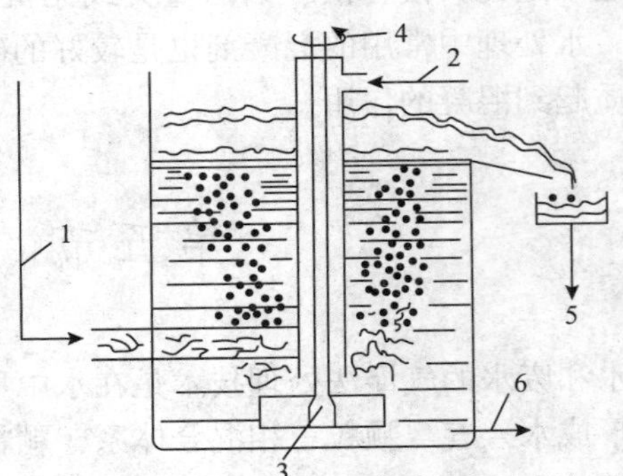

图 4－24　剪切气泡气浮法

1—废水入流；2—空气；3—高速旋转混合器；
4—驱动装置；5—浮渣；6—出流

分散空气气浮法常用于矿物浮选，也用于含油脂、羊毛及大量表面活性剂等废水的初级处理。

3. 溶解空气气浮法

溶解空气气浮法是在一定的压力下让空气溶解在水中，然后在减压条件下析出溶解空气，形成微气泡，溶解空气气浮法根据气泡析出时所处压力的不同可分为真空气浮法和加压溶气气浮法两种形式。

1) 真空气浮法

图 4－25 为真空气浮法处理系统的示意图。废水经流量调节器后先进入曝气室，由曝气设备预曝气，使废水中的空气溶解量接近于常压下的饱和值，未溶解的空气在脱气井中脱除，然后废水被引入到分离区。由于气浮分离池压力低于常压，因此预先溶入水中的空气就以非常细小的气泡逸出来，废水中的悬浮颗粒与从水中逸出的细小气泡相黏附，并上浮至浮渣层。旋转的刮渣板把浮渣刮至集渣槽，然后进入出渣室。部分相对密度较大的颗粒会沉淀到池底，池底刮泥板可将沉淀污泥同样刮至出渣室。处理后的出水经环形出水槽收集后排出。

真空气浮法的缺点是其空气的溶解在常压下进行，溶解度很低，气泡释放量很有限。此外，为形成真空，处理设备需密闭，其运行和维护都较困难。

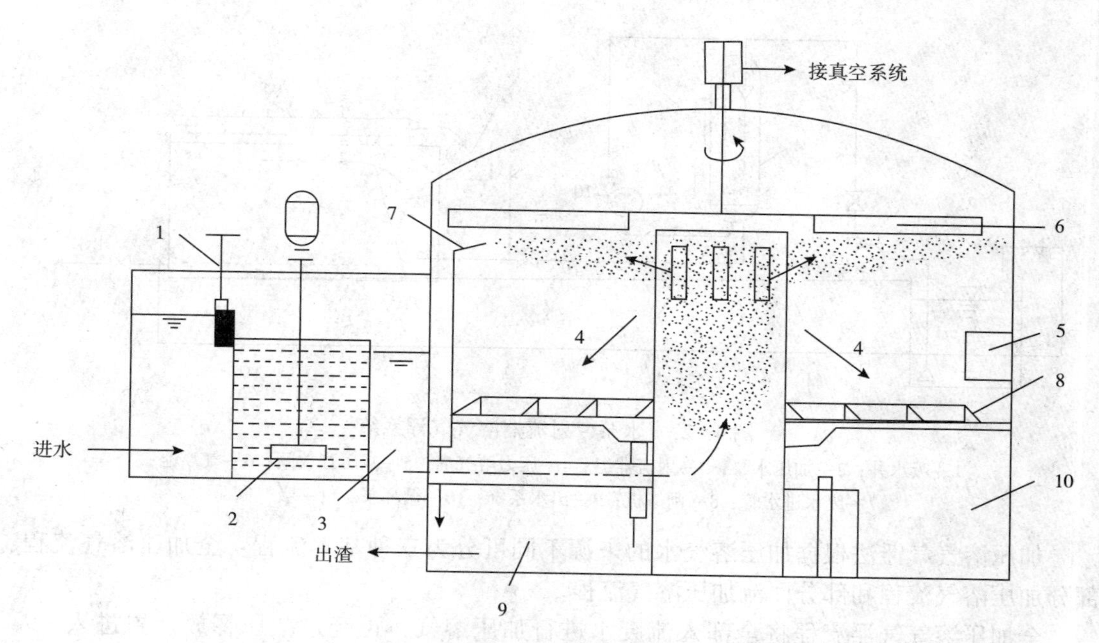

图 4－25　真空气浮法处理系统示意图

1—流量调节器；2—曝气器；3—脱气井；4—分离区；5—环形出水槽；6—刮渣板；7—集渣槽；8—池底刮泥板；9—出渣室；10—设备及操作间

2)加压溶气气浮法

加压溶气气浮法是目前常用的气浮处理方法。该法是使空气在加压的条件下溶解于水，然后通过将压力降至常压而使过饱和溶解的空气以细微气泡形式释放出来。

加压溶气气浮系统主要由水泵、溶气罐、气浮池、刮渣机等设备组成，溶气罐中的空气注入可用空气压缩机(简称空压机)或射流器，参见图 4－26 和图 4－27。

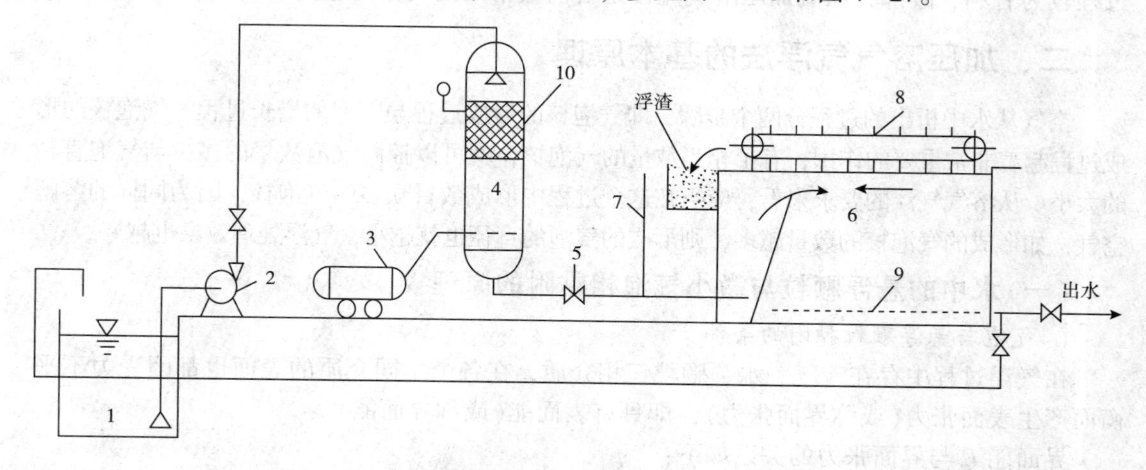

图 4－26　空压机溶气气浮系统

1—吸水井；2—加压水泵；3—空压机；4—压力溶气灌；5—减压释放阀；6—气浮池；7—废水进水管；8—刮渣机；9—出水系统；10—填料层

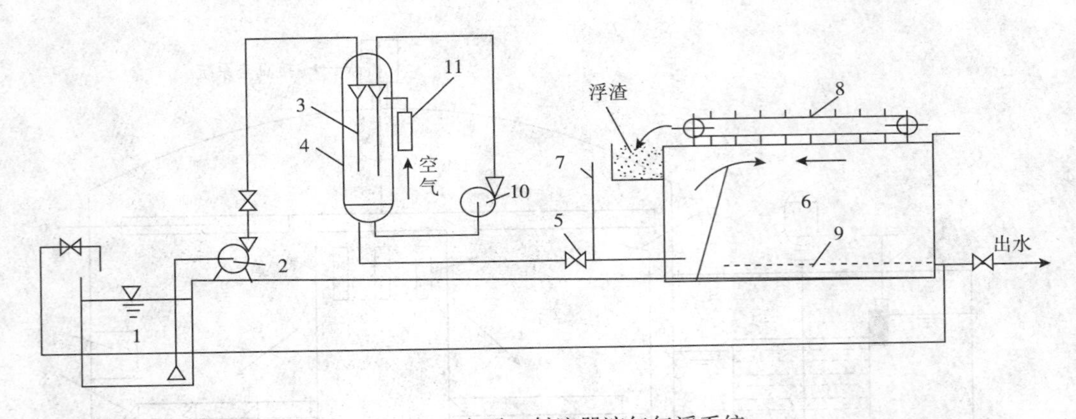

图 4-27 水泵-射流器溶气气浮系统

1—吸水井；2—加压水泵；3—射流器组；4—压力溶气灌；5—减压释放阀；6—气浮池；7—废水进水管；8—刮渣机；9—出水系统；10—循环泵；11—吸气阀

加压溶气气浮法根据加压溶气水的来源不同可分为三种基本流程：全加压溶气流程、部分加压溶气流程和部分回流加压溶气流程。

全加压溶气气浮流程将全部入流废水进行加压溶气，再经过减压释放装置进入气浮池，进行固液分离。

部分加压溶气气浮流程将部分入流废水进行加压溶气，其余部分直接进入气浮池。该法比全加压溶气流程节省电耗，同时因加压溶气水量与溶气罐的容积比全加压溶气方式小，故可节省一些设备。但是由于部分加压溶气系统提供的空气量亦较少，因此，如欲提供同样的空气量，部分加压溶气流程就必须在较高的压力下运行。

部分回流加压溶气气浮流程将部分澄清液进行回流加压，入流废水则直接进入气浮池，与前两种流程相比，该流程加压溶气水为经过气浮处理的澄清水，对溶气及减压释放过程较为有利，故部分回流加压溶气流程是目前最常用的气浮处理流程。

二、加压溶气气浮法的基本原理

空气从水中析出的过程分两个步骤，即气泡核的形成过程与气泡的增长过程。气泡核的形成过程起着非常重要的作用，有了相当数量的气泡核，就可以控制气泡数量的多少与气泡直径的大小。从溶气气浮的要求来看，应当在这个过程中形成数目众多的气泡核，因为同样的溶解空气，如形成的气泡核的数量越多，则形成的气泡的直径也就越小，气浮处理效果也越好。

(一)水中的悬浮颗粒与微小气泡相黏附的原理

1. 气泡与悬浮颗粒黏附的条件

在气浮过程中存在着气、水、颗粒三相介质，在各个不同介质的表面也都因受力不平衡而产生表面张力(或称界面张力)，即具有表面能(或称界面能)。

界面能 E 与界面张力的关系如下：

$$E = \sigma \times S \tag{4-49}$$

式中 σ——界面张力系数；

S——界面面积。

气泡未与悬浮颗粒黏附之前，颗粒与气泡的单位面积上的界面能分别为 $\sigma_{水-粒}$ 和

$\sigma_{水-气}$，这时单位面积上的界面能之和 E_1 为：

$$E_1 = \sigma_{水-粒} + \sigma_{水-气} \tag{4-50}$$

当气泡与悬浮颗粒黏附后，界面能缩小，黏附面的单位面积上的界面能 E_2 及其缩小值 ΔE 分别为：

$$E_2 = \sigma_{气-粒} \tag{4-51}$$

$$\Delta E = E_1 - E_2 = \sigma_{水-粒} + \sigma_{水-气} - \sigma_{气-粒} \tag{4-52}$$

这部分能量差即为挤开气泡和颗粒之间的水膜所做的功，此值越大，气泡与颗粒黏附的越牢固。

水中悬浮颗粒是否能与气泡黏附，与气、水、颗粒间的界面能有关。当三者相对稳定时，三相界面张力的关系如图4－28所示，其关系式为：

$$\sigma_{水-粒} = \sigma_{水-气}\cos(180° - \theta) + \sigma_{气-粒} \tag{4-53}$$

式中　θ——接触角(也称润湿角)。

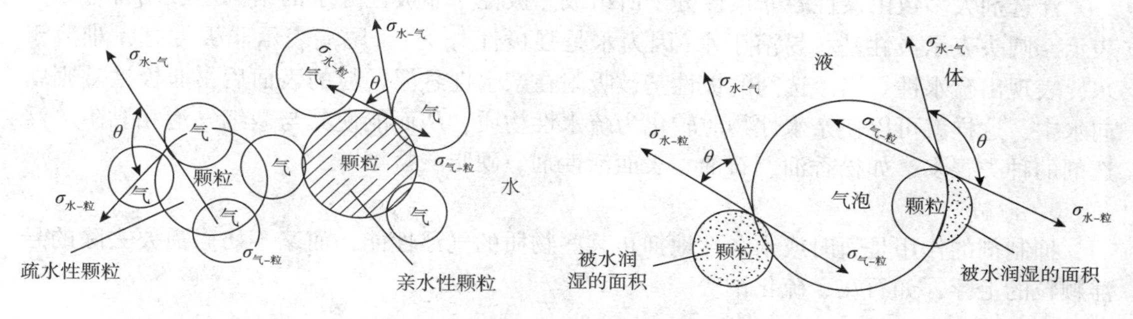

图4－28　不同悬浮颗粒与水接触的润湿情况

将式(4－53)代入式(4－52)得：

$$\Delta E = \sigma_{水-粒} + \sigma_{水-气} - (\sigma_{水-粒} + \sigma_{水-气}\cos\theta)$$

$$\Delta E = \sigma_{水-气}(1 - \cos\theta) \tag{4-54}$$

式(4－54)表明，并不是水中所有的污染物质都能与气泡黏附，是否能黏附与该类物质的接触角有关。当 $\theta \to 0$ 时，$\cos\theta \to 1$，$\Delta E \to 0$ 这类物质亲水性强(称亲水性物质)，无力排开水膜，不易与气泡黏附，不能用气浮法去除。当 $\theta \to 180°$ 时，$\cos\theta \to -1$，$\Delta E \to 2\sigma_{水-气}$，这类物质疏水性强(称疏水性物质)，易与气泡黏附，宜用气浮法去除。

2."颗粒－气泡"复合体(简称带气絮体)的上浮速度

带气絮体的上浮速度公式与沉淀池中的颗粒沉速一样，当流态为层流时，则带气絮体的上升速度可按斯托克斯公式计算：

$$u_{上} = \frac{\rho_L - \rho_s}{18\mu} g \cdot d^2 \tag{4-55}$$

式中　d——带气絮体的直径；

ρ_s——带气絮体的表观密度。

上述公式表明，带气絮体的上浮速度 $u_{上}$ 取决于水与带气絮体的密度差与复合体的有效直径。如果带气絮体上黏附的气泡越多，则 ρ_s 越小，d 越大，因而其上浮速度亦越快。

由于水中的带气絮体大小不等，形状各异，各种颗粒表面性质亦不一样，它们在上浮过程中会进一步发生碰撞，相互聚合而改变上浮速度。另外在气浮池中因水力条件及池型、水温等因素，也会改变上浮速度，因此，在实际使用中最好以试验来确定絮体的上浮速度。

(二) 投加化学药剂改善气浮效果

疏水性很强的物质(如植物纤维、油滴及炭粉末等)，不投加化学药剂即可获得满意的固(液)–液分离效果。疏水性一般或亲水性的悬浮物质，均需投加化学药剂，以改变颗粒的表面性质，增强气泡与颗粒的吸附。这些化学药剂分为下述几类：

1. 混凝剂

各种无机或有机高分子混凝剂，它不仅可以改变废水中悬浮颗粒的亲水性能，而且还能使废水中的细小颗粒絮凝成较大的絮状体以吸附、截获气泡，加速颗粒上浮。另外，部分助凝剂能够提高悬浮颗粒表面的水密性，以提高颗粒的可浮性。

2. 浮选剂

浮选剂大多数由极性–非极性分子所组成。极性–非极性分子的结构一般用符号○—表示，圆头表示极性基，易溶于水(因为水是强极性分子)，尾端表示非极性基，难溶于水，表现出疏水性。当浮选剂的极性基被吸附在亲水性悬浮颗粒的表面后，非极性基则朝向水中，这样就可以使亲水性物质转化为疏水性物质，从而能使其与微细气泡相黏附。浮选剂的种类很多，如松香油、石油、表面活性剂、硬脂酸盐等。

3. 抑制剂

抑制剂的作用是暂时或永久性地抑止某些物质的气浮性能，而又不妨碍需要去除的悬浮颗粒的上浮，如石灰、硫化钠等。

4. 调节剂

调节剂主要是调节废水的 pH 值。改进和提高气泡在水中的分散度以及提高悬浮颗粒与气泡的黏附能力，如各种酸、碱等。

三、加压溶气气浮法系统的组成及设计

(一) 加压溶气气浮法系统的组成与主要工艺参数

加压溶气气浮法系统主要由三个部分组成：压力溶气系统、空气释放系统和气浮分离设备(气浮池)。

1. 压力溶气系统

压力溶气系统包括加压水泵、压力溶气罐、空气供给设备(空压机或射流器)及其他附属设备。

加压水泵的作用是提升废水，将水、气以一定压力送至压力溶气罐，其扬程的选择应考虑溶气压力和管路系统的水力损失两部分。

压力溶气罐的作用是使水与空气充分接触，促进空气的溶解。溶气罐的形式有多种，如图 4–29 所示，其中以罐内填充填料的溶气罐效率最高。

压力溶气罐溶气方式有三种：水泵吸水管吸气溶气式、水泵出水管射流溶气式(见图 4–30)和空压机供气式(见图 4–31)。其中水泵吸水管吸气溶气式在经济和安全方面都不理想，已很少使用。

出水管射流溶气的优点是不需另设空压机，没有空压机带来的油污染和噪声；缺点是

射流器本身的能量损失大，一般约30%，当所需溶气水压力为0.3MPa时，则水泵出口处压力约需0.5MPa。

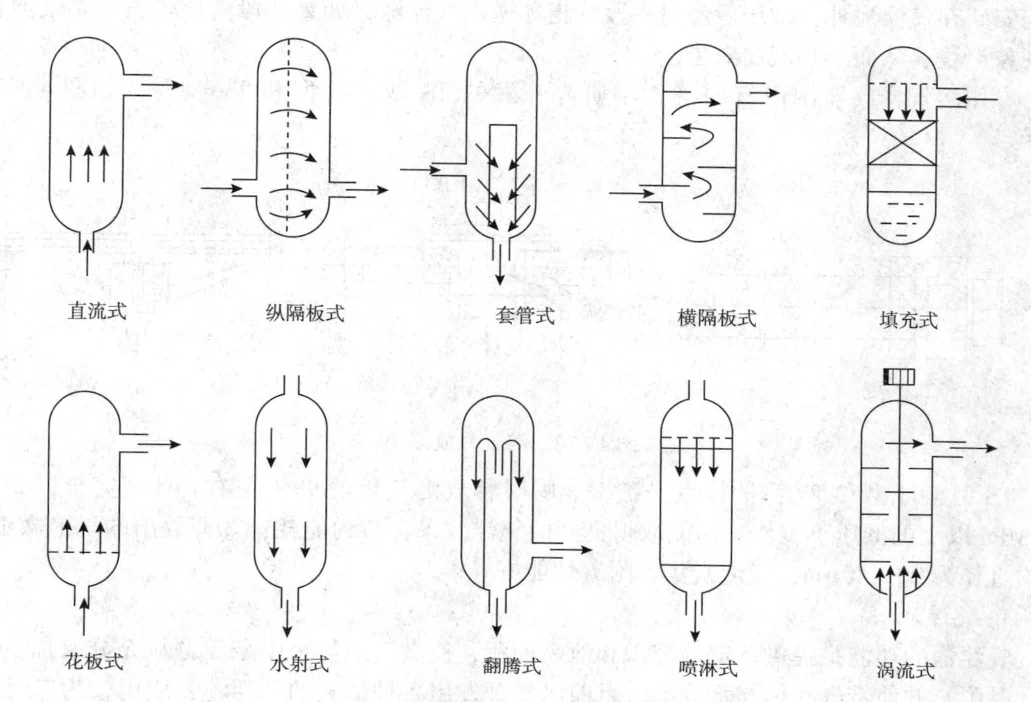

图4-29　溶气罐的几种溶气方式

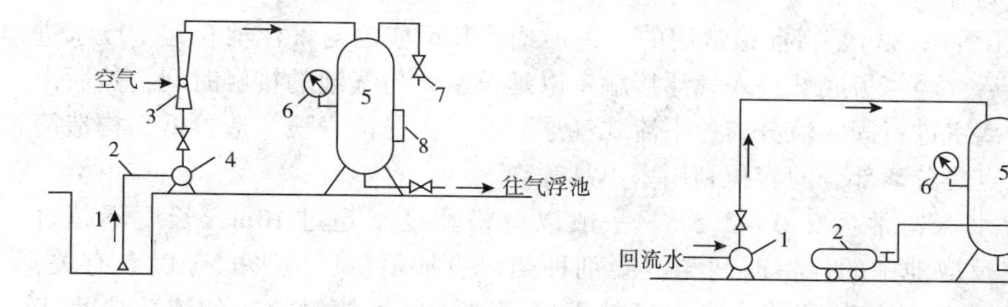

图4-30　水泵出水管射流溶气方式

1—吸水井；2—吸水管；3—水射器；4—水泵；5—压力溶气罐；6—压力表；7—泄气阀；8—水位计

图4-31　空压机供气溶气方式

1—水泵；2—空压机；3—水位计；4—泄气阀；5—压力溶气罐；6—压力表

空压机供气是较早使用的一种供气方式，应用较广泛，其优点是能耗相对较低；其缺点是，除产生噪声和油污染外，操作也比较复杂，特别是要控制好水泵与空压机的压力，并使其达到平衡状态。

2. 空气释放系统

空气释放系统是由溶气释放装置和溶气水管路组成。溶气释放装置的功能是将压力溶气水减压，使溶气水中的气体以微气泡的形式释放出来，并能迅速、均匀地与水中的颗粒物质黏附，减压释放装置产生的微气泡直径在20～100μm。常用的溶气释放装置有减压阀、专用溶气释放器等。

减压阀可利用现成的截止阀，其缺点是：多个阀门相互间的开启度难于一致，其最佳开启度难以调节控制，因而从每个阀门的出流量各异，且释放出的气泡尺寸大小不一致；阀门安装在气浮池外，减压后经过一段管道才送入气浮池，如果此段管道较长，则气泡合并现象严重，从而影响气浮效果。

专用溶气释放器国内有同济大学研究开发的 TS 型、TJ 型和 TV 型等，如图 4－32 所示。

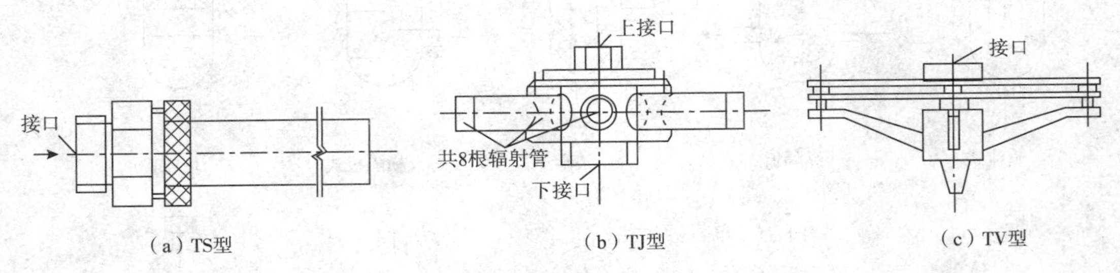

图 4－32　溶气释放器

TS 型、TJ 型和 TV 型的特点是：①能瞬时释放溶气量的 99% 左右，释气完全；②在 0.2MPa 以上的低压下工作，即能取得良好的气浮效果，节约能耗；③释放出的气泡微细，平均直径为 20～40μm，气泡密集，附着性能好。

3. 气浮池

气浮池的功能是提供一定的容积和池表面积，使微气泡与水中悬浮颗粒充分混合、接触、黏附，并使带气絮体与水分离。目前已经开发出各种形式的气浮池，应用较为广泛的有平流式和竖流式两种。

平流式气浮池(图 4－33)是目前最常用的一种形式，其反应池与气浮池合建。废水进入反应池完全混合后，经挡板底部进入气浮接触室以延长絮体与气泡的接触时间，然后由接触室上部进入分离室进行固－液分离。平流式气浮池的优点是池身浅、造价低、构造简单、运行方便，缺点是分离部分的容积利用率不高等。

气浮池的有效水深通常为 2.0～2.5m，一般以单格宽度不超过 10m，长度不超过 15m 为宜。废水在反应池中的停留时间与混凝剂种类、投加量、反应形式等因素有关，一般为 5～15min。为避免打碎絮体，废水经挡板底部进入气浮接触室时的流速应小于 0.1m/s。

废水在接触室中的上升速度为 10～20mm/s，水力停留时间 1～2min，隔板的作用是使已经黏附气泡的悬浮颗粒向池表面产生上升运动，隔板一般设置 60°的倾斜，隔板顶部与气浮池水面间应留有 300mm 以上的空间，以防止干扰分离区的浮渣层。

废水在气浮分离室的停留时间一般为 10～20min，其表面负荷率约为 6～8$m^3/(m^2 \cdot h)$，最大不超过 10$m^3/(m^2 \cdot h)$。分离区的澄清水下向流速度，包括回流加压流量部分一般取 1～3mm/s。集水管宜在分离区底部设置均匀分布的环状或树枝状，以便整个池面积集水均匀。

池面浮渣一般都用机械方法清除，刮渣机的行车速度宜控制在 5m/min 以内，以防止刮渣时浮油再次下落，使可能下落的浮渣落在接触区，便于带气絮体再次将其托起，而不致影响出水水质。气浮池底部可同时设污泥斗，以排除颗粒相对密度较大、没有与气泡黏附上浮的沉淀污泥。

竖流式气浮池(见图4-34)的基本工艺参数与平流式气浮池相同。其优点是接触室在中央，水流向四周扩散，水利条件较好。缺点是气浮池与反应池较难衔接，容积利用率较低。

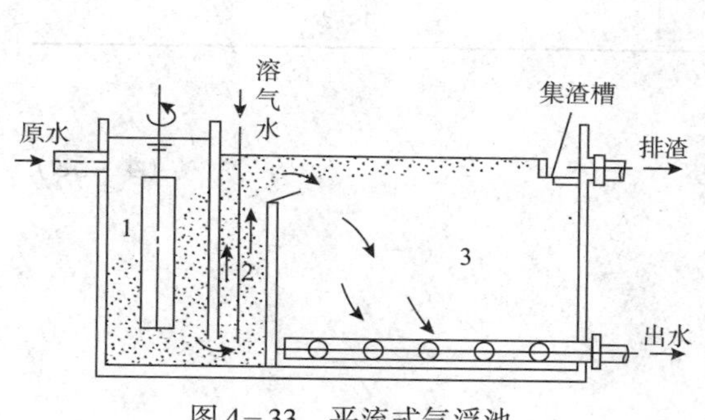

图4-33　平流式气浮池

1—反应池；2—接触室；3—分离室

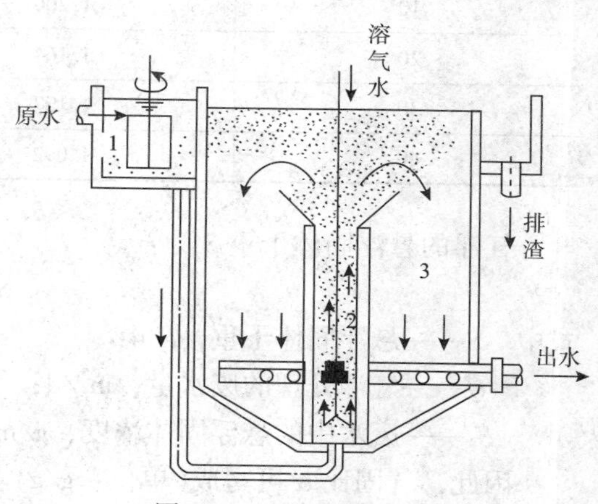

图4-34　竖流式气浮池

1—反应池；2—接触使；3—分离室

有经验表明，当处理水量大于150~200m^3/h，废水中的悬浮固体浓度较高时，宜采用竖流式气浮池。

(二)设计计算

加压溶气气浮池的主要设计计算内容包括所需空气量、加压溶气水量、溶气罐尺寸和气浮池主要尺寸等。

1. 气浮所需空气量 Q_c

设计气浮池加压溶气系统时最基本的参数是气固比，气固比(α)的定义是溶解空气量(A)与原水中悬浮固体含量(S)的比值，可用下式表示：

$$\alpha = \frac{A}{S} = \frac{\text{减压释放的气体总量(g)}}{\text{原水中悬浮固体总量(g)}} \tag{4-56}$$

在溶气压力 p 下溶解的空气，经减压释放后，理论上释放空气量A为：

$$A = \rho C_s (f\frac{p}{p_0} - 1) \cdot Q_R \tag{4-57}$$

式中　A——减压至101.325kPa时释放的空气量，kg/d；

ρ——空气密度，g/L，见表4-3；

C_s——在一定温度下，一个大气压时的空气溶解度，mL/L，见表4-3；

p——溶气压力(绝对压力)，atm；

p_0——当地气压(绝对压力)，atm；

f——加压溶气系统的溶气效率，为实际空气溶解度与理论溶解度之比，与溶气罐等因素有关，通常取0.5~0.8。

Q_R——加压溶气水的流量，m^3/d。

表 4-3　空气的密度及其在水中的溶解度

温度/℃	空气密度 ρ/g · L^{-1}	溶解度 C_s/mL · L^{-1}
0	1.252	29.2
10	1.206	22.8
20	1.164	18.7
30	1.127	15.7
40	1.092	14.2

气浮的悬浮固体干重 S 为：

$$S = QS_a \tag{4-58}$$

式中　S——悬浮固体干重，g/d；

Q——气浮处理的废水量，m^3/d；

S_a——废水中的悬浮固体浓度，g/m^3。

因此，气固比 α 可写成(单位：g/g)：

$$\alpha = \frac{A}{S} = \frac{\rho C_s(f\frac{p}{p_0} - 1)Q_R}{QS_a} \tag{4-59}$$

气固比选用涉及原水水质、出水要求、设备、动力等因素，对于所处理的废水最好经过气浮试验来确定气固比，无试验资料时一般取值 0.005 ~ 0.06。废水中悬浮固体浓度不高时取下限，如选用 0.005 ~ 0.006，但悬浮固体较高时，可选用上限，如气浮用于剩余污泥浓缩时气固比一般采用 0.03 ~ 0.04。得到 A 后可进一步计算空气流量 Q_G。

如已知气固比，可利用下式计算加压水或回流澄清水的流量：

$$Q_R = \frac{QS_a(\frac{A}{S})}{\rho C_s(f\frac{P}{P_0} - 1)} \tag{4-60}$$

当有实验资料时，可用下述公式计算：

$$Q_G = QR'\alpha_c k \tag{4-61}$$

式中　Q_G——气浮处理的废水量，m^3/h；

R'——试验条件下的澄清液回流比，%；

α_c——试验条件下的释气量，L/m^3；

k——水温校正系数，取 1.1 ~ 1.3(主要考虑水的黏度影响，试验时水温与冬季水温相差大者取高值)。

2. 溶气罐

选定过流密度 I 后，溶气罐直径 D_d 按下式计算：

$$D_d = \sqrt{\frac{4 \times Q_R}{\pi I}} \tag{4-62}$$

一般对于空罐：I 选用 1000 ~ 2000m^3/(m^2 · d)；对填料罐，I 选用 2500 ~ 5000m^3/(m^2 · d)。

溶气罐高 h：

$$h = 2h_1 + h_2 + h_3 + h_4 \tag{4-63}$$

式中　h_1——罐顶、底封头高度（根据罐直径而定），m；

h_2——布水区高度，一般取 0.2 ~ 0.3m；

h_3——贮水区高度，一般取 1.0m；

h_4——填料层高度，一般取 1.0 ~ 1.3m。

3. 气浮池

接触室的表面积 A_c：选定接触室中水流的上升流速 u_c 后，按下式计算：

$$A_c = \frac{Q + Q_R}{u_c} \tag{4-64}$$

式中　A_c——接触室的表面积，m^2；

Q——气浮处理的废水量，m^3/h，如为部分加压，则按 Q 已含 Q_R 的量；

Q_R——回流加压水量，m^3/h；

u_c——接触室水流的上升流速，m/h。

接触室的容积一般应按停留时间大于 60s 进行复核。

分离室的表面积 A_s：

(1)根据表面负荷率计算：

$$A_s = \frac{Q}{q} \tag{4-65}$$

式中　A_s——分离室的表面积，m^2；

Q——气浮处理的废水量，m^3/h；

q——分离室表面负荷率，$m^3/(m^2 \cdot h)$，一般取 $6 \sim 8m^3/(m^2 \cdot h)$。

(2)按分离速度 u_s（分离室向下平均水流速度）计算：

$$A_s = \frac{Q + Q_R}{q} \tag{4-66}$$

式中　Q——气浮处理的废水量，m^3/h；

Q_R——回流加压水量，m^3/h；

u_s——分离速度，m/h。

矩形气浮池分离室的长宽比一般取(1∶1) ~ (2∶1)。

气浮池的净容积 V：

选定池的平均水深 H（指分离室水深），按下式计算：

$$V = (A_c + A_s)H \tag{4-67}$$

同时以池内水力停留时间(t)进行校核，一般要求 t 为 10 ~ 20min。

计算浮渣的量时，应包括废水中悬浮固体量、投加化学药剂的量及投加化学药剂后废水中由溶解的、乳化的或胶体状物质转化为絮状可浮物质的量。

第五章　过　滤

第一节　过滤理论

一、过滤及其分类

过滤是去除悬浮物，特别是去除浓度比较低的悬浊液中微小颗粒的一种有效方法。过滤时，含悬浮物的水流过具有一定孔隙率的过滤介质，水中的悬浮物被截留在介质表面或内部而除去。根据所采用的过滤介质不同，可将过滤分为下列几类。

1) 格筛过滤

过滤介质为栅条或滤网，用以去除粗大的悬浮物，如杂草、破布、纤维、纸浆等，其典型设备有格栅、筛网和微滤机。

2) 微孔过滤

采用成型滤材，如滤布、滤片、烧结滤管、蜂房滤芯等，也可在过滤介质上预先涂上一层助滤剂(如硅藻土)形成孔隙细小的滤饼，用以去除粒径细微的颗粒。

3) 膜过滤

采用特别的半透膜作过滤介质在一定的推动力(如压力、电场力等)下进行过滤，由于滤膜孔隙极小且具选择性，可以除去水中细菌、病毒、有机物和溶解性溶质。其主要设备有反渗透、超过滤和电渗析等。

4) 深层过滤

采用颗粒状滤料，如石英砂、无烟煤等。由于滤料颗粒之间存在孔隙，原水穿过一定深度的滤层，水中的悬浮物即被截留。为区别于上述三类表面或浅层过滤过程，将这类过滤称之为深层过滤，简称过滤。

在给水处理中，常用过滤处理沉淀或澄清池出水，使滤后出水浊度满足用水要求。在废水处理中，过滤常作为吸附、离子交换、膜分离法等的预处理手段，也作为生化处理后的深度处理，使滤后水达到回用的要求。

常用的深层过滤设备是各种类型的滤池。按过滤速度不同，有慢滤池(<4m/h)、快滤池(4~10m/h)和高速滤池(10~60m/h)三种；按作用力不同，有重力滤池(水头为4~5m)和压力滤池(水头15~25m)两种；按过滤对水流方向分类，有下向流、上向流、双向流和任向流滤池四种；按滤料层组成分类，有单层滤料、双层滤料和多层滤料滤池三种。普通快滤池是常用的过滤设备，也是研究其他滤池的基础，因此本节重点讨论快滤池的过滤理论。

二、过滤机理

快滤池分离悬浮颗粒涉及多种因素和过程，一般分为三类，即迁移机理、附着机理和脱落机理。

1. 迁移机理

悬浮颗粒脱离流线而与滤料接触的过程，就是迁移过程。引起颗粒迁移的原因主要有如下几种。

1）筛滤

比滤层孔隙大的颗粒被机械筛分，截留于过滤表面上，然后这些被截留的颗粒形成孔隙更小的滤饼层，使过滤水头增加，甚至发生堵塞。显然，这种表面筛滤没能发挥整个滤层的作用。在普通快滤池中，悬浮颗粒一般都比滤层孔隙小，因而筛滤对总去除率贡献不大。根据几何学分析，三个直径为 0.5mm 的球形滤料相切时形成的孔隙，可以通过直径最大为 0.077mm，即 77μm 的球形悬浮物。而经过混凝的絮体粒径一般为 2～10μm，SiO_2 的粒径约 20μm，硅藻土约 30μm，它们都能通过滤层而不被机械截留，但是，当悬浮颗粒浓度过高时，很多颗粒有可能同时到达一个孔隙，互相拱接而被机械截留。

2）拦截

随流线流动的小颗粒，在流线会聚处与滤料表面接触。其去除概率与颗粒直径的平方成正比，与滤料粒径的立方成反比，也是雷诺数的函数。

3）惯性

当流线绕过滤料表面时，具有较大动量和密度的颗粒因惯性冲击而脱离流线碰撞到滤料表面上。

4）沉淀

如果悬浮物的粒径和密度较大，将存在一个沿重力方向的相对沉淀速度。在净重力作用下，颗粒偏离流线沉淀到滤料表面上。沉淀效率取决于颗粒沉速和过滤水速的相对大小和方向。此时，滤层中的每个小孔隙起着一个浅层沉淀池的作用。

5）布朗运动

对于微小悬浮颗粒，由于布朗运动而扩散到滤料表面。

6）水力作用

由于滤层中的孔隙和悬浮颗粒的形状是极不规则的，在不均匀的剪切流场中，颗粒受到不平衡力的作用不断地转动而偏离流线。

在实际过滤中，悬浮颗粒的迁移将受到上述各机理的作用，它们的相对重要性取决于水流状况、滤层孔隙形状及颗粒本身的性质（粒度、形状、密度等）。

2. 附着机理

由上述迁移过程而与滤料接触的悬浮颗粒，附着在滤料表面上不再脱离，就是附着过程。引起颗粒附着的因素主要有如下几种。

1）接触凝聚

在原水中投加凝聚剂，压缩悬浮颗粒和滤料颗粒表面的双电层后，但尚未生成微絮凝体时，立即进行过滤。此时水中脱稳的胶体很容易与滤料表面凝聚，即发生接触凝聚作用。快滤池操作通常投加凝聚剂，因此接触凝聚是主要附着机理。

2）静电引力

由于颗粒表面上的电荷和由此形成的双电层产生静电引力和斥力。当悬浮颗粒和滤料颗粒带异号电荷则相吸，反之，则相斥。

3）吸附

悬浮颗粒细小，具有很强的吸附趋势、吸附作用也可能通过絮凝剂的架桥作用实现。絮凝物的一端附着在滤料表面，而另一端附着在悬浮颗粒上。某些聚合电解质能降低双电层的排斥力或者在两表面活性点间起键的作用而改善附着性能。

4）分子引力

原子、分子间的引力在颗粒附着时起重要作用。万有引力可以叠加，其作用范围有限（通常小于50μm），与两分子间距的6次方成反比。

3. 脱落机理

普通快滤池通常用水进行反冲洗，有时先用或同时用压缩空气进行辅助表面冲洗。在反冲洗时，滤层膨胀一定高度，滤料处于流化状态。截留和附着于滤料上的悬浮物受到高速反洗水的冲刷而脱落；滤料颗粒在水流中旋转，碰撞和摩擦，也使悬浮物脱落。反冲洗效果主要取决于冲洗强度和时间。当采用同向流冲洗时，还与冲洗流速的变动有关。

三、过滤效率的影响因素

过滤是悬浮颗粒与滤料的相互作用，悬浮物的分离效率受到这两方面因素的影响。

1. 滤料的影响

1）粒度

过滤效率与粒径 d^n（$1<n<3$）成反比，即粒度越小，过滤效率越高，但水头损失也增加越快。在小粒径滤料过滤中，筛分与拦截机理起重要作用。

2）形状

角形滤料的表面积比同体积的球形滤料的表面积大。因此，当孔隙率相同时，角形滤料过滤效率高。

3）孔隙率

球形滤料的孔隙率与粒径关系不大，一般都在0.43左右。但角形滤料的孔隙率取决于粒径及其分布，一般约为0.48～0.55。较小的孔隙率会产生较高的水头损失和过滤效率，而较大的孔隙率提供较大的纳污空间和较长的过滤时间，但悬浮物容易穿透。

4）厚度

滤床越厚，滤液越清，操作周期越长。

5）表面性质

滤料表面不带电荷或者带有与悬浮颗粒表面电荷相反的电荷有利于悬浮颗粒在其表面上吸附和接触凝聚。通过投加电解质或调节 pH 值可改变滤料表面的电动电位。

2. 悬浮物的影响

1）粒度

几乎所有过滤类型都受悬浮物粒度的影响。粒度越大，通过筛滤去除越易。向原水投加混凝剂，将其生成适当粒度的絮体或微絮体后，进行过滤，可以提高过滤效果。

2）形状

角形颗粒因比表面积大，其去除效率比球形颗粒高。

3）密度

颗粒密度主要通过沉淀、惯性及布朗运动等机理影响过滤效率，因这些机理对过滤贡献不大，故影响程度较小。

4)浓度

过滤效率随原水浓度升高而降低，浓度越高，穿透越易，水头损失增加越快。

5)温度

温度影响密度及黏度，进而通过沉淀和附着机理影响过滤效率。降低温度，对过滤不利。

6)表面性质

悬浮物的絮凝特性、电动电位等主要取决于表面性质，因此，颗粒表面性质是影响过滤效率的重要因素。常通过添加适当的凝聚剂来改善表面性质。凝聚过滤法就是在原水加药脱稳后，尚未形成微絮体时，进行过滤。这种方法，投药量少，过滤效果好。

第二节　快滤池的构造

快滤池一般用钢筋混凝土建造，池内有排水槽、滤料层、垫料层和配水系统，池外有集中管廊，配有进水管、出水管、冲洗水管、冲洗水排出管等管道及附件。图 5－1 为普通快滤池的透视与剖面示意图。

过滤时，加入凝聚剂的浑水自进水管经集水渠、排水槽进入滤池，自上而下穿过滤料层、垫料层，由配水系统收集，并经出水管排出。此时开 F_1、F_2，关 F_3、F_4、F_5。经过一段时间过滤，滤料层截留的悬浮物数量增加；滤层孔隙率减小，使孔隙水流速增大，其结果一方面造成过滤阻力增大，另一方面水流对孔隙中截留的杂质冲刷力增大，使出水水质变差。当水头损失超过允许值，或者出水悬浮物浓度超过规定值，过滤即应终止，进行滤池反冲洗。反冲洗时，开 F_3、F_4，关 F_1、F_2。反冲洗水由冲洗水管经配水系统过入滤池，由下而上穿过垫料层、滤料层，最后由排水槽经集水渠排出。反冲洗完毕，又进入下一过滤周期。

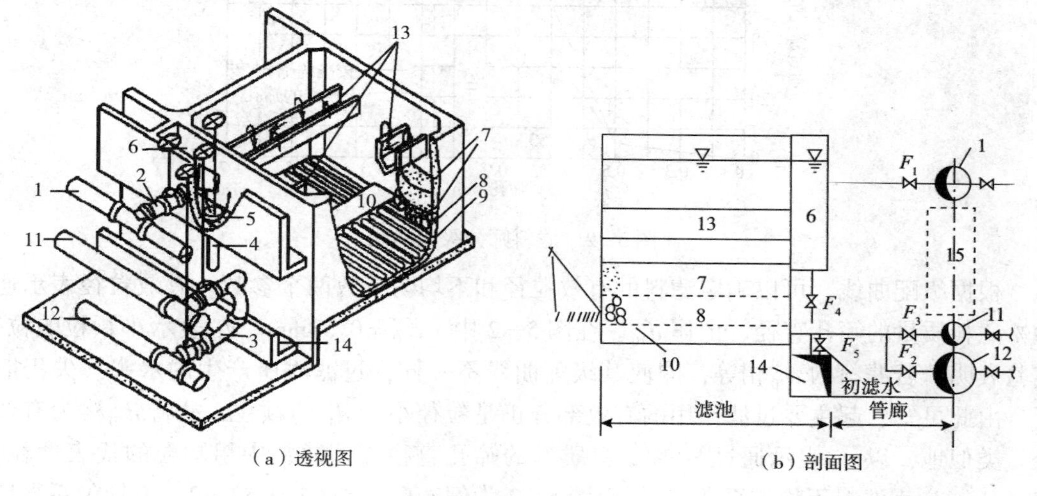

图 5－1　快滤池透视与剖面示意图

1—进水干管；2—进水支管；3—清水支管；4—排水管；5—排水阀；6—集水渠；7—滤料层；8—承托层；9—配水支管；10—配水干管；11—冲洗水管；12—清水总管；13—排水槽；14—废水渠；15—走道空间

一、滤料

滤料是滤池的核心部分，它提供悬浮物接触凝聚的表面和纳污的空间，工业滤料应满足下列要求：①有足够的机械强度，在冲洗过程中不因碰撞、摩擦而破碎；②有足够的化学稳定性，不溶于水，对废水中化学成分足够稳定，不产生有害物质；③具有一定的大小和级配，满足截留悬浮物的要求；④外形近乎球形，表面粗糙，带有棱角，能提供较大的比表面和孔隙率；⑤价廉，易得。

在水处理中最常用的滤料有石英砂、无烟煤粒、石榴石粒、磁铁矿粒、白云石粒、花岗岩粒以及聚苯乙烯发泡塑料等，其中以石英砂使用最广。石英砂的机械强度大，相对密度2.65左右，在pH值为2.1～6.5的酸性水环境中化学稳定性好，但水呈碱性时，有溶出现象。无烟煤的化学稳定性较石英砂好，在酸性、中性及碱性环境中都不溶出，但机械强度稍差，其密度因产地不同而有所不同，一般为1.4～1.9。大密度滤料常用于多层滤料滤池，其中石榴石和磁铁矿的相对密度大于4.2，莫氏硬度大于6。

滤池滤料的粒径和级配应适应悬浮颗粒的大小和去除效率要求。粒径表示滤料颗粒的大小，通常指能把滤料颗粒包围在内的一个假想的球体的直径。级配表示不同粒径的颗粒在滤料中的比例，滤料颗粒的级配关系可由筛分试验求得：取一定滤料试样，置于105℃的恒温箱中烘干，准确称量后置于一组分样标准筛中过筛，最后称出留在每一筛上的颗粒重量，以通过每一筛孔的颗粒重量占试样总重量的百分数为纵坐标，以对应的筛孔孔径为横坐标作图，得如图5－2所示的滤料级配曲线。

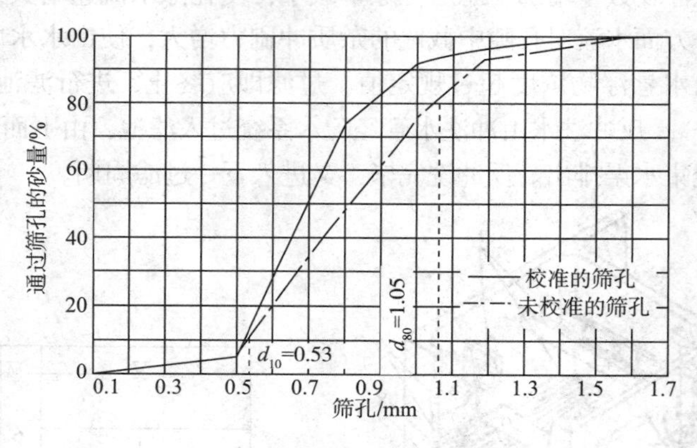

图5－2　滤料筛分级配曲线

根据级配曲线，可以确定滤料的有效粒径和不均匀系数两个参数。有效粒径表示通过10%滤料质量的筛孔直径，记作d_{10}。在图5－2中，$d_{10}=0.53$mm。d_{10}表示小颗粒的粒径。实验表明，若滤料的d_{10}相等，即使其级配曲线不一样，过滤时所产生的水头损失仍旧相近。由此可知，起主要过滤作用的有效部分正是粒径小于d_{10}的颗粒，故将d_{10}称为有效粒径。类似地，以d_{80}表示通过80%滤料质量的筛孔直径，即滤料中粗颗粒的代表性粒径。定义d_{80}/d_{10}为滤料不均匀系数K_{80}。以图5－2为例，$K_{80}=1.05/0.53=2$。不均匀系数反映滤料颗粒大小的差别程度。K_{80}值越大，滤料越不均匀。如果采用不均匀系数很大的滤料，在反冲洗时，可能出现大颗粒冲不动，小颗粒随水流失的现象。在反洗后可能形成小颗粒填充在大颗粒间的孔隙里，使孔隙率和含污能力减小，水头损失增大。相反，如果采用不均匀系数较小(极限值为 1)的滤料，则筛分困难。目前，国内快滤池一般采用 $d_{10}=0.5\sim0.6mm$，$K_{80}=2.0\sim2.2mm$ 的滤料，国外则倾向于选用稍大的 d_{10}和较小的 d_{80}。

在生产中也有规定最大和最小两种粒径的较为简便的方法来表示滤料的规格。由于滤料颗粒大小形状不一，进行水力计算时，常以当量粒径 d_e 来反映粒径的大小，在数学上称为调和平均值，可按下式计算：

$$d_e=\frac{p_1+p_2+\cdots+p_n}{\frac{p_1}{d_1}+\frac{p_2}{d_2}+\cdots+\frac{p_n}{d_n}}=\frac{\sum p_i}{\sum\frac{p_i}{d_i}}=\frac{1}{\sum\frac{p_i}{d_i}} \tag{5-1}$$

其意义是将筛分曲线分为若干段，在粒径 d_{i1}和 d_{i2}之间取其平均值 d_i，相应于 d_{i1}及 d_{i2}间的颗粒重量比为 p_i(以小数表示)。d_e 与平均粒径 d_{50}的数值接近。

滤层的含污能力和过滤效果除取决于滤料粒径外，还与滤层厚度有关，即决定于滤层厚度和滤料粒径的比值 L/d_e。L/d_e 值愈大，去除率也愈高，因为 L/d_e 值与单位过滤面积上滤料总表面积和颗粒数目成正比。所需的 L/d_e 值因水质、滤速、去除率及要求的过滤时间而异。在设计条件给定的情况下，滤料粒径和滤层厚度应当根据过滤方程和阻力公式计算。但是，迄今这些数学模型尚不完备，L/d_e 需由实验确定。根据生产性滤池实测的 L/d_e 值，可用于一般的滤池设计。对于经凝聚处理的天然水或沉淀池出水，在滤速 4～12.5m/h 的范围内，为确使 60%～90% 的浊度去除率，滤层 L/d_e 值应大于 800。当进水含悬浮物量较大时，宜用粒径大，厚度大的滤料层，以增大滤层的含污能力；如含悬浮物量较小，宜用粒径小，厚度大的滤料层。表 5-1 列出了普通快滤池的滤料组成和滤速范围。

表 5-1　普通快滤池的滤料组成及滤速

滤池类型	滤料及粒径/mm	相对密度	滤料厚度/m	滤速/(m/h)	强制滤速/(m/h)
单层滤料	石英砂 0.5～1.2	2.65	0.7	8～12	10～14
双层滤料	无烟煤 0.8～1.8	1.5	0.4～0.5	4.8～24	
	石英砂 0.5～1.2	2.65	0.4～0.5	一般为 12	14～18
三层滤料	无烟煤 0.8～2.0	1.5	0.42	4.8～24	
	石英砂 0.5～0.8	2.65	0.23		
	磁铁矿 0.25～0.5	4.75	0.07	一般为 12	
三层滤料	无烟煤 1～2	1.7	0.45	4.8～24	
	石英砂 0.5～1.0	2.65	0.20		
	石榴石 0.2～0.4	4.13	0.10	一般为 12	

单层滤料滤池在反冲洗后由于水力筛分作用，使得沿过滤水流方向的滤料粒径逐渐变大。形成上部细，下部粗的滤床，如图 5－3 所示。孔隙尺寸及合污能力也是从上到下逐渐变大。在下向流过滤中，水流先经过粒径小的上部滤料层，再到粒径大的下部滤料层。大部分悬浮物截留在床层上部数厘米深度内，水头损失迅速上升，而下层的含污能力未被充分利用。理想滤池滤料排列应是沿水流方向由粗到细。为了解决实际滤池与理想滤池的矛盾，途径有如下三条：

(1)改变水流方向，即原水自下向上穿过滤层。但是，滤料下层所截留的悬浮物在反冲洗时难以排除。而且，反向滤速应比正向滤速小得多，滤速过大，滤层会流化，过滤效果变差。采用双向进水、中部出水的办法可以提高上流式滤池的滤速，但下层滤料仍然难以冲洗干净，且结构和操作较复杂。

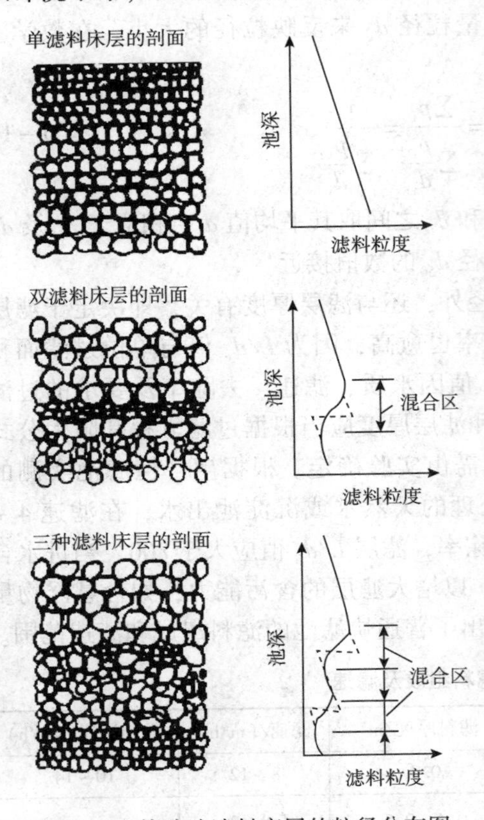

图 5-3　快滤池滤料床层的粒径分布图

(2)改用双层或多层滤料，即选择不同密度的滤料组合。在砂层上部放置粒径较大，密度较小的轻质滤料，如无烟煤粒、陶粒和塑料珠等，在砂层下部放置粒径较小，密度较大的重质滤料，如磁铁矿石、石榴石等。虽然各滤料层内部仍是粒径从上到下逐渐变大，但从整体看，水流经过由大到小的颗粒层。滤料层数越多，愈趋近于理想滤池（见图 5-3）。实践表明，多层滤料滤池的含污能力比单层滤料滤池的含污能力提高 2～3 倍，过滤周期延长，滤速提高，出水水质好。但在实际应用中，多层滤池容易发生滤料混层和流失，滤料加工复杂，来源有限。因此，滤料层数一般不超过 3。

(3)采用新型的密实度或孔隙率可变的滤料，这类滤料由柔性材料人工制成，如纤维球、轻质泡沫塑料珠、橡胶粒等。国产纤维球滤料由涤纶短丝结扎而成，有弹性，密实度由中心向周边递减，孔隙率达 90% 以上，纤维球在滤床上都比较松散，基本上呈球状。球间孔隙比较大，愈接近床层下部，由于自重及水力作用，纤维球堆积得愈密实，纤维丝相互穿插，形成一个纤维层整体。整个床层，上部孔隙率较高，下部孔隙率较低，近似理想滤池孔隙率分布。

实验表明，纤维球滤池过滤速度为砂滤池的 5～8 倍，如果采用同样的滤速，则纤维球过滤周期比砂滤池长 3 倍；能有效去除 0.5～10μm 级的微小悬浮物；滤过水的悬浮物含量一般在 10mg/L 以下。但目前纤维球价格较贵；再生需用气、水联合反冲，气起主要作用，控制气量在 40～50L/(m^2·s)，水量在 10L/(m^2·s)时，可冲洗干净。

二、垫料层

垫料层主要起承托滤料的作用，故亦称承托层，一般配合大阻力配水系统使用。由于滤料粒径小，而配水系统的孔眼较大，为了防止滤料随过滤水流失，同时也帮助均匀配水，在滤料与配水系统之间增设一垫料层。如果配水系统的孔眼直径很小、布水也很均匀，垫料层可以减薄或省去。

垫料层要求不被反洗水冲动，形成的孔隙均匀，使布水均匀，化学稳定性好，机械强度高。通常，垫料层采用天然卵石或碎石。

目前滤料的最大粒径为 1～2mm，故垫料层的最小粒径一般不小于 2mm，而其最大粒径以不被常规反洗强度下的水流冲动来考虑，一般为32mm。通常，不同粒径的垫料分层布置、各层厚度如表5-2所示。

表5-2　垫料层的规格(大阻力系统)

层次(自上而下)	粒径/mm	厚度/mm	层次(自上而下)	粒径/mm	厚度/mm
1	2~4	100	3	8~16	100
2	4~8	100	4	16~32	150

三、配水系统

配水系统的作用是均匀收集滤后水，更重要的是均匀分配反冲洗水，所以，它又称为排水系统。配水系统的合理设计是滤池正常工作，保持滤料层稳定的重要保证。如果反洗水在池内分配不均匀，局部地方反冲洗水量过大，滤料流化程度高，将会使这个部分的滤料移到反洗水量小的地方。滤层的水平移动使滤料分层混乱，局部地方滤料厚度减薄，出水水质恶化，反洗阻力减小，在下一次反洗时，单位面积的反洗水量进一步增大，进一步促使滤料平移，如此恶性循环，直至滤池无法工作为止。

由于反冲洗水流量比正常过滤水的流量大得多，因此配水系统应主要考虑反冲洗水均匀分布的要求。滤池反洗水是从反冲洗水管输入的，要使全池反洗水量分布均匀，则要求反洗水在流向全池各部的水头损失尽可能相等。图5-4表示反洗水进入后，靠近进口的A点及配水系统末端B点的水流路线Ⅰ和Ⅱ。

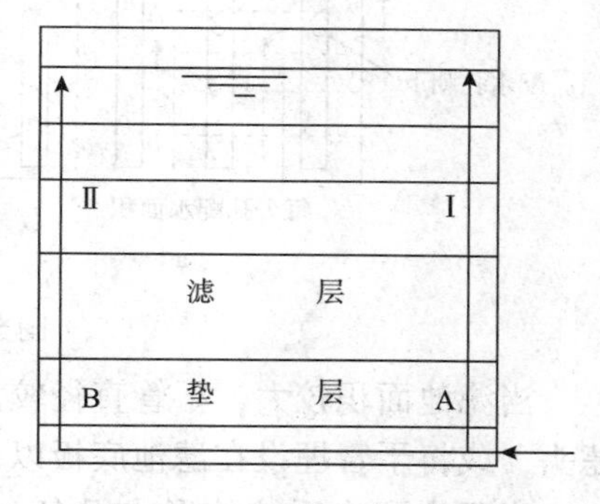

图5-4　反洗水水流路线

假定反洗水各处分布都是均匀的，各水流路线上单位面积、单位时间的反洗水量为q。各水流路线的总水头损失应包括配水系统的水头损失s_1q^2、配水系统上出水孔眼的水头损失s_2q^2、垫料层水头损失s_3q^2、滤料层水头损失s_4q^2，即进水压力H为

流道Ⅰ：$$H_1 = s_{1A}q_A^{\ 2} + s_{2A}q_A^{\ 2} + s_{3A}q_A^{\ 2} + s_{4A}q_A^{\ 2} + \text{流速水头} \tag{5-2}$$

流道Ⅱ：$$H_2 = s_{1B}q_B^{\ 2} + S_{2B}q_B^{\ 2} + S_{3B}q_B^{\ 2} + s_{4B}q_B^{\ 2} + \text{流速水头} \tag{5-3}$$

式中s表示水力阻力系数，因为同在洗水槽排水，故$H_1 = H_2$。

两个流道中的垫料层、滤料层虽然不能认为是绝对相同的，但其差异不大。配水系统的布水孔眼可控制为各处是一致的，所以，可以认为以上两式中的$s_{2A} = s_{2B} = s_2$；$s_{3A} = s_{3B} = s_3$；$s_{4A} = s_{4B} = s_4$，这样，两流道的反洗水单位面积流量之比

$$\frac{q_B}{q_A} = \sqrt{\frac{s_{1A} + s_2 + s_3 + s_4}{s_{1B} + s_2 + s_3 + s_4}} \tag{5-4}$$

式(5-4)中s_{1A}总是不等于s_{1B}，所以$q_A \neq q_B$，但是，设计中必须尽可能使$q_A = q_B$。分析式(5-5)可知，为使$q_A = q_B$，可采取两种方法：

(1)尽可能增大配水系统中布水孔眼的阻力，即减小孔眼尺寸，使$s_2 \gg s_1 + s_3 + s_4$，从而使式(5-4)右边根号内的分子接近于分母值。这种人为增大孔眼阻力的配水系统称为大

阻力配水系统。穿孔管式的配水系统就是大阻力配水系统。

(2)尽可能减小 s_1 的数值，亦即使水从进口端流到末端的水头损失可以忽略不计，$s_1 \ll s_2 + s_3 + s_4$，从而可使 $q_A = q_B$。这种配水系统称为小阻力配水系统，如豆石滤板、格栅板等就是小阻力配水系统。

管式大阻力配水系统如图 5-5 所示，由一条干管(或渠)和若干支管组成，干管截面积为支管总截面积的 1.5 ~ 2.0 倍，支管长与直径之比小于 60。支管上开有向下成 45°的配水孔，相邻两孔的方向相错开，孔间距 75 ~ 200mm，配水孔总面积与滤池面积之比为 0.2% ~ 0.25%。支管底与池底距离不小于干管半径。为了排除反洗水空气，干管应在末端顶部设排气管，干管自进口端至末端倾斜向上。排气管直径 40 ~ 50mm，末端应设阀门。

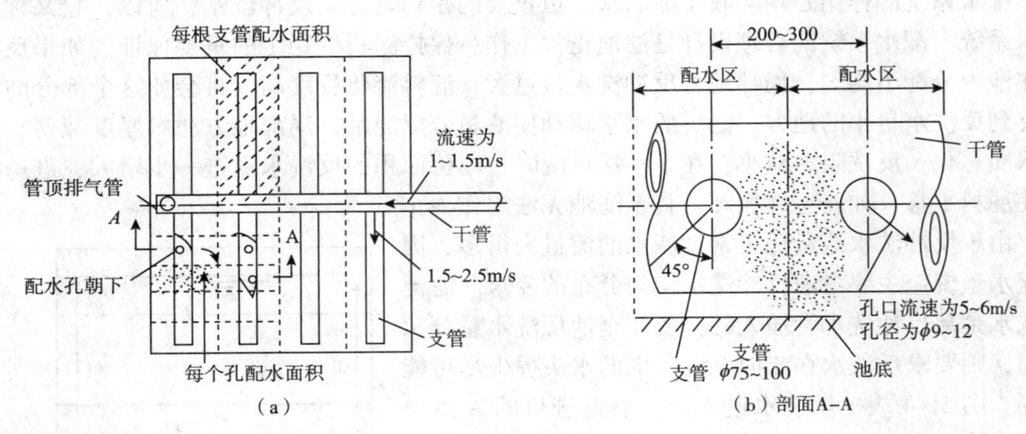

图 5-5　管式大阻力配水系统

当滤池面积较大，干管直径较大时，为了保证干管顶部配水，可在干管顶上开孔安装滤头，或将干管埋设在滤池底板以下，干管须连接短管，穿过底板与支管相连。

小阻力配水系统的形式很多，最常用的是穿孔板上安装滤头。常见的滤头为圆柱型和塔型两种，如图 5-6 所示。废水从穿孔板下空间流入滤头，通过滤头的缝隙分配入滤池。穿孔板与滤池底的空间为集水空间，高度为 0.3m，水在集水空间内流动阻力可以忽略不计。通常，每平方米滤池面积安装滤头 40 ~ 60 个，总缝隙面积为滤池面积的 0.5% ~ 2%。

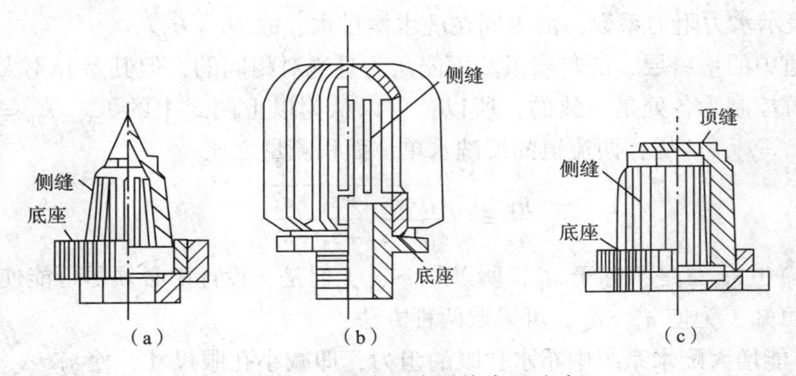

图 5-6　小阻力配水系统常见滤头

豆石滤板也是常用的小阻力配水系统，它由 3 ~ 10mm 的豆石，用 400 号矿渣硅酸盐水泥粘结而成，水泥、石子与水的重量比为 1：6：0.33，板厚为 1 ~ 20cm，每块滤水板的长和宽都约在 1m 左右，整个滤池底部铺设滤水板，板缝用水泥填充，滤水板下集水空间高度为 0.3m。采用豆石滤水板时，垫层可仅使用一层(粒径 2 ~ 4mm，厚度 100mm)。

此外，小阻力配水系统也可采用钢制栅条(栅条净距 10mm)或穿孔水泥板上铺设尼龙丝网等。近年来也有采用多层布水的小阻力配水系统，其效果比一次布水好。

小阻力配水系统冲洗水头较低(约 2m)，但是，当滤池面积较大时，难以达到均匀配水，故仅适用于面积小的滤池。底部还需要较大的配水室高度。

四、排水槽及集水渠

排水槽用以均匀收集和输送反冲洗污水，因此，排水槽的分布应使排水槽溢水周边的服务面积相等，并且滤池内分布均匀。此外，排水槽应及时将反洗污水输送到集水渠，防止产生壅水现象。如果排水槽壅水，槽内水面将与反洗时的滤池水面连成一片，反洗污水就不能以溢流形式排除，从而影响反冲洗水的分布。在排水槽的末端，反洗污水应以自由跌落的形式流入集水渠，集水渠的水面不干扰排水槽的出流。排水槽与集水渠的水流状态，如图 5－7 所示。

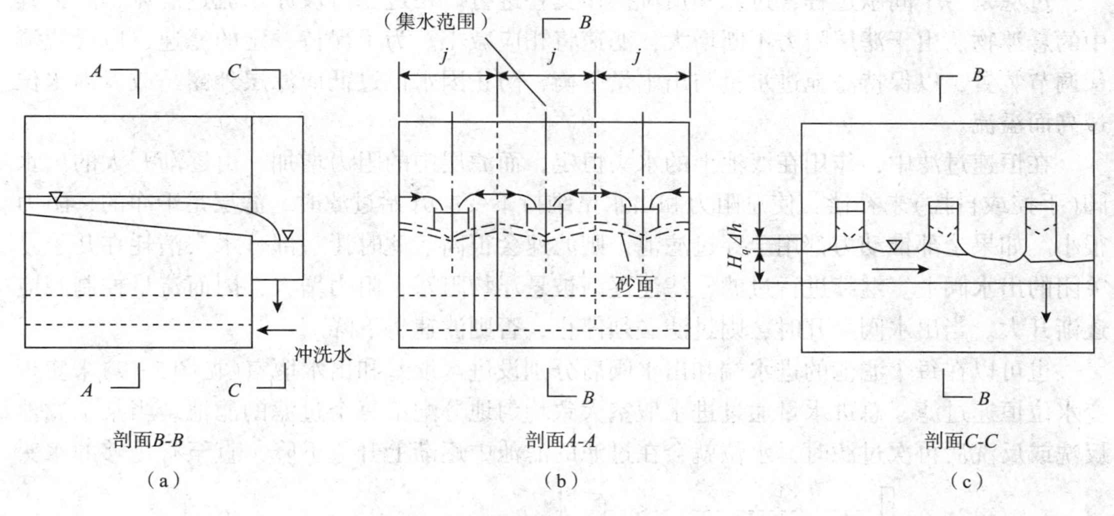

图 5－7　排水槽及集水渠的水流情况

为了使所设置的排水槽不影响反洗水的均匀分布，排水槽横断面一般采用图 5－8 所示的形状。每单位槽长溢流流量必须相等，槽顶溢流部分应尽量水平，标高误差应在 ±2mm 范围内。两排水槽中心线的间距一般为 1.5 ~ 2.2m；槽长为 5 ~ 6m。槽所占的面积应不超过滤池面积的 25%。为保证足够的过水能力，槽内水面以上有一定超高，通常采用 7cm。一般沿槽长方向槽宽不变，而是采用倾斜槽底，起端的槽深度为末端深度的一半，末端过水断面的流速采用 0.6m/s 控制。排水槽面应高出滤层反洗时的最大膨胀高度，以免滤料流失。但是，排水槽位置过高，反洗水排出缓慢而困难。

集水渠一方面用以收集各排水槽进来的反洗污水，通过反洗排水管排入下水道，同时，它也起着连接进水管之用，故也称之为进水渠。反洗排污时集水渠的水面应低于排水槽出口的底部标高，以保证排水槽的水流畅通。

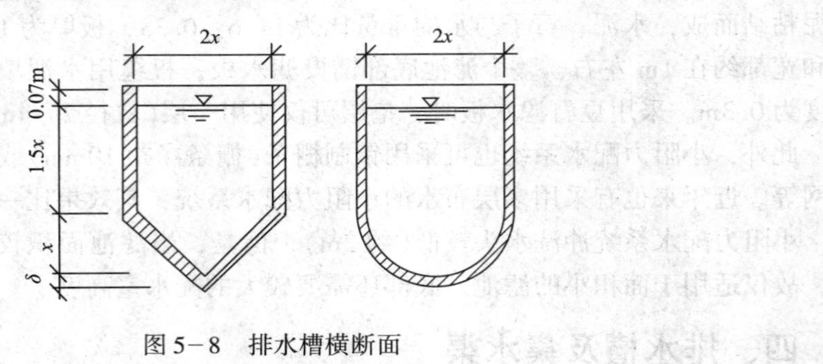

图 5－8　排水槽横断面

第三节　快滤池的运行与设计

一、滤速变化及其控制

过滤是一个间歇过程，过滤和反洗操作交替进行。在过滤阶段原水流过滤床，除去其中的悬浮物。由于滤层阻力不断增大，滤速将相应减小。为了保持一定的滤速，应设置流量调节装置，以保持滤池进水量与出水量平衡，防止因水位过低而滤层外露，或者因水位过高而溢流。

在恒速过滤中，作用在滤池上的水头恒定，而滤层中的阻力增加，由逐渐开大的出水阀(手控或自控)来补偿，使总阻力和出水量维持不变。开始过滤时，滤层是干净的，阻力很小。如果全部推动力都用于穿过滤池，则滤速会很高。此时让一部分水头消耗在几乎是关闭的出水阀上。继续进行过滤，滤池逐渐被悬浮物阻塞，阻力增大，因而流量控制阀应逐渐开大。当出水阀全开时，则过滤必须停止，否则滤速将下降。

也可以在每个滤池的进水端和出水阀后分别设进水堰室和出水堰室(见图 5－9)来实现变水位恒速过滤。总进水量通过进水堰室大致均匀地分配给每个过滤的滤池。当某个滤池反洗或反洗后再次过滤时，水位就会在过滤的滤池中逐渐上升或下降，直至有足够的水头

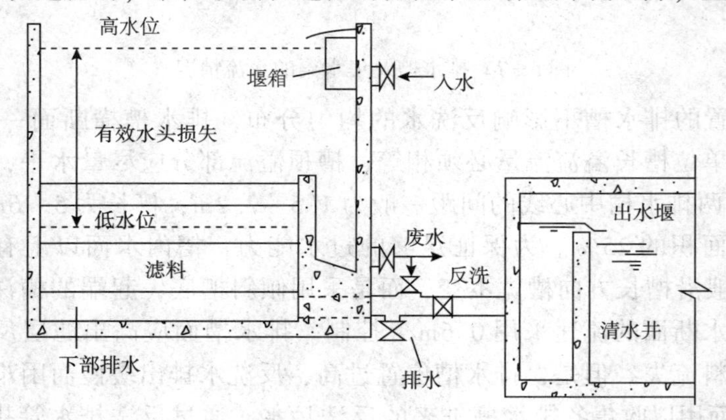

图 5－9　变水位恒速过滤

使该滤池应负担的流量能够通过为止。滤池中的水位高低，反映滤层水头损失的大小。当水位达到设定的最高水位时，进水堰室不能进水，需进行反洗。采用这种运行方式，滤速变化缓慢而平稳，不会出现像出水阀控制那样的滤速突然变化，出水水质较好。

如果将进水管设在排水槽以下，当滤池水位低于排水槽时，过滤速度是恒定的；而当池内水位高出排水槽，则变为降速过滤。对一组并联运行的滤池，各滤池内的水位基本相同。当其中某个滤池阻力增大时，则总进水量在各滤池间重新分配，使滤池水位稍许上升，从而增加了较干净滤池的水头和流量。随着滤层阻力增大，滤速相应降低，除滤层外的其余各部分阻力因随滤速变化也有所减少。总的结果是滤速降低较为缓慢。采用这种降速过滤方式运行，需要的工作水头(即滤池深度)可以小于恒速过滤。

为了避免滤床脱水、出现滤层龟裂、偏流、受进水冲刷等问题，出水堰顶必须设在滤层以上。这种布置同时消除了滤层内产生负水头的可能性。

随过滤进行，滤池水头损失和滤后水浓度逐渐上升，当出水浓度超过允许值或水头损失达到设定值，过滤阶段即告结束，滤池需进行反洗。滤池的过滤时间也称过滤周期，随滤料组成、原水浓度、滤速而异，一般控制在12～24h。

二、滤池冲洗

滤池冲洗的目的是清除截留在滤料孔隙中的悬浮物，恢复其过滤阻力。一般滤池采用滤后水反冲洗，并辅以表面冲洗或空气冲洗。空气冲洗管常布设在滤料层和垫料层的交界处。用空气泡搅动滤料层，使截留的悬浮物脱落下来，被水流冲走。采用这种水-气联合冲洗方式不需要使滤层全部流化，所用的冲洗强度较小，不会产生滤料流失，滤料也不会分层，但冲洗不干净。大多数滤池都采用了较高的冲洗强度，使滤层全部流化，靠水力剪切和颗粒摩擦清洗滤料。

1. 膨胀率

当上升的反冲洗水流对滤料施加的拖曳力等于滤料的有效重量时，滤料呈临界悬浮状态，此后，随冲洗强度加大，滤层进一步膨胀和流化。滤层膨胀率e可表示为：

$$e=\frac{L_e-L}{L} \tag{5-5}$$

式中，L、L_e分别为滤层膨胀前后的厚度。

膨胀率测定简单，常作为反冲洗操作的控制指标。e太低，水流剪切力小；e过高，颗粒碰撞次数少，还会冲动垫料层及流失滤料，因此，e应适当(经验取值见表5-3)。对砂滤床，最佳膨胀率E可由下式计算：

$$E=1.5-2.5\varepsilon_0 \tag{5-6}$$

分层滤床完全膨胀后的厚度由下式确定：

$$L_e=L(1-\varepsilon_0)\sum\frac{p_i}{1-\varepsilon_{ei}} \tag{5-7}$$

式中，p_i表示具有平均膨胀孔隙率ε_{ei}的颗粒质量分数。

2. 反冲洗强度

单位时间单位滤池面积通过的反冲洗水量称为反冲洗强度q，通常用L/(m²·s)表示，其值与滤料粒径、水温、孔隙率和要求的膨胀率有关，可用式(5-8)计算，也可用试验方法确定。

$$q=100\frac{d_e^{1.31}}{\mu^{0.54}}\cdot\frac{(e+\varepsilon_0)^{2.31}}{(e+1)^{1.77}(1-\varepsilon_0)^{0.54}} \tag{5-8}$$

式中 d_e——滤料当量直径，cm；

μ——水的动力黏度，$g/(m^2 \cdot s^2)$。

根据经验，过滤一般的悬浮物时，要求 q 约在 $12\sim15L/(m^2\cdot s)$之间，如过滤油质悬浮物，则要求 q 增大至 $20\ L/(m^2\cdot s)$或更大，单独水冲洗滤池的冲洗强度如表5-3所示。

表5-3 单独水冲洗滤池的冲洗强度和冲洗时间

序号	类别	冲洗强度/$[L/(s\cdot m^2)]$	膨胀率/%	冲洗时间/min
1	单层细砂级配滤料过滤	12~15	45	7~5
2	双层滤料过滤	13~16	50	8~6
3	三层滤料过滤	16~17	55	7~5

3. 反冲洗时间

反冲洗时间依滤层污染程度而异，应根据运行情况来确定。在冲洗初期，出水浊度急剧升高，达最大值后，逐渐降低。通过测定反洗水浊度，可确定合适的冲洗时间。若冲洗时间不够，污物来不及脱落和排走，一般反冲洗时间为5~10min（经验取值见表5-3），加上启闭阀门和表面冲洗时间，总共需15~30min。

4. 反冲洗水头

反冲洗所需水头等于滤层、垫层、配水系统及管路的水头损失之和，并留有1.5~2.0m的富余水头。滤层阻力正好等于滤料在水中的重量，其水头损失可由下式计算：

$$h_1=(\rho_g/\rho-1)(1-\varepsilon_0)L \tag{5-9}$$

式中 ρ、ρ_g——水和滤料的密度。

卵石垫料层的水头损失可按以下经验公式计算：

$$h_2=0.022L_1q \tag{5-10}$$

式中 L_1——垫料层厚度，m。

大阻力配水系统的孔眼水头损失为：

$$h_3=\left(\frac{q}{10\mu\alpha}\right)^2\frac{1}{2g} \tag{5-11}$$

式中 μ——孔眼流量系数，与孔眼直径和管壁的比值有关；

α——孔眼总面积与滤池面积之比，一般为0.20%~0.25%。

采用双层砌块式滤砖的水头损失也可用水力学公式计算，即 $h_3=0.195q^2$。采用豆石滤水板，其水头损失取经验值为0.25~0.4m。

5. 反冲洗水的供应和排除

反冲洗水可用水塔或水泵供给，水塔安装高度及水泵扬程取决于反冲洗水头。反冲洗水量为滤池面积、反冲洗强度与时间的乘积，约占滤过水量的1%~2%。水塔的容量应为一次反冲洗用水量的1.5倍，水深不超过3m。当反洗水需要升温时，可在水塔内通入蒸汽。反冲洗排出的污水应及时排除，通常返回处理系统的首端。

6. 气水反冲洗

气水反冲洗一般可采用先气冲洗、后水冲洗或先气冲洗、再气水同时冲洗、后水冲洗。其中水冲阶段，按滤料层膨胀情况又可分为膨胀和微膨胀两种情况。

双层滤料宜采用先气冲洗、后水冲洗方式，在水冲阶段，滤层处于膨胀状态。级配石英砂滤料采用上述两种方式均可，在水冲时滤层处于膨胀状态。均质滤料宜采用先气冲洗、再气水同时冲洗、后水冲洗，冲洗时滤层只产生微膨胀。气水冲洗的冲洗强度和冲洗时间如表5－4所示。

表5－4　气水冲洗强度和冲洗时间

滤料种类	先气冲洗		气水同时冲洗			后水冲洗		后水冲洗	
	强度/L/(s·m²)	时间/min	气强度/L/(s·m²)	水强度/L/(s·m²)	时间/min	强度/L/(s·m²)	时间/min	强度/L/(s·m²)	时间/min
单层细砂级配滤料	15~20	3~1	—	—	—	8~10	7~5	—	—
双层煤、砂级配滤料	15~20	3~1	—	—	—	6.5~10	6~5	—	—
单层粗砂均匀级配滤料	13~17 (13~17)	2~1 (2~1)	13~17 (13~17)	3~4 2.5~3	4~3 (5~4)	4~8 (4~6)	8~5 (8~5)	1.4~2.3	全程

注：表中单层粗砂均匀级配滤料中，无括号的数值适用于无表面扫洗水的滤池；括号内的数值适用于有表面扫洗水的滤池。

7. 表面冲洗

在过滤含有机物质较多的原水时，滤层表面往往生成由滤料颗粒、悬浮物和黏性物质结成的泥球。为了破坏泥球，提高冲洗质量，常用压力水进行表面冲洗。表面冲洗装置有固定管式和旋转管式两种。

固定式冲洗管设在滤层以上6~8cm处，每个喷水孔服务的面积应相同，冲洗强度为2.5~3.5L/(m^2·s)，压力15~20mH_2O。

旋转式冲洗管设在滤层以上5cm处，利用射流产生的反力使喷水管旋转、冲刷和搅拌滤层。对多层滤料滤池，常设双层旋转管。冲洗强度为1~1.5L/(m^2·s)，压力30~40mH_2O。与固定管相比，旋转管所用钢材和冲洗水量较少。

三、常见故障及对策

1. 气阻

在过滤末期，局部滤层的水头损失可能大于该处实际的水压力，即出现负水头。此时，这部分滤层水中溶解的气体将释放出来，积聚在孔隙中，阻碍水流通过，以致滤水量显著减少。为防止气阻现象产生，首先应保持滤层上足够的水深，消除负水头。在池深已定时，可采取调换表层滤料，增大滤料粒径的办法。其次，在配水系统末端应设排气管，防止反冲洗水中带入气体积聚在垫层或滤层中。有时也可适当加大滤速，促使整个滤层纳污比较均匀。一旦发生气阻，应停止过滤，进行反冲洗。

2. 结泥球

滤层表面的颗粒较细，截留的悬浮物较多。如果冲洗不干净，则互相粘结成球，球径可达5～20cm。在下一次冲洗时，因质量较大而沉入滤层深处，造成布水不匀和再结泥球的恶性循环。这种污泥的主要成分是有机物，结球严重时会腐化发臭。防止办法是改善冲洗效果，增加表面冲洗。对已结泥球的滤池，应翻池换滤料，也可在反冲洗时加氯浸泡12h，氧化污泥，加氯量约每平方米滤池1kg漂白粉。

3. 跑砂

如果冲洗强度过大或滤料级配不当，反冲洗会冲走大量细滤料。另外，如果冲洗水分配不匀，垫料层可能发生平移，进一步促使布水不匀，最后局部垫料层被冲走淘空，过滤时，滤料通过这些部位的配水系统漏失到清水池中，遇到这种情况，应检查配水系统，并适当调整冲洗强度。

4. 水生物繁殖

在水温较高时，沉淀池出水中常含多种微生物，极易在滤池中繁殖。在快滤池中，微生物繁殖是不利的，往往会使滤层堵塞，可在滤前加氯解决。

四、快滤池的设计

快滤池的设计应首先满足以下要求：①应确保滤后水水质达到要求，特别是对浊度的去除；②应考虑有一定的缓冲能力，以适应进水水质和水量的变化；③有良好的冲洗系统，能根据滤层堵塞情况进行充分的冲洗，以确保滤池长期有效的工作；④还应对前处理情况进行分析，如是否有混凝沉淀、是否投加助滤剂等，设计时应根据具体情况采用不同的滤池形式和设计参数；⑤滤池形式的选择应根据设计生产能力、水质条件、工艺流程和高程布置等因素，结合当地条件，通过技术经济比较确定。

1. 设计滤速及滤池总面积

设计快滤池时，首先应当确定合适的过滤速度，再根据设计水量，计算出所需的滤池总面积。滤速是滤池设计的重要指标，直接涉及过滤水质、处理成本及运行管理等一系列问题。滤速的确定取决于进入滤池的水质、滤层的组成和级配以及要求的过滤周期等，应根据具体情况综合考虑。

《室外给水设计规范》(GB 50013—2006)根据不同的滤料组成规定的设计滤速见表5-5。当采用直接过滤时设计滤速宜采用低值；当采用双层滤料或均质滤料时，由于滤层的纳污能力较强，可以采用高滤速；当运行周期较长时，宜适当降低滤速。表中正常滤速是指水厂全部滤池工作时的滤速；强制滤速是指一格或两格滤池停产检修、冲洗或翻砂时其他工作滤池的滤速。

表 5-5　滤池的正常滤速与强制滤速

序号	类别	正常滤速/(m/h)	强制滤速/(m/h)	序号	类别	正常滤速/(m/h)	强制滤速/(m/h)
1	单层细砂过滤	7~9	9~12	3	三层滤料过滤	16~18	20~24
2	双层滤料过滤	9~12	12~16	4	均匀级配粗砂滤料	8~10	10~13

滤速确定后，滤池总面积 F 由下式确定：

$$F = Q/v \tag{5-12}$$

式中　Q——设计流量(包括厂用水量)，m^3/h；

v——设计滤速，m/h。

2. 滤池个数及尺寸

滤池的个数应根据生产规模和运行维护等条件通过技术经济比较确定，但不得少于两个。

小型水处理厂滤池的个数主要取决于运行可靠性，为避免其中一个滤池冲洗或检修时对其他工作滤池滤速有过大影响，滤池应有一定个数。

对于规模较大的水处理厂，其个数主要取决于允许的最大单格面积和经济性。滤池个数少，单个滤池面积大，相应配套的闸、阀数量减少，但闸、阀的口径增大，有关与冲洗配套的设备容量也相应增加。滤池个数多，运转灵活，强制滤速较低，布水易均匀，冲洗效果好，但单位面积滤池造价增加。根据设计经验，滤池个数可按表 5-6 确定。

表 5-6　滤池总面积及推荐池数

滤池总面积/m^2	<30	30~50	100	150	200	300
推荐滤池个数	2	3	3 或 4	5 或 6	6~8	10~12

滤池个数和单池面积确定后，还应校核 1~2 个滤池停产时工作滤池的强制滤速。

滤池的平面形状可为正方形或矩形，其长宽比主要决定管件布置。一般情况下，单池面积 $f \leqslant 30m^2$ 时，长: 宽 =1:1；$f > 30m^2$ 时，长: 宽 =1.25:1~1.5:1；当采用旋转管式表面冲洗时，长宽比可取 1:1、2:1 或 3:1。滤池总深度包括超高(0.25~0.3m)、滤层上水深(1.5~2.0m)、滤料厚度、垫料层厚及配水系统的高度，总厚度一般为3.0~3.5m。

3. 管廊的布置

集中布置滤池主要管道、配件及阀门的池外场所称为管廊。管廊的布置与滤池的数目和排列方式有关。一般滤池个数少于 5 个时，宜用单排布置，管廊位于滤池的一侧。超过 5 个时，宜用双排布置，管廊位于两排滤池中间。管廊上面常设操作控制室，滤池本身在室外。管廊布置应满足下列要求：①保证设备安装及维修的必要空间，同时应力求紧凑、简捷；②要有通道，便于操作与联系；③要有良好的采光、通风及排水设施。

此外，在滤池设计中，每个滤池底部应设放空管，池底应有一定坡度，便于排空积水；每个滤池上宜装设水位计及取水样设备；密闭管渠上应设检修入孔；池内壁与滤料接触处应拉毛，以防止水流短路。

第四节　其他过滤设施

一、无阀滤池

一般快滤池都有复杂的管道系统，并设有各种控制阀门，操作步骤相当复杂，同时也增加了建造费用。无阀滤池是利用水力学原理，通过进出水的压差自动控制虹吸产生和破坏，实现自动运行的滤池。图 5－10 为重力式无阀滤池示意图。

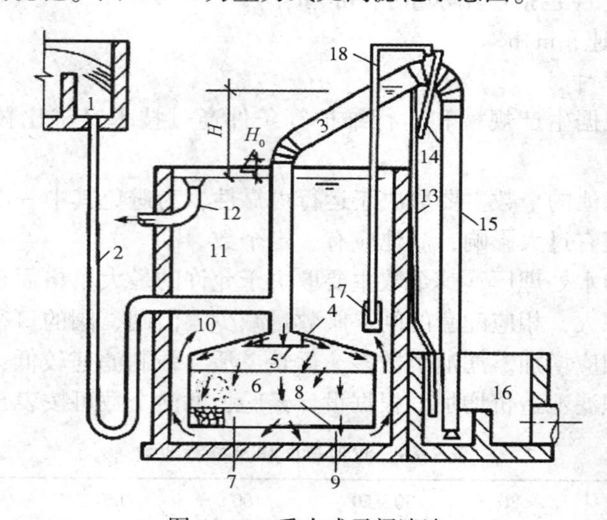

图 5－10　重力式无阀滤池

1—进水分配槽；2—进水管；3—虹吸上升管；4—顶盖；
5—挡板；6—滤料层；7—承托层；8—配水系统；9—底部空间；
10—连通间；11—冲洗水箱(清水池)；12—出水管；13—虹吸辅助管；
14—抽气管；15—虹吸下降管；16—水封井；17—虹吸破坏斗；18—虹吸破坏管

原水自进水管 2 进入滤池后，自上而下穿过滤床，滤后水经连通管进入顶部贮水箱，待水箱充满后，过滤水由出水管 12 排入清水池。随着过滤进行，水头损失逐渐增大，虹吸上升管 3 内的水位逐渐上升(即过滤水头增大)，当这个水位达到虹吸辅助管的管口处时，废水就从辅助管下落，并抽吸虹吸管顶部的空气，在很短的时间内，虹吸管因出现负压而投入工作，滤池进入反冲洗阶段。贮水箱中的清水自下而上流过滤床，反冲洗水由虹吸管排入排水井，当贮水箱水位下降至虹吸破坏管口时，虹吸管吸进空气，虹吸破坏，反洗结束，滤池又恢复过滤状态。

无阀滤池的运行全部自动进行，操作方便，工作稳定可靠；在运转中滤层不会出现负水头；结构简单，材料节省，造价比普通快滤池低 30% ~50%。但滤料进出困难；因冲洗水箱位于滤池上部，使滤池总高度较大；滤池冲洗时，原水也由虹吸管排出，浪费了一部分澄清的原水，且反洗污水量大。

无阀滤池多用于中、小型给水工程，且进水悬浮物浓度宜在 100mg/L 以内。由于采用小阻力配水系统，所以单池面积不能太大。

二、虹吸滤池

虹吸滤池的滤料组成和滤速选定，与普通快滤池相同，采用小阻力配水系统。所不同的是利用虹吸原理进水和排走反洗水，其构造和工作原理如图 5-11 所示。

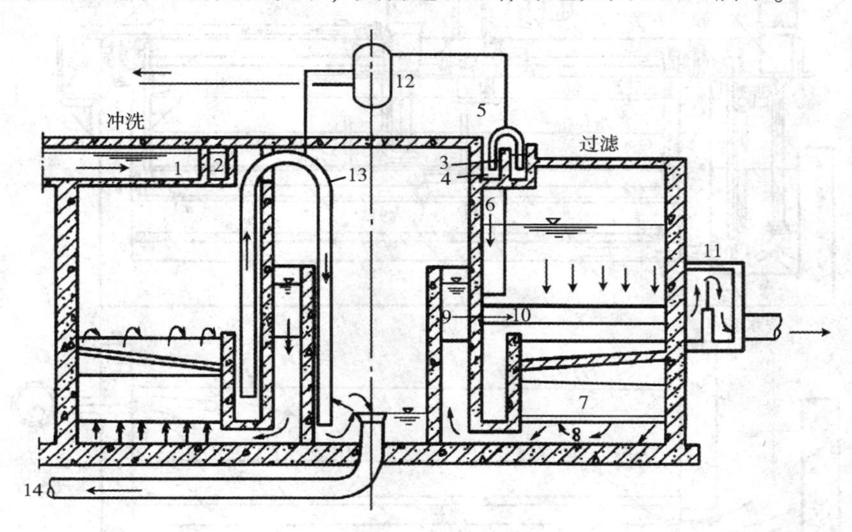

图 5-11 虹吸滤池

1—进水槽；2—配水槽；3—进水虹吸管；4—单个滤池进水槽；5—进水堰；6—布水管；7—滤层；8—配水系统；9—集水槽；10—出水管；11—出水井；12—真空系统；13—冲洗虹吸管；14—冲洗排水管

图的右半部表示过滤时的情况，经过澄清的水由进水槽 1 流入滤池上部的配水槽 2，经虹吸管 3 流入进水槽 4，再经过进水堰 5（调节各单元滤池的进水量）和布水管 6 流入滤池。水经过滤层 7 和配水系统 8 而流入集水槽 9，再往出水管 10 流入进水井 11，由控制堰流出滤池。滤池在过滤过程中水头损失不断增加，滤池内水位不断上升。当水位上升到预定高度（一般为 1.5～2.0m）时，则破坏进水虹吸作用，停止进水，滤池即自动进行反冲洗。

图的左半部表示滤池冲洗时的情况，开启真空系统使冲洗虹吸管 13 形成虹吸，将池内存水抽至滤池中部，由排水管 14 排出。当滤池内水位低于集水槽 9 的水位时，集水槽的水反向流过滤层，冲洗滤料，反洗水经排水槽排至虹吸管进口处抽走。当滤料冲洗干净后，破坏冲洗虹吸管的真空，启动进水虹吸管，滤池又进入过滤状态。虹吸滤池的冲洗水头一般为 1.1～1.3m（即集水槽水位与排水槽顶的高差）。因一组滤池的集水槽相互连通，一个滤池的反冲洗水量由其他滤池的滤过水供给。为了使其他滤池的总出水量能满足冲洗水量的要求，所以滤池的总数必须大于反冲洗强度和滤速的比值。

虹吸滤池不需要大型进水阀或控制滤速装置，也不需冲洗水塔或水泵。比同规模的快滤池造价投资省 20%～30%，但滤池深度较大（5～6m），适用于中、小型水处理厂。

三、移动罩滤池

移动罩滤池如图 5-12 所示，滤池被分隔成细长的格间，过滤时水由上向下流过格间。滤过水流出水位大体保持一定，随着过滤阻力增大，池内水位逐渐上升。当水位达到预定值时，将装冲洗水泵和排水泵的移动罩移至该过滤格间。这时，水泵把冲洗水由出水渠送至滤层下部，而冲洗排水通过覆盖于格间上部的细长形排水罩收集后，经中央排水泵排出池外。

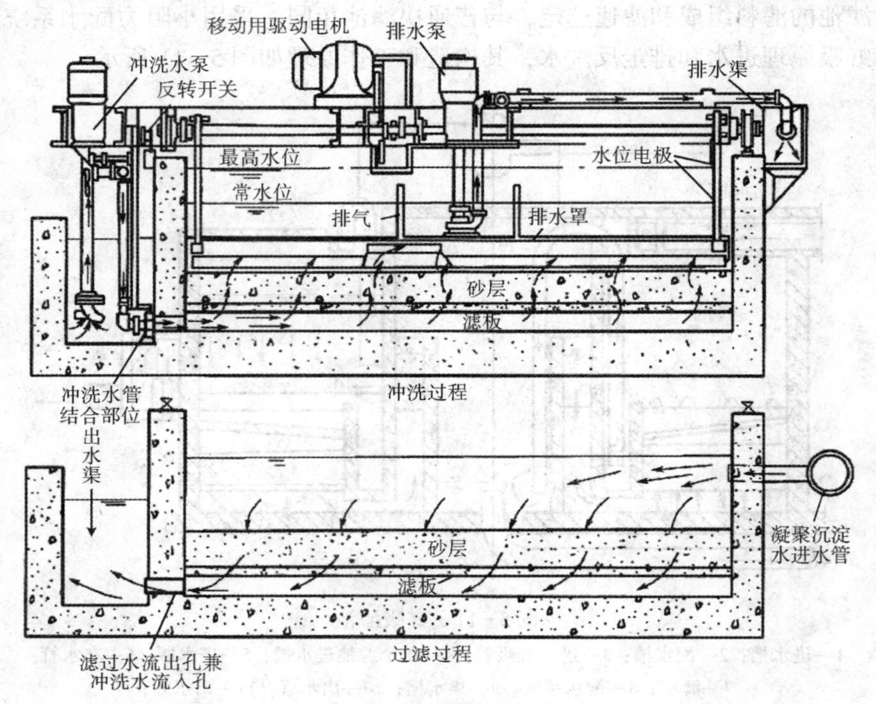

图 5-12　移动罩滤池

移动罩滤池的滤层厚度约为 275mm，比普通滤池薄得多，但其滤料较细，所以 L/d_0 的比值及去除效果与普通快滤池差不多，只是过滤持续时间较短。

四、压力滤池(罐)

压力滤池是一个承压的钢罐，内部构造与普通快滤池相似，在压力下工作，允许水头损失可达 6 ~7m。进水用泵直接抽入，滤后水压力较高，常可直接送到用水装置或水塔中。压力滤池过滤能力强，容积小，设备定型，使用的机动性大。但是，单个滤池的过滤面积较小，只适用于废水量小的场合。

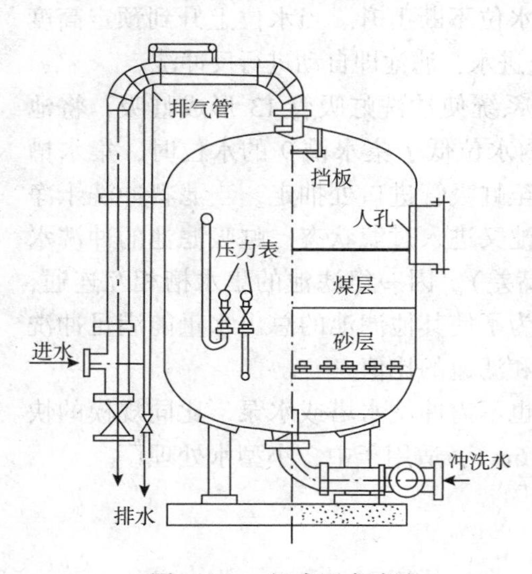

图 5-13　竖式压力滤池

压力滤池分竖式和卧式两种，竖式滤池如图 5-13 所示，直径一般不超过 3m。池内常设无烟煤和石英砂双层滤料，粒径一般采用 0.6 ~ 1.0mm，厚度一般为 1.1 ~ 1.2m，滤速为 8 ~ 10m/s 或更大。配水系统通常用小阻力的缝隙式滤头、支管开缝或孔等。反冲洗污水通过顶部的漏斗或设有挡板的进水管收集并排除。为提高反洗效果，常考虑用压缩空气辅助冲洗。

压力滤池外部安装有压力表、取样管，及时监控水头损失和水质变化。滤池顶部还设有排气阀，以排除池内和水中析出的空气。

五、其他新型滤池

1. 滤布滤池

滤布滤池与膜过滤一样，属于表面过滤，它使液体通过一层隔膜(滤料)的机械筛滤，去除悬浮于液体中的颗粒物质。过滤器的隔膜材料有金属织物、以不同方式编织的滤布和多种合成材料，也称为滤布转盘过滤器，目前研究和应用较多的有纤维转盘滤池、钻石型滤布滤池等。

纤维转盘滤池结构如图5－14所示，主要由箱体、滤盘、空心转轴、清洗装置、排泥装置、驱动装置、抽吸泵、阀机构、电气控制系统组成。它由用于支承滤布的垂直安装于中央集水管上的平行过滤转盘串联组成。过滤转盘数量一般为2～20片，每个转盘是由6小块扇形组合而成。每片滤盘外包高强度滤布，滤布以有机纤维堆织而成，标称孔径约为10μm。

纤维转盘滤池过滤时，污水以重力流进入滤池，通过滤布过滤，过滤液通过中空管收集后，重力流通过出水堰排出滤池。过滤中部分污泥吸附于滤布外侧，随着滤布上污泥的积聚，过滤阻力增加，滤池水位逐渐升高。通过设置在滤池内的压力传感器监测池内液位变化，当该池内液位到达清洗设定值(高水位)时，可启动反洗泵，开始清洗过程。过滤转盘以反洗水泵负压抽吸滤布表面，吸除滤布上积聚的污泥颗粒，过滤转盘内的水自里向外被同时抽吸，对滤布起清洗作用。

纤维转盘滤池的过滤转盘下设有斗形池底，有利于池底污泥的收集。污泥池底沉积减少了滤布上的污泥量，可延长过滤时间，减少反洗水量。池底通过排泥泵由穿孔排泥管将污泥回流至厂区排水系统。过滤期间，滤盘全部静止浸没于污水中，有利于污泥的池底沉积。反冲洗期间，滤盘以0.5～1 r/min的速度旋转。

纤维转盘滤池出水水质好，水量稳定；耐冲击负荷，适应性强；过滤及反洗效率高，占地面积小；运行自动化，维护方便；设备紧凑，附属设备少，投资运行费用低；可广泛应用于地表水净化、污水深度处理，设置于常规二级污水处理系统之后，主要去除总悬浮物，结合投加药剂可去除部分磷、浊度和COD等污染物。

2. RoDisc转盘过滤器

RoDisc转盘过滤器由德国汉斯琥珀公司于1997年开发，其结构如图5－15所示。

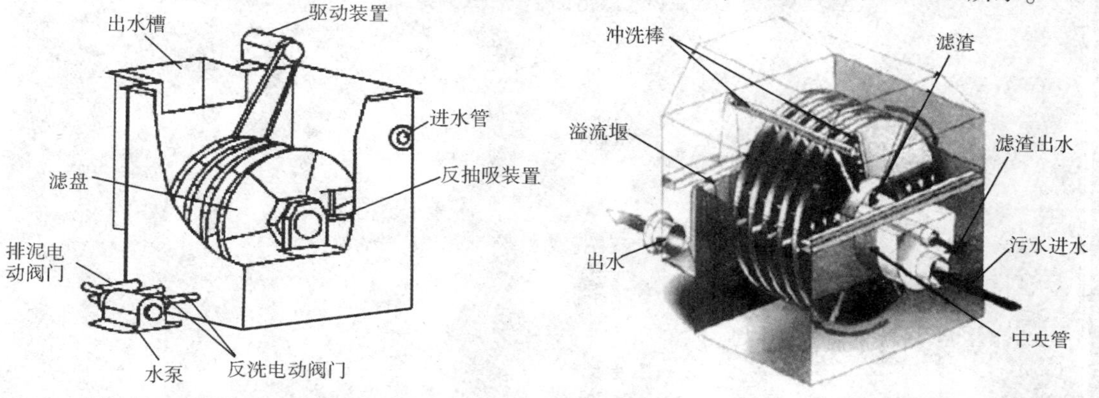

图5－14　纤维转盘滤池结构示意图

图5－15　RoDisc转盘过滤器结构示意图

转盘过滤装置是由系列水平安装在中央管上的过滤转盘构成。污水从内向外穿流过滤转盘，处理之后的过滤液通过池体端部的溢流堰再经出流管排出装置。在过滤过程中，转盘处于静止状态，被筛网截留的固体物质会造成水头损失，导致盘内或者中央管内的液位上升。当液位达到预先设置的最大值时，转盘开始缓慢旋转，同时冲洗棒对转盘筛网从外向内进行清洗，将附着在筛网上的固体物质冲入泥浆水收集槽内。冲洗水来自经过滤后的出水(内部冲洗水循环)，过滤转盘内外的液位差(中央管内的液位和外部池内液位)是过滤驱动力，不需抽吸水泵。

该装置网布采用的是不锈钢过滤网布，网内的孔隙形状一般为方格型。不锈钢过滤网布属于二维空隙结构和分离界限，具有很高的固液分离效率。另外，不锈钢网布结构稳定，不会因为受紫外线照射而使滤布变黄发脆，使用寿命长。

转盘过滤装置的最大特点是安装简单、占地小。转盘过滤装置主要应用于污水处理厂的深度过滤处理。同时由于水头损失小，所以尤其适于对已建污水处理厂的改造工程。

第六章　氧化还原

第一节　概述

氧化还原是转化废水中污染物的有效方法。按照污染物的净化原理，氧化还原处理方法包括药剂法、电化学法(电解)和光化学法三大类。废水中呈溶解状态的无机物和有机物，通过化学反应被氧化或还原为微毒、无毒的物质，或者转化成容易与水分离的形态，从而达到处理的目的。在选择处理药剂和方法时，应当遵循下面一些原则：

(1)处理效果好，反应产物无毒无害，不需进行二次处理；

(2)处理费用合理，所需药剂与材料易得；

(3)操作特性好，在常温和较宽的 pH 值范围内具有较快的反应速度；当提高反应温度和压力后，其处理效率和速度的提高能克服费用增加的不足；当负荷变化后，通过调整操作参数，可维持稳定的处理效果；

(4)与前后处理工序的目标一致，搭配方便。

与生化法相比，化学氧化还原法需较高的运行费用。因此，目前化学氧化还原法仅用于饮用水处理、特种工业用水处理、有毒工业废水处理和以回用为目的的废水深度处理等有限场合。

简单无机物的化学氧化还原过程的实质是电子转移。失去电子的元素被氧化，是还原剂；得到电子的元素被还原，是氧化剂。在一个化学反应中，氧化和还原是同时发生的，某一元素失去电子，必定有另一元素得到电子。氧化剂的氧化能力和还原剂的还原能力是相对的，其强度可以用相应的氧化还原电位的数值来比较。许多种物质的标准电极电位 $E^{\ominus}$ 值可以在化学书中查到。$E^{\ominus}$ 值愈大，物质的氧化性愈强，$E^{\ominus}$ 值愈小，其还原性愈强。例如，$E^{\ominus}(S|S^{2-})=1.36V$，其氧化态 Cl_2 转化为 Cl^- 时，可以作为较强的氧化剂。相反，$E^{\ominus}(S|S^{2-})=-0.48V$，其还原态 S^{2-} 转化为氧化态 S 时，可以作为较强的还原剂。两个电对的电位差愈大，氧化还原反应进行得越完全。

标准电极电位 $E^{\ominus}$ 是在标准状况下测定的，但在实际应用中，反应条件往往与标准状况不同，在实际的物质浓度、温度和 pH 值条件下，物质的氧化还原电位可用能斯特方程来计算：

$$E=E^{\ominus}+\frac{RT}{nF}\ln\frac{[\text{氧化态}]}{[\text{还原态}]} \tag{6-1}$$

式(6-1)中 n 为反应中电子转移的数目。

应用标准电极电位 $E^{\ominus}$，还可求出氧化还原反应的平衡常数 K 和自由能变化 $\Delta G^{\ominus}$。

$$K = \exp\left(\frac{nFE^{\ominus}}{RT}\right) \tag{6-2}$$

$$\triangle G^{\ominus} = -nFE^{\ominus} = -RT\ln K \tag{6-3}$$

式(6-2)和式(6-3)表明氧化还原反应在热力学上的可能性和进行的程度。

对于有机物的氧化还原过程，由于涉及共价键，电子的移动情形很复杂。许多反应并不发生电子的直接转移。只是原子周围的电子云密度发生变化。目前还没有建立电子云密度变化与氧化还原反应的方向和程度之间的定量关系。因此，在实际上，凡是加氧或脱氢的反应称为氧化，而加氢或脱氧的反应则称为还原，凡是与强氧化剂作用而使有机物分解成简单的无机物如 CO_2、H_2O 等的反应，可判断为氧化反应。

有机物氧化为简单无机物是逐步完成的，这个过程称为有机物的降解。甲烷的降解大致经历下列步骤：

$$CH_4 \rightarrow CH_3OH \rightarrow CH_2O \rightarrow HCOOH \rightarrow CO_2 + H_2O$$

烷……醇………醛………酸………无机物

复杂有机化合物的降解历程和中间产物更为复杂。通常碳水化合物氧化的最终产物是 CO_2 和 H_2O，含氮有机物的氧化产物除 CO_2 和 H_2O 外，还会有硝酸类产物，含硫的还会有硫酸类产物，含磷的还会有磷酸类产物。

各类有机物的可氧化性是不同的。经验表明，酚类、醛类、芳胺类和某些有机硫化物(如硫醇、硫醚)等易于氧化；醇类、酸类、酯类、烷基取代的芳烃化合物(如“三苯”)、硝基取代的芳烃化合物(如硝基苯)、不饱和烃类、碳水化合物等在一定条件(强酸、强碱或催化剂)下可以氧化，而饱和烃类、卤代烃类、合成高分子聚合物等难以氧化。

第二节　化学氧化法

一、氧化剂

投加化学氧化剂可以处理废水中的 CN^-、S^{2-}、Fe^{2+}、Mn^{2+} 等离子。采用的氧化剂包括下列几类：

(1)在接受电子后还原成负离子的中性分子，如 Cl_2、O_2、O_3 等。

(2)带正电荷的离子，接受电子后还原成负离子，如漂白粉次氯酸根中的 Cl^+ 变为 Cl^-。

(3)带正电荷的离子，接受电子后还原成带较低正电荷的离子，如 MnO_4^- 中的 Mn^{7+} 变为 Mn^{2+}，Fe^{3+} 变为 Fe^{2+} 等。

二、空气氧化

空气氧化法就是把空气鼓入废水中，利用空气中的氧气氧化废水中的污染物。从热力学上分析，空气氧化法具有以下特点。

(1)电对 $O_2 | O^{2-}$ 的半反应式中有 H^+ 或 OH^- 参加，因而氧化还原电位与 pH 值有关。在强碱性溶液(pH=14)中，半反应式为 $O_2 + 2H_2O + 4e^- \rightleftharpoons 4OH^-$，$E^{\ominus} = 0.401V$；在中性(pH=7)和强酸性(pH=0)溶液中，半反应式为 $O_2 + 4H^+ + 4e^- \rightleftharpoons 2H_2O$，$E^{\ominus}$ 分别为

0.815V 和 1.229V。由此可见，降低 pH 值，有利于空气氧化。

(2)在常温常压和中性 pH 值条件下，分子氧 O_2 为弱氧化剂，反应性很低，故常用来处理易氧化的污染物，如 S^{2-}、Fe^{2+}、Mn^{2+} 等。

(3)提高温度和氧分压，可以增大电极电位；添加催化剂，可以降低反应活化能，都利于氧化反应的进行。

1. 地下水除铁、锰

在缺氧的地下水中常出现二价铁和锰。通过曝气，可以将它们分别氧化为 $Fe(OH)_3$ 和 MnO_2 沉淀物。

除铁的反应式为：

$$2Fe^{2+} + \frac{1}{2}O_2 + 5H_2O \rightleftharpoons 2Fe(OH)_3 \downarrow + 4H^+$$

考虑水中的碱度作用，总反应式可写为：

$$4Fe^{2+} + 8HCO_3^- + O_2 + 2H_2O \longrightarrow 4Fe(OH)_3 \downarrow + 8CO_2$$

按此式计算，每氧化 1mg/L Fe^{2+}，仅需 1.143mg/L O_2。

实验表明，上述反应的动力学方程为

$$\frac{d[Fe^{2+}]}{dt} = k[Fe^{2+}][OH^-]^2 p_{O_2} \tag{6-4}$$

式中 p_{O_2} 为空气中的氧气分压。

由式(6-4)可知，氧化速度与氢氧根离子浓度平方成正比，即 pH 值每升高 1 单位，氧化速度将加快 100 倍。在 pH≤6.5 条件下，氧化速度相当缓慢。因此，当水中含 CO_2 浓度较高时，必须增大曝气量以驱除 CO_2；当水中含有大量 SO_4^{2-} 时，$FeSO_4$ 的水解将产生 H_2SO_4，此时可用石灰进行碱化处理，同时曝气除铁。式中速度常数 k 为 $1.5 \times 10^8 L^2/(mol^2 \cdot Pa \cdot min)$。

地下水除锰比除铁困难。实践证明，Mn^{2+} 在 pH = 7 左右的水中很难被溶解氧氧化成 MnO_2，要使 Mn^{2+} 氧化，需将水的 pH 值提高到 9.5 以上。在 pH = 9.5，氧分压为 0.1MPa 水温 25℃时，欲使 Mn^{2+} 去除 90%，需要反应 50min。若利用空气代替氧气，即使总压力相同，反应时间需增加 5 倍。可见，在相似条件下，二价锰的氧化速度明显慢于二价铁。为了有效除锰，需要寻找催化剂或更强的氧化剂。研究指出，MnO_2 对 Mn^{2+} 的氧化具有催化作用，大致历程为

氧化：
$$Mn^{2+} + O_2 \xrightarrow{\text{慢}} MnO_2(s)$$

吸附：
$$Mn^{2+} + MnO_2(s) \xrightarrow{\text{快}} Mn^{2+} \cdot MnO_2(s)$$

氧化：
$$Mn^{2+} \cdot MnO_2(s) + O_2 \xrightarrow{\text{很慢}} 2MnO_2$$

据此开发了曝气过滤(或称曝气接触氧化)除锰工艺。先将含锰地下水强烈曝气充氧，尽量地散去 CO_2，提高 pH 值，再流入天然锰砂或石英砂充填的过滤器，利用接触氧化原理将水中 Mn^{2+} 氧化成 MnO_2，产物逐渐附着在滤料表面形成一层能起催化作用的活性滤膜，加速除锰过程。

MnO_2 对 Fe^{2+} 氧化亦具催化作用，使 Fe^{2+} 的氧化速度大大加快。

$$3MnO_2 + O_2 \longrightarrow MnO \cdot Mn_2O_7$$

$$4Fe^{2+} + MnO \cdot Mn_2O_7 + 2H_2O \longrightarrow 4Fe^{3+} + 3MnO_2 + 4OH^-$$

当地下水中同时含 Fe^{2+}、Mn^{2+} 时，在输水系统中就有铁细菌生存。铁细菌以水中 CO_2 为碳源，无机氮为氮源，靠氧化 Fe^{2+} 为 Fe^{3+} 而获得生命活动能量：

$$Fe^{2+} + H^+ + 1/4O_2 \longrightarrow Fe^{3+} + 1/2H_2O + 71.2kJ$$

铁细菌进入滤器后，在滤料表面和池壁上接种繁殖，对 Mn^{2+} 的氧化起生物催化作用。

地下水除铁锰通常采用曝气－过滤流程。曝气方式可采用莲蓬头喷淋水、水射器曝气、跌水曝气、空气压缩机充气、曝气塔等。过滤器可采用重力式或压力式，如无阀滤池、压力滤池等。滤料粒径一般用 0.6～2mm，滤层厚度 0.7～1.0m，滤速 10～20m/h。图 6-1 为适用于 $Fe^{2+} < 10mg/L$，$Mn^{2+} < 1.5mg/L$，$pH > 6$ 的地下水除铁锰流程。当原水含铁锰量更大时，可采用多级曝气和多级过滤组合流程处理。

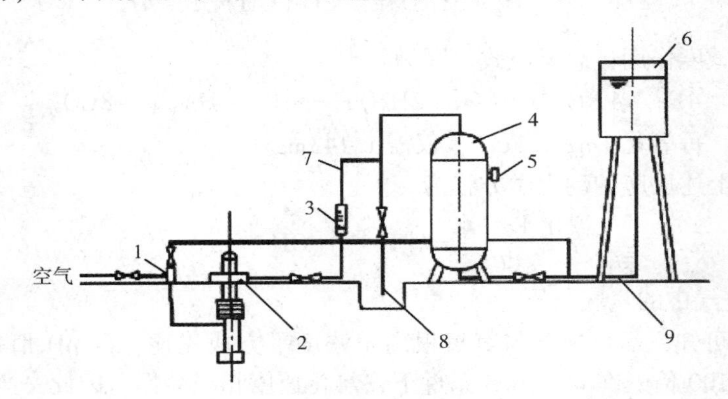

图 6-1　地下水除铁除锰工艺流程图

1—射流器；2—深井泵；3—流量计；4—除铁、除锰装置；
5—人孔；6—水塔；7—进水管；8—反冲洗排水管；9—出水管

2. 工业废水脱硫

石油炼厂、化工厂、皮革厂、制药厂等都排出大量含硫废水。硫化物一般以钠盐或铵盐形式存在于废水中，如 Na_2S、$NaHS$、$(NH_4)_2S$、NH_4HS 等。在酸性废水中，也以 H_2S 形式存在。当含硫量不很大，无回收价值时，可采用空气氧化法脱硫。

各种硫的标准电极电位如下：

酸性溶液　$H_2S \xrightarrow{E^\ominus = 0.14} S \xrightarrow{0.5} S_2O_3^{2-} \xrightarrow{0.4} H_2SO_3 \xrightarrow{0.17} H_2SO_4$

碱性溶液　$S^{2-} \xrightarrow{-0.508} S \xrightarrow{-0.74} S_2O_3^{2-} \xrightarrow{-0.58} SO_3^{2-} \xrightarrow{-0.93} SO_4^{2-}$

由此可见，在酸性溶液中各电对具有较弱的氧化能力，而在碱性溶液中各电对具有较强的还原能力，所以利用分子氧氧化硫化物以碱性条件较好。

向废水中注入空气和蒸汽(加热)，硫化物按下式转化为无毒的硫代硫酸盐或硫酸盐：

$$2S^{2-} + 2O_2 + H_2O \longrightarrow S_2O_3^{2-} + 2OH^-$$

$$2HS^- + 2O_2 \longrightarrow S_2O_3^{2-} + H_2O$$

$$S_2O_3^{2-} + 2O_2 + 2OH^- \longrightarrow 2SO_4^{2-} + H_2O$$

由上述反应式可计算出，氧化 1kg 硫化物为硫代硫酸盐，理论需氧量为 1kg，约相当于 $3.7m^3$ 空气。由于部分硫代硫酸盐(约 10%)会进一步氧化为硫酸盐，使需氧量约增加到 4.0m^3 空气。实际操作中供气量为理论值的 2～3 倍。

空气氧化脱硫在密闭的塔器(空塔、板式塔、填料塔)中进行。图 6－2 为某炼油厂的空气氧化法处理含硫废水工艺流程，含硫废水经隔油沉渣后与压缩空气及水蒸气混合，升温至 80～90℃，进入氧化塔，塔径一般不大于 2.5m，分四段，每段高 3m。每段进口处设喷嘴，雾化进料，塔内气水体积比不小于 15。增大气水比则气液接触面积加大，有利于空气中的氧向水中扩散，加快氧化速度。废水在塔内平均停留时间 1.5～2.5h。

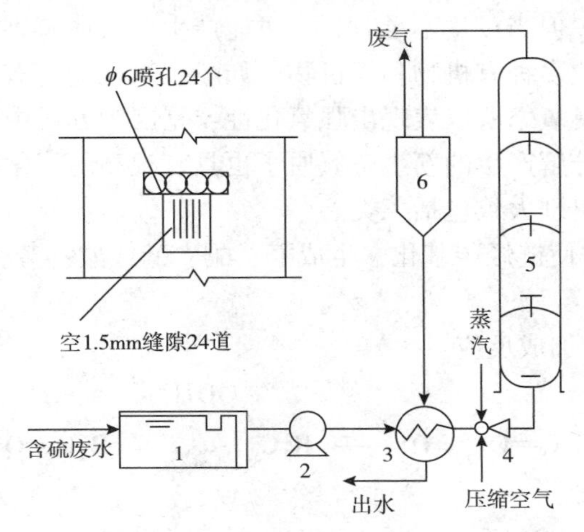

图 6－2　某炼油厂空气氧化法处理含硫废水工艺流程

1—隔油池；2—泵；3—换热器；4—射流器；
5—空气氧化塔；6—分离器

三、臭氧氧化

1. 臭氧的性质

臭氧 O_3 是氧的同素异构体，在常温常压下是一种具有鱼腥味的淡紫色气体。沸点 －112.5℃，密度 2.144kg/m^3，比氧重 1.5 倍。此外，臭氧还具有以下一些重要性质。

1) 不稳定性

臭氧不稳定，在常温下容易自行分解成为氧气并放出热量。

$$2O_3 = 3O_2 + \Delta H,\ \Delta H = 284\text{kJ/mol}$$

MnO_2、PbO_2、Pt 等催化剂的存在或紫外辐射都会促使臭氧分解。臭氧在空气中的分解速度与臭氧浓度和温度有关。温度越高，分解越快，浓度越高，分解也越快。臭氧在水溶液中的分解速度比在气相中的分解速度快得多，而且强烈地受氢氧根离子的催化，pH 值愈高、分解愈快。

2) 溶解性

臭氧在水中溶解度要比纯氧高 10 倍，比空气高 25 倍。溶解度主要取决于温度和气相分压，也受气相总压影响。在常压下，20℃时的臭氧在水中的浓度和在气相中的平衡浓度之比为 0.285。

3) 毒性

高浓度臭氧是有毒气体，对眼及呼吸器官有强烈的刺激作用。正常大气中含臭氧的浓度是$(1\sim4)\times10^{-8}$，当臭氧浓度达到$(1\sim10)\times10^{-6}$时可引起头痛，恶心等症状。

4)氧化性

臭氧是一种强氧化剂，其氧化还原电位与 pH 值有关。在酸性溶液中，$E^{\ominus}=2.07\text{V}$，氧化性仅次于氟。在碱性溶液中，$E^{\ominus}=1.24\text{V}$，氧化能力略低于氯。研究指出，在 pH 值 5.6～9.8，水温 0～39℃范围内，臭氧的氧化效力不受影响。利用臭氧的强氧化性进行城市给水消毒已有近百年的历史。臭氧的杀菌力强，速度快，能杀灭氯所不能杀灭的病毒和芽孢，而且出水无异味，但当投量不足时，也可能产生对人体有害的中间产物。在工业废水处理中，可用臭氧氧化多种有机物和无机物，如酚、氰化物、有机硫化物、不饱和脂肪族及芳香族化合物等。臭氧之所以表现出强氧化性，是因为分子中的氧原子具有强烈的亲电子或亲质子性，臭氧分解产生的新生态氧原子也具有很高的氧化活性。

臭氧氧化有机物的机理大致包括三类。

(1)夺取氢原子，并使链烃羰基化，生成醛、酮、醇或酸；芳香化合物先被氧化为酚，再氧化为酸。

(2)打开双键，发生加成反应：

$$R_2C{=\!=}C_{\ 2}+O_3\longrightarrow R_2C\begin{matrix}\diagup OOH\\ \diagdown G\end{matrix}+R_2C{=\!=}O$$

式中 G 代表—OH、—OCH_3、$-O\underset{\underset{O}{\|}}{C}CH_3$ 等官能团。

(3)氧原子进入芳香环发生取代反应。

5)腐蚀性

臭氧具有强腐蚀性，因此与之接触的容器、管路等均应采用耐腐蚀材料或作防腐处理，耐腐蚀材料可用不锈钢或塑料。

2. 臭氧的制备

制备臭氧的方法较多，有化学法、电解法、紫外光法、无声放电法等。工业上，一般采用无声放电法制取。

1)无声放电法原理

无声放电法生产臭氧的原理及装置如图 6－3 所示。在一对高压交流电极之间(间隙 1～3mm)形成放电电场，由于介电体的阻碍，只有极小的电流通过电场，即在介电体表面的凸点上发生局部放电，因不能形成电弧，故称之为无声放电。当氧气或空气通过此间隙时，在高速电子流的轰击下，一部分氧分子转变为臭氧，其反应如下：

$$O_2+e^-\longrightarrow 2O+e^-$$

$$3O\longrightarrow O_3$$

$$O_2+O\rightleftharpoons O_3$$

上述可逆反应表示生成的臭氧又会分解为氧气，分解反应也可能按下式进行：

$$O_3+O\longrightarrow 2O_2$$

分解速度随臭氧浓度增大和温度提高而加快，在一定浓度和温度下生成和分解达到动态平衡。

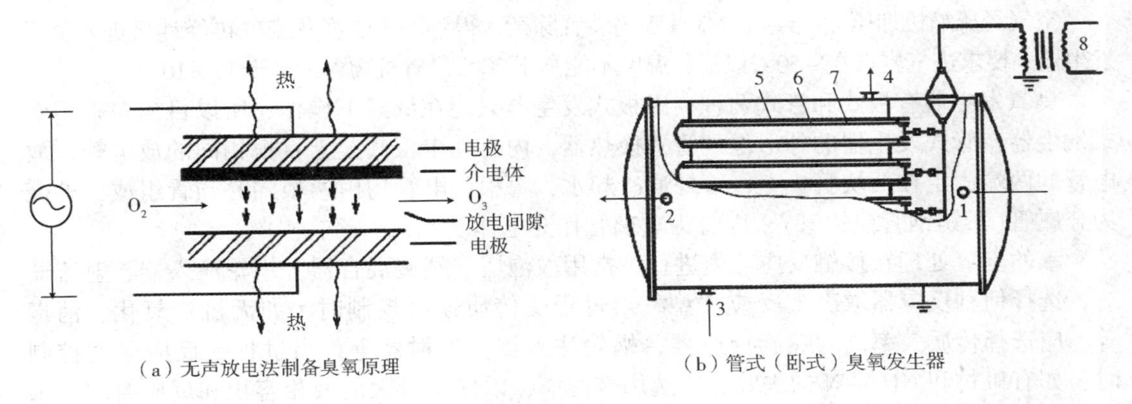

（a）无声放电法制备臭氧原理　（b）管式（卧式）臭氧发生器

图6-3　臭氧制备原理及装置

1—空气或氧气进口；2—臭氧化气出口；3—冷却水进口；4—冷却水出口；
5—不锈钢管；6—放电间隙；7—玻璃管；8—变压器

理论上，以空气为原料时臭氧的平衡浓度(质量分数)为3%～4%，以纯氧为原料时可达到6%～8%。从经济上考虑，一般以空气为原料时控制臭氧浓度不高于1%～2%，以氧气为原料时则不高于1.7%～4%，这种含臭氧的空气称为臭氧化气。

对单位电极表面积来说，臭氧产率与电极电压的平方成正比，因此，电压愈高，产率愈高。但电压过高很容易造成介电体被击穿以及损伤电极表面，故一般采用15～20kV电压。提高交流电的频率可以增加单位电极表面积的臭氧产率，而且对介电体的损伤较小，一般采用50～500Hz的频率。

用无声放电法制备臭氧的理论比电耗为0.95kW·h/kg O_3，而实际电耗大得多。单位电耗的臭氧产率，实际值仅为理论值的10%左右，其余能量均变为热量，使电极温度升高。为了保证臭氧发生器正常工作和抑制臭氧热分解，必须对电极进行冷却，常用水作为冷却剂。

原料气中的水分和尘粒对过程不利，当以空气为原料时，在进入臭氧发生器之前必须进行干燥和除尘预处理。空压机采用无油润滑型，防止油滴带入。干燥可采用硅胶、分子筛吸附脱水，除尘可用过滤器。

2)臭氧发生系统及接触反应器

由于臭氧不稳定，因此通常在现场随制随用。以空气为原料制造臭氧，由于原料来源方便，所以采用比较普遍。典型臭氧处理闭路系统如图6-4所示。

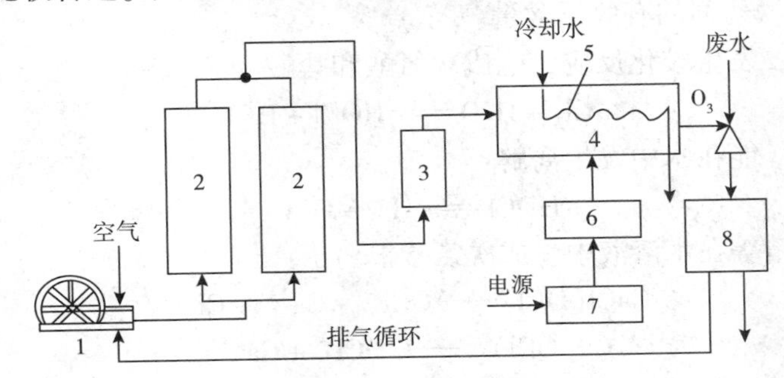

图6-4　臭氧处理闭路系统

1—空气压缩机；2—净化装置；3—计量装置；4—臭氧发生器；
5—冷却系统；6—变压器；7—配电装置；8—接触器

空气经压缩机加压后，经过冷却及吸附装置除杂，得到的干燥净化空气再经计量进入臭氧发生器。要求进气露点在 -50℃以下，温度不能高于20℃，有机物含量小于 15×10^{-6}。

臭氧发生器有板式和管式两种。因板式发生器只能在低压下操作，所以目前多采用管式发生器。管式发生器的外形像列管式换热器，内有几十根甚至上百根相同的放电管。放电管的两端固定在两块管板上，管外通冷却水，每根放电管均由两根同心圆管组成，外壳为金属管(不锈钢管或铝管)，内管为玻璃管作介电体。

水的臭氧处理在接触反应器内进行。常用鼓泡塔、螺旋混合器、蜗轮注入器、射流器等，选择何种反应器取决于反应类型。当过程受传质速度控制时，如无机物氧化、消毒等，应选择传质效率高的螺旋反应器、蜗轮注入器、喷射器等；当过程受反应速度控制时，如有机物和 NH_3-N 的去除，应选用鼓泡塔，以保持较大的液相容积和反应时间。水中污染物种类和浓度、臭氧的浓度与投量、投加位置、接触方式和时间、气泡大小、水温与水压等因素对反应器性能和氧化效果都有影响。

3)臭氧在水处理中的应用

水经臭氧处理，可达到降低COD、杀菌、增加溶解氧、脱色除臭、降低浊度等目的。臭氧的消毒能力比氯更强，对脊髓灰质炎病毒，用氯消毒，保持0.5～1mg/L余氯量，需1.5～2h，而达到同样效果，用臭氧消毒，保持0.045～0.45mg/L剩余 O_3，只需2min。若初始 O_3 超过1mg/L，经1min接触，病毒去除率可达到99.99%。

某炼油厂利用 O_3 处理重油裂解废水，废水含酚4～5mg/L，CN^- 4～6mg/L，S^{2-} 4～5mg/L，油15～30mg/L，COD 400～500mg/L、pH 11、水温45℃。投加 O_3 280mg/L，接触12min，处理出水含酚0.005mg/L，CN^- 0.1～0.2mg/L，S^{2-} 0.3～0.4mg/L，COD90～120mg/L，油2～3mg/L。

将混凝或活性污泥法与臭氧氧化联合，可以有效去除色度和难降解的有机物，紫外线照射可以激活 O_3 分子和污染物分子，加快反应速度，增强氧化能力，降低臭氧消耗量。目前臭氧氧化法存在的缺点是电耗大，成本高。

四、氯氧化

氯气是普遍使用的氧化剂，既用于给水消毒，又用于废水氧化。常用的含氯药剂有液氯、漂白粉、次氯酸钠、二氧化氯等。各药剂的氧化能力用有效氯含量表示。氧化价大于 -1 的氯具有氧化能力，称之为有效氯。作为比较基准，取液氯的有效氯含量为100%，表6-1给出了几种含氯药剂的有效氯含量。

氯气与水接触，发生歧化反应，生成次氯酸和盐酸：

$$Cl_2+H_2O=\!=\!=HOCl+HCl$$

次氯酸是弱酸，能在水中发生离解：

$$HOCl\rightleftharpoons H^++OCl^-$$

漂白粉和漂粉精等在水溶液中生成次氯酸根离子：

$$CaCl(OCl)\longrightarrow OCl^-+Ca^{2+}+Cl^-$$

$$Ca(OCl)_2\longrightarrow 2OCl^-+Ca^{2+}$$

表 6-1　部分含氯化合物的有效氯含量

化学式		相对分子质量	氯当量/（mol Cl_2/mol）	含氯量（质量分数）/%	有效氯（质量分数）/%
液氯	Cl_2	71		100	100
漂白粉	$CaCl(OCl)$	127	1	56	56
次氯酸钠	$NaOCl$	74.5	1	47.7	95.4
次氯酸钙	$Ca(OCl)_2$	143	2	49.6	99.2
一氯胺	NH_2Cl	51.5	1	69	138
亚氯酸钠	$NaClO_2$	90.5	2（酸性）	39.2	156.8
氧化二氯	Cl_2O	87	2	81.7	163.4
二氯胺	$NHCl_2$	86	2	82.5	165
三氯胺	NCl_3	120.5	3	88.5	177

次氯酸和次氯酸根离子的标准电极电位如下：

在酸性溶液中

$$HOCl + H^+ + 2e^- \rightleftharpoons Cl^- + H_2O \quad E^\ominus = 1.49V$$

在碱性溶液中

$$OCl^- + H_2O + 2e^- \rightleftharpoons Cl^- + 2OH^- \quad E^\ominus = 0.9V$$

在中性溶液中　　$E^\ominus = 1.2V$

由此可见，HOCl 比 OCl^-的氧化能力强得多。另一方面，HOCl 是中性分子，易接触细菌而实施氧化，而 OCl^-带有负电，难以靠近带负电的细菌，虽有氧化能力，但难起消毒作用。因此氯氧化法在酸性溶液中较为有利。

1. 氯消毒

水和废水中都含有一定数量的微生物，有的对人体健康有害。消毒的目的是杀灭致病微生物，防止水致疾病的危害，但并不是彻底杀灭细菌。氧化剂消毒至少包括两种途径：①消毒剂通过细胞壁渗入细胞体，灭活细胞体内的酶蛋白；②直接氧化细胞质。

消毒过程是不可逆的，可用下式表示：

$$D + M \longrightarrow DM$$

式中的 D 代表消毒剂，M 为微生物，DM 为杀死的微生物。研究指出，消毒反应速度与微生物浓度和消毒剂浓度分别呈 1 次方和 n 次方关系，因此速度方程可以表示为：

$$-\frac{d[M]}{dt} = k[D]^n[M] \qquad (6-5)$$

在消毒过程中，消毒剂相对于微生物是大量的，因此[D]可视为常数。积分上式得：

$$\ln\frac{[M]_t}{[M]_0} = -k[D]^n t \qquad (6-6)$$

式中$[M]_0$、$[M]_t$分别为起始和 t 时刻的微生物浓度。

除了上述浓度和时间的影响外，消毒效果和速度还与下列因素有关。

1）微生物特性

一般而言，病毒对消毒剂的抵抗力较强；有芽孢的比无芽孢的耐力强；寄生虫卵较易杀死，但原生动物中的痢疾内变形虫的胞囊却很难被杀死；单个细菌易杀死，成团细菌

(如葡萄球菌)的内部菌体却难于被杀死。

2)温度

温度通过两个途径对消毒产生影响。第一，温度过高或过低都会抑制微生物的生长活动，直接影响杀菌效率；第二，影响传质和反应速率。一般而言，较高温度对过程有利。

3)pH 值

pH 值决定了氯系消毒剂的存在形态。低 pH 值时，HOCl 或 $NHCl_2$ 的量较大，杀菌能力强。有些微生物的表面电荷特性随 pH 值变化，而表面电荷可能阻碍带电消毒剂的进入，从而影响消毒效果。

4)水中杂质

水中的悬浮物能掩蔽菌体，使之不受消毒剂的作用；还原性物质和有机物消耗氧化剂，并生成有害的氯代烃、氯酚等；氨与 HOCl 作用生成氯胺。

$$NH_3 + HOCl \rightleftharpoons NH_2Cl + H_2O$$

$$NH_2Cl + HOCl \rightleftharpoons NHCl_2 + H_2O$$

NH_2Cl 和 $NHCl_2$ 分别叫做一氯胺与二氯胺。MooRe 指出，NH_2Cl 与 $NHCl_2$ 的分布由如下平衡式所决定：

$$2NH_2Cl + H^+ \rightleftharpoons NHCl_2 + NH_4^+$$

平衡常数为

$$K = \frac{[NH_4^+][NHCl_2]}{[H^+][NH_2Cl]^2} = 6.7 \times 10^5 (25℃)$$

研究指出，$NHCl_2$ 的杀菌能力比 NH_2Cl 强，如对 E. histolytica 孢子，$NHCl_2$ 的杀菌能力约为 HOCl 的 60%，而 NH_2Cl 只为 22%。氯胺消毒可以认为还是依靠 HOCl，当水中 HOCl 消耗后，上式反应向左进行，释出 HOCl，因而氯胺消毒比 HOCl 慢。通常把氯胺中的氯称为化合性氯，对应地把 HOCl 和 OCl^- 中的氯称为游离性氯。

对含氨的给水和废水进行氯氧化消毒处理，所需加氯量通常由实验确定：在相同水质的一组水样中，分别投加不同剂量的氯或漂白粉，经一定接触时间(15～30min)后，测定水中的余氯量，得到如图 6-5 所示的余氯量与加氯量的关系曲线。

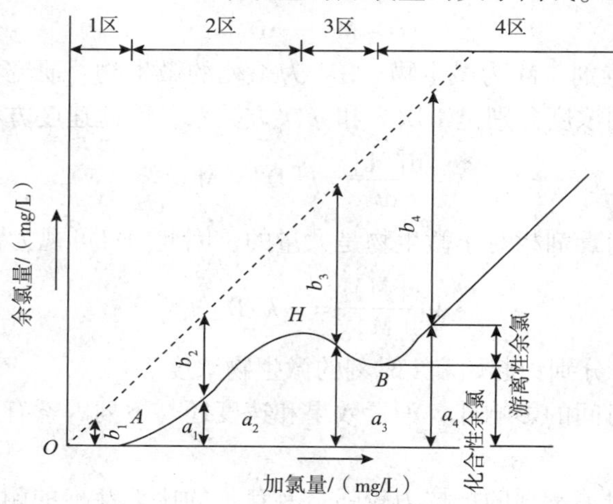

图 6-5　余氯量与加氯量关系曲线

图中虚线(该线与坐标轴的夹角为45°)表示水中无杂质时加氯量与余氯量相等。同一加氯量下，虚线与实线的纵坐标差(b)代表水中微生物和杂质的耗氯量，通常可把实线分成四个区：在1区内，氯先与水中所含的还原性物质(如NO_2^-、Fe^{2+}、S^{2-}等)反应，余氯量为0，在此过程中虽然也会杀死一些细菌，但消毒效果不可靠。在2区内，投氯量与氨的摩尔比小于1，投加的氯基本上都与氨化合成氯胺，以化合性余氯存在。当$Cl_2:NH_3=1$时，氯胺量达2区最大(峰点H)，2区有一定消毒效果。3区内仍然是化合性余氯，但由于加氯量较大，$Cl_2:NH_3>1$，部分氯胺被氧化为N_2O或N_2，化合性余氯量逐渐减少。当$Cl_2:NH_3=2$时，氯胺量减至最小值(B点)。如接触时间足够长，B点的余氯量趋于0。到4区，$Cl_2:NH_3>2$，氯胺不再增加，余氯以游离性氯存在，实线与虚线平行。称B点为折点，表示余氯存在形式的转折点。

根据上面的分析，氯消毒法按余氯的成分可分为化合性余氯法(氯胺消毒法)和游离性余氯法(折点消毒法)。氯胺消毒作用缓慢，但很持久，且不产生氯酚臭。当水中含氨较少时，需人工加氨或铵盐。折点消毒速度快，并能去除一些产生色、臭、味的有机物。

2. 废水氯氧化

氯氧化法广泛用于废水处理中，如医院污水处理、废水脱色除臭杀藻等。在氧化过程中，pH值的影响与在消毒过程中有所不同，加氯量需由试验确定。

1)含氰废水处理

氧化反应分为两个阶段进行。第一阶段，$CN^-\longrightarrow CNO^-$，在pH=10~11时，此反应只需5min，通常控制在10~15min。当用Cl_2作氧化剂时，要不断加碱，以维持必要的碱度，若采用NaOCl，由于水解呈碱性，只要反应开始时调整好pH值，以后可不再加碱。虽然CNO^-的毒性只有CN^-的1/1000左右，但从保证水体安全出发，应进行第二阶段处理，即将CNO^-氧化为NH_3(酸性条件)或N_2(pH8~8.5)，反应可在1h之内完成。

废水中含氰量与完成以上二个阶段反应所需的总氯及NaOH的量之比，理论值为$CN^-:Cl_2:NaOH=1:6.8:6.2$，实际上为使CN^-完全氧化，常控制$CN^-:Cl_2=1:8$左右。处理设备主要是反应池及沉淀池，反应池常采用压缩空气搅拌或用水泵循环搅拌。小水量时，可采用间歇操作，设两池交替反应与沉淀。

2)含酚废水的处理

采用氯氧化除酚，理论投氯量与酚量之比为6:1时，即可将酚完全破坏，但由于废水中存在其他化合物也与氯作用，实际投氯量必须过量数倍，一般要超出10倍左右。如果投氯量不够，酚氧化不充分，而且生成具有强烈臭味的氯酚。当氯化过程在碱性条件下进行时，也会产生氯酚。

3)废水脱色

氯有较好的脱色效果，可用于印染废水、TNT废水等脱色。脱色效果与pH值以及投氯方式有关，在碱性条件下效果更好。若辅加紫外线照射，可大大提高氯氧化效果，从而降低氯用量。

3. 加氯设备

氯气是一种有毒的刺激性气体，当空气中氯气浓度达40~60mg/L时，呼吸0.5~1h即有危险。因此氯的运输、贮存及使用应特别谨慎小心，确保安全。加氯设备的安装位置应尽量地靠近加氯点，加氯设备应结构坚固，防冻保温，通风良好，并备有检修及抢救设备。

氯气一般加压成液氯，用钢瓶装运，干燥的氯气或液氯对铁、钢、铅、铜都没有腐蚀性，但氯溶液对一般金属腐蚀性很大，因此使用液氯瓶时要严防水通过加氯设备进入氯瓶。当氯瓶出现泄漏不能制止时，应将氯瓶投入到水或碱液中。由液氯蒸发产生的氯气，可通过扩散器直接投加(压力投加法)或真空投加。在真空下投加，可以减少泄氯危险。采用 ZJ 型转子加氯机的处理工艺如图 6－6 所示。

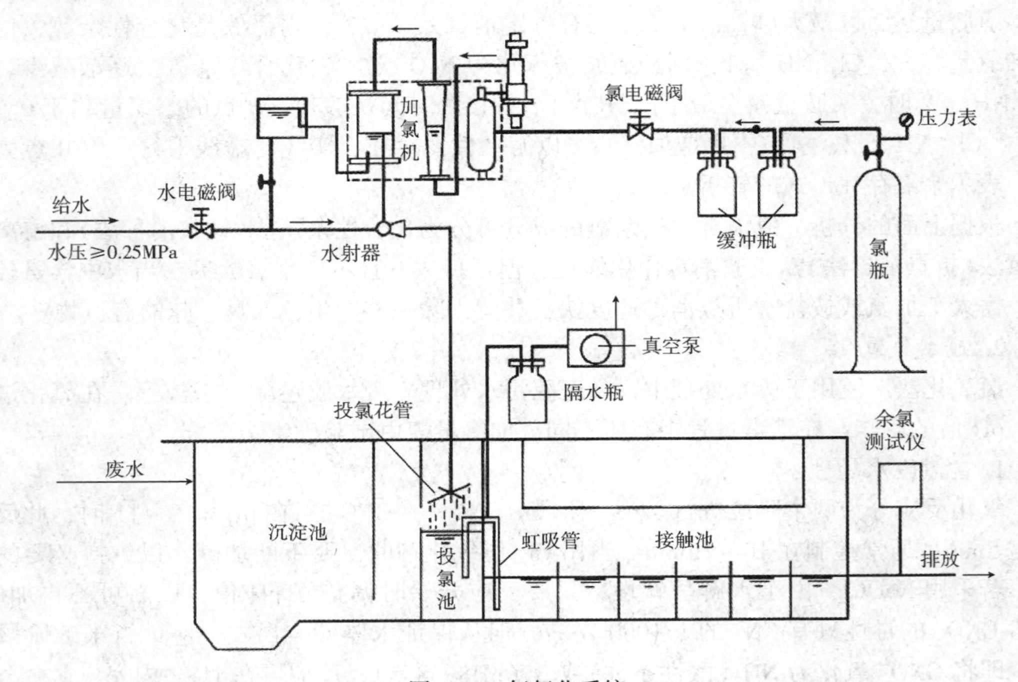

图 6－6　氯氧化系统

该工艺过程如下：随着污水不断流入，投氯池水位不断升高。当水位上升到预定高度时，真空泵开始工作，抽去虹吸管中的空气，也可用水力抽气，产生虹吸作用。污水由投氯池流入接触池，氧化一定时间之后，达到了预定的处理效果，再排放。当投氯池水位降低到预定位置，空气进入虹吸管，真空泵停，虹吸作用破坏，此时水电磁阀和氯电磁阀自动开启，加氯机开始工作。当加氯到预定时间时，时间继电器自动指示，先后关闭氯、水电磁阀。如此往复工作，可以实现按污水流量成比例加氯。每次加氯量可以由加氯机调节，也可以通过时间继电器改变电磁阀的开启时间来调节。加氯量是否适当，可由处理效果和余氯量指标评定。

五、高级氧化技术

高级氧化技术(Advanced Oxidation Processes，简称 AOPs)是 20 世纪 80 年代开始形成的处理废水中有毒污染物的先进技术，它是通过反应产生羟基自由基(· OH)，该自由基是最具有活性的氧化剂之一，在高级氧化工艺中起主要作用。· OH 作为氧化反应的中间产物通常由自由基链式反应分解水中的 O_3、H_2O_2、水合氯、硝酸盐、亚硝酸盐或溶解的水合亚铁离子、Fenton 反应或离子化辐射反应等过程产生。

高级氧化技术具有以下特点：①强氧化性，· OH 是一种极强的化学氧化剂，它的氧化电位要比普通氧化剂高得多；②反应速率快，臭氧氧化反应的速率主要是由·OH 的产生速率决定的；③提高可生物降解性，减少三卤甲烷(THMs)和溴酸盐的生成。常见的高级氧化技术主要包括湿式氧化法、Fenton 试剂法、超临界水氧化法、光化学氧化法等。

1. 湿式氧化法(WAO)

湿式氧化法(WAO)就是在高温和高压条件下，用空气中的氧作为氧化剂，在液相中将有机污染物氧化为易于生化处理的小分子有机物、CO_2 和水等无机物的方法，因氧化过程在液相中进行，故称湿式氧化。与一般方法相比，湿式氧化法具有适用范围广(包括对污染物种类和浓度的适应性)、处理效率高、二次污染低、氧化速度快、装置小、可回收能量和有用物料等优点。

目前的研究认为，湿式氧化反应属于自由基反应，主要包括传质和化学反应两个过程。反应通常可分为三个阶段：①链的引发：由反应物分子生成自由基，氧通过热反应产生 H_2O_2；②链的发展与传递：自由基和分子相互作用，交替进行使自由基数量增加；③链的终止：自由基之间互相碰撞生成稳定分子，则链的增长过程中断。

湿式氧化法作为一种有效的处理高浓度有毒、有害有机污水的水处理技术，已被广泛地应用于造纸黑液、含氰污水、电镀污水、农药污水等难降解有机污水的处理上。基本的湿式氧化系统如图 6－7 所示。

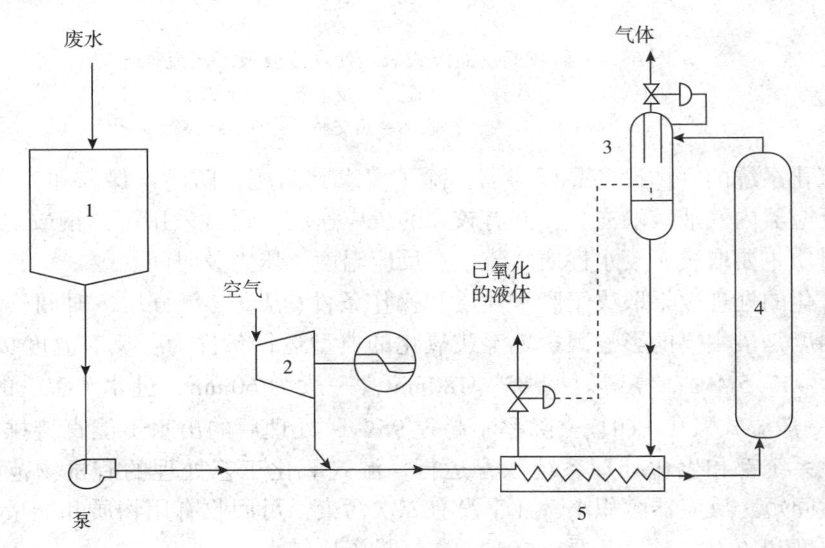

图 6－7　湿式氧化基本流程

1—贮存罐；2—空压机；3—分离器；4—反应器；5—热交换器

废水和空气分别由高压泵和压缩机打入热交换器，与已氧化液体换热，使温度上升到接近反应温度。进入反应器后，废水有机物与空气中氧气反应，反应热使温度升高，并维持在较高的温度下反应。反应后，液相和气相经分离器分离。液相进热交换器预热进料，废气排放。在反应器中维持液相是该工艺的特征，因此需要控制合适的操作压力。在装置初开车或需要附加热量的情况下，直接用蒸汽或燃油作热源。由基本流程出发，可得多种改进流程，以回收反应尾气的热能和压力能。用于处理浓废液(浓度≥10%)，并回收能量的湿式氧化流程如图 6－7 所示。图 6－8 与图 6－7 不同在于对反应尾气的能量进行二次回收。首先由废热锅炉回收尾气的热能产生蒸汽或经热交换器预热锅炉进水，尾气冷凝水由第二分离器分离后送回反应器以维持反应器中液相平衡，以防止浓废液氧化时释放的大量反应热将水分蒸干。第二分离器后的尾气送入透平产生机械能和电能。该系统对能量实行逐级利用，减少了有效能损失。

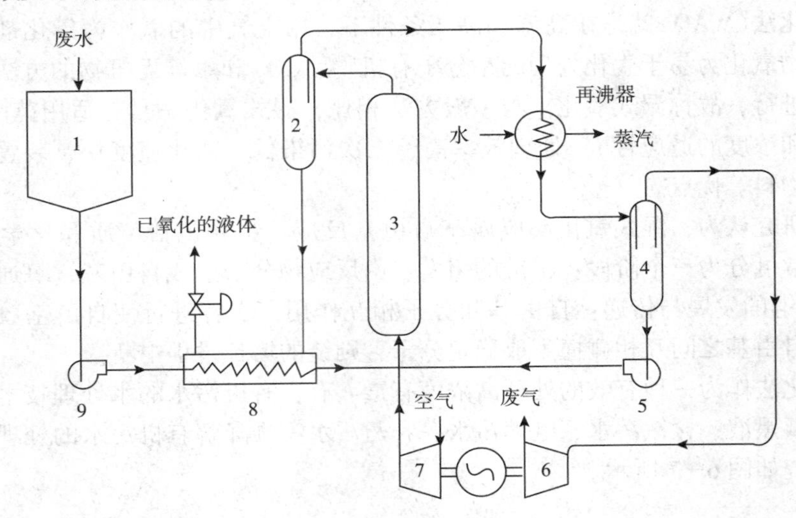

图 6-8　回收能量的湿式氧化处理浓废液工艺流程

1—贮存罐；2，4—分离器；3—反应器；5—循环泵；
6—透平机；7—空压机；8—热交换器；9—高压泵

湿式氧化系统的主体设备是反应器，除了要求其耐压、防腐、保温和安全可靠以外，同时要求反应器内气液接触充分，并有较高的反应速度，通常采用不锈钢鼓泡塔。反应器的尺寸及材质主要取决于废水性质、流量、反应温度、压力及时间。

湿式氧化的处理效果取决于废水性质和操作条件(温度、氧分压、时间、催化剂等)，其中反应温度是最主要的影响因素。湿式氧化的典型运行条件为：反应温度 200 ~ 325℃、反应压力 5 ~ 17.5MPa，停留时间 35 ~ 180min，一般为 60min，进水 COD_{Cr} 的范围 10 ~ 80kg/m³。一般湿式氧化 COD_{Cr} 去除率不超过 95%，处理后的出水不能直接排放，大多数的湿式氧化系统都和生化处理系统联合运行。湿式氧化工艺处理的有机物范围广、效果好、反应时间短、反应器容积小，几乎没有二次污染，可回收有用物质和能量。但其反应需较高的温度和压力，对设备要求高，一次性投资比较大。

20 世纪 70 年代以后，发展起来了催化湿式氧化技术(CWAO)，它是在传统的湿式氧化技术处理工艺中，加入适当的催化剂以降低反应的温度和压力，提高氧化降解能力，缩短反应时间，降低成本。高效稳定的湿式氧化催化剂的研究是湿式氧化技术的一个研究热点。

2. Fenton 试剂法

1894 年，化学家 Fenton 首次发现有机化合物如羧酸、醇、酯类等在过氧化氢与 Fe^{2+} 组成的混合溶液中能被迅速氧化为无机态，为此将亚铁盐和过氧化氢体系命名为 Fenton 试剂。

Fenton 试剂法的实质是 H_2O_2 在 Fe^{2+} 的催化作用下生成具有高反应活性的羟基自由基，从而引发和传播自由基链反应，加快有机物和还原性物质的氧化，可与大多数有机物作用使其降解，能有效氧化去除传统污水处理技术无法去除的难降解有机物，特别适用于高浓度难降解的工业污水的处理。

1）普通 Fenton 试剂法

当 pH 值足够低时，在 Fe^{2+} 的催化作用下过氧化氢就会分解产生 ·OH 自由基，从而引发一系列链反应：

$$Fe^{2+} + H_2O_2 \longrightarrow Fe^{3+} + OH^- + \cdot OH$$

$$Fe^{3+} + H_2O_2 \longrightarrow Fe^{2+} + H^+ + HO_2\cdot$$

$$Fe^{2+} + \cdot OH \longrightarrow Fe^{3+} + OH^-$$

$$Fe^{3+} + HO_2\cdot \longrightarrow Fe^{2+} + H^+ + O_2$$

$$\cdot OH + H_2O_2 \longrightarrow HO_2\cdot + H_2O$$

$$HO_2\cdot + H_2O_2 \longrightarrow O_2 + H_2O + \cdot OH$$

整个体系反应十分复杂，但其关键是通过 Fe^{2+} 在反应中起激发和传递作用，使链反应持续进行直至 H_2O_2 耗尽。反应产生的羟自由基·OH 氧化能力强，与不同有机物的反应速率常数相差很小，反应异常迅速。

Fenton 试剂处理有机物是通过·OH 与有机物的作用，其作用机理如下：

$$RH + \cdot OH \longrightarrow R\cdot + H_2O$$

$$R\cdot + Fe^{3+} \longrightarrow R^+ + Fe^{2+}$$

$$R^+ + O_2 \longrightarrow ROO^+ \longrightarrow CO_2 + H_2O$$

$$Fe^{2+} + O_2 + 2H^+ \longrightarrow Fe(OH)_2$$

$$4Fe(OH)_2 + O_2 + 2H_2O \longrightarrow 4Fe(OH)_3\text{（胶体）}$$

$$Fe^{3+} + 3OH^- \longrightarrow Fe(OH)_3\text{（胶体）}$$

由反应过程可知，Fenton 试剂在水处理中的作用包括对有机物的氧化和混凝两种。对有机物的氧化是指 Fe^{2+} 与 H_2O_2 作用，生成具有极强氧化能力的羟基自由基·OH 而进行的游离自由基反应；混凝作用是指在反应中生成的 $Fe(OH)_3$ 胶体具有絮凝、吸附功能，也可以去除水中的部分有机物。

2）类 Fenton 试剂法

Fenton 试剂法设备投资和运行成本低，但存在 H_2O_2 的利用率不高，不能充分矿化有机物等缺点，因此采用引入其他的金属离子或非金属催化剂等方法促进 Fenton 反应。利用光、声、电等技术引导自由基与有机物反应，提高对有机物的降解效率。由于这些改进技术的基本原理与 Fenton 反应类似，其主要氧化作用均为羟自由基·OH，故将其统称为类 Fenton 试剂法。主要包括微电解 - Fenton 法、UV - Fenton 法、电 - Fenton 法、US - Fenton 法等，其原理和特点见表 6-2。

表 6-2　主要类 Fenton 试剂法的机理及特点

方法	作用机理	特点
微电解 - Fenton 法	铁屑在酸性条件下，通过原电池效应发生电极反应，形成大量的 Fe^{2+}，与体系中的 H_2O_2 反应生成·OH，降解水中的有机污染物	优点：反应一般利用工业废弃铁屑，成本低廉，运行稳定，适用于高浓度难生化有机污水的预处理

续表

方法	作用机理	特点
UV－Fenton 法	反应体系在紫外光(UV)的照射下三价铁与水中氢氧根离子的复合离子可以直接产生·OH 并产生二价铁，二价铁可与 H_2O_2 进一步反应生成羟自由基，从而能加速水中有机物的降解速度	优点：有机物矿化程度高； 缺点：光量子效率低，自动产生 H_2O_2 机制不完善，能耗较大，处理费用高； 只适用于中低浓度有机污水的处理
电－Fenton 法	通过电解产生 Fe^{2+} 和 H_2O_2，新生成的 Fe^{2+} 和 H_2O_2 立即作用生成·OH 来降解有机物，并伴随有电氧化、还原及电吸附作用	优点：具有自动产生 H_2O_2 机制，H_2O_2 利用率高，有机物降解因素多，不易产生中间毒害物； 缺点：电流效率较低
US－Fenton 法	超声波(US)对有机物的降解是通过超声辐射产生的空化效应，使 H_2O_2 和溶解在水中的 O_2 发生裂解反应，生成大量的·OH、O、·HOO等高活性的自由基团，并与 Fenton 发生协同效应，使得羟自由基快速大量产生，加速有机污染物的降解	优点：具有能耗低，无二次污染、不受 pH 值变化影响，无水质要求等； 缺点：能量利用率低，处理效率低，目前尚处于实验室研究阶段

由于 Fenton 试剂氧化法具有反应迅速、温度和压力等反应条件缓和且无二次污染等优点，在工业污水处理中越来越受到国内外的广泛关注和重视。Fenton 法在处理难降解有机污水时，具有一般化学氧化法无法比拟的优点，至今已成功运用于多种工业污水的处理。但 H_2O_2 价格昂贵，单独使用往往成本太高，因而在实际应用中通常是与其他处理方法联用，将其用于污水的预处理或深度处理。

3. 超临界水氧化法

当水处于其临界点(374℃，22.1MPa)以上的高温高压状态时被称为超临界水。在此条件下水具有许多独特的性质，超临界水具有非常强的极性，可以溶解极性极低的芳烃化合物及各种气体(氧气、氮气、一氧化碳、二氧化碳等)，可将不易分解的有机废物快速氧化分解，是一种绿色的“焚化炉”；超临界水还具有很好的传质、传热性质。这些特性使得超临界水成为一种优良的反应介质。

超临界水氧化(SCWO)反应是指有机废物和空气、氧气等氧化剂在超临界水中进行氧化反应而将有机废物去除的过程。超临界水氧化反应速率很快(可小于1min)，处理彻底，有机物被完全氧化成二氧化碳、水、氮气以及盐类等无毒的小分子化合物，不形成二次污染，且无机盐可从水中分离出来，处理后的水可完全回收利用。另外，当有机物含量超过2%时，超临界水氧化反应过程可以形成自热而不需额外供给热量。这些特性使超临界水氧化法与生化处理法、湿式空气氧化法、燃烧法等传统的污水处理技术相比具有其独特的优势，对于传统方法难以处理的污水体系，超临界水氧化法已成为一种具有很大潜在优势的环保新技术。

超临界水氧化的反应机理是自由基反应机理，该机理认为自由基是由氧气进攻有机物分子中较弱的C—H 键产生的。

$$RH + O_2 \longrightarrow R\cdot + HO_2\cdot$$

$$RH + HO_2 \cdot \longrightarrow R \cdot + H_2O_2$$

过氧化氢进一步被分解成羟基自由基：

$$H_2O_2 + M \longrightarrow 2 \cdot OH$$

M可以是均质或非均质界面。在反应条件下，过氧化氢也能热解为·OH。·OH具有很强的亲电性(586kJ)，几乎能与所有的含氢化合物作用。

$$RH + \cdot OH \longrightarrow R \cdot + H_2O$$

而上述过程产生的自由基R·能与氧气作用生成过氧化自由基，后者能进一步获取氢原子生成过氧化物。

$$R \cdot + O_2 \longrightarrow ROO \cdot$$

$$ROO \cdot + RH \longrightarrow ROOH + R \cdot$$

过氧化物通常分解生成分子较小的化合物，这种断裂迅速进行，直至生成甲酸或乙酸为止，甲酸或乙酸最终转化为CO_2和水。不同的氧化剂和氧气或过氧化氢的自由基引发过程是不同的，但一般认为自由基获取氢原子的过程为速度控制步骤。

超临界水氧化法污水处理工艺流程见图6-9。

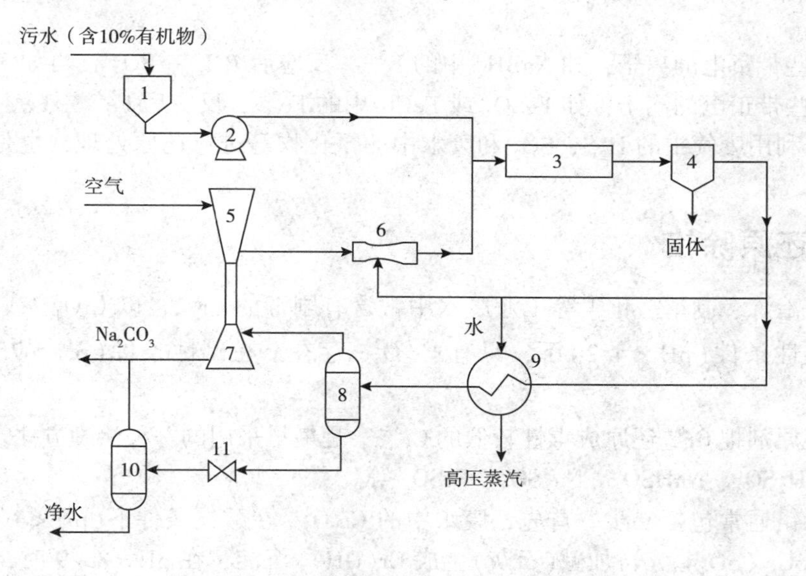

图6-9　超临界水氧化法污水处理工艺流程

1—污水槽；2—污水泵；3—氧化反应器；4—旋风分离器；
5—空气压缩机；6—循环用喷射器；7—膨胀机；8—高压气液分离器；
9—蒸气发生器；10—低压气液分离器；11—减压阀

用污水泵将污水压入反应器，在此与反应物直接混合而加热，提高温度。然后，用压缩机将空气增压，通过循环用喷射器将反应物一并带入反应器。有害有机物与氧在超临界水相中迅速反应，有机物完全氧化，氧化释放出的热量足以将反应器内的所有物料加热至超临界状态，在均相条件下，使有机物和氧进行反应。离开反应器的物料进入旋风分离器，在此将反应中生成的无机盐等固体物料从流体相中沉淀析出。离开旋风分离器的物料一分为二，一部分循环进入反应器，另一部分作为高温高压流体先通过蒸汽发生器，产生高压蒸汽，再通过高压气液分离器，在此大部分CO_2气体离开分离器，进入膨胀机，为空气压缩机提供动力。液体物料(主要是水和溶在水中的 CO_2)经减压阀排出，进入低压气液分离器，分离出的气体(主要是 CO_2)排放，液体则为洁净水，进入水槽作为补充水。

超临界水氧化反应完全彻底，在某种程度上与简单的燃烧过程相似，在氧化过程中释放出大量的热，一旦开始，反应可以自己维持，无需外界能量。利用超临界水氧化技术处理各种污水和高浓度活性污泥已取得成功，国外已有工业化装置出现。但超临界水氧化苛刻的反应条件对金属具有较强的腐蚀性，对设备材质有较高的要求。

第三节　化学还原法

废水中的某些金属离子在高价态时毒性很大，可用化学还原法将其还原为低价态后分离除去。常用的还原剂有下列几类。

(1)某些电极电位较低的金属，如铁屑、锌粉等。发生化学还原反应后 $Fe \rightarrow Fe^{2+}$，$Zn \rightarrow Zn^{2+}$。

(2)某些带负电的离子，如 $NaBH_4$ 中的 B^{5-}，反应后 $BH_4^+ \rightarrow BO_2^-$，再如 $SO_3^{2-} \rightarrow SO_4^{2-}$。

(3)某些带正电的离子，如 $FeSO_4$ 或 $FeCl_2$ 中的 Fe^{2+}，反应后 $Fe^{2+} \rightarrow Fe^{3+}$。

此外，利用废气中的 H_2S、SO_2 和废水中的氰化物等进行还原处理，也是有效而且经济的。

一、还原除铬

电镀、冶炼、制革、化工等工业废水中常含有剧毒的 Cr^{6+}，以 CrO_4^{2-} 或 $Cr_2O_7^{2-}$ 形式存在。在酸性条件($pH < 4.2$)下，只有 $Cr_2O_7^{2-}$ 存在，在碱性条件($pH > 7.6$)下，只有 CrO_4^{2-} 存在。

利用还原剂把 Cr^{6+} 还原成毒性较低的 Cr^{3-}，是最早采用的一种治理方法。采用的还原剂有 SO_2、H_2SO_3、$NaHSO_3$、Na_2SO_3、$FeSO_4$ 等。

还原除铬通常包括二步。首先，废水中的 $Cr_2O_7^{2-}$ 在酸性条件下($pH < 4$ 为宜)与还原剂反应生成 $Cr_2(SO_4)_3$，再加碱(石灰)生成 $Cr(OH)_3$ 沉淀，在 $pH = 8 \sim 9$ 时，$Cr(OH)_3$ 的溶解度最小。亚硫酸－石灰法的反应式如下：

$$H_2Cr_2O_7 + 3H_2SO_3 = Cr_2(SO_4)_3 + 4H_2O$$

$$Cr_2(SO_4)_3 + 3Ca(OH)_2 = 2Cr(OH)_3 \downarrow + 3CaSO_4 \downarrow$$

还原剂的用量与 pH 值有关。采用亚硫酸－石灰法，在 $pH = 3 \sim 4$ 时，反应进行完全，药剂用量省，$Cr^{6+} : S = 1 : (1.3 \sim 1.5)$；在 $pH = 6$ 时，反应不完全，药剂较费，$Cr^{6+} : S = 1 : (2 \sim 3)$；当 $pH > 7$ 时，反应不能进行。

采用硫酸亚铁－石灰流程除铬适用于含铬浓度变化大的场合，且处理效果好，费用较低。当 $FeSO_4$ 投量较高时，可不加硫酸，因 $FeSO_4$ 水解呈酸性，能降低溶液的 pH 值，也可降低第二步反应的加碱量，但泥渣量大，出水色度较高。采用此法处理，理论药剂用量为 $Cr^{6+} : FeSO_4 \cdot 7H_2O = 1 : 16$。当废水中 Cr^{6+} 浓度大于 100mg/L 时，可按理论值投药。小于 100mg/L 时，投药量要增加。石灰投量可按 $pH = 7.5 \sim 8.5$ 计算。

还原除铬反应器一般采用耐酸陶瓷或塑料制造，当用 SO_2 还原时，要求设备的密封性好。

工业上也采用铁屑(或锌屑)过滤除铬。含铬的酸性废水(控制进水 pH4～5)进入充填铁屑的滤柱，铁放出电子，产生 Fe^{2+}，将 Cr^{6+} 还原为 Cr^{3+}，随着反应的不断进行，水中消耗了大量的 H^+，使 OH^- 浓度增高，当其达到一定浓度时，与 Cr^{3+} 反应生成 $Cr(OH)_3$，少量 Fe^{3+} 生成 $Fe(OH)_3$，后者具有凝聚作用，将 $Cr(OH)_3$ 吸附凝聚在一起，并截留在铁屑孔隙中。通常滤柱内装铁屑高 1.5m，采用滤速 3m/h。

二、还原法除汞

氯碱、炸药、制药、仪表等工业废水中常含有剧毒的 Hg^{2+}。处理方法是将 Hg^{2+} 还原为 Hg，加以分离和回收。采用的还原剂为比汞活泼的金属(铁屑、锌粒、铝粉、钢屑等)、硼氢化钠和醛类等。废水中的有机汞先氧化为无机汞，再行还原。

采用金属还原除汞，通常在滤柱内进行。反应速度与接触面积、温度、pH 值、金属纯度等因素有关。通常将金属破碎成 2～4mm 的碎屑，并去掉表面污物。控制反应温度 20～80℃，温度太高虽反应速度快，但会有汞蒸气逸出。

采用铁屑过滤时，pH＝6～9 较好，耗铁量最省；$pH<6$，则铁因溶解而耗量增大；$pH<5$，有 H_2 析出，吸附于铁屑表面，阻碍反应进行。据国内某厂试验，用工业铁粉去除酸性废水中的 Hg^{2+}，在 50～60℃，混合 1～1.5h，经过滤分离，废水除汞 90% 以上。

采用锌粒还原时，pH 值最好在 9～11。虽然 Zn 能在较弱的碱液中还原汞，但损失量大增。反应后将游离出的汞与锌结合成锌汞齐，通过干馏，可回收汞蒸气。

用铜屑还原时，pH 值在 1～10 均可，此法一般应用在废水含酸浓度较大的场合。如蒽醌磺化法制蒽醌双磺酸，用 $HgSO_4$ 作催化剂，废酸浓度达 30%，含汞 600～700mg/L。采用铜屑过滤法除汞，接触时间不低于 40min，出水含汞量小于 10mg/L。

据国外资料，用 $NaBH_4$ 可将 Hg^{2+} 还原为 Hg。

$$Hg^{2+}+BH_4^-+2OH^-=Hg\downarrow+3H_2\uparrow+BO_2^-$$

此反应要求 pH＝9～11，浓度 12% 的 $NaBH_4$ 溶液投加入碱性废水中，与废水在固定螺旋混合器中混合反应，生成的汞粒(粒径约 10μm)送水力旋流器分离，含汞渣再真空蒸馏，能回收 80%～90% 的汞，残留于溢流水中的汞，用孔径为 5μm 的滤器过滤，出水残留汞低于 0.01mg/L。排气中的汞蒸气用稀硝酸洗涤，返回原废水进行二次回收。据报道，1kg 的 $NaBH_4$ 可回收 2kg 的 Hg。

第四节　电化学氧化还原

一、电解基本原理

电解是利用直流电进行溶液氧化还原反应的过程。废水中的污染物在阳极被氧化，在阴极被还原，或者与电极反应产物作用转化为无害成分被分离除去。目前对电解还没有统一的分类方法，一般按照污染物的净化机理可分为电解氧化法、电解还原法、电解凝聚法和电解浮上法；也可以分为直接电解法和间接电解法。按照阳极材料的溶解特性可分为不溶性阳极电解法和可溶性阳极电解法。

利用电解可以处理：①各种离子状态的污染物，如 CN^-、AsO^{2-}、Cr^{6+}、Cd^{2+}、Pb^{2+}、Hg^{2+} 等；②各种无机和有机的耗氧物质，如硫化物、氨、酚、油和有色物质等；③致病微生物。

电解法能够一次去除多种污染物，例如，氰化镀铜废水经过电解处理，CN^- 在阳极氧化的同时，Cu^{2+} 在阴极被还原沉积。电解装置紧凑，占地面积小，节省一次投资，易于实现自动化，药剂用量少，废液量少，通过调节槽电压和电流，可以适应较大幅度的水量与水质变化冲击。但电耗和可溶性阳极材料消耗较大，副反应多，电极易钝化。

电解消耗的电量与电解质的反应量间的关系遵从法拉第定律：①电极上析出物质的量正比于通过电解质的电量；②理论上，1 法拉第电量可析出 1 摩尔的任何物质。即

$$D = nF\frac{W}{M} = It \tag{6-7}$$

式中 D 是通过电解池的电量，它等于电流强度 I 与时间 t 的乘积，单位为 F，1F = 96500C(库仑) = 26.8A · h。W 和 M 分别为析出物质量和摩尔质量，n 为反应中析出物的电子转移数，$n\frac{W}{M}$即为析出的摩尔数。

实际电解时，常要消耗一部分电量用于非目的离子的放电和副反应等。因此，真正用于目的物析出的电流只是全部电流的一部分，这部分电流占总电流的百分率称为电流效率，常用 η 表示。

$$\eta = \frac{G}{W} \times 100\% = \frac{26.8Gn}{M \cdot I \cdot t} \times 100\% \tag{6-8}$$

式中 G 为实际析出的物质质量。当已知公式中各参数时，可以求出一台电解装置的生产能力。

电流效率是反映电解过程特征的重要指标。电流效率愈高，表示电流的损失愈小。电解槽的处理能力取决于通入的电量和电流效率。两个尺寸大小不同的电解槽同时通入相等的电流，如果电流效率相同，则它们处理同一废水的能力也是相同的。影响电流效率的因素很多，以石墨阳极电解食盐水产生 NaOCl 过程来分析。除了 $Cl^- \longrightarrow Cl_2$ 的主过程以外，还伴随着下列次要过程和副反应：①阳极 OH^- 放电析出 O_2；②因存在浓差极化现象，阳极表面因 H^+ 积累受到侵蚀，$[O] + C \longrightarrow CO_2$；③$OCl^-$ 变为 ClO^{3-}；④OCl^- 被还原为 Cl^-；⑤Cl_2 逸出；⑥盐水中 SO_4^{2-} 放电析出 O_2；⑦电化学腐蚀等。这些过程的存在均使电流效率降低。实际运行表明，η 随 Cl_2 中 CO_2 含量和溶液 pH 值的增加而下降，随电流密度和极水比(阳极面积与电解液体积之比)增加而提高。

为了使电流能通过并分解电解液，电解时必须提供一定的电压。电解的电能消耗等于电量与电压的乘积。

一个电解单元的极间工作电压 U 可分为下式中的四个部分：

$$U = E_{理} + E_{过} + IR_s + E_j \tag{6-9}$$

式中 $E_{理}$ 为电解质的理论分解电压。当电解质的浓度、温度已定，$E_{理}$ 值可由能斯特方程计算，为阳极反应电位与阴极反应电位之差。$E_{理}$ 是体系处于热力学平衡时的最小电

位，实际电解发生所需的电压要比这个理论值大，超过的部分称为过电压($E_{过}$)。过电压包括克服浓差极化的电压。影响过电压的因素很多，如电极性质、电极产物、电流密度、电极表面状况和温度等。当电流通过电解液时，产生电压损失 IR_s，R_s 为溶液电阻。溶液电导率越大，极间距越小，R_s 愈小。工作电流 I 愈大，工作电压也愈大。最后一项为电极的电压损失，电极面积越大，极间距越小，电阻率越小，则 R_j 越小。

由上述分析可知，为降低电能能耗，必须选用恰当的阳极材料，设法减小溶液电阻和副反应，防止电解槽腐蚀。

二、电解氧化还原

电解氧化是指废水污染物在电解槽的阳极失去电子，发生氧化分解，或者发生二次反应，即电极反应产物与溶液中某些成分相互作用，而转变为无害成分。前者是直接氧化，后者则为间接氧化。

利用电解氧化可处理阴离子污染物如 CN^-、$[Fe(CN)_6]^{3-}$、$[Cd(CN)_4]^{2+}$ 和有机物，如酚、微生物等。电解还原主要用于处理阳离子污染物，如 Cr^{6+}、Hg^{2+} 等。目前在生产应用中，都是以铁板为电极，由于铁板溶解，金属离子在阴极还原沉积而回收除去。

1. 电解除氰

电镀等行业排出的含氰和重金属废水，按浓度不同大致分为三类：①低氰废水，含 CN^- 低于 200mg/L；②高氰废水，含 CN^- 200～1000mg/L；③老化液，含 CN^- 1000～10000mg/L。电解除氰一般采用电解石墨板做阳极，普通钢板做阴极，并用压缩空气搅拌。为提高废水电导率，宜添加少量 NaCl。

在阳极上发生直接氧化反应：

$$CN^- \xrightarrow{pH\geqslant 10} OCN^- \longrightarrow CO_2 + N_2$$

间接氧化：Cl^- 在阳极放电产生 Cl_2，Cl_2 水解成 HOCl，OCl^- 氧化 CN^- 为 CNO^-，最终为 N_2 和 CO_2。若溶液碱性不强，将会生成中间态 CNCl。

在阴极发生析出 H_2 和部分金属离子的还原反应：

$$H^+ \longrightarrow H_2,\ Cu^{2+} \longrightarrow Cu,\ Ag^+ \longrightarrow Ag 等。$$

电解除氰有间歇式和连续式流程，前者适用于废水量小，含氰浓度大于 100mg/L，且水质水量变化较大的情况，反之，则采用连续式处理。连续流程如图 6-10 所示。调节池和沉淀池停留时间各为 1.5～2.0h，在间歇流程中，调节和沉淀也在电解槽中完成。

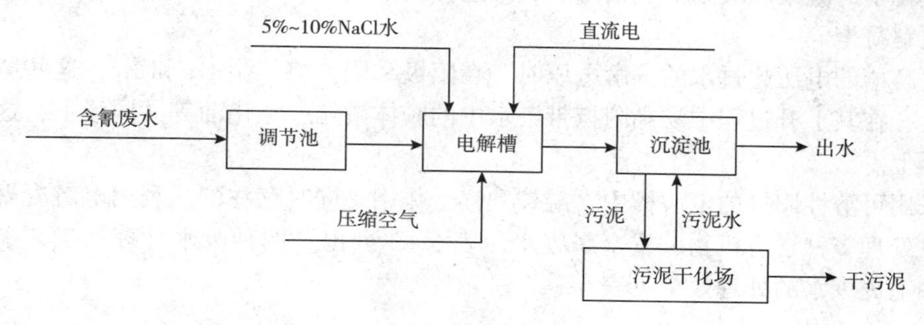

图 6-10　连续式电解除氰工艺流程

据国内一些实践经验，当采用翻腾式电解槽处理含氰废水，极板净距为 18 ~20mm，极水比为 2.5dm^2/L，电解时间 20 ~30min，阳极电流密度 0.31 ~1.65A/dm^2，投加食盐 2 ~3g/L,直流电压 3.7 ~7.5V 时，可使 CN^- 从 25 ~100mg/L 降至 0.1mg/L 以下。当废水含 CN^- 为 25mg/L 时，电耗约 1.2kW · h/m^3 水，当 CN^- 为 100mg/L 时，电耗约5 ~10kW · h/m^3 水。

2. 电解除铬

Cr^{6+}(以 $Cr_2O_7^{2-}$ 或 CrO_4^- 形式存在)在电解槽中还原有两种方式：

在阳极：

$$Fe - 2e^- \longrightarrow Fe^{2+}$$

$$Cr_2O_7^{2-} + 6Fe^{2+} + 14H^+ \rightleftharpoons 2Cr^{3+} + 6Fe^{3+} + 7H_2O$$

在阴极少量 Cr^{6+} 直接还原：

$$Cr_2O_7{}^{2-} + 14H^+ + 6e^- = 2Cr^{3+} + 7H_2O$$

上述两组反应都要求酸性条件。电解过程中 H^+ 大量消耗，OH^- 逐渐增多，电解液逐渐变为碱性(pH 值 7.5 ~9)，并生成稳定的氢氧化物沉淀：

$$Cr^{3+} + 3OH^- = Cr(OH)_3 \downarrow$$

$$Fe^{3+} + 3OH^- = Fe(OH)_3 \downarrow$$

理论上还原 1g Cr^{6+} 需电量 3.09A · h，实际值约为 3.5 ~4.0A · h。电解过程中投加 NaCl，能增加溶液电导率，减少电能消耗。但当采用小极距(<20mm)，处理低铬废水(<50mg/L)，可以不加 NaCl。采用双电极串联方法，可以降低总电流，节约整流设备的投资。据国内某厂经验，当极距 20 ~30mm，极水比 2 ~3dm^2/L，投加食盐 0.5 ~2.0g/L 时，将含铬 50mg/L 及 100mg/L 的废水处理到 0.5mg/L 以下，电耗分别为 0.5 ~1.0 kW · h/m^3水及 1 ~2kW · h/m^3 水。

利用电解法氧化还原上述废水，效果稳定可靠，操作管理简单，但需要消耗电能和钢材，运转费用较高。

三、电解凝聚与电解浮上

采用铁、铝阳极电解时，在外电流和溶液作用下，阳极溶解出 Fe^{3+}、Fe^{2+}或 Al^{3+}。它们分别与溶液中的 OH^-结合成不溶于水的 $Fe(OH)_3$、$Fe(OH)_2$、$Al(OH)_3$。这些微粒对水中胶体粒子的凝聚和吸附活性很强。利用这种凝聚作用处理废水中的有机或无机胶体的过程叫电解凝聚。

当电解槽的电压超过水的分解电压时，在阳极和阴极将产生 O_2 和 H_2，这些微气泡表面积很大，在其上升过程中易黏附携带废水中的胶体微粒、浮化油等共同浮上，这种过程叫电解浮上。

在采用可溶性阳极的电解槽中，凝聚和浮上作用是同时存在的。利用电解凝聚和电解浮上可以处理多种含有机物、重金属废水。表 6-3 列出了四种废水处理的工艺参数，制革废水和毛皮废水的处理效果见表 6-4。

表6-3　电解凝聚法对各类废水处理的工艺参数

污水来源	pH值	电量消耗/(A·h/L)	电流密度/(A·min/dm^2)	电能消耗/(kW·h/m^3)	电解电压(单极式)/V	电极金属消耗/(g/m^3)	电极材料	极距/mm	废水电解时间/min
制革厂	8~10	0.3~0.8	0.5~1	1.5~3	3~5	250~700	钢板	20	20~25
毛皮厂	8~10	0.1~0.3	1~2	0.6~1.0	3~5	150~200	钢板	20	20
肉类加工厂	8~9	0.08~0.12	1.5~2.0	1~1.5	8~12	70~110	钢板	20	40
电镀厂	9~10.5	0.03~0.15	0.3~0.5	0.4~2.5	9~12	45~150	钢板	10	20~30

表6-4　制革废水金和毛皮废水电解凝聚法处理效果　mg/L

水质指标	制革工厂		毛皮工厂	
	原水	净化水	原水	净化水
悬浮物质	800~2500	100~200	300~1500	100~200
化学耗氧量	600~1500	350~800	700~2600	500~1500
透明度	0~2	10~15	1~5	8~10
硫化物	50~100	3~5	0.4~0.7	—
表面活化剂	40~85	5~20	10~40	4~11
Cr^{6+}	0.5~10	—	0.5~10	0.2~2.0
Cr^{3+}	30~60	0.5~1.0	—	—

四、电解槽的设计

1. 电解槽的分类

一般工业废水连续处理的电解槽多为矩形。按槽内的水流方式可分为回流式与翻腾式两种。按电极与电源母线联接方式，可分为单极式与双极式。

图6-11为单电极回流式电解槽。槽中多组阴、阳电极交替排列，构成许多折流式水流通道。电极板与总水流方向垂直，水流沿着极板间作折流运动，因此水流的流线长，接触时间长，死角少，离子扩散与对流能力好、阳极钝化现象也较为缓慢。但这种槽型的施工检修以及更换极板比较困难。

图6-12为翻腾式电解槽。槽中水流方向与极板面平行，水流在槽中极板间作上下翻腾流动。这种槽型电极利用率较高，施工、检修、更换极板都很方便。极板分组悬挂于槽中，极板(主要是阳极板)在电解消耗过程中不会引起变形，可避免极板与极板、极板与槽壁互相接触，从而减少了漏电现象。实际生产中多采用这种槽型。

电解槽电源的整流设备应根据电解所需的总电流和总电压进行选择。电解所需的电压和电流，既取决于电解反应，也取决于电极与电源的连接方式。

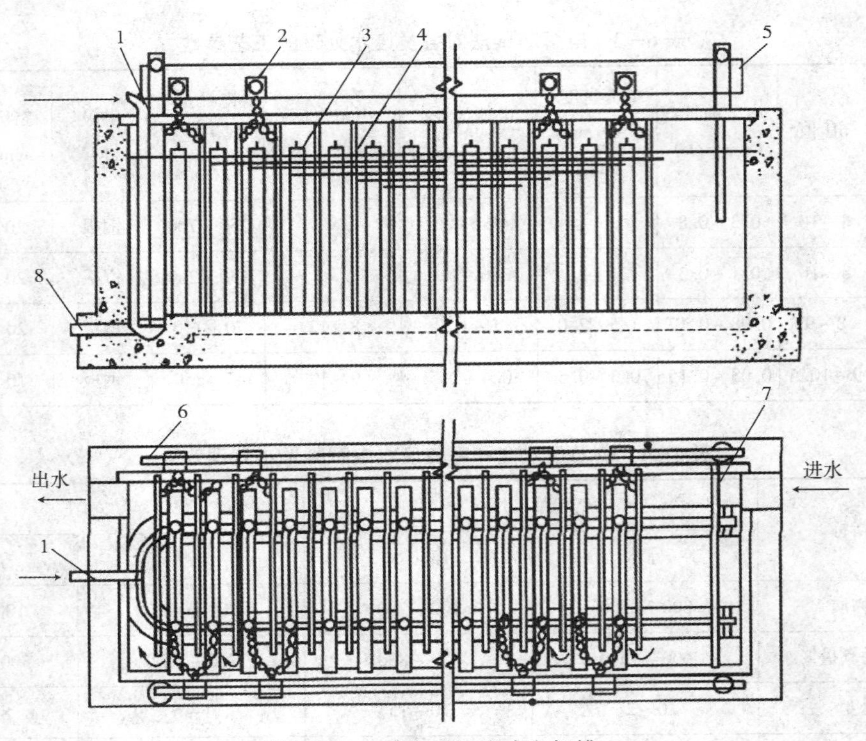

图 6-11　单电极回流式电解槽

1—压缩空气管；2—螺钉；3—阳极板；4—阴极板；
5—母线；6—母线支座；7—水封板；8—排空阀

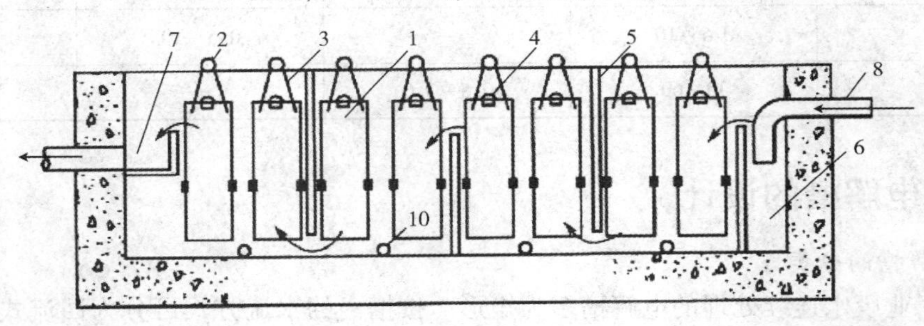

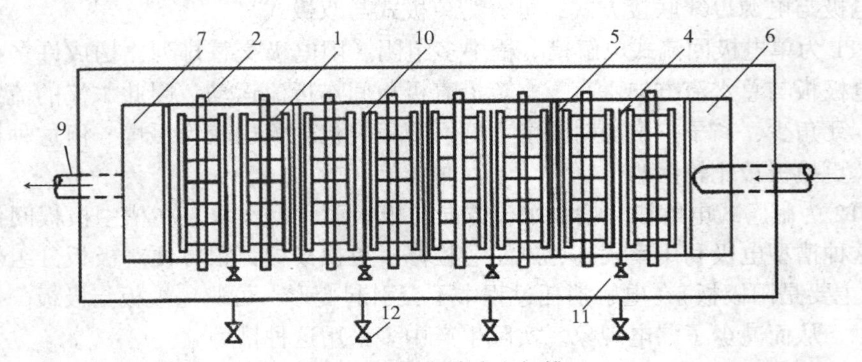

图 6-12　翻腾式电解槽

1—电极板；2—吊管；3—吊钩；4—固定卡；5—导流板；6—布水槽；7—集水槽；
8—进水管；9—出水管；10—空气管；11—空气阀；12—排空阀

对单极式电解槽，当电极串联后，也可用高电压、小电流的电源设备，若电极并联，则要用低电压、大电流的电源设备。采用双极式电解槽仅两端的极板为单电板，与电源相联。中间的极板都是感应双电极，即极板的一面为阳极，另一面为阴极。双极式电解槽的槽电压决定于相邻两单电极的电位差和电极对的数目。电流强度决定于电流密度以及一个单电极(阴极或阳极)的表面积，与双电极的数目无关。因此，可采用高电压、小电流的电源设备，投资少。另外，在单极式电解槽中，有可能由于极板腐蚀不均匀等原因造成相邻两极板接触，引发短路事故。而在双极式电解槽中极板腐蚀较均匀，即使相邻极板发生接触，则变为一个双电极，也不会发生短路现象。因此采用双极式电极可缩小板间距，提高极板的有效利用率，降低造价和运行费用。

2. 电解槽的工艺设计

电解槽的设计主要是根据废水流量及污染物种类和浓度，合理选定极水比、极距、电流密度、电解时间等参数，从而确定电解槽的尺寸和整流器的容量。

1) 电解槽有效容积 V

$$V=\frac{QT}{60}(\mathrm{m}^3) \tag{6-10}$$

式中　Q——废水设计流量，$\mathrm{m^3/h}$；

T——操作时间，min。

对连续式操作，T 即为电解时间，一般为 20～30min。对间歇式操作，T 为轮换周期，包括注水时间、沉淀排空时间和电解时间，一般为 2～4h。

2) 阳极面积 A

阳极面积 A 可由选定的极水比和已求出的电解槽有效容积 V 推得，也可由选定的电流密度 i 和总电流 I 推得。

3) 电流 I

电流 I 应根据废水情况和要求的处理程度由试验确定。对含 Cr^{6+} 废水，也可用下式计算：

$$I=KQc/S \tag{6-11}$$

式中　K——每克 Cr^{6+} 还原 Cr^{3+} 所需的电量，A·h/gCr，一般为 4.5A·h/gCr 左右；

c——废水含 Cr^{6+} 浓度，mg/L；

S——电极串联数，在数值上等于串联极板数减 1。

4) 电压 V

电解槽的槽电压等于极间电压和导线上的电压降之和，即

$$V=SV_1+V_2 \tag{6-12}$$

式中　V_1——极间电压，一般 3～7.5V，应由试验确定；

V_2——导线上的电压降，一般为 1～2V。

选择整流设备时，电流和电压值应分别比按式(6-11)、式(6-12)计算的值放大 30%～40%，用以补偿极板的钝化和腐蚀等原因引起的整流器效率降低。

5) 电能消耗 N

$$N=\frac{IV}{1000\cdot Q\cdot e} \tag{6-13}$$

式中　e——整流器效率，一般取 0.8 左右。其余符号意义同上。

最后对设计的电解槽作核算，使

$$A_{实际} > A_{计算}，i_{实际} > i_{计算}，t_{实际} > t_{计算}$$

除此之外，设计时还应考虑下列问题：

(1)电解槽长宽比取(5～6)∶1，深宽比取(1～1.5)∶1。电解槽进出水端要有配水和稳流措施，以均匀布水并维持良好流态。

(2)冰冻地区的电解槽应设在室内，其他地区可设在棚内。

(3)空气搅拌可减少浓差极化，防止槽内积泥，但增加 Fe^{2+} 的氧化，降低电解效率。因此空气量要适当，一般 $1m^3$ 废水用空气量 $0.1～0.3m^3/min$。空气入池前要除油。

(4)阳极在氧化剂和电流的作用下，会形成一层致密的不活泼而又不溶解的钝化膜，使电阻和电耗增加。可以通过投加适量 NaCl，增加水流速度或采用机械去膜以及电极定期(如 2 天)换向等方法防止钝化。

(5)耗铁量主要与电解时间、pH 值、盐浓度和阳极电位有关，还与实际操作条件有关。如 i 太高，t 太短，均使耗铁量增加。电解槽停用时，要放清水浸泡，否则极板氧化加剧，增加耗铁量。

五、其他电化学氧化还原方法

1. 铁碳内电解法

铁碳法主要是利用铁碳床中铁和碳(或加入的惰性电极)构成无数微小原电池，碳的电位高形成许多微阴极，铁的电位低形成微阳极，在电化学催化作用下，污染物在电极表面发生化学反应，降解有机污染物，因此又可称为内电解法。新生成的电极产物活性极高，能与废水中的有机污染物发生氧化还原反应，使其结构形态发生变化，完成由难处理到易处理、由有色到无色的转变。同时微原电池自身反应产生铁离子和氢氧化铁，其水解产物具有较强的吸附和絮凝作用，在微原电池周围电场的作用下，废水中以胶体存在的污染物可以在短时间内完成电泳沉积过程，从而去除污染物质。实际应用中的金属铁中都含有杂质碳，又由于材料表面的不均匀性，有利于形成腐蚀电池。其电极反应为：

阳极(Fe)：

$$Fe - 2e \longrightarrow Fe^{2+}$$

Fe^{2+} 还会与 OH^- 反应：

$$Fe^{2+} + 3OH^- - e \longrightarrow Fe(OH)_3\downarrow$$

$$Fe^{2+} + 2H_2O \longrightarrow Fe(OH)_2\downarrow + 2H^+$$

$$Fe^{2+} + 2OH^- \longrightarrow Fe(OH)_2\downarrow$$

阴极(铁中的杂质碳或是外加的碳)：

$$2H^+ + 2e \longrightarrow 2[H] \longrightarrow H_2$$

$$O_2 + 4H^+ + 4e \longrightarrow 2H_2O\text{(酸性充氧时)}$$

在电极反应基础上，铁碳内电解降解水中污染物的机理可能包括以下几种：

(1)铁的还原作用

铁是活泼金属，在酸性条件下可使一些重金属离子和有机物还原为还原态。

(2)$Fe(OH)_2$的还原作用

电极反应过程中所产生的产物$Fe(OH)_2$对硝基、亚硝基及偶氮化合物具有强烈的还原作用，可把硝基苯类污染物还原成可以生物降解的苯胺类化合物。

(3)氢的还原作用

电极反应中新生成的氢具有较大的活性，能与废水中许多组分发生还原反应，破坏发色、助色基团的结构，使偶氮键断裂、硝基化合物还原为氨基化合物。

目前，国内外已有不少关于用铁碳内电解法处理难生物降解工业废水和提高废水可生物降解性方面的研究和工程实践报道。

2. Cu/Fe催化还原法

为了克服铁碳内电解的局限性，近年来，同济大学等开发了新型的Cu/Fe催化还原法，成功地应用于多种难生物降解工业废水的处理。

Cu/Fe催化还原法的机理也是基于原电池反应的电化学原理，在导电性溶液中形成原电池。由于铜的标准电极电势较高(+0.34V)，可促进宏观腐蚀电池的产生，增强铁的接触腐蚀，提高反应速率，而且铜的电催化性能，使有机物在其表面直接还原，克服了传统铁屑法和铁碳法仅适用于处理pH值较低的废水，以及需要曝气和铁屑容易结块板结等缺点。

实践表明，该方法有以下特点：①铁和铜都可以用废料，只要比表面积较大，混合均匀，还原的效率大大超过铁碳法；②经连续运行两年以上，没有发生结块板结现象，而且铁的消耗量较低(约40mg/L)，铜没有消耗也未出现钝化现象；③pH值的适用范围较广(pH值≤10时，都能取得较好的效果)。

该方法已成功地应用于上海某化工区污水厂改造工程。污水厂接纳了大量化工医药和轻化工企业的生产废水，COD和色度很高，还存在很多的苯系物、苯胺类、硝基苯类物质。污水厂改造工程在原有处理工艺中的初沉池和生物处理池之间增加了Cu/Fe催化还原反应池作为生物处理的预处理段，反应时间为2h。经改造后，污水厂的出水COD达到100mg/L以下，BOD_5在20mg/L以下，氨氮在10mg/L以下，色度去除率达75%，硝基苯的去除率在70%以上。

3. Cu/Al催化还原法处理

零价铁和催化铁内电解处理对碱性特别强的废水效果不好，若采用酸去中和废水，酸耗量大。而铝是两性金属，能与碱反应，在碱性条件处理废水时，处理效果会比催化铁内电解好。有研究表明在pH值=12时，催化铝内电解处理活性艳红的去除率要比相同条件下催化铁内电解高60%左右。Cu/Al催化还原工艺对污染物具有电化学还原、铝离子的絮凝、单质铝的直接还原等作用。

除上述几种方法，还有一些协同处理方法可以提高对污染物的去除率，相对降低运行成本。如与光催化氧化结合处理有机染料废水，利用臭氧协同内电解提高COD的去除效率，用镀铜磁性粒子强化内电解后处理硝基苯酚废水，内电解结合超声降解碱性品绿染料等等。

第七章　吸附和离子交换

第一节　吸附的基本理论

固体表面的分子或原子因受力不均衡而具有剩余的表面能，当某些物质碰撞固体表面时，受到这些不平衡力的吸引而停留在固体表面上，这就是吸附。这里的固体称吸附剂，被固体吸附的物质称吸附质。吸附的结果是吸附质在吸附剂上浓集，吸附剂的表面能降低。在水处理领域，吸附法主要用以脱除水中的微量污染物，应用范围包括脱色，除臭，脱除重金属、各种溶解性有机物、放射性元素等。在处理流程中，吸附法可作为离子交换、膜分离等方法的预处理，以去除有机物、胶体物及余氯等；也可以作为二级处理后的深度处理手段，以保证回用水的质量。

一、吸附机理及分类

溶质从水中移向固体颗粒表面发生吸附，是水、溶质和固体颗粒三者相互作用的结果。引起吸附的主要原因在于溶质对水的疏水特性和溶质对固体颗粒的高度亲合力。溶质的溶解程度是确定第一种原因的重要因素，溶质的溶解度越大，则向表面运动的可能性越小。相反，溶质的憎水性越大，向吸附界面移动的可能性越大。吸附作用的第二种原因主要由溶质与吸附剂之间的静电引力、范德华引力或化学键力所引起。与此相对应，可将吸附分为三种基本类型。

1）交换吸附

指溶质的离子由于静电引力作用聚集在吸附剂表面的带电点上，并置换出原先固定在这些带电点上的其他离子，通常离子交换属此范围。

2）物理吸附

指溶质与吸附剂之间由于分子间力（范德华力）而产生的吸附。其特点是没有选择性，吸附质并不固定在吸附剂表面的特定位置上，而多少能在界面范围内自由移动，因而其吸附的牢固程度不如化学吸附。物理吸附主要发生在低温状态下，过程放热较小，约 42kJ/mol 或更少，可以是单分子层或多分子层吸附。

3）化学吸附

指溶质与吸附剂发生化学反应，形成牢固的吸附化学键和表面络合物，吸附质分子不能在表面自由移动。吸附时放热量较大，与化学反应的反应热相近，约 84～420kJ/mol。化学吸附有选择性，即一种吸附剂只对某种或特定几种物质有吸附作用，一般为单分子层吸附。通常需要一定的活化能，在低温时，吸附速度较小。这种吸附与吸附剂的表面化学性质和吸附质的化学性质有密切的关系。

物理吸附后再生容易，且能回收吸附质。化学吸附因结合牢固，再生较困难，必须在高温下才能脱附，脱附下来的可能还是原吸附质，也可能是新的物质。利用化学吸附处理毒性很强的污染物更安全。

在实际的吸附过程中，上述几类吸附往往同时存在，难于明确区分。例如某些物质分子在物理吸附后，其化学键被拉长，甚至拉长到改变这个分子的化学性质。物理吸附和化学吸附在一定条件下也是可以互相转化的。同一物质，可能在较低温度下进行物理吸附，而在较高温度下所经历的往往又是化学吸附。

二、吸附平衡与吸附等温式

吸附过程中，固、液两相经过充分接触后，最终将达到吸附与脱附的动态平衡。达到平衡时，单位吸附剂所吸附的物质的数量称为平衡吸附量，常用 q_e(mg/g)表示。对一定的吸附体系，平衡吸附量是吸附质浓度和温度的函数。为了确定吸附剂对某种物质的吸附能力，需进行吸附试验：将一组不同数量的吸附剂与一定容积的已知溶质初始浓度的溶液相混合，在选定温度下使之达到平衡。分离吸附剂后，测定液相的最终溶质浓度。根据其浓度变化，分别按下式算出平衡吸附量：

$$q_e=\frac{V(c_0-c_e)}{W} \tag{7-1}$$

式中　V——溶液体积，L；

c_0、c_e——分别为溶质的初始和平衡浓度，mg/L；

W——吸附剂量，g。

显然，平衡吸附量越大，单位吸附剂处理的水量越大，吸附周期越长，运转管理费用越少。

将平衡吸附量 q_e 与相应的平衡浓度 c_e 作图，得吸附等温线。根据试验可将吸附等温线归纳为如图7-1所示的五种类型。Ⅰ型的特征是吸附量有一极限值，可以理解为吸附剂的所有表面都发生单分子层吸附，达到饱和时，吸附量趋于定值。Ⅱ型是非常普通的物理吸附，相当于多分子层吸附，吸附质的极限值对应于物质的溶解度。Ⅲ型相当少见，其特征是吸附热等于或小于纯吸附质的溶解热。Ⅳ型及Ⅴ型反映了毛细管冷凝现象和孔容的限制，由于在达到饱和浓度之前吸附就达到平衡，因而显出滞后效应。

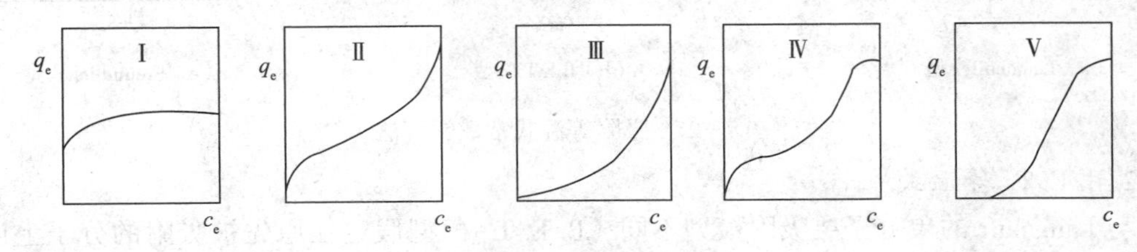

图7-1　吸附等温线的五种类型

描述吸附等温线的数学表达式称为吸附等温式，常用的有 Langmuir 等温式、B. E. T 等温式和 Freundlich 等温式。

1. Langmuir 等温式

Langmuir(朗格缪尔)假设吸附剂表面均一，各处的吸附能相同；吸附是单分子层的，当吸附剂表面为吸附质饱和时，其吸附量达到最大值；在吸附剂表面上的各个吸附点间没有吸附质转移运动；达动态平衡状态时，吸附和脱附速度相等。

由动力学方法推导出平衡吸附量 q_e 与液相平衡浓度 c_e 的关系为：

$$q_e = \frac{abc_e}{1 + bc_e} \tag{7-2}$$

式中　a——与最大吸附量有关的常数；

b——与吸附能有关的常数。

为计算方便，变换式(7-2)得两种线性表达式：

$$\frac{1}{q_e} = \frac{1}{ab}\frac{1}{c_e} + \frac{1}{a} \tag{7-3}$$

$$\frac{c_e}{q_e} = \frac{1}{a}c_e + \frac{1}{ab} \tag{7-4}$$

根据吸附实验数据，按上式作图[图 7-2(a)]可求 a、b 值。式(7-3)适用于 c_e 值小于 1 的情况，而式(7-4)则适用于 c_e 值较大的情况，因为这样便于作图。

由式(7-2)可见，当吸附量很少时，即当 $b \cdot c_e \ll 1$ 时，$q_e \approx abc_e$，即 q_e 与 c_e 成正比，等温线近似于一条直线。当吸附量很大时，即当 $b \cdot c_e \gg 1$ 时，$q_e \approx a$，即平衡吸附量接近于定值，等温线趋向水平。

Langmuir 模型适合于描述图 7-1 中第 I 类等温线。应当指出，推导该模型的基本假定并不是严格正确的，它只能解释单分子层吸附(化学吸附)的情况。尽管如此，Langmuir 等温式仍不失为一个重要的吸附等温式，它的推导第一次对吸附机理作了形象的描述，为以后的吸附模型的建立奠定了基础。

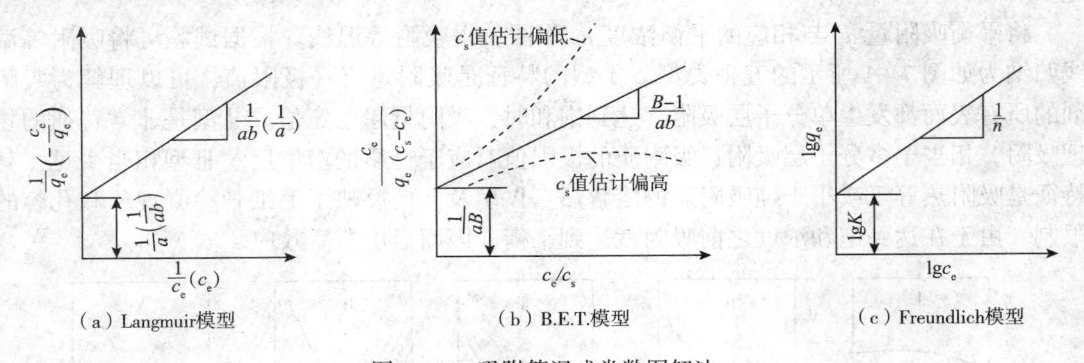

(a) Langmuir模型　　(b) B.E.T.模型　　(c) Freundlich模型

图 7-2　吸附等温式常数图解法

2. B. E. T. 等温式

与 Langmuir 的单分子层吸附模型不同，B. E. T. 模型假定在原先被吸附的分子上面仍可吸附另外的分子，即发生多分子层吸附；而且不一定等第一层吸满后再吸附第二层；对每一单层却可用 Langmuir 式描述，第一层吸附是靠吸附剂与吸附质间的分子引力，而第二层以后是靠吸附质分子间的引力，这两类引力不同，因此它们的吸附热也不同。总吸附量等于各层吸附量之和。由此导出的二常数 B. E. T. 等温式为：

$$q_e = \frac{Bac_e}{(c_s - c_e)[(1 + (B-1)c_e/c_s)]} \tag{7-5}$$

式中　c_s——吸附质的饱和浓度；

B——常数，与吸附剂和吸附质之间的相互作用能有关。

将式(7-5)改写成如下线性形式：

$$\frac{c_e}{q_e(c_s - c_e)} = \frac{1}{aB} + \frac{(B-1)}{aB}\frac{c_e}{c_s} \tag{7-6}$$

由吸附实验数据，按上式作图[见图7-2(b)]可求常数 a 和 B，作图时需要知道饱和浓度 c_s，如果有足够的数据可以通过一次作图即得出直线来。当 c_s 未知时，则需通过假设不同 c_s 值作图数次才能得到直线。当 c_s 的估计值偏低，则画成一条向上凹的曲线，当 c_s 的估计值偏高时，则画成一条向下凹的曲线。只有估计值正确，才能画出一条直线来。

B. E. T. 模型适用于图7-1中各种类型的吸附等温线。当平衡浓度很低时，$c_s \gg c_e$，并令 $B/c_s = b$，B. E. T. 模型可简化为 Langmuir 等温式。

3. Freundlich 等温式

此为指数函数型式的经验公式：

$$q_e = Kc_e^{1/n} \tag{7-7}$$

式中，K 称为 Freundlich 吸附系数，n 为常数，通常大于1。式(7-7)虽为经验式，但与实验数据颇为吻合。通常将该式绘制在双对数纸上以便于判断模型准确性并确定 K 和 n 值。将式(7-7)两边取对数，得

$$\lg q_e = \lg K + \frac{1}{n}\lg c_e \tag{7-8}$$

由实验数据按上式作图得一直线[见图7-2(c)]，其斜率等于 $1/n$，截距等于 $\lg K$。一般认为，$1/n$ 值介于0.1～0.5，则易于吸附，$1/n > 2$ 时难以吸附。利用 K 和 $1/n$ 两个常数，可以比较不同吸附剂的特性。

Freundlich 式在一般的浓度范围内与 Langmuir 式比较接近，但在高浓度时不像后者那样趋于一定值；在低浓度时，也不会还原为直线关系。

应当指出，①上述吸附等温式，仅适用于单组分吸附体系；②对于一组吸附试验数据，究竟采用哪一公式整理，并求出相应的常数来，只能运用数学的方式来选择。通过作图，选用能画出最好的直线的那一个公式，但也有可能出现几个公式都能应用的情况，此时宜选用形式最为简单的公式。

4. 多组分体系的吸附等温式

多组分体系吸附和单组分吸附相比较，又增加了吸附质之间的相互作用，所以问题更为复杂。此时，计算吸附量时可用两种方法。

(1)用 COD 或 TOC 综合表示溶解于废水中的有机物浓度，其吸附等温式可用单组分吸附等温式表示，但吸附等温线可能是曲线或折线。

(2)假定吸附剂表面均一，混合溶液中的各种溶质在吸附位置上发生竞争吸附，被吸附的分子之间的相互作用可忽略不计。如果各种溶质以单组分体系的形式进行吸附，则其吸附量可用 Langmuir 竞争吸附模型来计算。一般在 m 组分体系吸附中，组分 i 的吸附量为

$$q_i = \frac{a_i b_i c_i}{1 + \sum_{j-1}^{m} b_j c_j} \tag{7-9}$$

式中常数 a、b 均由单组分体系吸附试验测出。

研究指出，吸附处理多组分废水时，实测吸附量往往与按式(7－9)的计算值不符。考虑到还有其他一些导致选择性吸附的因素的存在，人们又提出了局部竞争吸附模型。

对二组分吸附体系，当 $a_i > a_j$ 时，优先吸附 i，竞争吸附在 a_j 部位上发生，而在 $a_i - a_j$ 部位上发生选择性吸附，则

$$q_i = \frac{(a_i - a_j) b_i c_i}{1 + b_i c_i} + \frac{a_j b_j c_j}{1 + b_j c_j + b_i c_i} \tag{7-10}$$

$$q_j = \frac{a_j b_j c_j}{1 + b_j c_j + b_i c_i} \tag{7-11}$$

式(7－10)中的第一项描述优先被吸附的那部分溶质，第二项描述以 Langmuir 式与第二种溶质 j 竞争吸附的部分。式(7－11)则代表了溶质 j 的竞争吸附量。

三、影响吸附的因素

吸附过程基本上可分为三个连续的阶段。第一阶段为吸附质扩散通过水膜而到达吸附剂表面(膜扩散)；第二阶段为吸附质在孔隙内扩散；第三阶段为溶质在吸附剂内表面上发生吸附。通常吸附阶段反应速度非常快，总的过程速度由第一、二阶段速度所控制。在一般情况下，吸附过程开始时往往由膜扩散控制，而在吸附接近终了时，内扩散起决定作用。影响吸附效果的因素是多方面的，吸附剂结构、吸附质性质、吸附过程的操作条件等都会影响吸附效果，认识和了解这些因素，对选择合适的吸附剂，控制最佳的操作条件至关重要。

1. 吸附剂结构

1)比表面积

单位重量吸附剂的表面积称为比表面积。吸附剂的粒径越小，或是微孔越发达，其比表面积越大。吸附剂的比表面积越大，则吸附能越强。当然，对于一定的吸附质，增大比表面积的效果是有限的。对于大分子吸附质，比表面积过大的效果反而不好，微孔提供的表面积不起作用。

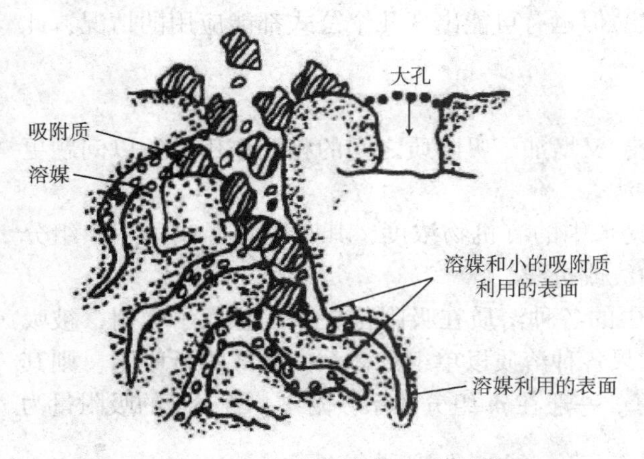

图 7－3　活性炭孔结构及作用图

2)孔结构

典型吸附剂活性炭的孔结构如图 7－3 所示。吸附剂内孔的大小和分布对吸附性能影响很大。孔径太大，比表面积小，吸附能力差；孔径太小，则不利于吸附质扩散，并对直径较大的分子起屏蔽作用，吸附剂中内孔一般是不规则的，孔径范围为 $10^{-4} \sim 0.1\mu m$，通常将孔半径大于 $0.1\mu m$ 的称为大孔，$2 \times 10^{-3} \sim 0.1\mu m$ 的称为过渡孔，而小于 2×10^{-3} 的称为微孔。大孔的表面对吸附

能贡献不大，仅提供吸附质和溶剂的扩散通道。过渡孔吸附较大分子溶质，并帮助小分子溶质通向微孔。大部分吸附表面积由微孔提供。因此吸附量主要受微孔支配。采用不同的原料和活化工艺制备的吸附剂其孔径分布是不同的，再生情况也影响孔的结构。分子筛因其孔径分布十分均匀，而对某些特定大小的分子具有很高的选择吸附性。

3）表面化学性质

吸附剂在制造过程中会形成一定量的不均匀表面氧化物，其成分和数量随原料和活化工艺不同而异。一般把表面氧化物分成酸性的和碱性的两大类，并按这种分类来解释其吸附作用，经常指的酸性氧化物基团有：羧基、酚羟基、醌型羰基、正内酯基、荧光型内酯基、羧酸酐基及环式过氧基等。其中羧酸基、内酯基及酚羟基被多次报道为主要酸性氧化物，对碱金属氢氧化物有很好的吸附能力。酸性氧化物在低温（<500℃）活化时形成。对于碱性氧化物的说法尚有分歧，有的认为是如氧萘的结构，有的则认为类似吡喃酮的结构。碱性氧化物在高温（800～1000℃）活化时形成，在溶液中吸附酸性物质。

表面氧化物成为选择性的吸附中心，使吸附剂只有类似化学吸附的能力，一般说来，有助于对极性分子的吸附，削弱对非极性分子的吸附。

2. 吸附质的性质

对于一定的吸附剂，由于吸附质性质的差异，吸附效果也不一样。通常有机物在水中的溶解度随着链长的增长而减小，而活性炭的吸附容量却随着有机物在水中溶解度减少而增加，也即吸附量随有机物相对分子质量的增大而增加。如活性炭对有机酸的吸附量按甲酸<乙酸<丙酸<丁酸的次序而增加。

活性炭处理废水时，对芳香族化合物的吸附效果较脂肪族化合物好，不饱和链有机物较饱和链有机物好，非极性或极性小的吸附质较极性强吸附质好。应当指出，实际体系的吸附质往往不是单一的，它们之间可以互相促进、干扰或互不相干。

3. 操作条件

吸附是放热过程，低温有利于吸附，升温有利于脱附。

溶液的pH值影响到溶质的存在状态（分子、离子、络合物），也影响到吸附剂表面的电荷特性和化学特性，进而影响到吸附效果。

在吸附操作中，应保证吸附剂与吸附质有足够的接触时间。流速过大，吸附未达平衡，饱和吸附量小；流速过小，虽能提高处理效果，但设备的生产能力减小。一般接触时间0.5～1.0h。

另外，吸附剂的脱附再生，溶液的组成和浓度及其他因素也影响吸附效果。

第二节　吸附剂及其再生

一、吸附剂

广义而言，一切固体物质都有吸附能力，但是只有多孔物质或磨得极细的物质由于具有很大的表面积，才能作为吸附剂。工业吸附剂还必须满足下列要求：①吸附能力强；②吸附选择性好；③吸附平衡浓度低；④容易再生和再利用；⑤机械强度好；⑥化学性质稳定；⑦来源广；⑧价廉。一般工业吸附剂难于同时满足这八个方面的要求，因此应根据不同的场合选用。

目前在废水处理中应用的吸附剂有：活性炭、活化煤、白土、硅藻土、活性氧化铝、焦炭、树脂吸附剂、炉渣、木屑、煤灰、腐殖酸等。

1. 活性炭

活性炭是一种非极性吸附剂。外观为暗黑色，有粒状和粉状两种，目前工业上大量采用的是粒状活性炭。活性炭主要成分除碳以外，还含有少量的氧、氢、硫等元素以及水分、灰分。它具有良好的吸附性能和稳定的化学性质，可以耐强酸、强碱，能经受水浸、高温、高压作用，不易破碎。

活性炭可用动植物（如木材、锯木屑、木炭、椰子壳、脱脂牛骨）、煤（如泥煤、褐煤、沥青煤、无烟煤）、石油（石油残渣、石油焦）、纸浆废液、废合成树脂及其他有机残物等作原料制作。原料经粉碎及加黏合剂成型后，经加热脱水（120～130℃）、炭化（170～600℃）、活化（700～900℃）而制得。在制造过程中，活化是关键，有药剂活化（化学活化）和气体活化（物理活化）两类方法。药剂活化法是把原料与适当的药剂，如 $ZnCl_2$、H_2SO_4、H_3PO_4、碱式碳酸盐等混合，再升温炭化和活化。由于 $ZnCl_2$ 等的脱水作用，原料里的氢和氧主要以水蒸气的形式放出，形成了多孔结构发达的炭。该烧成物中含有相当多的 $ZnCl_2$，因此要加 HCl 以回收 $ZnCl_2$，同时除去可溶性盐类。与气体活化法相比，$ZnCl_2$ 法的固碳率高，成本较低，几乎被用在所有粉状活性炭的制造上。气体活化法是把成型后的炭化物在高温下与 CO_2、水蒸气、空气、Cl_2 及类似气体接触，利用这些活化气体进行碳的氧化反应（水煤气反应），并除去挥发性有机物，使微孔更加发达。活化温度对活性炭吸附性能影响很大，当温度在 1150℃ 以下时，升温可使吸附容量增加，而温度超过 1150℃时，升温反而不利。

与其他吸附剂相比，活性炭具有巨大的比表面积和特别发达的微孔。通常活性炭的比表面积高达 500～1700m^2/g，这是活性炭吸附能力强、吸附容量大的主要原因。当然，比表面积相同的炭，对同一物质的吸附容量有时也不同，这与活性炭的内孔结构和分布以及表面化学性质有关。一般活性炭的微孔容积约为 0.15～0.9mL/g，表面积占总表面积的 95% 以上；过渡孔容积约为 0.02～0.1mL/g，除特殊活化方法外，表面积不超过总表面积的 5%；大孔容积约为 0.2～0.5mL/g，而表面积仅为 0.2～0.5m^2/g。在液相吸附时，吸附质分子直径较大，对微孔几乎不起作用，吸附容量主要取决于过渡孔。

活性炭的吸附以物理吸附为主，但由于表面氧化物存在，也进行一些化学选择性吸附。如果在活性炭中掺入一些具有催化作用的金属离子（如渗银）可以改善处理效果。

表 7-1 废水处理适用的粒状炭参考性能

序号	项目	数值	序号	项目	数值
1	比表面积/(m^2/g)	950～1500	5	空隙容积/(cm^3/g)	0．85
2	密度		6	碘值（最小）/(mg/g)	900
	堆积密度/(g/cm^3)	0.44	7	磨损值（最小）/%	70
	颗粒密度/(g/cm^3)	1.3～1.4	8	灰分（最大）/%	8

续表

序号	项目	数值	序号	项目	数值
	真密度/(g/cm^3)	2.1	9	包装后含水率(最大)/%	2
3	粒径		10	筛径(美国标准)	
	有效粒径/mm	0.8~0.9		大于8号(最大)/%	8
	平均粒径/mm	1.5~1.7		小于30号(最大)/%	5
4	均匀系数	≤1.9			

活性炭是目前废水处理中普遍采用的吸附剂。其中粒状炭因工艺简单，操作方便，用量最大。国外使用的粒状炭多为煤质或果壳质无定型炭。国内多用柱状煤质炭。废水处理适用的粒状炭参考性能如表7-1所示。

国产活性炭型号命名已有国家标准GB 12495—1990，规定用大写汉语拼音字母和一组或二组阿拉伯数字表示，如MWY15表示煤质原料，经物理活化，直径为1.5mm的圆柱状活性炭。

纤维活性炭是一种新型高效吸附材料。它是有机炭纤维经活化处理后形成的。具有发达的微孔结构，巨大的比表面积，以及众多的官能团，因此，吸附性能大大超过目前普通的活性炭。

2. 树脂吸附剂

树脂吸附剂也叫做吸附树脂，是一种新型有机吸附剂。具有立体网状结构，呈多孔海绵状。加热不熔化，可在150℃下使用，不溶于一般溶剂及酸、碱，比表面积可达$800m^2/g$。按照基本结构分类，吸附树脂大体可分为非极性、中极性、极性和强极性四种类型。常见产品有美国Amberlite XAD系列、日本HP系列。国内一些单位也研制了性能优良的大孔吸附树脂。

树脂吸附剂的结构容易人为控制，因而它具有适应性强、应用范围广、吸附选择性特殊、稳定性高等优点，并且再生简单，多数为溶剂再生。在应用上它介于活性炭等吸附剂与离子交换树脂之间，而兼具它们的优点，既具有类似于活性炭的吸附能力，又比离子交换剂更易再生。树脂吸附剂最适宜于吸附处理废水中微溶于水，极易溶于甲醇、丙酮等有机溶剂，相对分子质量略大和带极性的有机物，如脱酚、除油、脱色等。

3. 腐殖酸系吸附剂

腐殖酸类物质可用于处理工业废水，尤其是重金属废水及放射性废水，除去其中的离子。腐殖酸的吸附性能，是由其本身的性质和结构决定的。一般认为腐殖酸是一组芳香结构的、性质相似的酸性物质的复合混合物。它的大分子约由10个分子大小的微结构单元组成，每个结构单元由核(主要由五元环或六元环组成)、联结核的桥键(如—O—、—CH_2—、—NH—等)以及核上的活性基因所组成。据测定，腐殖酸含的活性基因有羟基、羧基、羰基、胺基、磷酸基、甲氧基等，这些基团决定了腐殖酸对阳离子的吸附性能。

腐殖酸对阳离子的吸附，包括离子交换、螯合、表面吸附、凝聚等作用，既有化学吸附，又有物理吸附。当金属离子浓度低时，以螯合作用为主，当金属离子浓度高时，离子交换占主导地位。

用作吸附剂的腐殖酸类物质有两大类，一类是天然的富含腐殖酸的风化煤、泥煤、褐煤等，直接作吸附剂用或经简单处理后作吸附剂用。另一类是把富含腐殖酸的物质用适当的粘结剂作成腐殖酸系树脂，造粒成型，以使用于管式或塔式吸附装置。

腐殖酸类物质吸附重金属离子后，容易脱附再生，常用的再生剂有1～2N的H_2SO_4、HCl、NaCl、$CaCl_2$等。

据报道，腐殖酸类物质能吸附工业废水中的各种金属离子，如Hg、Zn、Pb、Cu、Cd等，其吸附率可达90%～99%。存在形态不同，吸附效果也不同，对Cr(Ⅲ)的吸附率大于Cr(Ⅳ)。

二、吸附剂再生

吸附剂在达到饱和吸附后，必须进行脱附再生，才能重复使用。脱附是吸附的逆过程，即在吸附剂结构不变化或者变化极小的情况下，用某种方法将吸附质从吸附剂孔隙中除去，恢复它的吸附能力。通过再生使用，可以降低处理成本；减少废渣排放，同时回收吸附质。

目前吸附剂的再生方法有加热再生、药剂再生、化学氧化再生、湿式氧化再生、生物再生等，具体分类如表7-2所示。在选择再生方法时，主要考虑三方面的因素：①吸附质的理化性质；②吸附机理；③吸附质的回收价值。

表7-2 吸附剂再生方法分类

种类		处理温度	主要条件
加热再生	加热脱附	100～200℃	水蒸气、惰性气体
	高温加热再生（炭化再生）	750～950℃（400～500℃）	水蒸气、燃烧气体、CO_2
药剂再生	无机药剂	常温～80℃	HCl、H_2SO_4、NaOH、氧化剂
	有机药剂（萃取）	常温～80℃	有机溶剂（苯、丙酮、甲醇等）
生物再生		常温	好气菌、厌气菌
湿式氧化分解		180～220℃、加压	O_2、空气、氧化剂
电解氧化		常温	O_2

1. 加热再生

即用外部加热方法，改变吸附平衡关系，达到脱附和分解的目的。在废水处理中，被吸附的污染物种类很多，由于其理化性质不同，分解和脱附的程度差别很大。根据饱和吸附剂在惰性气体中的热重曲线（TGA），可将其分为易脱附型、热分解脱附型、难脱附型三种类型。

对于吸附了浓度较高的易脱附型污染物的饱和炭，可采用低温加热再生法，控制温度100～200℃，以水蒸气作载气，直接在吸附柱中再生，脱附后的蒸汽经冷却后可回收利用。

废水中的难脱附型污染物因与活性炭结合较牢固，需用高温加热再生。再生过程主要可分为干燥、炭化、活化三个阶段。同活性炭制造一样，活化也是再生的关键。必须严格控制以下活化条件：

(1)最适宜的活化温度与吸附质的种类、吸附量以及活性炭的种类有较密切的关系，一般范围800～950℃。

(2)活化时间要适当，过短活化不完全，过长造成烧损，一般以20～40min为宜。

(3)氧化性气体对活性炭烧损较大，最好用水蒸气作活化气体，其注入量0.8～1.0kg/kg C。

(4)再生尾气希望是还原性气氛，其中CO含量在2%～3%为宜，氧气含量要求在1%以下。

(5)对经反复吸附－再生操作，积累了较多金属氧化物的饱和炭，用酸处理后进行再生，可降低灰分含量，改善吸附性能。

高温加热再生是目前废水处理中粒状活性炭再生的最常用方法。再生炭的吸附能力恢复率可达95%以上，烧损在5%以下。适合于绝大多数吸附质，不产生有机废液，但能耗大，设备造价高。

目前用于加热再生的炉型有立式多段炉、转炉、立式移动床炉、流化床炉以及电加热再生炉等。因为它们的构造、材质、燃烧方式及最适再生规模都不相同，所以选用时应考虑具体情况。

1)立式多段炉

炉外壳用钢板焊制成圆筒型，内衬耐火砖。炉内分4～8段，各段有2～4个搅拌耙，中心轴带动搅拌耙旋转。饱和炭从炉顶投入，依次下落至炉底。在活化段设数个燃料喷嘴和蒸汽注入口，热气和蒸汽向上流过炉床。

在立式多段炉中上部干燥、中部炭化、下部活化，炉温从上到下依次升高。这种炉型占地面积小，炉内有效面积大，炭在炉内停留时间短，再生炭质量均匀，烧损一般在5%以下，适合于大规模活性炭再生。但操作要求严格，结构较复杂，炉内一些转动部件要求使用耐高温材料。

2)转炉

转炉为一卧式转筒，从进料端(高)到出料端(低)炉体略有倾斜，炭在炉内停留时间靠倾斜度及炉体转速来控制。在炉体活化区设有水蒸气进口，进料端设有尾气排出口。

转炉有内热式、外热式以及内热外热并用三种型式。内热式转炉再生损失大，炉体内衬耐火材料即可，外热式再生损失小，但炉体需用耐高温不锈钢制造。

转炉设备简单，操作容易，但占地面积大，热效率低，适于较小规模(3t/d以下)再生。

2. 药剂再生

在饱和吸附剂中加入适当的溶剂，可以改变体系的亲水－憎水平衡，改变吸附剂与吸附质之间的分子引力，改变介质的介电常数。从而使原来的吸附崩解，吸附质离开吸附剂进入溶剂中，达到再生和回收的目的。

常用的有机溶剂有苯、丙酮、甲醇、乙醇、异丙醇、卤代烷等。树脂吸附剂从废水中吸附酚类后，一般采用丙酮或甲醇脱附；吸附了TNT，采用丙酮脱附；吸附了DDT类物，采用异丙醇脱附。

无机酸碱也是很好的再生剂，如吸附了苯酚的活性炭可以用热的NaOH溶液再生，生成酚钠盐回收利用。对于能电离的物质最好以分子形式吸附，以离子形式脱附，即酸性物质宜在酸里吸附，在碱里脱附；碱性物质在碱吸附，在酸里里脱附。

溶剂及酸碱用量应尽量节省，控制 2 ~4 倍吸附剂体积为宜。脱附速度一般比吸附速度慢一倍以上。药剂再生时吸附剂损失较小，再生可以在吸附塔中进行，无需另设再生装置，而且有利于回收有用物质。缺点是再生效率低，再生不易完全。

经过反复再生的吸附剂，除了机械损失以外，其吸附容量也会有一定损失，因灰分堵塞小孔或杂质除不去，使有效吸附表面积及孔容减小。

第三节　吸附工艺及其应用

吸附操作分间歇和连续两种。前者是将吸附剂(多用粉状炭)投入废水中，不断搅拌，经一定时间达到吸附平衡后，用沉淀或过滤的方法进行固液分离。如果经过一次吸附，出水达不到要求时，则需增加吸附剂投量和延长停留时间或者对一次吸附出水进行二次或多次吸附，间歇工艺适合于小规模、间歇排放的废水处理。连续式吸附操作是废水不断地流进吸附床，与吸附剂接触，当污染物浓度降至处理要求时，排出吸附柱。按照吸咐剂的充填方式，又分固定床、移动床和流化床三种。还有一些吸附操作不单独作为一个过程，而是与其他操作过程同时进行，如在生物曝气池中投加活性炭粉，吸附和氧化作用同时进行。

一、间歇吸附

间歇吸附反应池有两种类型：一种是搅拌池型，即是在整个池内进行快速搅拌，使吸附剂与原水充分混合；另一种是泥渣接触型，池型与操作和循环澄清池相同。运行时池内可保持较高浓度的吸附剂，对原水浓度和流量变化的缓冲作用大，不需要频繁地调整吸附剂的投量，并能得到稳定的处理效果。当用于废水深度处理时，泥渣接触型的吸附量比搅拌池型增加 30%。为防止粉状吸附剂随处理水流失，固液分离时常加高分子絮凝剂。

1. 多级平流吸附

如图 7-4 所示，原水经过 n 级搅拌反应池得到吸附处理，而且各池都补充新吸附剂。当废水量小时可在一个池中完成多级平流吸附。

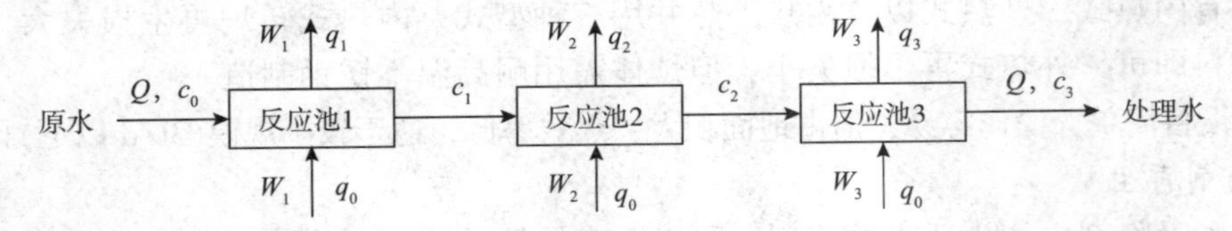

图 7-4　多级平流吸附示意图

第 i 级的物料衡算式：

$$W_i(q_i - q_0) = Q(c_{i-1} - c_i) \tag{7-12}$$

式中　W_i——供应第 i 级的吸附剂量，kg/h；

Q——废水流量，m^3/h；

q_0，q_i——分别为新吸附剂和离开第 i 级吸附剂的吸附量，kg/kg；

c_{i-1}，c_i——分别为第 i 级进水和出水浓度，kg/m^3。

若 $q_0 = 0$，则式(7-12)变为：

$$W_i q_i = Q(c_{i-1} - c_i) \tag{7-13}$$

若已知吸附平衡关系 $q_i = f(c_i)$，则可与式(7－13)联立，逐级计算出最小投炭量 W_i。

按图7－4，由式(7－13)得：

$$c_1 = c_0 - q_1 \frac{W_1}{Q} \tag{7-14}$$

$$c_2 = c_1 - q_2 \frac{W_2}{Q} = c_0 - q_1 \frac{W_1}{Q} - q_2 \frac{W_2}{Q} \tag{7-15}$$

同理，经 n 级吸附后：

$$c_n = c_{n-1} - q_n \frac{W_n}{Q} \tag{7-16}$$

当各级投炭量相同时，即 $W_1 = W_2 = \cdots = W_n = W$，则

$$c_2 = c_0 - \frac{W}{Q}(q_1 + q_2) \tag{7-17}$$

$$c_n = c_0 - \frac{W}{Q}\sum_{i=1}^{n} q_i \tag{7-18}$$

若令 q_m 为各级吸附量的平均值，则

$$c_n = c_0 - \frac{W}{Q} n q_m \tag{7-19}$$

由此可得将 c_0 降至 c_n 所需的吸附级数 n 和吸附剂总量 G：

$$n = \frac{Q(c_0 - c_n)}{W q_m} \tag{7-20}$$

$$G = nW = \frac{Q(c_0 - c_n)}{q_m} \tag{7-21}$$

吸附级数愈多，出水 c_n 愈小，但吸附剂总量增加，而且操作复杂。一般以2～3级为宜。

2. 多级逆流吸附

由吸附平衡关系知，吸附剂的吸附量与溶质浓度呈平衡，溶质浓度越高，平衡吸附量就越大。因此，为了使出水中的杂质最少，应使新鲜吸附剂与之接触；为了充分利用吸附剂的吸附能力，又应使接近饱和的吸附剂与高浓度进水接触。利用这一原理的吸附操作即是多级逆流吸附，如图7－5所示。

图7－5　多级逆流吸附示意图

经 n 级逆流吸附的总物料衡算式为：

$$W(q_1 - q_{n+1}) = Q(c_0 - c_n) \tag{7-22}$$

对二级逆流吸附，设各级吸附等温式可用 Freundlich 式表示，即 $q_i = Kc_i^{1/n}$；且 $q_3 = 0$，则可推得：

$$\frac{c_0}{c_2} - 1 = \left(\frac{c_1}{c_2}\right)^{1/n}\left(\frac{c_1}{c_2} - 1\right) \tag{7-23}$$

若给定原水浓度 c_0，处理水浓度 c_2 及吸附等温线的常数 $1/n$，则由式(7－23)可求出

c_1；再代入吸附等温式可求得各级吸附量，利用这些数据由式(7－22)可求出最小投炭量W。计算结果表明，达到同样的处理效果，逆流吸附比平流吸附少用吸附剂。

二、连续吸附

1. 固定床吸附

在废水处理中常用固定床吸附装置，其构造与快滤池大致相同。吸附剂填充在装置内，吸附时固定不动，水流穿过吸附剂层。根据水流方向可分为升流式和降流式两种。采用降流式固定床吸附，出水水质较好，但水头损失较大，特别在处理含悬浮物较多的污水时，为防止炭层堵塞，需定期进行反冲洗，有时还需在吸附剂层上部设表面冲洗设备；在升流式固定床中，水流由下而上流动。这种床型水头损失增加较慢，运行时间较降流式长。当水头损失增大后，可适当提高进水流速，使床层稍有膨胀(不混层)，就可以达到自清的目的。但当进水流量波动较大或操作不当时，易流失吸附剂，处理效果也不好。升流式固定床吸附塔的构造与降流式基本相同，仅省去表面冲洗设备。吸附装置通常用钢板焊制，并作防腐处理。

根据处理水量、原水水质及处理要求，固定床可分为单床和多床系统，一般单床使用较少，仅在处理规模很小时采用。多床系统又有并联与串联两种，前者适于大规模处理，出水要求较低的场合，后者适于处理流量较小，出水要求较高的场合。

当废水连续通过降流式固定床吸附剂层时，运行初期出水中溶质几乎为零。随着时间的推移，上层吸附剂达到饱和，床层中发挥吸附作用的区域向下移动。吸附区前面的床层尚未起作用。出水中溶质浓度仍然很低。当吸附区前沿下移至吸附剂层底端时，出水浓度开始超过规定值，此时称床层穿透。以后出水浓度迅速增加，当吸附区后端面下移到床层底端时，整个床层接近饱和，出水浓度接近进水浓度，此时称床层耗竭。将出水浓度随时间变化作图，得到的曲线称穿透曲线，如图7－6所示。

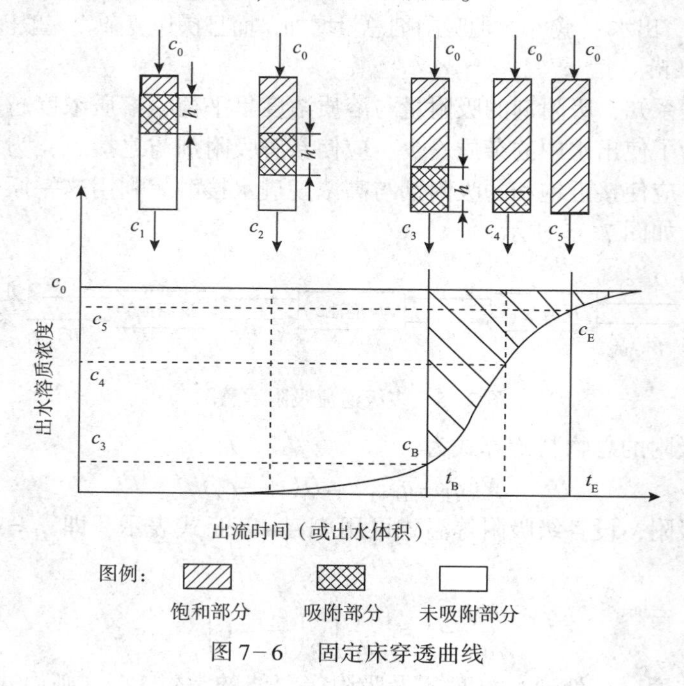

图7－6　固定床穿透曲线

吸附床的设计及运行方式的选择，在很大程度上取决于穿透曲线。由穿透曲线可以了解床层吸附负荷的分布，穿透点和耗竭点；穿透曲线愈陡，表明吸附速度愈快，吸附区愈短。理想的穿透曲线是一条垂直线。实际的穿透曲线是由吸附平衡线和操作线决定的，大多呈S形。影响穿透曲线形状的因素很多。通常进水浓度愈高，水流速度愈小，穿透曲线愈陡；对球形吸附剂，粒度愈小，床层直径与颗粒直径之比愈大，穿透曲线愈陡。对同一吸附质，采用不同的吸附剂，其穿透曲线形状也不同。随着吸附剂再生次数增加，其吸附剂性能有所劣化，穿透曲线渐趋平缓。

对单床吸附系统，由穿透曲线可知，当床层达到穿透点时(对应的吸附量为动活性)，必须停止进水，进行再生；对多床串联系统，当床层达到耗竭点时(对应的吸附量为饱和吸附量)，也需进行再生。显然，在相同条件下，动活性 < 饱和吸附量 < 静活性(平衡吸附量)。

2. 移动床

图7-7为移动床构造示意图。原水从下而上流过吸附层，吸附剂由上而下间歇或连续移动。间歇移动床处理规模大时，每天从塔底定时卸炭1~2次，每次卸炭量为塔内总炭量的5%~10%；连续移动床，即饱和吸附剂连续卸出，同时新吸附剂连续从顶部补入。理论上连续移动床层厚度只需一个吸附区的厚度。直径较大的吸附塔的进出水口采用井筒式滤网。

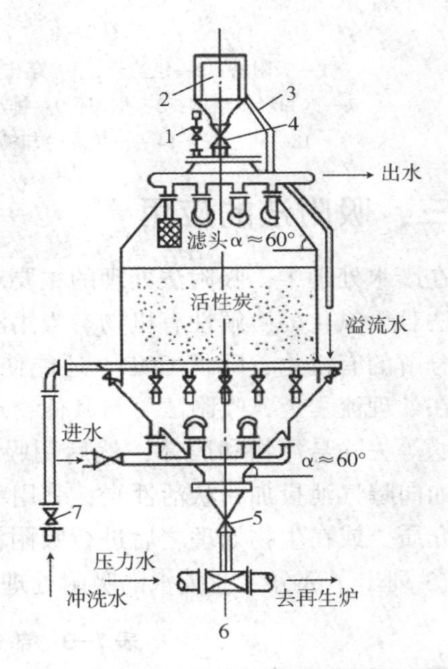

图7-7　移动床构造示意图
1—通气阀；2—进料斗；3—溢流管；
4，5—直流式衬胶阀；6—水射器；7—截止阀

移动床较固定床能充分利用床层吸附容量，出水水质良好，且水头损失较小。由于原水从塔底进入，水中夹带的悬浮物随饱和炭排出，因而不需要反冲洗设备，对原水预处理要求较低，操作管理方便。目前较大规模废水处理时多采用这种操作方式。

3. 流化床

流化床及再生系统如图7-8所示。原水由底部升流式通过床层，吸附剂由上部向下移动。由于吸附剂保持流化状态，与水的接触面积增大，因此设备小而生产能力大，基建费用低。与固定床相比，可使用粒度均匀的小颗粒吸附剂，对原水的预处理要求低。仅对操作控制要求高，为了防止吸附剂全塔混层，以充分利用其吸附容量并保证处理效果，塔内吸附剂采用分层流化。所需层数根据吸附剂的静活性、原水水质水量、出水要求等来决定。分隔每层的多孔板的孔径、孔分布形式、孔数及下降管的大小等，都是影响多层流化床运转的因素。目前日本在石油化工废水处理中采用这种流化床，使用粒径为1mm左右的球形活性炭。

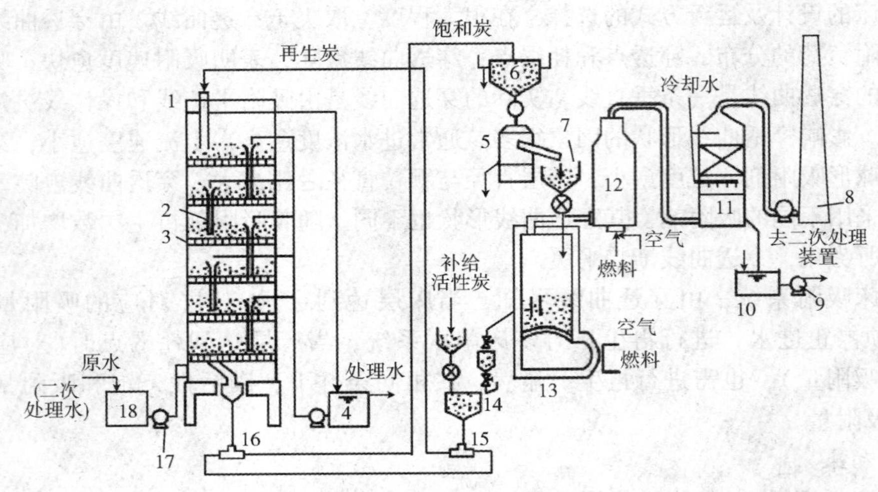

图 7－8 流化床及再生系统示意图

1—吸附塔；2—溢流管；3—穿孔板；4—处理水槽；5—脱水机；6—饱和炭贮槽；7—饱和炭供给槽；8—烟囱；9—排水泵；10—废水槽；11—气体冷却器；12—脱臭炉；13—再生炉；14—再生炭冷却槽；15，16—水射器；17—原水泵；18—原水槽

三、吸附法的应用

在废水处理中，吸附法处理的主要对象是废水中用生化法难于降解的有机物或用一般氧化法难于氧化的溶解性有机物。当用活性炭对这类废水进行处理时，它不但能够吸附这些难分解的有机物，降低 COD，还能使废水脱色、脱臭，把废水处理到可重复利用的程度。在处理流程上，吸附法可与其他物理化学法联合，组成所谓物化流程。如先用混凝沉淀过滤等去除悬浮物和胶体，然后用吸附法去除溶解性有机物。吸附法也可与生化法联合，如向曝气池投加粉状活性炭；利用粒状吸附剂作为微生物的生长载体或作为生物流化床的介质，或在生物处理之后进行吸附深度处理等，这些联合工艺都在工业上得到应用。表 7－3 列出了部分工业废水的吸附处理实例及工艺参数。

表 7－3 部分工业废水吸附处理实例

处理能力/(m^3/d)	1859	567	720	378.5	16000
除去的污染物	染料	杀虫剂	酚	多元醇	炼油废水 COD
进水中有机物浓度/(mg/L)	200	50～200	400～2500	700	250
出水浓度/(mg/L)	无颜色	酚＜1	＜1	≤2	＜30
流速/(m^3/min)	1.33	0.38	0.5	0.26	11
接触时间/min	40～44	53	75	20～24	50
活性炭规格/mm	12×40	12×40	8×30	—	8×30
活性炭用量/m^3	56.6	8 吨/塔	36.8	384～578(kg/d)	260t
吸附床(池)尺寸/m	ϕ2.9	ϕ2.44×10.7 (2个)	ϕ3.25×9.3	ϕ1.2×4.6	3.6×3.6×7.8
装置类型	升流式移动床	升流式移动床串联	降流式固定床	升流式移动床	降流式吸附滤池

图7－9为我国某大型炼油废水活性炭吸附处理的工业装置工艺流程图。炼油废水经隔油、气浮、生化、砂滤后，由下而上流经吸附塔活性炭层，到集水井4，由水泵6送到循环水场，部分水作为活性炭输送用水。进水COD 80～120mg/L，挥发酚0.4mg/L，油含量40mg/L以下，处理后COD 30～70mg/L，挥发酚0.05mg/L，油含量4～6mg/L，主要指标达到或接近地面水标准。

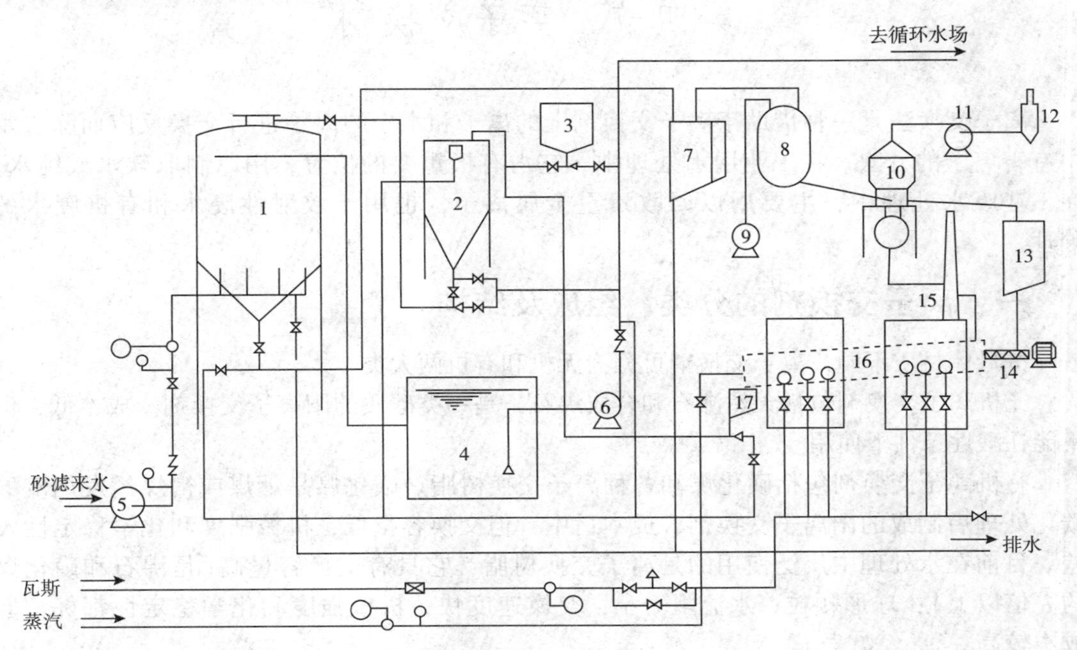

图7－9　活性炭吸附处理炼油废水工艺流程示意图

1—吸附塔；2—冲洗罐；3—新炭投加斗；4—集水井；5，6—泵；7—脱水罐；8—贮料罐；9—真空泵；10—沸腾干燥炉；11—引风机；12—旋风分离器；13—干燥罐；14—进料机；15—烟筒；16—再生炉；17—急冷罐

吸附塔4台，ϕ4.4m×8m，每台处理水量150m^3/h，塔下部为45°的圆锥，内涂大漆防腐，进水采用6根滤筒配水，出水采用穿孔管集水，出口外装有箱式粉炭过滤器。为了避免塔内下炭不匀，塔下部锥体装有直径1.9m的带孔塑料圆盘挡料板。每塔内装ϕ1.5mm×(2～4mm)的柱炭42t，炭层高5m，空塔流速10m/h，水炭比6000:1，全负荷每天每塔卸炭600kg。

吸附塔为移动床型，塔内炭自上而下脉冲式定时排出，用*DN*65水射器水力输送至脱水罐7，脱水后用真空泵吸入储料罐8，然后进入沸腾干燥炉10，干炭进入干燥罐13，再由螺旋输送器定量加入回转式再生炉16，再生后的活性炭落入急冷罐，再用*DN*32水射器送到冲洗罐2，洗去粉炭后，再用*DN*65水射器送回吸附塔循环使用。部分新炭由3经*DN*32水射器补入系统，再生炉废气，送入烟囱内氧化后排放。

再生炉为外热式回转炉，ϕ0.7m×15.7m，由1Cr18Ni9Ti钢板(δ=12mm)卷焊而成，转速1～2r/min，再生温度(活化段)750℃，活化段停留时间20～30min，处理能力100kg/h，再生后碘值恢复率95%，炭再生损失率(包括输送等机械磨损)为6%

左右。

吸附法除对含有机物废水有很好的去除作用外，据报道对某些金属及化合物也有很好的吸附效果。研究表明，活性炭对汞、锑、铋、锡、钴、镍、铬、铜、镉等都有很强的吸附能力。国内已应用活性炭吸附法处理电镀含铬、含氰废水。

第四节　离子交换剂

离子交换法是一种借助于离子交换剂上的离子和水中的离子进行交换反应而除去水中有害离子的方法。在工业用水处理中，它占有极重要的位置，用以制取软水或纯水。在工业废水处理中，主要用以回收贵重金属离子，也用于放射性废水和有机废水的处理。

一、离子交换剂的分类、组成及结构

按母体材质不同，离子交换剂可分为无机和有机两大类。

无机离子交换剂包括天然沸石和合成沸石，是一类硅质的阳离子交换剂。成本低，但不能在酸性条件下使用。

有机离子交换剂包括磺化煤和各种离子交换树脂。磺化煤是烟煤或褐煤经发烟硫酸碳化处理后制成的阳离子交换剂，成本适中，但交换容量低，机械强度和化学稳定性较差。目前在水处理中广泛使用的是离子交换树脂，它具有交换容量高(是沸石和磺化煤的8倍以上)；球形颗粒，水流阻力小，交换速度快；机械强度和化学稳定性都好，但成本较高。

离子交换树脂的化学结构可分为不溶性树脂母体和活性基团两部分。树脂母体为有机化合物和交联剂组成的高分子共聚物。交联剂的作用是使树脂母体形成主体的网状结构。交联剂与单体的质量比的百分数称为交联度。活性基团由起交换作用的离子和与树脂母体联结的固定离子组成。

制造离子交换树脂的方法有两种。①直接聚合有机电解质，如由异丁烯酸和二乙烯苯(交联剂)直接聚合成羧酸型阳离子交换树脂。这种方法制备的树脂质量均匀。②先聚合单体有机物，然后在聚合物上接入活性基团。如由苯乙烯和二乙烯苯(交联剂)共聚得交联聚苯乙烯，此种聚合物没有活性基因，称为白球。将白球用浓硫酸磺化，可得磺酸型阳离子交换树脂(RSO_3H)。其中—SO_3H是活性基团，H^+是可交换离子。如将白球氯甲基化和胺化，则得到阴离子交换树脂。由此可见，采用②法制备离子交换树脂可以灵活选择活性基因，不受单体性质限制，且易于控制交联度。

阳离子交换树脂内的活性基团是酸性的，而阴离子交换树脂内的活性基团是碱性的。根据其酸碱性的强弱，可将树脂分为强酸(RSO_3H)、弱酸(RCOOH)、强碱(R_4NOH)、弱碱(R_nNH_3OH，$n=1\sim3$)四类。活性基团中的H^+和OH^-可分别用Na^+和Cl^-替换，因此，阳离子交换树脂又有氢型和钠型之分，阴离子交换树脂又有氢氧型和氯型之分。有时也把钠型和氯型称为盐型。

此外，还有一些具有特殊活性基团的离子交换树脂。如氧化还原树脂，含巯基、氢醌

基；两性树脂，同时含羧酸基和叔胺基；螯合树脂，含胺羧基等。

离子交换树脂具有立体网状结构，按其孔隙特征，可分凝胶型和大孔型。两者的区别在于结构中孔隙的大小。凝胶型树脂不具有物理孔隙，只有在浸入水中时才显示其分子链间的网状孔隙；而大孔树脂无论在干态或湿态，用电子显微镜都能看到孔隙，其孔径为 $(200\sim10000)\times10^{-10}$ m，而凝胶型孔径仅 $(20\sim40)\times10^{-10}$ m。因此，大孔树脂吸附能力大，交换速度快，溶胀性小。

二、离子交换树脂的命名和型号

国际上离子交换树脂的品种很多，型号不一。我国早期也存在这种情况，用户极不方便。为此，国家颁布了《离子交换树脂命名系统和基本规范》(GB 1631—2008)，规定了离子交换树脂分类、命名及型号的编号方法。

离子交换树脂命名由国家标准号、基本名称和单项组组成。基本名称：离子交换树脂，凡分类属酸性的，应在基本名称前加“阳”字；分类属碱性的，应在基本名称前加“阴”字。为了命名明确，单项组分又分为包含下列信息的6个字符组。

——字符组1：离子交换树脂的型态分凝胶型和大孔型两种。凡具有物理结构的称大孔型树脂，在全名称前加“D”以示区别。

——字符组2：以数字代表产品的官能团的分类。官能团的分类和代号见表7-4。

——字符组3：以数字代表骨架的分类，骨架的分类和代号见表7-4。

——字符组4：顺序号，用以区别基团、交联剂等的差异。交联度用“×”号联接阿拉伯数字表示。如遇到二次聚合或交联度不清楚时，可采用近似值表示或不予表示。

——字符组5：不同床型应用的树脂代号，软化床“R”、双层床“SC”、浮动床“FC”、混合床“MB”、凝结水混床“MBP”、凝结水单床“P”。

——字符组6：特殊用途树脂代号，核级树脂“-NR”、电子级树脂“-ER”、食品级树脂“-FR”。

表7-4　离子交换树脂命名字符组2和字符组3的代号意义

树脂代号	字符组2		字符组3
	分类名称	官能团	骨架名称
0	强酸	磺酸基等	苯乙烯系
1	弱酸	羧酸基、磷酸基等	丙烯酸系
2	强碱	季胺基等	酚醛系
3	弱碱	伯、仲、叔胺基等	环氧系
4	螯合	胺酸基	乙烯吡啶系
5	两性	强碱-弱酸、弱碱-弱酸	脲醛系
6	氧化还原	硫醇基、对苯二酚基等	氯乙烯系

例如，大孔型苯乙烯系强酸性阳离子混床用核级离子交换树脂表示为：

命名：D001×7MB-NR。

国家标准号	基本名称	单项组					
		字符组1	字符组2	字符组3	字符组4	字符组5	字符组6
国家标准号	离子交换树脂	大孔	强酸	苯乙烯系	顺序号	不同床型树脂代号	特殊用途树脂代号
↓	↓	↓	↓	↓	↓	↓	↓
GB 1631	阳离子交换树脂	D	0	0	1×7	MB	NR

三、离子交换树脂的性能

1. 物理性能

1) 外观

常用凝胶型离子交换树脂为透明或半透明的珠体，大孔树脂为乳白色或不透明珠体。优良的树脂圆球率高，无裂纹，颜色均匀，无杂质。

2) 粒度

树脂粒度对交换速度、水流阻力和反洗有很大影响。粒度大，交换速度慢，交换容量低；粒度小，水流阻力大。因此粒度大小要适当，分布要合理。一般树脂粒径 0.3 ~ 1.2mm，有效粒径(d_{10})0.36 ~ 0.61，均一系数(d_{40}/d_{90})为 1.22 ~ 1.66。

3) 密度

树脂密度是设计交换柱、确定反冲洗强度的重要指标，也是影响树脂分层的主要因素。

湿真密度是树脂在水中充分溶解后的质量与真体积(不包括颗粒孔隙体积)之比，其值一般为 1.04 ~ 1.3g/mL。通常阳离子交换树脂的湿真密度比阴树脂大，强型的比弱型的大。湿视密度是树脂在水中溶解后的质量与堆积体积之比，此值一般为 0.60 ~ 0.85g/mL。

一般阳树脂的密度大于阴树脂。树脂在使用过程中，因基团脱落，骨架中链的断裂，其密度略有减小。

4) 含水量

指在水中充分溶胀的湿树脂所含溶胀水重占湿树脂重的百分数。含水量主要取决于树脂的交联度、活性基团的类型和数量等，一般在 50% 左右。

5) 溶胀性

指干树脂浸入水中，由于活性基团的水合作用使交联网孔增大，体积膨胀的现象。溶胀程度常用溶胀率(溶胀前后的体积差/溶胀前的体积)表示。树脂的交联度愈小，活性基团数量愈多，愈易离解，可交换离子水合半径愈大，其溶胀率愈大。水中电解质浓度愈高，由于渗透压增大，其溶胀率愈小。

因离子的水合半径不同，在树脂使用和转型时常伴随体积变化。一般强酸性阳离子树脂由 Na 型变为 H 型，强碱性阴离子树脂由 Cl 型变为 OH 型，其体积均增大约 5%。

6) 机械强度

反映树脂保持颗粒完整性的能力。树脂在使用中由于受到冲击、碰撞、摩擦以及胀缩作用，会发生破碎。因此，树脂应具有足够的机械强度，以保证每年树脂的损耗量不超过 3% ~7%。树脂的机械强度主要取决于交联度和溶胀率。交联度愈大，溶胀率愈小，则机械强度越高。

7) 耐热性

各种树脂均有一定的工作温度范围。操作温度过高，易使活性基团分解，从而影响交换容量和使用寿命。如温度低至0℃，树脂内水分冻结，使颗粒破裂。通常控制树脂的贮藏和使用温度在5～40℃为宜。

8)孔结构

大孔树脂的交换容量、交换速度等性能均与孔结构有关。目前使用的D001×14～20系列树脂平均孔径为(100～154)$\times 10^{-10}$m，孔容0.09～0.21mL/g，比表面积16～36.4m^2/g，交换容量1.79～1.96mmol/mL。

2. 化学性能

1)离子交换反应的可逆性

交换的逆反应即为再生。

2) 酸碱性

H型阳离子树脂和OH型阴离子树脂在水中电离出H^+和OH^-，表现出酸碱性。根据活性基团在水中离解能力的大小，树脂的酸碱性也有强弱之分。强酸或强碱性树脂在水中离解度大，受pH值影响小；弱酸或弱碱性树脂离解度小，受pH值影响大。因此弱酸或弱碱性树脂在使用时对pH值要求很严，各种树脂在使用时都有适当的pH值范围。

3)选择性

树脂对水中某种离子能优先交换的性能称为选择性，它是决定离子交换法处理效率的一个重要因素，本质上取决于交换离子与活性基团中固定离子的亲合力。选择性大小用选择性系数来表征。以A型树脂交换溶液中的B离子的反应为例：

$$Z_B RA + Z_A B \rightleftharpoons Z_A RB + Z_B A$$

为此交换反应达到动态平衡时，A交换B的选择性系数K_A^B为

$$K_A^B = \frac{[RB]^{Z_A}[A]^{Z_B}}{[RA]^{Z_B}[B]^{Z_A}} = \left(\frac{[A]}{[RA]}\right)^{Z_B} \bigg/ \left(\frac{[B]}{[RB]}\right)^{Z_A}$$

式中Z_A、Z_B分别为A、B离子的价数。显然，若$K_A^B=1$，则树脂对任一离子均无选择性；若$K_A^B>1$，树脂对B有选择性，数值越大，选择性越强；若$K_A^B<1$，树脂对A有选择性。

选择性系数与化学平衡常数不同，除了与温度有关以外，还与离子性质，溶液组成及树脂的结构等因素有关。在常温和稀溶液中，大致具有如下规律：

(1)离子价数越高，选择性愈好。

(2)原子序数愈大，即离子水合半径愈小，选择性愈好。

(3)H^+和OH^-的选择性决定于树脂活性基团的酸碱性强弱。对强酸性阳树脂，H^+的选择性介于Na^+和Li^+之间。但对弱酸性阳树脂，H^+的选择性最强。同样，对强碱性阴树脂，OH^-的选择性介于CH_3COO^-与F^-之间，但对弱碱性阴树脂，OH^-的选择性最强。

离子的选择性，除上述同它本身及树脂的性质有关外，还与温度、浓度及pH值等因素有关。

4)交换容量

定量表示树脂的交换能力，通常用E_V(mmol/mL湿树脂)表示，也可用E_W(mmol/g干树脂)表示。这两种表示方法之间的数量关系如下：

$$E_V = E_W \times (1 - 含水量) \times 湿视密度$$

市售商品树脂所标的交换容量是总交换容量，即活性基团的总数。树脂在给定的工作

条件下实际所发挥的交换能力称为工作交换容量。因受再生程度、进水中离子的种类和浓度，树脂层高度、水流速度、交换终点的控制指标等许多因素影响，一般工作交换容量只有总交换容量的60% ~70% 。

四、离子交换树脂的选择、保存、使用和鉴别

1. 树脂选择

离子交换法主要用于除去水中可溶性盐类。选择树脂时应综合考虑原水水质、处理要求、交换工艺以及投资和运行费用等因素。当分离无机阳离子或有机碱性物质时，宜选用阳离子树脂；分离无机阴离子或有机酸时，宜采用阴离子树脂。对氨基酸等两性物质的分离，既可用阳离子树脂，也可用阴离子树脂。对某些贵金属和有毒金属离子(如 Hg^{2+})可选择螯合树脂交换回收。对有机物(如酚)，宜用低交联度的大孔树脂处理。绝大多数脱盐系统都采用强型树脂。

废水处理时，对交换势大的离子，宜采用弱性树脂。此时弱性树脂的交换能力强、再生容易，运行费用较省。当废水中含有多种离子时，可利用交换选择性进行多级回收，如不需回收时，可用阳阴离子树脂混合床处理。

2. 树脂保存

树脂宜在 0 ~40℃下存放，当环境温度低于 0℃，或发现树脂脱水后，应向包装袋内加入饱和食盐水浸泡。对长时期停运而闲置在交换器中的树脂应定期换水。通常强性树脂以盐型保存，弱酸树脂以氢型保存，弱碱树脂以游离胺型保存，性能最稳定。

3. 树脂使用

树脂在使用前应进行适当的预处理，以除去杂质。最好分别用水、5% HCl、2% ~4% NaOH 反复浸泡清洗两次，每次 4 ~8h。

树脂在使用过程中，其性能会逐步降低，尤其在处理工业废水时，主要有三类原因：①物理破损和流失；②活性基团的化学分解；③无机和有机物覆盖树脂表面。针对不同的原因采取相应的对策，如定期补充新树脂，强化预处理，去除原水中的游离氯和悬浮物，用酸、碱和有机溶剂等洗脱树脂表面的垢和污染物。

4. 树脂鉴别

水处理中常用的四大类树脂往往不能从外观鉴别。根据其化学性能，可用表 7-5 方法区分。

表 7-5　未知树脂的鉴别

<table>
<tr><td>操作①</td><td colspan="4">取未知树脂样品 2mL，置于 30mL 试管中</td></tr>
<tr><td>操作②</td><td colspan="4">加 1mol/L HCl 15ml，摇 1 ~2min，重复 2 ~3 次</td></tr>
<tr><td>操作③</td><td colspan="4">水洗 2 ~3 次</td></tr>
<tr><td>操作④</td><td colspan="4">加 10% $CuSO_4$(其中含 1% H_2SO_4)5mL，摇 1min，放 5min</td></tr>
<tr><td>检查</td><td colspan="2">浅绿色</td><td colspan="2">不变色</td></tr>
<tr><td>操作⑤</td><td colspan="2">加 5N 氨液 2mL，摇 1min，水洗</td><td colspan="2">加 1mol/L NaOH 5mL 摇 1min，水洗，加酚酞，水洗</td></tr>
<tr><td>检查</td><td>深蓝</td><td>颜色不变</td><td>红色</td><td>不变色</td></tr>
<tr><td>结果</td><td>强酸性阳离子树脂</td><td>弱酸性阳离子树脂</td><td>强碱性阴离子树脂</td><td>弱碱性阴离子树脂</td></tr>
</table>

第五节　离子交换工艺与设备

一、离子交换速度

离子交换过程与吸附过程类似，可以分为四个连续的步骤：

(1)离子从溶液主体向颗粒表面扩散，穿过颗粒表面液膜(液膜扩散)；

(2)穿过液膜的离子继续在颗粒内交联网孔中扩散，直至达到某一活性基团位置；

(3)目的离子和活性基团中的可交换离子发生交换反应；

(4)被交换下来的离子沿着与目的离子运动相反的方向扩散，最后被主体水流带走。

上述几步中，交换反应速率与扩散相比要快得多，因此总交换速度由扩散过程控制。由 Fick 定律，单位时间单位体积树脂内扩散的离子量可写成

$$\mathrm{d}q/\mathrm{d}t = D^{\circ}(c_1 - c_2)S/\delta \tag{7-24}$$

式中　c_1、c_2——扩散界面层两侧的离子浓度，$c_1 > c_2$；

δ——界面层厚度，相当于总扩散阻力的厚度；

D°——总扩散系数。

式(7-24)中 S 与树脂颗粒有效直径 ϕ、孔隙率 ε 有关，

$$S = B\frac{1-\varepsilon}{\phi} \tag{7-25}$$

式中 B 是与粒度均匀程度有关的系数，由式(7-24)和式(7-25)得

$$\mathrm{d}q/\mathrm{d}t = D^{\circ}B(c_1 - c_2)(1-\varepsilon)/(\phi \cdot \delta) \tag{7-26}$$

据此，可以分析影响离子交换扩散速度的因素。

(1)树脂的交联度越大，网孔越小，孔隙度越小，则内扩散越慢。大孔树脂的内孔扩散速度比凝胶树脂快得多。

(2)树脂颗粒越小，由于内扩散距离缩短和液膜扩散的表面积增大，使扩散速度越快。研究指出，液膜扩散速度与粒径成反比，内孔扩散速度与粒径的高次方成反比。但颗粒不宜太小，否则会增加水流阻力，且在反洗时易流失。

(3)溶液离子浓度是影响扩散速度的重要因素，浓度越大，扩散速度越快。一般来说，在树脂再生时，$c_0 > 0.1\mathrm{mol/L}$，整个交换速度偏向受内孔扩散控制；而在交换制水时，$c_0 < 0.003\mathrm{mol/L}$，过程偏向受膜扩散控制。

(4)提高水温能使离子的动能增加，水的黏度减小，液膜变薄，这些都有利于离子扩散。

(5)交换过程中的搅拌或流速提高，使液膜变薄，能加快液膜扩散，但不影响内孔扩散。

(6)被交换离子的电荷数和水合离子的半径越大，内孔扩散速度越慢。试验证明：阳离子每增加一个电荷，其扩散速度就减慢到约为原来的1/10。

根据上述对扩散速度影响因素的分析，E. Helfferich 提出判断扩散控制步骤的准数 He：

$$He = \frac{D' q_0 \delta}{D c_0 r_0}(5 + 2\alpha) \tag{7-27}$$

式中 D 和 D' 分别为液膜和内孔扩散系数；α 称为分离系数，当 A、B 离子时价数相等时，$\alpha=1/K$。当 $He\gg1$，过程为液膜扩散控制；当 $He\ll1$，过程为内孔扩散控制；当 $He\approx1$，两种扩散同时控制。判断速度控制步骤的目的是为工程上寻求强化传质的措施提供指导。根据上述分析，树脂高交换容量，低交联度(即 D' 大)，小粒径，溶液低浓度，低流速(即 δ 大)，均为倾向于液膜扩散控制的条件。

二、离子交换系统及应用

在水的软化和除盐中，需根据原水水质、出水要求、生产能力等来确定合适的离子交换工艺。如果原水碱度不高，软化的目的只是为了降低 Ca^{2+}、Mg^{2+} 含量，则可以采用单级或二级 Na 离子交换系统。一级钠离子交换可将硬度降至 0.5mmol/L 以下，二级则可降至 0.005mmol/L 以下。当原水碱度比较高，必须在降低 Ca^{2+}、Mg^{2+} 的同时降低碱度。此时，多采用 H－Na 离子器联合处理工艺。利用 H 离子交换器产生的 H_2SO_4 和 HCl 来中和原水或 Na 离子交换器出水中的 HCO_3^-，反应产生的 CO_2 再由除 CO_2 器除去。

当需要对原水进行除盐处理时，则流程中既要有阳离子交换器，又要有阴离子交换器，以去除所有阳离子和阴离子。原水依次经过一次阳离子交换器和一次阴离子交换器处理，称为一级复床除盐。通过一级复床除盐处理，出水电导率可达 10μΩ/cm 以下，$SiO_2<0.1mg/L$。当处理水质要求更高时，则需要二级复床处理。除盐系统都采用强型树脂。弱碱性树脂只能交换强酸阴离子，而不能交换弱酸阴离子(如硅酸根)，也不能分解中性盐。但它对 OH^- 的吸附能力很强，所以极易用碱再生，不论用强碱还是弱碱作再生剂，都能获得满意的再生效果，而且它抗有机污染的能力也较强碱性树脂强。因此对含强酸阴离子较多的原水，采用弱碱性树脂去除强酸阴离子，再用强碱性树脂去除其他阴离子，不仅可以减轻强碱性树脂的负荷，而且还可以利用再生强碱性树脂的废碱液来再生弱碱性树脂，既节省用碱量，又减少了废碱的排放量。

为了克服多级复床除盐系统复杂的特点，开发了混合床除盐系统，即将阴、阳树脂按一定比例混合装在同一个交换器里，水通过混合床，就完成了阴、阳离子交换过程，出水水质良好且稳定。由于阴离子树脂的工作交换容量只有阳离子树脂的一半左右，所以混合床中阴离子树脂的装填体积一般为阳离子树脂的 2 倍。阳离子树脂密度略大于阴离子树脂，固定式混合床反洗后会分层，在分层处可设再生排水系统，以便于两种树脂分开再生时排水。

离子交换法处理工业废水的重要用途是回收有用金属，相关实例如表 7－6 所示。从电镀清洗水中回收铬酸的代表性流程如图 7－10 所示。

每升含铬数十至数百毫克的废水首先经过滤除去悬浮物，再经阳离子(RSO_3H)交换器，除去金属离子(Cr^{3+}、Fe^{3+}、Cu^{2+} 等)，然后进入阴离子(ROH)交换器，除去 $Cr_2O_7^{2-}$ 和 CrO_4^{2-}，出水含 $Cr^{6+}<0.5mg/L$，可再作为清洗水循环使用。阳离子树脂用 1NHCl 再生，阴离子树脂用 12% NaOH 再生。阴离子树脂再生液含铬可达 17g/L，将此再生液再经过一个 H 型阳离子交换器使 Na_2CrO_4 转变成铬酸，再经蒸发浓缩 7～8 倍，即可返回电镀槽使用。

表7-6　离子交换法处理部分工业废水应用实例

废水种类	污染物	树脂类型	废水出路	再生剂	再生液出路
电镀废水	Cr^{3+}、Cu^{2+}	氢型强酸性树脂	循环使用	18%～20% H_2SO_4	蒸发浓缩后回用
含汞废水	Hg^{2+}	氯型强碱性大孔树脂	中和后排放	HCl	回收汞
HCl酸洗废水	Fe^{2+}、Fe^{3+}	氯型强碱性树脂	循环使用	水	中和后回收 $Fe(OH)_3$
铜氨纤维废水	Cu^{2+}	强酸性树脂	排放	H_2SO_4	回用
黏胶纤维废水	Zn^{2+}	强酸性树脂	中和后排放	H_2SO_4	回用
放射性废水	放射性离子	强酸或强碱树脂	排放	H_2SO_4・HCl和NaOH	进一步处理
纸浆废水	木质素磺酸钠	强酸性树脂	进一步处理	H_2SO_3	回用
氯苯酚废水	氯苯酚	弱碱大孔树脂	排放	2% NaOH甲醇	回收

上述流程中第一个阳离子交换器的作用有两个：一是除去金属离子及杂质，减少对阴离子交换树脂的污染。因为重金属对树脂氧化分解可能起催化作用。二是降低废水pH值，使Cr^{6+}以$Cr_2O_7^{2-}$存在。阴树脂对$Cr_2O_7^{2-}$的选择性大于对CrO_4^{2-}和其他阴离子的选择性，而且交换一个$Cr_2O_7^{2-}$除去两个Cr^{6+}，而交换一个CrO_4^{2-}仅除去一个Cr^{6+}。但由于$Cr_2O_7^{2-}$是强氧化剂较易引起树脂的氧化破坏，因此要选用化学稳定性较好的强碱性树脂。

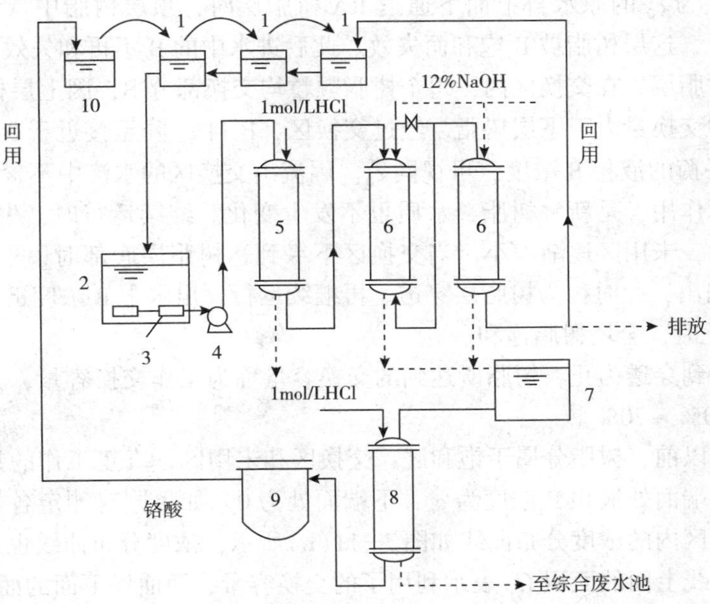

图7-10　离子交换树脂回收铬酸

1—漂洗槽；2—漂洗水池；3—微孔滤管；4—泵；5，8—阳离子交换塔；6—阴离子交换塔；7—贮槽；9—蒸发器；10—电镀槽

三、离子交换工艺

离子交换工艺过程包括交换和再生两个步骤。若这两个步骤在同一设备中交替进行，则为间歇过程，即当树脂交换饱和后，停止进原水，通再生液再生，再生完成后，重新进原水交换。采用间歇过程，操作简单，处理效果可靠，但当处理量大时，需多套设备并联运行。如果交换和再生分别在两个设备中连续进行。树脂不断在交换和再生设备中循环，则构成连续过程。

1. 固定床离子交换工艺

1)交换

将离子交换树脂装于塔或罐内，以类似过滤的方式运行。交换时树脂层不动，则构成固定床操作。现以树脂(RA)交换水中 B 为例来讨论，如图 7－11 所示。

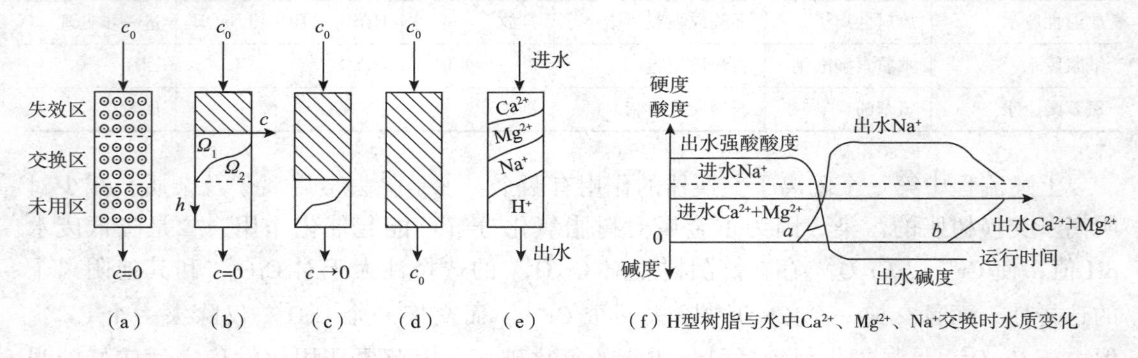

图 7－11　固定床离子交换工作过程

当含 B 浓度为 c_0 的原水自上而下通过 RA 树脂层时，顶层树脂中 A 首先和 B 交换，达到交换平衡时，这层树脂被 B 饱和而失效。此后进水中的 B 不再和失效树脂交换，交换作用移至下一树脂层。在交换区内，每个树脂颗粒均交换部分 B，因上层树脂接触的 B 浓度高，故树脂的交换量大于下层树脂。经过交换区，B 自 c_e 降至接近于 0。c_e 是与饱和树脂中 B 浓度呈平衡的液相 B 浓度，可视同 c_0。因流出交换区的水流中不含 B，故交换区以下的床层未发挥作用，是新鲜树脂，水质也不发生变化。继续运行时，失效区逐渐扩大，交换区向下移动，未用区逐渐缩小。当交换区下缘到达树脂层底部时[图 7－11(c)]，出水中开始有 B 漏出，此时称为树脂层穿透。再继续运行，出水中 B 浓度迅速增加，直至与进水 c_0 相同，此时，全塔树脂饱和。

从交换开始到穿透为止，树脂所达到的交换容量称为工作交换容量，其值一般为树脂总交换容量的 60% ~70% 。

在床层穿透以前，树脂分属于饱和区、交换区和未用区，真正工作的只有交换区内树脂。交换区的上端面处液相 B 浓度为 c_e，下端面处为 0。如果同时测定各树脂层的液相 B 浓度，可得交换区内的浓度分布曲线如图 7－11(b)所示，浓度分布曲线也是交换区中树脂的负荷曲线。曲线上面的面积 Ω_1 表示利用了的交换容量，而曲线下面的面积 Ω_2 则表示尚未利用的交换容量。Ω_1 与总面积($\Omega_1+\Omega_2$)之比称为树脂的利用率。

交换区的厚度取决于所用的树脂、B 离子种类和浓度以及工作条件。当前两者一定时，则主要取决于水流速度。这可用离子供应速度和离子交换速度的相对大小来解释。单位时间内流入某一树脂层的离子数量称为离子供应速度 v_1。在进水浓度一定时，流速愈大，则离子供应愈快。单位时间内交换的离子数量称为离子交换速度 v_2。对给定的树脂和B，交换速度基本上是一个常数。当 $v_1 \leqslant v_2$ 时，交换区的厚度小，树脂利用率高；当 $v_1 > v_2$ 时，进入的B离子来不及交换就流过去了，故交换区厚度大，树脂利用率低。

上述讨论仅限于原水中只含B一种离子，实际原水中常含有多种可与树脂交换的离子。天然原水中常见的阳离子有 Ca^{2+}、Mg^{2+}、Na^+。如用RH树脂处理，这些阳离子都可以与之交换。按照选择性顺序 $Ca^{2+} > Mg^{2+} > Na^+$，树脂依次交换 Ca^{2+}、Mg^{2+}、Na^+ 某一时刻树脂层液相中三种离子的浓度分布曲线如图7-11(e)所示。交换器出水浓度随时间变化如图7-11(f)所示。随着进水量增加，穿透离子的顺序依次为 Na^+、Mg^{2+}、Ca^{2+}。

图7-11(f)表明，制水初期，进水中所有阳离子均交换出 H^+，生成相当量的无机酸，出水酸度保持定值。运行至 a 点时，Na^+ 首先穿透，且迅速增加，同时酸度降低，当 Na^+ 泄漏量增大到与进水中强酸阴离子含量总和相当时，出水开始呈现碱性；当 Na^+ 增加到与进水阳离子含量总和相等时，出水碱度也增加到与进水碱度相等。至此，H^+ 交换结束，交换器开始进行 Na^+ 交换，稳定运行至 b 点之后，硬度离子开始穿透，出水 Na^+ 含量开始下降，最后出水硬度接近进水硬度，出水 Na^+ 接近进水 Na^+，树脂层全部饱和。

2)再生

在树脂失效后，必须再生才能再使用。通过树脂再生，一方面可恢复树脂的交换能力，另一方面可回收有用物质。化学再生是离子交换的逆过程。根据离子交换平衡式：$RA + B \rightleftharpoons RB + A$，如果显著增加A离子浓度，在浓差作用下，大量A离子向树脂内扩散，而树脂内的B则向溶液扩散，反应向左进行，从而达到树脂再生的目的。

固定床再生操作包括反洗、再生和正洗三个过程。反洗是逆交换水流方向通入冲洗水和空气，以松动树脂层，清除杂物和破碎的树脂。经反洗后，将再生剂以一定流速(4～8m/h)通过树脂层，再生一定时间(不小于30min)，当再生液中B浓度低于某个规定值后，停止再生，通水正洗，正洗时水流方向与交换时水流方向相同。有时再生后还需要对树脂作转型处理。

下述因素对再生效果和处理费用有很大影响。

1)再生剂的种类

对于不同性质的原水和不同类型的树脂，应采用不同的再生剂。选择的再生剂既要有利于再生液的回收利用，又要求再生效率高，洗脱速度快，价廉易得。如用Na型阳离子树脂交换纺丝酸性废水中的 Zn^{2+}，用芒硝($Na_2SO_4 \cdot 10H_2O$)作再生剂，再生液的主要成分是浓缩的 $ZnSO_4$，可直接回用于纺丝的酸浴工段。

一般对强酸性阳离子树脂用HCl或 H_2SO_4 等强酸及NaCl、Na_2SO_4 再生；对弱酸性阳离子树脂用HCl、H_2SO_4 再生；对强碱性阴离子树脂用NaOH等强碱及NaCl再生，对弱碱性阴离子树脂用NaOH，Na_2CO_3、$NaHCO_3$ 等再生。

2)再生剂用量

树脂的交换和再生均按等当量进行。理论上，1mol的再生剂可以恢复树脂1mol的交换容量，但实际上再生剂的用量要比理论值大得多，通常为2～5倍。实验证明，再生剂用量越多，再生效率越高。但当再生剂用量增加到一定值后，再生效率随再生剂用量增长不大。因此再生剂用量过高既不经济也无必要。

当再生剂用量一定时，适当增加再生剂浓度，可以提高再生效率。但再生剂浓度太高，会缩短再生液与树脂的接触时间，反而降低再生效率，因此存在最佳浓度值。如用 NaCl 再生 Na 型树脂，最佳盐浓度范围在 10% 左右。一般顺流再生时，酸液浓度以 3% ~ 4%，碱液浓度以 2% ~3% 为宜。

3）再生方式

固定床的再生主要有顺流和逆流两种方式。再生剂流向与交换时水流方向相同者，称为顺流再生，反之称为逆流再生。顺流再生的优点是设备简单，操作方便，工作可靠。缺点是再生剂用量多，再生效率低，交换时出水水质较差；逆流再生时，再生剂耗量少（比顺流法少 40% 左右），再生效率高，而且能保证出水质量，但设备较复杂，操作控制较严格。采用逆流再生，切忌搅乱树脂层，应避免进行大反洗，再生流速通常小于 2m/h。也可采用气顶压、水顶压或中间排液法操作。

2. 连续式离子交换器工艺

固定床离子交换器内树脂不能边饱和边再生，因树脂层厚度比交换区厚度大得多，故树脂和容器利用率都很低；树脂层的交换能力使用不当，上层的饱和程度高，下层低，而且生产不连续，再生和冲洗时必须停止交换。为了克服上述缺陷，发展了连续式离子交换设备，包括移动床和流动床。

图 7-12 为三塔式移动床系统，由交换塔、再生塔和清洗塔组成。运行时，原水由交换塔下部配水系统流入塔内，向上快速流动，把整个树脂层承托起来并与之交换离子。经过一段时间以后，当出水离子开始穿透时，立即停止进水，并由塔下排水。排水时树脂层下降（称为落床），由塔底排出部分已饱和树脂，同时浮球阀自动打开，放入等量已再生好的树脂。注意避免塔内树脂混层。每次落床时间很短（约 2min），之后又重新进水，托起树脂层，关闭浮球阀。失效树脂由水流输送至再生塔。再生塔的结构及运行与交换塔大体相同。

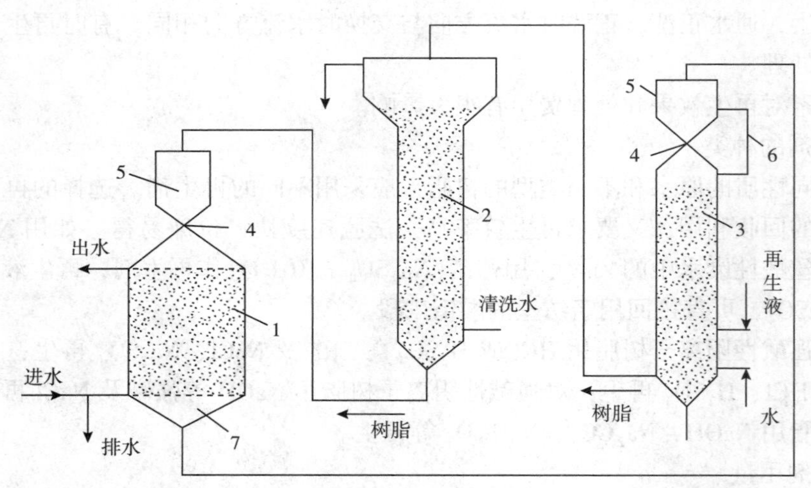

图 7-12　三塔式移动床

1—交换塔；2—清洗塔；3—再生塔；4—浮球阀；

5—贮树脂斗；6—连通管；7—排树脂部分

经验表明，移动床的树脂用量比固定床少，在相同产水量时，约为后者的1/3～1/2，但树脂磨损率大。能连续产水，出水水质也较好，但对进水变化的适应性较差；设备小，投资省，但自动化程度要求高。

移动床操作有一段落床时间，并不是完全的连续过程。若让饱和树脂连续流出交换塔，由塔顶连续补充再生好的树脂，同时连续产水，则构成流动床处理系统。流动床内树脂和水流方向与移动床相同，树脂循环可用压力输送或重力输送。为了防止交换塔内树脂混层，通常设置2～3块多孔隔板，将流化树脂层分成几个区，也起均匀配水作用。

流动床是一种较为先进的床型，树脂层的理论厚度就等于交换区厚度，因此树脂用量少，设备小，生产能力大，而且对原水预处理要求低。但由于操作复杂，目前运用不多。

四、离子交换设备

工业离子交换设备主要有固定床、移动床和流动床。目前应用最广泛的是固定床，包括单床、多床、复合床和混合床。如图7－13所示，固定床离子交换器包括筒体、进水装置、排水装置、再生液分布装置及体外有关管道和阀门等。

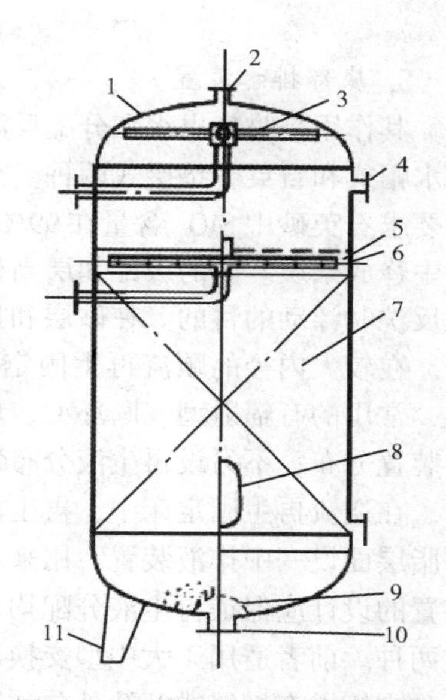

图7－13　逆流再生固定床的结构

1—壳体；2—排气管；3—上布水装置；4—交换剂装卸口；5—压脂层；6—中排液管；7—离子交换剂层；8—视镜；9—下布水装置；10—出水管；11—底脚

1. 筒体

固定床一般是一立式圆柱形压力容器，大多用金属制成，内壁需配防腐材料，如衬胶。小直径的交换器也可用塑料或有机玻璃制造。筒体上的附件有进、出水管，排气管，树脂装卸口，视镜，人孔等，均根据工艺操作的需要布置。

2. 进水装置

进水装置的作用是分配进水和收集反洗排水。常用的型式有漏斗型、喷头型、十字穿孔管型和多孔板水帽型，如图7－14所示。

1）漏斗型

结构简单，制作方便，适用于小型交换器。漏斗的角度一般为60°或90°，漏斗的顶部距交换器的上封头约200mm，漏斗口直径为进水管的1.5～3倍。安装时要防止倾斜，操作主要防止反洗流失树脂。

2）喷头型

结构也较简单，有开孔式外包滤网和开细缝隙两种形式。进水管内流速为1.5m/s左右，缝隙或小孔流速取1～1.5m/s。

3）十字管型

管上开有小孔或缝隙，布水较前两种均匀，设计选用的流速同前。

4）多孔板水帽型

布水均匀性最佳，但结构复杂，有多种帽型，一般适用于小型交换器。

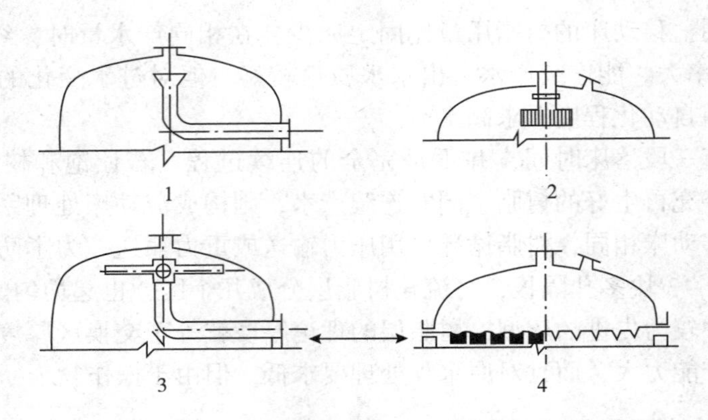

图 7－14　进水装置的常用型式

1—漏斗型；2—喷头型；3—十字管型；4—多孔板水帽型

3. 底部排水装置

其作用是收集出水和分配反洗水。应保证水流分布均匀和不漏树脂。常用的有多孔板排水帽式和石英砂垫层式两种。前者均匀性好，但结构复杂，一般用于中小型交换器。后者要求石英砂中 SiO_2 含量在99%以上，使用前用10%～20% HCl 浸泡12～14h，以免在运行中释放杂质。砂的级配和层高根据交换器直径有一定要求，达到既能均匀集水，也不会在反洗时浮动的目的。在砂层和排水口间设穹形穿孔支承板。

在较大内径的顺流再生固定床中，树脂层面以上150～200mm 处设有再生液分布装置，常用的有辐射型、圆环型、母管支管型等几种。对小直径固定床，再生液通过上部进水装置分布，不另设再生液分布装置。

在逆流再生固定床中，再生液自底部排水装置进入，不需设再生液分布装置，但需在树脂层面设一中排液装置，用来排放再生液。在小反洗时，兼作反洗水进水分配管。中排装置的设计应保证再生液分配均匀，树脂层不扰动，不流失。常用的有母管支管式和支管式两种。前者适用于大中型交换器，后者适用于 $\phi600$ 以下的固定床，支管1～3根。上述两种支管上有细缝或开孔外包滤网。

离子交换器的设计包括选择合适的离子交换树脂，确定合理的工艺系统，计算离子交换器的尺寸大小、再生计算、阻力核算等。交换器的尺寸计算主要是直径和高度的确定。交换器筒体的高度应包括树脂层高、底部排水区高和上部水垫层高三部分。根据计算得出的塔径和塔高选择合适尺寸的离子交换器，然后进行水力核算。

第八章 膜 分 离

第一节 概 述

膜分离技术是以选择性透过膜为分离介质，在外力推动下对双组分或多组分溶质和溶剂进行分离、浓缩或提纯的技术方法。在膜分离中，溶质透过膜的过程称为渗析，溶剂透过膜的过程称为渗透。根据分离过程中推动力的不同，水处理中常用的膜分离技术可分为渗析(Dialysis)、电渗析(Electric - dialysis)、微滤(Micro - filtration)、超滤(Ultra - filtration)、纳滤(Nano - filtration)、反渗透(Reverse Osmosis)等。

膜分离的作用机理往往用膜孔径的大小为模型来解释，实质上，它是由分离物质间的作用引起的，同膜传质过程的物理化学条件以及膜与分离物质间的作用有关。根据膜的种类、功能和过程推动力的不同，各种膜分离法的特征和它们之间的区别如表8-1所示。

表8-1 常见膜分离方法及其特点

方法	推动力	传递机理	透过物及其大小	截留物	膜类型
渗析(D)	浓度差	溶质扩散	低分子物质、离子(0.004 ~0.15μm)	溶剂 相对分子质量 >1000	非对称膜 离子交换膜
电渗析(ED)	电位差	电解质离子选择性透过	溶解性无机物(0.004 ~0.1μm)	非电解质大分子物	离子交换膜
微滤(MF)	压力差 <0.1MPa	筛分	水、溶剂和溶解物	悬浮颗粒、纤维(0.02 ~10μm)	多孔膜 非对称膜
超滤(UF)	压力差 0.1 ~1.0 MPa	筛滤及表面作用	水、盐及低分子有机物(0.005 ~10μm)	胶体大分子 不溶的有机物	非对称膜
纳滤(NF)	压力差 0.5 ~2.5MPa	离子大小或电荷	水、溶剂(<200μm)	溶质(>1mm)	复合膜
反渗透(RO)	压力差 2 ~10MPa	溶剂的扩散	水、溶剂 0.0004 ~0.06μm	溶质、盐(SS、大分子、离子)	非对称膜或复合膜
渗透汽化(PV)	分压差 浓度差	溶解、扩散	易溶解或易挥发组分	不易溶解组分较大、较难挥发物	均质膜或复合膜
液膜(LM)	化学反应和浓度差	反应促进和扩散	电解质离子	溶剂(非电解质)	液膜

膜法水处理技术的主要处理对象是分子态或离子态的溶解性物质，与其他的分离技术相比较，膜分离技术具有以下特点：

(1)膜分离过程不发生相变，能耗低，能量转化效率较高；

(2)膜分离过程在常温下即可进行，因而特别适于对热敏性物料，如果汁、酶、药物等的分离、分级和浓缩；

(3)膜分离对象广泛，不仅适用于有机物和无机物，而且还适用于许多特殊溶液体系的分离，如溶液中大分子与无机盐的分离，一些共沸物和近沸点物系的分离等；

(4)膜法分离设备分离效率高，装置紧凑，占地小，操作简便，易于实现自动化控制。

膜分离技术近年来得到了迅速发展，已在水处理、化工、医药、食品和生物工程等领域发挥着巨大的作用，它既可用于海水淡化、纯净水制备，也可用于污水处理中有用物质的回收及出水水质要求高、污染物采用其他常规处理方法难以去除的场合，并且在多数情况下是作为处理系统的一个处理单元和其他水处理方法组合使用。目前，膜法水处理技术尚存在膜污染、膜价格高、处理费用昂贵等问题。

第二节　扩散渗析

渗析法(Dialysis)也称为扩散渗析，是指在膜两侧溶液浓度差的推动作用下，溶质由高浓度的溶液主体透过半透膜向低浓度溶液迁移扩散的过程。

一、扩散渗析的基本原理

在膜分离技术中，扩散渗析是最早被发现和研究的膜分离过程，它是利用半透膜及浓差扩散原理对液体进行分离提纯的水处理操作。扩散渗析法分非选择性膜渗透和有选择性的离子交换膜渗析，前者与超滤相似，后者除无电极外与电渗析相似。

扩散渗析法的原理如图 8-1 所示，在容器中间用一张渗析膜(虚线)隔开，膜两侧分别为 A 侧和 B 侧，A 侧通过原进料液，B 侧通过接受液，由于两侧溶液的浓度不同，溶质由 A 侧根据扩散原理，而溶剂(水)由 B 侧根据渗透原理相互进行迁移，一般低分子比高分子扩散得快。渗析的目的就是借助这种扩散速度差，使 A 侧两组分以上的溶质(如 x_1 和 x_2)得以分离。

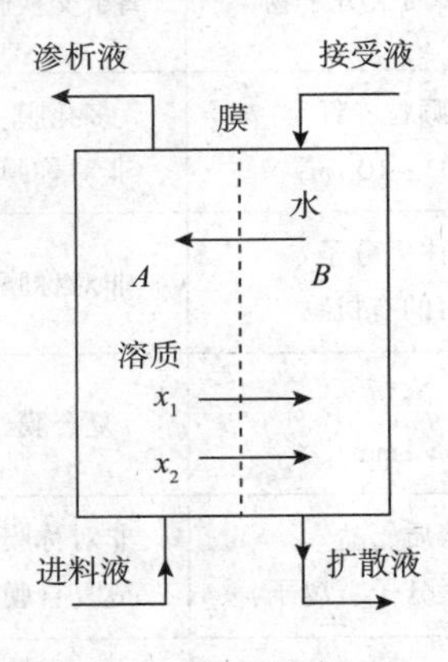

图 8-1　扩散渗析法原理示意图

由上述分离过程可见，只要具备浓度差和膜的选择性透过两个条件，扩散渗析过程就可自发进行。但扩散渗析的渗析速度与膜两侧溶液的浓度差成正比，分离速度随被分离组分在膜两侧浓度差的降低而渐减，当膜两侧的离子组分浓度达到平衡时，渗析过程便停止。

因受体系本身条件的限制，扩散过程进行得很慢，效率较低；另一方面渗析过程选择性不高，化学性质相似或分子大小类似的溶质体系很难用渗析法分离，这使得渗析法的发展受到了一定的限制，因此扩散渗析法常被更有效的电渗析法所替代，但是扩散渗析法无需能量，因此在一些场合仍不失其应用价值。

二、扩散渗析法在废水处理中的应用

扩散渗析法主要用于有机和无机电解质的分离和纯化，在水处理中目前主要用于酸、碱废液的处理和回收，但不能用于离子浓缩。

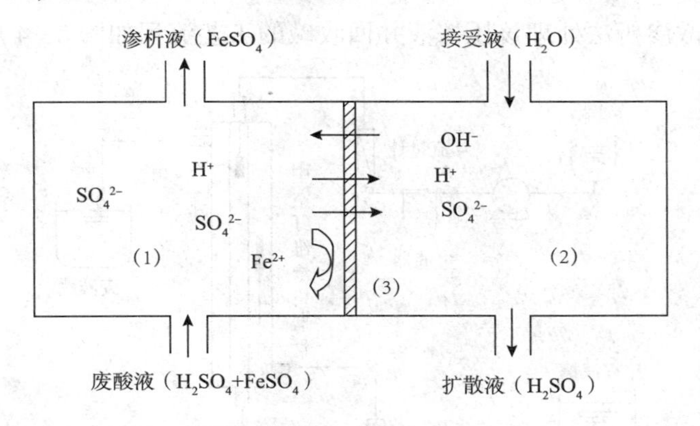

图8－2　酸洗钢铁废水回收硫酸

1—原液室；2—回收液室；3—阴离子交换膜

1. 酸洗钢铁废水回收硫酸

如图8－2所示，以选择性阴离子交换膜将容器分隔为原液室和回收液室，两室分别通入废酸液和接受液，废酸液与接受液在膜的两侧逆向流动，在浓度差的作用下，渗析室中的Fe^{2+}、SO_4^{2-}、H^+都有向回收液室扩散的趋势。由于阴离子交换膜的选择透过性，SO_4^{2-}离子能顺利透过膜进入到回收液室，而Fe^{2+}则很难通过；同时，根据电中性要求，也会夹带正电荷的离子，由于H^+的水合半径比较小，电荷较少，而金属盐的水合离子半径较大，又是高价的，因此H^+会优先通过膜，这样废液中的酸就会被分离出来，回收液室下端流出的为硫酸，从原液室上端排出的主要是$FeSO_4$残液，这样废酸液中的酸得到分离回收。

2. 钛材加工废液回收混酸

利用扩散渗析法处理钛材加工业混合废液的工艺流程如图8－3所示。

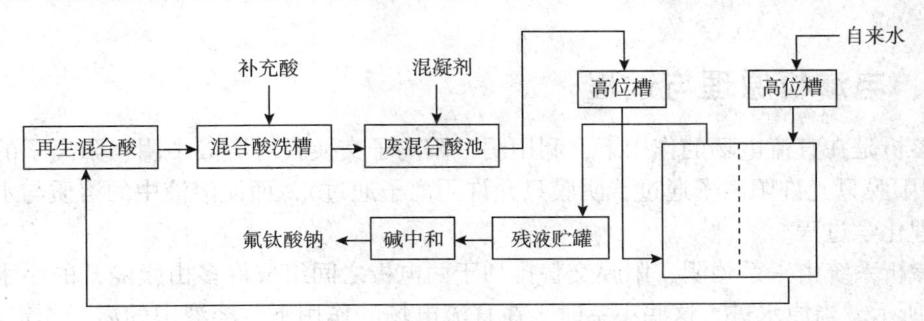

图8－3　钛材加工废液回收混酸

某钛材加工过程中产生的酸洗废液的主要成分为：HNO_3 4.5～5mol/L，HF 3g/L，Ti^{4+}(以TiF_4、$[TiF_6]^{2+}$等形式)18～24g/L。利用渗析法回收混酸，渗析器采用DF系列阴离子交换膜，酸洗槽排出的废液，经废酸混合池打入渗析液高位槽，然后送入渗析器；渗

析所得 HNO_3 和 HF 酸回收用于酸洗，渗析残液可用碱中和，提取氟钛酸钠。该工艺钛截留率 80%，酸回收率达 90%。

3. 人造丝浆压榨液回收 NaOH

人造丝浆压榨液的主要成分有半纤维素(以通式 CH_2O 表示)、甘露醇、葡萄糖以及 NaOH 等。利用扩散渗析法处理该压榨液并回收碱的工艺流程如图 8-4 所示。

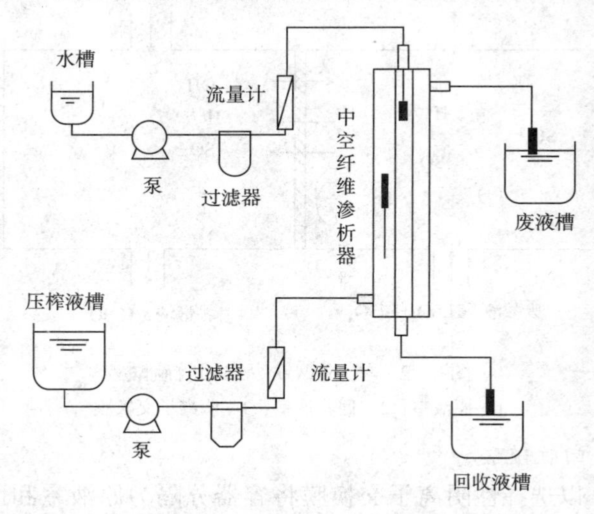

图 8-4　人造丝浆压榨液回收 NaOH

中空纤维渗析器膜材料由聚乙烯醇制成，具有非选择性渗透的特性，即允许小分子物质以较快的速度扩散，对大分子物质的扩散阻力较大。原液和接受液在渗析膜两侧逆向流动时，原液中的 NaOH 渗析到接受液侧，而 CH_2O 主要阻留在原液侧，从而实现 CH_2O 与 NaOH 的分离，并回收 NaOH。该工艺的分离效果较好，CH_2O 截留率达 95.5%，NaOH 回收率为 97.8%。

第三节　电渗析

一、电渗析原理与过程

电渗析是在直流电场的作用下，利用阴、阳离子交换膜对溶液中阴、阳离子的选择透过性(即阳膜只允许阳离子通过，阴膜只允许阴离子通过)，而使溶液中的溶质与水分离的一种物理化学过程。

电渗析系统由一系列阴、阳膜交替排列于两电极之间组成许多由膜隔开的小水室，如图 8-5 所示。当原水进入这些小室时，在直流电场的作用下，溶液中的离子作定向迁移。阳离子向阴极迁移，阴离子向阳极迁移。但由于离子交换膜具有选择透过性，结果使一些小室离子浓度降低而成为淡水室，与淡水室相邻的小室则因富集了大量离子而成为浓水室。从淡水室和浓水室分别得到淡水和浓水，原水中的离子得到了分离和浓缩，水便得到了净化。

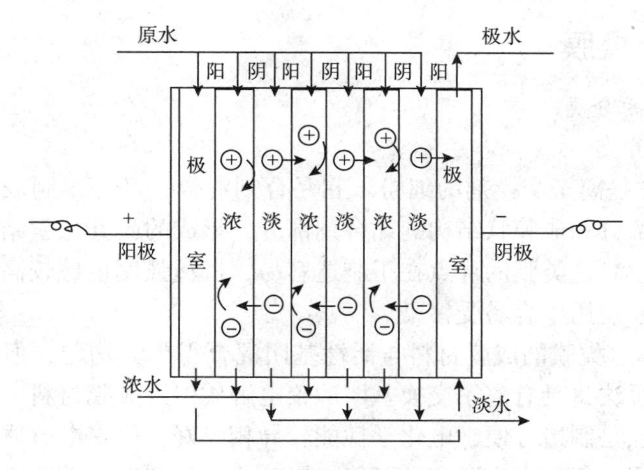

图8-5　电渗析原理示意图

在电渗析过程中，除了上述离子电迁移和电极反应两个主要过程以外，同时还发生一系列次要过程：

1)反离子的迁移

因为离子交换膜的选择性不可能达到100%，所以也有少量与离子交换膜解离离子电荷相反的离子透过膜，即阴离子透过阳膜，阳离子透过阴膜。当膜的选择性固定后，随着浓水室盐浓度增加，这种反离子迁移影响加大。

2)电解质浓差扩散

由于膜两侧溶液浓度不同，在浓度差作用下，电解质由浓水室向淡水室扩散，扩散速度随浓度差的增高而增加。

3)水的渗透

由于浓、淡水室存在浓度差，又是由半透膜隔开，在水的渗透压作用下，水由淡水室向浓水室渗透。浓度差愈大，水的渗透量也愈大。

4)水的电渗透

溶液中离子实际上都是以水合离子形式存在，在其电迁移过程中必然携带一定数量的水分子迁移，这就是水的电渗透。随着溶液浓度的降低，水的电渗透量急剧增加。

5)水的压渗

当浓水室和淡水室存在压力差时，溶液由压力高的一侧向压力低的一侧渗漏。

6)水的电离

在不利的操作条件下，由于电流密度与液体流速不匹配，电解质离子未能及时地补充到膜的表面，而造成膜的淡水侧发生水的电离，生成 H^+ 和 OH^- 离子，以补充淡水侧离子之不足。

综上所述，电渗析器在运行时，同时发生着多种复杂过程。主要过程是电渗析处理所希望的，而次要过程却对处理不利。例如，反离子迁移和电解质浓差扩散将降低除盐效果；水的渗透、电渗和压渗会降低淡水产量和浓缩效果；水的电离会使耗电量增加，导致浓水室极化结垢等。因此，在电渗析器的设计和操作中，必须设法消除或改善这些次要过程的不利影响。

二、离子交换膜

1. 离子交换膜的分类

1) 按膜体结构分类

(1) 异相膜。它是离子交换剂的细粉末和黏合剂混合，经加工制成的薄膜，其中含有离子交换活性基团部分和成膜状结构的黏合剂部分，形成的膜其化学结构是不连续的，故称异相膜或非均相膜。这类膜的优点在于制造容易，机械强度也比较高，缺点是选择性较差、膜电阻也大，在使用中容易受污染。

(2) 半均相膜。这类膜的成膜材料与活性基团混合得十分均匀，但它们之间没有化学结合。例如，用含浸法将具有离子交换基团的聚电解质引入成膜材料之中而构成的离子交换膜。这类膜的优点是制造方便，电化学性能较异相膜好，但聚电解质和成膜材料并没有化学结合，长期使用，仍有发生脱离的可能，影响均匀性和电化学性能。

(3) 均相膜。它是由具有离子交换基团的高分子材料直接制成的膜，或者在高分子膜基上直接接上活性基团而制成的膜。这类膜中活性基团与成膜材料发生化学结合，组成完全均匀，具有优良的电化学性能和物理性能，是近年来离子交换膜的主要发展方向。

2) 按活性基团分类

(1) 阳离子交换膜(简称阳膜)。阳膜与阳离子交换树脂一样，带有阳离子交换基团，它能选择性透过阳离子而不让阴离子透过。按交换基团离解度的强弱，分为强酸性和弱酸性阳膜。酸性活性基团主要有：磺酸基($—SO_3H$)、磷酸基($—PO_3H_2$)、膦酸基($—OPO_3H$)、羧酸基(—COOH)、酚基($—C_6H_4OH$)等。

(2) 阴离子交换膜(简称阴膜)。膜体中含有带正电荷的碱性活性基团，它能选择性透过阴离子而不让阳离子透过。按其交换基团离解度的强弱，分为强碱性和弱碱性阴膜。碱性活性基团主要有：季胺基[$—N(CH_3)_2OH$]、伯胺基($—NH_2$)、仲胺基(—NHR)、叔胺基($—NR_2$)等。

(3) 特种膜。这类膜包括两极膜、两性膜、表面涂层膜等具有特种性能的离子交换膜。两极膜系由阳膜和阴膜粘贴在一起复合而成；在两性膜中阳、阴离子活性基团同时存在且均匀分布，这种膜对某些离子具有高选择性；在阳膜或阴膜表面上再涂一层阴或阳离子交换树脂就得到表面涂层膜。

3) 按材料性质分类

(1) 有机离子交换膜。各种高分子材料合成的膜，如聚乙烯、聚丙烯、聚氯乙烯、聚砜、聚醚以及含氟高聚物、离子交换膜等均属此类。目前使用最多的磺酸型阳膜和季胺型阴膜都是有机离子交换膜。

(2) 无机离子交换膜。这类膜由无机材料制成，具有热稳定性、抗氧化、耐辐照及成本低等特点，如磷酸锆和矾酸铝等。

此外，也有按膜的用途将离子交换膜分为浓缩膜、脱盐膜和特殊选择透过性膜等几类。

2. 离子交换膜的性能

离子交换膜是电渗析器的关键部件，良好的电渗析膜应具有高的离子选择透过性和交换容量、低的电阻和渗水性以及足够的化学和机械稳定性。反映离子交换膜性能的指标主要有以下几项。

1）交换容量

指在一定量的膜样品中所含活性基团数，通常以单位面积、单位体积或单位干重膜所含的可交换离子的毫克当量数表示。膜的选择透过性和电阻都受交换容量的影响。一般膜的交换容量约为 1 ~3 毫克当量/克（干膜）。

2）含水量

表示湿膜中所含水的百分数（可以单位重量干膜或湿膜计）。含水量受膜内活性基团数量、交联度、平衡溶液的浓度和溶液内离子种类的影响。离子交换膜的含水量一般为 30% ~50%。

3）破裂强度

表示膜在实际应用时所能承受的垂直方向的最大压力，是衡量膜的机械强度的重要指标之一。在电渗析操作中，膜两侧所受的流体压力不可能相等，故膜必须有足够的机械强度，以免因膜的破裂而使浓室和淡室连通，造成无法运行。国产膜的破裂强度为0.3 ~1.0MPa。

4）厚度

膜厚度与膜电阻和机械强度有关。在不影响膜的机械强度的情况下，膜越薄越好，以减少电阻。一般异相膜的厚度约 1mm，均相膜的厚度约 0.2 ~0.6mm，最薄的为 0.015mm。

5）导电性

完全干燥的膜几乎是不导电的，含水的膜才能导电。这说明膜是依靠（或主要依靠）含在其中的电解质溶液而导电。膜的导电性可用电阻率、电导率或面电阻来表示，面电阻表示单位膜面积的电阻（$\Omega \cdot cm^{-2}$），整个膜的电阻为膜的面电阻乘以膜的总面积。

膜的导电性与平衡溶液的浓度、溶液中的离子、膜中的离子、温度及膜本身的特性有关，所以其数值的测定要在规定的条件下进行。

6）选择透过性与膜电位

膜对离子选择透过性的优劣，往往用离子在膜中的迁移数和膜的选择透过度来表示。

在直流电场中，电解质溶液中阳、阴离子定向迁移共同传递电量，而在膜中只允许一种离子透过来传递电量，通常把某种离子传递的电量与总电量之比称为该离子的迁移数（t_i）。离子在膜中的迁移数（$\bar{t}_i$）大于在溶液中的迁移数（t_i）。膜的选择透过度 P_i 定义为 i 离子在膜中迁移数的增加值与该离子在理想膜中的迁移数的增加值之比，即

$$P_i = \frac{\bar{t}_i - t_i}{\bar{t}_i^0 - t_i} = \frac{\bar{t}_i - t_i}{1 - t_i} \tag{8-1}$$

式中 $\bar{t}_i^0$ 是 i 离子在理想膜中的迁移数，$\bar{t}_i^0 = 1$。t_i 取膜两侧溶液平均浓度下的迁移数，可查物理化学手册得到。

为什么会产生膜电位呢？因为在电渗析运行过程中，在膜的两侧分别富集了电位不同的两种电荷，由此产生一个电位差即膜电位。以阳膜为例，由于阳离子透过膜使得在膜的浓侧富集了高电位的阳离子，而在淡侧富集了低电位的阴离子，此电位差即膜电位的极性与外加电位的极性相反。

3. 离子交换膜的选择性透过机理

离子交换膜主要是一种聚电解质，在高分子骨架上带有若干可交换活性基团，这些活性基团在水中可以电离成电荷符号不同的两部分——固定基团和解离离子。离子交换膜的选择性透过机理可用双电层理论和 Donnan 膜平衡理论解释。

1)双电层理论

在固定基团和进入溶液中的解离离子之间，由于存在着静电引力，固定基团力图将解离离子吸引到近旁，但热运动又使解离离子均匀分布到整个溶液中去，这种互相矛盾着的力的作用结果，在膜－溶液界面上形成带相反电荷的双电层。此时这些带电的固定基团会对膜外溶液中带相反电荷的离子因异性相吸使之向膜运动，并在外加电场力的作用下继续运动直至穿过膜，而溶液中与固定基团电荷相同的离子则因同性相斥而不能靠近和穿过膜，从而实现了离子的选择性透过。

2)Donnan膜平衡理论

该理论是解释离子交换树脂与电解质溶液间的平衡问题的。对离子交换膜来说，它只是离子交换树脂的一种特殊应用。当离子交换膜浸入电解质溶液时，电解质溶液中的离子和膜内的离子会发生交换作用，最终达到动态平衡。假定膜相和溶液相分别为Ⅰ和Ⅱ相，假如Na^+型强酸离子交换膜浸入NaCl溶液中，离子在膜和溶液中发生交换，当达平衡时：

$$[Na^+]_{(\mathrm{I})}\cdot[Cl^-]_{(\mathrm{I})}=[Na^+]_{(\mathrm{II})}\cdot[Cl^-]_{(\mathrm{II})}$$

为保持电中性，

$$[Na^+]_{(\mathrm{II})}=[Cl^-]_{(\mathrm{II})}$$

$$[Na^+]_{(\mathrm{I})}=[Cl^-]_{(\mathrm{I})}+[RSO_3^-]_{(\mathrm{I})}$$

式中$[RSO_3^-]_{(\mathrm{I})}$为膜内固定离子浓度，由上三式得

$$[Cl^-]^2_{(\mathrm{II})}=[Cl^-]^2_{(\mathrm{I})}+[Cl^-]_{(\mathrm{I})}[RSO_3^-]_{(\mathrm{I})}$$

$$[Na^+]^2_{(\mathrm{II})}=[Na^+]^2_{(\mathrm{I})}-[Na^+]_{(\mathrm{I})}[RSO_3^-]_{(\mathrm{I})}$$

由此可见，在平衡时，

$$[Cl^-]_{(\mathrm{II})}>[Cl^-]_{(\mathrm{I})}$$

$$[Na^+]_{(\mathrm{II})}<[Na^+]_{(\mathrm{I})}$$

即阳膜内阳离子浓度大于溶液中阳离子浓度，而阳膜中阴离子浓度小于溶液中阴离子浓度。说明阳离子容易进入阳膜，阴离子却受到阳膜排斥，也即膜对离子具有选择透过性。

三、电渗析器的构造

电渗析器由膜堆、极区和夹紧装置三部分组成。膜堆包括若干个膜对，膜对是电渗析的基本单元。1张阳膜、1张浓(或淡)室隔板、1张阴膜、1张淡(浓)室隔板组成一个膜对。极区包括电极、极水框和保护室。夹紧装置由盖板和螺杆组成。

一台性能良好的电渗析器应能长期稳定运行，结构上应不易产生结垢、沉淀，即使生成了也便于清除。耗电要小，应尽可能减少漏电，防止漏水，膜和水溶液的电阻要小，以提高电流效率。装置还应便于检查、拆卸和换膜。

1. 电渗析器的主要部件

1)离子交换膜

组装前需对膜进行处理，首先将膜放在操作溶液中浸泡24～48h，使之与膜外溶液平衡，然后剪裁打孔。膜的尺寸大小比隔板周边小1mm，应比隔板水孔大1mm。电渗析停运时，应在电渗析器中充满溶液，以防膜发霉变质，或膜因干燥收缩变形甚至破裂。

2)隔板

隔板放在阳、阴膜之间，其作用一是作为膜的支撑体，使两层膜之间保持一段距离；

二是作为水流通道，使两层膜之间的流体均匀分布，同时依靠水流的涡动作用，减薄膜表面的滞流层，以提高净化效果和减少耗电量。隔板上有进出水孔、配水槽及过水道，其结构如图8－6所示。

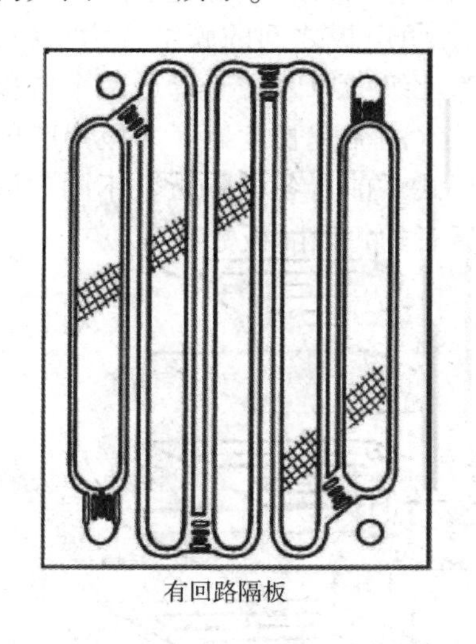

有回路隔板

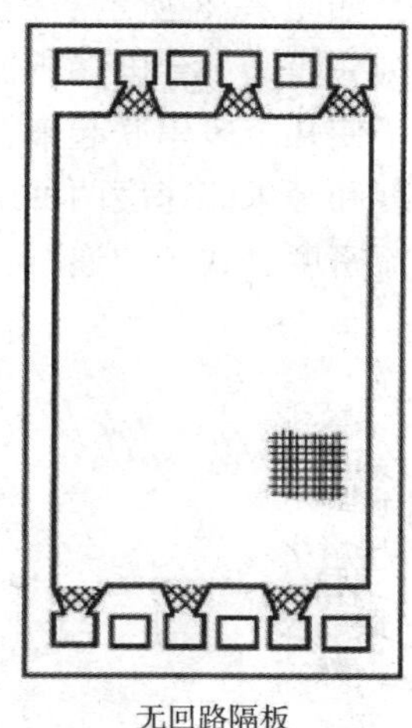

无回路隔板

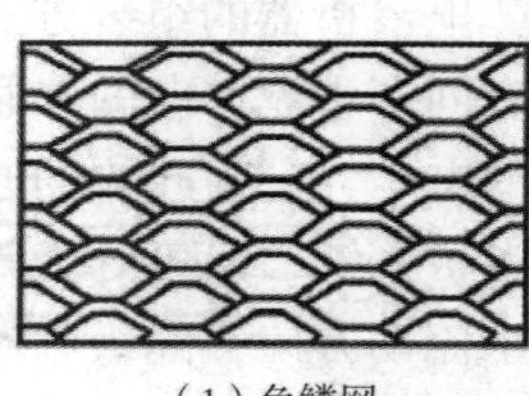

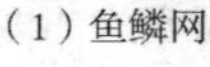

（1）鱼鳞网

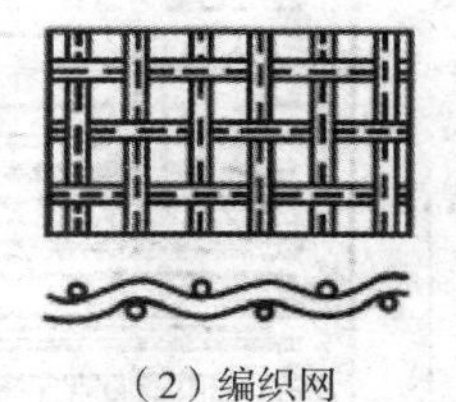

（2）编织网

图8－6 隔板与隔网

为了支撑膜和加强搅拌作用，使液体产生紊流，在大部分隔板的流道中，均粘贴或热压上一定形式的隔网。常用的隔网类型有：鱼鳞网、编织网、冲膜网、挤塑网、离子交换导电隔网等。常用的隔板材料有聚氯乙烯、聚丙烯、合成橡胶等。隔板厚度一般0.5～2.0mm，且均匀平整。

按水流方式的不同，隔板可分为有回路隔板和无回路隔板两种(见图8－6)。前者依靠弯曲而细长的通道，达到以较小流量提高平均流速的效果，除盐率高；后者是使液流沿整个膜面流过，流程短，产水量大。

按作用不同，又可将隔板分为浓、淡室隔板、极框和倒向隔板三种。浓室隔板和淡室隔板结构完全一样，只是在组装时放置的方向不同，使进出水孔位置不一样。极框是供极水流通的隔板，放在电极和膜之间。由于电极反应产生气体和沉淀物，必须尽快地排除，避免阻挡水流和增大电阻，所以极框的流程短、厚度大。倒向隔板形状与浓、淡室隔板相同，只是缺少一只过水孔，其作用是截断水流迫使水流改变方向，以增加处理流程长度，提高废水脱盐率。

3)电极

电极设在膜堆两端，连接直流电源，作为电渗析的推动力，通过直流电时，在电极上会发生电极反应，要求电极耐腐蚀、导电性能和机械性能好。石墨、炭板和许多金属导体如铂、铜、铅、铁、钛等，都可以作为电极材料。常用铅板或石墨作阳极，不锈钢作阴极。

4)夹紧装置

其作用是把极区和膜堆组成不漏水的电渗析器整体。可采用压板和螺栓拉紧，也可采用液压压紧。

2. 电渗析器的组装

将阴、阳离子交换膜和隔板交替排列，再配上阴、阳极就构成了电渗析器。其组装示意如图8－7所示。常用于水处理的电渗析器是由几十到几百个膜堆组成的压滤型(也称紧固型)电渗析器。压滤型电渗析器中隔板与膜的排列要求极严格，不允许有差错，否则影响出水质量。为保持膜堆的对称性，靠阳极和阴极的两张膜，均应采用阳膜，即在一级之内，第一张和最后一张膜都是阳膜。采用阳膜价格比阴膜便宜，抗腐蚀性也较阴膜好。

电渗析器的组装方式有多种，如图 8-8 所示。一对正、负电极之间的膜堆称为一级，具有同一水流方向的并联膜堆称为一段。一台电渗析器分为几级的原因在于降低两个电极间的电压，分为几段的原因是为了使几个段串联起来，加长水的流程长度。对多段串联的电渗析系统，又可分为等电流密度和等水流速度两种组装形式。前者各段隔板数不同，沿淡水流动方向，隔板数按极限电流密度公式规律递减，而后者的每段隔板数相等。

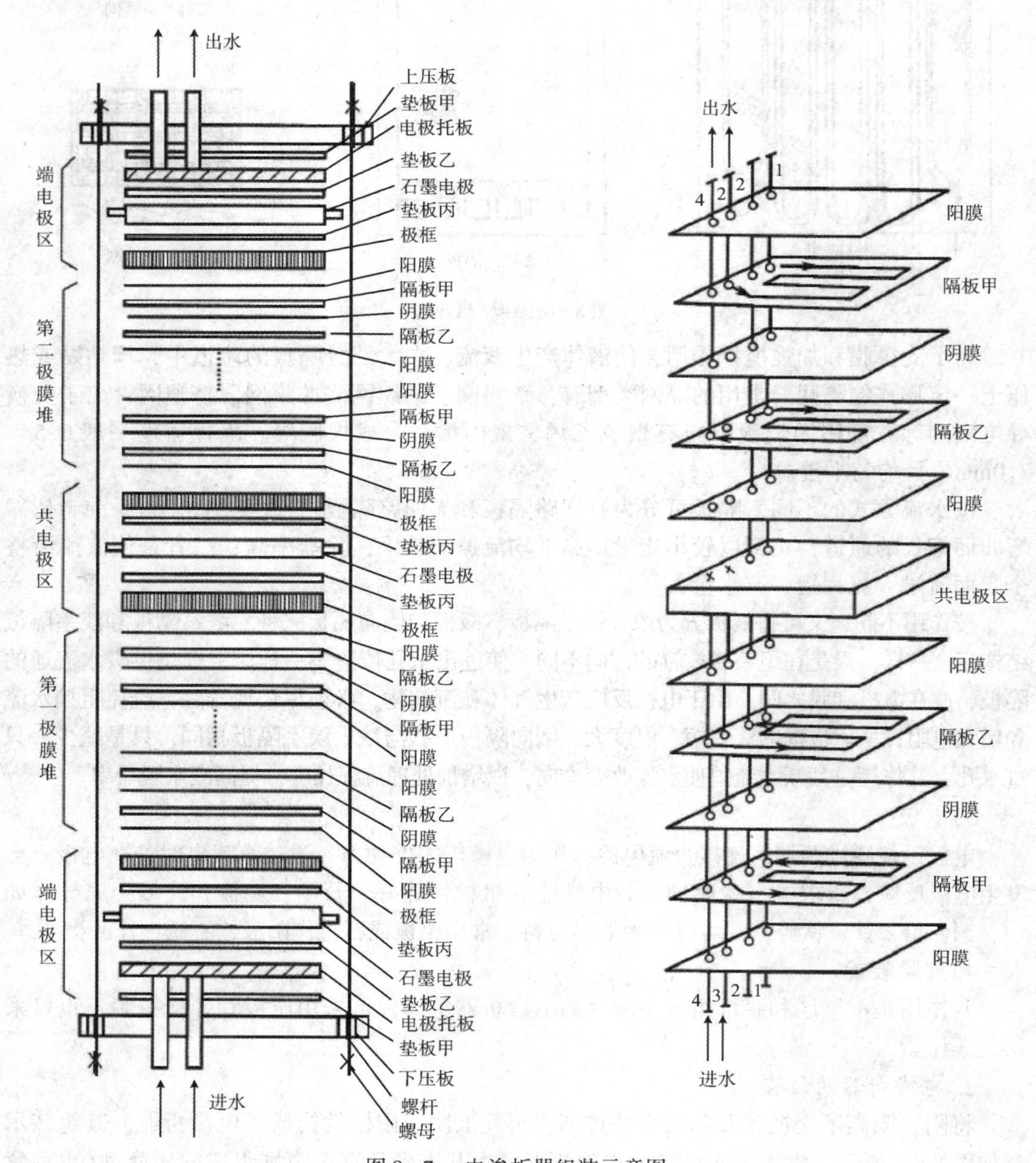

图 8-7　电渗析器组装示意图

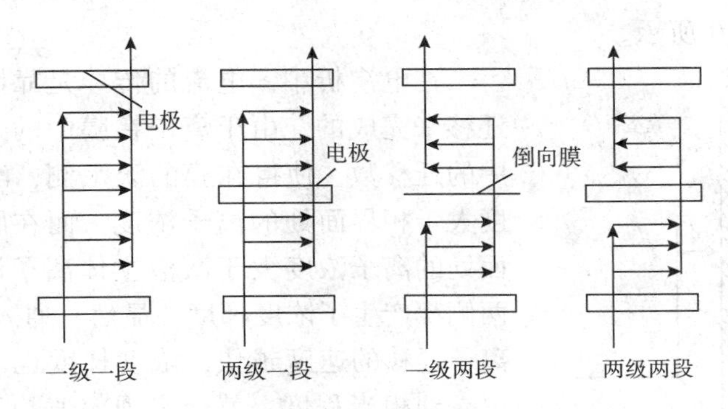

图 8－8　电渗析器的组装方式

四、电渗析的操作控制

1. 电能消耗

电渗析过程，主要消耗的是电能，因此，耗电量的大小，不但直接地影响到处理成本，也在一定程度上反映了操作技术水平。

单位体积成品水的电能消耗按下式计算：

$$W = \frac{VI \times 10^{-3}}{Q_d} \quad (\mathrm{kW \cdot h/m^3}) \tag{8-2}$$

式中　V——工作电压，V；

I——工作电流，A；

Q_d——淡水产量，m^3/h。

降低电渗析能耗，需从电压和电流两方面考虑。

电渗析器的工作电压 V 可分解为下式中的几个部分：

$$V = E_d + E_m + IR_j + IR_m + IR_s \tag{8-3}$$

式中　E_d——电极反应所需的电势，V；

E_m——克服膜电位所需的电压，V；

R_j——接触电阻，Ω；

R_m——膜电阻，Ω；

R_s——溶液电阻(包括浓水、淡水和极水电阻)，Ω。

在上述几部分电压消耗中，电极反应消耗电压有限而且是不可避免的，膜电位消耗电压也不大，而且不宜降低，只有克服电阻消耗最大，估计约占总压降 60%～70%，而且大部分消耗在淡水层的滞流层，因此，设法降低滞流层电阻，对降低电能消耗将起很大作用。

电渗析的电流效率一般随水的净化程度提高而降低。净化程度越高，浓水与淡水的浓差越大，浓差扩散增大，离子返回到淡水层的速率增加，被浪费的电能就增多，因而电流效率降低。

生产上经常用电能效率作为耗电量的指标，它是理论电能消耗量与实际电能消耗量的比值。目前，电渗析用于水处理的电能效率一般在 10% 以下。

2. 电流密度

1) 浓差极化

在电渗析操作中，如采用的电流密度(即每单位面积膜通过的电流)过大，会产生浓差极化现象，如图 8-9 所示。

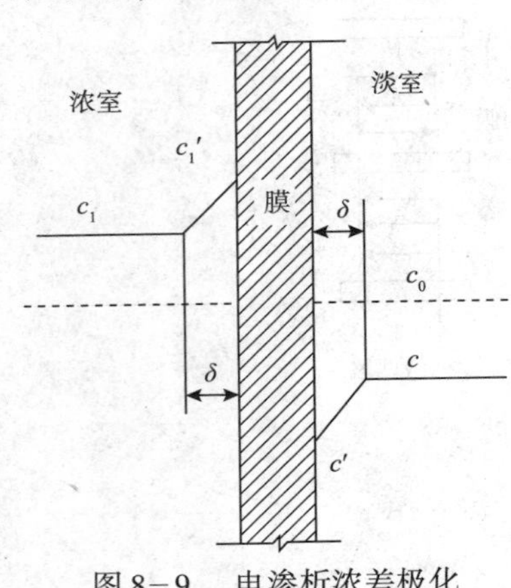

图 8-9　电渗析浓差极化示意图

在电渗析中，电流的传导是靠阴、阳离子的定向迁移来完成的。由于离子在膜中的迁移数大于在溶液中的迁移数，使得在膜的淡水侧，溶液主体的离子浓度大于相界面处的离子浓度，而在膜的浓水侧，相界面处的离子浓度大于溶液主体离子浓度。这样，在膜两侧都产生了浓度梯度。显然，通入的电流强度越大，离子迁移的速度越快，浓度梯度也就越大。如果电流提高到相当程度，就会出现 c' 值趋于零的情况，此时在淡水侧的边界层中就会发生水分子的电离，产生 H^+ 和 OH^-，参与传导电流，以补充离子的不足。这种情况称为浓差极化，此时的电流密度称为极限电流密度。

浓差极化现象出现的结果，在阴膜浓水一侧，由于 OH^- 富集起来，水的 pH 值增高，产生氢氧化物沉淀，造成膜面附近结垢，在阳膜的浓水一侧，由于膜表面处的离子浓度 c_2' 比 c' 大得多，也容易造成膜面附近结垢。结垢的结果必然导致膜电阻增大，电流效率降低，膜的有效面积减小，寿命缩短，影响电渗析过程的正常进行。

防止浓差极化最有效的方法是控制电渗析器在极限电流密度以下运行。另外，定期倒换电极和酸洗，可将膜上积聚的垢层溶解下来。

2）极限电流密度

由物料衡算知，在临界极化状态下，离子在膜中的迁移量等于离子在溶液中的电迁移量与浓差扩散迁移量之和，即

$$\bar{t}\,\frac{i_{\lim}}{F}=t\,\frac{i_{\lim}}{F}+D\,\frac{c}{\delta} \tag{8-4}$$

由此得

$$i_{\lim}=\frac{FDc}{(\bar{t}-t)\cdot\delta} \tag{8-5}$$

式中　$i_{\lim}$——极限电流密度，A/cm^2；

c——淡水室溶液主体对数平均浓度，mmol/L；

δ——扩散边界层厚度，cm；

D——离子扩散系数，cm^2/s；

F——法拉第常数，$F=96500C/mol$。

对于扩散层厚度 δ，威尔逊提出如下极限电流密度计算式：

$$i_{\lim}=Kv^m c \tag{8-6}$$

式中 m 为流速指数，其值在 0.33～0.90 范围内，K 是一个综合经验常数。K 和 m 值需由试验确定。

威尔逊公式表示了极限电流密度与流速、浓度之间的关系。由此可知，①当水质条件不变即 c 值不变时，如果淡水室流速改变，极限电流密度应随之作正向变化；②当处理水量不变即 v 不变时，如果净化水质变化，工作电流密度也应随之调整；对一台多级串联电

渗析器，当处理水量一定时，各级净水的浓度依次降低，各级的极限电流密度也是依次降低的；③当其他条件不变时，不能靠提高工作电流密度或降低水流速度来提高水质，否则，必然使工作电流密度超过极限电流密度，电渗析出现极化。

测定极限电流密度的方法有：电流－电压曲线法、电流－溶液 pH 值法、电阻－电流倒数法等，其中第一种方法最常用。

极限电流密度是电渗析器工作电流密度的上限。在实际操作中，工作电流密度还有一个下限。因为实际使用的膜，不能完全防止浓水层中离子向淡水层反电渗析方向扩散，离子的这种扩散量，随浓水层及淡水层浓差的增大而增加。因此，电渗析所消耗的电能，实际有一部分是消耗于补偿这种扩散造成的损失，假如实际工作电流密度小到仅能补偿这种损失，电渗析作用即停止了。这个电流密度就是最小电流密度，其值随浓、淡水层浓差的增大而增大。电渗析的工作电流密度只能在极限电流密度和最小电流密度之间选择，取电流效率最高的电流密度作工作电流密度，一般为极限电流密度的70%～90%。

3. 流速与压力

电渗析器都有自身的额定流量，流量过大进水压力过高，设备容易产生漏水和变形。流量过小达不到正常流速，水流不均匀，容易极化结垢，都会影响电渗析器的正常运行。目前一般水流速度控制在5～25cm/s，进水压力一般不超过0.3MPa。

此外，原水在进入电渗析之前，需要进行必要预处理，一般进行过滤，以除去水中的悬浮物和胶体杂质，除铁、锰及有机物等，以保证电渗析水处理过程能稳定运行。

五、电渗析在废水处理中的应用

电渗析最先用于海水淡化制取饮用水和工业用水，海水浓缩制取食盐，以及与其他单元技术组合制取高纯水。目前电渗析在废水处理中得到较广泛应用，如从碱法造纸废液中回收碱和木质素、从放射性废水中分离放射性元素、从芒硝废液中制取硫酸和氢氧化钠、从酸洗废液中制取硫酸及沉积重金属离子、处理电镀废水和废液等。在废水处理中，根据工艺特点，电渗析操作有两种类型，一种是由阳膜和阴膜交替排列而成的普通电渗析工艺，主要用于从废水中单纯分离污染物离子，或者把废水中的污染物离子和非电解质污染物分离开，再用其他方法处理；另一种是由复合膜与阳膜构成的特殊电渗析工艺，利用复合膜中的极化反应和极室中的电极反应以产生 H^+ 和 OH^-，从废水中制取酸和碱。

1. 电渗析－离子交换组合处理重金属废水

利用电渗析法从酸洗废液中回收重金属和酸已在工业上获得应用，我国某印刷企业利用电渗析－离子交换系统处理含铜污水的工艺流程如图8－10所示。

处理过程中，废液由废液槽经过滤预处理后进入离子交换系统，分别通过阳离子交换柱和阴离子交换柱，使铜离子由废液转移于离子交换树脂中，待离子交换柱饱和后进行再生，将再生液中富集的 Cu^{2+} 送入电渗析器进一步浓缩并回收利用，经处理后，Cu^{2+} 浓度由100mg/L降至1mg/L。离子交换柱得到净化和软化的出水可替代自来水回用于淋洗工序，电渗析器淡水室出水与原水混合后再通过离子交换柱循环处理。处理系统为闭路循环形式，既可浓缩回收铜盐，实现水的回用，又消除了环境污染。

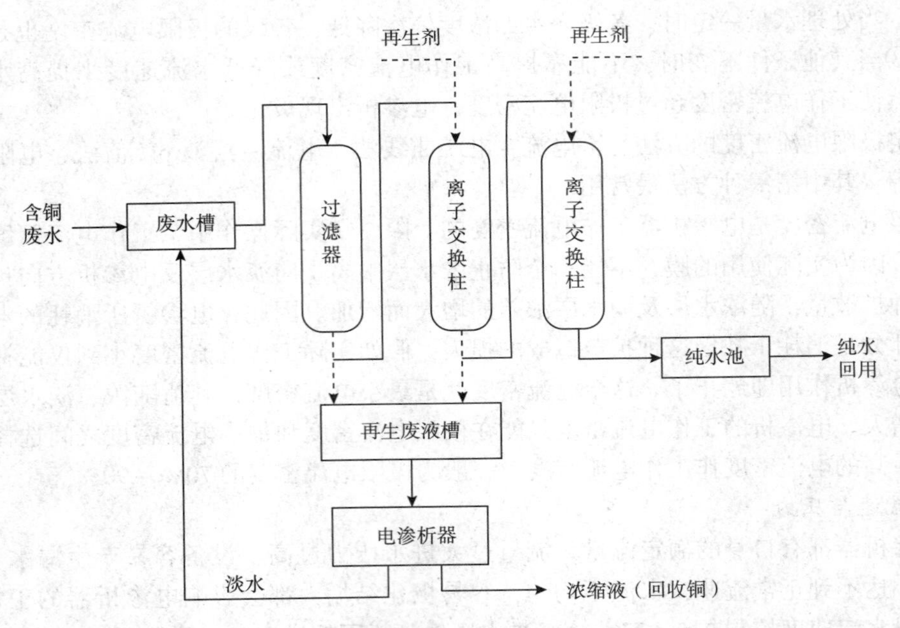

图 8－10　电渗析－离子交换系统处理含铜污水

2. 电渗析－离子交换处理放射性废水

国外某处理站采用电渗析－离子交换法处理低浓度放射性废水，其工艺流程如图 8－11 所示。该废水除含有 α、β 放射性核素外，还含有大于 500mg/L 的无机盐、大量表面活性剂、洗涤剂、悬浮物及有机物。

处理系统由三部分主要工艺组成：预处理工艺(废水收集、混凝、澄清)、主体处理工艺(电渗析、离子交换)和浓缩工艺(再生液的碱处理、蒸发处理)。预处理采用铁盐混凝、经砂滤澄清，20% ~30% 的有机物和所有的 α 放射性核素随氢氧化物沉渣一起被除去；经过电渗析处理后，可去除废水中 50% ~75% 盐分，β 放射性核素减少 50% ~80%；经过两级离子交换器(阳离子交换剂用 H 型，阴离子交换剂用 OH 型)，出水的含盐量低于 10mg/L，放射性核素的浓度低于规定的卫生标准。

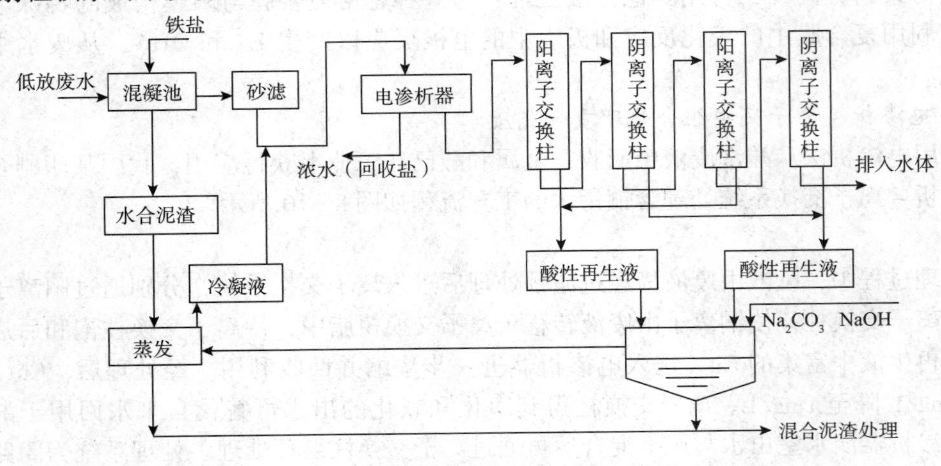

图 8－11　电渗析－离子交换法处理低放射性废水

第四节　反　渗　透

一、反渗透原理

用一张半透膜将淡水和某种浓溶液隔开，如图 8－12 所示，该膜只让水分子通过，而不让溶质通过。由于淡水中水分子的化学位比溶液中水分子的化学位高，所以淡水中的水分子自发地透过膜进入溶液中，这种现象叫做渗透。在渗透过程中，淡水一侧液面不断下降，浓溶液一侧液面则不断上升。当两液面不再变化时，渗透便达到了平衡状态，此时两液面高差称为该溶液的渗透压。如果在溶液一侧施加大于渗透压的压力 p，则溶液中的水就会透过半透膜，流向淡水一侧，使溶液浓度增加，这种作用称为反渗透。

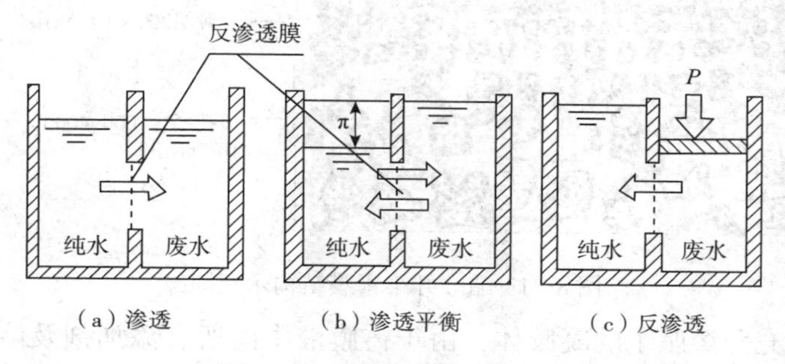

图 8－12　反渗透原理示意图

由此可见，实现反渗透过程必须具备二个条件：一是必须有一种高选择性和高透水性的半透膜；二是操作压力必须高于溶液的渗透压。

渗透压是区别溶液与纯水性质之间差别的标志，它以压力来表示，与溶质的性质无关，其值为：

$$\pi = \phi RT \sum_i c_i \tag{8-7}$$

式中　π ——溶液的渗透压力，Pa；

R ——理想气体常数，8.314J/mol · K；

c_i——溶质 i 的浓度，mol/m³；

T ——绝对温度，K；

ϕ ——范特霍夫常数，它表示溶质的离解状态。对于电解质溶液，当它完全离解时，ϕ 等于离解的阴、阳离子的总数；对非电解质溶液，$\phi = 1$。

二、反渗透膜及其传质机理

反渗透膜是实现反渗透分离的关键，良好的反渗透膜应具有如下性能：选择性好，单位膜面积上透水量大，脱盐率高；机械强度好，能抗压、抗拉、耐磨；热和化学稳定性好，能耐酸、碱腐蚀和微生物侵蚀，耐水解、辐射和氧化；结构均匀一致，尽可能地薄，寿命长，成本低。

反渗透膜是一类具有不带电荷的亲水性基团的膜，种类很多。按操作压力可分为高压反渗透膜(>5MPa)和低压反渗透膜(1.4 ~4.2MPa)；按成膜材料可分为有机和无机高聚物，目前研究得比较多和应用比较广的是醋酸纤维素膜和芳香族聚酰胺膜两种，按膜形状可分为平板状、管状、中空纤维状膜；按膜结构可分为多孔性和致密性膜，或对称性(均匀性)和不对称性(各向异性)结构膜；按应用对象可分为海水淡化用的海水膜、咸水淡化用的咸水膜及用于废水处理、分离提纯等的膜。

1. 醋酸纤维素膜的结构及性能

醋酸纤维素是没有强烈氢键的无定形链状高分子化合物，将其溶解在丙酮中并加入甲酰胺作添加剂，经混合调制、过滤、铸塑成型，然后再经蒸发、冷水浸渍、热处理，即可得到醋酸纤维素膜(简称 CA 膜)。外观为乳白色、半透明，有一定的韧性，膜厚 100 ~ 250μm。醋酸纤维素膜具有如图 8-13 所示的不对称结构。表面结构致密，孔隙很小，称为表皮层或致密层、活化层；下层结构较疏松，孔隙较大，称为多孔层或支撑层。

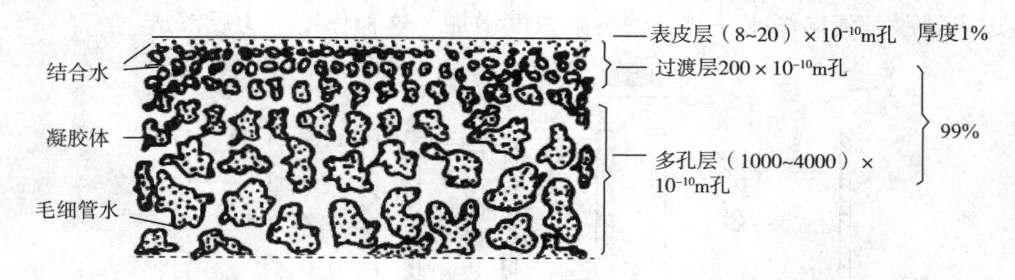

图 8-13 醋酸纤维素膜结构示意图

CA 膜是被水充分溶胀了的凝胶体，由于铸膜液中的所有添加剂及溶剂在制膜过程中先后被除去，膜中仅含水分。在相对湿度为 100% 时，膜的含水量高达 60%，其中表皮层只含 10% ~20%，且主要是以氢键形式结合的所谓一级结合水和少量的二级结合水。多孔层中除上述两种结合水外，较大的孔隙中还充满毛细管水，富含水分。正是由于膜中存在着这几种不同性质的水，决定了 CA 膜具有良好的脱盐性能和适宜的透水性能，同时也说明了膜必须保存在水中的原因。CA 膜具有以下一些特性。

1)膜的方向性

由于 CA 膜是一种不对称膜，因此，在进行反渗透时，必须保持表皮层与待处理的溶液或废水接触，而决不能倒置，否则达不到预期的处理效果。

2)选择透过性

CA 膜对无机电解质和有机物具有选择透过性。

对电解质，离子价越高，或同价离子水合半径越大，则脱除效果越好，如 $Sr^{2+} > Ba^{2+} > Li^{+} > Na^{+} > K^{+}$；柠檬酸根 > 酒石酸根 > $SO_4^{2-} > CH_3COO^{-} > Cl^{-} > Br^{-} > NO_3^{-} > I^{-} > SCN^{-}$。

对有机物，一般水溶性好的、非解离性的、相对分子质量小的脱除效果较差；而解离性大的、相对分子质量大于 200 的有机物，则脱除效果较好。对同一类有机物，随相对分子质量增大，脱除效率增高。对相对分子质量有机物，随有机物分子支链的增加，脱除效果变得更好。如：正丙醇 > 乙醇；异丁醇 > 正丁醇。

CA 膜对氨、硼酸、尿素等脱除性差，对酚和脂肪酸有负脱除性，即透过液的溶质浓度较原液的溶质浓度高。对此，可以认为有机物可分为醛、酮、醚、酯、胺等质子接受体和醇、酚、酸等质子供给体，由于 CA 膜有作为质子接受体的性质，故对于质子接受体的特性(碱性)越强的化合物脱除性越好，反之，对质子供给体特性(酸性)越强的化合物脱除性越差。

3)压密效应

CA 膜在压力作用下，外观厚度一般减少 1/4 ~ 1/2，同时，透水性及对溶质的脱除率也相应降低，这种现象称为膜的压密效应。

压密效应是由膜内部结构变化所引起，而这种变化和成膜材料的塑性变形有关。一般地说，在外力作用下，高分子链之间互相滑动，迫使膜的凝胶体结构中的吸附水失去，因而增加了链的交联，使膜体收缩，变得致密，导致膜的透水阻力增加，透水性能变差，溶质脱除率下降，而且这种塑性变形是不可逆的，故膜性能在压力消失后不会恢复。

4)膜的水解作用和生物分解作用

CA 膜是一种酯，易于水解，水解速率与 pH 值、水温有关。一般在碱性介质中的水解速率比在酸性介质中大，在 pH 4.5 ~ 5.2 时最低。温度越高，水解越快。同时，CA 可以作为微生物的营养基质，因而某些微生物能在膜体上生长，破坏膜的致密层，使膜性能变差。因此，必须对原液或废水进行灭菌预处理，在膜的贮存中，也应采取措施防止微生物污染，以延长膜的使用寿命。

2. *反渗透膜透过机理*

反渗透膜的透过机理，因膜的类型不同而有所不同。下面结合 CA 膜介绍两种不对称膜的透过机理和模型。

1)氢键理论

这是最早提出的反渗透膜透过理论。该理论认为，水透过膜是由于水分子和膜的活化点(或极性基团，如 CA 膜的羟基和酰基)形成氢键及断开氢键之故。即在高压作用下，溶液中水分子和膜表皮层活化点缔合，原活化点上的结合水解离出来，解离出来的水分子继续和下一个活化点缔合，又解离出下一个结合水。这样，水分子通过一连串的缔合 - 解离过程(即氢键形成—断开过程)，依次从一个活化点转移到下一个活化点，直至离开表皮层，进入多孔层。由于膜的多孔层含大量的毛细管水，水分子便能畅通流出膜外。

CA 膜在热处理和加压前，每个活化点借助于氢键可含有 9 个分子的结合水。经热处理和加压后，结合水的数目可减到两个分子的限定值。依靠氢键连接很紧的结合水叫一级结合水，连接较松的结合水叫二级结合水。一级结合水的介电常数很低，没有溶剂化作用，故溶质不能溶于其中，也即不能透过膜。二级结合水的介电常数与水的一样，故溶质可溶于其中，也即可透过膜。理想的 CA 膜的表皮层只含一级结合水，只允许水通过，但实际的膜表皮层除含一级结合水外，还含有少量二级结合水，并且膜难免存在缺陷和破洞，充填其中的毛细管水使溶质透过，所以实际膜除了能让水透过外总是有少量的溶质透过，膜的选择透过性不能达到 100%。

由上可知，溶质能否透过膜与表皮层厚度关系不大。换言之，只要表皮层仅含一级结合水，而又无缺陷和破洞，不管其厚薄如何，溶质均不能透过。膜的厚度只影响水的透过速率，水分子在表皮层的透过需经历一连串的缔合—解离过程，故膜厚度越大，水透过越慢，反之，表皮层越薄，透水速度就越快。至于多孔层只起支撑表皮层的作用，对水透过不起阻碍作用，因此水分子在毛细管中的扩散速度很快。

根据氢键理论，只有适当极性的高聚物才能作为反渗透膜材料，许多实验也说明了这一结论。

2）优先吸附－毛细管流理论

该理论把反渗透膜看作一种微细多孔结构物质，它有选择吸附水分子而排斥溶质分子的化学特性。当水溶液同膜接触时，膜表面优先吸附水分子，在界面上形成一层不含溶质的纯水分子层，其厚度视界面性质而异，或为单分子层或为多分子层。在外压作用下，界面水层在膜孔内产生毛细管流，连续地透过膜，溶质则被膜截留下来。

按此理论，膜的选择性取决于膜内孔径与膜面处形成的水分子层厚度之间的关系，当膜内孔径等于两倍的水分子层厚度时，膜的选择性高，溶质透过量极少，此时的膜孔径称为临界孔径。如膜孔径大于临界孔径，透水性虽增大，但溶质也会从膜孔中泄漏，使分离效率下降。反之，如膜孔径小于临界孔径，溶质脱除率虽然增大，但透水性却下降。已知水分子的有效直径为 5×10^{-10} m，如果这个理论正确，则可认为膜的表层的孔隙大小在 $(10\sim20)\times10^{-10}$ m 之间。

三、反渗透装置

目前，反渗透装置有板框式、管式、螺旋卷式及中空纤维式等。

1. 板框式装置

板框式反渗透装置类似板框压滤机，如图 8－14 所示。整个装置由若干块圆形多孔透水板重叠起来组成。透水板两面都贴有反渗透膜，膜四周用胶粘剂和透水板外环密封。透水板外环有 O 形密封圈支撑，使内部组成压力容器，高压水由上而下通过每块板，净化水由每块透水板引出。这种装置结构牢固，能承受高压，占地面积不大；但液流状态差，易造成浓差极化，设备费用较大。

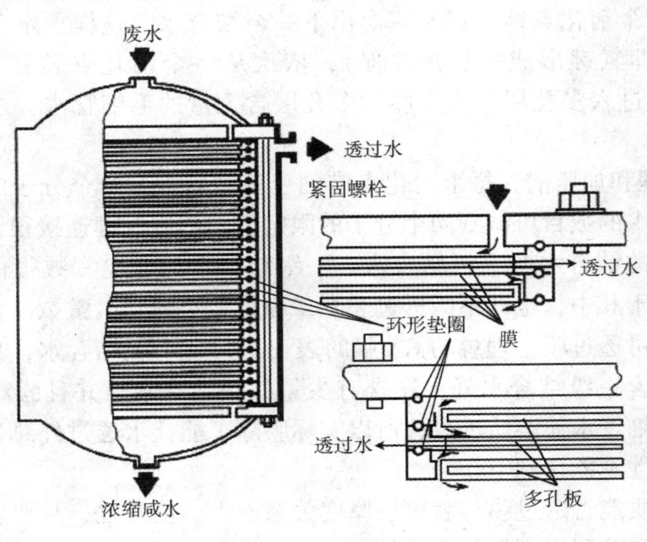

图 8－14　板框式反渗透装置

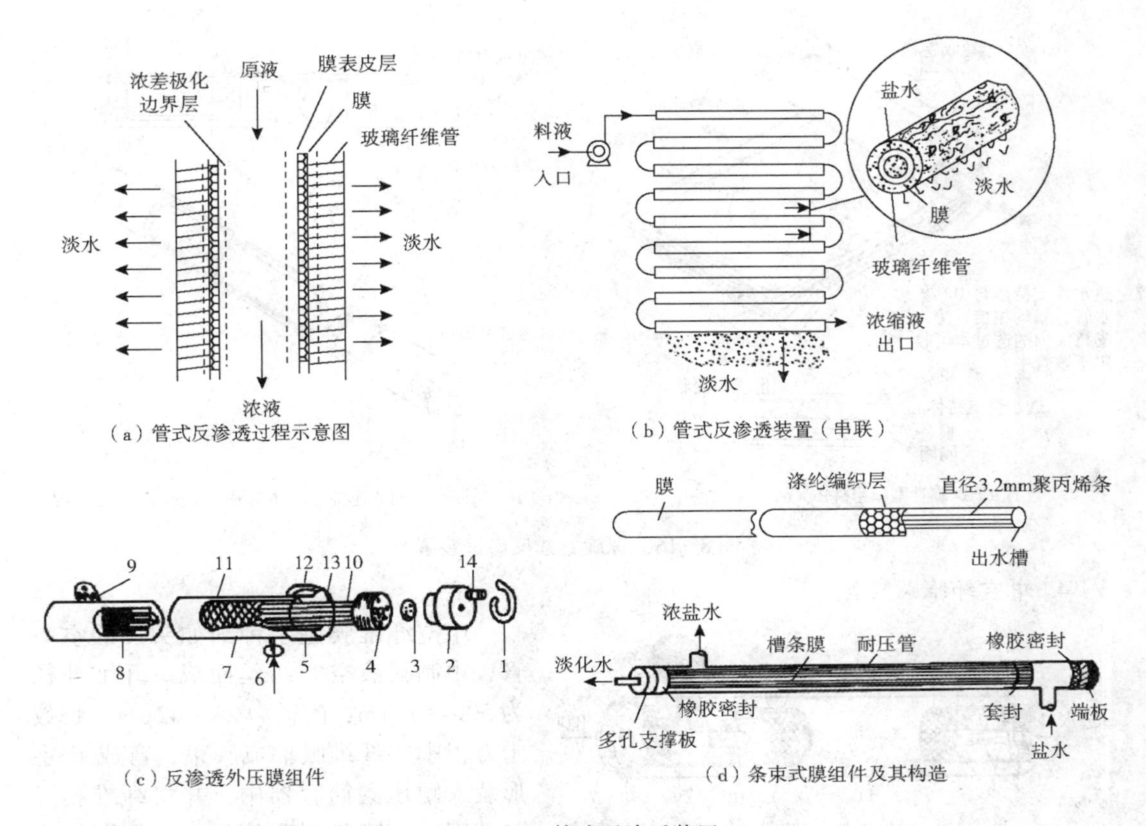

（a）管式反渗透过程示意图

（b）管式反渗透装置（串联）

（c）反渗透外压膜组件

（d）条束式膜组件及其构造

图 8－15　管式反渗透装置

1—孔用挡圈；2—集水密封杯；3—聚氯乙烯烧结板；4—锥形多孔橡胶塞；5—密封管接头；6—进水口；7—壳体；8—橡胶笔胆；9—出水口；10—膜元件；11—网套；12—O 形密封圈；13—挡圈槽；14—淡水出口

2. 管式装置

管式反渗透装置是把膜和支撑物均制成管状，两者装在一起，再将一定数量的管，以一定方式联成一体而组成。管式装置形式较多，可分为单管式和管束式，内压型管式和外压型管式等，如图 8－15 所示。装置中的耐压管径一般为 0.6～2.5cm，常用材料有多孔性玻璃纤维环氧树脂增强管或多孔陶瓷管，钻有小孔眼或表面具有水收集沟槽的增强塑料管、不锈钢管等。

管式装置水力条件好，适当调节水流状态可防止浓差极化和膜污染，能够处理含悬浮固体的溶液，但单位体积中膜面积小，制造和安装费用较高。

3. 螺旋卷式装置

螺旋卷式装置的膜组件是在两层膜中间夹一层多孔的柔性格网，并将它们的三边粘合密封起来，再在下面铺一层供废水通过的多孔透水格网，然后将另一开放边与一根多孔集水管密封联接，使进水与净化水完全隔开，最后以集水管为轴，将膜叶螺旋卷紧而成。把几个膜组件串联起来，装入圆筒形耐压容器中，便组成螺旋卷式反渗透装置，如图 8－16 所示。这种装置的膜堆密度大，结构紧凑，但密封较困难，易堵塞，清洗不使。

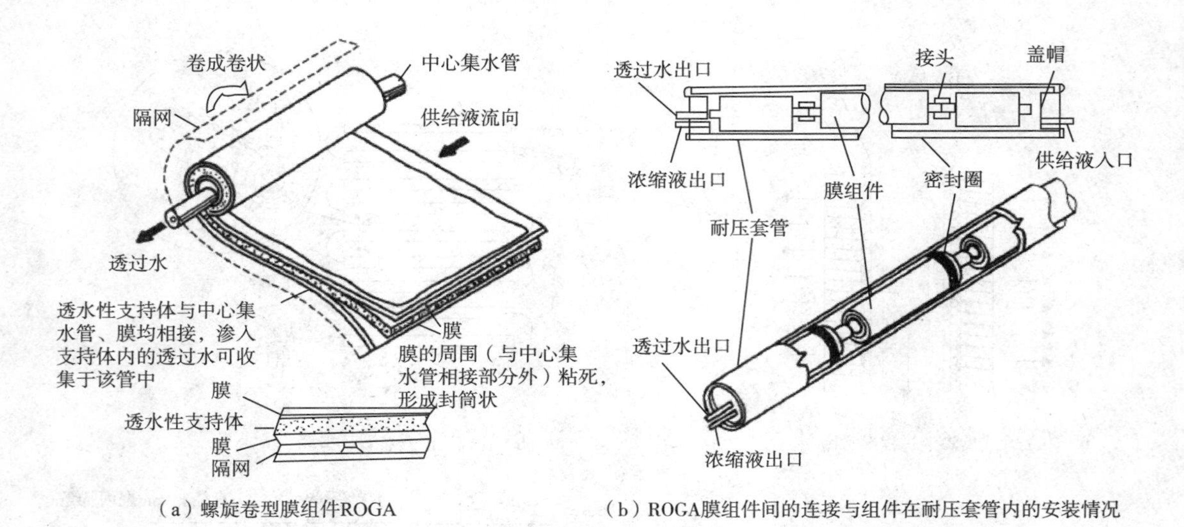

（a）螺旋卷型膜组件ROGA　　（b）ROGA膜组件间的连接与组件在耐压套管内的安装情况

图 8－16　螺旋卷式反渗透装置

4. 中空纤维式装置

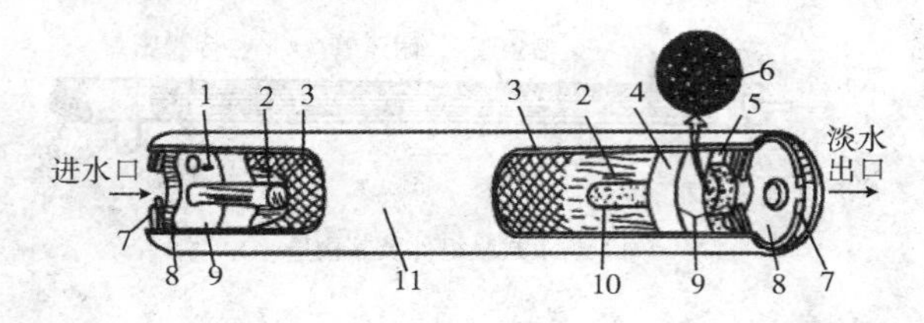

图 8－17　中空纤维式反渗透装置

1—浓水排除口；2—中空纤维束；3—导流网；4—环氧树脂管柱；5—多孔支撑圆盘；6—纤维束开口端；7—弹性挡圈；8—端板；9—O 形密封圈；10—多孔进水分布管；11—壳体

中空纤维膜是一种细如头发的空心管，由制膜液空心纺丝而成。纤维外径为 50 ~ 100μm，内径为 25 ~ 42μm。将数十万根中空纤维膜捆成膜束，弯成 U 字形装入耐压圆筒容器中，并将纤维膜开口端固定在环氧树脂管板上，即可组成反渗透器，如图 8－17 所示。原水从纤维膜外侧以高压通入，净化水由纤维管中引出。这种装置的膜堆密度极大，不需要膜支撑材料，浓差极化可忽略，但装置制作工艺技术较复杂，易堵塞，清洗不便，因而对进水预处理要求高。

以上几种类型的反渗透装置由于结构不同，在应用中各有特点，适宜于不同的处理范围。由于螺旋卷式及中空纤维式装置的单位体积处理量高，故大型装置采用这两种类型较多，而一般小型装置采用板框式或管式。

四、反渗透工艺流程及操作控制

1. 工艺流程

反渗透流程包括预处理和膜分离两部分。预处理方法有物理法(如沉淀、过滤、吸附、热处理等)、化学法(如氧化、还原、pH 调节等)和光化学法。究竟选用哪一种方法进行预处理，不仅取决于原水的物理、化学和生物学特性，而且还要根据膜和装置构造来作出判断。

反渗透法作为一种分离、浓缩和提纯方法，常见流程有一级、一级多段、多级、循环等几种形式，如图 8－18 所示。

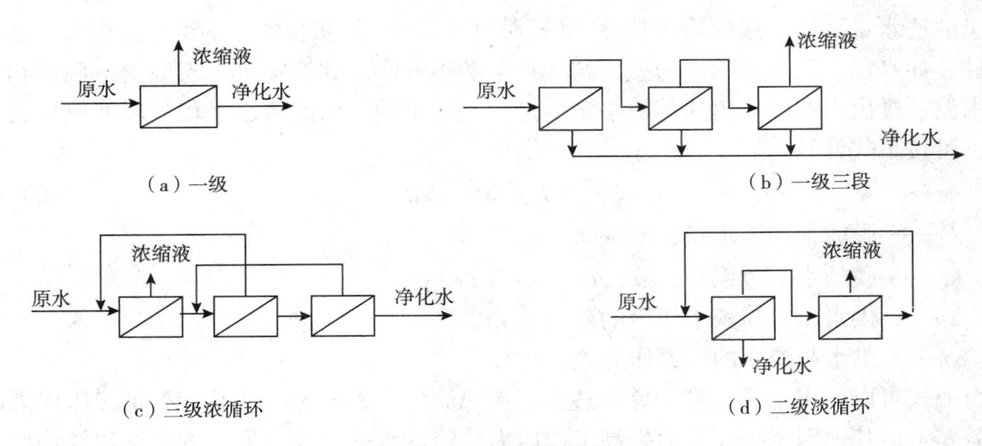

（a）一级　（b）一级三段

（c）三级浓循环　（d）二级淡循环

图8-18　反渗透工艺流程

一级处理流程即一次通过反渗透装置，该流程最为简单，能量消耗最少、但分离效率不很高。当一级处理达不到净化要求时，可采用一级多段处理或二级处理流程。在多段流程中，将第一段的浓缩液作为第二段的进水，将第二段的浓缩液又作为第三段的进水，以此类推。随着段数增加，浓缩液体积减小，浓度提高，水的回收率上升。在多级流程中，将第一级的净化水作为第二级的进水，依次类推，各级浓缩液可以单独排出，也可循环至前面各级作为进水。随着级数增加，净化水质提高。由于经过一级流程处理，水力损失较多，所以实际应用中在级或段间常设增压泵。

2. 工艺常数

1）净化水质与回收率

根据物料平衡，进出反渗透系统的溶质有下列关系：

$$Q_f c_f = Q_c c_c + Q_p c_p \tag{8-8}$$

式中　Q_f、Q_c、Q_p——进水、浓水和淡水流量；

c_f、c_c、c_p——进水、浓水和淡水浓度。

浓水侧溶质的平均浓度 c_m 可用下式计算：

$$c_m = \frac{Q_f c_f + Q_c c_c}{Q_f + Q_c} \tag{8-9}$$

令溶质的平均去除率为 R_m，则：

$$c_p = c_m(1 - R_m) \tag{8-10}$$

按上面的公式用试算法可以简便地求出净化水质。平均去除率 R_m 可经验选定，对 CA 膜可取95%。如果出水水质事先给定，则可以通过调整回收率以满足水质的要求。一般设计宜取较高的回收率 Y（即 Q_p/Q_f），因为回收率高，浓水浓度大，可以减少浓水的处理量和化学处理费用，降低所需的功率和单位耗能量。但是回收率的提高有一定限度，因为随着浓水浓度的增加，有可能产生水垢和增加透盐率。

2）工作压力

反渗透的费用由三部分组成：基建投资的折旧费，膜的更新费，动力、人工、预处理等运行费。这三项费用大致各占总成本的三分之一。一般认为，延长膜的使用时间和提高膜的透水量是大大降低处理成本最有效的两个途径。

膜的透水量取决于膜的物理特性(如孔隙度、厚度等)和膜的化学组成，以及系统的操作条件，如水温、膜两侧的压力差、与膜接触的溶液浓度和流速等。实际上，膜的物理特性、水温、进出水浓度、流速等对一定的过程是固定的，因此透水量仅是膜两侧压力差的函数，可按下式计算：

$$F_s = K_w(\Delta p - \Delta\pi) \tag{8-11}$$

式中 F_s——膜的平均透水量，g/(cm² · s)；

K_w——膜的水透过系数，g/(cm² · s · MPa)；

Δp——供水压力与淡水压力的差值，MPa；

$\Delta\pi$——供水与淡水的渗透压力差，MPa。

由上式可以看出，为了进行反渗透，只要 Δp 大于 $\Delta\pi$ 就可以了，然而工作压力的选定还需要考虑其他因素，一方面提高工作压力将使透水量增大，另一方面溶质被浓缩，溶液渗透压会增高。所以实际使用的工作压力要比溶液初始渗透压大很多，一般为 3 ~ 10 倍。例如，大多数苦咸水的渗透压为 0.2 ~ 1.05MPa，而反渗透处理时采用的工作压力都在 2.8MPa 以上。又如海水的渗透压约为 2.7MPa，而工作压力则用 10.5MPa。

3)膜的透盐量

膜的透盐量或某溶质组分的透过量与浓度差有关，可按下式计算：

$$F_y = \frac{P_y}{\delta}(c_f - c_p) = \beta\Delta c \tag{8-12}$$

式中 F_y——透盐量，g/cm² · s；

P_y——溶质在膜内的扩散系数(也称透压系数)，cm²/s；

δ——膜的有效厚度，cm；

β——膜的透盐常数，表示特定膜的透盐能力，cm/s，$\beta = P_y/\delta$。

与透水量不同，正常的透盐量与工作压力无关。因此，增大工作压力，透水量增加，而透盐率仍以固定速率进行，结果得到更多的净化水。

3. *浓差极化*

在反渗透过程中，由于水不断地透过膜，引起膜表面附近的溶液浓度升高，从而在膜的高压一侧溶液中，从膜表面到主体溶液之间形成一个浓度梯度，引起溶质从浓的部分向淡的部分扩散，这一现象即为浓差极化。

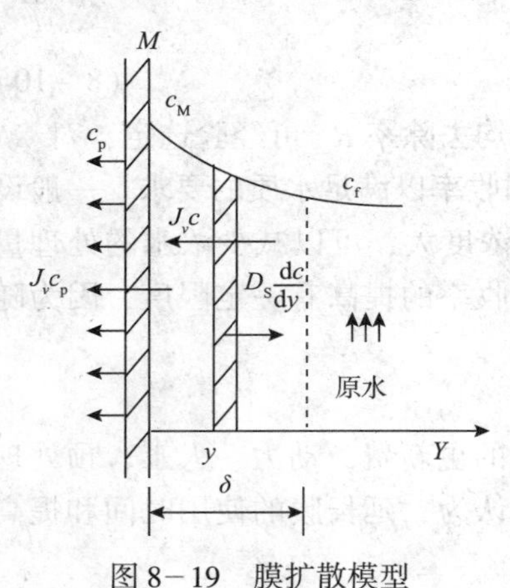

图 8-19 膜扩散模型

对于一定的设备和操作条件，由于浓差极化，引起溶液渗透压的升高和溶质扩散的增加，结果使反渗透过程中有效推动力减小，透水流量下降。溶质透过量增加，分离效率下降，能耗增加。同时由于膜表面溶液浓度增大，加快了膜的衰退和老化，使膜的寿命缩短。并且当膜表面溶液浓度达到某一数值后，不仅引起严重的浓差极化，还可能使一种或几种盐分在膜表面析出，形成垢层，影响正常操作运转。

根据膜扩散模型(图 8-19)，当主体溶液处于湍流状态时，在膜和溶液界面处有一滞流层，在该层中，质量传递仅由分子扩散实现。湍流主体可以认为其浓度均匀一致，浓度梯度只存在于滞流层中。又假设滞流层中溶质沿水流方向无扩散，溶质只在垂直于膜面的方向上传递。

在湍流状态下浓差极化与水透过流量、原水流速、溶质去除率等有关。透水性好的膜，去除率高，引起的浓差极化更为严重，但却不能因此而改用透水性差的膜。为减少浓差极化，一般是采用增加浓水湍流程度的办法。间歇操作时采用激烈搅拌；连续操作中提高流速。但是增加流速，动力消耗也增大。另外，采用浓水循环流程，可在较低的浓差极化情况下维持高的去除率。同时，浓差极化也受到溶质扩散系数的影响，扩散系数低的盐将优先聚集在膜表面上。胶体污染渗透膜，可能是上述作用造成的，因为胶体的扩散系数较之咸水中盐类的扩散系数小几百到几千倍。

4. 膜的污染与清洗

在反渗透运行中，膜污染是经常发生的故障之一。如污染轻，对膜性能和操作没有很大影响，但如污染严重，不仅使膜性能降低，而且对膜的使用寿命产生极大的影响。引起膜污染的原因大致可分为三类：①原水中的亲水性悬浮物，在水透过膜时，被膜吸附；②原水中本来处于非饱和状态的溶质，在水透过膜后浓度提高变成过饱和状态，在膜上析出；③浓差极化使溶质在膜面上析出。在①类污染物中，包括浮游性悬浮质和有机胶体(如蛋白质、糖质、脂肪类等)。对这类污染物最好预处理掉，其危害程度随膜组件的构造而异，管状膜不易污染，而捆成膜束的中空纤维膜组件最易污染。属于②类的污染物主要是一些无机盐类，如碳酸盐、磷酸盐、硅酸盐、硫酸盐等。

反渗透膜的清洗方法包括物理法和化学法。

1)物理清洗法

这是用淡水冲洗膜面的方法，也可以用预处理后的原水代替淡水，或者用空气与淡水混合液来冲洗。在0.3MPa压力下冲洗膜面30min，可以清除膜面上的污垢。对管式膜组件，可用直径稍大于管径的聚氨酯海绵球冲刷膜面，能有效去除沉积在膜面上的柔软的有机性污垢。

2)化学清洗法

采用一定的化学清洗剂，如硝酸、磷酸、柠檬酸、柠檬酸铵加盐酸、氢氧化钠、酶洗涤剂等在一定压力下一次冲洗或循环冲洗膜面。化学清洗剂的酸度、碱度和冲洗温度不可太高，防止对膜的损害。当清洗剂浓度较高时，冲洗时间短，浓度较低时、相应冲洗时间延长。据报道，用1%～2%的柠檬酸溶液，在4.2MPa的压力下，冲洗13min能有效去除氢氧化铁垢层。用含酶洗涤剂对去除有机质污染，特别是蛋白质、多糖类、油脂等通常是有效的。

此外，利用渗透作用也可清洗膜面。用渗透压高的高浓度溶液浸泡受污染的膜面，使其另一侧表面与除盐水相接触。由于水向高浓度溶液一侧渗透而使侵入膜内细孔或吸附在膜表面的污染物变成容易去除的状态，所以能改善紧接着采用的物理或化学法清洗的效果。

五、反渗透法在废水处理中的应用

反渗透技术是一种高效、易操作的液体分离技术，同传统的污水处理方法相比具有处理效果好、可实现污水的循环利用和对有用物质回收等优点。近年来，随着反渗透膜材料的发展和高效膜组件的出现，反渗透的应用领域不断扩大。在电镀废水、钢铁工业废水、电厂废水、电子工业废水、化工废水等处理中得到了广泛应用。

1. 反渗透法处理电镀废水

采用反渗透法处理电镀废水可以实现闭路循环。逆流漂洗槽的浓液用高压泵打入反渗透器，浓缩液返回电镀槽重新使用，处理水则补充入最后的漂洗槽。对不加温的电镀槽，为实现水量平衡，反渗透浓缩液还需蒸发后才能返回电镀槽。表 8－2 列出了部分处理结果。

表 8－2　中空纤维反渗透器处理电镀废水试验结果

废水名称	废水浓度		操作条件			水通量/(L/min)	去除率/%	
	溶解固体/%	废液浓度/%	压力/10^5Pa	温度/℃	pH 值		总溶解固体	离子
焦磷酸铜	0.18～5.22	0.55～16	27.5	28～31	6.8	10.9～5.07	92～99	Cu^{2+} 99 $P_2O_7^{4-}$ 98～99
铜的氰化物	0.57～3.71	1.6～10	27.5	26	11.8～12.5	6.89～0.0	97～98	Cu^{2+} 99 CN^- 92～99
罗谢尔铜氰化物	0.13～3.30	1～23	27.5	25～28	9.8～10.6	9.46～6.06	99	Cu^{2+} 98～99 CN^- 94～98
镉的氰化物	0.57～3.12	1－12	27.5	27～28	11.5～12.5	7.95～0.91	89～98	Ca^{2+} 99 CN^- 83～99
锌的氰化物	0.47～4.05	4～36	27.5	27	12.3～12.7	6.81～0.79	97～70	Zn^{2+} 98～99 CN^- 85～99
锌的氯化物	0.16～4.19	0.8～21	27.5	27～29	6.1～5.3	7.8～0.42	96～84	Zn^{2+} 98～99 Cl^- 52～90

2. 反渗透法处理铜箔废水

铜箔废水酸度大，且含有重金属，如果排放，不仅污染环境，而且造成资源的浪费。典型的铜箔废水水质为：酸 50～80mg/L、Cu^{2+} 50～80mg/L、Zn^{2+} 5～10mg/L、Cr^{3+} 5～10mg/L、Se1～2mg/L。根据原水的水质特点，辽宁某铜加工厂采用了二级反渗透处理铜箔废水，水源为生产工艺中的含铜废水，经处理后，淡水可作为生产工艺用水，浓缩液进行铜的萃取，既满足了生产工艺用水需求，又回收了铜，其工艺流程如图 8－20 所示。

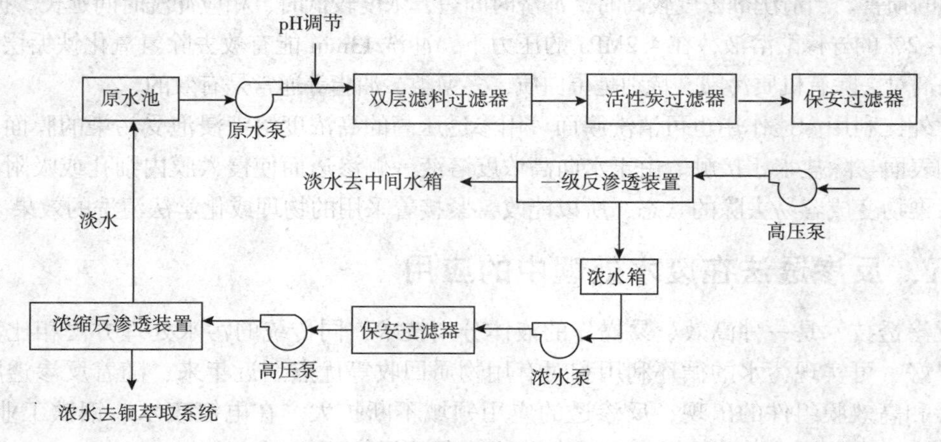

图 8－20　二级反渗透处理铜箔废水工艺流程

首先调节废水的 pH 值，使水中的明胶呈悬浮态而铜离子不产生沉淀，经双层过滤器和活性炭过滤器去除水中的悬浮物和胶体，出水浊度和 SDI 达到反渗透要求，进入一级反渗透装置，反渗透淡水经中间水箱进一步处理，出水达到 Cu^{2+} ≤0.5mg/L，电导率≤30μS/cm；浓水进入二级反渗透进行浓缩，二级反渗透淡水回到一级反渗透原水箱，浓缩水进入铜萃取系统进行铜的回收。处理系统中的 RO 膜元件采用美国海德能公司的 LFC1 抗污染膜，单支膜脱盐率≥99.6%，系统脱盐率≥95%。

该工艺既将 Cu^{2+} 从 80mg/L 浓缩到 1200mg/L，大大减少了萃取费用，又解决了工艺用水问题，基本实现了闭路循环。总运行成本 0.513 元/t 水，年回收铜 26600 ~ 42560kg，具有可观的社会效益和经济效益。

3. *反渗透法处理化工废水*

在尼龙生产的尼龙纤维提取液蒸发工序中，所产生的二次冷凝液中含有 0.1% 的己内酰胺，采用反渗透法对其进行浓缩处理的试验工艺流程如图 8-21 所示。

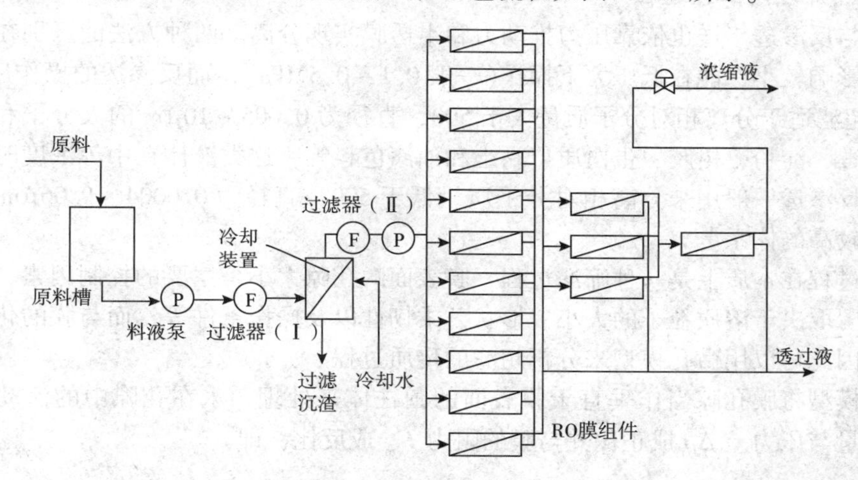

图 8-21　反渗透法处理己内酰胺废液工艺流程

所处理的废液首先经二级过滤去除悬浮物和纤维，两次过滤之间还需流经冷却装置，以控制进水温度，然后经三级反渗透进行浓缩处理。反渗透单元采用 PEC-1000 型反渗透膜微型组件，其中一级反渗透为 11 个膜组件并联，二级反渗透为 3 个膜组件并联，三级反渗透为 1 个膜组件。系统操作压力 4.0 ~ 4.5MPa，温度 35℃，膜透水通量为 0.38m^3/(m^2·d)，己内酰胺脱除率达 99.9% 以上，处理水量 300m^3/d。每周对膜进行一次物理清洗，每 2 ~ 4 周则用 0.2% DDS（十二烷硫酸钠）进行一次化学清洗，透水通量可恢复到 89%。

4. *酸性尾矿水的处理*

矿山废水都呈酸性，含有多种金属离子和悬浮物，经过滤后，抽入反渗透器，处理水加碱调整 pH 值后即可作为工业用水；浓缩水部分循环，部分用石灰中和沉淀，沉淀池上清液再回流入处理系统，为防止膜被沉淀污染，原废水与上清液量之比应控制在 10:1，同时应使水流处于湍流状态。实验结果表明，在 4.2 ~ 5.6MPa 的操作压力下，溶质去除率达 97% 以上，水回收率为 75% ~92%。

5. 其他废水处理

反渗透用于造纸废水、印染废水、石化废水、医院污水处理和城市污水的深度处理等也都获得了很好的效果。处理造纸废水，可去除 BOD70% ~80%，COD85% ~90%，色度 96% ~98%，Ca96% ~97%，水回用率 80%。用于城市污水深度处理，可降低含盐量 99%以上，而且还去除各类含 N、P 化合物，使 COD 去除 96%，达到 10^{-6}数量级。

第五节 超滤和纳滤

一、超滤

1. 超滤原理及工艺过程

超滤与反渗透一样也依靠压力推动力和半透膜实现分离。两种方法的区别在于超滤受渗透压的影响较小，能在低压力下操作(一般 0.1 ~0.5MPa)，而反渗透的操作压力为 2 ~10MPa。超滤适于分离相对分子质量大于 500，直径为 0.005 ~10μm 的大分子和胶体，如细菌、病毒、淀粉、树胶、蛋白质、黏土和油漆色料等，这类液体在中等浓度时，渗透压很小；而反渗透一般用来分离相对分子质量低于 500，直径为 0.0004 ~0.06μm 的糖、盐等渗透压较高的体系。

超滤过程在本质上是一种筛滤过程，膜表面的孔隙大小是主要的控制因素，溶质能否被膜孔截留取决于溶质粒子的大小、形状、柔韧性以及操作条件等，而与膜的化学性质关系不大。因此可以用微孔模型来分析超滤的传质过程。

微孔模型将膜孔隙当作垂直于膜表面的圆柱体来处理，水在孔隙中的流动可看作层流，其通量与压力差 Δp 成正比并与膜的阻力 Γ_m 成反比，即

$$F_s = \frac{\Delta p}{\Gamma_m} = \frac{\varepsilon a^2 \Delta p \rho_1}{8\phi \mu \delta_m} \tag{8-13}$$

式中 a——小孔的半径；

ϕ——小孔的弯曲系数；

μ——水的黏度；

ε——膜的孔隙率，由膜的含水量算得；

ρ_1——水的密度；

δ_m——膜厚。

上式实质上是描述管内层流的 Poiseuille 方程，所不同的是导入了孔的弯曲系数 ϕ。水流在小孔进出口处的压力损失较之在孔内流动的摩擦损失小得多，因此超滤膜的总阻力多用式(8 -13)近似计算。若在公式中再引入位阻系数，用位阻系数表示分子进入小孔的概率、相膜内小孔分布的不均匀性等影响，可提高计算精确度。

当考虑了包括位阻和分子与孔壁之间摩擦等影响在内的各项因素以后，溶质通过膜的通量可用下述公式表达：

$$F_y = F_s c_f \left[2\left(1-\frac{d}{2a}\right)^2 - \left(1-\frac{d}{2a}\right)^4\right] \times \left[1-2.104\left(\frac{d}{2a}\right)+2.09\left(\frac{d}{2a}\right)^3-0.95\left(\frac{d}{2a}\right)^5\right] \tag{8-14}$$

式中 d 为溶质分子直径。上式右面第一个括号项代表溶质分子进入小孔的概率；第二个括号项代表孔壁拖曳力对溶质流动的阻滞作用。

在超滤过程中，浓差极化是一个影响更大的因素。超滤中的界面层影响相似于反渗透中的界面层影响。膜所持留的粒子和溶质必然在膜面上建立界面层浓度梯度，再将积聚的粒子和溶质扩散回溶液主体中去。因为大分子的扩散系数比常见的盐类的扩散系数小很多，因此超滤中的极化现象就显得更加严重。图 8－22 反映了膜两侧压力差对水通量的影响。

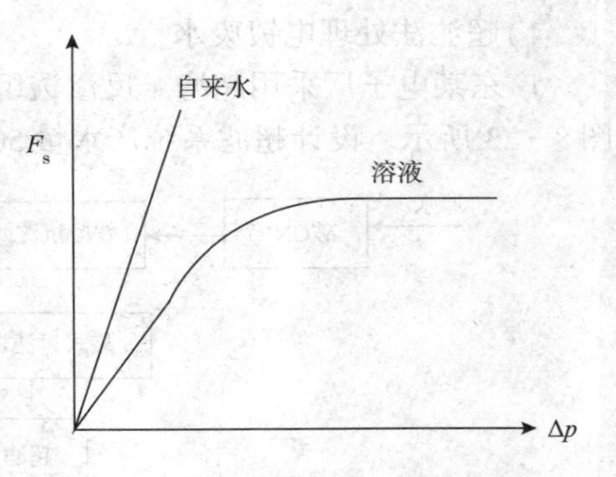

图 8－22　膜两侧压力差 Δp 对水通量 F_s 的影响

开始时，通量遵循式(8－13)随压差提高而增大，接着固体开始在膜表面及邻近处积聚，通量随压差提高而增大的速度降低。当膜表面邻近处的溶质浓度超过一定值后，膜表面附近就形成凝胶层。此时，通量由串联着的凝胶层阻力 Γ_g 和膜阻力 Γ_m 之和决定，即

$$F_s = \frac{\Delta p}{\Gamma_g + \Gamma_m} \tag{8-15}$$

因为 Γ_g 是凝胶物质再扩散速度的函数，与 Δp 无关，因而通量曲线出现一段平缓区。在运行中常会发现，当工作压力过大时，在膜上形成一层固化了的凝胶层，此时的实际通量反而比低工作压力时小。形成凝胶层后，溶质截留率极高，可认为淡水浓度 $c_p = 0$。

在超滤运行中克服浓差极化的常用方法有：加快平行于膜面的进水流速；进水渠道尽量做得浅些；尽量提高操作温度，高温下运行有利于降低溶剂黏度，能提高凝胶物质的再扩散速度，还能提高积聚物质的临界凝胶浓度。工作温度自 15℃提高到 25℃，通量几乎增加 1 倍，操作温度的上限视膜材质而定。纤维质超滤膜的最高工作温度范围为 50～60℃，非纤维质超滤膜的最高工作温度在 100℃以上。

超滤的设计参数和方法类似于反渗透，主要不同点在于超滤中的浓差极化起了更主要的作用。两种方法所用的膜也是不同的，超滤膜可用多种聚合物制造，如聚碳酸盐树脂、取代烯烃和聚合电解质络合物等材料，醋酸纤维素超滤膜的制造与 CA 膜的相同，但删去热处理工序。一般超滤膜对有机溶剂的抵抗力强，对水温和 pH 的敏感性比 CA 膜弱，有些超滤膜不必维持湿润。

工业用超滤组件也和反渗透组件一样，有板框式、管式、螺旋卷式和中空纤维四种。超滤的运行方式应当根据超滤设备的规模、被截留物质的性质及其最终用途等因素来进行选择，另外还必须考虑经济问题。膜的通量、使用年限和更新费用构成运行费的关键部分，因而决定了运行工艺条件。例如，若要求通量大，膜龄长和膜的更换费低，则以采用低压层流运行方式较为经济。相反，若要求降低膜的基建费用，则应采用紊流运行方式。

2. 超滤在废水处理中的应用

超滤技术具有操作压力低、分离效率高、透水通量大、能耗低、有利于有价物质的回收利用等特点，是废水处理中采用的主要膜分离技术之一。目前超滤已在电镀、化纤、印

刷、印染、化工、造纸、电泳漆、放射性、含油等废水处理中得到广泛应用。另外近年来，国内外已将超滤用于生活饮用水制备，推出了多种膜式家用净水器。

1）超滤法处理电镀废水

广东某电子厂采用超滤+反渗透组合工艺对产生的电镀废水进行处理，其工艺流程如图8－23所示。设计超滤系统产水量50t/h，产水水质达到SDI≤5，浊度<0.2NTU。

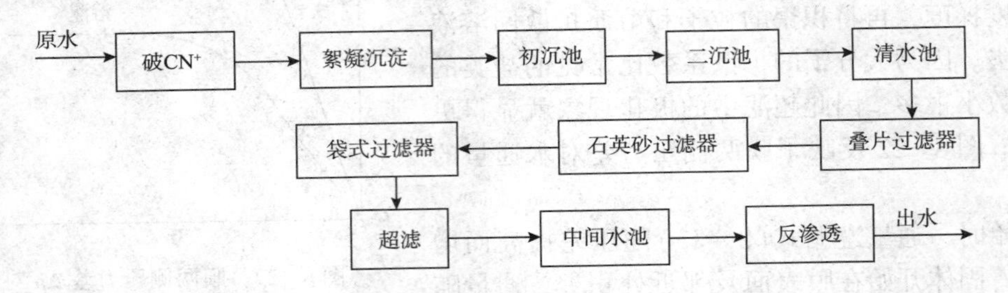

图8－23　超滤+反渗透处理电镀废水工艺流程

本工艺中超滤作为反渗透的前处理单元，能截留0.002~0.1μm的颗粒和杂质，有效阻挡住胶体、蛋白质、微生物和大分子有机物。为了避免废水中所含的杂质污染超滤膜元件，影响系统的稳定运行和膜元件的使用寿命，必须对进水进行有效的预处理。因此，处理系统增加了叠片过滤器、石英砂过滤器、袋式过滤器等预处理单元，并适当投加了阻垢剂、消毒剂、除氯剂。

针对电镀废水的特点，采用AQU200－H－100K型号超滤膜作为本分离系统的核心处理部件，AQU200－H－100K超滤膜采用材质为改性的PVC中空纤维，单支超滤膜产水量为1.53t/h，共需要36支AQU200－H－100K超滤膜。为保证超滤系统的布水均匀、长期稳定运行、降低超滤清洗和反洗设备的投入，设计采用两套超滤系统，每套超滤系统18支超滤膜，设计过水通量比膜元件的额定过水通量要低20%~30%。

工艺运行结果表明，超滤+反渗透技术是电镀企业实现电镀废水循环利用、清洁生产的有效手段。

2）超滤法处理乳化含油废水

传统处理乳化油废水的主要方法有重力分离、溶气气浮和化学破乳等方法，但都存在出水水质波动性大的问题。近年来，超滤膜法被广泛用于处理含油废水的处理，山东某公司采用超滤膜法处理乳化油废水的工艺流程如图8－24所示。

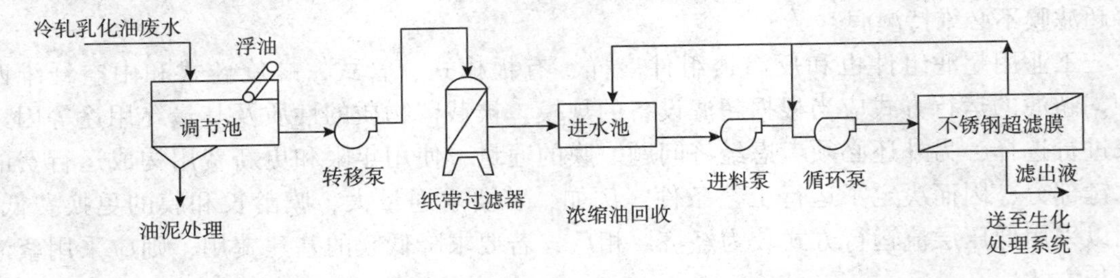

图8－24　超滤法处理乳化含油废水工艺流程

该公司乳化油废水来自彩图车间生成过程，废水中COD达5000~100000 mg/L，总油1000~20000mg/L，处理难度较大。乳化油废水先排至调节池，调节池设有蒸汽加热管对废水进行加热，使大量游离的浮油分离，浮油通过刮油刮渣机刮出。调节后的废水用泵送纸带过滤器过滤，去除粗渣后进入到不锈钢超滤膜系统进行油水分离。调节池及不锈钢超滤膜浓缩的废油进入油回收系统，回收的油可外卖作为燃料，废水排入含油废水调节池。

该工艺采用不锈钢超滤膜作为乳化含油废水处理的核心装置，出水水质稳定，COD去除率达98.5%，总油去除效率达99.6%以上；而且能有效回收乳化油废水中的油，系统运行稳定，产泥量小，动力消耗少，废水处理运行成本2.8元/m^3，具有良好的经济效益和社会效益。

3)超滤法处理电泳涂漆废水

在电泳涂漆生产过程中，需对电泳槽取出的工件表面残留的电泳漆及其溶剂用清水冲洗，从而产生电泳涂漆废水。废水中的漆料是使用漆料总量的10%～50%，需进行回收利用。南京某公司采用超滤法处理电泳涂漆废水的工艺流程如图8－25所示。

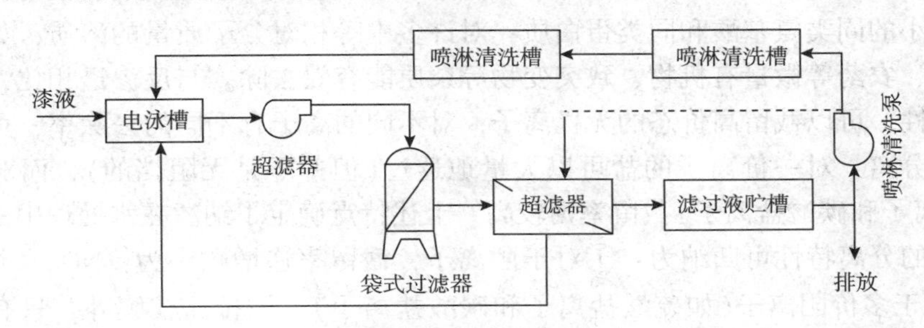

图8－25　超滤法处理电泳涂漆废水工艺流程

启动超滤泵，将电泳槽内漆液抽出，经袋式过滤器初滤后进行超滤，超滤器采用新型的内压膜管式超滤器，超滤分离后的浓缩液返回到电泳槽；滤过液流入滤过液贮槽，喷淋清洗泵把流入喷淋清洗槽中的滤过液抽至喷淋管，经喷嘴喷出，电泳涂漆后的工件吊入槽内进行喷淋清洗，清洗液可多次循环使用。清洗可用滤过液，也可用去离子水，这时喷淋清洗泵即起到清洗泵的作用。喷淋清洗槽中的清洗液反复使用数次后，含漆量不断增加，达一定浓度后回到电泳槽，达到回收漆液的目的。

该工艺运行稳定，超滤膜透液量大，对电泳漆的截留率超过98%，而且节省了大量去离子水，兼顾了漆的超滤和回收、超滤器的清洗和维护等要求。

采用超滤技术处理电泳漆废水不仅可以减少漆的损失和回用废水，而且可以使有害无机盐透过超滤膜，从而提高了电泳漆的比电阻，调节和控制漆液的组成，保证电泳涂漆过程的正常运行。

二、纳滤

纳滤膜是20世纪80年代末期发展起来的一种新型分离膜。纳滤膜是具有纳米级微孔结构并且孔表面带电荷的分离膜，其孔径范围在1～5nm之间，故称之为纳滤膜。纳滤膜是在反渗透膜基础上发展而来的，所以纳滤膜也称为疏松型或超低压型反渗透膜。纳滤与反渗透及超滤一样，都属于靠压力推动的膜工艺，纳滤位于反渗透和超滤之间。但纳滤膜比反渗透膜操作压力低，一般小于1.5MPa，水通量大。

从分离机理比较，超滤膜是筛分、反渗透膜是溶解－扩散分离，大部分纳滤膜为电荷膜，其对无机盐的分离行为不仅受化学势控制，同时也受到电势梯度的影响。其确切的传质机理目前尚处在研究之中，一般认为对荷电纳滤膜可用 Donnan 平衡模型来解释。Donnan 理论认为，将带电基团的膜置于含电解质溶液中时，溶液中的反离子(所带电荷与膜内固定电荷相反的离子)在膜内浓度大于其在主体溶液中的浓度，而同名离子在膜内的浓度则低于其在主体溶液中的浓度。由此形成的 Donnan 电位差阻止了同名离子从主体溶液向膜内的扩散，为了保持电中性，反离子也被膜截留。因此盐的渗透性主要由离子的价态决定。

纳滤膜具有纳米级孔径，大部分纳滤膜本身带电荷。对分离性能而言，通常反渗透膜截留对象为无机盐和小分子(相对分子质量为 200 以下)有机物质，对几乎所有的溶质都有很高的去除率。超滤膜截留相对分子质量为几千、几万甚至几十万的物质。纳滤膜是一种介于反渗透膜和超滤膜之间的膜，能截留相对分子质量为 200 ~ 1000 的有机物。与超滤相比，纳滤截留低相对分子质量物质能力强(能截留透过超滤膜的小分子)；能分离相对分子质量差异很小的同类氨基酸和同类蛋白质；对许多中等相对分子质量的溶质，如消毒副产物的前驱物、农药等微量有机物、致突变物等杂质能有效去除。与反渗透相比，纳滤膜具有离子选择性，可以截留高价态的无机离子；对不同的离子有不同的去除率，可实现不同价态离子的分离，对一价离子的盐可以大量地透过(但并不是无阻挡的)，而对多价离子(如硫酸盐离子和碳酸盐离子)截留率则较高。上述特点确定了纳滤在水处理中的地位。

纳滤膜的分离特性可归纳为：①对于阴离子，截留率递增顺序为：$NO_3^- < Cl^- < SO_4^{2-} < CO_3^{2-}$。对于多价阴离子(如硫酸盐离子和碳酸盐离子)，被排斥在膜外，只有在很高的浓度下，膜电荷受到很强的屏蔽，才会导致这些离子也能进入膜中并且渗透；②对于阳离子，截留率递增顺序为：$H^+ < Na^+ < K^+ < Ca^{2+} < Mg^{2+} < Cu^{2+}$。对于多价阳离子，截留率高于一价阳离子，因为在膜的微孔中屏蔽高价态阳离子的固定离子浓度是较少的；③对于同种离子，截留率受离子半径影响，离子价数越大，膜对该离子的截留率越高；离子价数相等时，离子半径越小，膜对该离子的截留率越小；④对阴阳离子共存体系，较难渗透的阴离子对较易渗透的阳离子起排挤作用，如对于硝酸盐和氯化物来说，在硫酸盐的存在下，可以得到负的截留率值，即由于电荷的相互作用，这些离子可逆其浓度梯度而渗透；⑤对疏水型胶体油、蛋白质和其他有机物，纳滤膜具有较强的抗污染性；⑥一般来说，随着浓度的增加，膜的截留率下降；⑦随着膜压差的增加，截留率增加，并且趋向于某个极限值。

从材质上讲，由于多数纳滤膜荷电，其材质多为离子性聚合物，商品化纳滤膜的材质主要集中在醋酸纤维素(CA)、磺化聚砜(SPSF)、磺化聚醚砜(SPES)、聚酰胺(PA)、聚乙烯醇(PVA)等材料上。

纳滤膜在水处理中(如制取饮用水、处理工业和生活废水等)的应用前景广阔。自 1985 年第一张纳滤膜诞生以来，有关的研究和应用都发展较快。纳滤膜用于水的软化，可以去除大部分 Ca^{2+}、Mg^{2+} 等硬度离子而保留一部分一价离子，是一种比石灰软化和离子交换等方法都优越的膜软化处理方法。现已有许多种类的以去除有机物为主要目的的纳滤膜问世并投入使用。

第九章 其他物化处理方法

第一节 化学沉淀

化学沉淀法是向水中投加某些化学药剂，使之与水中溶解性物质发生化学反应，生成难溶化合物，然后通过沉淀或气浮加以分离的方法。这种方法可用于给水处理中去除钙、镁硬度，废水处理中去除重金属（如 Hg、Zn、Cd、Cr、Pb、Cu 等）和某些非金属（如 As、F 等）离子态污染物。

化学沉淀法的工艺流程和设备与混凝法相类似，主要步骤包括：①化学沉淀剂的配制与投加；②沉淀剂与原水混合、反应；③固液分离，设备有沉淀池、气浮池等；④泥渣处理与利用。

一、基本原理

物质在水中的溶解能力可用溶解度表示。溶解度的大小主要取决于物质和溶剂的本性，也与温度、盐效应、晶体结构和大小等有关。习惯上把溶解度大于 1g/100g H_2O 的物质列为可溶物，小于 0.1g/100g H_2O 的列为难溶物，介于两者之间的列为微溶物。利用化学沉淀法处理水所形成的化合物都是难溶物。

在一定温度下，难溶化合物的饱和溶液中，各离子浓度的乘积称为溶度积，它是一个化学平衡常数，以 K_{sp} 表示。难溶物的溶解平衡可用下列通式表达

$$A_mB_n(\text{固}) \underset{\text{结晶}}{\overset{\text{溶解}}{\rightleftharpoons}} mA^{n+} + nB^{m-}$$

$$K_{sp} = [A^{m+}]^m[B^{m-}]^n \tag{9-1}$$

若 $[A^{n+}]^m[B^{m-}]^n < K_{sp}$ 溶液不饱和，难溶物将继续溶解；$[A^{n+}]^m[B^{m-}]^n = K_{sp}$，溶液达饱和，但无沉淀产生；$[A^{n+}]^m[B^{m-}]^n > K_{sp}$，将产生沉淀，沉淀完成后，溶液中所余的离子浓度仍保持 $[A^{n+}]^m[B^{m-}]^n = K_{sp}$ 关系。因此，根据溶度积，可以初步判断水中离子是否能用化学沉淀法来分离以及分离的程度。

若欲降低水中某种有害离子 A，①可向水中投加沉淀剂离子 C，以形成溶度积很小的化合物 AC，而从水中分离出来；②利用同离子效应向水中投加同离子 B，使 A 与 B 的离子积大于其溶度积，此时式(9-1)表达的平衡向左移动。

若溶液中有数种离子共存，加入沉淀剂时，必定是离子积先达到溶度积的优先沉淀，这种现象称为分步沉淀。显然，各种离子分步沉淀的次序取决于溶度积和有关离子的浓度。

表9-1摘录了一部分难溶化合物的溶度积，其他可从化学手册中查到。由表可见，金属硫化物、氢氧化物或碳酸盐的溶度积均很小，因此可向水中投加硫化物(一般常用 Na_2S)、氢氧化物(一般常用石灰乳)或碳酸钠等药剂来产生化学沉淀，以降低水中金属离子的含量。

表9-1　部分难溶化合物溶度积简表

化合物	溶度积	化合物	溶度积
$Al(OH)_3$	1.1×10^{-15}(18℃)	$Fe(OH)_2$	1.64×10^{-14}(18℃)
AgBr	4.1×10^{-13}(18℃)	$Fe(OH)_3$	1.1×10^{-36}(18℃)
AgCl	1.56×10^{-10}(25℃)	FeS	3.7×10^{-19}(18℃)
Ag_2CO_3	6.15×10^{-12}(25℃)	Hg_2Br_2	1.3×10^{-21}(25℃)
Ag_2CrO_4	1.2×10^{-12}(14.8℃)	Hg_2Cl_2	2×10^{-18}(25℃)
AgI	1.5×10^{-16}(25℃)	Hg_2I_2	1.2×10^{-28}(25℃)
Ag_2S	1.6×10^{-49}(18℃)	HgS	$4\times10^{-53}\sim2\times10^{-49}$(18℃)
$BaCO_3$	7×10^{-9}(16℃)	$MgCO_3$	2.6×10^{-5}(12℃)
$BaCrO_4$	1.6×10^{-10}(18℃)	MgF_2	7.1×10^{-9}(18℃)
BaF_2	1.7×10^{-6}(18℃)	$Mg(OH)_2$	1.2×10^{-11}(18℃)
$BaSO_4$	0.87×10^{-10}(18℃)	$Mn(OH)_2$	4×10^{-14}(18℃)
$CaCO_3$	0.99×10^{-8}(15℃)	MnS	1.4×10^{-15}(18℃)
CaF_2	3.4×10^{-11}(18℃)	NiS	1.4×10^{-24}(18℃)
$CaSO_4$	2.45×10^{-5}(25℃)	$PbCO_3$	3.3×10^{-14}(18℃)
CdS	3.6×10^{-29}(18℃)	$PbCrO_4$	1.77×10^{-14}(18℃)
CoS	3×10^{-26}(18℃)	PbF_2	3.2×10^{-8}(18℃)
CuBr	4.15×10^{-15}(18~20℃)	PbI_2	7.47×10^{-9}(15℃)
$CuCl_2$	1.02×10^{-6}(18~20℃)	PbS	3.4×10^{-28}(18℃)
CuI	5.06×10^{-12}(18~20℃)	$PbSO_4$	1.06×10^{-8}(18℃)
CuS	8.5×10^{-45}(18℃)	$Zn(OH)_2$	1.8×10^{-14}(18~20℃)
CuS	2×10^{-47}(16~18℃)	ZnS	1.2×10^{-23}(18℃)

二、氢氧化物沉淀法

水中金属离子很容易生成各种氢氧化物，其中包括氢氧化物沉淀及各种羟基络合物，显然，它们的生成条件和存在状态与溶液 pH 值有直接关系。如果金属离子以 M^{n+} 表示，则其氢氧化物的溶解平衡为

$$M(OH)_n \rightleftharpoons M^{n+} + nOH^-$$

$$K_{sp} = [M^{n+}][OH^-]^n$$

$$[M^{n+}] = K_{sp}/[OH^-]^n$$

这是与氢氧化物沉淀共存的饱和溶液中的金属离子浓度，也就是溶液在任一 pH 值条件下，可以存在的最大金属离子浓度。

因为水的离子积为

$$K_w=[H^+][OH^-]=1\times10^{-14}(25℃)$$

所以

$$[M^{n+}]=K_{sp}/\left(\frac{K_w}{[H^+]}\right)^n$$

将上式取负对数可以得到

$$-\lg[M^{n+}]=-\lg K_{sp}+n\lg K_w+npH=npH+pK_{sp}-14n \qquad (9-2)$$

由式(9-2)可见，①金属离子浓度相同时，溶度积 K_{sp} 愈小，则开始析出氢氧化物沉淀的 pH 值愈低；②同一金属离子，浓度愈大，开始析出沉淀的 pH 值愈低。

根据各种金属氢氢化物的 K_{sp} 值，由式(9-2)可计算出某一 pH 值时溶液中金属离子的饱和浓度。以 pH 值为横坐标，以 $-\lg[M^{n+}]$ 为纵坐标，即可绘制纯溶液中金属离子的饱和浓度与 pH 值的关系图(图 9-1)。根据关系图可确定各金属离子沉淀的条件。以 Cd^{2+} 为例，若 $[Cd^{2+}]=0.1mol/L$，则由图可查出，使 $Cd(OH)_2$ 开始析出的 pH 值应为 7.7；若欲使溶液残余 $[Cd^{2+}]$ 降至 $10^{-5}M$，则沉淀终了的 pH 值应为 9.7。

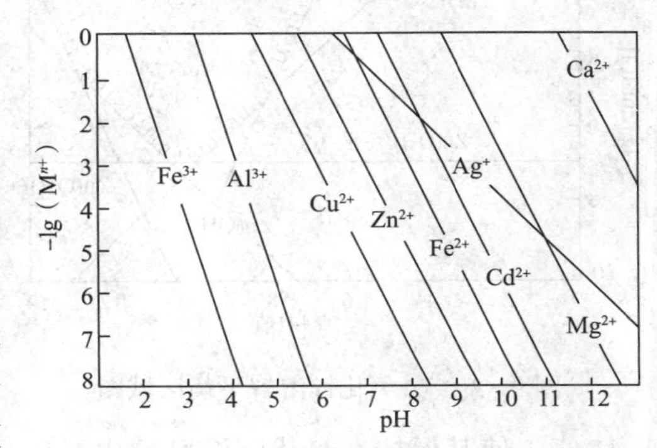

图 9-1　部分金属氢氧化物溶解度与 pH 值的关系

许多金属离子和氢氧根离子不仅可以生成氢氧化物沉淀，而且还可以生成各种可溶性羟基络合物。在与金属氢氧化物呈平衡的饱和溶液中，不仅有游离的金属离子，而且有配位数不同的各种羟基络合物，它们都将参与沉淀-溶解平衡。显然，各种金属羟基络合物在溶液中存在的数量和比例都直接同溶液 pH 值有关，根据各种平衡关系可以进行综合计算。

以 Zn(Ⅱ)为例，其羟基络合物的生成反应平衡常数 K_1、K_2、K_3、K_4 如下：

$$K_1=[ZnOH^+]/([Zn^{2+}][OH^-])=5\times10^5$$

$$K_2=[Zn(OH)_2(液)]/([ZnOH^+][OH^-])=2.7\times10^4$$

$$K_3=[Zn(OH)_3{}^-]/([Zn(OH)_2(液)][OH^-])=1.26\times10^4$$

$$K_4=[Zn(OH)_4{}^{2-}]/([Zn(OH)_3^-][OH^-])=1.28\times10$$

与 $Zn(OH)_2$(固)呈平衡的各种离子、羟基络合物与 pH 值的关系如下：

$$Zn(OH)_2(固)\rightleftharpoons Zn^{2+}+2OH^- \qquad ①$$

$$K_{sp}=[Zn^{2+}][OH^-]=7.1\times10^{-8}$$

$$-\lg[Zn^{2+}]=2pH+pK_{sp}-2pK_w=2pH-10.85$$

$$Zn(OH)_2(固)\rightleftharpoons Zn(OH)^+OH^- \qquad ②$$

$$K_{s1}=[Zn(OH)^+][OH^-]=K_{sp}K_1=3.55\times10^{-12}$$

$$-\lg[Zn(OH)^+]=pH+pK_{s1}-pK_w=pH-2.55$$

$$Zn(OH)_2(固)\rightleftharpoons Zn(OH)_2(液) \qquad ③$$

$$K_{s2}=[Zn(OH_2)(液)]=K_{s1}K_2=9.8\times10^{-8}$$

$$-\lg[Zn(OH)_2(液)] = pK_{s2} = 7.02$$

$$Zn(OH)_2(固) + OH^- \rightleftharpoons Zn(OH)_3^- \quad ④$$

$$K_{s3} = [Zn(OH)_3^-]/[OH^-] = K_{s2}K_3 = 1.2 \times 10^{-3}$$

$$-\lg[Zn(OHs)_3^-] = -pH + pK_{s3} + pK_w = -pH + 16.92$$

$$Zn(OH)_2(固) + 2OH^- \rightleftharpoons Zn(OH)_4^{2-} \quad ⑤$$

$$K_{s4} = [Zn(OH)_4^{2-}]/[OH^-]^2 = K_{s3}K_4 = 2.19 \times 10^{-2}$$

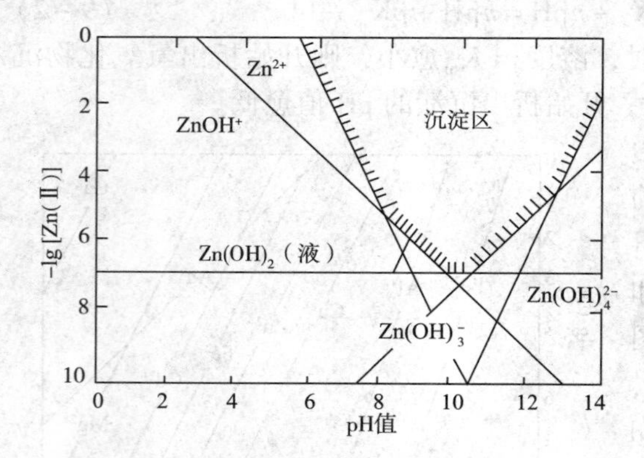

图 9－2　氢氧化锌溶解平衡区域图

根据以上各式，可以作出如图 9－2 所示的 $-\lg[Zn(Ⅱ)]$ 与 pH 值关系图。图中阴影线所围的区域代表生成固体 $Zn(OH)_2$ 沉淀的区域。由图可见，当 $pH < 10.2$ 时，$Zn(OH)_2$(固)的溶解度随 pH 值升高而降低；当 $pH > 10.2$ 以后，$Zn(OH)_2$(固)的溶解度随 pH 值升高而增大。其他可生成两性氢氧化物的金属也具有类似的性质，如 Cr^{3+}、Al^{3+}、Fe^{3+}、Fe^{2+}、Cd^{2+}、Cu^{2+}、Pb^{2+} 等。

实际废水处理中，共存离子体系十分复杂，影响氢氧化物沉淀的因素很多，必须控制 pH 值，使其保持在最优沉淀区域内。表 9－2 给出了某些金属氢氧化物沉淀析出的最佳 pH 值范围，对具体废水最好通过试验确定。

表 9－2　某些金属氢氧化物沉淀析出的最佳 pH 值范围

金属离子	Fe^{3+}	Al^{3+}	Cr^{3+}	Cu^{2+}	Zn^{2+}	Sn^{2+}	Ni^{2+}	Pb^{2+}	Cd^{2+}	Fe^{2+}	Mn^{2+}
沉淀的最佳 pH 值	6～12	5.5～8	8～9	>8	9～10	5～8	>9.5	9～9.5	>10.5	5～12	10～14
加碱溶解的 pH 值		>8.5	>9		>10.5				>9.5		>12.5

当废水中存在 CN^-、NH_3、S^{2-} 及 Cl^- 等配位体时，能与金属离子结合成可溶性络合物，增大金属氢氧化物的溶解度，对沉淀法不利，应通过预处理除去。

三、硫化物沉淀法

金属硫化物比氢氧化物的溶度积更小，所以在废水处理中也常用生成硫化物的方法，从水中除去金属离子。通常采用的沉淀剂有硫化氢、硫化钠等。

金属硫化物的溶解平衡式为：

$$MS \rightleftharpoons [M^{2+}] + [S^{2-}]$$

$$[M^{2+}] = K_{sp}/[S^{2-}]$$

以硫化氢为沉淀剂时，硫化氢分两步电离，其电离方程式如下：

$$H_2S \rightleftharpoons H^+ + HS^-$$

$$HS^- \rightleftharpoons H^+ + S^{2-}$$

电离常数分别为

$$K_1 = \frac{[H^+][HS^-]}{[H_2S]} = 9.1 \times 10^{-8}$$

$$K_2=\frac{[H^+][S^{2-}]}{[HS^-]}=1.2\times10^{-15}$$

由以上两式得

$$\frac{[H^+]^2[S^{2-}]}{[H_2S]}=1.1\times10^{-22}$$

$$[S^{2-}]=\frac{1.1\times10^{-22}[H_2S]}{[H^+]^2}$$

将上式代入溶解平衡式得

$$[M^{2+}]=\frac{K_{sp}[H^+]^2}{1.1\times10^{-22}[H_2S]}$$

在0.1MPa、25℃的条件下，硫化氢在水中的饱和浓度为0.1mol/L（pH≤6），因此有

$$[M^{2+}]=\frac{K_{sp}[H^+]^2}{1.1\times10^{-23}}$$

$$[S^{2-}]=\frac{1.1\times10^{-23}}{[H^+]^2}$$

由上式可以计算在一定pH值下溶液中金属离子的饱和浓度，如图9-3所示。

以 Na_2S 为沉淀剂时，Na_2S 完全电离，并随即发生水解

$$Na_2S \longrightarrow 2Na^+ S^{2-}$$

$$S^{2-}+H_2O \rightleftharpoons HS^-+OH^-$$

$$HS^-+H_2O \rightleftharpoons H_2S+OH^-$$

其中一级水解强烈进行，使溶液呈强碱性，水解产物 HS^- 约占化合态硫总量的99%，而 S^{2-} 很少。二级水解十分微弱，H_2S 更少。

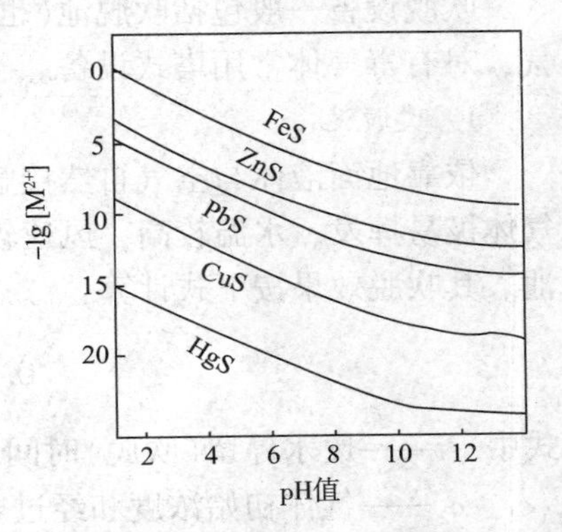

图9-3　部分金属硫化物溶解度和pH值的关系

采用硫化物沉淀法处理重金属废水，去除率高，可分步沉淀，泥渣中金属品位高，便于回收利用，适用pH值范围大。但过量 S^{2-} 可使处理水COD增加；当pH值降低时，可产生有毒的 H_2S。有时金属硫化物的颗粒很小，分离困难，此时可投加适量絮凝剂进行共沉。上海某化工厂采用硫化钠共沉淀法处理乙醛车间排出的含汞废水，废水含汞5～10mg/L，pH值2～4。原水用石灰将pH值调到8～10后，先投加6%的 Na_2S30mg/L，与汞反应后再投加7%的 $FeSO_4$ 60mg/L，处理后出水含汞降至0.2mg/L。

第二节　吹脱和汽提

吹脱和汽提都属于气-液相转移分离法，即将气体（载气）通入废水中，使之相互充分接触，使废水中的溶解气体和易挥发的溶质穿过气液界面，向气相转移，从而达到脱除污染物的目的。常用空气或水蒸气作载气，习惯上把前者称为吹脱法，后者称为汽

提法。

水和废水中有时会含有溶解气体。例如用石灰石中和含硫酸废水时产生大量CO_2；水在软化脱盐过程中经过氢离子交换器，产生大量CO_2；某些工业废水含有H_2S、HCN、NH_3、CS_2及挥发性有机物等。这些物质可能对系统产生侵蚀，或者本身有害，或对后续处理不利，因此，必须分离除去。产生的废气根据其浓度高低，可直接排放、送锅炉燃烧或回收利用。将空气通入水中，除了吹脱作用以外，还伴随充氧和化学氧化作用。

一、吹脱法

吹脱法的基本原理是气液相平衡和传质速度理论。在气液两相系统中，溶质气体在气相中的分压与该气体在液相中的浓度成正比。当该组分的气相分压低于其溶液中该组分浓度对应的气相平衡分压时，就会发生溶质组分从液相向气相的传质。传质速度取决于组分平衡分压和气相分压的差值。气液相平衡关系和传质速度随物系、温度和两相接触状况而异。对给定的物系，通过提高水温，使用新鲜空气或负压操作，增大气液接触面积和时间，减少传质阻力，可以达到降低水中溶质浓度、增大传质速度的目的。

吹脱设备一般包括吹脱池（也称曝气池）和吹脱塔。前者占地面积较大，而且易污染大气，对有毒气体常用塔式设备。

1. 吹脱池

依靠池面液体与空气自然接触而脱除溶解气体的吹脱池称自然吹脱池，它适用于溶解气体极易挥发，水温较高，风速较大，有开阔地段和不产生二次污染的场合，也兼作贮水池。其吹脱效果按下式计算：

$$0.43\lg\frac{c_1}{c_2}=D\left(\frac{\pi}{2h}\right)^2t-0.207 \tag{9-3}$$

式中 t——废水停留（吹脱）时间，min；

c_1、c_2——气体初始浓度和经过t后的剩余浓度，mg/L；

h——水层深度，mm；

D——气体在水中的扩散系数，cm^2/min。

由式（9-3）可知，欲获得较低的c_2，除延长贮存时间外，还应当尽量减小水层深度或增大表面积。

为强化吹脱过程，通常向池内鼓入空气或在池面以上安装喷水管，构成强化吹脱池。喷水管安装高度离水面1.2～1.5m。池子小时，还可建在建筑物顶上，高度达2～3m。为防止风吹损失，四周应加挡水板或百叶窗。喷水强度可采用$12m^3/m^2 \cdot h$。

国内某厂酸性废水经石灰石滤料中和后，废水中产生大量的游离CO_2，pH值4.2～4.5，不能满足生化处理要求，因此，中和滤池的出水经预沉淀后，进行吹脱处理。吹脱池为一矩形水池（见图9-4），水深1.5m，曝气强度为$25\sim30m^2/m^2 \cdot h$，气水体积比为5，吹脱时间为30～40min。空气用塑料穿孔管由池底送入，孔径10mm，孔距5cm。吹脱后，游离CO_2由700mg/L降到120～140mg/L，出水pH值达6～6.5。存在问题是布气孔易被中和产物$CaSO_4$堵塞，当废水中含有大量表面活性物质时，易产生泡沫，影响操作和环境。

2. 吹脱塔

为提高吹脱效率，回收有用气体，防止二次污染，常采用填料塔、板式塔等高效气液分离设备。

填料塔的主要特征是在塔内填充一定高度的填料层，废水从塔顶喷下，沿填料表面呈薄膜状向下流动。空气由塔底鼓入，呈连续相由下而上同废水逆流接触。塔内气相和水相组成沿塔高连续变化，其工作流程如图9－5所示。

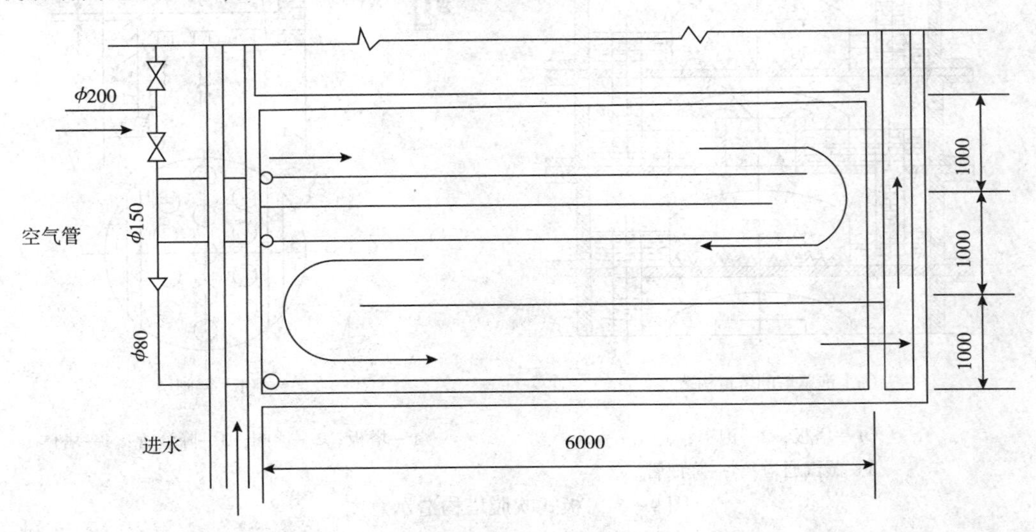

图9－4　折流式吹脱池

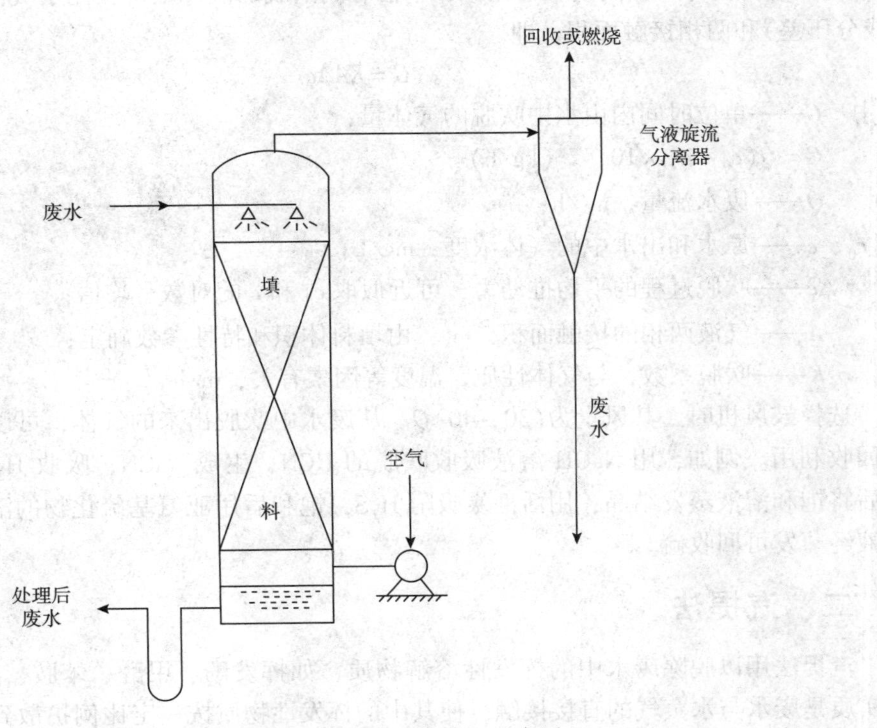

图9－5　填料吹脱塔工作流程示意图

板式塔的主要特征是在塔内装置一定数量的塔板，废水水平流过塔板，经降液管流入下一层塔板。空气以鼓泡或喷射方式穿过板上水层，相互接触传质。塔内气相和水相组成沿塔高呈阶梯变化。泡罩塔和浮阀塔的构造如图 9-6 所示。

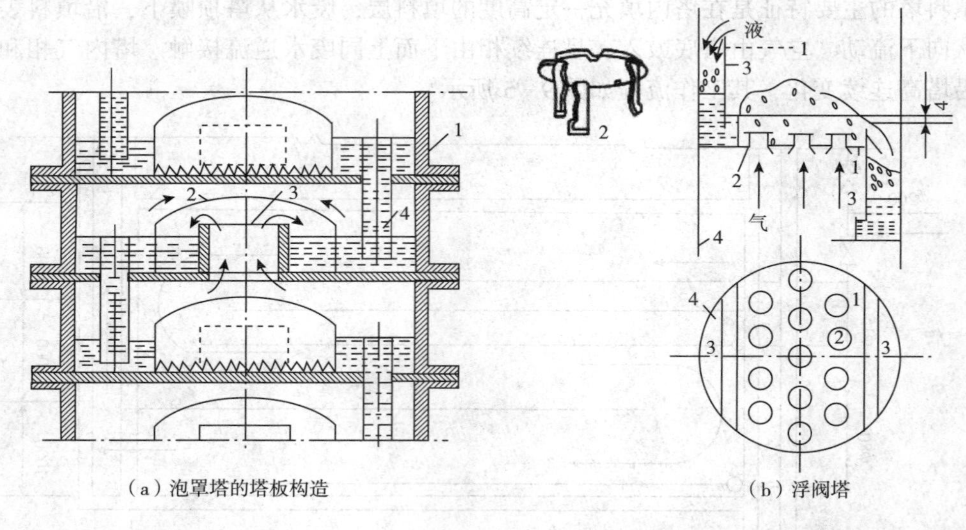

（a）泡罩塔的塔板构造

1—塔板；2—泡罩；
3—蒸汽通道；4—降液管

（b）浮阀塔

1—塔板；2—浮阀；3—降液管；4—塔体

图 9-6　板式吹脱塔构造示意图

吹脱塔的设计计算同吸收塔相似，单位时间吹脱的气体量，正比于气液两相的浓度差（或分压差）和两相接触面积，即

$$G = KA\Delta c \tag{9-4}$$

式中　G——单位时间内由水中吹脱的气体量，

$G = Q(c_0 - c) \times 10^{-3}$　（kg/h）

Q——废水流量，m^3/h；

c_0、c——原水和出水中的气体浓度，mg/L；

Δc——吹脱过程的平均推动力，可近似取 c_0 和 c 的对数平均值；

A——气液两相的接触面积，m^2，由填料体积和特性参数确定；

K——吹脱系数，与气体性质，温度等因素有关，m/h。

选择鼓风机时，其风量为(30～40)Q。从废水中吹脱出来的气体，可以经过吸收或吸附回收利用。例如，用 NaOH 溶液吸收吹脱的 HCN，生成 NaCN；吸收 H_2S，生成 Na_2S，然后将饱和溶液蒸发结晶；用活性炭吸附 H_2S，饱和后用亚氨基硫化物的溶液浸洗，饱和溶液经蒸发可回收硫。

二、汽提法

汽提法用以脱除废水中的挥发性溶解物质，如挥发酚、甲醛、苯胺、硫化氢、氨等。其实质是废水与水蒸气的直接接触，使其中的挥发性物质按一定比例扩散到气相中去，从而达到从废水中分离污染物的目的。

单位体积废水所需的蒸汽量称为汽水比，用 V_0 表示。假定在废水进口处气液两相传质已达平衡，可得如下关系：

$$\frac{Q(c_0-c)}{V}=k\frac{Qc_0}{Q} \tag{9-5}$$

$$V_0=\frac{V}{Q}=\frac{c_0-c}{kc_0} \tag{9-6}$$

式中，k 为汽液平衡时溶质在蒸汽冷凝液与废水中的浓度之比或称分配系数。对低浓度(0.01~0.1mol/L)废水，可视为定值。挥发酚、苯胺、游离 NH_3、甲基苯胺、氨基甲烷的 k 值分别为2、5.5、13、19和11。

实际生产中，汽提都是在不平衡的状态下进行的，同时还有热损失，故蒸汽的实际耗量比理论值大，约为2~2.5倍。

常用的汽提设备有填料塔、筛板塔、泡罩塔、浮阀塔等。

1. 含酚废水处理

汽提法最早用于从含酚废水中回收挥发酚，其典型流程如图9-7所示。

汽提塔分上下两段，上段叫汽提段，通过逆流接触方式用蒸汽脱除废水中的酚；下段叫再生段，同样通过逆流接触，用碱液从蒸汽中吸收酚。其工作过程如下：废水经换热器预热至100℃后，由汽提塔的顶部淋下，在汽提段内与上升的蒸汽逆流接触，在填料层中或塔板上进行传质，净化的废水通过预热器排走。含酚蒸汽用鼓风机送到再生段，相继与循环碱液和新碱液(含NaOH10%)接触，经化学吸收生成酚钠盐回收其中的酚，净化后的蒸汽进入汽提段循环使用。碱液循环在于提高酚钠盐的浓度，待饱和后排出，用离心法分离酚钠盐晶体，加以回收。

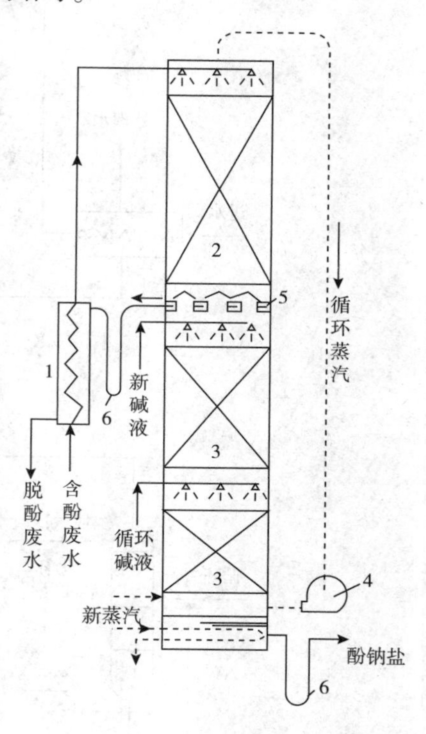

图9-7　汽提法脱酚装置

1—预热器；2—汽提段；3—再生段；4—鼓风机；5—集水槽；6—水封

汽提脱酚工艺简单，对处理高浓度(含酚1g/L以上)废水，可以达到经济上收支平衡，且不会产生二次污染。但是，经汽提后的废水中一般仍含有一定浓度(约400mg/L)的残余酚，必须进一步处理。另外，由于再生段内喷淋热碱液的腐蚀性很强，必须采取防腐措施。

2. 含硫废水处理

石油炼厂的含硫废水(又称酸性水)中含有大量 H_2S(高达10g/L)、NH_3(高达5g/L)，还含有酚类、氰化物、氯化铵等。一般先用汽提回收处理，然后再用其他方法进行处理，处理流程如图9-8所示。含硫废水经隔油、预热后从顶部进入汽提塔，蒸汽则从底部进入。在蒸汽上升过程中，不断带走 H_2S 和 NH_3。脱硫后的废水，利用其余热预热进水，然后送出进行后续处理。从塔顶排出的含 H_2S 及 NH_3 的蒸汽，经冷凝后回流至汽提塔中，不冷凝的 H_2S 和 NH_3，进入回收系统，制取硫磺或硫化钠，并可副产氨水。

国外某公司采用两段汽提法处理含硫废水，工艺流程如图 9－9 所示。酸性废水经脱气(除去溶解的氢、甲烷及其他轻质烃类)后进行预热，送入 H_2S 汽提塔，塔内温度约 38℃，压力 0.68MPa(表)。H_2S 从塔顶汽提出来，水和氨从塔底排出。塔顶气相仅含 NH_3 50mg/L，可直接作为生产硫或硫酸的原料。水和氨进入氨汽提塔，塔内温度 94℃，压力 0.34MPa(表)。氨从塔顶蒸出，进入氨精制段，除去少量的 H_2S 和水，在 38℃、1.36MPa 下压缩，冷凝下来的 NH_3 含 $H_2O<1g/L$，含 $H_2S<5mg/L$，可作为液氨出售。氨汽提塔底排出的水可重复利用。

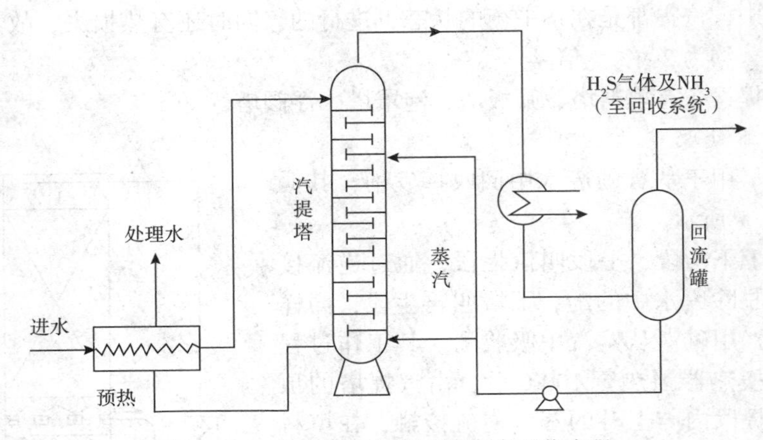

图 9－8　单塔汽提处理含硫废水工艺流程

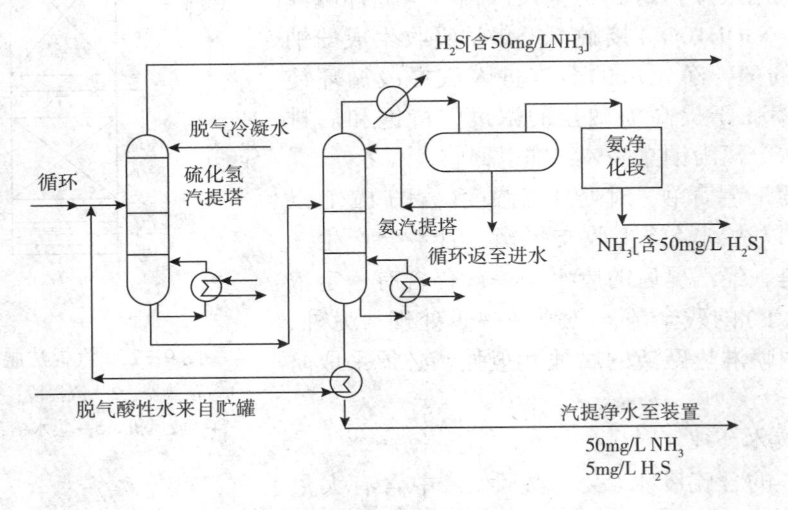

图 9－9　双塔汽提处理含硫废水工艺流程

国内也有多家炼油厂采用类似的双塔汽提流程处理含硫废水，将含 H_2S 290～2170mg/L，含 NH_3 365～1300mg/L 的原废水净化至含 H_2S 0.95～12mg/L，含 NH_3 44～55mg/L。运转情况表明，该系统操作方便，能耗低。除了用水蒸气汽提以外，也可用烟气汽提处理炼油酸性含硫废水。

第三节　萃　　取

一、概述

为了回收废水中的溶解物质，向废水中投加一种与水互不相溶，但能良好溶解污染物的溶剂，使其与废水充分混合接触。由于污染物在该溶剂中的溶解度大于在水中的溶解度，因而大部分污染物转移到溶剂相。然后分离废水和溶剂，即可使废水得到净化。若再将溶剂与其中的污染物分离，即可使溶剂再生，而分离的污染物可回收利用。这种分离工艺称为萃取。所用的溶剂称为萃取剂；萃取后的溶剂称为萃取液(相)，废水称为萃余液(相)。

萃取过程达到平衡时，污染物在萃取相中的浓度 c_s 与在萃余相中的浓度 c_e 之比称为分配系数 E_x，即

$$E_x = c_s / c_e \tag{9-7}$$

实验表明，分配系数不是常数，随物系、温度和浓度的变化而异。某些溶剂萃取含酚废水的分配系数 E_x 如表 9-3 所示。

表 9-3　溶剂萃取脱酚的分配系数(20℃)

溶剂	苯	重苯	醋酸丁酯	磷酸三丁酯	N503	803#液体树脂
苯酚废水[①]	2.29	2.44	50	64.11	122.1	593
甲酚废水[②]	32.23	34.23	—	744.85	686.58	1942

①废水含苯酚 23.0g/L。

②废水含甲酚 1.6g/L。

液-液萃取的传质速度式类似于式(9-4)，过程的推动力是实际浓度与平衡浓度之差。由速度式可见，要提高萃取速度和设备生产能力，其途径有以下几条：

(1)增大两相接触界面积。通常使萃取剂以小液滴的形式分散到废水中，分散相液滴越小，传质表面积越大。但要防止溶剂分散过度而出现乳化现象，给后续分离萃取剂带来困难；

(2)增大传质系数。在萃取设备中，通过分散相的液滴反复地破碎和聚集，或强化液相的湍动程度，使传质系数增大。但是表面活性物质和某些固体杂质的存在，将显著降低传质系数，因而应预先除去；

(3)增大传质推动力。采用逆流操作，整个萃取系统可维持较大的推动力，既能提高萃取相中溶质浓度，又可降低萃余相中的溶质浓度，逆流萃取过程推动力可取废水进口处推动力和出口处推动力的对数平均值。

萃取法目前仅适用于为数不多的几种有机废水和个别重金属废水的处理，主要原因是：①含有共沸点或沸点非常接近的混合物的废水，难以用蒸馏或蒸发方法分离；②含热敏性物质的废水在蒸发和蒸馏的高温条件下，易发生化学变化或易燃易爆；③含难挥发性物质的废水用蒸发法处理需消耗大量热能或需用高真空蒸馏；④个别重金属废水，例如对含铀和钒的洗矿水和含铜的冶炼废水，可采用有机溶剂萃取。

二、萃取剂及其再生

萃取的效果和所需的费用主要取决于所用的萃取剂。选择萃取剂时主要考虑以下几点：

(1)萃取能力强，即分配系数要大。

(2)分离性能好，萃取过程中不乳化、不随水流失，要求萃取剂黏度小，与废水的密度差大，表面张力适中。

(3)化学稳定性好，难燃爆，毒性小，腐蚀性低，闪点高、凝固点低，蒸气压小，便于室温下贮存和使用。

(4)来源较广，价格便宜。

(5)容易再生和回收溶质。将萃取相分离，可同时回收溶剂和溶质，具有重大的经济意义。萃取剂的用量往往很大，有时达到和废水量相等，如不能将其再生回用，有可能完全丧失其处理废水的经济合理性；另一方面，萃取相中的溶质量也很大，如不回收，则造成极大浪费和二次污染。

萃取剂再生的方法有两类：

1)物理法(蒸馏或蒸发)

当萃取相中各组分沸点相差较大时，最宜采用蒸馏法分离。例如，用乙酸丁酯萃取废水中的单酚时，溶剂沸点为116℃，而单酚沸点为181～202.5℃，相差较大，可用蒸馏法分离。根据分离目的，可采用简单蒸馏或精馏，设备以浮阀塔效果较好。

2)化学法

投加某种化学药剂使其与溶质形成不溶于溶剂的盐类。例如，用碱液反萃取萃取相中的酚，形成酚钠盐结晶析出，从而达到二者分离的目的。化学再生法使用的设备有离心萃取机和板式塔。

常用的高效脱酚萃取剂有 *N*，*N*－二甲基庚基乙酰胺(商品名为N－503)、803#液体树脂等。

N－503为淡黄色油状液体，属取代酰胺类化合物，易溶于酒精、苯、煤油、石油醚等有机溶剂，热稳定性较好，对酸、碱亦较稳定。当采用纯品进行萃取而两相体积相等时，苯酚的分配系数达500，其脱酚原理是酚羟基与N－503上的氧能形成一种较为稳定的分子间氢键缔合物。含有该缔合物的萃取相用NaOH溶液反萃取，苯酚与NaOH反应生成酚钠，进入水相，从而使N－503得到再生还原。

803#液体树脂为浅黄色油状液体，略带氨味，沸点320℃以上，受热不分解，不易挥发，毒性较低，安全可靠。在水溶液中呈碱性，能和酸作用生成胺盐，成盐后对水中酚类等有机物具有选择性萃取能力。但803#液体树脂在脱酚过程中耗酸、碱量大，脱酚后的萃余相中，有乳化现象。实验发现，采用萃取－吸附联合流程处理，可实现完全脱酚。

三、萃取工艺设备

萃取工艺包括混合、分离和回收三个主要工序。根据萃取剂与废水的接触方式不同，萃取操作有间歇式和连续式两种，其中间歇萃取工艺及计算与间歇吸附相似。连续逆流萃取设备常用的有填料塔、筛板塔、脉冲塔、转盘塔和离心萃取机等。

1. 往复叶片式脉冲筛板塔

往复叶片式脉冲筛板塔分为三段(见图 9-10)。废水与萃取剂在塔中逆流接触，在萃取段内有一纵轴，轴上装有若干块钻有圆孔的圆盘型筛板，纵轴由塔顶的偏心轮装置带动，作上下往复运动，既强化了传质，又防止了返混。上下两分离段断面较大，轻、重两液相靠密度差在此段平稳分层，轻液(萃取相)由塔顶流出，重液(萃余相)则由塔底经∩形管流出，∩型管上部与塔顶中间相连，以维持塔内一定的液面。

筛板脉动强度是影响萃取效率的主要因素，其值等于脉动幅度和频率乘积的两倍。脉动强度太小，两相混合不良；脉动强度太大，易造成乳化和液泛。根据试验，脉动幅度以 4～8mm，频率 125～500 次/min 为宜，这样可获得 3000～5000mm/min 的脉冲强度。筛板间距一般采用 150～600mm，筛孔 5～15mm，开孔率 10%～25%，筛板与塔壁的间距5～10mm。

2. 转盘萃取塔

转盘萃取塔的构造如图 9-11 所示，在中部萃取段的塔壁上安装有一组等间距的固定环形挡板，构成多个萃取单元。在每一对环形挡板的中间位置，均有一块固定在中心旋转轴上的圆盘。废水和萃取剂分别从塔上、下部切线引入，逆流接触。在圆盘的转动作用下，液体被剪切分散，其液滴的大小同圆盘直径与转速有关，调整转速可以得到最佳的萃取条件。为了消除旋转液流对上下分离段的扰动，在萃取段两端各设一整流格子板。

转盘萃取塔的主要效率参数为：塔径与盘径之比为 1.3～1.6，塔径与环形板内径之比为 1.3～1.6；塔径与盘间距之比为 2～8。

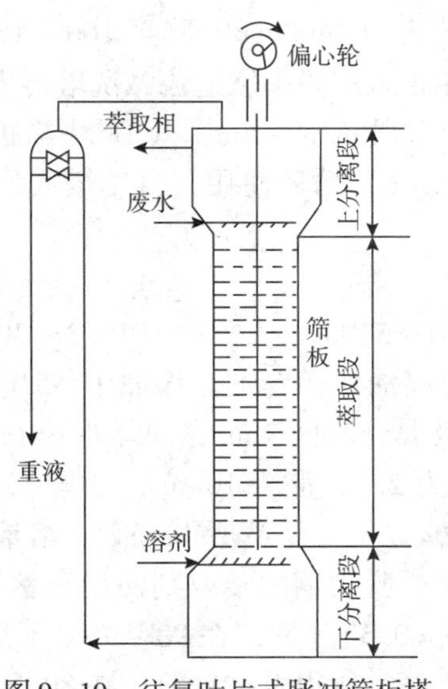

图 9-10　往复叶片式脉冲筛板塔

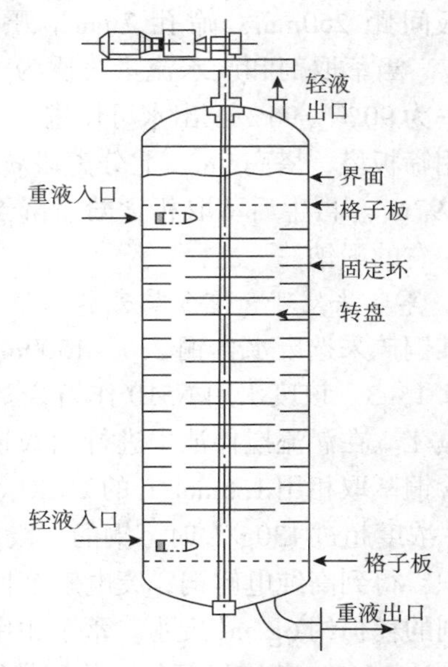

图 9-11　转盘萃取塔构造示意图

3. 离心萃取机

离心萃取机的外形为圆形卧式转鼓，转鼓内有许多层同心圆筒，每层都有许多孔口相通。轻液由外层的同心圆筒进入，重液由内层的圆筒进入。转鼓高速旋转(1500～5000r/

min)产生离心力，使重液由里向外，轻液由外向里流动，进行连续逆流接触，最后由外层排出萃余相，由内层排出萃取相。萃取剂的再生(反萃)也同样可用离心萃取机完成。

用轻油萃取含酚废水，当油水比为1.3时，经萃取机处理可使酚的浓度由3000mg/L降至35mg/L。应用离心萃取机再生萃取相，当碱液与萃取相之比为1.25时，可使酚钠液中的酚含量达36%。

离心萃取机的结构紧凑，分离效率高，停留时间短，特别适用于密度较小，易产生乳化及变质的物系分离，但缺点是构造复杂，制造困难，电耗大。

四、萃取法在废水处理中的应用

1. 萃取法处理含酚废水

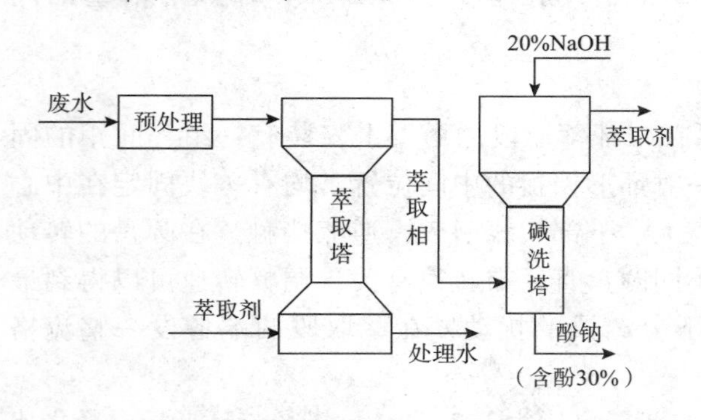

图9-12　萃取塔脱酚工艺流程

焦化厂、煤气厂、化工厂排出的废水中常含有较高浓度的酚(1000～3000mg/L)。为了回收酚，常用萃取法处理这类废水。

某焦化厂废水萃取脱酚流程如图9-12所示。废水先经除油、澄清和降温预处理后进入脉冲筛板塔，由塔底供入二甲苯(萃取剂)。萃取塔高12.6m，其中上下分离段ϕ2m×3.55m，萃取段ϕ1.3m×5.5m，总体积28m^3。筛板共21块，板间距250mm，筛孔7mm，开孔率37.4%，脉冲强度2724mm/min，电机功率5.5kW。当萃取剂和废水流量之比为1时，可将酚浓度由1400mg/L降至100～150mg/L，脱酚率为90%～96%，出水可作进一步处理。萃取相送入三段串联逆流碱洗塔再生。碱洗塔采用筛板塔，塔高9m，上分离段ϕ3m×3m，反萃取段ϕ2m×6m，共18块筛板，总体积38.97m^3。再生后萃取相含酚量降至1000～2000mg/L，循环使用，再生塔底回收含酚30%左右的酚钠。

2. 萃取法处理含重金属废水

某铜矿采选废水含铜230～1500mg/L，含铁4500～5400mg/L，含砷10.3～300mg/L，pH＝0.1～3。该废水用N510作络合萃取剂，以磺化煤油作稀释剂。煤油中N510浓度为162.5g/L。在涡流搅拌池中进行六级逆流萃取，每级混合时间7min，总萃取率在90%以上。含铜萃取相用1.5mol/L的H_2SO_4反萃取，相比为2.5，混合10min，分离20min。当H_2SO_4浓度超过130g/L时，铜的三级反萃取率在90%以上。反萃所得$CuSO_4$溶液送去电解沉积，得到高纯电解铜，废电解液回用于反萃工序。脱除铜的萃取剂回用于萃取工序，萃取剂的耗损约6g/m^{3}废水。萃余相用氨水(NH_3/Fe＝0.5)除铁，在90～95℃下反应2h，除铁率达90%。若通气氧化，并加晶种，除铁率会更高。所得黄铵铁钒，在800℃下煅烧2h，可得品位为95.8%的铁红(Fe_2O_3)。除铁后的废水酸度较大，可投加石灰、石灰石中和后排放。

第四节　蒸发和结晶

一、蒸发

1. *蒸发原理及设备*

蒸发法处理废水的实质是加热废水，使水分子大量气化，得到浓缩的废液以便进一步回收利用；水蒸气冷凝后又可获得纯水。废水进行蒸发处理时，既有传热过程，又有传质过程。为了减少一次蒸汽耗量，降低操作费用，常采用多效蒸发工艺。即将几个蒸发器串联起来，第一级蒸发产生的二次蒸汽作为第二级蒸发器的热源，第二级的二次蒸汽作为第三级的热源，依次类推。通常把每一蒸发器称为一效。

1）列管式蒸发器

列管式蒸发器由加热室和蒸发室构成。根据废水循环流动时作用水头的不同，分自然循环式和强制循环式两种。

图9－13为自然循环竖管式蒸发器，加热室内有一组直立加热管（*DN*25～75，长0.6～2m），管内为废水，管外为加热蒸汽。加热室中央有一根很粗的循环管，其截面积为加热管束截面积的40%～100%。经加热沸腾的水汽混合液上升到蒸发室后便进行水汽分离。蒸汽经捕沫器截留液滴后，从蒸发室的顶部引出。废水则沿中央循环管下降，再流入加热管，不断沸腾蒸发。待达到要求的浓度后，从底部排出，其总传热系数范围为$(2.10 \sim 10.5) \times 10^3 kJ/m^2 \cdot h \cdot ℃$。

自然循环竖管式蒸发器的优点是构造简单，传热面积较大，清洗修理较简便。缺点是循环速度小，生产率低。适于处理粘度较大及易结垢的废水。

为了加大循环速度，提高传热系数，可将蒸发室的液体抽出再用泵送入加热室，构成强制循环蒸发器。因管内强制流速较大，对水垢有一定冲刷作用，故该蒸发器适于蒸发结垢性废水，但能耗较大。

2）薄膜式蒸发器

薄膜式蒸发器有长管式、旋流式和旋片式三种类型。其特点是废水仅通过加热管一次，不作循环，废水在加热管壁上形成一层很薄的水膜。蒸发速度快，传热效率高。薄膜蒸发器适于热敏性物料蒸发，处理粘度较大，容易产生泡沫废水的效果也较好。

长管式薄膜蒸发器按水流方向又可分为升膜（图9－14）、降膜和升－降膜式三种。加热室内有一组5～8m长的加热管，废水从管端进入，沿管程汽化，然后进入分离室，分离二次蒸汽和浓缩液。

旋流式薄膜蒸发器构造与旋风分离器类似，废水从顶部的四个进口沿切线方向流进，由于速度很高，离心力很大，因而形成均匀的螺旋形薄膜，紧贴器壁流下。在内壁外层蒸汽夹套的加热下，液膜迅速沸腾汽化，蒸发残液由锥底排出，二次蒸汽由顶部的中心管排出。其特点是结构简单，传热效率高，蒸发速度快，适于蒸发结晶，但因传热面较小，设备能力不大。

如果用高速旋转叶片带动废水旋转，产生离心力，将废水甩向器壁形成水膜，再经蒸汽夹套加热器壁蒸发废水，则构成旋片式薄膜蒸发器。

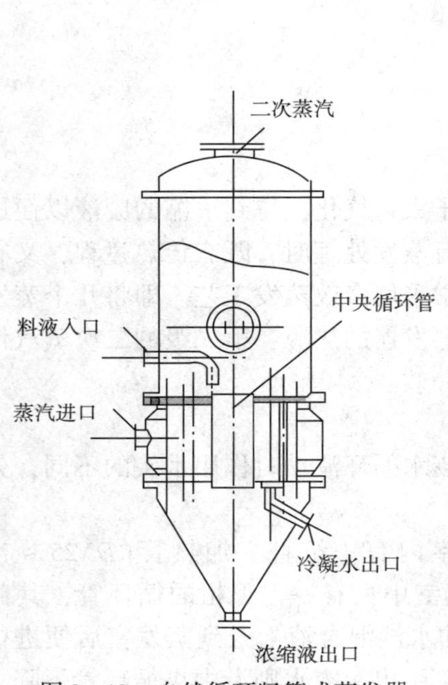

图 9-13　自然循环竖管式蒸发器

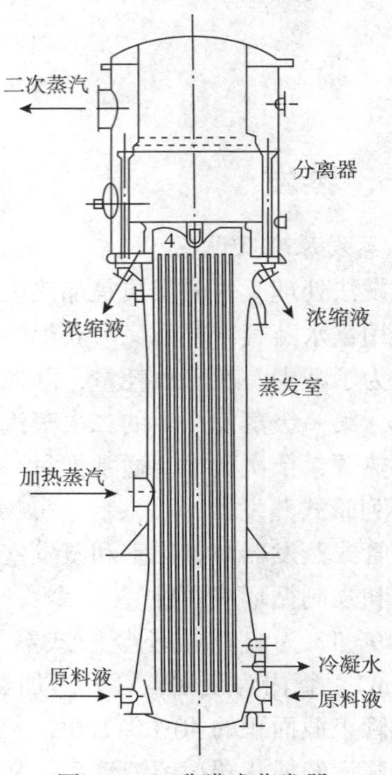

图 9-14　升膜式蒸发器

3）浸没燃烧蒸发器

浸没燃烧蒸发器是热气与废水直接接触式蒸发器，热源为高温烟气，如图 9-15 所示。燃料（煤气或油）和空气在混合室 1 混合后，进入燃烧室 2 中点火燃烧。产生的高温烟气（约 1200℃），从浸没于废水中的喷嘴喷出，加热和搅拌废水，二次蒸汽和燃烧尾气由器顶出口排出，浓缩液由器底用空气喷射泵抽出。

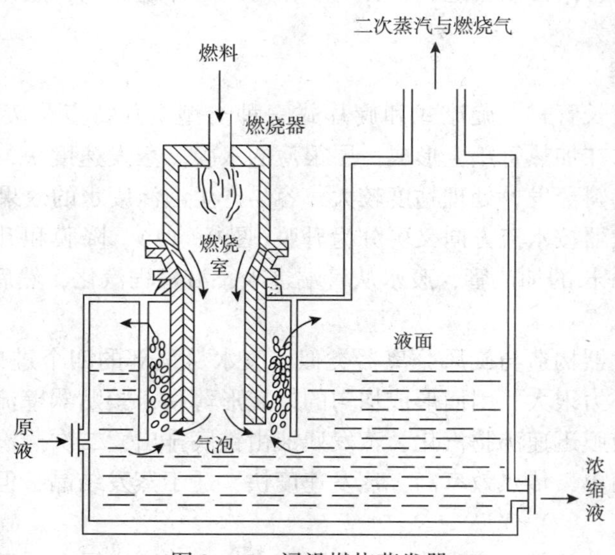

图 9-15　浸没燃烧蒸发器

浸没燃烧蒸发器具有传热效率高，废水沸点较低，构造简单等优点，适于蒸发强腐蚀性和易结垢的废液，但不适于热敏性物料和不能被烟气污染的物料蒸发。

2. 蒸发法在废水处理中的应用

1)浓缩处理放射性废水

废水中绝大多数放射性污染物是不挥发的，可用蒸发法浓缩，然后将浓缩液密闭封固，让其自然衰变。一般经二效蒸发，废水体积可减小为原来的1/500～1/200。这样大大减少了昂贵的贮罐容积，从而降低处理费用。

2)浓缩高浓度有机废水

造纸黑液、酒精废液等高浓度有机废水可用蒸发法浓缩。例如，采用酸法制浆的纸浆厂将亚硫酸盐纤维素废液蒸发浓缩后，用作道路粘结剂，也可将浓缩液进一步焚化或干燥。

碱法造纸黑液中含有大量有机物和钠盐，将这种碱液蒸发浓缩，然后在高温炉中焚烧，有机钠盐即氧化分解为Na_2O，再与CO_2反应生成Na_2CO_3。产物存在于焚烧后的灰烬中，用水浸渍灰烬，并经石灰处理可回收NaOH。蒸发工艺还可采用喷雾干燥技术，即在喷雾塔顶将废水喷成雾滴，与热气直接接触，蒸发水分，从塔底可回收有用物质。

在酿酒工业中，蒸馏后的残液中含有浓度很高的有机物，这种废水经过蒸发浓缩，并用烟道气干化后，固体物质可作饲料或肥料。

3)浓缩废碱、废酸

纺织、造纸、化工等行业都排出大量含碱废水，其中高浓度废碱液经蒸发浓缩后，可回用于生产工序。例如，上海某印染厂采用顺流串联三效蒸发工艺浓缩丝光机废碱液(含碱40～60g/L)。第一效加压(表压113mmHg)蒸发，沸点115℃，第二效减压(真空度500mmHg)蒸发，沸点80℃。第三效减压(真空度700mmHg)蒸发，沸点60℃。蒸发器有倾斜外加热器，采用自然循环方式运行。共有加热面积168m^2，蒸发强度为89.3$kg/m^2 \cdot h$，蒸发总量13.1m^3/h，浓缩液中的含碱量300g/L，其他杂质很少，直接回用于生产。

酸洗废液可用浸没燃烧法进行浓缩和回收。例如，某钢厂的废酸液中含H_2SO_4 100～110g/L，$FeSO_4$ 220～250g/L，经浸没燃烧蒸发浓缩后，母液含H_2SO_4增至600g/L，而$FeSO_4$量减至60g/L。采用煤气作燃料，煤气与空气之比为1:(1.2～1.5)。热利用率达90%～95%。该工艺的优点是蒸发效率高，占地小，投资省。但高温蒸发，设备腐蚀问题较难解决，且尾气对大气有污染。

二、结晶

结晶法用以分离废水中具有结晶性能的固体溶质。其实质是通过蒸发浓缩或降温冷却，使溶液达到饱和，让多余的溶质结晶析出，加以回收利用。

1. 操作原理

结晶和溶解是两个相反的过程。任何固体物质与它的溶液接触时，如溶液未饱和，固体就会溶解，如溶液过饱和，则溶质就会结晶析出。所以，要使溶液中的固体溶质结晶析出，必须设法使溶液呈过饱和状态。

固体与其溶液间的相平衡关系，通常以固体在溶剂中的溶解度表示。物质的溶解度与它的化学性质、溶剂性质与温度有关。一定物质在一定溶剂中的溶解度主要随温度而变化，压力及该物质的颗粒大小对其影响很小。大多数物质的溶解度随温度的升高而显著增大，如 $NaNO_3$、KNO_3 等；有些物质的溶解度曲线有折点，这表明物质的组成有所改变，如 $Na_2SO_4 \cdot 10H_2O$ 转变为 Na_2SO_4；有些物质如 Na_2SO_4 和钙盐等的溶解度随温度升高反而减小；有些物质的溶解度受温度影响很小，如 NaCl。

根据溶解度曲线，通过改变溶液温度或移除一部分溶剂来破坏相平衡，而使溶液呈过饱和状态，析出晶体。通常在结晶过程终了时，母液浓度即相当于在最终温度下该物质的溶解度，若已知溶液的初始浓度和最终温度，即可计算结晶量。

结晶过程包括形成晶核和晶体成长两个连续阶段。过饱和溶液中的溶质首先形成极细微的单元晶体(或称晶核)，然后这些晶核再成长为一定形状的晶体。结晶条件不同，析出的晶粒大小不同。对于由同一溶液中析出相等的结晶量，若结晶过程中晶核的形成速率远大于晶体的成长速率，则产品中晶粒小而多。反之，晶粒大而少。晶粒大小将影响产品的纯度和加工。粒度大的晶体易干燥、沉淀、过滤、洗涤，处理后含水量较小，产品收率较高，但粒径较大的晶体往往容易堆垒成集合体(叫晶簇)，使在单颗晶体之间包含母液，洗涤困难，影响产品纯度。当晶体颗粒多而粒度小时，洗涤后产品纯度高，但洗涤损失较大，得率较低。所以，在生产上，必须控制晶体的粒度。

当采用降温的方法使溶液进入过饱和状态而结晶时，晶体的大小同温度的下降速率有密切关系。图 9-16(a)和(b)分别表示溶液急速冷却和缓慢冷却的结晶过程。图中曲线 bd 是溶解度曲线，$abcd$ 代表结晶过程的温度 - 浓度变化。a 点的坐标表示溶液的初始状态。随着温度下降，$t_a \to t_b$，溶液中没有出现晶体，浓度维持 c_a 不变，当温度降至 t_c，开始出现结晶，浓度下降。温度继续下降，结晶不断发展，至最后状态点 d，结晶过程结束。如果溶液浓度超过溶解度后，溶质立即结晶析出，则溶液的温度 - 浓度变化应当沿 abd 路线，然而在温度急速下降的情况下，当开始结晶时，溶液的温度已经降得很低，浓度($c_a - c_c$)超过相应的溶解度较多。因形成晶核的推动力大，很多晶核同时形成，使晶体粒度较小。在温度缓慢下降时[图 9-16(b)]，结晶出现时溶液的过饱和量($c_a - c_c$)较小，形成晶核的推动力较小，晶核数目较少，而晶粒的成长时间则较长，晶粒就较大。

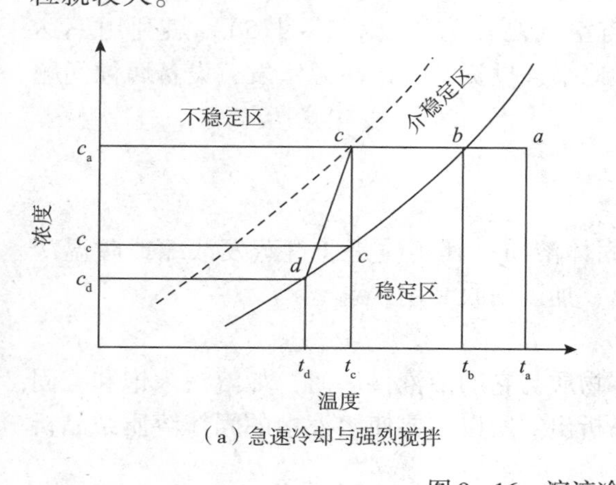

(a) 急速冷却与强烈搅拌

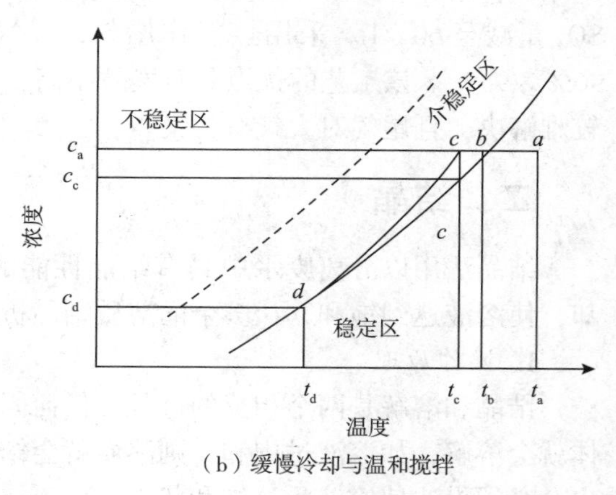

(b) 缓慢冷却与温和搅拌

图 9-16 溶液冷却时的结晶过程

当采用蒸发浓缩使溶液过饱和而结晶时，溶剂蒸发速度对结晶过程的影响也与此类似。

搅拌也可控制结晶进程，它既使溶液的浓度和温度均匀一致，又使小晶体悬浮在溶液中，为晶体的均匀成长创造了条件。所以，剧烈搅拌有利于晶核的形成，而较缓慢的搅拌则有利于晶体的均匀成长。

在结晶过程中，为了较容易控制晶体的数目和大小，往往在结晶将要开始之前，于溶液中加入溶质的微细晶粒，作为晶种。这样，晶核可以在较低的过饱和程度下形成。作为晶种，并不限于溶质本身，其他物质如果其晶格与溶质的相似，都可作为晶种。

图 9－15 中介稳定区的范围大小受结晶过程诸因素影响，如溶液的性质及初始浓度、冷却速度、晶种的大小及数目、搅拌强度等。介稳定区的概念对于结晶操作具有实际的意义。例如在结晶过程中，将溶液控制在介稳定区而且在较低的过饱和程度内，则在较长时间内只有少量晶核形成，主要是原有晶体的成长，于是可得到颗粒较大而整齐的结晶产品。

2. 结晶的方法及设备

结晶的方法主要分为两大类：移除一部分溶剂的结晶和不移除溶剂的结晶。在第一类方法中，溶液的过饱和状态可通过溶剂在沸点时的蒸发或在低于沸点时的汽化而获得，它适用于溶解度随温度降低而变化不大的物质结晶，如 NaCl、KBr 等，结晶器有蒸发式、真空蒸发式和汽化式几种。在第二类法中，溶液的过饱和状态用冷却的方法获得，适用于溶解度随温度的降低而显著降低的物质结晶，如 KNO_3、$K_4Fe(CN)_6 \cdot 3H_2O$ 等，结晶器主要有水冷却式和冰冻盐水冷却式。此外，按操作情况，结晶还有间歇式和连续式、搅拌式和不搅拌式之分。

1)结晶槽

结晶槽是汽化式结晶器中最简单的一种，由一敞槽构成。由于溶剂汽化，槽中溶液得以冷却、浓缩而达到过饱和。在结晶槽中，对结晶过程一般不加任何控制，因结晶时间较长，所得晶体较大，但由于包含母液，以致影响产品纯度。

2)蒸发结晶器

蒸发结晶器的构造及操作与一般的蒸发器完全一样，各种用于浓缩具有晶体的溶液的蒸发器都可作结晶器，成为蒸发结晶器。有时也这样操作，即先在蒸发器中使溶液浓缩，而后将浓缩液倾注于另一结晶器中，以完成结晶过程。

3)真空结晶器

真空结晶器可以间歇操作，也可以连续操作。真空的产生和维持一般利用蒸汽喷射泵实现。图 9－17 为一连续式真空结晶器。溶液自进料口连续加入，晶体与一部分母液用泵连续排出。泵 3 迫使溶液沿循环管 4 循环，促进溶液的均匀混合，以维持有利的结晶条件。蒸发后的水蒸汽自器顶逸出，至冷凝器中用水冷凝，双级式蒸汽喷射泵的作用在于保持结晶器处于真空状态。真空结晶器中的操作温度通常都很低，若所产生的溶剂蒸汽不能在冷凝器中冷凝，则可装置蒸汽喷射泵 7，将溶剂蒸汽压缩，以提高其冷凝温度。

连续式真空结晶器可采用多级操作，将几个结晶器串联，在每一器中保持不同的真空度和温度，其操作原理与多效蒸发相同。

真空结晶器构造简单，制造时使用耐腐蚀材料，可用于含腐蚀物质的废水处理，生产能力大，操作控制较易。缺点是操作费用和能耗较高。

4）连续式敞口搅拌结晶器

这是一种广泛应用的结晶器，生产能力较大。设备主体是一敞开的长槽，底都是半圆。槽宽600mm，每一单元的长度为3m，全槽常由2个单元组成。槽外装有水夹套，槽内则装有低速带式搅拌器。热而浓的溶液由结晶器的一端进入，并沿槽流动，夹套中的冷却水与之作逆流流动。由于冷却作用，若控制得当，溶液在进口处附近即开始产生晶核，这些晶核随着溶液流动而成长为晶体，最后由槽的另一端流出。由于搅拌，晶体不易在冷却面上聚结，常悬浮在溶液中，粒度细小，但大小匀称而且完整。

5）循环式结晶器

如图9－18所示，饱和溶液由进料管1进入后，经循环管通过冷却器3变为过饱和而达介稳状态。此饱和溶液再沿管4进入结晶器5的底部，由此往上流动，与众多的悬浮晶粒接触，进行结晶。所得晶体与溶液一同循环，直至其沉淀速度大于循环液的上升速度为止，而后降落器底，自排出口8取出。这样，在结晶器5中即可按晶体大小将其分类。通过改变溶液的循环速度和在冷却器3中去除热量的速度来调节晶体的大小。浮至液面上的极微细晶体，则由分离器7排出，这样可增大所得产品的晶粒。

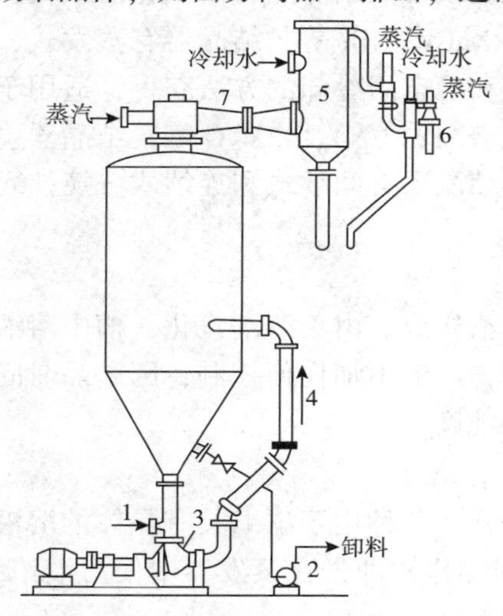

图9－17　连续式真空结晶器

1—进料口；2，3—泵；4—循环管；5—冷凝器；6—双级式蒸汽喷射泵；7—蒸汽喷射泵

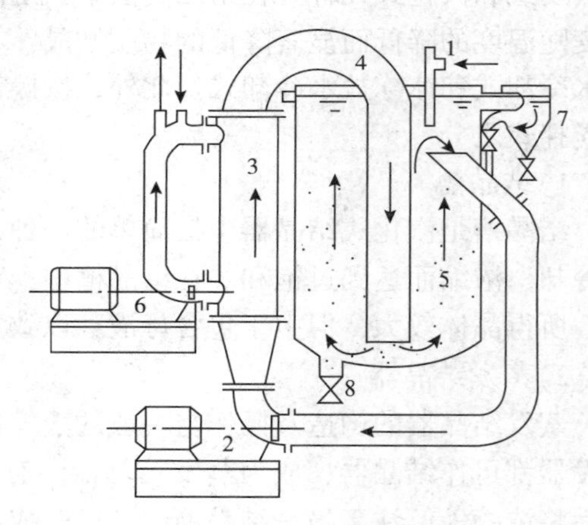

图9－18　循环式结晶器

1—溶液加入管；2—溶液循环泵；3—冷却器；4—循环管；5—槽；6—冷却水循环泵；7—分离器；8—晶体排出口

3. 结晶法应用举例——从废酸洗液中回收硫酸亚铁

金属进行各类热加工时，表面会形成一层氧化铁皮。它对金属的强度及后加工（如轧制和电镀等）都有不良影响，必须加以清除。采用的方法是用稀酸将其溶解掉。黑色金属主要用硫酸浸洗，浸洗金属的硫酸，以浓度为20%、温度为45～80℃最好。在浸酸过程中，由于硫酸亚铁不断生成，使硫酸浓度不断降低，待到10%以下时，酸洗效果降低，需要将其更换，此时废酸洗液中含硫酸亚铁约17%。

各种温度下，硫酸亚铁在硫酸溶液中的溶解度如图9－19所示。由图可知，硫酸浓度为10%时，如温度为80℃，则其溶解度约为21.1%，多余溶质析出的晶体为$FeSO_4 \cdot H_2O$；如温度为20%，则其溶解度为16.2%，析出的晶体为$FeSO_4 \cdot 7H_2O$。

图9－20为蒸汽喷射真空结晶法流程。废酸液先在蒸发器进行蒸发浓缩，为了提高废酸浓度以利于水分的蒸发，在蒸发器内还投加了浓硫酸，然后在Ⅰ、Ⅱ、Ⅲ三级结晶器内连续进行真空蒸发和结晶。从结晶器排出的浓浆液，在离心机中进行固液分离，晶体（$FeSO_4 \cdot 7H_2O$）被回收，母液（含$H_2SO_4$25%，$FeSO_4$6.6%）回用于酸洗过程。

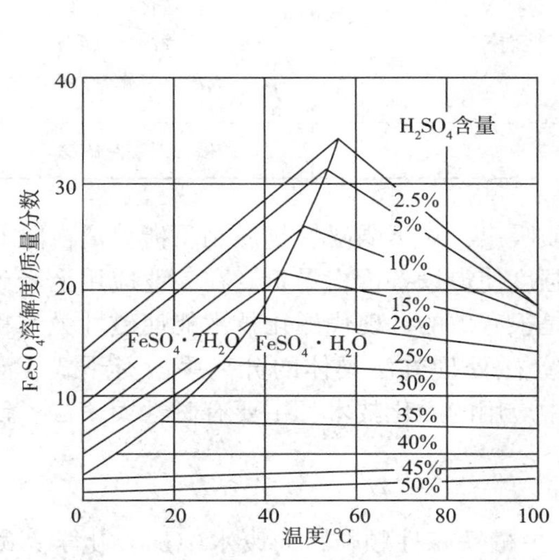

图9－19　硫酸亚铁的溶解度与结晶的形成

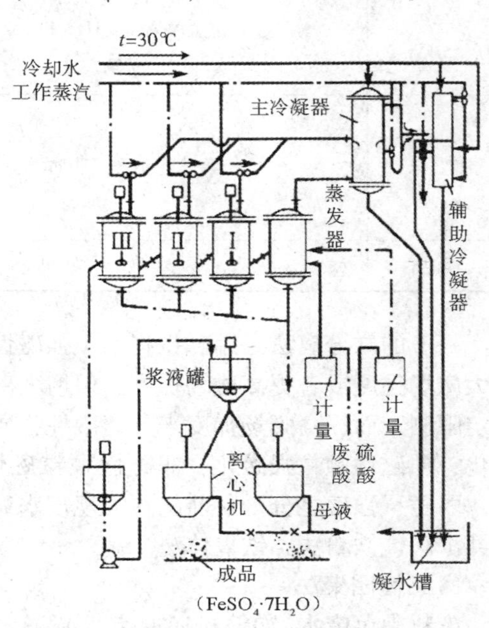

图9－20　蒸汽喷射真空结晶法流程

第五节　磁　分　离

一、磁分离原理

磁分离是指在磁力作用下从气相或者液相介质中分离或分选磁性物质的过程，它是近年来发展的一种新型水处理技术。磁分离法能直接处理给水和工业废水中各种微细的弱磁性、顺磁性物质，而且还能分离不具磁性的细菌、病毒、藻类、悬浮物、有机和无机化合物、油脂类、重金属等。磁处理方法主要分为磁过滤和磁分离两大类，应用范围非常广，见表9－4。

表9－4　可用磁分离法处理的污染物质

废水中的污染物质		处理方法
悬浮胶粒	顺磁性物质：Fe、Mn、Cu、Cr、Ba、Ni等的含水沉淀物	HGMS装置直接磁滤 接种混凝－磁分离
	抗磁性物质：无机物胶粒、有机物胶粒、Hg、Pb、Zn微粒	磁性接触混凝－分离

续表

废水中的污染物质		处理方法
溶解物质	化学物质：磷酸根、络合物、螯合物离子	磁性接种混凝 - 磁分离 磁粉法磁分离
	重金属离子：Hg、Pb、Zn、Cr、等离子	共沉法磁分离 铁粉法磁分离 铁氧体法磁分离
油脂类	废水中油类、脂肪类、表面活性剂等	磁性接种 - 磁滤 磁性接种混凝 - 磁滤 磁流体 - 磁分离
其他	色度等	磁接种混凝 - 磁滤

一般的磁分离法是用磁铁将水中强磁性物质吸出，对于弱磁性物质则不能分离，除非增大磁场强度或者提高磁场梯度，但增大磁场强度使得设备价格昂贵，在工业应用上受到一定限制，而提高磁场梯度来分离磁性物质则是很有效的。现代磁化技术能使磁性微粒粗粒化，弱磁性颗粒强磁化，非磁性颗粒磁性化。磁处理方法具体的分离手段有干式、湿式、弱磁、强磁之分。目前能在大规模水处理中应用的磁化技术，主要有磁性团聚法、铁盐共沉法、铁粉法、铁氧体法。

1) 磁性团聚法

染料染色废水(如铁粉还原废水)往往含有少量铁磁性颗粒，向废水中加入化学絮凝剂，生成磁性 - 非磁性微粒絮凝体，再通过磁分离器处理。

2) 铁盐共沉法

$FeSO_4$ 法是在重金属废水中加入 $FeSO_4$，调节 pH > 9，使 Mg^{2+}、Zn^{2+}、Cd^{2+}、Co^{2+}、Ni^{2+}、Hg^{2+}、Cu^{2+} 发生共同沉淀。$Fe_2(SO_4)_3$ 法是在重金属废水中加入 $Fe_2(SO_4)_3$，调节 pH = 6 ~ 9，使 Be^{2+}、Al^{3+}、Zn^{2+}、As^{3+}、Cd^{2+}、Pb^{2+}、Cr^{6+} 等离子发生共同沉淀。

3) 铁粉法

重金属废水调节 pH = 3 ~ 4，加铁粉搅拌 30min，加碱调节 pH = 9 后再搅拌 10min，投加絮凝剂，生成铁磁性沉淀。Cr^{6+}、Zn^{2+}、Ni^{2+}、Cd^{2+}、Pb^{2+} 等都可用此方法去除，尤其对去除 Hg^{2+} 特别有效。

4) 铁氧体法

铁氧体是亚铁盐类的总称，化学式 $MOFe_2O_3$(M 代表重金属)，分子结构类似尖晶石。铁氧体法是使废水中的重金属离子(如 Hg^{2+}、Cd^{2+}、Pb^{2+}、Cr^{6+} 等)进入铁氧体晶格中，生成强磁铁氧体沉淀。

二、磁分离设备

1. 弱磁场分离及分选装置

弱磁场常用于分离或分选强磁性物质，其磁极表面磁感应强度介于 0.10 ~ 0.18T。弱磁场分离及分选装置有湿式永磁筒式磁选机和干式永磁辊筒磁选机。干式永磁辊筒磁选机一般用于从垃圾中回收磁性物质；湿式永磁筒式磁选机常用于废水处理，其结构如图9-21所示。湿式磁选机的磁筒有部分浸没在废水中，为逆流型给料，料浆由给料箱直接进入圆筒的磁系下方，非磁性物由磁系左边下方的底板上的排料口排出，磁性物质随圆筒逆着给料方向移到磁性物质的排料端，排入磁性物质收集槽中。

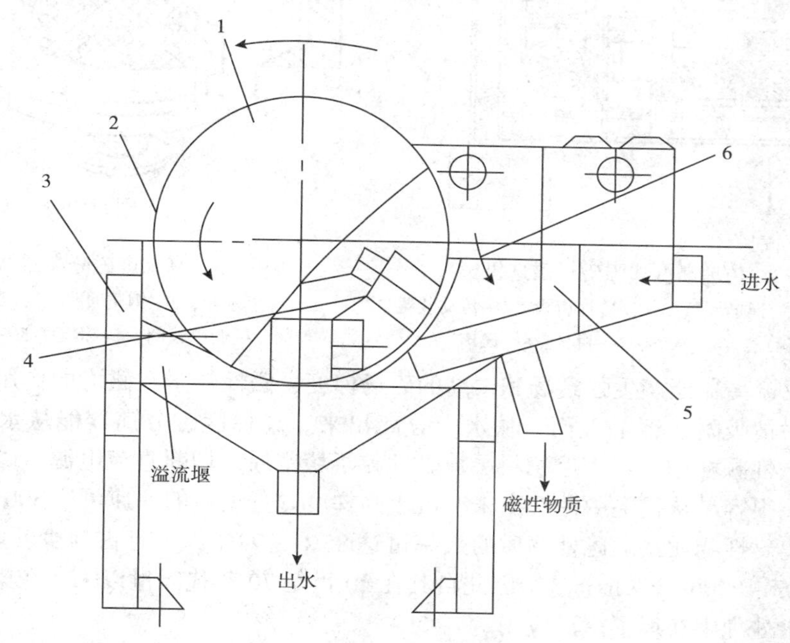

图9-21 湿式永磁筒式磁选机

1—圆筒；2—槽体；3—机架；4—磁铁；5—给料箱；6—排料口

2. *仿琼斯湿式强磁场磁选机*

该磁选机最初为英国专利，多用于细粒磁性颗粒的磁分离，其结构如图9-22所示。它有一个钢制门形框架，在框架上装有两个U形磁轭，在磁轭的水平部位上安装四组磁线圈，线圈外部有密封保护壳，用风扇进行空气冷却。垂直中心轴上装有两个分选转盘，转盘的周边上有多个分选室内装不锈导磁材料制成的齿形聚磁极板，由此在转盘和磁轭之间形成闭合磁路，在磁板之间获得较高的磁场强度和磁场梯度，有利于提高磁分离效率和处理能力。

该磁选机的分选过程是物料给入分选箱后，随转盘进入磁场，非磁性物质随水流通过齿板间隙，在下部排出，磁性物被吸在齿板上，并随分选室一起转至相应位置，用压力水冲洗，必要时还可产出界于磁性场和非磁性场之间的中间产物。该磁选机适用于从难选低品位物料中富集回收磁性物质，以及从非磁性物料中去除有害的磁性杂质。

3. *高梯度磁分离器*

高梯度磁分离器是较一般强磁分离更有效的磁分离装置。该装置主要由激磁线圈、过滤筒体、钢毛滤料层、导磁回路外壳、上磁极、下磁极和进出水管路组成，如图9-23所示。直流电通过激磁线圈，使过滤筒体内的上、下磁极产生强背景磁场；由于用细钢毛(纤维状)做聚磁介质，钢毛受到磁化，并在磁场中使磁力线紊乱，造成磁通疏密不均，变均匀磁场为不匀匀磁场，形成的磁场梯度高达10^5T/m。

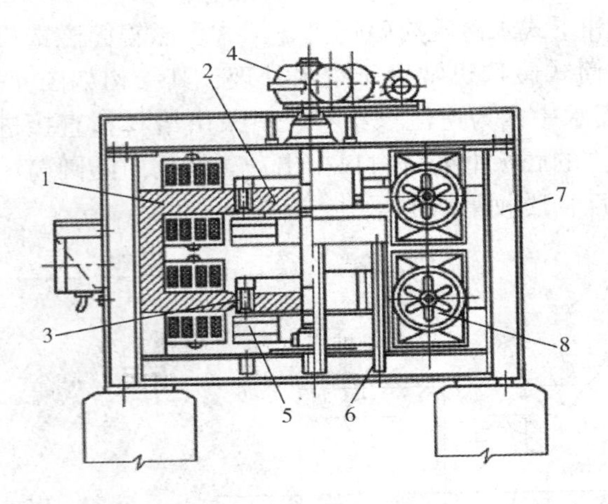

图 9－22　仿琼斯湿式强磁场磁选机

1—U 形磁轭；2—分选转盘；3—铁磁性齿板；4—传动装置；5—产品接受槽；6—水管；7—机架；8—风扇

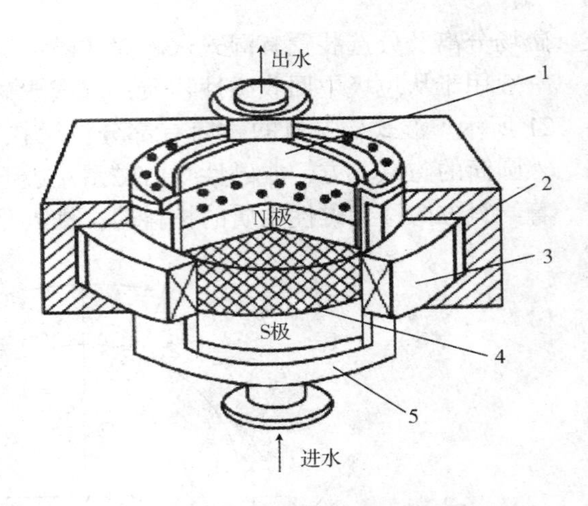

图 9－23　高梯度磁分离器结构示意图

1—上水箱；2—钢质回路框架(导磁轭铁)；3—激磁线圈；4—钢毛；5—下水箱

高梯度磁分离器能产生强磁场和很高的磁场梯度，磁性粒子在磁力的作用下，克服水流阻力和重力被吸附在钢毛表面，从水中分离出来。高梯度磁分离器能从水中分离极细(3μm)的弱磁性颗粒物。当钢毛滤料层被磁性粒子堵塞后，切断直流电源，磁力消失，被捕集的杂质能很容易从钢毛中冲洗出来。由于高梯度磁分离器的滤速可达 300～500m/h 甚至更高，分离磁性物质或顺磁性物质的效率可达 85%～98%，而且占地少，电耗低(一般只需消耗 0.03～0.06kW · h/m^3)，因此自其在 20 世纪 70 年代问世以来，在染料、染色废水和钢铁废水处理中获得了广泛应用。

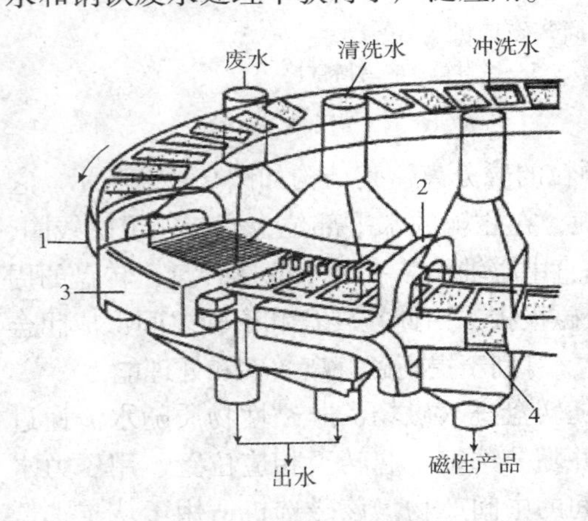

图 9－24　Sala 型转环式高梯度磁选机

1—转环；2—鞍型线圈；3—包铁；4—分选室

上述类型的高梯度磁选分离器，最大的缺点是分离或分选过程非连续，即当分离器内被磁性物料充满后，需切断电流，用压力水冲洗去掉粘附于钢毛上的磁性颗粒，然后才能进入下一个循环的操作。

Sala 型转环式高梯度磁选机如图 9－24 所示，它主要由螺旋管、转环、给料系统、冲洗系统等组成，能连续运行。螺旋管为鞍形线圈，能让转环穿过，转环分隔为许多小分选腔，各分选腔内装有钢毛，当转环连续不断地进出由鞍形线圈形成的磁场空间时，钢毛被磁化，磁性颗粒被钢毛捕获，经清洗后转环带钢毛一起离开磁场，此时用冲洗水将磁性颗粒冲至相应接收器，从而实现了连续的磁选分离过程。

三、磁分离法应用实例

磁分离法具有广泛的应用前景，在染料、染色废水的物化处理流程中与磁性团聚法、铁粉法、铁盐共沉法等联合应用，可取得良好的处理效果。江西某纺织厂用铁氧体法处理染布车间染色废水，主要工艺流程如图9－25所示，试验结果见表9－5。

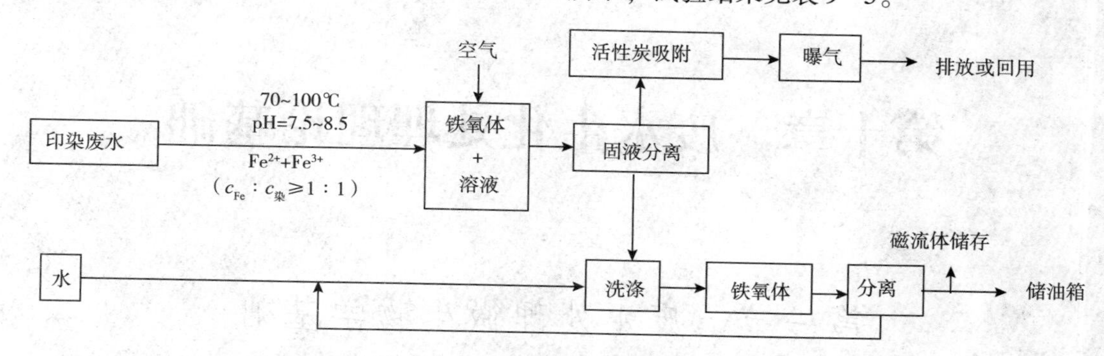

图9－25　某纺织厂铁氧体法处理染色废水工艺流程示意图

表9－5　铁氧体法处理染色废水试验结果

项目	Pb	Cu	硫化物	酚	苯胺	COD
处理前浓度/（mg/L）	0.09	0.048	1391	0.012	0.10	585.22
处理后浓度/（mg/L）	0.04	0.036	<0.1	<0.004	0	164.59
去除率/%	56.5	25	>99	66.6	100	97.18

第十章　废水生化处理理论基础

第一节　废水处理微生物学基础

废水生化处理是利用微生物的新陈代谢作用，对废水中的污染物质进行转化和稳定，使之无害化的处理方法。对污染物进行转化和稳定的主体是微生物。

所谓微生物是肉眼不能看见，只能凭借显微镜才能观察到的单细胞及多细胞生物。从狭义角度说主要是指菌类生物，包括细菌、放线菌、真菌以及病毒等。从广义角度说，除了菌类生物及病毒外，还包括藻类、原生动物和一些后生动物。由于微生物具有来源广、易培养、繁殖快、对环境适应性强、易变异等特性，在生产上能较容易地采集菌种进行培养增殖，并在特定条件下进行驯化，使之适应有毒工业废水的水质条件，从而通过微生物的新陈代谢使有机物无机化，有毒物质无害化。加之微生物的生存条件温和，新陈代谢过程中不需高温高压，它是不需投加催化剂的催化反应，用生化法促使污染物的转化过程与一般化学法相比优越得多，其处理废水的费用低廉，运行管理较方便，所以生化处理是废水处理系统中最重要的过程之一，目前，这种方法已广泛用作生活污水及工业有机废水的二级处理。

一、微生物的新陈代谢

微生物在生命活动过程中，不断从外界环境中摄取营养物质，并通过复杂的酶催化反应将其加以利用，提供能量并合成新的生物体，同时又不断向外界环境排泄废物。这种为了维持生命活动过程与繁殖下代而进行的各种化学变化称为微生物的新陈代谢。各种生物的生命活动如生长、繁殖、遗传及变异，都需要通过新陈代谢来实现，可以说，没有新陈代谢，就没有生命。

根据能量的释放和吸取，可将代谢分为分解代谢和合成代谢。在微生物的生命活动过程中，这两种代谢过程不是单独进行的，而是相互依赖，共同进行的，分解代谢为合成代谢提供物质基础和能量来源，通过合成代谢又使生物体不断增加，两者的密切配合推动了一切生物的生命活动。

1. 分解代谢

在分解代谢过程中，结构复杂的大分子有机物或高能化合物分解为简单的低分子物质或低能化合物，逐级释放出其固有的自由能，微生物将这些能量转变成三磷酸腺苷(ATP)，以结合能的形式储存起来，也称为异化作用。一切生物进行生命活动所需要的物质和能量都是通过分解代谢提供的，所以说分解代谢是新陈代谢的基础。根据分解代谢过程对氧的需求，又可分为好氧分解代谢和厌氧分解代谢。

好氧分解代谢是好氧微生物和兼性微生物参与，在有溶解氧的条件下，将有机物分解为 CO_2 和 H_2O，并释放出能量的代谢过程。在有机物氧化过程中脱出的氢是以氧作为受氢体。如葡萄糖($C_6H_{12}O_6$)在有氧情况下完全氧化，如式(10－1)所示：

$$C_6H_{12}O_6 + 6O_2 \longrightarrow 6CO_2 + 6H_2O + 2817.3kJ \tag{10-1}$$

厌氧分解代谢是厌氧微生物和兼性微生物在无溶解氧的条件下，将复杂的有机物分解成简单的有机物和无机物(如有机酸、醇、CO_2 等)，再被甲烷菌进一步转化为甲烷和 CO_2 等，并释放出能量的代谢过程。厌氧代谢的受氢体可以是有机物，通常称为发酵(厌氧状态)，也可以是含氧化合物，如硫酸根、硝酸根、二氧化碳，通常称为无氧呼吸(缺氧状态)。如葡萄糖的厌氧代谢，以含氧化合物为受氢体时，1mol 葡萄糖释放的能量为1755.6kJ；以有机物为受氢体时，1mol 葡萄糖释放的能量为226kJ。

$$C_6H_{12}O_6 + 4NO_3^- \longrightarrow 6CO_2 + 6H_2O + 2N_2\uparrow + 1755.6kJ \tag{10-2}$$

$$C_6H_{12}O_6 \longrightarrow 2CH_3CH_2OH + 2CO_2 + 226kJ \tag{10-3}$$

对废水处理来说，好氧分解代谢过程中，有机物的分解比较彻底，最终产物是含能量最低的 CO_2 和 H_2O，故释放能量多，代谢速度快，代谢产物稳定。但由于氧是难溶气体，好氧分解必须保持溶解氧、营养物和微生物三者的平衡。因此，好氧代谢形式只适合于有机物浓度较低($<1000mg/L$)的废水处理。厌氧分解过程由于不需要提供氧源，几乎没有一种污水因其浓度过高而不能厌氧分解的。对高浓度有机废水和有机污泥的处理，用厌氧方式能产生沼气，回收甲烷，有经济价值。但厌氧分解代谢(发酵过程)中有机物氧化不彻底(无氧呼吸过程中，底物也可被彻底氧化)，释放的能量少，代谢速度较慢。厌氧分解与好氧分解相结合处理废水具有更大的优势和潜力，如生物脱氮除磷，对高浓度和难降解有毒有机物废水的处理等。

2. 合成代谢

在合成代谢中，微生物把从外界环境中摄取的营养物质，通过一系列生化反应合成新的细胞物质，生物体合成所需的能量从 ATP 的磷酸盐键能中获得，也称为同化作用。合成代谢是微生物机体自身物质制造的过程。在此过程中，微生物体合成所需要的能量和物质可由分解代谢提供。

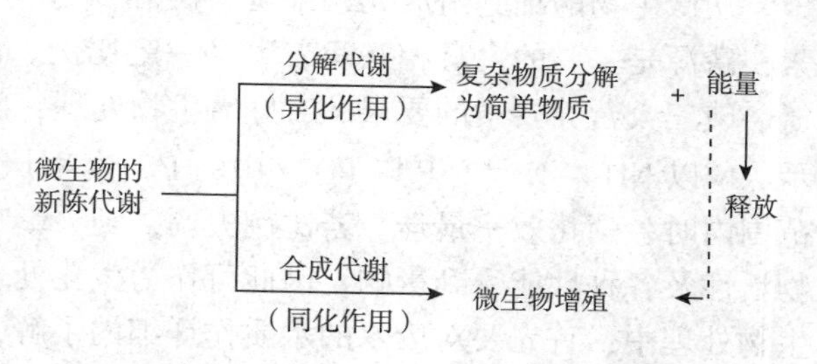

图10－1　微生物的新陈代谢体系

由上可见微生物新陈代谢可归纳如图10－1所示。

二、微生物生长的营养及影响因素

1. 微生物生长的营养

营养物质对微生物的作用是：①提供合成细胞物质时所需要的物质；②作为产能反应的反应物，为细胞增长的生物合成反应提供能源；③充当产能反应所释放电子的受氢体。所以微生物所需要的营养物质必须包括组成细胞的各种元素和产生能量的物质。在细菌细胞内，含有约80%的水，其余20%为干物质。这些干物质中，有机物约占90%，无机物占 10%。有机物中碳元素约为 53.1%，氧 28.3%，氮 12.4%，氢 6.2%，所以细胞的化学组成实验式常可写为 $C_5H_7O_2N$(好氧菌)、$C_5H_9NO_3$(厌氧菌)，若考虑有机部分中的微量磷元素，则为 $C_{60}H_{87}O_{23}N_{12}P$。无机物中磷元素约占 50%，硫 15%，钠 11%，钙 9%，镁 18%，钾 6%，铁 1%。

微生物种类繁多，各种微生物要求的营养物质亦不尽相同，根据对营养要求的不同，可将微生物分为特定的种类。

根据所需碳的化学形式，微生物可分为：①自养型，能利用无机碳源即用 CO_2 或 HCO_3^- 作为自身生长的唯一的碳源的微生物(通常称为自养菌)；②异养型，只能利用有机化合物中的碳(如葡萄糖中的碳)而获得自身生长所需碳源的微生物(通常称为异养菌)。

根据所需的能源，微生物可分为：①光营养型，即利用光作为能源的微生物；②化能营养型，即利用氧化－还原反应提供能源的微生物。化能营养型还可以按照被氧化的化合物(即电子给予体)的类型进一步分类。例如化能有机营养菌是利用复杂的有机物分子作为电子给予体的微生物，而化能自养菌利用的则是简单的无机物分子如硫化氢或氨。

自然界中存在着各种有机物和无机物，几乎所有的有机物和部分无机物都可被微生物作为营养源而予以利用，甚于对一般机体有毒害的某些物质，如硫化氢、酚等，也是某些细菌的必要营养物。

2. 微生物生长的影响因素

在废水生物处理过程中，为了让微生物很好地生长、繁殖，确保达到最佳的处理效果及经济效益，必须为生物处理过程提供良好的环境条件。影响微生物生长的因素最重要的是营养条件、温度、pH 值、需氧量以及有毒物质。

1) 营养条件

从微生物的细胞组成元素来看，碳和氮是构成菌体成分的重要元素，对无机营养元素，磷源是主要的，且相互间需满足一定比例。许多学者研究了废水处理中微生物对碳、氮、磷三大营养要素的要求。对好氧生物处理，BOD_5: N: P = 100: 5: 1，碳源以 BOD_5 值表示，N 以 NH_3-N 计，P 以 PO_4^{3-} 中的 P 计；对厌氧消化处理，C/N 比值在(10～20): 1 的范围内时，消化效率最佳。若比例失调，则会影响微生物的正常生长繁殖，使微生物的生物活性及各种性能受到影响，因此可作为生化处理中重要的控制条件之一。故一般在废水生物处理中，首先要对废水的水质作详细的了解，分析测定其中所含营养物质的多少及相互之间的配比，若比例失调，则需投加相应的营养源。

对于含碳量低的工业废水，可投加生活污水或投加米泔水、淀粉浆料等以补充碳源不足；对于含氮量或含磷量低的工业废水，可投加尿素、硫酸铵等补充氮源，投加磷酸钠、磷酸钾等作为磷源。

生活污水中所含的营养比较丰富齐全，无需投加营养源，且可作为其他工业废水处理时的最佳营养源。当对工业废水采用生物法进行点源治理时，与生活污水合并处理是十分理想的。在进行整个城市的污水治理规划时，工业废水最好的出路(除回用外)，亦是经过预处理除去对微生物有毒害作用的物质后，排入城市污水管道，与生活污水一并进入城市污水处理厂进行处理，这从工程投资、运行管理以及土地征用等来讲，都是十分有利的。

2)反应温度

温度对微生物具有广泛的影响，不同的反应温度，就有不同的微生物和不同的生长规律。从微生物总体来说，生长温度范围是0~80℃。根据各类微生物所适应的温度范围，微生物可分为高温性(嗜热菌)、中温性、常温性和低温性(嗜冷菌)四类，如表10-1所示。

表10-1　各类微生物生长的温度范围

类别	最低温度/℃	最适温度/℃	最高温度/℃	类别	最低温度/℃	最适温度/℃	最高温度/℃
高温性	30	50~60	70~80	常温性	5	10~30	40
中温性	10	30~40	50	低温性	0	5~10	30

微生物的全部生长过程都取决于生化反应，而这些反应速率都受温度的影响。在最低生长温度和最适温度范围内，若反应温度升高，则反应速率增快，微生物增长速率也随之增加，处理效果相应提高。但当温度超过最高生长温度时，会使微生物的蛋白质变性及酶系统遭到破坏而失去活性，严重时蛋白质结构会受到破坏，导致发生凝固而使微生物死亡。低温对微生物往往不会致死，只有在频繁的反复结冰和解冻，才会使细胞受到破坏而死亡。但是低温将使微生物的代谢活力降低，通常在5℃以下，细菌的代谢作用就大大受阻，处于生长繁殖的停止状态。所以在废水生物处理过程中，应注意控制水温。

在废水好氧生物处理中，以中温性微生物为主，对其研究也较多，一般控制进水水温在20~35℃，可获得较好的处理效果。在厌氧生物处理中，微生物主要有产酸菌和甲烷菌，甲烷菌有中温性和高温性的，中温性甲烷菌最适温度范围为25~40℃，高温性为50~60℃。

3)pH值

微生物的生化反应是在酶的催化作用下进行的，酶的基本成分是蛋白质，是具有离解基团的两性电解质，pH值对微生物生长繁殖的影响体现在酶的离解过程中，电离形式不同，催化性质也就不同；此外，酶的催化作用还决定于基质的电离状况，pH值对基质电离状况的影响也进而影响到酶的催化作用。一般认为pH值是影响酶的活性的最重要因素之一。

在生物处理过程中，一般细菌、真菌、藻类和原生动物的pH值适应范围在4~10之间。大多数细菌在中性和弱碱性(pH=6.5~7.5)范围内生长最好，但也有的细菌如氧化硫化杆菌，喜欢在酸性环境中生存，其最适pH值为3，亦可在pH值1.5的环境中生存。酵母菌和霉菌要求在酸性或偏酸性的环境中生存，最适pH值为3~6，适应范围为pH值1.5~10。由此可见，在生物处理中，保持微生物的最适pH范围是十分重要的，否则将对微生物的生长繁殖产生不良影响，甚至会造成微生物死亡，破坏反应器的正常运行。

由于在废水生物处理中通常为微生物的混合群体，所以可以在较宽的pH值范围内进行，但要取得较好的处理效果，则需控制在较窄的pH范围内。一般好氧生化处理pH值可在6.5~8.5变化，厌氧生物处理要求较严格，pH值在6.7~7.4。因此，当排出废水的pH值变化较大对，应设置调节池，必要时需进行中和，使废水经调节后，进入生化反应器的pH值较稳定并保持在合适的pH值范围。

4. 溶解氧

根据微生物对氧的要求，可分为好氧微生物、厌氧微生物及兼性微生物。

好氧微生物在降解有机物的代谢过程中以分子氧作为受氢体，如果分子氧不足，降解过程就会因为没有受氢体而不能进行，微生物的正常生长规律就会受到影响，甚至被破坏。所以在好氧生物处理的反应器中，如曝气池、生物转盘、生物滤池等，需从外部供氧，一般要求反应器废水中保持溶解氧浓度在 2～4mg/L 左右为宜。

厌氧微生物对氧气很敏感，当有氧存在时，它们就无法生长。这是因为在有氧存在的环境中，厌氧微生物在代谢过程中由脱氢酶所活化的氢将与氧结合形成 H_2O_2，而厌氧微生物缺乏分解 H_2O_2 的酶，从而形成 H_2O_2 积累，对微生物细胞产生毒害作用。所以厌氧处理设备要严格密封，隔绝空气。

5. 有毒物质

在工业废水中，有时存在着对微生物具有抑制和杀害作用的化学物质，即有毒物质。有毒物质对微生物的毒害作用，主要表现在使细菌细胞的正常结构遭到破坏以及使菌体内的酶变质，并失去活性。有毒物质可分为：①重金属离子(铅、铜、铬、砷、铜、铁、锌等)；②有机物类(酚、甲醛、甲醇、苯、氯苯等)；③无机物类(硫化物、氰化钾、氯化钠、硫酸根、硝酸根等)。

有毒物质对微生物产生毒害作用有一个量的概念，即达到一定浓度时显示出毒害作用，在允许浓度以内，微生物则可以承受。对生物处理来讲，废水中存在的毒物浓度的允许范围，表 10－2 中列出的数据可供参考。由于某种有毒物质的毒性随 pH 值、温度以及其他毒物的存在等因素不同而有很大差异，或者毒性加剧，或者毒性减弱；另外，不同种类的微生物对同一种毒物的忍受能力也不同。因此，对某一种废水来说，最好根据所选择的处理工艺路线，通过一定的实验来确定毒物的允许浓度，如果废水中所含有毒物质超过允许浓度，必须在生化处理前进行预处理以去除有毒物质。

表 10－2　废水生物处理有毒物质允许浓度

毒物名称	允许浓度/(mg/L)	毒物名称	允许浓度/(mg/L)
亚砷酸盐	5	CN^-	5～20
砷酸盐	20	氰化钾	8～9
铅	1	硫酸根	5000
镉	1～5	硝酸根	5000
三价铬	10	苯	100
六价格	2～5	酚	100
铜	5～10	氯苯	100
锌	5～20	甲醛	100～150
铁	100	甲醇	200
硫化物(以 S 计)	10～30	吡啶	400
氯化钠	10000	油脂	30～50

第二节 酶促反应与微生物生长动力学

一、酶及其特点

酶是由活细胞产生的能在生物体内和体外起催化作用的生物催化剂。酶有单成分酶和双成分酶之分。单成分酶完全由蛋白质组成，这类酶蛋白质本身就具有催化活性，多数可分泌到细胞体外催化水解，所以是外酶。双成分酶是由蛋白质和活性原子基团相结合而成，蛋白质部分为主酶，活性原子基团一般是非蛋白质部分。此部分若与蛋白质部分结合较紧密时，称之为辅基，结合不牢固时，称之为辅酶。主酶与辅基或辅酶组成全酶，两者不能单独起催化作用，只有结合成全酶才能起催化作用，其中蛋白质部分决定催化什么样的底物以及在什么部位发生反应，辅基或辅酶则决定催化什么样的化学反应。双成分酶常保留在细胞内部，所以是内酶。

酶具有一般无机催化剂所共有的特点，更有其独具的特殊性能，主要有以下表现。

1）催化效率高

对于同一反应，酶比一般化学催化剂的催化速度高 $10^6 \sim 10^{13}$ 倍。例如，1mol 铁每秒仅能催化 10^{-5}mol 的过氧化氢分解，而 1mol 过氧化氢酶每秒可催化 10^5mol 的过氧化氢分解，使反应速度提高 10^{10} 倍。酶催化的高效性还表现在用极少量酶就可使大量反应物转化为产物。

2）专属性

酶对其所作用的物质即底物有着严格的选择性。一种酶只能作用于一些结构极其相似的化合物，甚至只能作用于一种化合物而发生一定的反应。例如蛋白酶只能催化蛋白质的水解反应，脲酶只能催化尿素水解成氨和二氧化碳的反应等。

3）对环境条件极为敏感

迄今为止，已知所有酶的化学组成与一般蛋白质并没有不同。它和蛋白质一样，在高温、高压、强酸、强碱、重金属离子、紫外线及高强辐射等条件下，都会因蛋白质变性而降低甚至丧失催化活性，也常因温度、pH 值等的变化或抑制剂的存在而使其活性发生变化。

另外，酶能在常温，常压和中性环境下进行催化反应，而一般非酶催化剂往往需要在高温、高压的环境下才能使催化反应正常进行。

二、酶促反应速度

酶催化反应通常也称之为酶促反应或酶反应。酶促反应速度受酶浓度、基质浓度、pH 值、温度、反应产物、活化剂和抑制剂等因素的影响。

酶促反应在不受其他因素影响时，反应速度与底物浓度的关系如图 10－2 所示。当底物浓度在较低范围时，反应速度与底物浓度成正比，为一级反应。当底物浓度增加到一定限度时，所有的酶全部与基质结合后，酶反应速度达到最大值，此时，再增加底物对反应速度无影响，呈零级反应，并说明酶已被底物所饱和。所有的酶都有此饱和现象，但各自达到饱和时所需的底物浓度并不相同，有时甚至差异很大。在有足够底物而又不受其他因素的影响时，则酶促反应与酶浓度成正比。

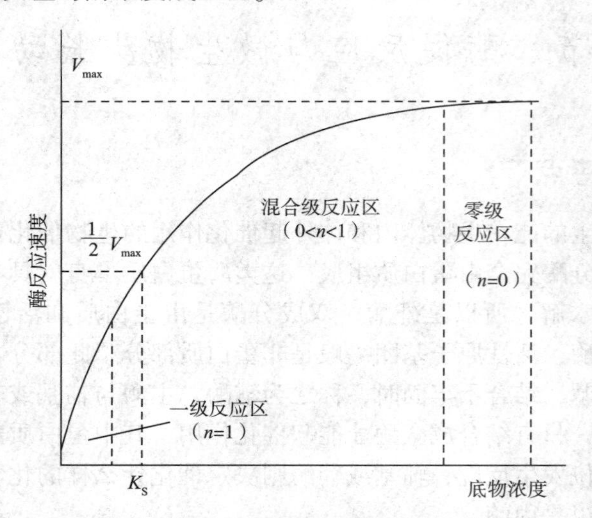

图 10-2　酶反应速度与底物浓度的关系

对于图 10-2 中的现象，曾提出过各种假设予以解释，其中比较合理的是中间产物学说。根据这个学说，酶促反应分两步进行，首先酶与底物形成中间络合物(中间产物)，这个反应是可逆反应，然后结合物再分解为产物和游离态酶。反应过程可用下式表示：

$$E + S \underset{K_2}{\overset{K_1}{\rightleftharpoons}} ES \xrightarrow{K_3} P + E \tag{10-4}$$

式中 S 代表底物；E 代表酶；ES 代表中间产物；P 为产物；K_1、K_2、K_3 分别是各步反应的速度常数。

米凯利斯(Michaelis)和门坦(Menten)在分析中间产物学说的基础上，采用纯酶做了大量的动力学实验研究，提出了表示整个反应过程中底物浓度与酶促反应速度之间的关系式，称为米凯利斯－门坦方程式，简称米氏方程，即

$$V = V_{max}\frac{S}{K_m + S} \tag{10-5}$$

式中　V——酶反应速度；

V_{max}——最大酶反应速度；

S——底物浓度；

K_m——米氏常数($K_m = \frac{K_2 + K_3}{K_1}$)。

式(10-5)是根据平衡学说推导出的米－门公式，它是研究酶反应动力学的一个最基本的公式，显示了酶反应速度与底物浓度之间的定量关系。由式(10-5)得：

$$K_m = S \cdot (\frac{V_{max}}{V} - 1) \tag{10-6}$$

式中，当 $V = 1/2V_{max}$ 时，$K_m = S$，即 K_m 是 $V = 1/2V_{max}$ 时的底物浓度，所以 K_m 又称半速度常数。由式(10-5)可得出如下结论。

(1)当底物浓度 S 很大时，$S \gg K_m$，$K_m + S \approx S$，此时酸反应速度达最大值，即 $V = V_{max}$，呈零级反应，再增加底物浓度对酶反应速度无任何影响，因为酶已被底物所饱和，

增加底物无甚效用。在这种情况下，只有增加酶浓度，才有可能提高反应速度。

(2)当底物浓度 S 较小时，$S \ll K_m$，$K_m + S \approx K_m$，酶反应速度和底物浓度成正比例关系，即 $V = \frac{V_{max}}{K_m} \cdot S$，呈一级反应。此时，由于酶未被底物所饱和，故增加底物浓度可提高酶反应速度。但随着底物浓度的增加，酶反应速度不再按正比关系上升，而是呈混合级反应，即反应级数介于0到1之间，是零级反应到一级反应的过渡段。

1. 米氏常数的意义

米氏常数 K_m 是酶反应动力学研究中的一个重要系数，亦称动力学系数。它是酶反应处于动态平衡时的平衡常数。K_m 值的大小与酶的特性密切相关，所以是酶学研究中的一个十分重要的数据。

对于 K_m 的重要物理意义，可以扼要分析如下：

(1)K_m 值是酶的特征常数之一，只与酶的性质有关，而与酶的浓度无关。不同的酶具有不同的 K_m 值，如表10－3所示。

(2)如果一种酶有几种底物，则对每一种底物各有一个特定的 K_m 值(见表10－3)，且 K_m 值不受温度和pH值的影响。因此，K_m 值作为常数，只是对一定的底物而言。在指定的实验条件下测定酶的 K_m 值，可以作为鉴别酶的一种手段。

(3)同一种酶如果有几种底物，则相应有几个 K_m 值，其中 K_m 值最小的底物，一般称为该酶的最适底物或天然底物。如蔗糖是蔗糖酶的天然底物，N－苯甲酰酪氨酰胺是胰凝乳蛋白酶的天然底物。

$1/K_m$ 值的大小可近似反映酶对底物的亲和力的大小。因为 $1/K_m$ 值愈大，K_m 值愈小、酶反应速度达到 $1/2V_{max}$ 所需的底物浓度就愈小，表明酶对底物的亲和力愈大。显然，最适底物与酶的亲和力最大，不需很高的底物浓度，就可较易地达到 V_{max}。

表10－3　几种酶的米氏常数值

酶	底物	K_m/(mol/L)
过氧化氢酶	H_2O_2	2.5×10^{-2}
已糖激酶	葡萄糖 果糖	1.5×10^{-4} 1.5×10^{-3}
谷氨酸脱氢酶	谷氨酸 α－酮戊二酸	1.2×10^{-4} 2.0×10^{-3}
α－淀粉酶	淀粉	6.0×10^{-4}
葡萄糖－6－磷酸脱氢酶 磷酸已糖异构酶	葡萄糖－6－磷酸	5.8×10^{-5} 7.0×10^{-4}
尿素酶	尿素	2.5×10^{-2}
胰凝乳蛋白酶	N－苯甲酰酪氨酰胺 N－甲酰酪氨酰胺 N－乙酰酪氨酰胺 甘氨酰酪氨酰胺	2.5×10^{-3} 1.2×10^{-2} 3.2×10^{-2} 12.2×10^{-2}

续表

酶	底物	K_m/(mol/L)
蔗糖酶	蔗糖	2.8×10^{-2}
	棉籽糖	3.5×10^{-1}
麦芽糖酶	麦芽糖	2.1×10^{-1}
乳酸脱氢酶	丙酮酸	3.5×10^{-5}

2. K_m 与 V_{max} 的测定

对一个酶促反应，K_m 值及 V_{max} 值的确定方法很多。由 $V-S$ 关系图可知，K_m 是 $V=1/2V_{max}$ 时的底物浓度，但在实际中，即使用很高的底物浓度，也只能得到近似的 V_{max} 值，因而也测不到准确的 K_m 值。为了得到准确的 K_m 值，可把米氏方程式变形，使它成为直线方程式的形式，然后用图解法求出 K_m 与 V_{max}。

目前，一般常用的图解法为 Lineweaver－Burk 作图法，也称双倒数作图法。此法先将米氏方程式改写为如下形式：

$$\frac{1}{V}=\frac{K_m}{V_{max}}\frac{1}{S}+\frac{1}{V_{max}} \quad (10-7)$$

实验时，选择不同的 S，测定相应的 V，以 $1/V$ 对 $1/S$ 作图，可得如图 10－3 所示直线，直线在纵坐标上的截距为 $1/V_{max}$，直线的斜率为 K_m/V_{max}，由此可求出 K_m 与 V_{max} 值。

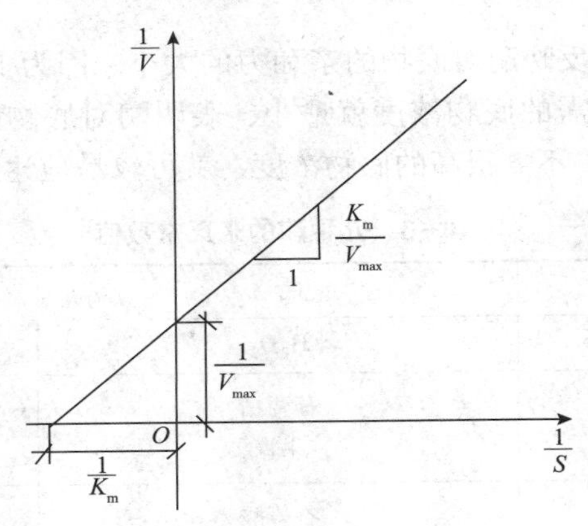

图 10－3 图解法求 K_m 与 V_{max}

三、微生物的生长规律

废水的生物处理过程实际上可看作是一种微生物的连续培养过程，即不断给微生物补充食物，使微生物数量不断增加。在微生物学中，对纯菌种培养的生长规律已有大量研究，而在废水生物处理中，活性污泥或生物膜是一个混合菌的群体，亦有它们的生长规律。

微生物的生长规律可用微生物的生长曲线来反映，此曲线表示了微生物在不同培养环境下的生长情况及微生物的整个生长过程。按微生物生长速度不同，生长曲线可划分为四个生长时期，如图 10－4 所示。

1. 适应期(停滞期)

这是微生物培养的最初阶段。在这个时期，微生物刚接入新鲜培养液中时对新的环境有一个适应过程，所以在此时期微生物的数量基本不增加，生长速度接近于零。

在废水生物处理过程中，这一时期一般在微生物的培养驯化时或处理水质突然发生变化后出现，能适应的微生物则能够生存，不能适应的微生物则被淘汰，此时微生物的数量有可能减少。

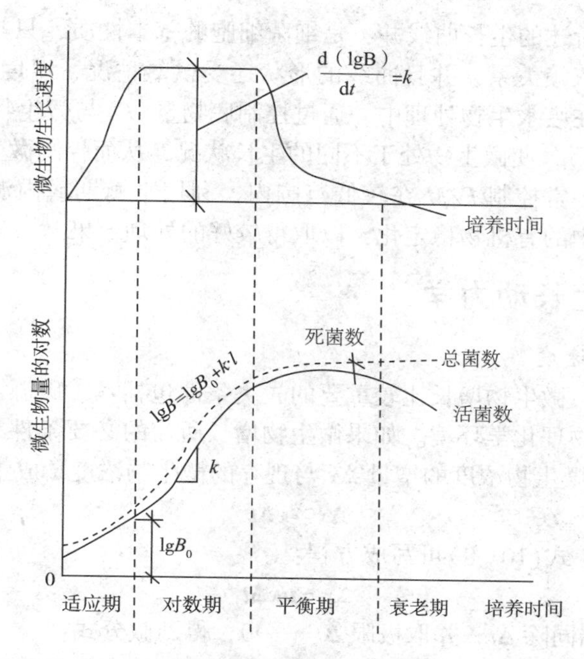

图 10－4　微生物生长曲线

2. 对数期

微生物的代谢活动经调整，适应了新的培养环境后，在营养物质较丰富的条件下，微生物的生长繁殖不受底物的限制，微生物的生长速度达到最大，菌体数量以几何级数的速度增加，菌体数量的对数值与培养时间成直线关系，故有时亦称对数期为等速生长期。增长速度的大小取决于微生物本身的世代时间及利用底物的能力，即取决于微生物自身的生理机能。

在这一时期微生物具有繁殖快、活性强、对底物分解速率快的特点。但是，为了维持微生物在对数期生长，必须提供充分的食料，使微生物处于食料过剩的环境中，微生物的生长不受底物的限制。在这种情况下，微生物体内能量高，絮凝性和沉降性能均较差，出水中有机物浓度也很高，也就是说，在废水生物处理过程中，如果控制微生物处于对数期，虽然反应速率快，但想取得稳定的出水以及较高的处理效果是比较困难的。

3. 平衡期

在微生物经过对数期大量繁殖后，使培养液中的底物逐渐被消耗，再加上代谢产物的不断积累，从而造成了不利于微生物生长繁殖的食物条件和环境条件，致使微生物的增长速度逐渐减慢，死亡速度逐渐加快，微生物数量趋于稳定。

4. 衰老期(内源代谢期)

在平衡期后，培养液中的底物近乎被耗尽，微生物只能利用菌体内贮存的物质或以死菌体作为养料，进行内源呼吸，维持生命。在此时期，由内源代谢造成的菌体细胞死亡速率超过新细胞的增长速率，使微生物数量急剧减少，生长曲线显著下降，故衰老期也称为内源代谢期。在细菌形态方面，此时是退化型较多，有些细菌在这个时期也往往产生芽胞。

必须指出，上面所述的生长曲线并不是细菌细胞的基本性质，只是反映了微生物的生长与底物浓度之间的依赖关系，并且曲线的形状还受供氧情况、温度、pH 值、毒物浓度等环境条件的影响。在废水生物处理中，通过控制底物量(F)与微生物量(M)的比值 F/M(此值称为生物负荷率)，使微生物处于不同的生长状况，从而控制微生物的活性和处理效果。一般在废水处理中常控制 F/M 在较低范围内，利用平衡期或内源代谢初期的微生物的生长活动，使废水中的有机物稳定化，以取得较好的处理效果。

四、微生物生长动力学

1. 微生物的增长速度

在细菌的培养中，微生物增长比较重要的先决条件包括：①碳源；②能源；③外部电子接受体；④适宜的物理化学环境。如果微生物增长所需的必要条件都能得到满足，则对于某一时间增量 Δt，微生物浓度的增量 Δx 与现存的微生物浓度 x 成正比，即

$$\Delta x \propto x\Delta t \tag{10-8}$$

引入比例常数 μ，式(10－8)可写成方程：

$$\Delta x = \mu x\Delta t \tag{10-9}$$

方程(10－9)两端同除 Δt，并取极限 $\Delta t \longrightarrow 0$，得到微分式：

$$\left(\frac{\mathrm{d}x}{\mathrm{d}t}\right)_{\mathrm{T}} = \mu x \tag{10-10}$$

式中　$\left(\frac{\mathrm{d}x}{\mathrm{d}t}\right)_{\mathrm{T}}$——为微生物的增长速度。

从式(10－10)转化可得

$$\mu = \left(\frac{\mathrm{d}x}{\mathrm{d}t}\right)_{\mathrm{T}} \frac{1}{x} \tag{10-11}$$

由式(10－11)可知，μ 表示每单位微生物的增长速率，称之为比增长率(或称比增长速度)，时间$^{-1}$。

法国学者 Monod 在研究微生物生长的大量实验数据的基础上，提出在微生物典型生长曲线的对数期和平衡期，微生物的增长速率不仅是微生物浓度的函数，而且是某些限制性营养物浓度的函数，其描述限制增长营养物的剩余浓度与微生物比增长率之间的关系为：

$$\mu = \mu_{\max}\frac{S}{K_{\mathrm{S}} + S} \tag{10-12}$$

式中　μ——微生物比增长速度，时间$^{-1}$；

μ_{m}——微生物最大比增长速度，时间$^{-1}$；

S——溶液中限制微生物生长的底物浓度，质量/容积；

K_{S}——饱和常数。即当 $\mu = \mu_{\mathrm{m}}/2$ 时的底物浓度，故又称半速度常数。

式(10－12)表示的关系如图10－5所示。该图说明，比增长速度与溶液中限制微生物生长的底物浓度之间的关系，与酶促反应的米－门关系式(10－5)形式相同。在使用Monod关系式时，S项必须是限制微生物生长的营养物浓度，在废水生物处理过程中，一般认为碳源和能源是限制增长的营养物，以最终生化需氧量(BOD_u)、化学需氧量(COD)或总有机碳(TOC)计。但必须注意，其他物质如氮、磷也能控制微生物的增长。

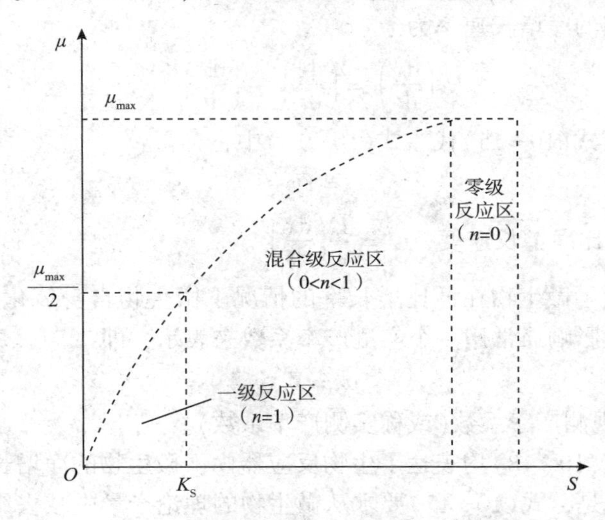

图10－5　微生物比增长速度与限制底物浓度的关系

2. 微生物生长与底物利用速度

在微生物的代谢过程中，一部分底物被降解为低能化合物，微生物从中获得能量，一部分底物用于合成新的细胞物质，使微生物体不断增加，因此微生物的增长是底物降解的结果。在微生物代谢过程中，不同性质的底物用于合成微生物体的比例不同，但对于某一特定的废水，微生物的增长速度与底物的降解速度有一个比例关系：

$$\left(\frac{dx}{dt}\right)_T = Y\left(\frac{dS}{dt}\right)_u \text{ 或 } \mu = Yv \tag{10-13}$$

式中　Y——微生物产率系数；

$\left(\frac{dx}{dt}\right)_T$——微生物总增长速度；

$\left(\frac{dS}{dt}\right)_u$——底物利用速度；

v——比底物利用速度，$v = \frac{1}{x}\left(\frac{dS}{dt}\right)_u$。

将式(10－12)代入式(10－13)，并定义$v_{max} = \frac{\mu_{max}}{Y}$，可得：

$$v = v_{max}\frac{S}{K_S + S} \tag{10-14}$$

式中　v_{max}——最大比底物利用速度。

一般在废水生物处理中，为了获得较好的处理效果，通常控制微生物处于平衡期或内源代谢初期，因此在新细胞合成的同时，部分微生物也存在内源呼吸而导致微生物体产量

的减少。内源呼吸时微生物体的自身氧化速率与现阶段微生物的浓度成正比，即

$$\left(\frac{\mathrm{d}x}{\mathrm{d}t}\right)_{\mathrm{E}}=k_{\mathrm{d}}x \tag{10-15}$$

式中 k_d 为微生物衰减系数，它表示单位时间单位微生物量由于内源呼吸而自身氧化的量，量纲为[时间]$^{-1}$。

因此，微生物体的净增长速率为

$$\left(\frac{\mathrm{d}x}{\mathrm{d}t}\right)_{\mathrm{g}}=\left(\frac{\mathrm{d}x}{\mathrm{d}t}\right)_{\mathrm{T}}-\left(\frac{\mathrm{d}x}{\mathrm{d}t}\right)_{\mathrm{E}} \tag{10-16}$$

将式(10-13)及式(10-15)代入式(10-16)中，可得：

$$\mu'=Yv-k_{\mathrm{d}} \tag{10-17}$$

式中　μ'——微生物比净增长速度，$\mu'=\frac{1}{x}\left(\frac{\mathrm{d}x}{\mathrm{d}t}\right)_{\mathrm{K}}$。

式(10-17)表示了微生物在低比增长率的情况下微生物自身氧化对净增长率的影响。在实际工程中，这种影响通常用一个实测产率系数来表示，即

$$\mu'=Y_{\mathrm{obs}}v \tag{10-18}$$

式中　Y_{obs}——可变观测产率系数(或称实测产率系数)。

式(10-17)与式(10-18)均表达了生物反应器内，微生物的净增长与底物降解之间的基本关系。所不同的是，式(10-17)要求从微生物的理论产量中减去维持生命所自身氧化的量，而式(10-18)描述的是考虑了总的能量需要量之后的实际观测产量。

式(10-12)、式(10-14)及式(10-17)或式(10-18)是废水生物处理工程中目前常用的基本的反应动力学方程式，式中的 K_s、μ_m、Y、K_d 等动力学系数可通过实验求出。在实践中，根据所研究的特定处理系统，通过建立微生物量和底物量的平衡关系，可以建立不同类型生物处理设备的数学模型，用于生物处理工程的设计和运行管理。

第三节　废水可生化性评价及强化途径

一、废水可生化性

废水生化处理是以废水中所含污染物作为营养源，利用微生物的代谢作用使污染物被降解，废水得以净化。显然，如果废水中的污染物不能被微生物降解，生物处理是无效的。如果废水中的污染物可被微生物降解，则在设计状态下废水可获得良好的处理效果。但是当废水中突然进入有毒物质，超过微生物的忍受限度时，将会对微生物产生抑制或毒害作用，使系统的运行遭到严重破坏。因此对废水成分的分析以及判断废水能否采用生物处理是设计废水生物处理工程的前提。

所谓废水可生化性是指废水中所含的污染物通过微生物的生命活动来改变污染物的化学结构，从而改变污染物的化学和物理性能所能达到的程度。研究污染物可生化性的目的在于了解污染物质的分子结构能否在生物作用下分解到环境所允许的结构形态，以及是否有足够快的分解速度。所以对废水进行可生化性研究只研究可否采用生物处理，并不研究

分解成什么产物，即使有机污染物被生物污泥吸附而去除也是可以的。因为在停留时间较短的处理设备中，某些物质来不及被分解，允许其随污泥进入消化池逐步分解。事实上，生物处理并不要求将有机物全部分解成 CO_2、H_2O 和硝酸盐等，而只要求将水中污染物去除到环境所允许的程度。多年来，国内外在各类有机物生物分解性能的研究方面积累了大量资料，废水中常见的有机物可降解性如表 10-4 所示。

表 10-4　废水中常见有机物的可降解性及特例

类别	可生物降解性特征	特殊例外
碳水化合物	易于分解，大部分化合物的 $\frac{BOD_5}{COD}$ >50%	纤维素、木质素、甲基纤维素、α-纤维素生物降解性较差
烃类化合物	对生物氧化有阻抗，环烃比脂烃更甚。实际上大部分烃类化合物不易被分解，小部分如苯、甲苯、乙基苯以及丁苯异戊二烯，经驯化后，可被分解，大部分化合物的 $\frac{BOD_5}{COD}$ ≤20%~25%	松节油、苯乙烯较易被分解
醇类化合物	能够被分解，主要取决于驯化程度，大部分化合物的 $\frac{BOD_5}{COD}$ >40%	特丁醇、戊醇、季戊四醇表现高度的阻抗性
酚类化合物	能够被分解。需短时间的驯化，一元酚、二元酚、甲酚及许多酚都能够被分解，大部分酚类化合物的 $\frac{BOD_5}{COD}$ >40%	2，4，5-三氯苯酚、硝基酚具有较高的阻抗性，较难分解
醛类化合物	能够被分解，大多数化合物的 $\frac{BOD_5}{COD}$ >40%	丙烯醛、三聚丙烯醛需长期驯化 苯醛、3-羟基丁醛在高浓度时表现高度阻抗
醚类化合物	对生物降解的阻抗性较大，比酚、醛、醇类物质难于降解。有一些化合物经长期驯化后可以分解	乙醚、乙二醚不能被分解
酮类化合物	可生化性较醇、醛、酚差，但较醚为好，有一部分酮类化合物经长期驯化后，能够被分解	
氨基酸	生物降解性能良好，$\frac{BOD_5}{COD}$ 可大于 50%	胱氨酸、酪氨酸需较长时间驯化才能被分解
含氮化合物	苯胺类化合物经长期驯化可被分解，硝基化合物中的一部分经驯化后可降解。胺类大部分能够被降解	二乙替苯胺、异丙胺、二甲苯胺实际上不能被降解
氰或腈	经驯化后容易被降解	

续表

类别	可生物降解性特征	特殊例外
乙烯类	生物降解性能良好	巴豆醛在高浓度时可被降解，在低浓度时产生阻抗作用的有机物
表面活性剂类	直链烷基芳基硫化物经长期驯化后能够被降解，“特型”化合物则难于降解，高相对分子质量的聚乙氧酯和酰胺类更为稳定，难于生物降解	
含氧化合物	氧乙基类（醚链）对降解作用有阻抗，其高分子化合物阻抗性更大	
卤素有机物	大部分化合物不能被降解	氯丁二烯、二氯乙酸、二氯苯醋酸钠、二氯环己烷、氯乙醇等可被降解

在分析污染物的可生化性时，还应注意以下几点。

（1）一些有机物在低浓度时毒性较小，可以被微生物所降解。但在浓度较高时，则表现出对微生物的强烈毒性，常见的酚、氰、苯等物质即是如此。如酚浓度在1%时是一种良好的杀菌剂，但在300mg/L以下，则可被经过驯化的微生物所降解。

（2）废水中常含有多种污染物，这些污染物在废水中混合后可能出现复合、聚合等现象，从而增大其抗降解性。有毒物质之间的混合往往会增大毒性作用，因此，对水质成分复杂的废水不能简单地以某种化合物的存在来判断废水生化处理的难易程度。

（3）所接种的微生物的种属是极为重要的影响因素。不同的微生物具有不同的酶诱导特性，在底物的诱导下，一些微生物可能产生相应的诱导酶，而有些微生物则不能，从而对底物的降解能力也就不同。目前废水处理技术已发展到采用特效菌种和变异菌处理有毒废水的阶段，对有毒物质的降解效率有了很大提高。

目前，国内外的生物处理系统大多采用混合菌种，通过废水的驯化进行自然的诱导和筛选，驯化程度的好坏，对底物降解效率有很大影响，如处理含酚废水，在驯化良好时，酚的接受浓度可由几十毫克每升提高到500～600mg/L。

（4）pH值、水温、溶解氧、重金属离子等环境因素对微生物的生长繁殖及污染物的存在形式有影响，因此，这些环境因素也间接地影响废水中有机污染物的可降解程度。

由于废水中污染物的种类繁多，相互间的影响错综复杂，所以一般应通过实验来评价废水的可生化性，判断采用生化处理的可能性和合理性。

二、可生化性的评价方法

1. BOD_5/COD 值法

BOD_5 和 COD 是废水生化处理过程中常用的两个水质指标，用 BOD_5/COD 值评价废水的可生化性是广泛采用的一种最为简易的方法。在一般情况下，BOD_5/COD 值愈大，说明废水可生化性愈好。综合国内外的研究结果，可参照表10－5中所列数据评价废水的可生化性。

表 10-5　废水可生化性评价参考数据

$\frac{BOD_5}{COD}$	>0.45	$0.3\sim0.45$	$0.2\sim0.3$	<0.2
可生化	好	较好	较难	不宜

在使用 BOD_5/COD 值法时，应注意以下几个问题。

(1)某些废水中含有的悬浮性有机固体容易在 COD 的测定中被重铬酸钾氧化，并以 COD 的形式表现出来。但在 BOD 反应瓶中受物理形态限制，BOD 数值较低，致使 BOD_5/COD 值减小，而实际上悬浮有机固体可通过生物絮凝作用去除，继之可经胞外酶水解后进入细胞内被氧化，其 BOD_5/COD 值虽小，可生物处理性却不差。

(2)COD 测定值中包含了废水中某些无机还原性物质(如硫化物、亚硫酸盐、亚硝酸盐、亚铁离子等)所消耗的氧量，BOD_5 测定值中也包括硫化物、亚硫酸盐、亚铁离子所消耗的氧量。但由于 COD 与 BOD_5 测定方法不同，这些无机还原性物质在测定时的终态浓度及状态都不尽相同，亦即在两种测定方法中所消耗的氧量不同，从而直接影响 BOD_5 和 COD 的测定值及其比值。

(3)重铬酸钾在酸性条件下的氧化能力很强，在大多数情况下，COD 值可近似代表废水中全部有机物的含量。但有些化合物如吡啶不被重铬酸钾氧化，不能以 COD 的形式表现出需氧量，但却可能在微生物作用下被氧化，以 BOD_5 的形式表现出需氧量，因此对 BOD_5/COD 值产生很大影响。

综上所述，废水的 BOD_5/COD 值不一定完全等于可生物降解的有机物占全部有机物的百分数，所以，用 BOD_5/COD 值来评价废水的生化处理可行性尽管方便，但比较粗糙，欲做出准确的结论，还应辅以生物处理的模型实验。

2. BOD_5/TOD 值法

对于同一废水或同种化合物，COD 值一般总是小于或等于 TOD 值，不同化合物的 COD/TOD 值变化很大，如吡啶为 2%，甲苯为 45%，甲醇为 100%，因此，以 TOD 代表废水中的总有机物含量要比 COD 准确，即用 BOD_5/TOD 值来评价废水的可生化性能得到更好的相关性。

通常，废水的 TOD 由两部分组成，其一是可生物降解的 TOD(以 TOD_B 表示)，其二是不可生物降解的 TOD(以 TOD_{NB} 表示)，即：

$$TOD = TOD_B + TOD_{NB} \tag{10-19}$$

在微生物的代谢作用下，TOD_B 中的一部分氧化分解为 CO_2 和 H_2O，一部分合成为新的细胞物质。合成的细胞物质将在内源呼吸过程中被分解，并有一些细胞残骸最终要剩下来。上述有机物的生物降解过程可用图 10-6 表示。

无机营养 → TOD+微生物 ← O_2
- TOD_{NB}
- TOD_B
  - $aTOD_B$（分解代谢）
  - $bTOD_B$（合成代谢）
    - $bcTOD_B$（内源呼吸）
    - $bdTOD_B$（细胞残骸）

$aTOD_B$ + $bcTOD_B$ = BOD_u

图 10-6　TOD 的代谢模式

采用 BOD_5/TOD 值评价废水可生化性时，有些研究者推荐采用表 10-6 所列标准作为参考依据。

表 10-6　废水可生化性评价参考数据

BOD_5/TOD 值	>0.4	0.2~0.4	<0.2
废水可生化性	易生化	可生化	难生化

有的研究者对几种化学物质用未经驯化的微生物接种，测定逐日 BOD_5 和 TOD，再以 BOD_5/TOD 值与测定时间 t 作图，得图 10-7 所示的四种形式的关系曲线。Ⅰ型(乙醇)所示为生化性良好，宜用生化法处理。Ⅱ型表示乙腈虽然对微生物无毒害作用，但其生物降解性能较差，这样的污染物需经过一段时间的微生物驯化，才能确定是否可用生化法处理。Ⅲ型所示乙醚的生物降解性能更差，而且还有一定抑制作用，这样的污染物需经过更长时间的微生物驯化，才能作出判断。Ⅳ型所示吡啶对微生物只有强抑制作用，在不驯化条件下难于生物分解。

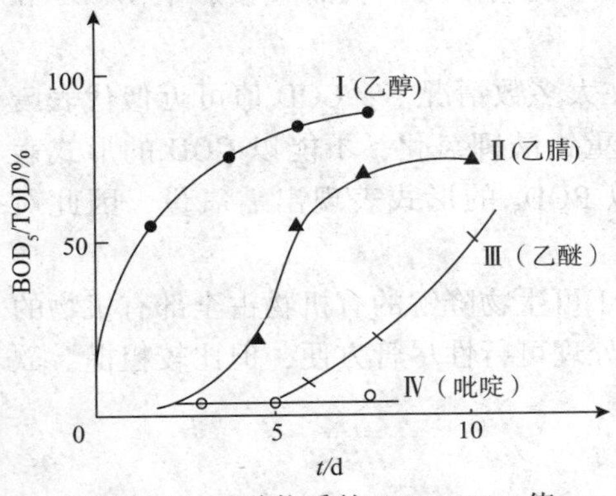

图 10-7　几种物质的 BOD_5/TOD 值

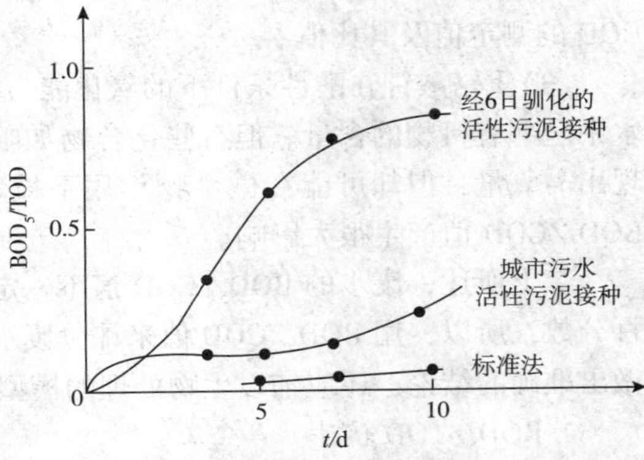

图 10-8　不同接种对吡啶 BOD_5/TOD 值的影响

在测定 BOD_5 时是否采用驯化菌种对 BOD_5/TOD 值及评价结论影响很大。例如，吡啶以不同的微生物接种，表现出不同的 BOD_5/TOD 值(见图 10-8)，从而会得到不同的结论。因此，为使研究工作与以后的生产条件相近，在测定废水或有机化合物的 BOD_5 时，必须接入驯化菌种。

3. 耗氧速率法

在有氧条件下，微生物在代谢底物时需消耗氧。表示耗氧速度(或耗氧量)随时间而变化的曲线，称为耗氧曲线。投加底物的耗氧曲线称为底物耗氧曲线；处于内源呼吸期的微生物耗氧曲线称为内源呼吸曲线。在微生物活性、温度、pH 值等条件确定的情况下，耗氧速度将随可生物降解有机物浓度的提高而提高，因此，可用耗氧速率来评价废水的可生化性。

耗氧曲线的特征与废水中有机污染物的性质有关，图 10-9 所示为几种典型的耗氧曲线。

a 为内源呼吸曲线，当微生物处于内源呼吸期时，其耗氧量仅与微生物量有关，在较长一段时间内耗氧速度是恒定的，所以内源呼吸曲线为一条直线。若废水中有机污染物的耗氧曲线与内源呼吸曲线重合时，说明有机污染物不能被微生物所分解，但对微生物也无抑制作用。

b 为可降解有机污染物的耗氧曲线，此曲线应始终在内源呼吸曲线的上方。起始时，因反应器内可溶解的有机物浓度高，微生物代谢速度快，耗氧速度也大，随着有机物浓度的减小，耗氧速度下降，最后微生物群体进入内源代谢期，耗氧曲线与内源呼吸线平行。

c 为对微生物有抑制作用的有机污染物的耗氧曲线。该曲线接近横坐标愈近，离内源呼吸曲线愈远，说明废水中对微生物有抑制作用的物质的毒性愈强。

在图 10-9 中，与 b 类耗氧曲线相应的废水是可生化处理的，在某一时间内，b 与 a 之间的间距愈大，说明废水中的有机污染物愈易于生物降解。曲线 b 上微生物进入内源呼吸时的时间 t_A，可以认为是微生物氧化分解废水中可生物降解有机物所需的时间。在 t_A 时间内，有机物的耗氧量与内源呼吸耗氧量之差，就是氧化分解废水中有机污染物所需的氧量。

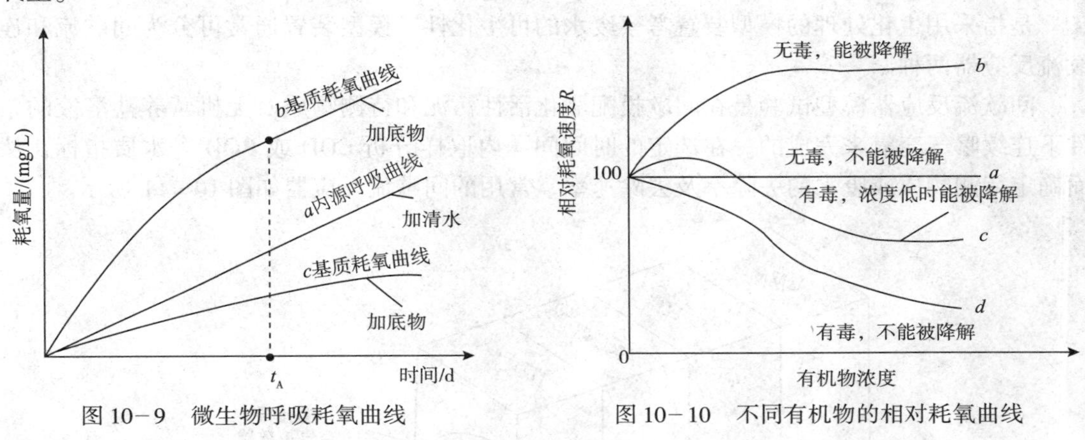

图 10-9　微生物呼吸耗氧曲线　　图 10-10　不同有机物的相对耗氧曲线

另一种做法是用相对耗氧速度 $R(\%)$ 来评价废水的可生化性，计算公式如下：

$$R=\frac{V_s}{V_0}\times 100\% \tag{10-20}$$

式中　V_s——投加有机物的耗氧速度，mg O_2/g MLSS · h；

V_0——内源呼吸耗氧速度，mg O_2/g MLSS · h。

V_s 与 V_0 一般应采用同一测定时间的平均值。图 10-10 所示是不同有机污染物可能出现的四种相对耗氧速度曲线。

1) a 类曲线

相应的有机污染物不能被微生物分解，对微生物的活性亦无抑制作用。

2) b 类曲线

相应的有机污染物是可生物降解的物质。

3) c 类曲线

相应的有机污染物在一定浓度范围内可以生物降解，超过这一浓度范围时则对微生物产生抑制作用。

4) d 类曲线

相应的有机污染物不可生物降解，且对微生物具有毒害抑制作用。一些重金属离子也有与此相同的作用。

由于影响有机污染物耗氧速度的因素很多，所以用耗氧曲线定量评价有机物的可生化性时，需对活性污泥的来源、驯化程度、浓度、有机物浓度、反应温度等条件作出严格的规定。

4. 摇床试验与模型试验

1）摇床试验

又称振荡培养法，是一种间歇投配连续运行的生物处理装置。摇床试验是在培养瓶中加入驯化活性污泥、待测物质及无机营养盐溶液，在摇床上振摇，培养瓶中的混合液在摇床振荡过程中不断更新液面，使大气中的氧不断溶解于混合液中，以供微生物代谢有机物之用，经过一定时间间隔后，对混合液进行过滤或离心分离，然后测定清液的 COD 或 BOD，以考察待测物质的去除效果。摇床上可同时放置多个培养瓶，因此摇床试验可一次进行多种条件试验，对于选择最佳操作条件非常有利。

2）模型试验

是指采用生化处理的模型装置考察废水的可生化性。模型装置通常可分为间歇流和连续流反应器两种。

间歇流反应器模型试验是在间歇投配驯化活性污泥和待测物质及无机营养盐溶液的条件下连续曝气充氧来完成的。在选定的时间间隔内取样分析 COD 或 BOD 等水质指标，从而确定待测物质或废水的去除率及去除速率。常用的间歇流反应器如图 10－11 所示。

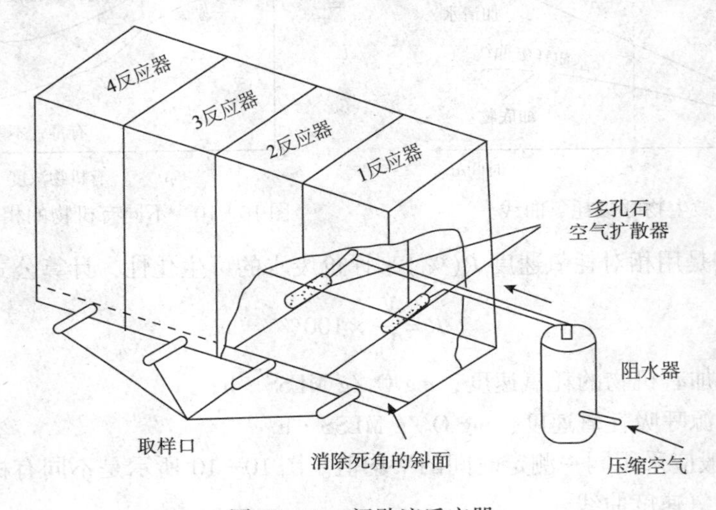

图 10－11 间歇流反应器

连续流反应器是指连续进水、出水，连续回流污泥和排除剩余污泥的反应器。用这种反应器研究废水的可生化性时，要求在一定时间内进水水质稳定，通过测定进、出水的 COD 等指标来确定废水中有机物的去除速率及去除率。连续流反应器的形式多种多样，这种试验是对连续流污水或废水处理厂的模拟，试验时可阶段性地逐渐增加待测物质的浓度，这对于确定待测物质的生物处理极限浓度很有意义。如果对某种废水缺乏应有的处理经验时，这种试验完全可以为设计研究人员合理选择处理工艺参数提供有效的帮助。

采用模型试验确定废水或有机物的可生化性的优点是成熟和可靠，同时可进行生化处理条件的探索，求出废水的合理稀释度、废水处理时间及其他设计与运行参数。缺点是耗费的人力物力较大，需时较长。

除上述各种方法外，还有动力学常数法、彼特(P. Pitter)标准测定法、脱氢酶活性法等方法用于研究废水的可生化性。

三、强化废水可生化性的途径

1. 加强预处理

某些工业废水通常含有难生物降解的有机物质，或者含有干扰微生物新陈代谢的物质，通过加强预处理可强化废水的可生化性。如有的高含盐废水经过脱盐后，可生化性大大增强；有毒难降解有机废水，经过光氧化、超声波氧化、湿式氧化等手段进行预处理后，可生化性将会得到增强。

2. 分离和培养高效降解菌

应用微生物学的手段，从难生物降解的污水处理厂活性污泥或被该废水长期污染的土壤等环境介质中，可筛选分离出该废水中难降解污染物的高效降解菌株，经过大规模培养可获得降解效率较高的菌剂，将获得的菌剂用于处理该废水，则该废水的可生化性显著增强。

3. 构建超级细菌

通过质粒育种的手段(质粒即染色体外 DNA，是原核生物染色体外的、携带少量遗传基因的环状 DNA 分子)，可以构建能够降解废水中多种难降解有机物的超级细菌，从而强化目标废水的可生化性，提高生化处理效果。

第十一章　活性污泥法

第一节　基本原理

一、基本原理

活性污泥法是利用悬浮生长的微生物絮体处理有机废水的一类好氧生物处理方法。这种生物絮体叫做活性污泥，它由好气性微生物(包括细菌、真菌、原生动物和后生动物)及其代谢的和吸附的有机物、无机物组成，具有降解废水中有机污染物(也有些可部分利用无机物)的能力，显示生物化学活性。如果向一桶粪便污水连续鼓入空气，经过一段时间(几天)，由于污水中微生物的生长与繁殖，将逐渐形成带褐色的污泥状絮凝体，即活性污泥，在显微镜下可观察到大量的微生物。活性污泥法净化废水包括下述三个主要过程：

1. 吸附

废水与活性污泥微生物充分接触，形成悬浊混合液，废水中的污染物被比表面积巨大且表面上含有多糖类黏性物质的微生物吸附和粘连。呈胶态的大分子有机物被吸附后，首先被水解酶作用，分解为小分子物质，然后这些小分子与溶解性有机物一道在透膜酶的作用下或在浓差推动下选择性渗入细胞体内。

活性污泥的吸附是物理吸附和生物吸附的综合作用。初期吸附过程进行得十分迅速，在这一过程中，对于含悬浮状态和胶态有机物较多的废水，有机物的去除率是相当高的，往往在10～40min内，BOD可下降80%～90%。此后，下降速度迅速减缓。也有人发现，胶体的和溶解性的混合有机物被活性污泥吸附后，有再扩散且使BOD回升的现象，如图11-1所示。

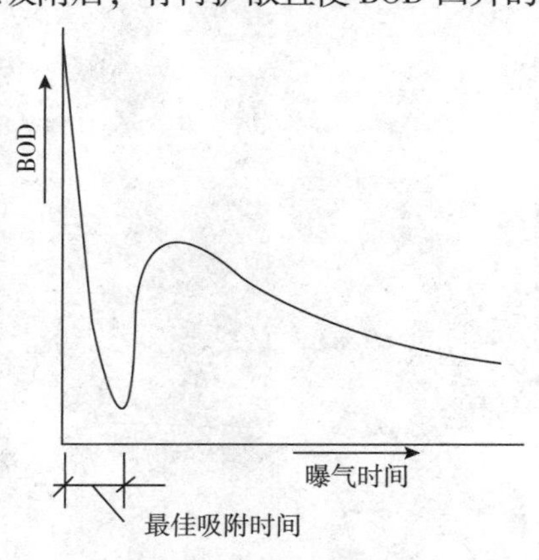

图11-1　活性污泥对胶体有机物的去除过程

2. 微生物的新陈代谢

吸收进入细胞体内的污染物通过微生物的新陈代谢而被降解，一部分经过一系列中间状态氧化为最终产物 CO_2 和 H_2O 等，另一部分则转化为新的有机体，使细胞增殖。一般地说，自然界中的有机物都可以被某些微生物所分解，多数合成有机物也可以被经过驯化的微生物分解。不同的微生物对不同的有机物其代谢途径各不相同，对同一种有机物也可能有几条代谢途径。活性污泥法是多底物多菌种的混合培养系统，其中存在错综复杂的代谢方式和途径，它们相互联系，相互影响。因此，代谢过程速度只能宏观地描述。

3. 凝聚与沉淀

絮凝体是活性污泥的基本结构，它能够防止微型动物对游离细菌的吞噬，并承受曝气等外界不利因素的影响，更有利于与处理水分离。水中能形成絮凝体的微生物很多，动胶菌属(Zoogloea)、埃希氏大肠杆菌(E. coli)、产碱杆菌属(Alcaligenes)等，都具有凝聚性能，可形成大块菌胶团。凝聚的原因主要是：细菌体内积累的聚 β – 羟基丁酸释放到液相，促使细菌间相互凝聚，结成线粒；微生物摄食过程释放的黏性物质促进凝聚；在不同的条件下，细菌内部的能量不同，当外界营养不足时，细菌内部能量降低，表面电荷减少，细菌颗粒间的结合力大于排斥力，形成绒粒；而当营养物充足(废水与活性污泥混合初期，F/M 较大)时，细菌内部能量大，表面电荷增大，形成的绒粒重新分散。

沉淀是混合液中固相活性污泥颗粒同废水分离的过程。固液分离的好坏，直接影响出水水质。如果处理水挟带生物体，出水 BOD 和 SS 将增大。所以，活性污泥法的处理效率，同其他生化处理方法一样，应包括二次沉淀池的效率，即用曝气池及二沉池的总效率表示。除了重力沉淀外，也可用气浮法进行固液分离。

二、活性污泥法的基本流程

活性污泥法的发展与应用已有近百年的历史，发展了许多行之有效的运行方式和工艺流程，但其基本流程是一样的，如图 11–2 所示。

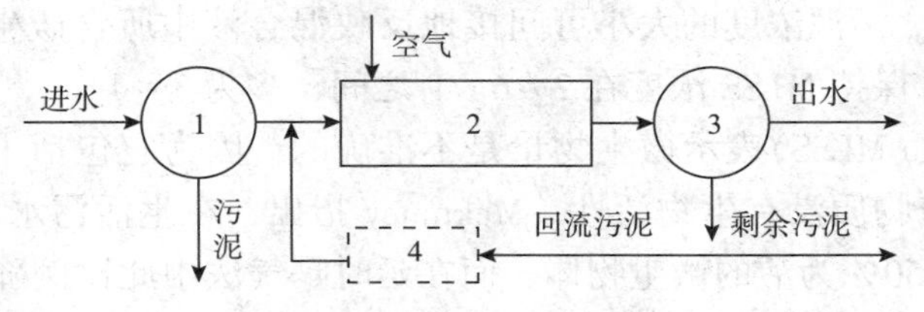

图 11–2　活性污泥法基本流程

1—初次沉淀池；2—曝气池；3—二次沉淀池；4—再生池

流程中的主体构筑物是曝气池，废水经过适当预处理(如初沉)后，进入曝气池与池内活性污泥混合，并在池内充分曝气，一方面使活性污泥处于悬浮状态，废水与活性污泥充分接触；另一方面，通过曝气向活性污泥供氧，保持好氧条件，保证微生物的正常生长与繁殖。废水中有机物在曝气池内被活性污泥吸附、吸收和氧化分解后，混合液进入二次沉淀池，进行固液分离，净化的废水排出。大部分二沉池的沉淀污泥回流到曝气池进口，与进入曝气池的废水混合。污泥回流的目的是使曝气池内保持足够数量的活性污泥。通常，参与分解废水中有机物的微生物的世代时间，都短于微生物在曝气池内的平均停留时间。

因此，如果不将浓缩的活性污泥回流到曝气池，则具有净化功能的微生物将会逐渐减少。污泥回流后，净增殖的细胞物质将作为剩余污泥排入污泥处理系统。

三、活性污泥指标

活性污泥法处理废水的关键在于具有足够数量和性能良好的活性污泥。活性污泥的数量通常用污泥浓度表示，活性污泥的性能主要表现在絮凝性和沉淀性上。絮凝性良好的活性污泥具有较大的吸附表面，废水的处理效率较高；沉淀性能好的污泥能很好地进行固液分离，二沉池出水挟带的污泥量少，回流的污泥浓度较高。实践表明，絮凝性好的污泥，沉淀性不一定良好。像处于膨胀阶段的活性污泥，由于絮凝体内含水能力特别强，密度小，因此，难以沉淀和压缩。但是，通常可以说，沉淀性好的污泥，絮凝性也一定好，因为只有絮凝性良好，才能将分散的微生物和细小有机颗粒凝聚成大颗粒，加快沉淀速度。衡量活性污泥数量和性能的指标主要有以下几项。

1）污泥沉降比（SV）

指一定量的曝气池混合液静置 30min 后，沉淀污泥与原混合液的体积比（用百分数表示），即

$$污泥沉降比(SV)=\frac{混合液经\ 30\ min\ 静置沉淀后的污泥体积}{混合液体积}\times 100\% \quad (11-1)$$

活性污泥混合液经 30min 沉淀后，沉淀污泥可接近最大密度，因此，以 30min 作为测定污泥沉淀性能的依据。沉降比同污泥絮凝性和沉淀性有关。当污泥絮凝性与沉淀性良好时，污泥沉降比的大小可间接表示曝气池混合液污泥数量的多少，故可以用沉降比作指标来控制污泥回流量及排放量。但是，当污泥絮凝沉淀性差时，污泥不能下沉，上清液混浊，所测得的沉降比将增大。通常，曝气池混合液的沉降比正常范围为 15% ~30%。

2）污泥浓度

指 1L 混合液内所含的悬浮固体（常表示为 MLSS）或挥发性悬浮固体（MLVSS）的质量，单位为 g/L 或 mg/L。污泥浓度的大小可间接地反映混合液中所含微生物的浓度。一般在活性污泥曝气池内常保持 MLSS 浓度在 2 ~6g/L 之间，多为 3 ~4g/L。

用悬浮固体浓度（MLSS）表示微生物量是不准确的，因为它包括了活性污泥吸附的无机惰性物质，这部分物质没有生物活性。Mckinney 指出，在生活污水活性污泥法处理中，MLSS 中只有 30% ~50% 为活的微生物体，而在延时曝气法中此比例降为 10% 以下。采用挥发性悬浮固体浓度来表示，也不能排除非生物有机物及已死亡微生物的惰性部分。然而，在正常的运转状态下，一定的废水和废水处理系统，MLSS 与 MLVSS 之间以及 MLSS 与活性微生物量之间有相对稳定的相关关系。因而在没有更精确的直接测定活细胞量的方法以前，用 MLSS 或 MLVSS 间接代表微生物浓度还是可行的。目前用得最多的是 MLSS。

3）污泥容积指数（SVI）

指曝气池混合液经 30min 沉淀后，1g 干污泥所占有沉淀污泥容积的毫升数，单位为 mL/g，但一般不标注。SVI 的计算式为：

$$SVI=\frac{SV\ 的百分数\times 10}{MLSS(g/L)} \quad (11-2)$$

在一定的污泥量下，SVI 反映了活性污泥的凝聚沉淀性。如 SVI 较高，表示 SV 值较

大、沉淀性较差；如 SVI 较小，污泥颗粒密实，污泥无机化程度高，沉淀性好。但是，如 SVI 过低，则污泥矿化程度高，活性及吸附性都较差。通常，当 SVI < 100，沉淀性能良好；当 SVI = 100 ~ 200 时，沉淀性一般；而当 SVI > 200 时，沉淀性较差，污泥易膨胀。

一般常控制 SVI 在 50 ~ 150 之间为宜，但根据废水性质不同，这个指标也有差异。如废水溶解性有机物含量高时，正常的 SVI 值可能较高；相反，废水中含无机性悬浮物较多时，正常的 SVI 值可能较低。

4)生物相

指活性污泥中微生物的种类、数量、优势度及代谢活力等状况的概貌。活性污泥中出现的生物是普通的微生物，主要是细菌、放线菌、真菌、原生动物和少数其他微型动物。在正常情况下，细菌主要以菌胶团形式存在，游离细菌仅出现在未成熟的活性污泥中，也可能出现在废水处理条件变化(如毒物浓度升高、pH 值过高或过低等)，使菌胶团解体时。所以，游离细菌多是活性污泥处于不正常状态的特征。

除了菌胶团外，成熟的活性污泥中还常常存在丝状菌，其主要代表是球衣细菌、白硫细菌，它们同菌胶团相互交织在一起。在正常时，其丝状体长度不大，活性污泥的密度略大于水。但如丝状菌过量增殖，外延的丝状体将缠绕在一起并粘连污泥颗粒，使絮凝体松散，密度变小，沉淀性变差，SVI 值上升，造成污泥流失，这种现象称为污泥膨胀。

活性污泥中的原生动物种类很多，常见的有肉足类、鞭毛类和纤毛类等，尤其以固着型纤毛类，如钟虫、盖虫、累枝虫等占优势。在这些固着型纤毛虫中，钟虫的出现频率高、数量大，而且在生物演替中有着较为严密的规律性，因此，一般都以钟虫属作为活性污泥法的特征指示生物。

经验表明，当环境条件适宜时，微生物代谢活力旺盛，繁殖活跃，可观察到钟虫的纤毛环摆动较快，食物泡数量多，个体大。在环境条件恶劣时，原生动物活力减弱，钟虫口缘纤毛停止摆动，伸缩泡停止收缩，还会脱去尾柄，虫体变成圆柱体，甚至越变越长，终至死亡。钟虫顶端有气泡是水中缺氧的标志。当系统有机物负荷增高，曝气不足时，活性污泥恶化，此时出现的原生动物主要有滴虫、屋滴虫、侧滴虫及波豆虫、肾形虫、豆形虫、草履虫等，当曝气过度时，出现的原生动物主要是变形虫。

因此，以原生动物作为废水水质和处理效果好坏的指示生物是可行的，同时，原生动物的观察与鉴别比细菌方便得多，所以了解活性污泥的生物组成及其演替是十分有用的。在利用生物指示时，应全面掌握生物种属的组合及其变化，如数量的增减、优势种属的变化、生物活动和存在状态的变化等。但是，应该指出的是，由于原生动物中大多数种属的生存适应范围很宽，因此，任何原生动物种属的偶然或少量出现，也是可能的，从废水处理的角度看，这种偶然的出现，没有实际的指示作用，只能作为相对的种属组成而已。因此，在利用生物种属的变化作为废水处理设备工作状态的监督手段时，应着重注意数量组成和优势种属的类别。另外，由于工业废水水质差异很大，不同的废水处理系统所出现的原生动物优势种或组合都会有一定差别，所以，生物相的观察和指示作用决不能代替水质的理化分析和其他各项监督工作。而且，生物指示也仅仅是定性的，在运行监督中只起辅助作用。

四、活性污泥法的分类

按废水和回流污泥的进入方式及其在曝气池中的混合方式，活性污泥法可分为推流式和完全混合式两大类。

推流式活性污泥曝气池有若干个狭长的流槽，废水从一端进入，另一端流出。此类曝气池又可分为平行水流(并联)式和转折水流(串联)式两种。随着水流的过程，底物降解，微生物增长，F/M 沿程变化，系统处于生长曲线某一段上工作。

完全混合式是废水进入曝气池后，在搅拌下立即与池内活性污泥混合液混合，从而使进水得到良好的稀释，污泥与废水得到充分混合，可以最大限度地承受废水水质变化的冲击。同时，由于池内各点水质均匀，F/M 一定，系统处于生长曲线某一点上工作。运行时，可以调节 F/M，使曝气池处于良好的工况条件下工作。

按供氧方式，活性污泥可分为鼓风曝气式和机械曝气式两大类。

鼓风曝气式是采用空气(或纯氧)作氧源，以气泡形式鼓入废水中。它适合于长方形曝气池，布气设备装在曝气池的一侧或池底。气泡在形成、上升和破坏时向水中传氧并搅动水流。

机械曝气式是用专门的曝气机械，剧烈地搅动水面，使空气中的氧溶解于水中。通常，曝气机兼有搅拌和充氧作用，使系统接近完全混合型。如果在一个长方形池内安装多个曝气机，废水从一端进入，经几次机械曝气之后，从另一端流出，这种型式相当于若干个完全混合式曝气池串联工作，适用于废水量很大的处理系统。

此外，还有混合曝气形式，空气(或纯氧)进入混合液后，在搅拌机作用下，被剪切成微小气泡，从而加大气-液接触面积，提高充氧效率。

对于小型曝气池，采用机械曝气，动力费用较少，并省去鼓风曝气所需的空气管道，维护管理也比较方便。但曝气机转速高，所需动力随曝气池的加大而迅速增大，所以池子不宜太大，并且由于废水的曝气需借助于机械搅动水面与空气接触而吸收氧气，所以需要较大的池面积。此外，曝气池中如有大量泡沫产生，则可能严重影响叶轮的充氧能力。鼓风曝气的供气量可调，曝气效果也较好，一般适用于较大的曝气池。

第二节　活性污泥法参数

一、有机负荷

在活性污泥法中，有机负荷通常有两种表示方法：活性污泥负荷(简称污泥负荷)和曝气池容积负荷(简称容积负荷)，常用 L 表示。

一般将有机底物与活性污泥的重量比值(F/M)，也即单位重量活性污泥(kg MLSS)在单位时间(D)内所承受的有机物量(kg BOD)，称为污泥负荷(即 N_S)。而单位体积曝气池(m^3)在单位时间(D)内所承受的有机物量(kg BOD)，称为容积负荷(即 N_V)。

$$L=\frac{QS_0}{Vx} \tag{11-3}$$

式中 Q、S_0 和 V 分别代表废水流量、进水底物浓度(BOD)和曝气池容积。

有时，为了表示有机物的去除情况，也采用去除负荷 L_r，即单位重量活性污泥在单位时间所去除的有机物重量：

$$L_r = \frac{Q(S_0 - S_e)}{Vx} = \eta L \tag{11-4}$$

式中 S_e 和 η 分别表示出水底物浓度和处理效率。

$$\eta = \frac{S_0 - S_e}{S_0} \times 100\% \tag{11-5}$$

污泥负荷与废水处理效率、活性污泥特性、污泥生成量、氧的消耗量有很大关系，废水温度对污泥负荷的选择也有一定影响。

1. *污泥负荷与处理效率的关系*

实践表明，在一定的污泥负荷范围内，随着污泥负荷的升高，处理效率将下降，处理水的底物浓度将升高。图 11－3 为几种有机工业废水处理过程中污泥负荷与 BOD 去除率的关系。

由图可见，BOD 负荷增大，BOD 去除率下降。一般来说，BOD 负荷在 0.4kg BOD/kg MLSS·d 以下时，可得到 90% 以上的 BOD 去除率。对不同的底物，$L-\eta$ 关系有很大差别。粪便污水、浆粕废水、食品工业废水等所含底物是糖类、有机酸、蛋白质等一般性有机物，容易降解，即使污泥负荷升高，BOD 去除率下降的趋势也较缓慢；相反地，醛类、酚类的分解需要特种微生物，当污泥负荷超过某一值后，BOD 去除率显著下降；对同一种废水，在不同的污泥负荷范围内，其 BOD 去除率变化速度也不同。

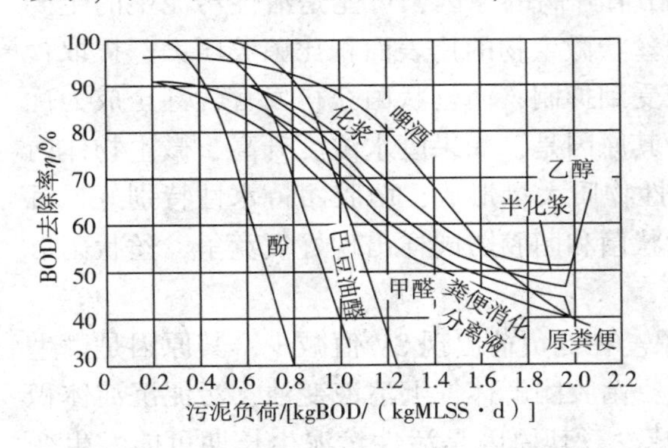

图 11－3　污泥负荷与 BOD 去除率的关系

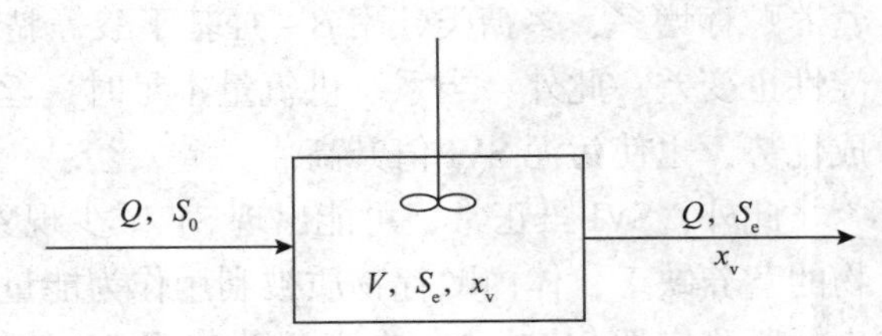

图 11－4　完全混合曝气系统示意图

污泥负荷与底物去除率的关系也可用数学模型来描述。对图 11－4 所示的完全混合系统，在底物浓度较低时，底物降解速率为

$$\frac{-\mathrm{d}s}{x_v \mathrm{d}t} = \frac{Q(S_0 - S_e)}{x_v V} = KS_e \tag{11-6}$$

式中　x_v——曝气池混合液挥发性悬浮固体(MLVSS)浓度，mg/L；

K——底物(BOD)的降解速度常数。

结合污泥负荷的定义式和式(11－7)，有

$$L = \frac{QS_0}{x_v V} = \frac{QS_0(S_0 - S_e)}{x_v V(S_0 - S_e)} = \frac{KS_e}{\eta} \tag{11-7}$$

此式说明，污泥负荷与去除率和出水水质具有对应关系。

2. 污泥负荷对活性污泥特性的影响

采用不同的污泥负荷，微生物的营养状态不同，活性污泥絮凝沉淀性也就不同。实践表明，在一定的活性污泥法系统中，污泥的 SVI 值随着污泥负荷有复杂的变化。

Lesperance 总结了城市污水处理时 SVI 值随污泥负荷变化的基本规律，如图 11-5 所示。由图可见，SVI - L 曲线是具有多峰的波形曲线，有三个低 SVI 的负荷区和两个高 SVI 的负荷区。如果在运行时负荷波动进入高 SVI 负荷区[如 38℃曲线在 1.5～3.0kg BOD/kg MLSS · d 范围或 21℃曲线在 0.6～1.6kg BOD/kg MLSS · d 范围]，污泥沉淀性差，将会出现污泥膨胀。

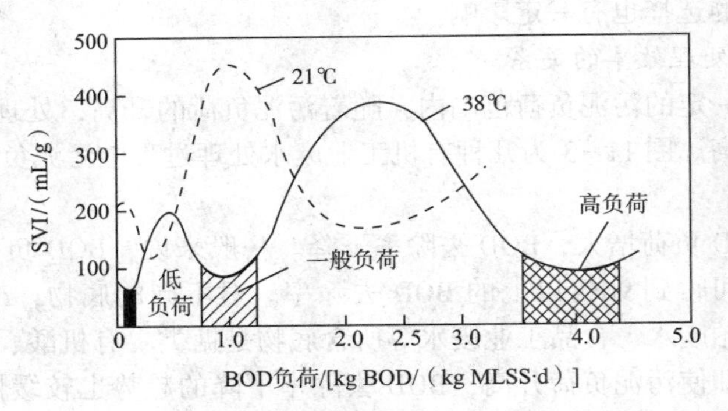

图 11-5　BOD 负荷及水温对污泥 SVI 值的影响

第一个波峰，低负荷污泥沉淀性变差，SVI 值升高的原因，可能是活性污泥中的主要生物体—菌胶团和丝状微生物出现营养竞争，丝状微生物的比表面积比菌胶团大，摄取食物的能力强，从而，相对的说，菌胶团的生长受到抑制，而丝状菌获得发育，甚至成为优势。第二个波峰，高负荷污泥沉淀性也变差，其原因是，如果废水浓度升高，微生物体内营养贮存增多，多糖类、聚 β - 羟基丁酸等黏性物质大量形成，菌胶团持水性特别好，沉淀性也变差。此外，当系统供氧量不足时，丝状菌和菌胶团同样出现好氧竞争，丝状菌形成优势，也使污泥 SVI 值升高。

此外，SVI 虽正常，可能出现 SV 减少现象。在低负荷出现 SV 值减少，其原因是微生物的营养缺乏，体内贮存物质被利用作为能量，菌胶团解体，上清液变浊，污泥沉淀体积小，所测定的 SV 减少。在高负荷出现 SV 值减少，其原因是活性污泥生长期可能发生变化，大量游离细菌出现，微生物处于分散状态，所测定的 SV 值也减小。

当然，污泥负荷的变动，造成污泥性能的改变，情况还比上述的复杂得多。

3. 水温对污泥负荷的影响

两种不同温度时的关系曲线虽有相似的变化趋势，但适宜的污泥负荷却不一样，温度高时，适宜的污泥负荷值左移，即负荷值有所增大。这种移动的意义在于：①正常水温高时，可采用较高的污泥负荷值进行设计，有利于缩小处理设备的规模；②运行中突然增高或降低温度，可能导致污泥膨胀。

温度对微生物的新陈代谢作用有很大影响。在一定的水温范围内，提高水温，可以提高 BOD 的去除速度和能力，此外，还可以降低废水的黏性，从而有利于活性污泥絮体的形成和沉淀。水温变化时，污泥负荷的选定也有一定的变化。由图 11-5 可见，水温由

21℃变为38℃，SVI曲线的波形变得平缓，污泥膨胀负荷有所升高。如水温度为21℃时，膨胀负荷在0.6～1.5kg BOD/kg MLSS·d范围内，而在水温为38℃时，膨胀负荷变为1.3～3.0kg BOD/kg MLSS·d。因此，从SVI角度看，水温较高时，可以选用较高的污泥负荷，不致使污泥膨胀。

在运转过程中，为了保证系统正常工作，当水温升高时，微生物代谢旺盛，耗氧速度大，可以降低污泥回流比，减小污泥浓度的方法，相对提高污泥负荷。同时，由于污泥浓度减小，也可增大氧在混合液中的转移速率，且减少了污泥的自身代谢耗氧，从而适应了负荷提高的耗氧要求。相反，当水温降低时，微生物代谢速率减慢，耗氧速度降低，可用增大污泥浓度的方法降低污泥负荷，此时氧传递速率将因污泥浓度增大而减小，从而供氧和耗氧也能相互适应。

在考虑水温升高有利于增大污泥负荷及提高处理效率时，也应注意温度变化带来的不利影响。一方面，水温过高，微生物受到抑制。一般来说，水温在35℃以上时，活性污泥中微型动物受到明显抑制，因此，水温宜控制在20～35℃范围内；另一方面，水温的变化速率对污泥分离效果也有很大影响。由于水温的突变，在二沉池形成密度股流和短流现象，降低沉淀效率。实践表明，温度变化速度在0.3℃/h，即显示有影响，如达0.7℃/h并持续3～4h，活性污泥结构变得松散，原生动物改变原有形态。在二次沉淀池里，如果进水与池内水温相差0.5℃时，沉淀池的工作将受到干扰，相差0.7℃时，污泥将会成块流失。

4. 污泥负荷对污泥生成量的影响

活性污泥在混合液中的浓度净增长速度为

$$\frac{dx}{dt}=-Y\frac{ds}{dt}-k_d x \tag{11-8}$$

式中　Y——微生物增长常数，即每消耗单位底物所形成的微生物量，一般为0.35～0.8mg MLVSS/mg BOD_5；

k_d——微生物自身氧化率，时间$^{-1}$，一般为0.05～0.1d^{-1}。

在工程上常采用平均值计算，即

$$\Delta x=aL_r-bVx \tag{11-9}$$

式中　Δx——每天污泥增加量，kg/d；

a——污泥合成系数，即每去除1kg BOD_5形成的活性污泥的重量；

b——污泥自身氧化系数，d^{-1}。

一般在活性污泥法中，a=0.30～0.72kg/kg BOD_5，平均为0.52kg/kg BOD_5，b=0.02～0.18d^{-1}，平均为0.07d^{-1}。

5. 污泥负荷对需氧量的影响

理论上，去除1kg BOD应消耗1kg O_2。但是，由于废水中有机物的存在形式及运转条件不同，需氧量有所不同。废水中胶体和悬浮状态的有机物首先被污泥表面吸附、水解、再吸收和氧化，其降解途径和速度与溶解性底物不同。因此，当污泥负荷大时，废物在系统中的停留时间短，一些只被吸附而未经氧化的有机物可能随污泥排出处理系统，使去除单位BOD的需氧量减少。相反，在低负荷情况下，有机物能彻底氧化，甚至过量自身氧化，因此需氧量单耗大。从需氧量看，高负荷系统比低负荷系统经济。

过程总需氧量包括有机物去除(用于分解和合成)的需氧量以及有机体自身氧化需氧量

之和，在工程上，常表示为

$$O_2 = a'L_r Vx + b'Vx = a'Q(S_0 - S_e) + b'Vx \tag{11-10}$$

式中　O_2——每日系统的需氧量，kg/d；

a'——有机物代谢的需氧系数，kg/kg BOD；

b'——污泥自身氧化需氧系数，kg/kg MLSS · d。

在活性污泥法中，一般 a' = 0.25 ~ 0.76kg/kg BOD，平均 0.47kg/kg BOD；b' = 0.10 ~ 0.37kg/kg MLSS · d，平均 0.17kg/kg MLSS · d。

6. 污泥负荷对营养比要求的影响

采用不同污泥负荷时，微生物处于不同生长阶段。在低负荷时，污泥自身氧化程度较大，在有机体氧化过程中释出氮、磷成分，所以氮、磷的需要量减小，如在延时曝气法中，BOD：N：P = 100：1：0.2 时即可使微生物正常生长。而在一般负荷下，则要求 BOD：N：P = 100：5：1。

二、细胞平均停留时间

细胞平均停留时间 θ_c 也称污泥龄，表示微生物在曝气池中的平均培养时间，也即曝气池内活性污泥平均更新一遍所需的时间。在间歇试验装置里，θ_c 与水力停留时间 θ 相等。但在实际的连续流活性污泥系统中，由于存在着污泥回流，θ_c 将比 θ 大得多，而且 θ_c 不受 θ 的局限。

细胞平均停留时间 θ_c 是微生物比净增长速度 μ' 的倒数。在图 11-6 所示的系统内，可以通过排出的微生物量与系统容积的关系求得。在推导过程中假定有机物的降解和稳定化仅在曝气池中发生，因此，计算 θ_c 时，仅考虑曝气池的容积。这个假定是偏于保守的，实际上废水在二沉池及管道内还有一定程度的降解。

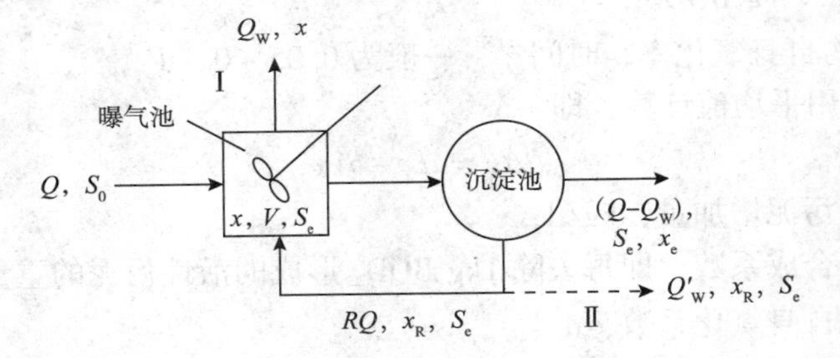

图 11-6　有污泥回流的连续流混合系统

由图 11-6，按第 I 种排泥方式（即剩余污泥在曝气池排出），则

$$\theta_e = \frac{V_x}{Q_w x + (Q - Q_w) x_e} \tag{11-11}$$

式中　Q_w——由曝气池排出的污泥流量；

x_e——二次沉淀池出水中挟带的活性污泥浓度。

由于出水的 x_e 很小，故 θ_c 又可认为等于 V/Q_w。

按第 II 种排泥方式（即剩余活性污泥从回流污泥管或二沉池底排出），则

$$\theta_e = \frac{V_x}{Q'_w x_R + (Q - Q'_w) x_e} \tag{11-12}$$

式中 Q'_w 为从回流污泥管排出的污泥流量。当 x_e 极小时，$\theta_c = Vx/(Q'_w x_R)$。

由以上两式可见，通过控制每日从系统中排出的污泥量，即可控制细胞平均停留时间。而且直接从曝气池排除剩余污泥，操作控制容易。

细胞平均停留时间 θ_c 与污泥负荷 L_r、曝气池内污泥浓度 x、出水底物浓度 S_e 及污泥回流比 R 的关系如下：

①对曝气和沉淀系统生物量作物料衡算，可得到 θ_c 与 L_r 的关系：

累积＝进入－出流＋净增长

$$V\frac{dx}{dt} = Qx_0 - [Q_w x + (Q - Q_w)x_e] + V(-Y\frac{ds}{dt} - k_d x) \tag{11-13}$$

在稳态情况下，$dx/dt = 0$，若假定进水中 $x_0 = 0$，则上式变为

$$\frac{1}{\theta_c} = Y\frac{S_0 - S_e}{\theta x} - k_d = YL_r - kd \tag{11-14}$$

②由式(11－14)可得 θ_c 与 x 的关系(也可对曝气池底物作物料衡算)：

$$x = \frac{(S_0 - S_e)Y}{1 + k_d\theta_c}\frac{\theta_c}{\theta} \tag{11-15}$$

③对曝气和沉淀系统的底物作物料衡算，可得 θ_c 与 S_e 的关系：

$$V\frac{ds}{dt} = QS_0 - [Q_w S_e + (Q - Q_w)S_e] - Vr_{su} \tag{11-16}$$

在稳态情况下，$\frac{ds}{dt} = 0$，而且 $r_{su} = -\frac{v_{max} x S_e}{K_s + S_e}$，得

$$Q(S_0 - S_e) = V\frac{v_{max} x S_e}{K_s + S_e} \tag{11-17}$$

将式(11－16)代入上式，整理得

$$S_e = \frac{K_s(1 + k_d\theta_c)}{Yv_{max}\theta_c - k_d\theta_c - 1} \tag{11-18}$$

此式表明系统出水水质仅仅是细胞平均停留时间的函数，因此可以采用 θ_c 来控制活性污泥系统运行。

④对曝气池内微生物作物料衡算，可得 θ_c 与 R 的关系：

$$V\frac{dx}{dt} = RQx_R + Qx_0 + \left[Y\left(\frac{dS}{dt_u}\right) - k_d x\right]V - Q(1 + R)x \tag{11-19}$$

在稳态情况下，$\frac{ds}{dt} = 0$，假定 $x_0 = 0$，所以

$$RQx_R + (Yv - k_d)Vx = Q(1 + R)x \tag{11-20}$$

将 $\frac{1}{\theta_c} = Yv - k_d$ 代入式(11－20)，整理得

$$\frac{1}{\theta_c} = \frac{Q}{V}(1 + R - R\frac{x_R}{x}) \tag{11-21}$$

在有污泥回流的推流式系统中，如图 11－7 所示，数学模拟十分复杂。但可以利用 Lawrence 及 McCarty 的假说，使问题简单化，在此不再赘述。

有污泥回流的推流式系统和完全混合系统细胞平均停留时间 θ_c 与出水浓度 S_e 及去除率 η 的关系，如图 11－8 所示。该图表明，推流式系统比完全混合系统具有更高的处理效率。

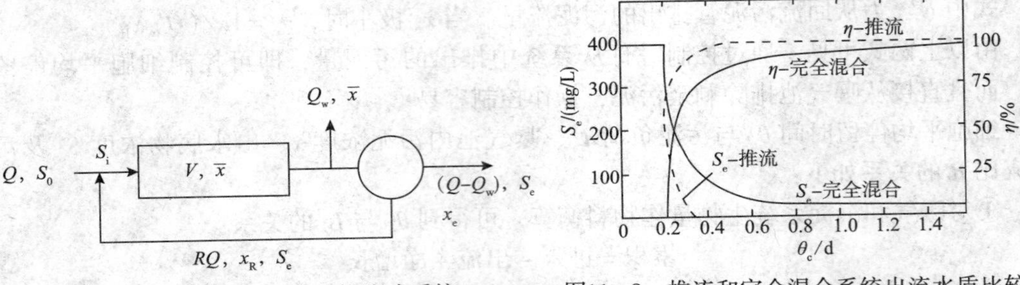

图 11－7　有污泥回流的推流式系统　　　图11－8　推流和完全混合系统出流水质比较

污泥絮凝沉淀性能与 θ_c 的关系如图 11－9 所示。由图可见，θ_c 较短时，微生物量小，营养物质相对丰富，因而细菌具有较高的能量水平，运动性强，絮凝沉淀性差，相当大比例的生物群体处于分散状态，不易沉淀而易随二次沉淀池流出。

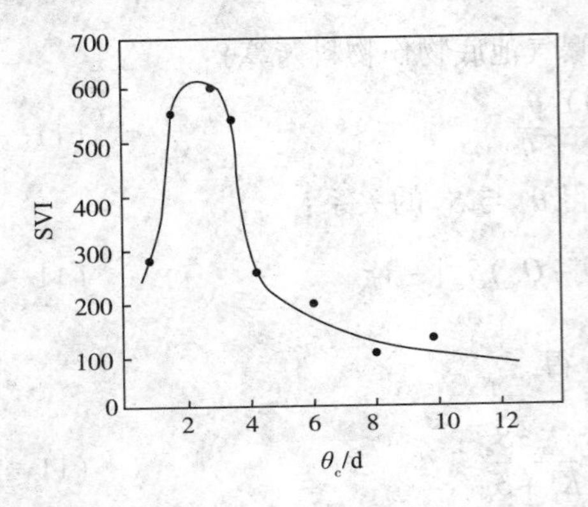

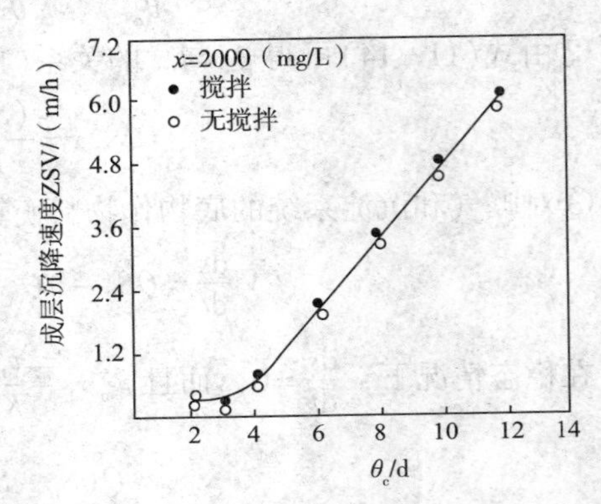

图 11－9　SVI、ZSV 与 θ_c 的关系

实践表明，活性污泥系统的氧吸收速率随 θ_c 增大而减小，但 θ_c 增大至一定程度后，氧吸收速率的减小甚微。考虑到 θ_c 增大后活性污泥的量也增加了，故采用较大的 θ_c 值，但曝气池的运行费用将较高。

综上所述，设计时采用的 θ_c 常为 3～10 天。为使溶解性有机物有最大的去除率，可选用较小的 θ_c 值；为使活性污泥具有较好的絮凝沉淀性，宜选用中等大小的值；而为使微生物净增量很小，则应选用较长的 θ_c 值。

在活性污泥法设计中，既可采用污泥负荷，也可采用泥龄作设计参数。但是在实际运行时，控制污泥负荷比较困难，需要测定有机物量和污泥量。而用泥龄作为运转控制参数，只要求调节每日的排泥量，过程控制简单得多。

第三节　曝气原理与曝气系统

一、曝气原理

活性污泥法是一种好氧生物处理方法，有机物降解和有机体合成都需要氧参与。没有充足的溶解氧，好氧微生物不能生存，更不能发挥氧化分解作用。同时，作为一个有效的处理工艺，还必须使微生物、有机物和氧充分接触，因此，混合、搅拌作用也是不可缺少的。通过曝气设备可实现充氧和混合这两个目的。

由于水溶解氧的能力限制以及混合液内污泥浓度较大，氧在液相中的扩散阻力较大，所供给的氧不能全部被水所吸收。此外，不同曝气设备的充氧能力也不同。为了衡量曝气效率，引入氧吸收率(或利用率)和动力效率两个指标，前者表示向混合液供给1kg氧时，水中所能获得的氧千克数，多用于鼓风曝气装置评价；后者表示单位动力在单位时间内所转移的氧量，多见于机械曝气设备评价。

如果向混合液供氧，氧的传递速率可用扩散理论描述，即

$$\frac{dc}{dt}=K_L\frac{A}{V}(c_s-c) \tag{11-22}$$

式中 $\frac{dc}{dt}$——氧传递速率，mg/L·h；

K_L——氧传送系数，m/h；

A——气液界面面积，m^2；

c_s、c——分别为液体的饱和溶解氧的和实际溶解氧的浓度，mg/L。

在活性污泥系统中，气液界面面积无法测量，为此，引入一个总传递系数K_{La} $\left(=K_L\frac{A}{V}\right)$，故式(11−22)可改写为

$$\frac{dc}{dt}=K_{La}(c_s-c) \tag{11-23}$$

K_{La}同曝气设备及水的特性有关，可以通过试验求得。通常试验在脱氧清水中进行，先用$Na_2S_2O_3$脱氧($CoCl_2$作催化剂)，搅拌均匀后(时间t_0)，测定脱氧水中溶解氧量c_0，连续曝气t_1后．溶解氧升高至c_L，则在此界限内积分式(11−23)

$$\int_{c_0}^{c_L}\frac{dc}{c_s-c}=\int_{t_0}^{t_1}K_{La}dt$$

得

$$K_{La}=\frac{\ln[(c_s-c_0)/(c_s-c_L)]}{t_1-t_0} \tag{11-24}$$

这样测得的K_{La}即为清洁水的氧总传递系数。由于废水含有大量有机物和无机物，因此，其饱和溶解氧不同于清水的饱和溶解氧。同时，混合液中含有大量活性污泥颗粒，氧扩散阻力比清水大。这样，当试验的曝气设备在混合液中曝气时，氧传递速率应修正为

$$\frac{dc}{dt}=\alpha K_{La}(\beta c_s-c) \tag{11-25}$$

式中 α——因混合液含污泥颗粒而降低传递系数的修正值(<1)；

β——废水饱和溶解氧的修正值(<1)；

c_s——废水的饱和溶解氧的浓度。

如果试验温度和实际废水温度有所不同，氧传送系数也应进行温度修正。

$$K_{La(T)}=K_{La(20)}\theta^{T-20} \tag{11-26}$$

式中 $K_{La(T)}$——水温为T℃时总氧传递系数；

$K_{La(20)}$——水温为20℃时总氧传递系数；

θ——温度特性系数，一般为1.006~1.047之间，常取值1.024。

K_{La}除与废水温度有关外，还与水质及曝气池和曝气设备的形式和构造有关。

废水中存在表面活性剂时，对K_{La}有很大影响。一方面由于表面活性剂在界面上集中，增大了传质阻力，降低K_L；另一方面，由于表面张力降低，使形成的空气泡尺寸减小，增大了气泡的比表面积，许多时候由于A/V的增大超过了K_L的降低，从而使传质速率增加。

K_{La}一般随着废水杂质浓度的增大而减小。

K_{La}也与空气扩散设备的淹没深度有关，其关系可表示为

$$\frac{(K_{La})_1}{(K_{La})_2}=\left(\frac{H_1}{H_2}\right)^{\lambda} \tag{11-27}$$

式中　H为空气扩散器在水面下的深度；λ为经验值，在0.45～0.78之间，平均为0.7。

各种曝气设备的氧传送系数也可用经验公式来计算。

当采用气泡曝气时，气泡直径d_B可表示为气体流量G的函数，$d_B=G^n$，总传质系数为

$$K_{La}=\frac{kH^mG^n}{V} \tag{11-28}$$

对大多数扩散装置，m在0.71～0.78，n在1.20～1.38之间，k为常数。

当采用叶轮将鼓入水中的空气分散，即联合曝气装置时，总传质系数为

$$K_{La}=k_1v^xG^yD^z \tag{11-29}$$

或

$$K_{La}=k_2\left(\frac{P}{V}\right)^{0.95}G^{0.67} \tag{11-30}$$

式中　v——叶轮的圆周线速度，m/s；

G——鼓入空气量，m^3/s；

D——叶轮直径，m；

P——搅拌功率，kg · m/s；

k_1、k_2——常数；

x、y、z——特性指数，分别为1.2～2.4、0.4～0.95、0.6～1.8。

由于氧的溶解度除受水质、水温的影响外，还受气压的影响，在气压不足1.013×10^5 Pa的地区，尚应对饱和溶解氧c_s作压力修正，即乘以修正系数ρ。

$$\rho=\frac{\text{所在地实际气压}(p_0)}{1.013\times10^5}$$

在鼓风曝气系统，氧的溶解度与空气扩散装置浸没深度有关，一方面随深度增加，鼓入空气中氧分压增大；另一方面，气泡在上升过程中其氧分压减小。一般取气体释放点处及曝气池水面处的溶解氧饱和值的平均值作为计算依据，即

$$c_{sm}=\frac{1}{2}(c_{sb}+c_{st})=c_s\left(\frac{p_b}{2.026\times10^5}+\frac{O_t}{42}\right) \tag{11-31}$$

式中　c_{sm}——鼓风曝气池氧的平均饱和值，mg/L；

c_s——运转温度下水中氧的饱和溶解度，mg/L；

p_b——扩散器空气释放点的绝对压力，Pa；

O_t——空气泡离开水面时所含氧的百分浓度，%。

$$O_t = \frac{21(1-E_A)}{79+21(1-E_A)} \times 100\%$$

E_A——用小数表示的氧吸收率，一般为0.05~0.10。

综合上述因素，如以 N_0 表示单位时间由于曝气向清水传递的氧量，N 表示单位时间向混合液传递的氧量，并且假定脱氧清水的起始溶解氧为零，即得两种情况下供氧量之比为

$$\frac{N}{N_0} = \frac{\alpha K_{La(20)}(\beta\rho c_{sm(T)} - c_L)1.024^{T-20}}{K_{La20}(c_{sm(20)} - 0)} = \alpha\frac{\beta\rho c_{sm(t)} - c}{c_{sm(20)}}1.024^{T-20} \tag{11-32}$$

由于曝气池在稳态下操作供氧速度将等于系统的耗氧速度 r_r，即

$$r_r = \frac{dc}{dt} = \alpha K_{La(20)}(\beta\rho c_{sm(T)} - c)1.024^{T-20} \tag{11-33}$$

测定耗氧速度 r_r 时，先将混合液曝气，直到接近饱和溶解氧值，停止曝气，测定一定时间内溶液溶解氧的降低量。β 值的测定方法比较简单，用脱氧清水及经消毒(煮沸)或用 $HgCl_2$、$CuSO_4$ 抑制的混合液曝气至氧饱和，测定混合液饱和溶解氧和清水饱和溶解氧，计算其比值即得。

如果已知曝气池混合液的耗氧量 $R_r(=Vr_r)$，用某一曝气器供氧，要求该曝气器向清水的供氧量为 $R_0(=Vr_0)$，可类似式(11-32)，有

$$R_0 = \frac{R_r c_{sm(20)}}{\alpha(\beta\rho c_{sm(T)} - c) \times 1.024^{T-20}} \tag{11-34}$$

如果实际供气量为 W，则废水的氧吸收率为

$$E_A = \frac{R_0}{W} \times 100\% \tag{11-35}$$

当采用空气曝气时，上式中 $W = G \times 21\% \times 1.43 = 0.3G$(kg/s)。

对于鼓风曝气，利用式(11-35)由要求的 R_0 可求出供气量 G，根据供气量 G 和供气压力选择鼓风机。对于机械曝气，则可由式(11-34)求得供气量 R_0，再选择曝气机型号。

理论上，每去除1kg BOD需消耗1kg O_2，即相当于标准状态下的空气3.5m^3，因鼓风曝气的利用率为5%~10%，故去除1kg BOD需供给空气量为35~70m^3。实际上，由于曝气池的负荷和运行方式不同，供气量需放大1.5~2.0倍。

二、曝气设备

对曝气设备的要求：①供氧能力强；②搅拌均匀；③构造简单；④能耗少；⑤价格低廉；⑥性能稳定，故障少；⑦不产生噪音及其他公害；⑧对某些工业废水耐腐蚀性强。

曝气方法可分成以下三种。

(1)鼓风曝气：曝气系统由加压设备(鼓风机)、布气设备和管道三部分组成。

(2)机械曝气：借叶轮、转刷等对液面进行搅动以达到曝气的目的。

(3)鼓风-机械曝气：系由上述两者组合。

1. 鼓风曝气

鼓风曝气就是用鼓风机(或空压机)向曝气池充入一定压力的空气(或氧气)。气量要满足生化反应所需的氧量和能保持混合液悬浮固体均匀混合，气压要足以克服管道系统和

扩散的摩阻损耗以及扩散器上部的静水压。扩散器是鼓风曝气系统的关键部件，其作用是将空气分散成空气泡，增大气液接触界面，把空气中的氧溶解于水中。曝气效率决定于气泡的大小、水的亏氧量、气液接触时间、气泡的压力等因素。

根据分散气泡的大小，扩散器又可分成以下几类。

1) 小气泡扩散器

典型的是由微孔材料(陶瓷、钛粉、砂粒、塑料)制成的扩散板或扩散管，见图 11－10。气泡直径在 1.5mm 以下。

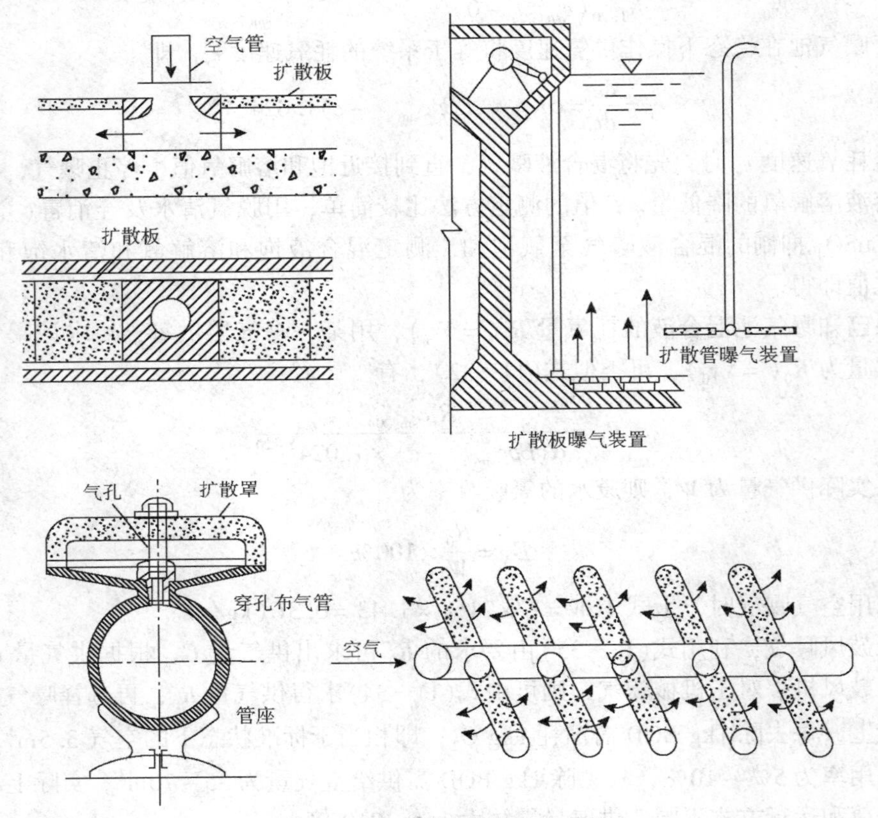

图 11－10　小气泡扩散器及安装

2) 中气泡扩散器

常用穿孔管和莎纶管。穿孔管的孔眼直径为 3～5mm，孔口朝下，与垂直面成 45°夹角，孔距 10～15mm，孔口流速不小于 10m/s。国外也用莎纶(Saran)、尼纶或涤纶线缠绕多孔管以分散气泡，如图 11－11 所示。

3) 大气泡扩散器

如图 11－12 所示，常用竖管，直径为 15mm 左右。其他大气泡扩散器很多，倒盆式扩散器系水力剪切扩散型，由塑料及橡皮板组成，空气从橡皮板四周喷出，旋转上升。气泡直径 2mm 左右，阻力大，动力效率为 2.6kg O_2/k W · h。圆盘型扩散器由聚氯乙烯圆盘片、不锈钢弹性压盖与喷头连接而成。通气时圆盘片向上顶起，空气从盘片与喷头间喷出；当供气中断时，扩散器上的静水压头使盘片关闭。

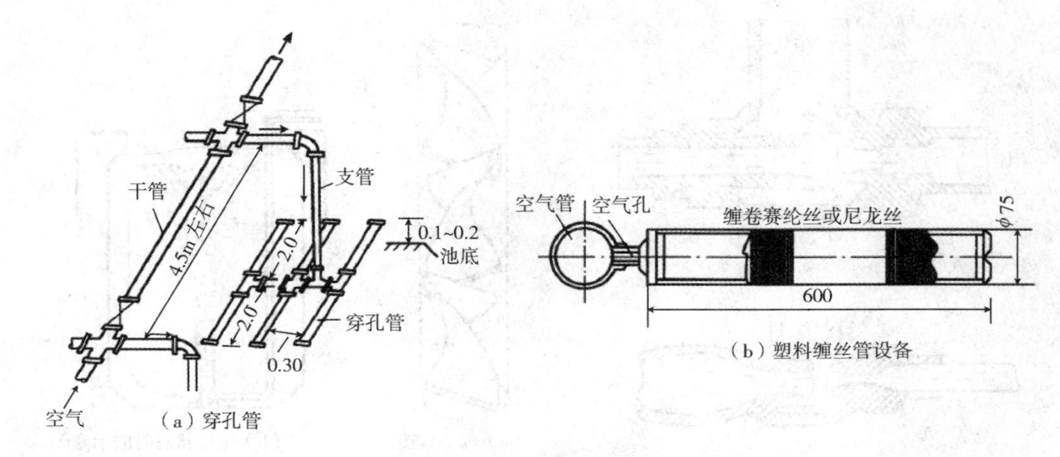

图 11－11　中气泡扩散器

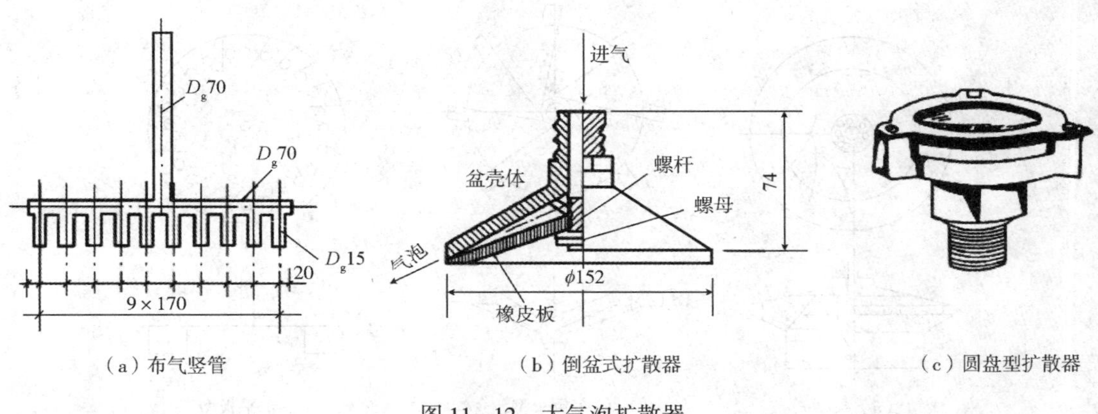

图 11－12　大气泡扩散器

4）射流扩散器

用泵打入混合液，在射流器的喉管处形成高速射流，与吸入或压入的空气强烈混合搅拌，将气泡粉碎为100μm 左右，使氧迅速转移至混合液中。射流扩散器构造如图 11－13 所示。

5）固定螺旋扩散器

由 ϕ300mm 或 ϕ400mm，高 1500mm 的圆筒组成，内部装着按 180°扭曲的固定螺旋元件 5 ~6 个，相邻两个元件的螺旋方向相反，一顺时针旋，另一逆时针旋。空气由底部进入曝气筒，形成气水混合液在筒内反复与器壁及螺旋板碰撞、分割、迂回上升。由于空气喷出口径大，故不会堵塞。固定螺旋扩散器构造如图 11－14 所示，可均匀布置在池内。

2. 机械曝气

机械曝气大多以装在曝气池水面的叶轮快速转动，进行表面充氧。按转轴的方向不同，表面曝气机分为竖式和卧式两类。常用的有平板叶轮、倒伞型叶轮和泵型叶轮，见图 11－15。

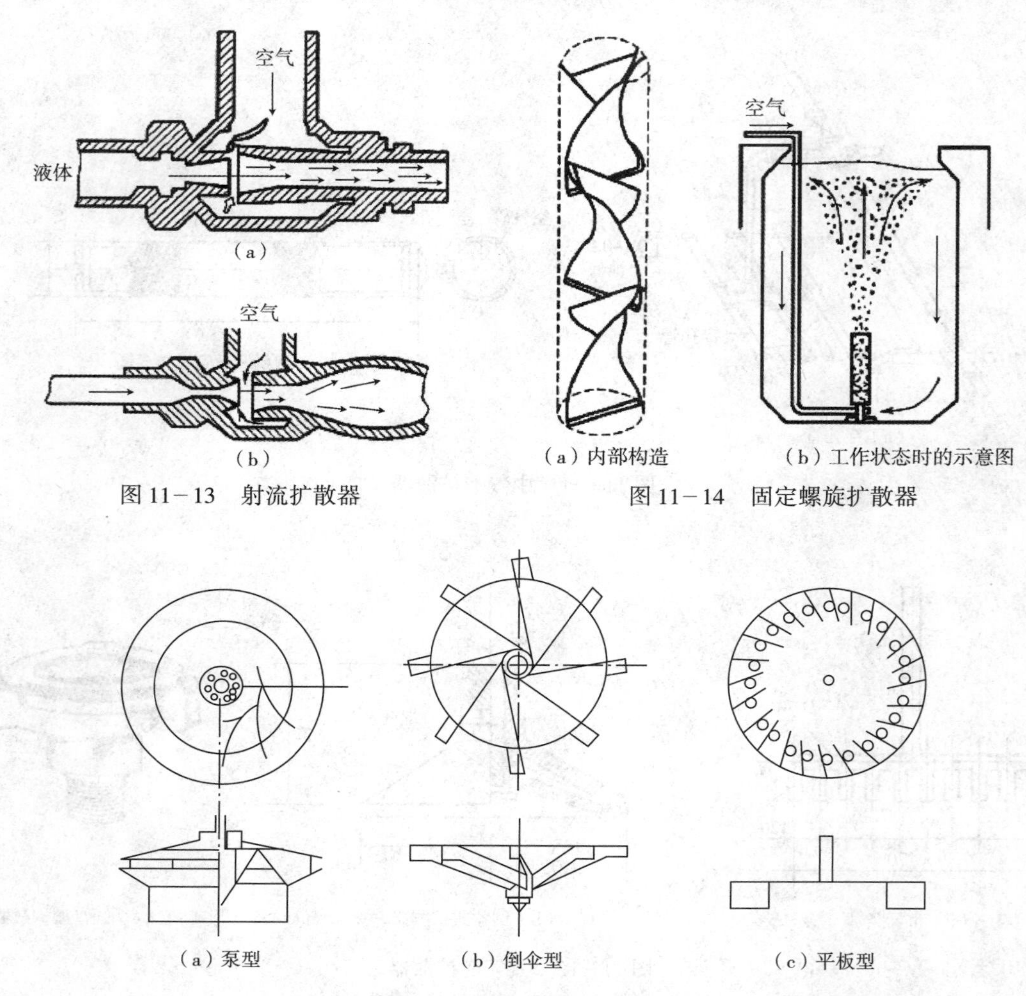

图 11－13　射流扩散器

图 11－14　固定螺旋扩散器

图 11－15　常见表面曝气机叶轮型式

表面曝气叶轮的供氧是通过下述三种途径来实现的。

(1)由于叶轮的提升和输水作用，使曝气池内液体不断循环流动，更新气液接触面，不断从大气中吸氧。

(2)叶轮旋转时，在周边处形成水跃，使液面剧烈搅动，从大气中将氧卷入水中。

(3)叶轮旋转时，叶轮中心及叶片背水侧出现背压，通过小孔可以吸入空气。

除了供氧之外，曝气叶轮也具有足够的提升能力，一方面保证液面更新，同时，也使气体和液体获得充分混合，防止池内活性污泥沉积。

实测表明，泵型叶轮的提升能力和充氧能力比相同直径的平板叶轮大，倒伞型叶轮的动力效率较平板叶轮高，但充氧能力较差。

曝气叶轮的充氧能力和提升能力同叶轮浸没深度、叶轮转速等因素有关。在适宜的浸没深度和转速下，叶轮的充氧能力最大，并可保证池内污泥浓度和溶解氧浓度均匀。一般生产上曝气叶轮转速为 30～100r/min，叶轮周边线速度为 2～5m/s。线速过大，会打碎活性污泥颗粒，影响沉淀效率，但线速过小，将影响充氧量。叶轮的浸没深度按上顶平板面在静止水面下的深度计，一般在 40mm 左右(可调)。若浸没深度过小，充氧能力将因提升力减小而减小，底部液体不能供氧，将出现污泥沉积和缺氧，当浸没深度过大，充氧能力也将显著减小，叶轮仅起搅拌机的作用。

表面曝气机的驱动装置可安装在固定梁架或水面浮筒上，前者多用于大型曝气器，操作维护方便；后者适用于小型曝气器，不受水位变动的影响。

卧式表面曝气机的转轴与水面平行，在垂直于转动轴的方向装有不锈钢丝（转刷）或板条或曝气转盘，用电机带动，转速在 70 ~ 120r/min，淹没深为 1/3 ~ 1/4 直径。如图 11－16 所示，转动时钢丝或板条把大量液滴抛向空中，并使液面剧烈波动，促进氧的溶解；同时推动混合液在池内回流，促进溶解氧的扩散。

3. 曝气设备比较

常用曝气设备性能如表 11－1 所示，表中的标准状态指用清水做曝气实验，水温 20℃，大气压力为 1.013×10^5 Pa，初始水中溶解氧为 0；现场实验用的是废水，水温为 15℃，海拔 150m，$\alpha = 0.85$，$\beta = 0.9$，水中溶解氧保持 2mg/L。

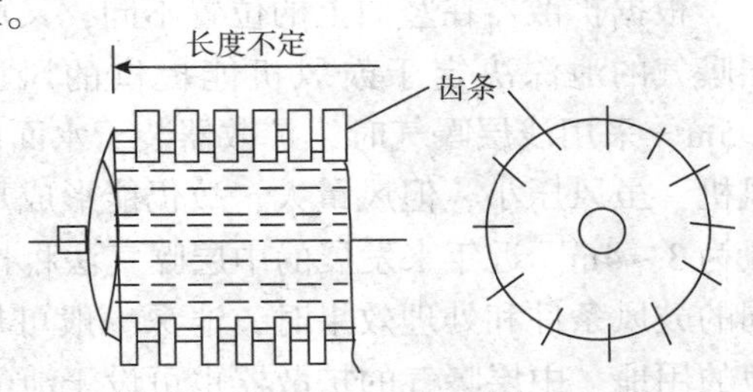

图 11－16　卧式曝气转刷

表 11－1　各类曝气设备的性能比较

曝气设备	氧吸收率/%	动力效率/[kg O_2/(kW·h)]	
		标准	现场
小气泡扩散器	10 ~ 30	1.2 ~ 2.0	0.7 ~ 1.4
中气泡扩散器	6 ~ 15	1.0 ~ 1.6	0.6 ~ 1.0
大气泡扩散器	4 ~ 8	0.6 ~ 1.2	0.3 ~ 0.9
射流曝气器	10 ~ 25	1.5 ~ 2.4	0.7 ~ 1.4
低速表面曝气机		1.2 ~ 2.7	0.7 ~ 1.3
高速浮筒曝气机		1.2 ~ 2.4	0.7 ~ 1.3
旋刷式曝气机		1.2 ~ 2.4	0.7 ~ 1.3

对于较小的曝气池，采用机械曝气装置能减少动力费用，并省去鼓风曝气所需的管道系统和鼓风机等设备，维护管理也较方便。但是这类装置转速高，所需动力随池子的加大而迅速增大，所以池子不宜太大，而且需要较大的表面积以便能从空气中吸氧。此外，曝气池中如有大量泡沫产生，则可能严重降低叶轮的充氧能力。鼓风曝气供应空气的伸缩件较大，曝气效果也较好，一般用于较大的曝气池。

三、曝气池

曝气池实质上是一个生化反应器，按水力特征可分为推流式和完全混合式以及二者结合式三大类。曝气设备的选用和布置必须与池型和水力要求相配合。

1. 推流曝气池

1）平面布置

推流曝气池的长宽比一般为 5 ~ 10，受场地限制时，长池可以折流，废水从一端进，另一端出，进水方式不限，出水多用溢流堰，一般采用鼓风曝气扩散器。

2）横断面布置

推流曝气池的池宽和有效水深之比一般为1～2，有效水深最小为3m，最大为9m，超高0.5m。根据横断面上的水流情况，又可分为平推流和旋转推流。在平推流曝气池底铺满扩散器，池中水流只有沿池长方向的流动。在旋转推流曝气池中，扩散器装于横断面的一侧，由于气泡形成的密度差，池水产生旋流，即除沿池长方向流动外，还有侧向流动。为了保证池内有良好的旋流运动，池两侧墙的墙脚都宜建成外凸45°的斜面。

根据扩散器在竖向上的位置不同，又可分为底层曝气、中层曝气和浅层曝气。采用底层曝气的池深决定于鼓风机能提供的风压，根据目前的产品规格，有效水深常为3～4.5m。采用浅层曝气时，扩散器装于水面以下0.8～0.9m处，常采用1.2m以下风压的鼓风机，虽风压小，但风量大，故仍能形成足够的密度差，产生旋转推流。池的有效水深一般为3～4m。近年来发展的中层曝气法将扩散器装于池深的中部，与底层曝气相比，在相同的鼓风条件和处理效果时，池深一般可加大到7～8m，最大可达9m，从而节约了曝气池的用地。中层曝气的扩散器也可设于池的中央，形成两个侧流。这种池型可采用较大的宽深比，适于大型曝气池。

2. 完全混合曝气池

完全混合曝气池平面可以是圆形、方形或矩形。曝气设备可采用表面曝气机，置于池的表层中心，废水从池底中部进入。废水一进池，即在表面曝气机的搅拌下，立即与全池混合均匀，不像推流那样上下段有明显的区别。完全混合曝气池可以和沉淀池分建或合建。

1）分建式

曝气池和沉淀池分别设置，既可使用表曝机，也可用鼓风曝气装置。当采用泵型叶轮且线速在4～5m/s时，曝气池直径与叶轮的直径之比宜为4.5～7.5，水深与叶轮直径比宜为2.5～4.5。当采用倒伞型和平板型叶轮时，曝气池直径与叶轮直径之比宜为3～5。分建式虽不如合建式紧凑，且需专设污泥回流设备，但调节控制方便，曝气池与二次沉淀池互不干扰，回流比明确，应用较多。

2）合建式

曝气和沉淀在一个池子的不同部位完成，我国称为曝气沉淀池，国外称为加速曝气池。平面多为圆型，曝气区在池中央，一般采用表面曝气机，二次沉淀区在外环，与曝气区底部有污泥回流缝相通，靠表曝机的提升力使污泥循环。为使回流缝不堵，设缝隙较大，但这样又使回流比过大，一般$R>1$，有的达到5。因此，这种曝气池的名义停留时间虽有3～5h，但实际停留时间往往不到1h，故一般出水水质较普通曝气池差，加之控制和调节困难，运行不灵活，国外渐趋淘汰。

普通曝气沉淀池构造如图11－17所示。它由曝气区、导流区、回流区、沉淀区等部分组成。曝气区相当于分建式系统的曝气池，它是微生物吸附和氧化有机物的场所，曝气区水面处的直径一般为池直径的1/2～1/3，视不同废水而异。混合液经曝气后由导流区流入沉淀区进行泥水分离。导流区既可使曝气区出流中挟带的小气泡分离，又可使细小的活性污泥凝聚成较大的颗粒。为了消除曝气机转动形成旋流的影响，导流区应设置径向整流板，将导流区分成若干格间。回流窗的作用是控制活性污泥回流量及控制曝气区水位，回流窗开启度可以调节，窗口数一般为6～8个。沿导流区壁的周长均匀分布、窗口总堰长与曝气区周长之比一般为1/2.5~1/3.5。

污泥回流缝用来回流沉淀污泥，缝宽应适当。顺流圈设在回流缝的内侧，起着曝气区内循环导流的作用，防止混合液向沉淀区窜出。有时，为了提高叶轮的提升量和液面的更新速率和混合深度，在曝气机下设导流筒。

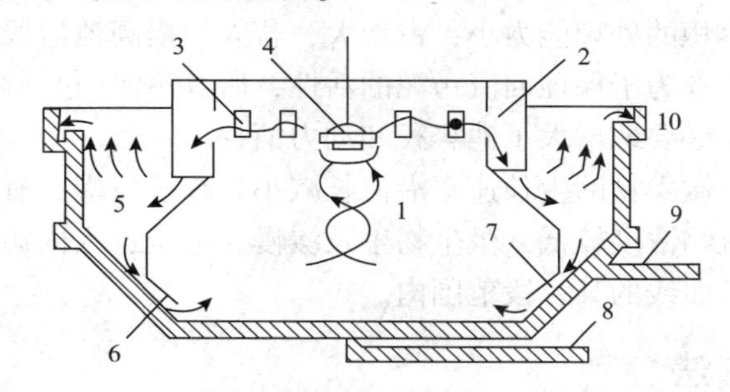

图11-17　普通曝气沉淀池构造示意图
1—曝气区；2—导流区；3—回流窗；4—曝气叶轮；5—沉淀区；
6—顺流圈；7—回流缝；8、9—进水管；10—出水槽

3. 两种池型的结合

在推流曝气池中，也可用多个表曝机充氧和搅拌。对于每一个表曝机所影响的范围内，流态为完全混合，而就全池而言，又近似推流。此时相邻的表曝机旋转方向应相反，否则两机间的水流会互相冲突，见图11-18(a)，也可用横挡板将表曝机隔开，避免相互干扰，见图11-18(b)。

最后，各类曝气池在设计时都应在池深1/2处预留排液管，供投产时培养活性污泥排液用。

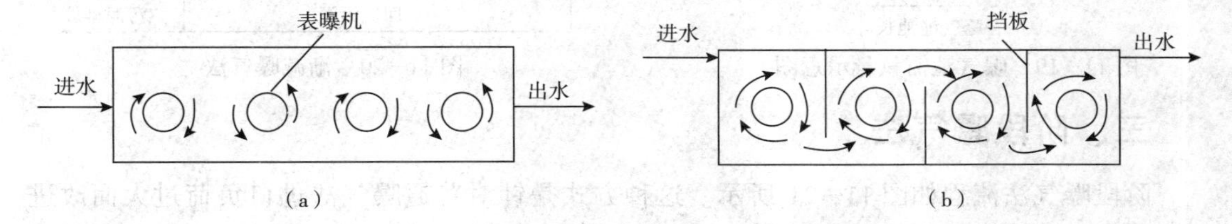

图11-18　设置多台表曝机的推流曝气池

第四节　活性污泥法工艺类型

一、普通曝气法

这种曝气池是活性污泥法的原始工业形式，故亦称为传统曝气法。废水与回流污泥从长方形池的一端进入，另一端流出，全池呈推流型。废水在曝气池内停留时间常为4~8h，污泥回流比一般为25%~50%，池内污泥浓度2~3g/L，剩余污泥量为总污泥量的10%左右。在曝气池内，废水有机物浓度和需氧量沿池长逐步下降，而供氧量沿池长均匀分布，可能出现前段供氧不足，后段供氧过剩的现象，见图11-19。若要维持前段有足够的溶解氧，后段供氧量往往大大超过需氧量，因而增加处理费用。

这种活性污泥法的优点在于因曝气时间长而处理效率高，一般 BOD 去除率为 90% ~ 95%，特别适用于处理要求高而水质比较稳定的废水。但是，它存在着一些较为严重的缺陷：①由于有机物沿池长分布不均匀，进口处浓度高，因此，它对水量、水质、浓度等变化的适应性较差，不能处理毒性较大或浓度很高的废水；②由于池后段的有机物浓度低，反应速率慢，单位池容积的处理能力小，占地大，若人为提高池后段的容积负荷，将导致进口处过负荷或缺氧；③为了保证回流污泥的活性，所有污泥(包括剩余污泥)都应在池内充分曝气再生，因而不必要地增大了池容积和动力消耗。

在普通曝气池中，微生物的生长速率沿池长减小。在进口端，有机物浓度高，微生物生长较快，在末端有机物浓度较低，微生物生长缓慢，甚至进入内源代谢期。所以，全池的微生物生长处在生长曲线的某一段范围内。

二、渐减曝气法

这种方式是针对普通曝气法有机物浓度和需氧量沿池长减小的特点而改进的。通过合理布置曝气器，使供气量沿池长逐渐减小，与底物浓度变化相对应，见图 11－19 和图 11－20。这种曝气方式比均匀供气的曝气方式更为经济。

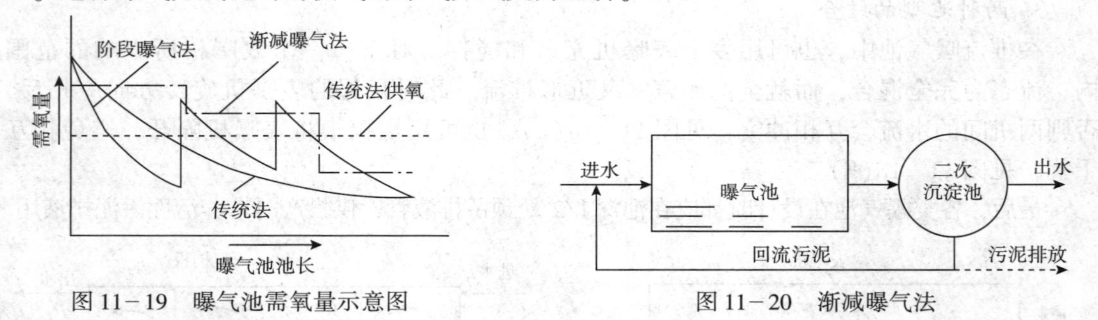

图 11－19　曝气池需氧量示意图　　　　图 11－20　渐减曝气法

三、阶段曝气法

阶段曝气法流程如图 11－21 所示。这种方式是针对普通曝气法进口负荷过大而改进的。废水沿池长分多点进入(一般进口为 3 ~ 4 个)，以均衡池内有机负荷，克服池前段供氧不足，后段供氧过剩的缺点，单位池容积的处理能力提高。同普通曝气法相比，当处理相同废水时，所需池容积可减小 30%，BOD 去除率一般可达 90%。此外，由于分散进水，废水在池内稀释程度较高，污泥浓度也沿池长降低，从而有利于二次沉淀池的泥水分离。

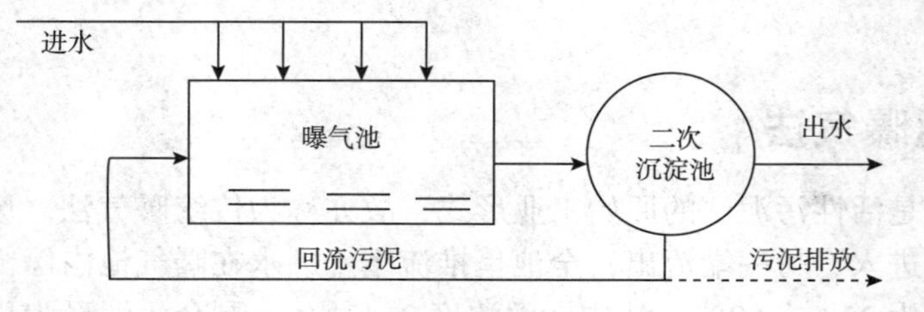

图 11－21　阶段曝气法

阶段曝气法特别适用于容积较大的池子。近年来，这一工艺也常设计成如图 11－22 所示的若干串联运行的完全混合曝气池。

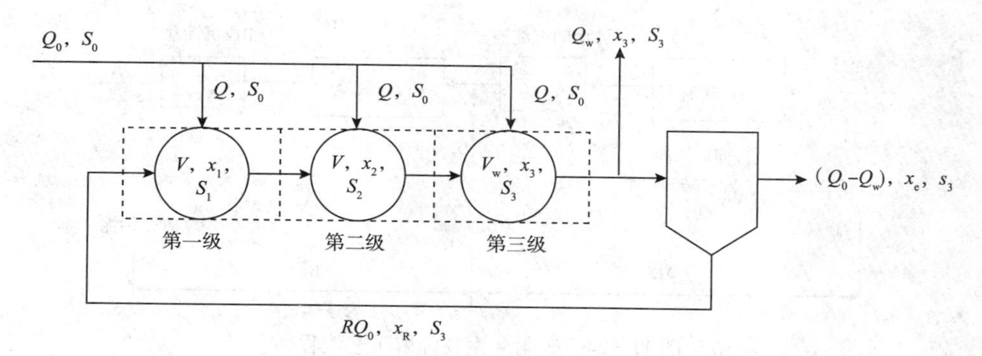

图 11－22　用于近似表示阶段曝气的多级完全混合曝气池

四、吸附再生(接触稳定)法

这种方式充分利用活性污泥的初期去除能力，在较短的时间内(10～40min)，通过吸附去除废水中悬浮的和胶态的有机物，再通过固液分离，废水即获得净化，BOD_5 可去除85%～90%左右。吸附饱和的活性污泥中，一部分需要回流的，引入再生池进一步氧化分解，恢复其活性；另一部分剩余污泥不经氧化分解即排入污泥处理系统，流程见图11－23。

该流程将吸附与再生分开，分别在两池(吸附池和再生池)或在同一池的两段进行。由于两池中污泥浓度均较高，使需氧量比较均衡，池容积负荷高，因而曝气池的总容积比普通曝气法小(约50%左右)，总空气用量并不增加。而且一旦吸附池受负荷冲击，可迅速用再生池污泥补充或替换，因此它适应负荷冲击的能力强，还可省去初次沉淀池。

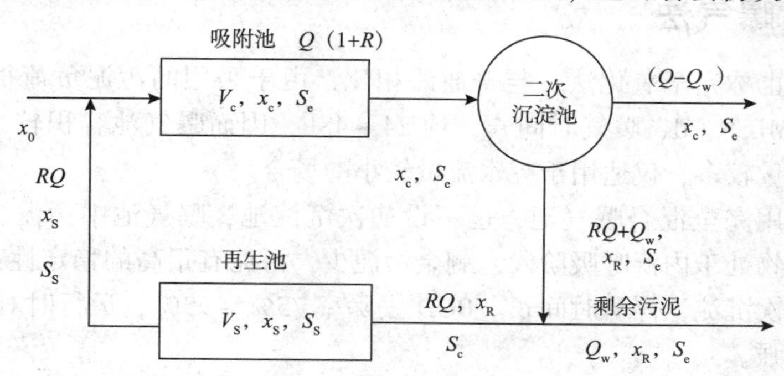

图 11－23　吸附再生法基本流程

吸附再生法的主要优点是可以大大节省基建投资，最适于处理含悬浮和胶体物质较多的废水，如制革废水、焦化废水等，工艺灵活。但由于吸附时间较短，处理效率不及传统法的高。

五、吸附－生物降解工艺(AB 工艺)

吸附－生物降解(Adsorption Biodegradation)工艺，简称 AB 工艺，是德国亚琛工业大学的 Bohnke 教授于 20 世纪 70 年代中期开创的，80 年代即开始应用于工业实践。

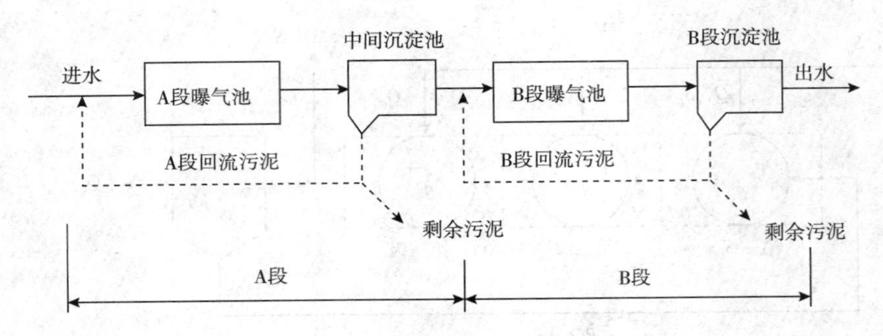

图 11－24　吸附－生物降解工艺流程

吸附－生物降解工艺流程如图 11－24 所示，主要特征是：A、B 两段各自拥有独立的污泥回流系统，两段完全分开，各自有独特的微生物群体，A 段微生物主要为细菌，其世代期很短，繁殖速度很快，对有机物的去除主要靠污泥絮体的吸附作用，生物降解只占 1/3 左右。B 段微生物主要为菌胶团、原生动物和后生动物。该工艺不设初沉池，使 A 段成为一个开放性的生物系统。A 段以高负荷或超高负荷运行，污泥负荷达 2. 0 ~ 6. 0kg BOD_5/(kg MLSS · d)，约为常规法的 10 ~ 20 倍，水力停留时间(HRT)约为 30min，污泥龄 0. 3 ~ 0. 5d，溶解氧含量为 0. 2 ~ 0. 7mg/L，可根据污水组分的不同实行好氧或缺氧运行。B 段以低负荷运行，污泥负荷一般为 0. 15 ~ 0. 3 kg BOD_5/(kg MLSS · d)，水力停留时间(HRT)约为 2 ~ 3h，污泥龄 15 ~ 20d，溶解氧含量为 1 ~ 2mg/L。该工艺处理出水效果稳定，抗冲击负荷能力很强，适于处理浓度较高、水质水量变化较大的污水。在德国以及欧洲有广泛的应用，在我国的青岛海泊河污水处理厂和淄博污水处理厂等有应用。

六、延时曝气法

延时曝气法也称完全氧化法。与普通法相比，由于采用的污泥负荷很低，约 0. 05 ~ 0. 2kg BOD_5/kg MLSS · d，曝气时间长，约 24 ~ 48h，因而曝气池容积较大，处理单位废水所消耗的空气量较多，仅适用于废水流量较小的场合。

该法大多采用完全混合曝气池，也不设初次沉淀池，曝气池中污泥浓度较高，达到 3 ~ 6g/L，但微生物处于内源呼吸阶段，剩余污泥少，污泥有很高的稳定性，泥粒细小、不易沉淀，因此二次沉淀池停留时间长。BOD 去除率 75% ~ 95%，运行时对氮磷的要求低，适应冲击的能力强。

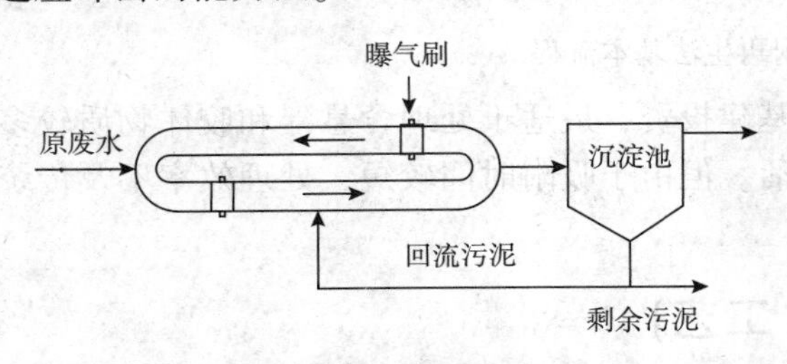

图 11－25　氧化沟工艺流程示意图

氧化沟是延时曝气法的一种特殊型式，最初用于处理小城镇污水。它的平面像跑道，沟槽中设置两个曝气转刷(盘)，也有用表面曝气机、射流器或提升管式曝气装置的。曝气设备工作时，推动沟液迅速流动，实现供氧和搅拌作用，流程见图 11－25。沟渠断面为梯形，深度决定于所采用的曝气设备，当用转刷时，水深不超过 2. 5m，沟中混合液流速 0. 3 ~ 0. 6m/s。常用的设计参数是：有机负荷 0. 05 ~ 0. 15kg BOD_5/kg VSS · d；容积负荷 0. 2 ~ 0. 4kg BOD_5/m^3 · d；污泥浓度 2000 ~ 6000mg/L；污泥回流比

50%～150%；曝气时间10～30h；泥龄10～30d，BOD和SS去除率≥90%，还有较好的脱N、P作用。与普通曝气法相比，氧化沟具有基建投资省，维护管理容易，处理效果稳定，出水水质好，污泥产量少，适应负荷冲击能力强等优点。

七、纯氧(或富氧)曝气法

该法用纯氧或富氧空气作气源曝气，显著提高了氧在水中的溶解度和传递速度，从而可以使高浓度活性污泥处于好氧状态，在污泥有机负荷相同时，曝气池容积负荷可大大提高。例如将气体的含氧量从21%提高到99.5%(体积比)，即氧分压提高0.995/0.21＝4.7倍，则在20℃水中氧的溶解度可达43.2mg/L；若在普通曝气池中DO＝2mg/L，而在纯氧曝气池中DO＝10mg/L，则氧传递速率提高4.6倍。相应地，污泥浓度可以大大提高。

随着氧浓度提高，加大了氧在污泥絮体颗粒内的渗透深度，使絮体中好氧微生物所占比例增大，污泥活性保持在较高水平上，因而净化功能良好；不会发生由于缺氧而引起的丝状菌污泥膨胀，泥粒较结实，SVI一般为30～50；硝化菌的生长不会受到溶解氧不足的限制，因此有利于生物脱氮过程。此外，由于氧和污泥的浓度高，系统耐负荷冲击和工作稳定性都好。表11－2列出了纯氧曝气与常规空气曝气的各项参数比较情况。

表11－2　纯氧曝气法与空气曝气法的参数比较

参数	纯氧曝气	空气曝气	参数	纯氧曝气	空气曝气
混合液溶解氧/(mg/L)	6～10	1～2	容积负荷/[kgBOD/(m^3·d)]	2.4～3.2	0.5～1.0
曝气时间/h	1～2	3～6	回流污泥浓度/(g/L)	20～40	5～15
MLSS/(g/L)	6～10	1.5～4	污泥回流率/%	20～40	100～150
有机负荷/[kgBOD/(kgVSS·d)]	0.4～0.8	0.2～0.4	剩余污泥量/(kg/kgBOD去除)	0.3～0.45	0.5～0.75

纯氧曝气池有加盖式和敞开式两种，前者又分表面曝气和联合曝气法，敞开式常用超微气泡曝气。由美国某公司开发的UNOX纯氧曝气系统如图11－26所示。氧气从密闭顶盖引入池内，污水和回流污泥从第一级引入，依次流过相对隔开的各级。池面富氧气由离心压缩机经中空轴循环进入水下叶轮，通过叶轮下的喷嘴溶入混合液中，氧利用率可达80%～90%。

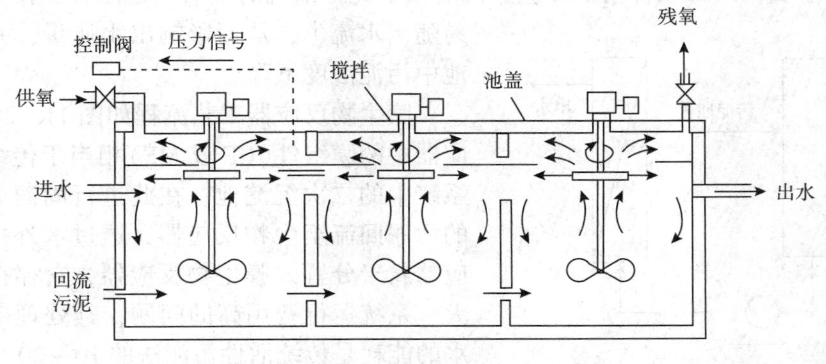

图11－26　纯氧曝气系统构造简图

纯氧曝气法的缺点主要是装置复杂，运转管理较麻烦；密闭池子结构和施工要求高；如果原水中混入大量易挥发的烃类物，则可能引起爆炸；有机物代谢产生的 CO_2 重新溶入系统，使混合液 pH 值下降。

八、间歇活性污泥法（SBR）

间歇活性污泥法也称序批式活性污泥法（Sequencing Batch Reactor，SBR），它由一个或多个 SBR 池组成，运行时，废水分批进入池中，依次经历 5 个独立阶段，即进水、反应、沉淀、出水和闲置，见图 11－27。进水及出水用水位控制，反应及沉淀用时间控制，一个运行周期的时间依负荷及出水要求而异，一般为 4～12h，其中反应占 40%，有效池容积为周期内进水量与所需污泥体积之和。

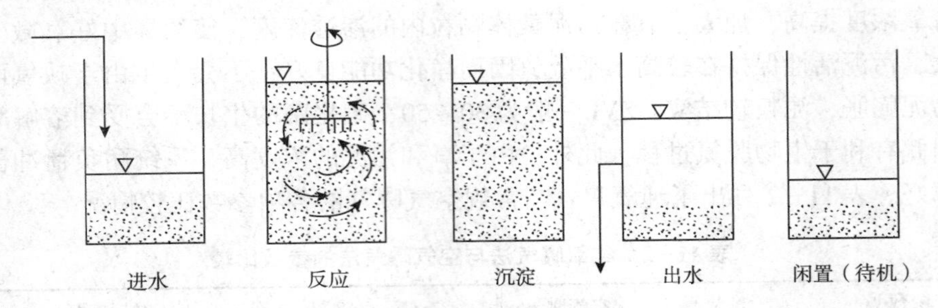

图 11－27　序批式活性污泥法工作过程

在 SBR 中发生的过程是典型的非稳态过程，底物和微生物浓度的变化在时间上是理想推流，在空间上呈完全混合状态。因此，比连续流法反应速度快，处理效率高，耐负荷冲击能力强；由于底物浓度高，浓度梯度也大，交替出现缺氧、好氧状态，能抑制专性好氧菌的过量繁殖，有利于生物脱氮除磷，又由于泥龄较短，丝状菌不可能成为优势，因此，污泥不易膨胀；与连续流法相比，SBR 法流程短、装置结构简单，当水量较小时，只需一个间歇反应器，不需要设专门沉淀池和调节池，不需要污泥回流，运行费用低。

九、膜生物反应器（MBR）

在传统的活性污泥法工艺中，泥水分离是在二次沉淀池中通过重力沉降完成的，其分离效率依赖于活性污泥的沉降特性。污泥沉降性越好，泥水分离效率越高。而污泥的沉降性能常常由于负荷与毒物冲击而变差，同时由于经常出现的水力不稳定性，使悬浮固体极易随出水流失，从而影响出水质量，并引起曝气池中污泥浓度下降。

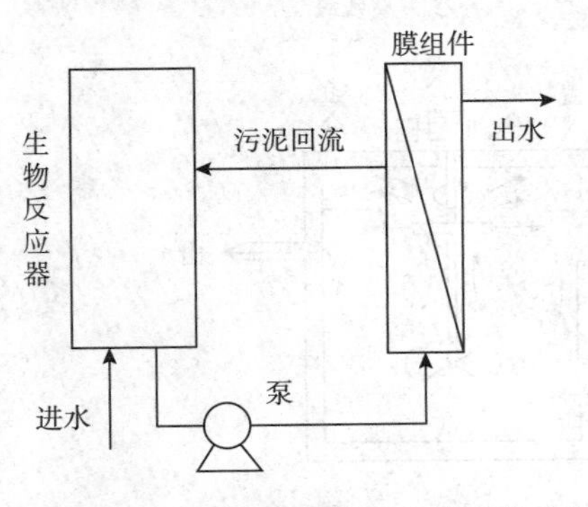

图 11－28　分置式膜生物反应器工艺流程

膜生物反应器工艺流程如图 11－28 所示，反应器中的膜组件（UF 或 MF）相当于传统生物处理系统中的二次沉淀池，在此进行固液分离，截留的污泥回流至生物反应器，透过水外排。这种反应器属于分置式膜生物反应器，它存在动力消耗大、系统运行费用高的问题，其处理单位体积废水的能耗是传统活性污泥法的 10～20 倍。为了维持一定的水通量，只有增大泵的工作压力以保证一定的膜面流速，污泥回流泵是造成系统运行费用高的主要因素，而且由于泵的回流产生的剪切应力可能影响微生物的活性。为了解决上述问题，对膜生物反应器进行改进，通过旋转膜或膜表面区域的叶轮来产生混合液的错流，系统不需要大量的混合液回流，有效避免了上述问题。

最新的一种膜生物反应器呈一体式结构，是一个效率高、剪切应力小的膜生物反应器。在该系统中，膜组件直接置于生物反应器中，空气的搅动在膜表面产生错流，曝气器设置在膜组件的正下方。混合液随气流向上流动，在膜表面产生剪切力，在这种剪切力的作用下，胶体颗粒被迫离开膜表面，让水透过。该系统设备简单，只需一个小流量吸压泵、曝气器和一个反应池即可。

膜生物反应器有如下优点：

(1)固液分离效率高。混合液中的微生物和废水中的悬浮物质以及蛋白质等大分子有机物不能透过膜，与净化后的出水分离。

(2)系统微生物浓度高、容积负荷亦高。MLSS浓度的增大，使系统的容积负荷提高，使得反应器的小型化成为可能。

(3)在传统生物技术中，系统的水力停留时间(HRT)和污泥停留时间(SRT)很难分别控制。由于使用了膜分离技术，该系统可在HRT很短而SRT很长的工况下运行，延长了废水中难降解的有机物在反应器中的停留时间，最终可达到去除目的。另外，由于系统的SRT长，对世代时间较长的硝化细菌生长繁殖有利，所以该系统还有一定的硝化功能。

(4)污泥产生量少。因为该系统的泥水分离效率与污泥的SVI值无关，可尽量减小生物反应器的F/M比，在限制基质条件下，反应器中的营养物质仅能维持微生物的生存，其比增长率与衰减系数相当，故剩余污泥量很少或为零。

(5)耐负荷冲击。由于生物反应器中微生物浓度高，在负荷波动较大的情况下，系统的去除效果变化较小，处理水水质稳定。另外，系统结构简单，容易操作管理和实现自动化。

(6)出水水质好。由于膜的高分离效率，出水中SS浓度低，大肠杆菌数少。又由于膜表面形成了凝胶层，相当于第二层膜，它不仅能截留大分子物质而且还能截留尺寸比膜孔径小得多的病毒，出水中病毒数较少。因而这种出水可直接再利用。

但是在膜生物反应器中由于污泥浓度高，不仅造成系统需氧量大，而且膜容易堵塞。同时由于生物难降解物质的积累，对微生物产生毒害作用，造成膜污染，并给污泥处理带来困难。

第五节　活性污泥系统工艺设计

活性污泥法的设计计算需要根据进水水质和出水的要求进行，主要内容包括活性污泥法工艺流程选择，确定适宜的曝气池类型和曝气设备，计算曝气池的容积、污泥回流比、曝气量、剩余活性污泥量等。

一、活性污泥法设计的有关规范要求

(1)处理城市污水的生物反应池主要设计参数可按表11－3的规定取值。

表11－3　活性污泥法去除碳源污染物的主要设计参数

类别	N_s/[kg/(kg·d)]	X/(g/L)	N_v/[kg/(m³·d)]	污泥回流比/%	总处理效率/%
普通曝气	0.2～0.4	1.5～2.5	0.4～0.9	25～75	90～95
阶段曝气	0.2～0.4	1.5～3.0	0.4～1.2	25～75	85～95
吸附再生曝气	0.2～0.4	2.5～6.0	0.9～1.8	50～100	80～90
合建式完全混合曝气	0.25～0.5	2.0～4.0	0.5～1.8	100～400	80～90

(2)生物反应池的始端可设缺氧或厌氧选择区(池)，水力停留时间宜采用0.5～1.0h。

(3)阶段曝气生物反应池宜采取在生物反应池始端1/2～3/4的长度内设置多个进水口。

(4)吸附再生生物反应池的吸附区和再生区可在一个反应池内，也可分别由两个反应池组成，一般应符合下列要求：

① 吸附区的容积不应小于生物反应池总容积的1/4，吸附区的停留时间不应小于0.5h；

② 当吸附区和再生区在一个反应池内时，沿生物反应池长度方向应设置多个进水口；进水口的位置应适应吸附区和再生区不同容积比例的需要；进水口的尺寸应按通过全部流量计算。

(5)完全混合生物反应池可分为合建式和分建式。合建式生物反应池宜采用圆形，曝气区的有效容积应包括导流区部分；沉淀区的表面水力负荷宜为0.5～1.0m³/(m²·h)。

二、曝气池容积设计计算

曝气池的选型，从理论上分析，推流式曝气池优于完全混合式，但由于充氧设备能力的限制以及纵向混合的存在，实际上推流式和完全混合式的处理效果相近，若能克服纵向掺混，则推流式比完全混合式好。究竟选择哪一类型，需要根据进水的负荷变化情况、曝气设备的选择、场地布置以及设计者的经验等因素综合确定。在可能条件下，曝气池的设计应既能按推流方式运行，也能按其他多种模式操作，以增加运行的灵活性。由于污水水质的复杂性，曝气池的设计计算往往需要通过试验来确定设计参数。

1. 有机负荷法

有机负荷通常有两种表示方法：活性污泥负荷(简称污泥负荷)和曝气池容积负荷(简称容积负荷)。

污泥负荷主要决定了活性污泥系统中活性污泥的凝聚、沉降性能和系统的处理效率。对于一定进水浓度的污水(S_0)，只有合理地选择混合液污泥浓度和恰当的污泥负荷(F/M)，才能达到一定的处理效率。

污泥负荷N_S，可以用式(11－36)表示：

$$N_S=\frac{F(\text{基质的总投加量})}{M(\text{微生物的总量})}=\frac{QS_0}{XV} \tag{11-36}$$

因此，按式(11－36)曝气池的容积应为：

$$V=\frac{QS_0}{XN_S} \tag{11-37}$$

但是，我国现行的《室外排水设计规范》(GB 50014—2006)中，其公式为：

$$V=\frac{Q(S_0-S_e)}{XN_S} \tag{11-38}$$

式中　N_S——活性污泥负荷，kg BOD_5/(kg MLSS · d)或 kg BOD_5/(kg MLVSS · d)；

F/M——底物与微生物比，g BOD_5/(g MLSS · d)或 g BOD_5/(g MLVSS · d)；

Q——与曝气时间相当的平均进水流量，m^3/d；

S_0——曝气池进水的平均 BOD_5 值，mg/L 或 kg/m^3；

S_e——曝气池出水的平均 BOD_5 值，mg/L 或 kg/m^3；

X——曝气池混合液污泥浓度，MLSS 或 MLVSS，mg/L 或 kg/m^3；

V——曝气池容积，m^3。

按此公式，计算得到的曝气池容积(V)可以略为减小。

运用污泥负荷时注意使用 MLSS 或 MLVSS 表示曝气池混合液污泥浓度时与 N_s 中的污泥浓度含义相对应。容积负荷 N_v 是指单位容积曝气池在单位时间所能接纳的 BOD_5，单位 kg BOD_5/(m^3 · d)，即：

$$N_V=\frac{QS_0}{V} \tag{11-39}$$

根据容积负荷可计算曝气池的容积 V(m^3)，即：

$$V=\frac{QS_0}{N_V} \tag{11-40}$$

对水质较为复杂的工业废水要通过试验来确定 X 和 N_s、N_V 值。污泥负荷法应用方便，但需要一定的经验。

2. *污泥龄法*

对于活性污泥系统，污泥龄是一个非常重要的参数，选择、控制好一个合理、可靠的污泥泥龄对活性污泥法系统的工程设计和运行管理非常重要。

污水处理系统出水水质、曝气池混合液 MLSS 浓度、污泥回流比等都与污泥泥龄存在一定的数学关系，利用这些数学关系可以进行生物处理过程设计。根据稳态条件下曝气池物料平衡计算可得：

$$X=\frac{YQ(S_0-S_e)\theta_c}{V(1+K_d\theta_c)} \tag{11-41}$$

根据此式可以计算曝气池的容积：

$$V=\frac{YQ(S_0-S_e)\theta_c}{X(1+K_d\theta_c)} \tag{11-42}$$

式中　V——曝气池容积，m^3；

Y——活性污泥的产率系数，g VSS/g BOD_5，宜根据试验资料确定，无试验资料时一般取为 0.4 ~ 0.8g VSS/g BOD_5；

Q——与曝气时间相当的平均进水流量，m^3/d；

S_0——曝气池进水的平均 BOD_5 值，mg/L；

S_e——曝气池出水的平均 BOD_5 值，mg/L；

θ_c——污泥泥龄(SRT)，d；

X——曝气池混合液污泥浓度(MLVSS)，mg/L；

K_d——内源代谢系数，d^{-1}，20℃的数值为 0.04 ~ 0.075d^{-1}。

三、剩余污泥量计算

1. *按污泥龄计算*

根据活性污泥系统污泥龄的定义，污泥龄提供了一个计算每天剩余污泥量的简易公式：

$$\Delta X = \frac{VX}{\theta_c} \tag{11-43}$$

式中　ΔX——每天排出的总固体量，g VSS/d；

X——曝气池中 MLVSS 浓度，g VSS/m^3；

V——曝气池容积，m^3；

θ_c——污泥龄(生物固体平均停留时间)，d。

2. *根据污泥产率系数或表观产率系数计算*

产率系数是指降解单位质量底物所增长的微生物的质量，用式(11-44)表示：

$$Y = \frac{\frac{dX}{dt}}{\frac{dS}{dt}} = \frac{dX}{dS} \tag{11-44}$$

由于活性污泥增殖包含同化作用和异化作用两部分，故活性污泥每日在曝气池内的净增殖量为：

$$\Delta X_V = Y(S_0 - S_e)Q - K_d V X_V \tag{11-45}$$

式中　ΔX_V——每日增长的挥发性活性污泥量，kg/d；

Y——产率系数，即微生物每代谢 1kg BOD_5 所合成的 MLVSS，kg；

$Q(S_0 - S_e)$——每日的有机污染物去除量，kg/d；

VX_V——曝气池内挥发性悬浮固体总量，kg。

用上面提到的产率系数 Y 计算的是微生物的总增长量，没有扣除生化反应过程中用于内源呼吸而消亡的微生物量，故 Y 有时也称合成产率系数或总产率系数。

产率系数的另一种表达为表观产率系数 Y_{obs}，用 Y_{obs} 计算的微生物量为净增长量，即已经扣除内源呼吸而消亡的微生物量，表观产率系数可在实际运转中观测到，故 Y_{obs} 又称观测产率系数或净产率系数。

$$Y_{obs} = \frac{\frac{dX'}{dt}}{\frac{dS}{dt}} = \frac{dX'}{dS} \tag{11-46}$$

式中　dX'——微生物的净增长量。

$$\Delta X_V = Y_{obs} Q(S_0 - S_e) \quad (11-47)$$

式中各项意义同前。

使用上述剩余污泥量计算方法得到的是挥发性剩余污泥量，工程实践中需要的往往是总的悬浮固体量，这时需要分析进水悬浮固体中无机性成分进入剩余污泥中的量，或根据MLVSS/MLSS的比值来计算总悬浮固体量。

四、需氧量设计计算

曝气池内活性污泥对有机物的氧化分解及微生物的正常代谢活动均需要氧气，需氧量一般可利用下列方法计算。

1. 根据有机物降解需氧率和内源代谢需氧率计算

在曝气池内，活性污泥微生物对有机污染物的氧化分解和其本身在内源代谢期的自身氧化都是耗氧过程。这两部分氧化过程所需要的氧量，一般用下列公式求得：

$$O_2 = a'QS_r + b'VX_V$$

$$\frac{O_2}{X_V V} = a'\frac{QS_r}{X_V V} + b' = a'N_{rs} + b'$$

或

$$\frac{O_2}{QS_r} = a' + \frac{X_V}{QS_r}b' = a' + b'\frac{1}{N_{rs}}$$

式中生活污水的a'为0.42～0.53，b'为0.11～0.19。

2. 微生物对有机物的氧化分解需氧量

对于含碳可生物降解物质的需氧量可根据处理污水的可生物降解COD（bCOD）浓度和每天由系统排除的剩余污泥量来决定。如果bCOD被完全氧化分解为二氧化碳和水，需氧量等于bCOD浓度，但微生物只氧化bCOD的一部分以供给能量，而将另一部分用于细胞生长。因此，对于活性污泥法处理系统，所需要的氧量：

耗氧量＝去除的bCOD－合成微生物COD

$$O_2 = Q(bCOD_0 - bCOD_e) - 1.42\Delta X \quad (11-48)$$

式中　$bCOD_0$——系统进水可生物降解COD浓度，mg/L

$bCOD_e$——系统出水可生物降解COD浓度，rng/L；

ΔX——剩余污泥量（以MLVSS计算），g/d；

1.42——污泥的氧当量系数，完全氧化1个单位的细胞（以$C_5H_7NO_2$表示细胞分子式），需要1.42单位的氧。

通常使用BOD_5作为污水中可生物降解的有机物浓度，如果近似以BOD_5代替bCOD，则在20℃，$K_1=0.1$时，$BOD_5=0.68BOD_L$，则式（11－48）可写为：

$$O_2 = \frac{Q(S_0 - S_e)}{0.68} - 1.42\Delta X \quad (11-49)$$

式中符号意义同前。

【例题11－1】某污水处理厂处理规模为$21600m^3/d$，经预处理沉淀后BOD_5为200mg/L，希望经过生物处理后的出水BOD_5 20mg/L。该地区大气压为1.013×10^5Pa，要求设计曝气池的体积、剩余污泥量和需氧量。其他相关参数可按下列条件选取：污水温度为20℃，曝气池中混合液 MLVSS/MLSS = 0.8、回流污泥悬浮固体浓度 10000mg/L，曝气池中 MLSS 3000mg/L、设计污泥龄 10d、二沉池出水中总悬浮固体(TS)12mg/L，其中 VSS 占 65%。

解：(1)估算出水中溶解性 BOD_5 浓度

出水中 BOD_5 由两部分组成，一是没有被生物降解的溶解性 BOD_5，二是没有沉淀下来随出水漂走的悬浮固体。悬浮固体所占 BOD_5 计算：

悬浮固体中可生物降解部分为 $0.65 \times 12\text{mg/L} = 7.8\text{mg/L}$

可生物降解悬浮固体最终 $BOD_L = 7.8 \times 1.42\text{mg/L} = 11\text{mg/L}$

可生物降解悬浮固体的 BOD_5 换算为 $BOD_5 = 0.68 \times 11\text{mg/L} = 7.5\text{mg/L}$

确定经生物处理后要求的溶解性有机污染物，即 S_e：

$(7.5\text{mg/L} + S_e) \leqslant 20\text{mg/L}$，$S_e \leqslant 12.5\text{mg/L}$

(2)计算曝气池容积

①按污泥负荷计算：

取污泥负荷 0.25kg BOD_5/(kg MLSS · d)，本题按平均流量计算：

$$V = \frac{Q(S_0 - S_e)}{L_S X} = \frac{21600 \times (200 - 12.5)}{0.25 \times 3000}\text{m}^3 = 5400\text{m}^3$$

②按污泥泥龄计算：

取 $Y = 0.6$kg MLVSS/kg BOD_5，$K_d = 0.08\text{d}^{-1}$

$$V = \frac{QY\theta_c(S_0 - S_e)}{X_V(1 + K_d\theta_c)} = \frac{21600 \times 0.6 \times 10 \times (200 - 12.5)}{3000 \times 0.8 \times (1 + 0.08 \times 10)}\text{m}^3 = 5625\text{m}^3$$

经过计算可以取曝气池容积 5700m^3。

(3)计算曝气池的水力停留时间

$$t = \frac{V}{Q} = \frac{5700 \times 24}{21600}\text{h} = 6.33\text{h}$$

(4)计算每天排除的剩余污泥量

①按表观污泥产率计算：

$$Y_{obs} = \frac{Y}{1 + K_d\theta_c} = \frac{0.6}{1 + 0.08 \times 10} = 0.333$$

计算系统排除的以挥发性悬浮固体计的干污泥量：

$$\Delta X_V = Y_{obs}(S_0 - S_e) = 0.333 \times 21600 \times (200 - 12.5) \times 10^{-3}\text{kg/d} = 1350\text{kg/d}$$

计算，总排泥量：$\frac{1350}{0.8}\text{kg/d} = 1688\text{kg/d}$

②按污泥龄计算：

$$\Delta X = \frac{VX}{\theta_C} = \frac{5700 \times 3000}{10} \times 10^{-3}\text{kg/d} = 1710\text{kg/d}$$

③排放湿污泥量计算：

剩余污泥含水率按 99% 计算，每天排放湿污泥量：

$$\frac{1710}{1000}t = 1.71t(\text{干泥})，\frac{1.71}{100\% - 99\%}\text{m}^3 = 171\text{m}^3$$

(5)计算污泥回流比 R

曝气池中悬浮固体(MLSS)浓度：3000mg/L，回流污泥浓度：10000mg/L

$$10000 \times Q_R = 3000 \times (Q + Q_R)$$

$$R = \frac{Q_R}{Q} = 43\%$$

(6)计算曝气池的需氧量

根据式(11－49)：

$$O_2 = \frac{Q(S_0 - S_e)}{0.68} - 1.42\Delta X_V = \left[\frac{21600(200 - 12.5)}{0.68} - 1.42 \times 1350 \times 1000\right]\text{kg/d} = 4039\text{kg/d}$$

(7)空气量计算

如果采用鼓风曝气，设曝气池有效水深6.0m，曝气扩散器安装距池底0.2m，则扩散器上静水压5.8m，其他相关参数选择如下：

α值取0.7，β值取0.95，$\rho = 1$，曝气设备堵塞系数F取0.8，采用管式微孔扩散设备，$E_A = 18\%$，扩散器压力损失为4kPa，20℃水中溶解氧饱和度为9.17mg/L。

扩散器出口处绝对压力：

$$p_b = p + 9.8 \times 10^3 H = (1.013 \times 10^5 + 9.8 \times 10^3 \times 5.8)\text{Pa} = 1.58 \times 10^5\text{Pa}$$

空气离开曝气池面时，气泡含氧体积分数：

$$\varphi_o = \frac{21(1 - EA)}{79 + 21(1 - E_A)} \times 100\% = \frac{21(1 - 0.18)}{79 + 21(1 - 0.18)} \times 100\% = 17.9\%$$

20℃时曝气池混合液中饱和溶解氧平均浓度：

$$\bar{c_s} = c_s\left(\frac{p_d}{2.026 \times 10^5} + \frac{\varphi_0}{42}\right) = 9.17 \times \left(\frac{1.58 \times 10^5}{2.026 \times 10^5} + \frac{17.9}{42}\right)\text{mg/L} = 11.06\text{mg/L}$$

将计算需氧量换算为标准条件下(20℃，脱氧清水)充氧量：

$$O_S = \frac{O_2 \cdot c_{s(20)}}{a[\beta \cdot \rho \cdot \overline{c_{s(T)}} - c] \cdot 1.024^{(T-20)} \cdot F} =$$

$$\frac{4039 \times 9.17}{0.7 \times (0.95 \times 1 \times 11.06 - 2.0) \times 1.024^{20-20} \times 0.8}\text{kg/d} = 7775\text{kg/d} = 324\text{kg/h}$$

得曝气池供气量：

$$G_S = \frac{O_S}{0.28E_A} = \frac{324}{0.28 \times 18\%}\text{m}^3\text{/h} = 6427\text{m}^3\text{/h}$$

如果选择三台风机，两用一备，则单台风机风量：3214m^3/h(54m^3/min)。

(8)鼓风机出口风压计算

选择一条最不利空气管路计算空气管的沿程和局部压力损失，如果管路压力损失5.5kPa(计算省略)，扩散器压力损失4kPa，得出口风压：

$$P = H + h_b + h_f = 5.8 \times 9.8 + 4 + 5.5 + 3(\text{安全余量}) = 69.3\text{kPa}$$

五、二次沉淀池的设计计算

二沉池设计的主要内容：①选择池型；②计算需要的沉淀池面积、有效水深和污泥区容积。池型选择可根据各种沉淀池的特点结合污水处理厂的规模、处理的对象、地质条件等情况综合确定。计算沉淀池的面积有表面负荷法和固体通量法。

采用表面负荷法设计计算二沉池与一般沉淀池相同，但由于水质和功能不同，采用的设计参数也有差异。

1. 沉淀池面积

沉淀池面积计算公式：

$$A=\frac{Q}{q} \tag{11-50}$$

式中　A——澄清区表面积，m^2；

Q——污水设计流量，用最大时流量，m^3/h；

q——表面水力负荷，$m^3/(m^2 \cdot h)$或m/h。

计算沉淀池面积时，设计流量采用污水最大时的设计流量，而不包括回流污泥量，这是因为混合液进入沉淀池后基本上分为两路，一路流过澄清区从出水堰槽流出池外，另一路通过污泥区从排泥管排出。所以采用污水最大时设计流量可以满足澄清区面积计算要求。但是二沉池进水管、配水区、中心管、中心导流筒等的设计应包括回流污泥量在内。

表面负荷 q 的取值应等于或小于活性污泥的成层沉淀速率 u，通常 u 的变化范围为 0.2～0.5mm/s，混合液浓度对 u 值有较大影响，当 MLSS 较高时，应采用较低的 u 值。

2. 二沉池有效水深

尽管从理论上说澄清区的水深并不影响沉淀效率，但是水深影响流态，对沉淀效率还是有一定的影响，特别是活性污泥法二沉池中存在异重流现象，主流会潜在水下，池水深度设计更应注意，所以澄清区需要保持一定的深度以维持水流稳定。水深 H 一般按沉淀时间 t 计算，沉淀池水力停留时间 t 一般取 1.5～4h，对应的沉淀池有效水深在 2.0～4.0m。

$$H=\frac{Q_t}{A}=qt \tag{11-51}$$

式中　t——水力停留时间，h，其他符号意义同前。

3. 二沉池污泥区体积

为了减少污泥回流量，同时减轻后续污泥处理的水力负荷，要求二沉池排出的污泥浓度尽量提高，这就需要二沉池污泥区应保持一定的容积，以保证污泥一定的浓缩时间；但污泥区体积又不能过大，以避免污泥在污泥区停留时间过长，因缺氧而失去活性，甚至反硝化或腐化上浮。一般规定污泥区贮泥时间为 2h。

污泥区与澄清区之间应留有一定的缓冲层高度，非机械排泥时宜为 0.5m，机械排泥时应根据刮泥板高度确定，同时宜高出刮泥板高度 0.3m，沉淀池的设计应尽量避免在局部地方形成污泥死区。

二沉池污泥区体积可用下式计算：

$$V_S=RQt_s \tag{11-52}$$

式中　V_S——污泥斗容积，m^3；

R——最大污泥回流比；

t_s——污泥在二沉池中的浓缩时间，h。

固体通量法也是确定二沉池浓缩面积的基本理论基础，但是因为目前二沉池采用的表面水力负荷都较低，计算的沉淀池表面积可以满足固体通量核算要求，而且固体通量法在理论上与污泥浓缩过程更为贴切，用于浓缩池的设计计算更实际。

第六节　活性污泥系统的运行与管理

一、活性污泥的培养与驯化

活性污泥法处理废水的关键在于有足够数量性能良好的活性污泥，这些活性污泥是通过一定的方法培养和驯化出来的。因此，活性污泥的培养与驯化是活性污泥法试验和生产运行的第一步。通过培养，使微生物数量增加，达到一定的污泥浓度。驯化则是对混合微生物群进行淘汰和诱导，不能适应环境条件和所处理废水特性的微生物被抑制，具有分解废水有机物活性的微生物得到发育，并诱导出能利用废水有机物的酶体系。培养和驯化实质上是不可分割的。在培养过程中投加的营养物质和少量废水，也对微生物有一定的驯化作用，而在驯化过程中，微生物数量也会增加，所以驯化过程也是一种培养增殖过程。

1. 菌种和培养液

除了采用纯菌种作为活性污泥的菌源外，活性污泥的菌种大多取自粪便污水、城市污水或性质相近的工业废水处理厂二次沉淀池剩余污泥，也有取自废水沟污泥、废水排放口或长期接触废水的土壤浸出液。培养液一般由上述菌液和一定比例的营养物如淘米水、尿素或磷酸盐等组成。

2. 培养与驯化方法

根据培养和驯化的程序，有异步法和同步法两种。异步法是采用先培养，使细菌增殖到足够数量后再用工业废水驯化；同步法是培养和驯化同时进行的方法。根据培养液的进入方式，过程也可分为间歇式和连续式。

以粪便污水作培养液，异步法的培养程序为：将经过粗滤的浓粪便水投入曝气池、用生活污水(或河水、自来水)稀释，控制池内BOD在300～500mg/L，先进行连续曝气，经1～2天后，池内出现模糊不清的絮凝物，此时，为补充营养物和及时排除代谢产物，应停止曝气，静置沉淀1～1.5h后，排除上清液(排除量约为全池容积的50%～70%)。然后再往曝气池投加新鲜粪便水和稀释水，并继续曝气。为了防止池内出现厌氧发酵，停止曝气到重新曝气的时间不应超过2h。

开始培养时宜每天换水一次，以后可增至两次，以及时补充营养。

如果采用连续培养，则要求有足够的生活污水。在第一次投料曝气后或经数次间歇曝气换水后即开始连续投加生活污水，并不断从二次沉淀池排出清液，污泥再回流至曝气池。污泥回流量应比设计值大，污水进入量应比设计值小。

经过1～2周，混合液SV=10%～20%，活性污泥的絮凝和沉淀性能良好，污泥中含大量菌胶团和固着型纤毛虫，BOD去除率达90%左右，即可进入驯化阶段。开始驯化时，宜向培养液中投加10%～20%的待处理废水，获得较好的处理效果后，再继续增加废水的比例，每次增加的比例以设计水量的10%～20%为宜，直至满负荷为止。污泥经驯化成熟后，系统即可转入试运转。

为了缩短培养和驯化时间，也可采用同步操作。即在第一次投料或头几次投料后开始投加待处理废水，废水的比例逐步增加，一边培养一边驯化。同步法要求操作人员有较丰富的经验，否则难以判断培养驯化过程中异常现象的原因，甚至导致培驯失败。

在培养与驯化过程中应保证良好的微生物生存条件，如温度、溶解氧、pH 值、营养比等。池内水温应在 15 ~ 35℃范围内，DO = 0.5 ~ 3mg/L，pH = 6.5 ~ 7.5 为宜。如氮和磷等不足时，应投加生活污水或人工营养物。

二、日常管理

活性污泥系统的操作管理，核心在于维持系统中微生物、营养、供氧三者的平衡，即维持曝气池内污泥浓度、进水浓度及流量和供氧量的平衡。当其中任一项出现变动（通常是进水量和水质变化），应相应调整另外二项；当出现异常情况或故障时，应判明原因并采取相应的对策，使系统处于最佳状态。

对不同的废水和处理系统，日常管理的内容不尽相同。一般包括设备（污水泵、回流泵、刮泥机、鼓风机、曝气机、污泥脱水机等）的管理、药剂管理、构筑物（曝气池、沉淀池、调节池、集水池、污泥池等）的管理。

为了保证系统正常运转，需要进行一定的监测分析和测算。快速准确的监测结果对系统运行起着指示与指导作用，是定量考核的重要依据。有条件的地方，应进行自动监测和计算机控制。一般人工控制所需监测的项目有四项。

（1）反映活性污泥性状的项目

SV，每天分析，控制 15% ~ 30% MLSS 或 MLVSS、SVI，2 次/周；

污泥生物相观察及污泥形态观察，经常；

污泥回流量及回流比。

（2）反映活性污泥营养状况及环境条件的项目

氨氮，隔天分析，出水氨氮不应小于 1mg/L；

磷，每周分析，出水含磷不应小于 1mg/L；

溶解氧，1 次/2h，控制 1 ~ 4mg/L；

水温，4 次/班，不超过 35℃；

pH 值，1 ~ 2 次/班，中性范围。

（3）反映活性污泥系统处理效率的项目

进水及出水的 COD，BOD_5，SS，每天或隔天分析；

进水及出水中有毒及有害物质浓度，不定期分析；

废水流量，1 次/2h。

（4）反映运转经济性指标的项目

空气耗量；

电耗及机电设备运行情况；

药剂耗量。

三、异常现象与控制措施

活性污泥法的运行管理比较复杂，影响系统工作效率的因素很多，往往由于设计和运行管理不善出现一系列异常现象，使处理水质变差，污泥流失，系统工作破坏。下面分析几种典型的异常现象及控制措施。

1. 污泥膨胀

污泥膨胀是活性污泥系统管理中多发的异常现象。它的主要特征是：污泥结构松散，质量变轻，沉淀压缩性差；SV 值增大，有时达到 90%，SVI 达到 300 以上，大量污泥流失，出水浑浊，二沉池难以固液分离，回流污泥浓度低，无法维持曝气池正常工作。

关于污泥膨胀的成因解释很多，一般分为丝状菌膨胀和非丝状菌膨胀两类。丝状菌膨胀是由于活性污泥中丝状菌过量发育的结果。活性污泥是菌胶团细菌与丝状菌的共生系统，目前已鉴别的丝状菌有三十多种。在丝状菌与菌胶团细菌平衡生长时，不会产生污泥膨胀问题，只有当丝状菌生长超过菌胶团细菌时，大量的丝状菌从污泥絮体中伸出很长的菌丝体，菌丝体互相搭接，构成一个框架结构，阻碍菌胶团的絮凝和沉降，引起膨胀问题。

那么，丝状菌为什么会在曝气池中过度增殖呢？表面积/容积比假说认为，丝状菌的比表面积比絮状菌大得多，因而在取得低浓度底物（BOD、DO、N、P 等）时要有利得多。例如菌胶团要求溶解氧至少 0.5mg/L，而丝状菌在溶解氧低于 0.1mg/L 的环境中也能较好地生长。所以，在低底物条件下，易发生污泥膨胀。

经验表明，当废水中含有大量溶解性碳水化合物时易发生由浮游球衣细菌引起的丝状膨胀；含硫化物高的废水易发生由硫细菌引起的丝状膨胀；当水温高于 25℃，pH 值低于 6 时，营养失调，负荷不当以及工艺原因都容易引起丝状菌膨胀。

非丝状菌膨胀主要发生在废水水温较低而污泥负荷太高时，此时细菌吸附了大量有机物，来不及代谢，在胞外积贮大量高黏性的多糖类物质，使表面附着水大大增加，很难沉淀压缩。与丝状菌膨胀不同，发生非丝状菌膨胀时，处理效能仍很高，出水也清澈，污泥镜检看不到丝状菌。

发生污泥膨胀后，应判明原因，及时采取措施，加以处置。通常可从以下四个方面进行预防控制。

第一，加重助沉法。加重助沉法是指向发生膨胀的污泥中加入有机或无机混凝剂或助凝剂，如聚合氯化铁、氢氧化铁、硫酸铁、硫酸铝和聚丙烯酰胺等有机高分子絮凝剂，增大活性污泥的密度，使之在二沉池内易于分离。加重助沉法只是暂时改善了污泥沉降性能，并没有真正抑制丝状菌的繁殖，因此它一般用于控制非丝状菌污泥膨胀或作为控制丝状菌污泥膨胀的一种应急处理措施。

第二，灭菌法。灭菌法是指向发生丝状菌膨胀的污泥中投加化学药剂，杀灭或抑制丝状菌，从而达到控制污泥膨胀的目的。常用的化学药剂有 Cl_2、O_3、H_2O_2 等。由于氯气是目前最常用的消毒剂，在污水处理厂中应用十分广泛，因此加氯控制丝状菌污泥膨胀成为最普遍的一种方法。通常向回流污泥中投加，投加量一般按干污泥量的 0.20% ~1% 估算。由于 Cl_2、O_3、H_2O_2 等不仅能杀灭丝状菌，也能杀伤菌胶团细菌，同时投氯还可能产生大量的有机氯化物，造成二次污染。因此，灭菌法也无法彻底解决污泥膨胀问题，一旦停止加药，污泥膨胀又会出现，它也只能作为一种应急措施使用。

第三，环境调控法。就是根据丝状菌和菌胶团细菌的生长环境条件不同，调整曝气池中的生态环境，造成有利于菌胶团细菌生长的环境条件，有效抑制丝状菌的繁殖，将二者的比例控制在合适的范围内，达到控制污泥膨胀的目的。具体措施包括：控制曝气池内溶解氧浓度不低于 2mg/L，调节污水的 pH 值在 6 ~8 范围内，养料配比控制在 C∶N∶P =

100∶5∶1左右，水温适当，根据沉降比严格控制排泥量和排泥时间等。

污泥膨胀是活性污泥系统较难解决的问题，因其影响因素多种多样，故没有一种通用的方法。在工程实际中，应根据实际情况分析产生的原因，必要时可更换新泥。

2. 污泥上浮

污泥上浮的原因很多，一些是由于污泥被破碎，沉速减小而不能下沉，随水飘浮而流失；一些是由于污泥颗粒挟带气体或油滴，密度减小而上浮。例如，当曝气沉淀池的导流区过小，气水分离不良，或进水量过大，气泡来不及分离、被带到沉淀区，挟带有气泡的污泥在沉淀区上浮到水面形成飘浮污泥，当回流缝过大时，曝气区的大量小气泡从回流缝窜至沉淀区，表曝机转速过大，打碎污泥絮体等都导致污泥上浮。

如果操作不当，曝气量过小，二次沉淀池可能由于缺氧而发生污泥腐化，即池底污泥厌氧分解，产生大量气体，促使污泥上浮。

当曝气时间长或曝气量大时，在曝气池中将发生高度硝化作用，使混合液中硝酸盐浓度较高。这时，在沉淀池中可能由于反硝化而产生大量 N_2 或 NH_3，而使污泥上浮。

此外，当废水中含油量过大时，污泥可能挟油上浮；当废水温度较高，在沉淀池中形成温差异重流时，将导致污泥无法下沉而流失。

发生污泥上浮后应暂停进水，打碎或清除浮泥，判明原因，调整操作。如污泥沉降性差，可适当投加混凝剂或惰性物质，改善沉淀性；如进水负荷过大应减小进水量或加大回流量；如污泥颗粒细小可降低曝气机转速；如发现反硝化，应减小曝气量，增大污泥回流量或排泥量；如发现污泥腐化，应加大曝气量，清除积泥，并设法改善池内水力条件。

3. 泡沫问题

工业废水中常含有各种表面活性物质，在采用活性污泥法时，曝气池面常出现大量泡沫，泡沫过多时将从池面逸出，影响操作环境，带走大量污泥。当采用机械曝气时，泡沫阻隔空气，妨碍充氧。因此，应采取适当的消泡措施，主要包括表面喷淋水或除沫剂。常用除沫剂为机油、煤油、硅油等，投量为0.5～1.5mg/L。通过增加曝气池污泥浓度或适当减小曝气量，也能有效控制泡沫产生。当废水中含表面活性物质较多时，宜预先用泡沫分离法或其他方法去除。

第十二章　好氧生物膜法

生物膜法和活性污泥法一样，同属好氧生化处理方法。但活性污泥法是依靠曝气池中悬浮流动着的活性污泥来分解有机物的，而生物膜法则主要依靠固着于载体表面的微生物膜来净化有机物。

生物膜法设备类型很多，按生物膜与废水的接触方式不同，可分为填充式和浸渍式两类。在填充式生物膜法中，废水和空气沿固定的填料或转动的盘片表面流过，与其上生长的生物膜接触，典型设备有生物滤池和生物转盘。在浸渍式生物膜法中，生物膜载体完全浸没在水中，通过鼓风曝气供氧。如载体固定，称为接触氧化法；如载体流化则称为生物流化床。

第一节　生物膜法基本原理

一、生物膜的结构及净化机理

1. 生物膜的形成及结构

微生物细胞在水环境中，能在适宜的载体表面牢固附着，生长繁殖，细胞胞外多聚物使微生物细胞形成纤维状的缠结结构称之为生物膜。

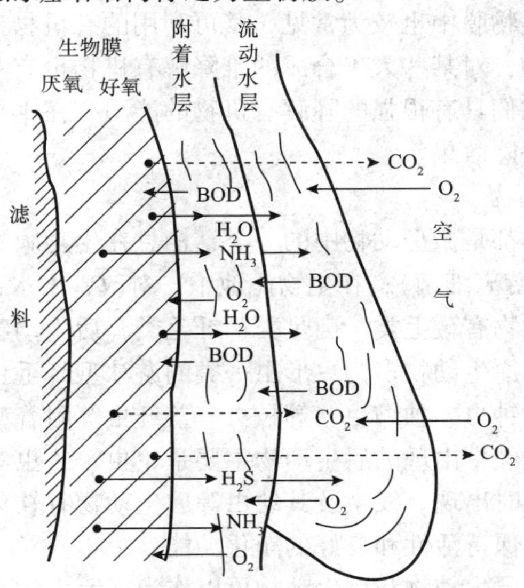

图 12－1　生物滤池滤料上生物膜的基本结构

污水处理生物膜法中，生物膜是指附着在惰性载体表面生长的，以微生物为主，包含微生物及其产生的胞外多聚物和吸附在微生物表面的无机及有机物等，并具有较强的吸附和生物降解性能的结构。提供微生物附着生长的惰性载体称之为滤料或填料。生物膜在载体表面分布的均匀性以及生物膜的厚度随着污水中营养底物浓度、时间和空间的改变而发生变化。图 12-1 是生物滤池滤料上生物膜的基本结构。

早期的生物滤池中，污水通过布水设备均匀地喷洒到滤床表面上，在重力作用下，污水以水滴的形式向下渗沥，污水、污染物和细菌附着在滤料表面上，微生物便在滤料表面大量繁殖，在滤料表面形成生物膜。

污水流过生物膜生长成熟的滤床时，污水中的有机污染物被生物膜中的微生物吸附、降解，从而得到净化。生物膜表层生长的是好氧和兼性微生物，在这里，有机污染物经微生物好氧代谢而降解，终产物是 H_2O、CO_2 等。由于氧在生物膜表层基本耗尽，生物膜内层的微生物处于厌氧状态，在这里，进行的是有机物的厌氧代谢，终产物为有机酸、醇、醛和 H_2S 等。由于微生物的不断繁殖，生物膜不断增厚，超过一定厚度后，吸附的有机物在传递到生物膜内层的微生物以前，已被代谢掉。此时，内层微生物因得不到充分的营养而进入内源代谢，失去其黏附在滤料上的性能，脱落下来随水流出滤池，滤料表面再重新长出新的生物膜。生物膜脱落的速率与有机负荷、水力负荷等因素有关。

2. 生物膜的组成

填料表面的生物膜中生物种类相当丰富，一般由细菌(好氧、厌氧、兼性)、真菌、原生动物、后生动物、藻类以及一些肉眼可见的蠕虫、昆虫的幼虫等组成，生物膜中的生物相组成情况如下：

1)细菌与真菌

细菌对有机物氧化分解起主要作用，生物膜中常见的细菌种类有球衣菌、硫杆菌属、假单胞菌属、诺卡氏菌属、八叠球菌属、粪链球菌、大肠埃希氏杆菌、亚硝化单胞菌属和硝化杆菌属等。

除细菌外，真菌在生物膜中也较为常见，其可利用的有机物范围很广，有些真菌可降解木质素等难降解有机物，对某些人工合成的难降解有机物也有一定的降解能力。丝状菌也易在生物膜中滋长，它们具有很强的降解有机物的能力，在生物滤池内丝状菌的增长繁殖有利于提高污染物的去除效果。

2)原生动物与后生动物

原生动物与后生动物都是微型动物中的一类，栖息在生物膜的好氧表层内。原生动物以吞食细菌为生(特别是游离细菌)，在生物滤池中，对改善出水水质起着重要的作用。生物膜内经常出现的原生动物有鞭毛类、肉足类、纤毛类，后生动物主要有轮虫类、线虫类及寡毛类。在运行初期，原生动物多为豆形虫一类的游泳型纤毛虫。在运行正常、处理效果良好时，原生动物多为钟虫、独缩虫、等枝虫、盖纤虫等附着型纤毛虫。

例如，在生物滤池内经常出现的后生动物主要是轮虫、线虫等，它们以细菌、原生动物为食料，在溶解氧充足时出现。线虫及其幼虫等后生动物有软化生物膜、促使生物膜脱落的作用，从而使生物膜保持活性和良好的净化功能。

与活性污泥法一样，原生动物和后生动物可以作为指示生物，来检查和判断工艺运行情况及污水处理效果。当后生动物出现在生物膜中时，表明水中有机物含量很低并已稳定，污水处理效果良好。

另外，与活性污泥法系统相比，在生物膜反应器中是否有原生动物及后生动物出现与反应器类型密切相关。通常，原生动物及后生动物在生物滤池及生物接触氧化池的载体表面出现较多，而对于三相流化床或是生物流动床这类生物膜反应器，生物相中原生动物及后生动物的量则非常少。

3）滤池蝇

在生物滤池中，还栖息着以滤池蝇为代表的昆虫。这是一种体形较一般家蝇小的苍蝇，它的产卵、幼虫、成蛹、成虫等过程全部在滤池内进行。滤池蝇及其幼虫以微生物及生物膜为食料，故可抑制生物膜的过度增长，具有使生物膜疏松，促使生物膜脱落的作用，从而使生物膜保持活性，同时在一定程度上防止滤床的堵塞。但是，由于滤池蝇繁殖能力很强，大量产生后飞散在滤池周围，会对环境造成不良的影响。

4）藻类

受阳光照射的生物膜部分会生长藻类，如普通生物滤池表层滤料生物膜中可出现藻类。一些藻类如海藻是肉眼可见的，但大多数只能在显微镜下观察。由于藻类的出现仅限于生物膜反应器表层的很小部分，对污水净化所起作用不大。

生物膜的微生物除了含有丰富的生物相这一特点外，还有着其自身的分层分布特征。例如，在正常运行的生物滤池中，随着滤床深度的逐渐下移，生物膜中的微生物逐渐从低级趋向高级，种类逐渐增多，但个体数量减少。生物膜的上层以菌胶团等为主，而且由于营养丰富，繁殖速率快，生物膜也最厚。往下的层次，随着污水中有机物浓度的下降，可能会出现丝状菌、原生动物和后生动物，但是生物量即膜的厚度逐渐减少。到了下层，污水浓度大大下降，生物膜更薄，生物相以原生动物、后生动物为主。滤床中的这种生物分层现象，是适应不同生态条件（污水浓度）的结果，各层生物膜中都有其特征的微生物，处理污水的功能也随之不同。特别在含多种有害物质的工业废水中，这种微生物分层和处理功能变化的现象更为明显。若分层不明显，说明上下层水质变化不显著，处理效果较差，所以生物膜分层观察对处理工艺运行具有一定指导意义。

3. 生物膜法的净化过程

生物膜法去除污水中污染物是一个吸附、稳定的复杂过程，包括污染物在液相中的紊流扩散、污染物在膜中的扩散传递、氧向生物膜内部的扩散和吸附、有机物的氧化分解和微生物的新陈代谢等过程。

生物膜表面容易吸取营养物质和溶解氧，形成由好氧和兼性微生物组成的好氧层，而在生物膜内层，由于微生物利用和扩散阻力，制约了溶解氧的渗透，形成由厌氧和兼性微生物组成的厌氧层。

在生物膜外，附着一层薄薄的水层，附着水流动很慢，其中的有机物大多已被生物膜中的微生物所摄取，其浓度要比流动水层中的有机物浓度低。与此同时，空气中的氧也扩散转移进入生物膜好氧层，供微生物呼吸。生物膜上的微生物利用溶入的氧气对有机物进行氧化分解，产生无机盐和二氧化碳，达到水质净化的效果。有机物代谢过程的产物沿着相反方向从生物膜经过附着水层排到流动水或空气中去。

污水中溶解性有机物可直接被生物膜中微生物利用，而不溶性有机物先是被生物膜吸附，然后通过微生物胞外酶的水解作用，降解为可直接生物利用的溶解性小分子物质。由于水解过程比生物代谢过程要慢得多，水解过程是生物膜污水处理速率的主要限制因素。

二、影响生物膜法污水处理效果的主要因素

影响生物膜法处理效果的因素很多，在各种影响因素中主要的有：进水底物的组分和浓度、营养物质、有机负荷及水力负荷、溶解氧、生物膜量、pH 值、温度和有毒物质等。在工程实际中，应控制影响生物膜法运行的主要因素，创造适于生物膜生长的环境，使生物膜法处理工艺达到令人满意的效果。

1. 进水底物

污水中污染物组分、含量及其变化规律是影响生物膜法工艺运行效果的重要因素。若处理过程以去除有机污染物为主，则底物主要是可生物降解有机物。在用以去除氮的硝化反应工艺过程中，则底物是微生物利用的氨氮。底物浓度的改变会导致生物膜的特性和剩余污泥量的变化，直接影响到处理水的水质。季节性水质变化、工业废水的冲击负荷等都会导致污水进水底物浓度、流量及组成的变化，虽然生物膜法具有较强的抗冲击负荷的能力，但亦会因此造成处理效果的改变。因此，与其他生物处理法一样，掌握进水底物组分和浓度的变化规律，在工程设计和运行管理中采取对应措施，是保证生物膜法正常运行的重要条件。

2. 营养物质

生物膜中的微生物需不断地从外界环境中汲取营养物质，获得能量以合成新的细胞物质。与好氧微生物一般要求一致，生物膜法对营养物质要求的比例为 BOD_5: N: P = 100: 5: 1。因此，在生物膜法中，污水所含的营养组分应符合上述比例才有可能使生物膜正常发育。在生活污水中，含有各种微生物所需要的营养元素(如碳、氮、磷、硫、钾、钠等)，一般不需要额外投加碳源、氮源或者磷源，故生物膜法处理生活污水的效果良好。在工业废水中，营养元素往往不齐全，营养组分也不符合上述的比例，有时需要额外添加营养物质。例如，对于含有大量淀粉、纤维素、糖、有机酸等有机物的工业废水，碳源过于丰富，故需投加一定的氮和磷。有时候需对工业废水进行必要的预处理以去除对微生物有害的物质，然后将其与生活污水合并，以补充氮、磷营养源和其他营养元素。

3. 有机负荷及水力负荷

生物膜法与活性污泥法一样，是在一定的负荷条件下运行的。负荷是影响生物膜法处理能力的首要因素，是集中反映生物滤池膜法工作性能的参数。例如，生物滤池的负荷分有机负荷和水力负荷两种，前者通常以污水中有机物的量(BOD_5)来计算，单位为 kg BOD_5/[m^3(滤床)·d]，后者是以污水量来计算的负荷，单位为 m^3(污水)/[m^2(滤床)·d]，相当于 m/d，故又称滤率。有机负荷和滤床性质关系极大，如采用比表面积大、孔隙率高的滤料，加上供氧良好，则负荷可提高。对于有机负荷高的生物滤池，生物膜增长较快，需增加水力冲刷的强度，以利于生物膜增厚后能适时脱落，此时应采用较高的水力负荷。合适的水力负荷是保证生物滤池不堵塞的关键因素。提高有机负荷，出水水质相应有所下降。生物滤池生物膜法设计负荷值的大小取决于污水性质和所用的滤料品种。表 12-1 是几种生物膜法工艺的负荷比较。

表 12-1　几种生物膜法工艺的负荷比较

生物膜法类型	有机负荷/ $(kgBOD_5 \cdot m^{-3} \cdot d^{-1})$	水力负荷/ $(m^3 \cdot m^{-2} \cdot d^{-1})$	BOD_5 处理效率/%
普通低负荷生物滤池	0.1～0.3	1～5	85～90
普通高负荷生物滤池	0.5～1.5	9～40	80～90
塔式生物滤池	1.0～2.5	90～150	80～90
生物接触氧化池	2.5～4.0	100～160	85～90
生物转盘	0.02～0.03kg $BOD_5 \cdot m^{-2} \cdot d^{-1}$	0.1～0.2	85～90

4. 溶解氧

对于好氧生物膜来说，必须有足够的溶解氧供给好氧微生物利用。如果供氧不足，好氧微生物的活性受到影响，新陈代谢能力降低，对溶解氧要求较低的微生物将滋生繁殖，正常的生化反应过程将会受到抑制，处理效果下降。严重时还会使厌氧微生物大量繁殖，好氧微生物受到抑制而大量死亡，从而导致生物膜的恶化和变质。但供氧过高，不仅造成能量浪费，微生物也会因代谢活动增强，营养供应不足而使生物膜自身发生氧化(老化)而使处理效果降低。

5. 生物膜量

衡量生物膜量的指标主要有生物膜厚度与密度，生物膜密度是指单位体积湿生物膜被烘干后的质量。生物膜的厚度与密度由生物膜所处的环境条件决定。膜的厚度与污水中有机物浓度成正比，有机物浓度越高，有机物能扩散的深度越大，生物膜厚度也越大。水流搅动强度也是一个重要的因素，搅动强度高，水力剪切力大，促进膜的更新作用强。

6. pH 值

虽然生物膜反应器具有较强的耐冲击负荷能力，但 pH 值变化幅度过大，也会明显影响处理效率，甚至对微生物造成毒性而使反应器失效。这是因为 pH 值的改变可能会引起细胞膜电荷的变化，进而影响微生物对营养物质的吸收和微生物代谢过程中酶的活性。当 pH 值变化过大时，可以考虑在生物膜反应器前设置调节池或中和池来均衡水质。

7. 温度

水温也是生物膜法中影响微生物生长及生物化学反应的重要因素。例如，生物滤池的滤床温度在一定程度上会受到环境温度的影响，但主要还是取决于污水温度。滤床内温度过高不利于微生物的生长，当水温达到40℃时，生物膜将出现坏死和脱落现象。若温度过低，则影响微生物的活力，物质转化速率下降。一般而言，生物滤床内部温度最低不应小于5℃。在严寒地区，生物滤池应建于有保温措施的室内。

8. 有毒物质

有毒物质如酸、碱、重金属盐、有毒有机物等会对生物膜产生抑制甚至杀害作用，使微生物失去活性，发生膜大量脱落现象。尽管生物膜中的微生物具有被逐步驯化和适应的能力，但如果高毒物负荷持续较长时间，会使毒性物质完全穿透生物膜，生物膜代谢能力必然会受到较大的影响。

三、生物膜法污水处理特征

与传统活性污泥法相比，生物膜法处理污水技术因为操作方便、剩余污泥少、抗冲击负荷等特点，适合于中小型污水处理厂工程，在工艺上有如下几方面特征。

1. 微生物方面的特征

1）微生物种类丰富，食物链长

相对于活性污泥法，生物膜载体（滤料、填料）为微生物提供了固定生长的条件以及较低的水流、气流搅拌冲击，利于微生物的生长增殖。因此，生物膜反应器为微生物的繁衍、增殖及生长栖息创造了更为适宜的生长环境，除大量细菌以及真菌生长外，线虫类、轮虫类及寡毛虫类等出现的频率也较高，还可能出现大量丝状菌，不仅不会发生污泥膨胀，还有利于提高处理效果。另外，生物膜上能够栖息高营养水平的生物，在捕食性纤毛虫、轮虫类、线虫类之上，还栖息着寡毛虫和昆虫，在生物膜上形成长于活性污泥的食物链。

较多种类的微生物，较大的生物量，较长的食物链，有利于提高处理效果和单位体积的处理负荷，也有利于处理系统内剩余污泥量的减少。

2）存活世代时间较长的微生物，有利于不同功能的优势菌群分段运行

由于生物膜附着生长在固体载体上，其生物固体平均停留时间（污泥龄）较长、在生物膜上能够生长世代时间较长、增殖速率慢的微生物，如硝化细菌、某些特殊污染物降解专属菌等，为生物处理分段运行及分段运行作用的提高创造了更为适宜的条件。

生物膜处理法多分段进行，每段繁衍与进入本段污水水质相适应的微生物，并形成优势菌群，有利于提高微生物对污染物的生物降解效率。硝化细菌和亚硝化细菌也可以繁殖生长，因此生物膜法具有一定的硝化功能，采取适当的运行方式，具有反硝化脱氮的功能。分段进行也有利于难降解污染物的降解去除。

2. 处理工艺方面的特征

1）对水质、水量变动有较强的适应性

生物膜反应器内有较多的生物量，较长的食物链，使得各种工艺对水质、水量的变化都具有较强的适应性，耐冲击负荷能力较强，对毒性物质也有较好的抵抗性。一段时间中断进水或遭到冲击负荷破坏，处理功能不会受到致命的影响，恢复起来也较快。因此，生物膜法更适合于工业废水及其他水质水量波动较大的中小规模污水处理。

2）适合低浓度污水的处理

在处理水污染物浓度较低的情况下，载体上的生物膜及微生物能保持与水质一致的数量和种类，不会发生在活性污泥法处理系统中，污水浓度过低会影响活性污泥絮凝体的形成和增长的现象。生物膜处理法对低浓度污水，能够取得良好的处理效果，正常运行时可使 BOD_5 为 20～30mg/L（污水），出水 BOD_5 值降至 10mg/L 以下。所以，生物膜法更适用于低浓度污水处理和要求优质出水的场合。

3）剩余污泥产量少

生物膜中较长的食物链，使剩余污泥量明显减少。特别在生物膜较厚时，厌氧层的厌氧菌能够降解好氧过程合成的剩余污泥，使剩余污泥量进一步减少，污泥处理与处置费用随之降低。通常，生物膜上脱落下来的污泥，相对密度较大，污泥颗粒个体也较大，沉降性能较好，易于固液分离。

4）运行管理方便

生物膜法中的微生物是附着生长，一般无需污泥回流，也不需要经常调整反应器内污泥量和剩余污泥排放量，且生物膜法没有丝状菌膨胀的潜在威胁，易于运行维护与管理。

另外，生物转盘、生物滤池等工艺，动力消耗较低，单位污染物去除耗电量较少。

生物膜法的缺点在于滤料增加了工程建设投资，特别是处理规模较大的工程，滤料投资所占比例较大，还包括滤料的周期性更新费用。生物膜法工艺设计和运行不当可能发生滤料破损、堵塞等现象。

第二节 生物滤池

生物滤池是生物膜法处理污水的传统工艺，在19世纪末发展起来，先于活性污泥法。早期的普通生物滤池水力负荷和有机负荷都很低，虽净化效果好，但占地面积大，易于堵塞。后来开发出采用处理水回流，水力负荷和有机负荷都较高的高负荷生物滤池以及污水、生物膜和空气三者充分接触，水流紊动剧烈，通风条件改善的塔式生物滤池。而在生物滤池基础上发展起来的曝气生物滤池，已成为一种独立的生物膜法污水处理工艺。

一、生物滤池的构造

图12－2是典型的生物滤池示意图，其构造由滤床及池体、布水设备和排水系统等部分组成。

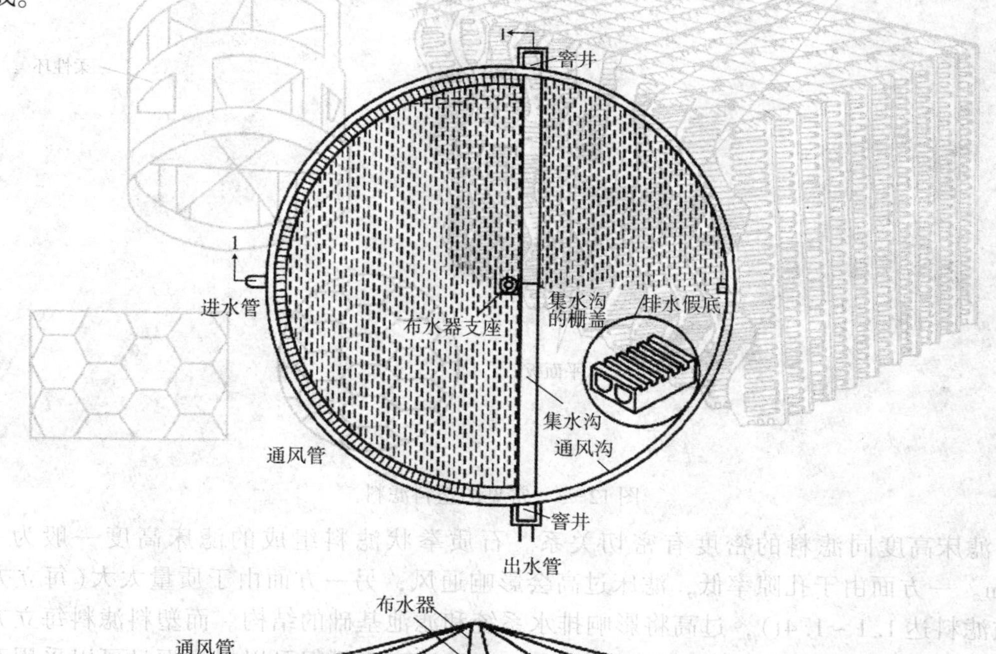

图12－2 采用旋转布水器的普通生物滤池

1. 滤床及池体

滤床由滤料组成，滤料是微生物生长栖息的场所，理想的滤料应具备下述特性：①能为微生物附着提供大量的表面积；②使污水以液膜状态流过生物膜；③有足够的孔隙率，保证通风(即保证氧的供给)和使脱落的生物膜能随水流出滤池；④不被微生物分解，也不抑制微生物生长，有良好的生物化学稳定性；⑤有一定机械强度；⑥价格低廉。早期主要以拳状碎石为滤料，此外，碎钢渣、焦炭等也可作为滤料，其粒径在 3 ~ 8cm 左右，孔隙率在 45% ~ 50% 左右，比表面积(可附着面积)在 65 ~ 100m^2/m^3 之间。从理论上，这类滤料粒径愈小，滤床的可附着面积愈大，则生物膜的面积将愈大，滤床的工作能力也愈大。但粒径愈小，空隙就愈小，滤床愈易被生物膜堵塞，滤床的通风也愈差，可见滤料的粒径不宜太小。经验表明在常用粒径范围内，粒径略大或略小些，对滤池的工作没有明显的影响。

20 世纪 60 年代中期，塑料工业快速发展之后，塑料滤料开始被广泛采用。图 12－3 是两种常见的塑料滤料，环状塑料滤料比表面积为 98 ~ 340m^2/m^3，孔隙率为 93% ~ 95%，波纹状塑料滤料比表面积为 81 ~ 195m^2/m^3，孔隙率为 93% ~ 95%。国内目前采用的玻璃钢蜂窝状块状滤料，孔心间距在 20mm 左右，孔隙率为 95% 左右，比表面积在 200m^2/m 左右。

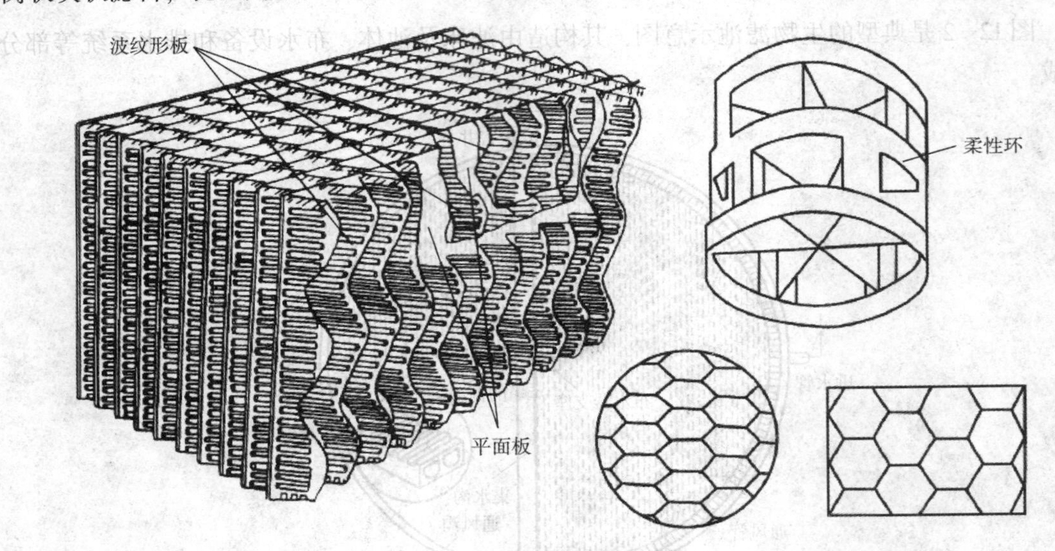

图 12－3　常见的塑料滤料

滤床高度同滤料的密度有密切关系。石质拳状滤料组成的滤床高度一般为 1 ~ 2.5m。一方面由于孔隙率低，滤床过高会影响通风；另一方面由于质量太大(每立方米石质滤料达 1.1 ~ 1.4t)，过高将影响排水系统和滤池基础的结构。而塑料滤料每立方米仅为 100kg 左右，孔隙率则高达 93% ~ 95%，滤床高度不但可以提高而且可以采用双层或多层构造。国外采用的双层滤床，高 7m 左右；国内常采用多层的“塔式”结构，高度常在 10m 以上。

滤床四周为生物滤池池壁，起围护滤料作用。一般为钢筋混凝土结构或砖混结构。

2. 布水设备

设置布水设备的目的是为了使污水能均匀地分布在整个滤床表面上。生物滤池的布水设备分为两类：旋转布水器和固定布水器。

旋转布水器如图 12-4 所示，中央是一根空心立柱，底端与设在池底下面的进水管衔接。布水横管的一侧开有喷水孔口，孔口直径为 10～15mm，间距不等，愈近池心间距愈大，使滤池单位面积接受的污水量基本上相等。布水器的横管可为两根（小池）或四根（大池），对称布置。污水通过中央立柱流入布水横管，由喷水孔口分配到滤池表面。污水喷出孔口时，作用于横管的反作用力推动布水器绕立柱旋转，转动方向与孔口喷嘴方向相反。所需水头在 0.6～1.5m 左右。如果水头不足，可用电动机转动布水器。

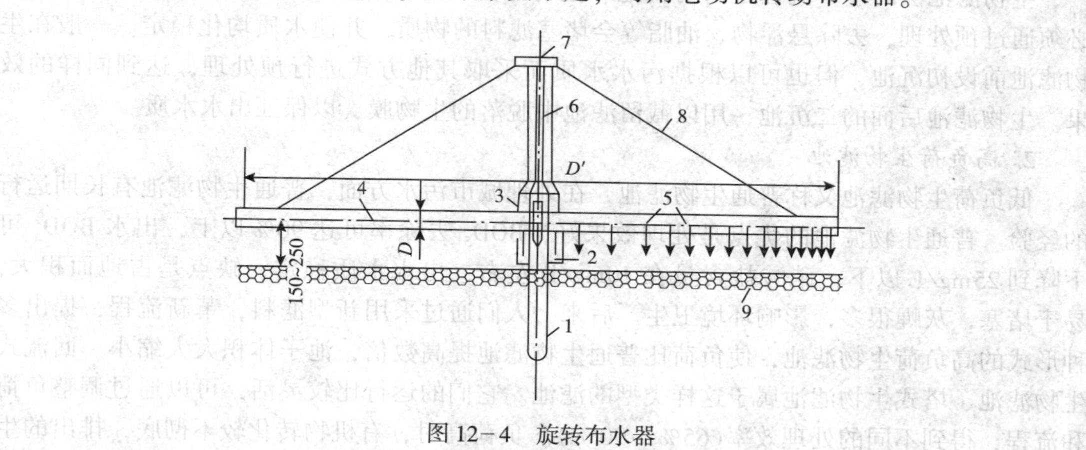

图 12-4　旋转布水器

1—进水竖管；2—水银封；3—配水短管；4—布水横管；
5—布水小孔；6—中央旋转柱；7—上部转承；8—钢丝绳；9—滤料

3. 排水系统

池底排水系统的作用是：①收集滤床流出的污水与生物膜；②保证通风；③支承滤料。池底排水系统由池底、排水假底和集水沟组成，见图 12-5。排水假底是用特制砌块或栅板铺成，滤料堆在假底上面，见图 12-6。早期都是采用混凝土栅板作为排水假底，自从塑料填料出现以后，滤料质量减轻，可采用金属栅板作为排水假底。假底的空隙所占面积不宜小于滤池平面的 5%～8%，与池底的距离不应小于 0.6m。

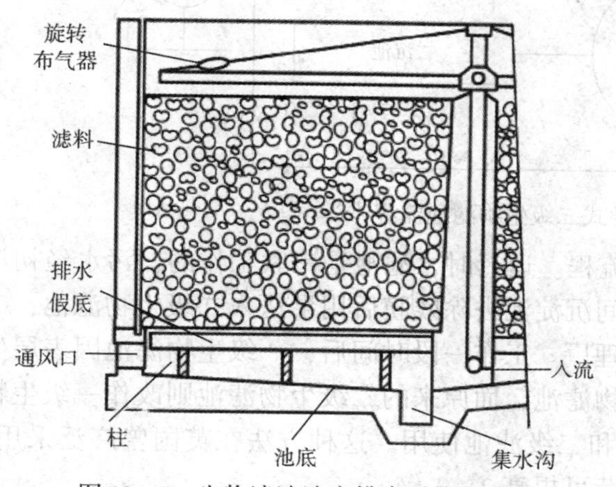

图 12-5　生物滤池池底排水系统示意图

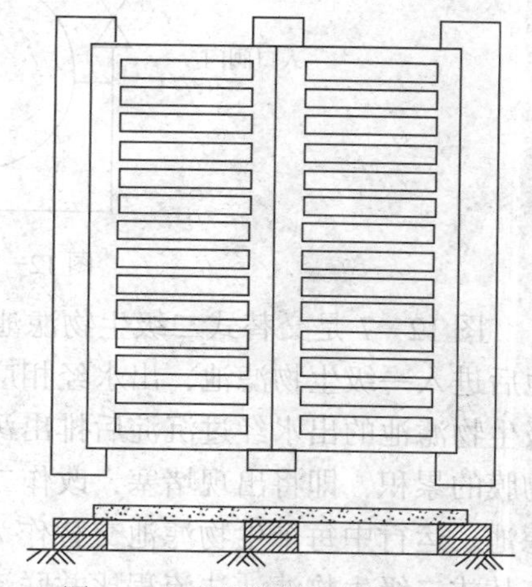

图 12-6　混凝栅板式排水假底

池底除支承滤料外，还要排泄滤床上的来水，池底中心轴线上设有集水沟，两侧底面向集水沟倾斜，池底和集水沟的坡度约1% ~2%。集水沟要有充分的高度，并在任何时候不会满流，确保空气能在水面上畅通无阻，使滤池中的孔隙充满空气。

三、生物滤池法的工艺流程

1. 生物滤池法的基本流程

生物滤池法的基本流程是由初沉池、生物滤池、二沉池组成。进入生物滤池的污水，必须通过预处理，去除悬浮物、油脂等会堵塞滤料的物质，并使水质均化稳定。一般在生物滤池前设初沉池，但也可以根据污水水质而采取其他方式进行预处理，达到同样的效果。生物滤池后面的二沉池，用以截留滤池中脱落的生物膜，以保证出水水质。

2. 高负荷生物滤池

低负荷生物滤池又称普通生物滤池，在处理城市污水方面，普通生物滤池有长期运行的经验。普通生物滤池的优点是处理效果好，BOD_5 去除率可达 90% 以上，出水 BOD_5 可下降到 25mg/L 以下，硝酸盐含量在 10mg/L 左右，出水水质稳定。缺点是占地面积大，易于堵塞，灰蝇很多，影响环境卫生。后来，人们通过采用新型滤料，革新流程，提出多种形式的高负荷生物滤池，使负荷比普通生物滤池提高数倍，池子体积大大缩小。回流式生物滤池、塔式生物滤池属于这样类型的滤池。它们的运行比较灵活，可以通过调整负荷和流程，得到不同的处理效率(65% ~90%)。负荷高时，有机物转化较不彻底，排出的生物膜容易腐化。

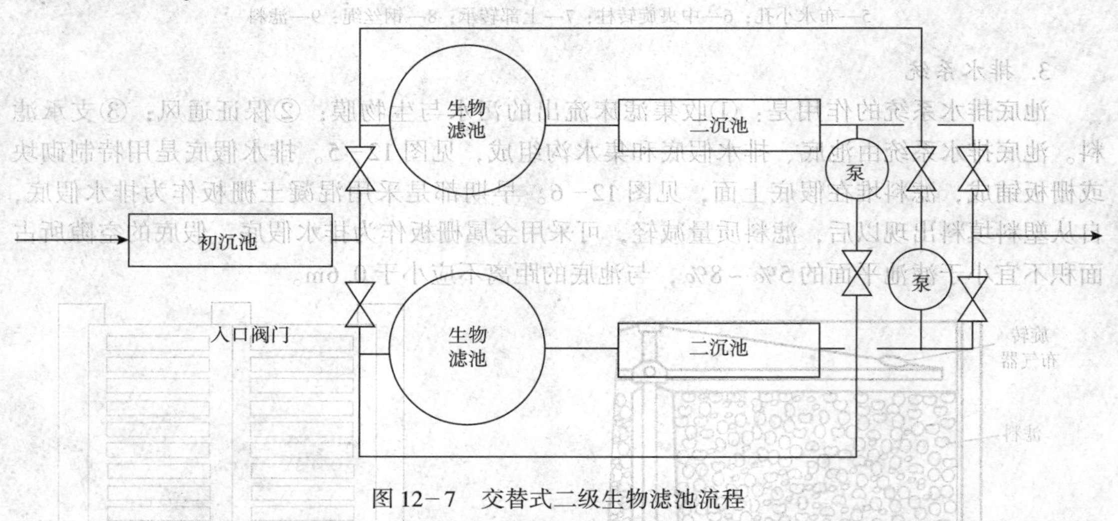

图 12－7　交替式二级生物滤池流程

图 12－7 是交替式二级生物滤池工作流程。运行时，滤池是串联工作的，污水经初沉池后进入一级生物滤池，出水经相应的中间沉淀池去除残膜后用泵送入二级生物滤池，二级生物滤池的出水经过沉淀后排出污水处理厂。工作一段时间后，一级生物滤池因表层生物膜的累积，即将出现堵塞，改作二级生物滤池，而原来的二级生物滤池则改作一级生物滤池。运行中每个生物滤池交替作为一级和二级滤池使用。这种方法在英国曾广泛采用。交替式二级生物滤池法流程比并联流程负荷可提高 2 ~3 倍。

图 12－8 所示是几种常用的回流式生物滤池法的流程。当条件(水质、负荷、总回流量与进水量之比)相同时，它们的处理效率不同。图中次序基本上是按效率从较低到较高排列的，符号 Q 代表污水量，R 代表回流比。当污水浓度不太高时，回流系统可采用图 12－8(a)流程，回流比可以通过回流管线上的闸阀调节，当入流水量小于平均流量时，增大回流量；当入流水量大时，减少或停止回流。图 12－8(c)、(d)是二级生物滤池，系统中有两个生物滤池。这种流程用于处理高浓度污水或出水水质要求较高的场合。

生物滤池的一个主要优点是运行简单，因此，适用于小城镇和边远地区。一般认为，它对入流水质水量变化的承受能力较强，脱落的生物膜密实，较容易在二沉池中被分离。

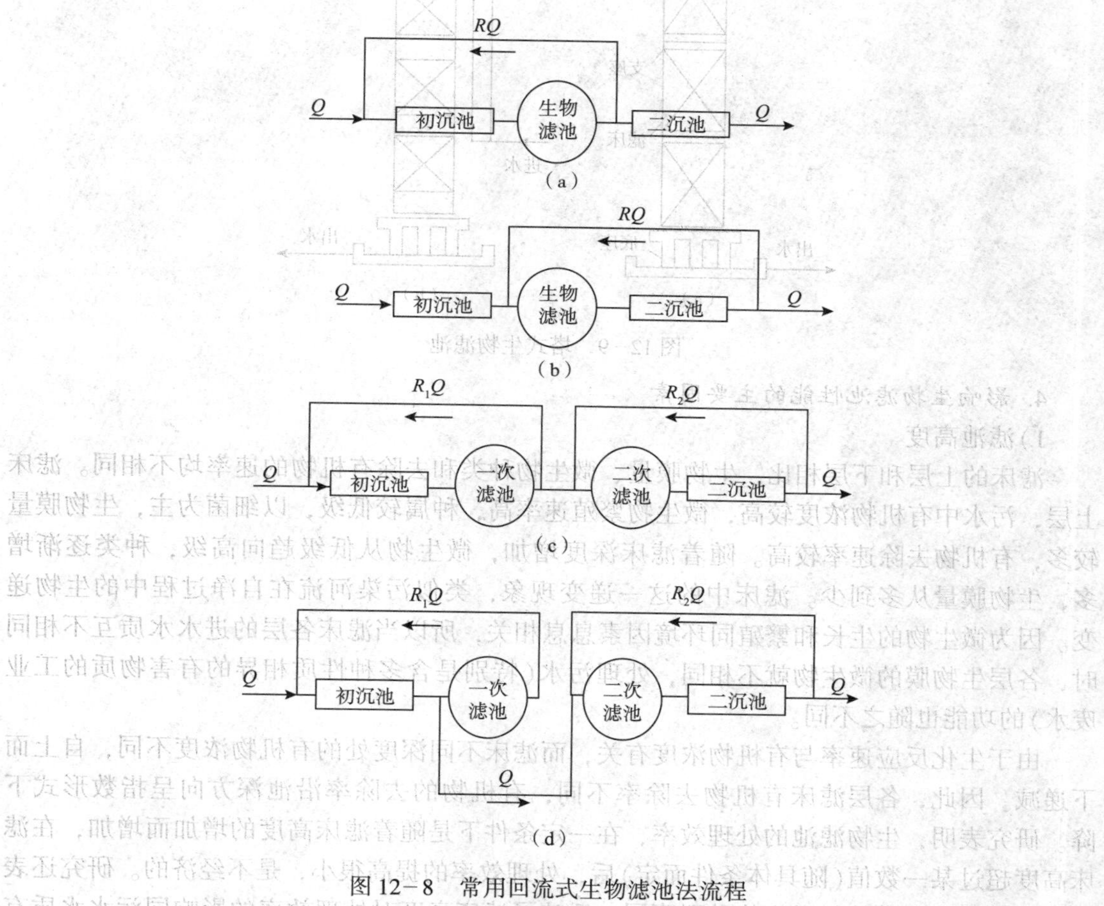

图 12－8 常用回流式生物滤池法流程

3. 塔式生物滤池

塔式生物滤池是在普通生物滤池的基础上发展起来的，如图 12－9 所示。塔式生物滤池的污水净化机理与普通生物滤池一样，但是与普通生物滤池相比具有负荷高(比普通生物滤池高 2～10 倍)、生物相分层明显、滤床堵塞可能性减小、占地小等特点。工程设计中，塔式生物滤池直径宜为 1～3.5m，直径与高度之比宜为(1∶6)～(1∶8)，塔式生物滤池的填料应采用轻质材料。塔式生物滤池填料应分层，每层高度不宜大于 2m，填料层厚度宜根据试验资料确定，一般宜为 8～12m。

图12-9(b)所示的是分两级进水的塔式生物滤池，把每层滤床作为独立单元时，可看作是一种带并联性质的串联布置。同单级进水塔式生物滤池相比，这种方法有可能进一步提高负荷。

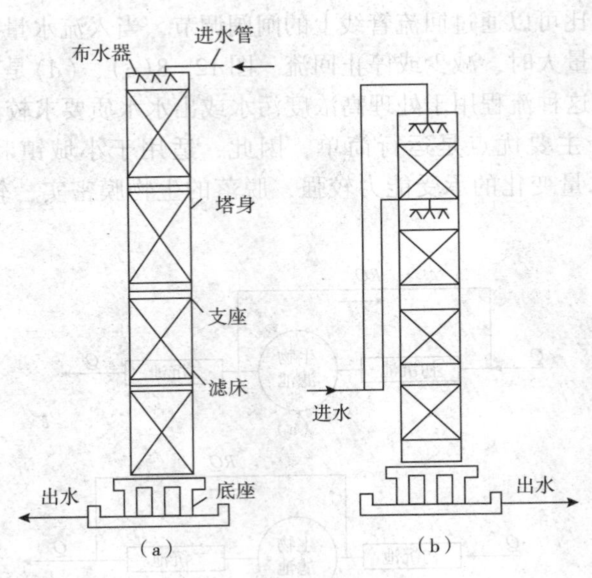

图12-9　塔式生物滤池

4. 影响生物滤池性能的主要因素

1)滤池高度

滤床的上层和下层相比，生物膜量、微生物种类和去除有机物的速率均不相同。滤床上层，污水中有机物浓度较高，微生物繁殖速率高，种属较低级，以细菌为主，生物膜量较多，有机物去除速率较高。随着滤床深度增加，微生物从低级趋向高级，种类逐渐增多，生物膜量从多到少。滤床中的这一递变现象，类似污染河流在自净过程中的生物递变。因为微生物的生长和繁殖同环境因素息息相关，所以当滤床各层的进水水质互不相同时，各层生物膜的微生物就不相同，处理污水(特别是含多种性质相异的有害物质的工业废水)的功能也随之不同。

由于生化反应速率与有机物浓度有关，而滤床不同深度处的有机物浓度不同，自上而下递减。因此，各层滤床有机物去除率不同，有机物的去除率沿池深方向呈指数形式下降。研究表明，生物滤池的处理效率，在一定条件下是随着滤床高度的增加而增加，在滤床高度超过某一数值(随具体条件而定)后，处理效率的提高很小，是不经济的。研究还表明：滤床不同深度处的微生物种群不同，反映了滤床高度对处理效率的影响同污水水质有关。对水质比较复杂的工业废水来讲，这一点是值得注意的。

2)负荷

生物滤池的负荷是一个集中反映生物滤池工作性能的参数，同滤床的高度一样，负荷直接影响生物滤池的工作。

生物滤池的负荷以水力负荷和有机负荷表示。由于一定的滤料具有一定的比表面积，滤料体积可以间接表示生物膜面积和生物数量，所以有机负荷实质上表征了 F/M 值。普通生物滤池的有机负荷范围为 0.15～0.3kg $BOD_5/(m^3 \cdot d)$，高负荷生物滤池在 1.1kg

$BOD_5/(m^3 \cdot d)$左右。在此负荷下，BOD_5去除率可达80%～90%。为了达到处理目的，有机负荷不能超过生物膜的分解能力。据日本城市污水试验结果，BOD_5负荷的极限值为$1.2kg/(m^3 \cdot d)$，提高有机负荷，出水水质将相应有所下降。水力负荷表征滤池的接触时间和水流的冲刷能力。水力负荷太大，接触时间短，净化效果差，水力负荷太小，滤料不能完全利用，冲刷作用小。一般地，普通生物滤池的水力负荷为$1\sim4m^3/(m^2 \cdot d)$，高负荷生物滤池为$5\sim28m^3/(m^2 \cdot d)$。

3）回流

利用污水厂的出水或生物滤池出水稀释进水的做法称回流，回流水量与进水量之比叫回流比。

在高负荷生物滤池的运行中，多用处理水回流，其优点是：①增大水力负荷，促进生物膜的脱落，防止滤池堵塞；②稀释进水，降低有机负荷，防止浓度冲击；③可向生物滤池连续接种，促进生物膜生长；④增加进水的溶解氧，减少臭味；⑤防止滤池孳生蚊蝇。但缺点是：缩短废水在滤池中的停留时间；降低进水浓度，将减慢生化反应速度；回流水中难降解的物质会产生积累，以及冬天使池中水温降低等。

4）供氧

生物滤池中，微生物所需的氧一般直接来自大气，靠自然通风供给。影响生物滤池通风的主要因素是滤床自然拔风和风速。自然拔风的推动力是池内温度与气温之差以及滤池的高度。温度差愈大，通风条件愈好。当水温较低，滤池内温度低于气温时（夏季），池内气流向下流动；当水温较高、池内温度高于气温时（冬季），气流向上流动。若池内外无温差时，则停止通风。正常运行的生物滤池，自然通风可以提供生物降解所需的氧量。

入流污水有机物浓度较高时，供氧条件可能成为影响生物滤池工作的主要因素。为保证生物滤池正常工作，根据试验研究和工程实践，有人建议滤池进水COD应小于400mg/L，当进水浓度高于此值时，可以通过回流的方法，降低滤池进水有机物浓度，以保证生物滤池供氧充足，正常运行。

四、生物滤池的设计计算

生物滤池处理系统包括生物滤池和二沉池，有时还包括初沉池和回流泵。生物滤池的设计一般包括：①滤池类型和流程选择；②滤池尺寸和个数的确定；③布水设备计算；④二沉池的形式、个数和工艺尺寸的确定。由于污水水质的复杂性，生物滤池的设计计算往往要通过试验来确定设计参数，或借鉴经验数据进行设计。

1. 滤池类型的选择

目前，大多采用高负荷生物滤池，低负荷生物滤池仅在污水量小、地区比较偏僻、石料不贵的场合选用。高负荷生物滤池主要有两种类型：回流式和塔式（多层式）生物滤池。滤池类型的选择，需要对占地面积、基建费用和运行费用等关键指标进行分析，通过方案比较，才能得出合理的结论。

2. 流程的选择

在确定流程时，通常要解决的问题是：①是否设初沉池；②采用几级滤池；③是否采用回流，回流方式和回流比的确定。

当废水含悬浮物较多，采用拳状滤料时，需有初沉池，以避免生物滤池阻塞。处理城市污水时，一般都设置初沉池。

下述三种情况应考虑用二沉池出水回流：①进水入流有机物浓度较高，可能引起供氧不足时，有研究提出生物滤池的进水 bCOD 应小于400mg/L；②水量很小，无法维持水力负荷在最小经验值以上时；③污水中某种污染物在高浓度时可能抑制微生物生长的情况。

3. *滤池尺寸和个数的确定*

生物滤池的工艺设计内容是确定滤床总体积、滤床高度、滤池个数、单个滤池的面积以及滤池其他尺寸。

1）滤床总体积(V)

一般用容积负荷(L_V)计算滤池滤床的总体积，负荷可以经过试验取得，或采用经验数据。对于城镇污水处理，《室外排水设计规范》（GB50014－2006）提出了采用碎石类填料时，采用的负荷见表12－2。

表12－2　城镇污水处理生物滤池负荷取值

	低负荷生物滤池	高负荷生物滤池	塔式生物滤池
$L_V/(\text{kg BOD}_5 \cdot m^{-3} \cdot d^{-1})$	0.15～0.3	≥1.8	1.0～3.0
$q/(m^3 \cdot m^{-2} \cdot d^{-1})$	1～3	10～36	80～200

注：表中为低负荷和高负荷生物滤池采用碎石类填料，塔式生物滤池采用塑料等轻质填料时滤池负荷的建议值。

滤床总体积计算公式如下：

$$V=\frac{QS_0}{L_V}\times 10^{-6} \tag{12-1}$$

式中　V—滤床总体积，m^3；

S_0——污水进滤池前的 BOD_5，mg/L；

Q——污水日平均流量，m^3/d，采用回流式生物滤池时，回流比 R 可根据经验确定，此项应为 Q(1＋R)；

L_V——容积负荷，kg $BOD_5/(m^3 \cdot d)$。

滤床计算时，应注意下述几个问题：

(1)计算时采用的负荷应与设计处理效率相应。通常，负荷是影响处理效率的主要因素，两者常相提并论。

(2)影响处理效率的因素很多，除负荷之外，主要还有污水的浓度、水质、温度、滤料特性和滤床高度。对于回流滤池，则还有回流比。因此，同类生物滤池，即使负荷相同，处理效率也可能有差别。

(3)没有经验可以引用的工业废水，应经过试验确定其设计的负荷。试验生物滤池的滤料和滤床高度应与设计相一致。

2)滤床高度

滤床高度一般根据经验或试验结果确定。对于没有类似水质和处理要求的经验可以参照时，可以通过试验，按照滤床高度动力学计算方法确定。

对于城市污水处理，生物滤池采用碎石类填料时，低负荷生物滤池一般下层填料粒径宜为60～100mm，厚0.2m，上层填料粒径为30～50mm，厚1.3～1.8rn；高负荷生物滤池一般下层填料粒径宜为70～100mm，厚0.2m；上层填料粒径为40～70mm，厚度不宜大于

1.8m。塔式生物滤池的填料应采用轻质材料，滤层厚度根据试验资料确定，一般为 8 ~ 12m，填料分层布置，每层高度不大于 2m，便于安装和养护。

3）滤池面积和个数

滤床总体积和高度确定之后，即可算出滤床的总面积，但需要核算水力负荷，看它是否合理，规范建议的水力负荷见表 12－2。回流生物滤池池深较浅时，水力负荷一般不超过 $30m^3/(m^2 \cdot d)$，其水力负荷的确定与进水 BOD_5 有关，如表 12－3 所示。

表 12－3 回流生物滤池的水力负荷

进水 $BOD_5/(mg \cdot L^{-1})$	120	150	200
水力负荷/$(m^3 \cdot m^{-2} \cdot d^{-1})$	25	20	15

与其他处理构筑物一样，生物滤池的个数一般情况下应大于 2 个，并联运行。当处理规模很小，滤池总面积不大时，也可采用 1 个滤池。根据滤池的总面积和滤池个数，即可算得单个滤池的面积，确定滤池直径（或边长）。

4）其他构造要求

滤池通风好坏是影响处理效率的重要因素，生物滤池底部空间的高度不应小于 0.6m，并沿滤池池壁四周下部设置自然通风孔，总面积大于滤池表面积的 1%。另外，生物滤池的池底有 1% ~2% 的坡度，坡向集水沟，集水沟再以 0.5% ~2% 的坡度坡向总排水沟，并有冲洗底部排水渠的措施。

【例题 12－1】某城市设计人口 $N=75000$ 人，排水量标准 $q=100L/(人 \cdot d)$，BOD_5 排出量 $L_a'=20g/(人 \cdot d)$。市内另有一工厂，其废水量 $Q_i=2500m^3/d$，BOD_5 浓度 $L_a''=520mg/L$，归入城市排水系统后一同用高负荷生物滤池处理。填料层高度 $H=2m$。设计高负荷生物滤池，处理后出水 BOD_5 浓度（L_e）要求不大于 25mg/L。混合污水冬季平均温度为 14℃，总变化系数 $K_Z=1.60$。当地年平均气温为 8℃。假设所设计高负荷生物滤池稀释后进水与出水的 BOD_5 浓度比例系数 $K=4.4$。

解：（1）混合污水平均日流量 Q

$$Q=\frac{qN}{1000}+Q_i=\frac{100\times75000}{1000}+2500=10000(m^3/d)$$

（2）混合污水的 BOD_5 浓度 L_a

$$L_a=\frac{L'_aN+L''_aQ_i}{Q}=\frac{20\times75000+520\times2500}{10000}=280(mg/L)$$

令 $L_a>200mg/L$，所以必须用出水回流的方式稀释进水，使其浓度降低至 200mg/L。

（3）经回流稀释后污水应达到的 BOD_5 浓度 L_{a1}

稀释后进水 BOD_5 浓度 L_{a1} 是与要求的出水 BOD_5 浓度成比例的，由已知可得该比例系数 $K=4.4$

则：

$$L_{a1}=KL_e=4.4\times25=110(mg/L)$$

（4）回流稀释倍数 n

$$n=\frac{L_a-L_{a1}}{L_{a1}-L_e}=\frac{280-110}{110-25}=2$$

（5）滤池所需总面积 A

滤池面积负荷 q 一般为 1100～2000g $BOD_5/(m^2·d)$，取 $q=1700g\ BOD_5/(m^2·d)$，

则：
$$A=\frac{Q(n+1)L_{a1}}{q}=\frac{10000\times(2+1)\times110}{1700}=1941(m^2)$$

(6)填料总体积 V

$$V=AH=1941\times2=3882(m^3)$$

(7)每个滤池的面积 A_1

采用滤池数 $n'=4$，则 $A_1=\frac{A}{n'}=\frac{1941}{4}=485(m^2)$

(8)滤池直径 D

$$D=\sqrt{\frac{4A_1}{\pi}}=\sqrt{\frac{4\times485}{\pi}}=24.8(m)$$

(9)校核水力负荷 q'

$$q'=\frac{Q(n+1)}{A}=\frac{q}{L_{a1}}=\frac{1700}{110}=15.5m^3/(m^2·d)>10m^3/(m^2·d)$$

若 $q'<10m^3/(m^2·d)$，应采取措施：或加大回流量以提高水力负荷，或减少填料高度以减少堵塞的可能。

第三节 生物接触氧化

一、概述

生物接触氧化法又称浸没式曝气生物滤池，是在生物滤池的基础上发展演变而来的。早在19世纪末就开始了生物接触氧化法污水处理技术的试验研究，之后经过长时期的技术改进和工艺完善，生物接触氧化法在欧洲、美国、日本及前苏联等地区获得了广泛应用。我国从1975年开始生物接触氧化法污水处理的试验工作，之后，国内在生物接触氧化法方面的试验研究和工程实践方面尤其在应用领域的拓宽、生物接触氧化池形式的改进、填料的研究开发等方面，取得了重要突破和技术进步。目前，生物接触氧化法在国内的污水处理领域，特别在有机工业废水生物处理、小型生活污水处理中得到广泛应用，成为污水处理的主流工艺之一。

生物接触氧化池内设置填料，填料淹没在污水中，填料上长满生物膜，污水与生物膜接触过程中，水中的有机物被微生物吸附、氧化分解和转化为新的生物膜。从填料上脱落的生物膜，随水流到二沉池后被去除，污水得到净化。空气通过设在池底的布气装置进入水流，随气泡上升时向微生物提供氧气，见图12－10。

生物接触氧化法是介于活性污泥法和生物滤池二者之间的污水生物处理技术，兼有活性污泥法和生物膜法的特点，具有下列优点：

①由于填料的比表面积大，池内的充氧条件良好。生物接触氧化池内单位容积的生物固体量高于活性污泥法曝气池及生物滤池。因此，生物接触氧化池具有较高的容积负荷。

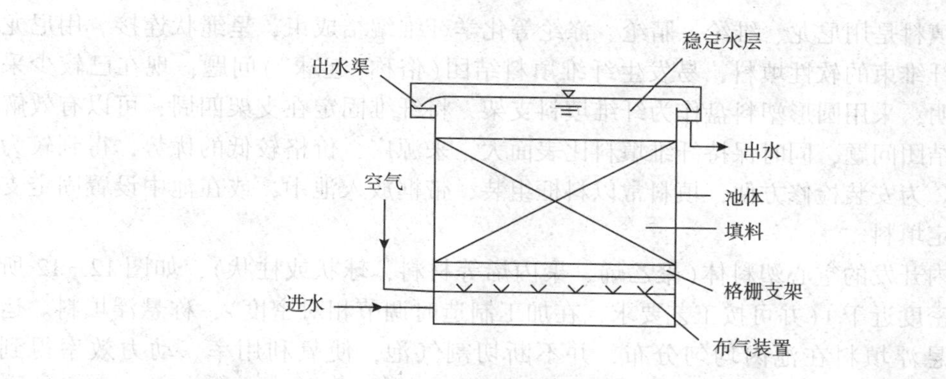

图 12－10　接触氧化池构造示意图

②生物接触氧化法不需要污泥回流，不存在污泥膨胀问题，运行管理简便。

③由于生物固体量多，水流又属完全混合型，因此生物接触氧化池对水质水量的波动有较强的适应能力。

④生物接触氧化池有机容积负荷较高时，其 F/M 保持在较低水平，污泥产率较低。

二、生物接触氧化池的构造

生物接触氧化池平面形状一般采用矩形，进水端应有防止短流措施，出水一般为堰式出水，图 12－10 为接触氧化池构造示意图。

接触氧化池的构造主要由池体、填料和进水布气装置等组成。

池体用于设置填料、布水布气装置和支承填料的支架。池体可为钢结构或钢筋混凝土结构。从填料上脱落的生物膜会有一部分沉积在池底，必要时，池底部可设置排泥和放空设施。

生物接触氧化池填料要求对微生物无毒害、易挂膜、质轻、高强度、抗老化、比表面积大和孔隙率高。目前常采用的填料主要有聚氯乙烯塑料、聚丙烯塑料、环氧玻璃钢等做成的蜂窝状和波纹板状填料，纤维组合填料，立体弹性填料等(图 12－11)。

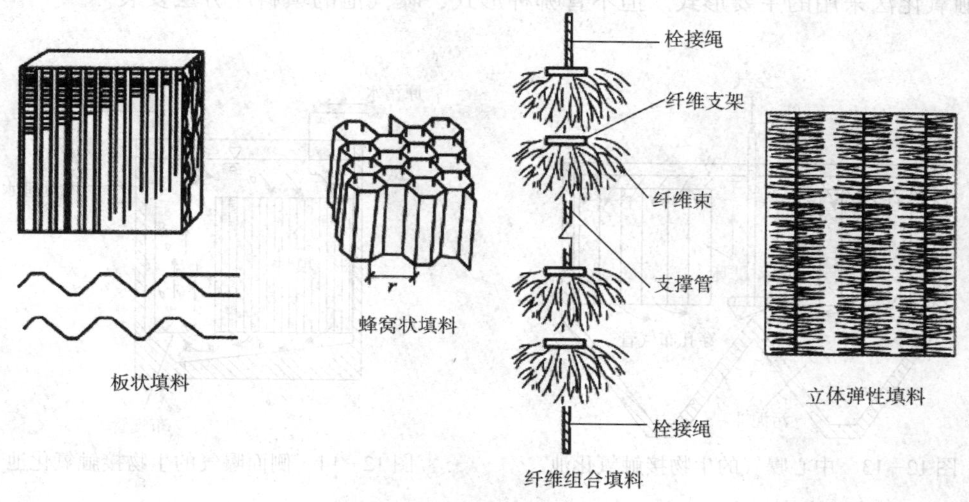

图 12－11　常用的生物接触氧化池填料

纤维状填料是用尼龙、维纶、腈纶、涤纶等化学纤维编结成束，呈绳状连接。用尼龙绳直接固定纤维束的软性填料，易发生纤维填料结团(俗称"起球")问题，现在已较少采用。实践表明，采用圆形塑料盘作为纤维填料支架，将纤维固定在支架四周，可以有效解决纤维填料结团问题，同时保持纤维填料比表面大，来源广，价格较低的优势，得到较为广泛的应用。为安装检修方便，填料常以料框组装，带框放入池中，或在池中设置固定支架，用于固定填料。

近年国内开发的空心塑料体(聚乙烯、聚丙烯等材料，球状或柱状)，如图 12－12 所示，其相对密度近于 1(并可按工艺要求，在加工制造时调节相对密度)，称悬浮填料。运行时，由于悬浮填料在池内均匀分布，并不断切割气泡，使氧利用率、动力效率得到提高。

图 12－12　悬浮填料

生物接触氧化池中的填料可采用全池布置，底部进水，整个池底安装布气装置，全池曝气，如图 12－10 所示；两侧布置，底部进水，布气管布置在池子中心，中心曝气，如图 12－13 所示；或单侧布置，上部进水，侧面曝气，如图 12－14 所示。填料全池布置、全池曝气的形式，由于曝气均匀，填料不易堵塞，氧化池容积利用率高等优势，是目前生物接触氧化法采用的主要形式。但不管哪种形式，曝气池的填料应分层安装。

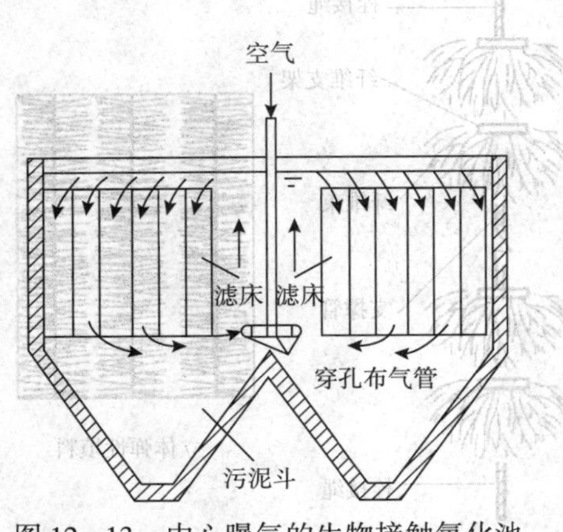

图 12－13　中心曝气的生物接触氧化池

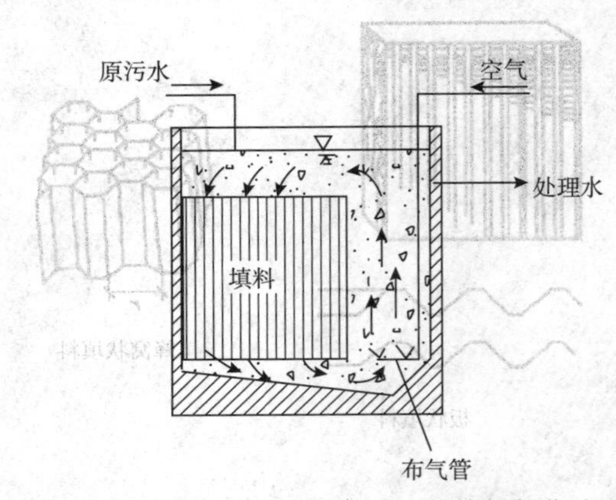

图 12－14　侧面曝气的生物接触氧化池

三、生物接触氧化法的工艺流程

生物接触氧化池应根据进水水质和处理程度确定采用单级式、二级式或多级式，图12－15、图12－16、图12－17是生物接触氧化法常见的几种基本流程。在一级处理流程中，原污水经预处理(主要为初沉池)后进入接触氧化池，出水经过二沉池分离脱落的生物膜，实现泥水分离。在二级处理流程中，两级接触氧化池串联运行，必要时中间可设中间沉淀池(简称中沉池)。多级处理流程中串联三座或三座以上的接触氧化池。第一级接触氧化池内的微生物处于对数增长期和减速增长期的前段，生物膜增长较快，有机负荷较高，有机物降解速率也较大；后续的接触氧化池内微生物处在生长曲线的减速增长期后段或生物膜稳定期，生物膜增长缓慢，处理水水质逐步提高。

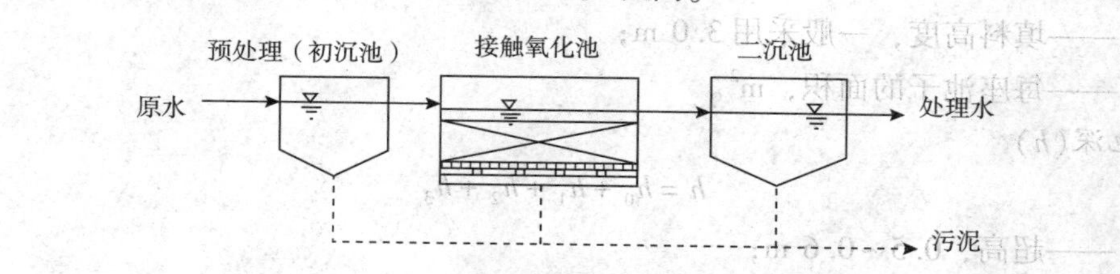

图12－15 单级生物接触氧化法工艺流程

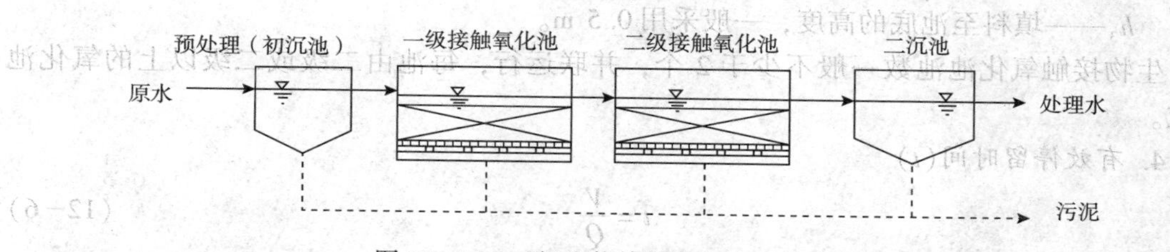

图12－16 二级生物接触氧化法工艺流程

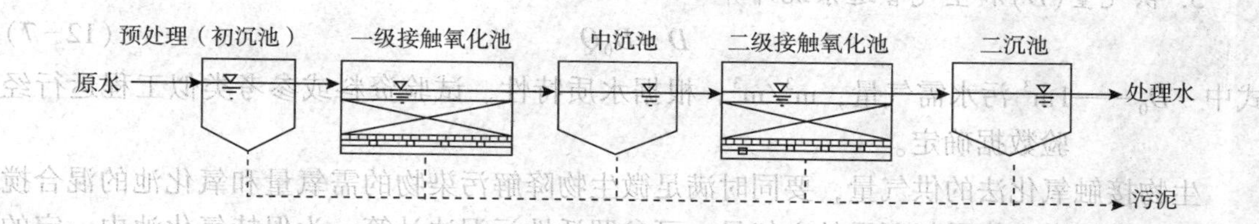

图12－17 二级生物接触氧化法工艺流程(设中沉池)

四、生物接触氧化法的设计计算

生物接触氧化池工艺设计的主要内容是计算填料的有效容积和池子的尺寸，计算空气量和空气管道系统。目前一般是在用有机负荷计算填料容积的基础上，按照构造要求确定池子具体尺寸、池数以及池的分级。对于工业废水，最好通过试验确定有机负荷，也可审慎地采用经验数据。

1. 有效容积(即填料体积)(V)

$$V=\frac{Q(S_0-S_e)}{L_V} \tag{12-2}$$

式中 Q——设计污水处理量，m^3/d；

S_0、S_e——进水、出水 BOD_5，mg/L；

L_V——填料容积负荷，kg BOD_5/[m^3(填料)·d]。

生物接触氧化池的五日生化需氧量容积负荷，宜根据试验资料确定，无试验资料时，城镇污水碳氧化处理一般取2.0~5.0 kg BOD_5/(m^3·d)，碳氧化/硝化一般取0.2~2.0 kg BOD_5/(m^3·d)。

2. 总面积(A)和池数(N)

$$A = \frac{V}{h_0} \tag{12-3}$$

$$N = \frac{A}{A_1} \tag{12-4}$$

式中　h_0——填料高度，一般采用3.0 m；

A_1——每座池子的面积，m^2。

3. 池深(h)

$$h = h_0 + h_1 + h_2 + h_3 \tag{12-5}$$

式中　h_1——超高，0.5~0.6 m；

h_2——填料层上水深，0.4~0.5 m；

h_3——填料至池底的高度，一般采用0.5 m。

生物接触氧化池池数一般不少于2个，并联运行，每池由二级或二级以上的氧化池组成。

4. 有效停留时间(t)

$$t = \frac{V}{Q} \tag{12-6}$$

5. 供气量(D)和空气管道系统计算

$$D = D_0 Q \tag{12-7}$$

式中　D_0——1m^3 污水需气量，m^3/m^3，根据水质特性、试验资料或参考类似工程运行经验数据确定。

生物接触氧化法的供气量，要同时满足微生物降解污染物的需氧量和氧化池的混合搅拌强度。满足微生物需氧所需的空气量，可参照活性污泥法计算。为保持氧化池内一定的搅拌强度，满足营养物质、溶解氧和生物膜之间的充分接触，以及老化生物膜的冲刷脱落，D_0 值宜大于10，一般取15~20。

空气管道系统的计算方法与活性污泥法曝气池的空气管道系统计算方法基本相同。

第四节　曝气生物滤池

一、概述

曝气生物滤池(Biological Aerated Filter，BAF)，又称颗粒填料生物滤池，是在20世纪70年代末80年代初出现于欧洲的一种生物膜法处理工艺。曝气生物滤池最初用于污水二级处理后的深度处理，由于其良好的处理性能，应用范围不断扩大。与传统的活性污泥法相比，曝气生物滤池中活性微生物的浓度要高得多，反应器体积小，且不需二沉池，占地面积少，还具有模块化结构、便于自动控制和臭气少等优点。

20世纪90年代初曝气生物滤池得到了较大发展，在法国、英国、奥地利和澳大利亚等国已有较成熟的技术和设备产品，部分大型污水厂也采用了曝气生物滤池工艺。目前，我国曝气生物滤池主要用于城市污水处理、某些工业废水处理和污水回用深度处理。曝气生物滤池的主要优点及缺点如下：

1. 优点

(1)从投资费用上看，曝气生物滤池不需设二沉池，水力负荷、容积负荷远高于传统污水处理工艺，停留时间短，厂区布置紧凑，可以节省占地面积和建设费用。

(2)从工艺效果上看，由于生物量大以及滤料截留和生物膜的生物絮凝作用，抗冲击负荷能力较强，耐低温，不发生污泥膨胀，出水水质高。

(3)从运行上看，曝气生物滤池易挂膜，启动快。根据运行经验，在水温10～15℃时，2～3周可完成挂膜过程。

(4)曝气生物滤池中氧的传输效率高，曝气量小，供氧动力消耗低，处理单位污水电耗低。此外，自动化程度高，运行管理方便。

2. 缺点

(1)曝气生物滤池对进水的SS要求较高，需要采用对SS有较高处理效果的预处理工艺，而且进水的浓度不能太高，否则容易引起滤料结团、堵塞。

(2)曝气生物滤池水头损失较大，加上大部分都建于地面以上，进水提升水头较大。

(3)曝气生物滤池的反冲洗是决定滤池运行的关键因素之一，滤料冲洗不充分，可能出现结团现象，导致工艺运行失效。操作中，反冲洗出水回流入初沉池，对初沉池有较大的冲击负荷。此外，设计或运行管理不当会造成滤料随水流失等问题。

(4)产泥量略大于活性污泥法，污泥稳定性稍差。

二、曝气生物滤池的构造及工作原理

曝气生物滤池分为上向流式和下向流式，下面以下向流式为例介绍其工作原理。如图12－18所示，曝气生物滤池由池体、布水系统、布气系统、承托层、滤层、反冲洗系统等部分组成，池底设承托层，上部为滤层。

曝气生物滤池承托层采用的材质应具有良好的机械强度和化学稳定性，一般选用卵石作承托层，其级配自上而下为：卵石直径2～4 mm，4～8 mm，8～16 mm；卵石层高度分别为50 mm，100 mm，100 mm。曝气生物滤池的布水布气系统有滤头布水布气系统、栅型承托板布水布气系统和穿孔管布水布气系统，城市污水处理一般采用滤头布水布气系统。曝气用的空气管、布水布气装置及处理水集水管兼作反冲洗水管，可设置在承托层内。

污水从池上部进入滤池，并通过由滤料组成的滤层，在滤料表面形成有微生物栖息的生物膜。在污水滤过滤层的同时，空气从滤料处通入，并由滤料的间隙上升，与下向流的污水相向接触，空气中的氧转移到污水中，向生物膜上的微生物提供充足的溶解氧和丰富的有机物。在微生物的代谢作用下，有机污染物被降解，污水得到净化。

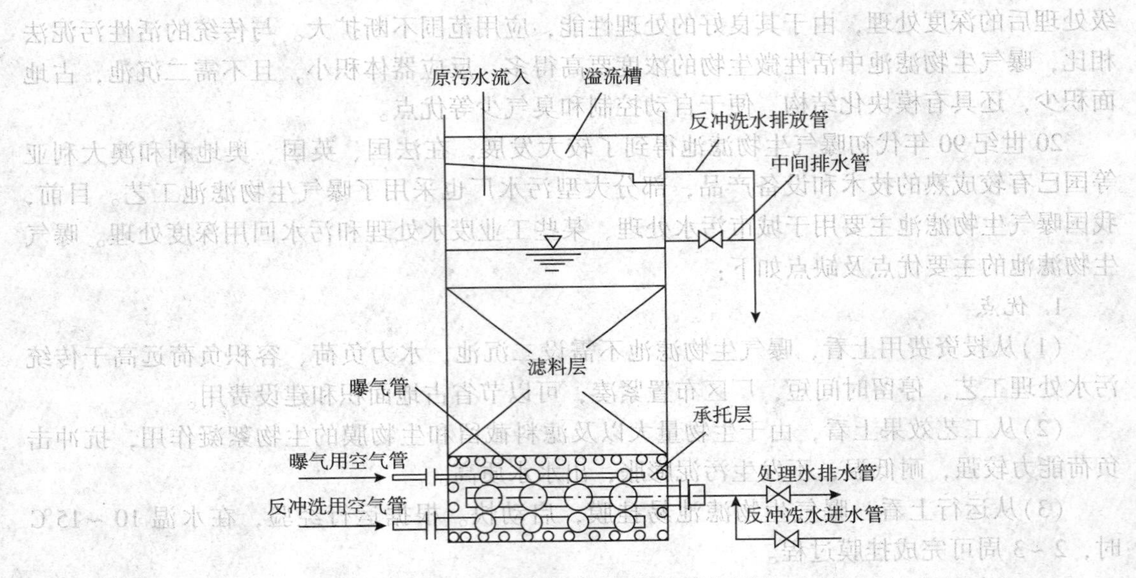

图 12-18　曝气生物滤池构造示意图

运行时，污水中的悬浮物及由于生物膜脱落形成的生物污泥，被滤料所截留，因此，滤层具有二沉池的功能。运行一定时间后，因水头损失的增加，需对滤池进行反冲洗，以释放截留的悬浮物并更新生物膜，一般采用气水联合反冲洗，反冲洗水通过反冲洗水排放管排出后，回流至初沉池。

滤料是生物膜的载体，同时兼有截留悬浮物质的作用，直接影响曝气生物滤池的效能。滤料费用在曝气生物滤池处理系统建设费用中占有较大的比例，所以滤料的优劣直接关系到系统的合理与否。曝气生物滤池滤料有以下要求：

(1) 质轻，堆积容重小，有足够的机械强度；

(2) 比表面积大，孔隙率高，属多孔惰性载体；

(3) 不含有害于人体健康的有害物质，化学稳定性良好；

(4) 水头损失小，形状系数好，吸附能力强。

根据资料和工程运行经验，粒径为 5 mm 左右的均质陶粒及塑料球形颗粒能达到较好的处理效果。常用滤料的物理特性见表 12-4。

表 12-4　常用滤料的物理特性

名称	物理特性							
	比表面积/($m^3 \cdot g^{-1}$)	总孔体积/($cm^3 \cdot g^{-1}$)	堆积容重/($g \cdot L^{-1}$)	磨损率/%	堆积密度/($g \cdot cm^{-3}$)	堆积孔隙率/%	粒内孔隙率/%	粒径/mm
黏土陶粒	4.89	0.39	875	≤3	0.7～1.0	>42	>30	3～5
页岩陶粒	3.99	0.103	976	—	—	—	—	—
沸石	0.46	0.0269	830					
膨胀球形黏土	3.98	—	1550	1.5	—	—	—	3.5～6.2

三、曝气生物滤池工艺流程

如图12－19所示，曝气生物滤池污水处理工艺由预处理设施、曝气生物滤池及滤池反冲洗系统组成，可不设二沉池。预处理一般包括沉砂池、初沉池或混凝沉淀池、隔油池等设施。污水经预处理后使悬浮固体浓度降低，再进入曝气生物滤池，有利于减少反冲洗次数和保证滤池的正常运行。如进水有机物浓度较高，污水经沉淀后可进入水解调节池进行水质水量的调节，同时也提高了污水的生物可降解性。曝气生物滤池的进水悬浮固体浓度应控制在60mg/L以下，并根据处理程度不同，可分为碳氧化、硝化、后置反硝化或前置反硝化等。碳氧化、硝化和反硝化可在单级曝气生物滤池内完成，也可在多级曝气生物滤池内完成。

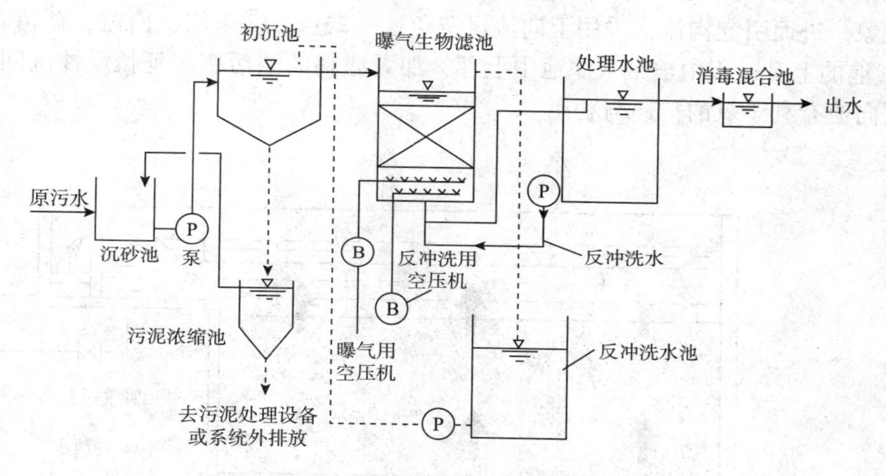

图12－19　曝气生物滤池污水处理工艺系统

根据进水流向的不同，曝气生物滤池的池型主要有下向流式(滤池上部进水，水流与空气逆向运行)和上向流式(池底进水，水流与空气同向运行)。

1. 下向流式

早期开发的一种下向流式曝气生物滤池称作BIOCARBONE。这种曝气生物滤池的缺点是负荷不够高，大量被截留的SS集中在滤池上端几十厘米处，此处水头损失占了整个滤池水头损失的绝大部分；滤池纳污率不高，容易堵塞，运行周期短。图12－20是法国Antibes污水厂下向流曝气生物滤池工艺流程。

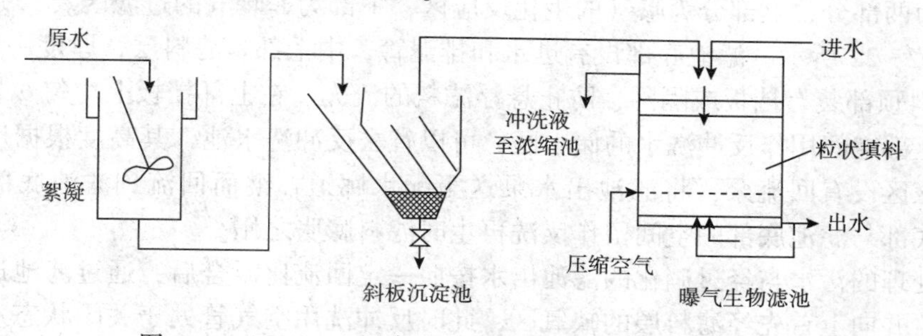

图12－20　Antibes污水厂下向流曝气生物滤池工艺流程

2. 上向流式

1）BIOFOR

图 12－21 所示为典型的上向流式（气水同向流）曝气生物滤池，又称 BIOFOR。其底部为气水混合室，其上为长柄滤头、曝气管、承托层、滤料。所用滤料密度大于水，自然堆积，滤层厚度一般为 2 ~4m。BIOFOR 运行时，污水从底部进入气水混合室，经长柄滤头配水后通过承托层进入滤料，在此进行有机物、氨氮和 SS 的去除。反冲洗时，气水同时进入气水混合室，经长柄滤头进入滤料，反冲洗出水回流入初沉池，与原污水合并处理。采用长柄滤头的优点是简化了管路系统，便于控制，缺点是增加了对滤头的强度要求，滤头的使用寿命会受影响。上向流曝气生物滤池的主要优点有：①同向流可促使布气布水均匀。若采用下向流，则截留的 SS 主要集中在滤料的上部，运行时间一长，滤池内会出现负水头现象，进而引起沟流，采用上向流可避免这一缺点。②采用上向流，截留在底部的 SS 可在气泡的上升过程中被带入滤池中上部，加大滤料的纳污率，延长反冲洗间隔时间。③气水同向流有利于氧的传递与利用。

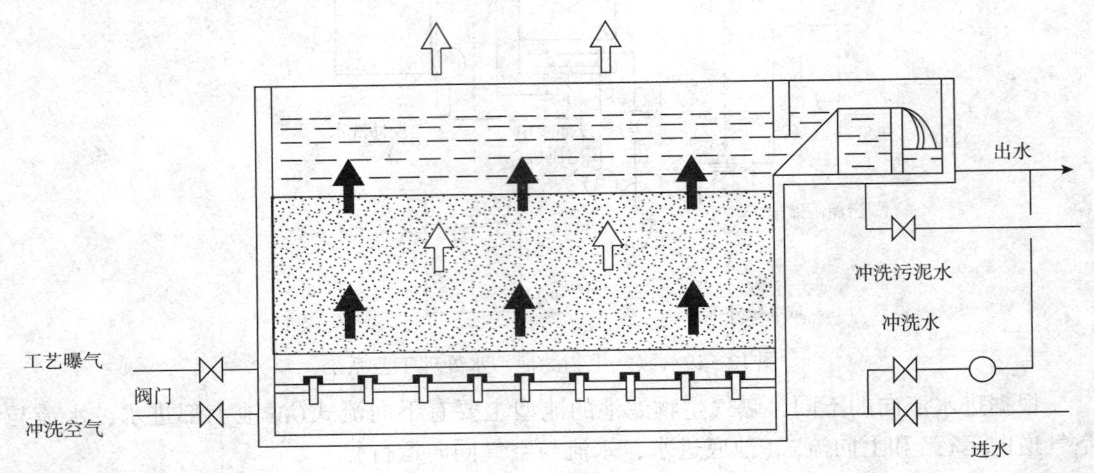

图 12－21　BIOFOR 滤池结构示意图

2）BIOSTYR

图 12－22 为具有脱氮功能的上向流式生物滤池，又称 BIOSTYR，其主要特点为：①采用了新型轻质悬浮滤料——Biostyrene（主要成分是聚苯乙烯，密度小于 1.0g/cm^3）；②将滤床分为两部分，上部分为曝气的生化反应区，下部为非曝气的过滤区。

如图 12－22 所示，滤池底部设有进水和排泥管，中上部是滤料层，厚度一般为 2.5 ~3.0m，滤料顶部装有挡板或隔网，防止悬浮滤料的流失。在上部挡板上均匀安装有出水滤头。挡板上部空间用作反冲洗水的储水区，可以省去反冲洗水池，其高度根据反冲洗水水头而定，该区设有回流泵，将滤池出水泵送至配水廊道，继而回流到滤池底部实现反硝化。滤料底部与滤池底部的空间留作反洗再生时滤料膨胀之用。

经预处理的污水与经过硝化的滤池出水按照一定回流比混合后，通过滤池进水管进入滤池底部，并向上首先经滤料层的缺氧区，此时反冲洗用空气管处于关闭状态。在缺氧区内，滤料上的微生物利用进水中有机物作为碳源将滤池进水中的硝酸盐氮转化为氮气，实现反硝化脱氮和部分 BOD_5 的降解，同时 SS 被生物膜吸附和截留。然后污水进入好氧区，

实现硝化和 BOD_5 的进一步降解。流出滤料层的净化后污水通过滤池挡板上的出水滤头排出滤池。出水分为三部分，一部分排出系统外，一部分按回流比与原污水混合后进入滤池，另一部分用作反冲洗水。反冲洗时可以采用气水交替反冲。滤池顶部设置格网或滤板可以阻止滤料流出。

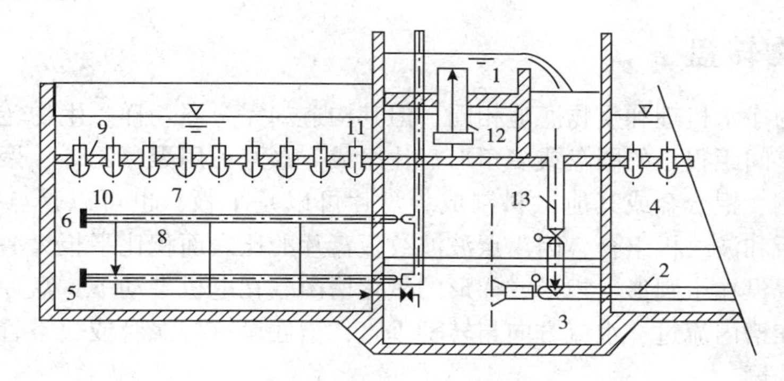

图 12－22　BIOSTYR 滤池结构示意图

1—配水廊道；2—滤池进水和排泥管；3—反冲洗循环闸门；4—滤料；5—反冲洗用空气管；6—工艺曝气管；7—好氧区；8—缺氧区；9—挡板；10—出水滤头；11—处理后水的储存和排出；12—回流泵；13—进水管

四、曝气生物滤池的主要工艺设计参数

曝气生物滤池的工艺设计参数主要有水力负荷、容积负荷、滤料高度、滤料粒径、单池面积以及反冲洗周期、反冲洗强度、反冲洗时间和反冲洗气水比等。

根据《室外排水设计规范》(GB 50014—2006)要求，曝气生物滤池的容积负荷宜根据试验资料确定，无试验资料时，对于城镇污水处理，曝气生物滤池的五日生化需氧量容积负荷宜为 3～6kg $BOD_5/(m^3 \cdot d)$，硝化容积负荷(以 NH_3-N 计)宜为 0.3～0.8kg$(NH_3-N)/(m^3 \cdot d)$，反硝化容积负荷(以 NO_3^--N 计)宜为 0.8～4.0 kg$(NO_3^--N)/(m^3 \cdot d)$。在碳氧化阶段，曝气生物滤池的污泥产率系数可为 0.75kg VSS/kg BOD_5，表 12－5 为曝气生物滤池的典型负荷。

曝气生物滤池的池体高度一般为 5～7m，由配水区、承托层、滤料层、清水区的高度和超高等组成。反冲洗一般采用气水联合反冲洗，由单独气冲洗、气水联合反冲洗、单独水冲洗三个过程组成，通过滤板或固定其上的长柄滤头实现。反冲洗空气强度为 10～15 $L/(m^2 \cdot s)$，反冲洗水强度不宜超过 8 $L/(m^2 \cdot s)$。反冲洗周期根据水质参数和滤料层阻力加以控制，一般设 24 h 为 1 周期。

表 12－5　曝气生物滤池的典型负荷

负荷类别	碳氧化	硝化	反硝化
水力负荷/$(m^3 \cdot m^{-2} \cdot h^{-1})$	2～10	2～10	—
最大容积负荷/$(kgX \cdot m^{-3} \cdot d^{-1})$	3～6 3～6	<1.5(10℃) <2.0(20℃)	<2(10℃) <5(20℃)

注：碳氧化、硝化和反硝化时，X 分别代表五日生化需氧量、氨氮和硝酸盐氮。

第五节　其他型式的生物膜法

一、生物转盘

生物转盘的净水机理和生物滤池相同，但其构造却完全不一样。生物转盘是由固定在一根轴上的许多间距很小的圆盘或多角形盘片组成。盘片可用聚氯乙烯、聚乙烯、泡沫聚苯乙烯、玻璃钢、铝合金或其他材料制成。盘片可以是平板，也可以是点波波纹板等形式，也有用平板和波纹板组合，因为点波波纹板盘片的比表面积比平板大一倍。盘片有接近一半的面积浸没在半圆形、矩形或梯形的氧化槽内。在电机带动下，盘片组在水槽内缓慢转动，废水在槽内流过、水流方向与转轴垂直，槽底设有排泥管或放空管，以控制槽内废水中悬浮物浓度。

盘片作为生物膜的载体，当生物膜处于浸没状态时，废水有机物被生物膜吸附，而当它处于水面以上时，大气中的氧向生物膜传递，生物膜内所吸附的有机物氧化分解，生物膜恢复活性。这样，生物转盘每转动一圈即完成一个吸附－氧化的周期。由于转盘旋转及水滴挟带氧气，所以氧化槽也被充氧，起一定的氧化作用。增厚的生物膜在盘面转动时形成的剪切力作用下，从盘面剥落下来，悬浮在氧化槽的液相中，并随废水流入二次沉淀池进行分离。二次沉淀池排出的上清液即为处理后的废水，沉泥作为剩余污泥排入污泥处理系统。其工艺流程见图 12－23。

生物转盘在实际应用上有各种构造型式，最常见的是多级转盘串联，以延长处理时间、提高处理效果。但级数一般不超过四级，级数过多，处理效率提高不大。根据圆盘数量及平面位置，可以采用单轴多级或多轴多级形式。

生物转盘的盘片直径一般为 1 ~ 3m，最大的达到 4.0m。过大时可能导致转盘边缘的剪切力过大。盘片间距(净距)一般为 20 ~ 30mm，原水浓度高时，应取上限，以免生物膜堵塞。盘片厚度一般为 1 ~ 5mm，视盘材而定。转盘转速通常为 0.8 ~ 3.0r/min，边缘线速度为 10 ~ 20m/min 为宜，每单根轴长一般不超过 7m，以减少轴的挠度。

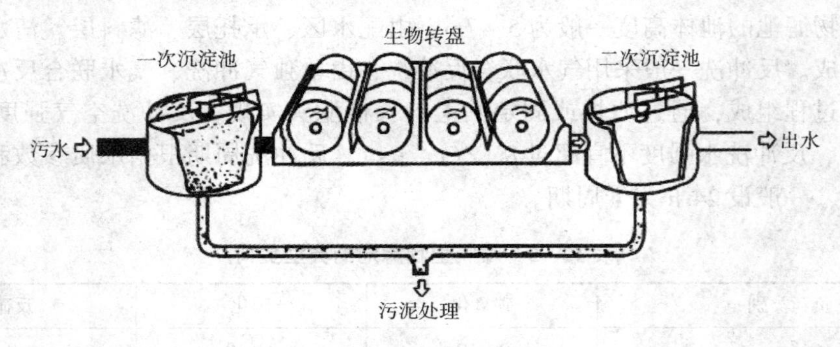

图 12－23　生物转盘工艺流程

生物转盘是一种较新型的生物膜法废水处理设备，国外使用比较普遍，国内主要用于工业废水处理。与活性污泥法相比，生物转盘在使用上具有以下优点：

(1)操作管理简便，无活性污泥膨胀现象及泡沫现象，无污泥回流系统，生产上易于控制。

(2)剩余污泥数量小，污泥含水率低，沉淀速度大，易于沉淀分离和脱水干化。

(3)设备构造简单，无通风、回流及曝气设备，运转费用低，耗电量低。一般耗电量为0.024～0.03kW·h/kg BOD_5。

(4)可采用多层布置，设备灵活性大，可节省占地面积。

(5)可处理高浓度的废水，承受 BOD_5 可达1000mg/L，耐冲击能力强。根据所需的处理程度，可进行多级串联，扩建方便。

(6)废水在氧化槽内停留时间短，一般在1～1.5h左右，处理效率高，BOD_5 去除率一般可达90%以上。

二、生物流化床

生物流化床是使废水通过流化的颗粒床，流化的颗粒表面生长有生物膜，废水在流化床内同分散十分均匀的生物膜相接触而获得净化。

在流化床中，支承生物膜的固相物是流化介质，为了获得足够的生物量和良好的接触条件，流化介质应具有较高的比表面积和较小的颗粒直径，通常流化介质采用砂粒、焦炭粒、无烟煤粒或活性炭粒等。一般颗粒直径为0.6～1.0mm，所提供的表面积是十分大的。因此，在流化床能维持相当高的微生物浓度，可比一般的活性污泥法高10～20倍，因此废水底物的降解速度很快，停留时间很短，废水负荷相当高。

生物流化床内载有生物膜的流化介质能均匀分布在全床，同上升水流接触条件良好。因此，它兼备有活性污泥法均匀接触条件所形成的高效率和生物膜法能承受负荷变动冲击的优点。

由于比表面积大，对废水污染物的吸附能力强，尤其是采用活性炭作为流化介质时，吸附作用更为显著。在这样一个强吸附力场作用下，废水中有机物和微生物、酶都将在流化的生物膜表面富集，使表面形成微生物生长的良好场所。一些难以分解的有机物或分解速度较慢的有机物，能够在介质表面长期停留，对表面吸附着的生物膜进行长时间的驯化和诱导，使之能够顺利降解，同时也能在高浓度的作用下，提高降解的速度。

以氧气(或空气)为氧源的液固两相生物流化床流程如图12－24所示。废水与回流水在充氧设备中与氧混合，使废水中的溶解氧达到32～40mg/L(氧气源)或9mg/L(空气源)，然后进入流化床进行生物氧化反应，再由床顶排出。随着床的操作，生物粒子直径逐渐增大，定期用脱膜器对载体机械脱膜，脱膜后的载体返回流化床，脱除的生物膜则作为剩余污泥排出。对于一般浓度的废水，一次充氧不足以保证生物处理所需要的氧量，必须回流水循环充氧。

以空气为氧源的三相生物流化床工艺流程如图12－25所示。在反应器底部或器壁上直接通入空气供氧，形成气液固三相流化床。由于空气的搅动，载体之间的摩擦较强烈，自动脱膜，不需要特别的脱膜装置。但载体易流失，气泡易聚并变大，影响充氧效率。为了控制气泡大小，有采用减压释放空气的方式充氧的，也有采用射流曝气充氧的。

生物流化床由床体、载体、布水装置、充氧装置和脱膜装置等部分组成。床体用钢板焊制或钢筋混凝土浇制，平面形状一般为圆形或方形，其有效高度按空床流速计算。床底布水装置是关键设备，既使布水均匀，又承托载体。常用多孔板、加砾石多孔板、圆锥底加喷嘴或泡罩布水。

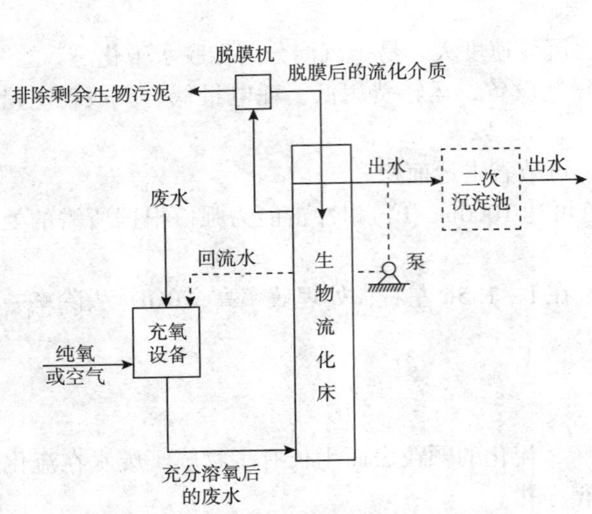

图 12－24　液固两相生物流化床工艺流程

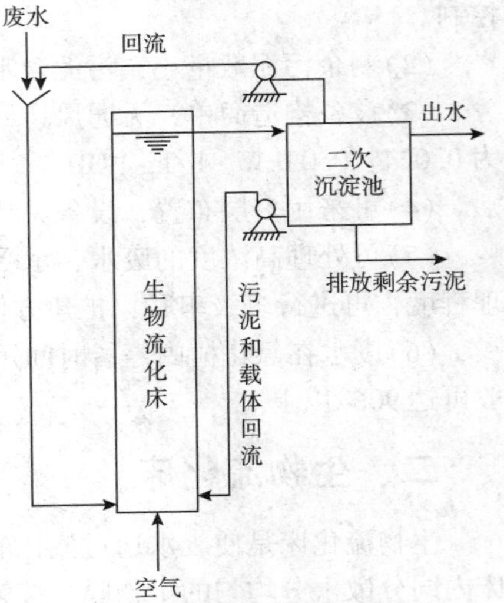

图 12－25　三相生物流化床工艺流程

国外最早的工业生物流化床是 Hy－FLo 反应器。床内废水上升速度用 25～62.5m/s，无污泥结块或堵塞现象，不需要冲洗。流化介质的膨胀率为 100%，以砂粒为介质，其比表面积大于 $1000m^2/m^3$。床内污泥浓度折算为 MLSS 达 12～40g/L。美国 Ecolotrol 公司采用此装置，以纯氧为气源处理城市污水，在有机负荷为 7.27kg $BOD_5/(m^3 \cdot d)$，停留时间 0.26h 时，BOD_5 去除率达 84%。

目前国内生物流化床所采用的床型也有多种如水力流化的和气力流化的，充氧方式有直接供氧和射流吸氧的。采用纯氧气源的流化床，其 BOD 容积负荷可达 $30kg/(m^3 \cdot d)$ 左右，以空气作气源的，此值也达 10 左右。如某印染厂应用三相流化床处理印染废水，以空气作氧源，沸石为载体，在进水 COD 为 406mg/L，BOD_5 和 COD 的容积负荷分别为 12.16 和 29.24kg/$(m^3 \cdot d)$下，COD 和 BOD_5 的去除率分别达到 68% 和 85.1%，比相同处理效率下的表面曝气池负荷高 6 倍多。

第六节　生物膜法的运行与管理

一、生物膜的培养与驯化

生物膜的培养常称为挂膜。挂膜菌种大多数采用生活粪便污水或生活粪便水和活性污泥的混合液。由于生物膜中微生物固着生长，适宜于特殊菌种的生存，所以，挂膜有时也可采用纯培养的特异菌种菌液。特异菌种可单独使用，也可以同活性污泥混合使用，由于所用的特异菌种比一般自然筛选的微生物更适宜废水环境，因此在与活性污泥混合使用时仍可保持特异菌种在生物相中的优势。

挂膜过程必须使微生物吸附在固体支承物上，同时还应不断供给营养物，使附着的微生物能在载体上繁殖，不被水流冲走。单纯的菌液或活性污泥混合液接种，即使固相支承物上吸附有微生物，但还是不牢固，因此，在挂膜时应将菌液和营养液同时投加。

挂膜方法一般有两种，一种是闭路循环法，即将菌液和营养液从设备的一端流入(或从顶部喷淋下来)，从另一端流出，将流出液收集在一水槽内，槽内不断曝气，使菌与污泥处于悬浮状态，曝气一段时间后，进入分离池进行沉淀0.5~1h，去掉上清液，适当添加营养物或菌液，再回流入生物膜反应设备，如此形成一个闭路系统。直到发现载体上长有黏状污泥，即开始连续进入废水。这种挂膜方法需要菌种及污泥数量大，而且由于营养物缺乏，代谢产物积累，因而成膜时间较长，一般需要十天。另一种挂膜法是连续法，即在菌液和污泥循环1~2次后即连续进水，并使进水量逐步增大。这种挂膜法由于营养物供应良好，只要控制挂膜液的流速(在转盘中控制转速)，保证微生物的吸附。在塔式滤池中挂膜时的水力负荷可采用4~7m^3/(m^3·d)，约为正常运行的50%~70%。待挂膜后再逐步提高水力负荷至满负荷。

为了能尽量缩短挂膜时间，应保证挂膜营养液及污泥量具有适宜细菌生长的pH值、温度、营养比等。

挂膜后应对生物膜进行驯化，使之适应所处理工业废水的环境。

在挂膜过程中，应经常采样进行显微镜检验，观察生物相的变化。

挂膜驯化后，系统即可进入试运转，测定生物膜反应设备的最佳工作运行条件，并在最佳条件转入正常运行。

二、生物膜法的日常管理

生物膜法的操作简单，一般只要控制好进水量、浓度、温度及所需投加的营养(N、P)等，处理效果一般比较稳定，微生物生长情况良好。在废水水质变化，形成负荷冲击情况下，出水水质恶化，但很快就能够恢复，这是生物膜法的优点。例如某维尼纶厂的塔式生物滤池，进水甲醛浓度超过正常值的2~3倍，连续进水6天，仍有50%的去除率，而且冲击后3~4天内即可恢复正常。又如某化纤厂塔式生物滤池，进水的NaSCN浓度从正常的50mg/L增到600mg/L，丙烯腈从200mg/L增到800mg/L，连续进水2h，生物膜受到冲击，处理效率有所下降，但短期内即能恢复。生物转盘的使用情况也相似。

生物滤池的运行中还应注意检查布水装置及滤料是否有堵塞现象。布水装置堵塞往往是由于管道锈蚀或者是由于废水中悬浮物质沉积所致，滤料堵塞是由于膜的增长量大于排出量所形成的。所以，对废水水质、水量应加以严格控制。膜的厚度一般与水温、水力负荷、有机负荷和通风量等有关，水力负荷应与有机负荷相配合，使老化的生物膜能不断冲刷下来，被水带走。当有机负荷高时，可加大风量，在自然通风情况下，可提高喷淋水量。

当发现滤池堵塞时，应采用高压水表面冲洗，或停止进入废水，让其干燥脱落。有时也可以加入少量氯或漂白粉，破坏滤料层部分生物膜。

生物转盘一般不产生堵塞现象，但也可以用加大转盘转速控制膜的厚度。

在正常运转过程中，除了应开展有关物理、化学参数的测定外，应对不同层厚、级数的生物膜进行微生物检验，观察分层及分级现象。

生物膜设备检修或停产时，应保持膜的活性。对生物滤池，只需保持自然通风，或打开各层的观察孔，保持池内空气流动；对生物转盘，可以将氧化槽放空，或用人工营养液循环。停产后，膜的水分会大量蒸发，一旦重新开车，可能有大量膜质脱落，因此，开始投入工作时，水量应逐步增加，防止干化生物膜脱落过多。一旦微生物适应后，即可得到恢复。

第十三章　厌氧生化处理

废水厌氧生化处理是环境工程与能源工程中的一项重要技术，是有机废水强有力的处理方法之一。过去，它多用于城市污水处理厂的污泥、有机废料以及部分高浓度有机废水的处理，在构筑物型式上主要采用普通消化池。由于存在水力停留时间长、有机负荷低等缺点，较长时期限制了它在废水处理中的应用。20 世纪 70 年代以来，世界能源短缺日益突出，能产生能源的废水厌氧生化技术受到重视，研究与实践不断深入，开发了各种新型工艺和设备，大幅度提高了厌氧反应器内活性污泥的持留量，使处理时间大大缩短，效率提高。目前，厌氧生化法不仅可用于处理有机污泥和高浓度有机废水，也用于处理中、低浓度有机废水，包括城市污水。厌氧生化法与好氧生化法相比具有下列优点：

1) 应用范围广

好氧法因供氧限制一般只适用于中、低浓度有机废水的处理，而厌氧法既适用于高浓度有机废水，又适用于中、低浓度有机废水。有些有机物对好氧生物处理法来说是难降解的，但对厌氧生物处理是可降解的，如固体有机物、着色剂蒽醌和某些偶氮染料等。

2) 能耗低

好氧法需要消耗大量能量供氧，曝气费用随着有机物浓度的增加而增大，而厌氧法不需要充氧，并且产生的沼气可作为能源。废水有机物达一定浓度后，沼气能量可以抵偿消耗能量。

3) 负荷高

通常好氧法的有机容积负荷为 2 ~ 4kg BOD/(m^3 · d)，而厌氧法为 2 ~ 10kg COD/(m^3 · d)，高的可达 50kg COD/(m^3 · d)。

4) 剩余污泥量少

好氧法每去除 1kg COD 将产生 0.4 ~ 0.6kg 生物量，而厌氧法去除 1kg COD 只产生 0.02 ~ 0.1kg 生物量，其剩余污泥量只有好氧法的 5% ~ 20%。同时，消化污泥在卫生学上和化学上都是稳定的。因此，剩余污泥处理和处置简单、运行费用低，甚至可作为肥料、饲料或饵料利用。

5) 氮、磷营养需要量少

好氧法一般要求 BOD: N: P 为 100: 5: 1，而厌氧法的 BOD: N: P 为 100: 2.5: 0.5，对氮、磷缺乏的工业废水所需投加的营养盐量较少。

但是，厌氧生物处理法也存在以下缺点：

①厌氧微生物增殖缓慢，因而厌氧设备启动和处理时间比好氧设备长。

②出水往往达不到排放标准，需要进一步处理，故一般在厌氧处理后串联好氧处理；

③厌氧处理系统操作控制因素较为复杂。

④密闭，沼气易燃易爆，安全要求高

第一节　厌氧生化法基本原理

一、基本原理

废水厌氧生化处理是指在无分子氧条件下通过厌氧微生物(包括兼氧微生物)的作用，将废水中的各种复杂有机物分解转化成甲烷和二氧化碳等物质的过程，也称为厌氧消化。与好氧过程的根本区别在于不以分子态氧作为受氢体，而以化合态氧、碳、硫、氮等为受氢体。有机物($C_nH_aO_bN_c$)厌氧消化过程的化学反应通式可表达为：

$$C_nH_aO_bN_c+\left(2n+c-b-\frac{9sd}{20}-\frac{ed}{4}\right)H_2O \longrightarrow \frac{ed}{8}CH_4+\left(n-c-\frac{sd}{5}-\frac{ed}{8}\right)CO_2$$

$$+\frac{sd}{20}C_5H_7O_2N+\left(c-\frac{sd}{20}\right)NH_4^+ +\left(c-\frac{sd}{20}\right)HCO_3^- \qquad (13-1)$$

式(13-1)中，括号内的符号和数值为反应的平衡系数，其中：$d=4n+a-2b-3c$。s 值代表转化成细胞的部分有机物，e 值代表转化成沼气的部分有机物。

厌氧生化处理是一个复杂的微生物化学过程，依靠三大主要类群的细菌，即水解产酸细菌、产氢产乙酸细菌和产甲烷细菌的联合作用完成。因而粗略地将厌氧消化过程划分为三个连续的阶段，即水解酸化阶段、产氢产乙酸阶段和产甲烷阶段，如图 13-1 所示。

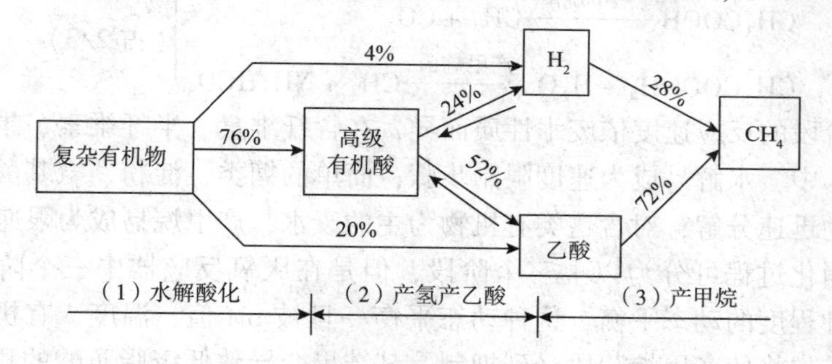

图 13-1　厌氧消化的三个阶段和 COD 转化率

第一阶段为水解酸化阶段。复杂的大分子、不溶性有机物先在细胞外酶的作用下水解为小分子、溶解性有机物，然后渗入细胞体内，分解产生挥发性有机酸、醇类、醛类等。这个阶段主要产生较高级脂肪酸。

碳水化合物、脂肪和蛋白质的水解酸化过程分别为：

$$\left.\begin{matrix}\text{多糖(如纤维素)}\\ \text{低聚糖}\end{matrix}\right. \xrightarrow[\text{细胞外酶}]{\text{水解}} \text{单糖} \xrightarrow[\text{产酸细菌}]{\text{酸化}} \begin{matrix}\text{脂肪酸醇类}\\ CO_2\text{、}H_2\end{matrix}$$

$$\text{脂肪} \xrightarrow[\text{细胞外酶}]{\text{水解}} \text{长链脂肪酸甘油} \xrightarrow[\text{产酸细菌}]{\text{酸化}} \begin{matrix}\text{短链脂肪酸丙酮酸}\\ CH_4\text{、}CO_2\end{matrix}$$

$$\text{蛋白质} \xrightarrow[\text{细胞外酶}]{\text{水解}} \text{氨基酸} \xrightarrow[\text{产酸细菌}]{\text{酸化}} \begin{matrix}\text{脂肪酸胺}\\ NH_3\text{、}CH_4\text{、}CO_2\text{、}H_2S\end{matrix}$$

蛋白质↓，↑氨基酸

$$\text{朊} \longrightarrow \text{胨} \longrightarrow \text{多肽} \longrightarrow \text{二肽}$$

由于简单碳水化合物的分解产酸作用，要比含氮有机物的分解产氨作用迅速，故蛋白质的分解在碳水化合物分解后产生。

含氮有机物分解产生的 NH_3 除了提供合成细胞物质的氮源外，在水中部分电离，形成 NH_4HCO_3，具有缓冲消化液 pH 值的作用，故有时也把继碳水化合物分解后的蛋白质分解产氨过程称为酸性减退期，反应为：

$$NH_3 \xrightleftharpoons{+H_2O} NH_4^+ + OH^- \xrightarrow{+CO_2} NH_4HCO_3$$

$$NH_4HCO_3 + CH_3COOH \longrightarrow CH_3COONH_4 + H_2O + CO_2$$

第二阶段为产氢产乙酸阶段。在产氢产乙酸细菌的作用下，第一阶段产生的各种有机酸被分解转化成乙酸和 H_2，在降解奇数碳有机酸时还形成 CO_2，如：

$$\underset{(\text{戊酸})}{CH_3CH_2CH_2CH_2COOH} + 2H_2O \longrightarrow \underset{(\text{丙酸})}{CH_3CH_2COOH} + \underset{(\text{乙酸})}{CH_3COOH} + 2H_2$$

$$\underset{(\text{丙酸})}{CH_3CH_2COOH} + 2H_2O \longrightarrow \underset{(\text{乙酸})}{CH_3COOH} + 3H_2 + CO_2$$

第三阶段为产甲烷阶段。产甲烷细菌将乙酸、乙酸盐、CO_2 和 H_2 等转化为甲烷。此过程由两组生理上不同的产甲烷菌完成，一组把氢和二氧化碳转化成甲烷，另一组从乙酸或乙酸盐脱羧产生甲烷，前者约占总量的1/3，后者约占2/3，反应为：

$$4H_2 + CO_2 \xrightarrow{\text{产甲烷菌}} CH_4 + 2H_2O \qquad (\text{占}1/3)$$

$$\left.\begin{aligned} &CH_3COOH \xrightarrow{\text{产甲烷菌}} CH_4 + CO_2 \\ &CH_3COONH_4 + H_2O \xrightarrow{\text{产甲烷菌}} CH_4 + NH_4HCO_3 \end{aligned}\right\}(\text{占}2/3)$$

上述三个阶段的反应速度依废水性质而异，在含纤维素、半纤维素、果胶和脂类等污染物为主的废水中，水解易成为速度限制步骤；简单的糖类、淀粉、氨基酸和一般的蛋白质均能被微生物迅速分解，对含这类有机物为主的废水，产甲烷易成为限速阶段。

虽然厌氧消化过程可分为以上三个阶段，但是在厌氧反应器中三个阶段是同时进行的，并保持某种程度的动态平衡，这种动态平衡一旦被 pH 值、温度、有机负荷等外加因素所破坏，则首先将使产甲烷阶段受到抑制，其结果会导致低级脂肪酸的积存和厌氧进程的异常变化，甚至会导致整个厌氧消化过程停滞。

二、影响因素

厌氧法对环境条件的要求比好氧法更严格。一般认为，控制厌氧处理效率的基本因素有两类：一类是基础因素，包括微生物量（污泥浓度）、营养比、混合接触状况、有机负荷等；另一类是环境因素，如温度、pH 值、氧化还原电位、有毒物质等。

由厌氧法的基本原理可知，厌氧过程要通过多种生理上不同的微生物类群联合作用来完成。如果把产甲烷阶段以前的所有微生物统称为不产甲烷菌，则它包括厌氧细菌和兼性细菌，尤以兼性细菌居多。与产甲烷菌相比，不产甲烷菌对 pH 值、温度、厌氧条件等外界环境因素的变化具有较强的适应性，且其增殖速度快。而产甲烷菌是一类非常特殊的、严格厌氧的细菌，它们对生长环境条件的要求比不产甲烷菌更严格，而且其繁殖的世代期更长。因此，产甲烷细菌是决定厌氧消化效率和成败的主要微生物，产甲烷阶段是厌氧过程速率的限制步骤。

1. 温度

温度是影响微生物生长及生物化学反应最重要的因素之一。各类微生物适宜的温度范围是不同的，一般认为，产甲烷菌的温度范围为5～60℃，在35℃和53℃上下可以分别获得较高的消化效率，温度为40～45℃时，厌氧消化效率较低，如图13－2所示。

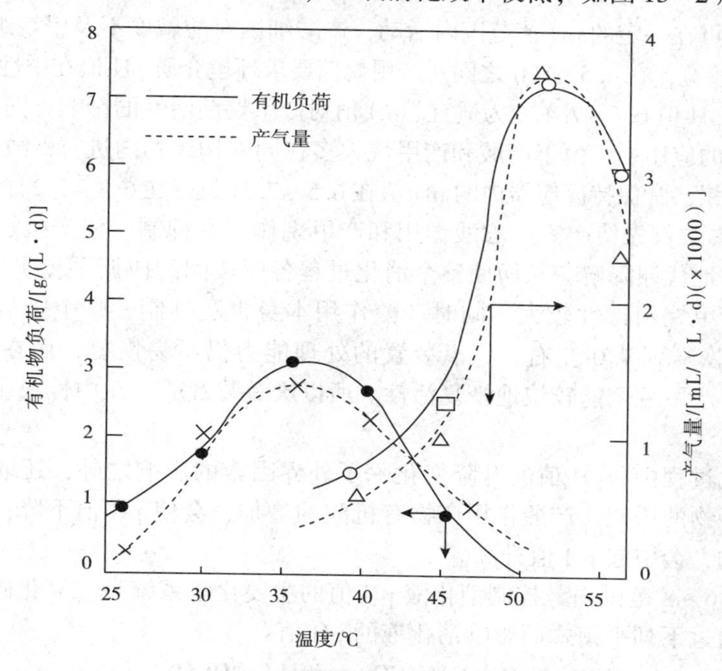

图13－2　温度对厌氧消化效率的影响

由此可见，各种产甲烷菌的适宜温度区域不一致，而且最适温度范围较小。根据产甲烷菌适宜温度条件的不同，厌氧法可分为常温消化、中温消化和高温消化三种类型：

(1)常温消化，指在自然气温或水温下进行废水厌氧生化处理的工艺，适宜温度范围10～30℃。

(2)中温消化，适宜温度35～38℃，若低于32℃或者高于40℃，厌氧消化的效率即趋向明显降低。

(3)高温厌氧消化，适宜温度50～55℃。

上述适宜温度有时因其他工艺条件的不同而有所差异，如反应器内较高的污泥浓度，即较高的微生物酶浓度，则使温度的影响不易显露出来。在一定温度范围内，温度提高，有机物去除率提高，产气量提高。一般认为，高温消化比中温消化沼气产量约高一倍。温度的高低不仅影响沼气的产量，而且影响沼气中甲烷的含量和厌氧消化污泥的性质，对不同性质的底物影响程度不同。

温度对反应速度的影响同样是明显的。一般地说，在其他工艺条件相同的情况下，温度每上升10℃，反应速度就大约增加2～4倍。因此，高温消化期比中温消化期短。

温度的急剧变化和上下波动不利于厌氧消化作用。短时内温度升降5℃，沼气产量明显下降，波动的幅度过大时，甚至停止产气。温度的波动，不仅影响沼气产量，还影响沼气中的甲烷含量，尤其高温消化对温度变化更为敏感。因此在设计消化反应器时常采取一定的控温措施，尽可能使其在恒温下运行，温度变化幅度不超过2～3℃/h。然而，温度的暂时性突然降低不会使厌氧消化系统遭受根本性的破坏，温度一经恢复到原来水平时，处理效率和产气量也随之恢复，只是温度降低持续的时间较长时，恢复所需时间也相应延长。

2. pH 值

每种微生物可在一定的 pH 值范围内活动，产酸细菌对酸碱度不及甲烷细菌敏感，其适宜的 pH 值范围较宽，在4.5～8.0之间。产甲烷菌要求环境介质 pH 值在中性附近，最适 pH 值为7.0～7.2，pH 值6.6～7.4较为适宜。pH 值对产甲烷菌活性的影响见图13－3。在厌氧生化法处理废水的应用中，由于产酸和产甲烷大多在同一构筑物内进行，故为了维持平衡，避免过多的酸积累，常保持反应器内的 pH 值在6.5～7.5(最好在6.8～7.2)的范围内。

pH 值条件失常首先使产氢产乙酸作用和产甲烷作用受抑制，使产酸过程所形成的有机酸不能被正常地代谢降解，从而使整个消化过程各阶段间的协调平衡丧失。若 pH 值降到5以下，对产甲烷菌毒性较大，同时产酸作用本身也受抑制，整个厌氧消化过程即停滞。即使 pH 值恢复到7.0左右，厌氧装置的处理能力仍不易恢复；而在稍高 pH 值时，只要恢复中性，产甲烷菌能较快地恢复活性。所以厌氧装置适宜在中性或稍偏碱性的状态下运行。

在厌氧消化过程中，pH 值的升降变化除了外界因素的影响之外，还取决于有机物代谢过程中某些产物的增减。产酸作用产物有机酸的增加，会使 pH 值下降；含氮有机物分解产物氨的增加，会引起 pH 值升高。

在 pH 值为6～8范围内，控制消化液 pH 值的主要化学系统是二氧化碳－重碳酸盐缓冲系统，它们通过下列平衡式而影响消化液的 pH 值：

$$CO_2 + H_2O \rightleftharpoons H_2CO_3 \rightleftharpoons H^+ + HCO_3^-$$

$$pH = pK_1 + \lg\frac{[HCO_3^-]}{[H_2CO_3]} = pK_1 + \lg\frac{[HCO_3^-]}{K_2[CO_2]} \tag{13-2}$$

式中，K_1 为碳酸的一级电离常数，K_2 为 H_2CO_3 与 CO_2 的平衡常数。

在厌氧反应器中，pH 值、碳酸氢盐碱度及 CO_2 之间的关系如图13－4所示。

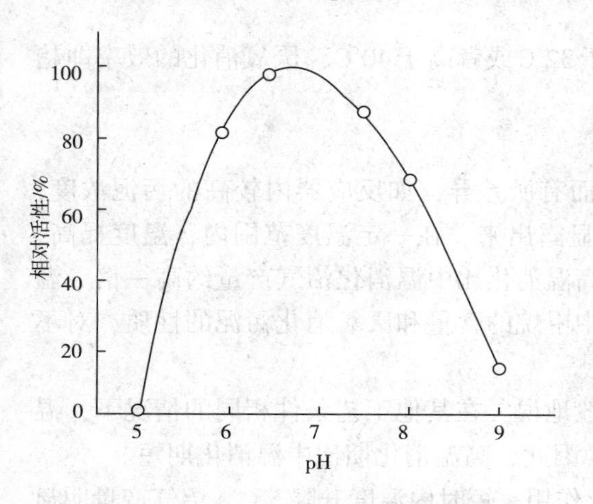

图13－3 pH 值对产甲烷菌活性的影响

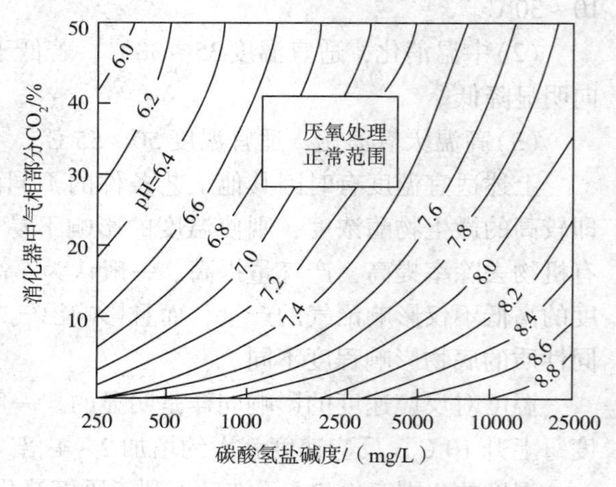

图13－4 pH 值与碳酸氢盐碱度之间的关系

由图13-4可以看出，在厌氧处理中pH值除受进水的pH影响外，主要取决于代谢过程中自然建立的缓冲平衡，取决于挥发酸、碱度、CO_2、氨氮、氢之间的平衡。

由于消化液中存在氢氧化铵、碳酸氢盐等缓冲物质，pH值难以判断消化液中的挥发酸积累程度，一旦挥发酸的积累量足以引起消化液pH值的下降时，系统中碱度的缓冲能力已经丧失，系统工作已经相当紊乱。所以在生产运转中常把挥发酸浓度及碱度作为管理指标。

3. 氧化还原电位

无氧环境是严格厌氧的产甲烷菌繁殖的最基本条件之一。对厌氧反应器介质中的氧浓度可根据浓度与电位的关系判断，即由氧化还原电位表达。氧化还原电位与氧浓度的关系可用Nernst方程确定。研究表明，产甲烷菌初始繁殖的环境条件是氧化还原电位不能高于-330mV，按Nernst方程计算，相当于2.36×10^{56}L水中有1mol氧，可见产甲烷菌对介质中分子态氧极为敏感。

在厌氧消化全过程中，不产甲烷阶段可在兼氧条件下完成，氧化还原电位为+0.1～-0.1V；而在产甲烷阶段，氧化还原电位需控制为-0.3～-0.35V(中温消化)与-0.56～-0.6V(高温消化)，常温消化与中温相近。产甲烷阶段氧化还原电位的临界值为-0.2V。

氧是影响厌氧反应器中氧化还原电位条件的主要因素，但不是唯一因素。挥发性有机酸的增减、pH值的升降以及铵离子浓度的高低等因素均影响系统的还原强度。

4. 有机负荷

在厌氧法中，有机负荷通常指容积有机负荷，简称容积负荷，即消化器单位有效容积每天接受的有机物量[kg COD/(m^3·d)]。对悬浮生长工艺，也有用污泥负荷表达的，即kg COD/(kg污泥·d)；在污泥消化中，有机负荷习惯上以投配率或进料率表达，即每天所投加的湿污泥体积占消化器有效容积的百分数。由于各种湿污泥的含水率、挥发组分不尽一致，投配率不能反映实际的有机负荷，为此，又引入反应器单位有效容积每天接受的挥发性固体重量这一参数，即kg MLVSS/(m^3·d)。

有机负荷是影响厌氧消化效率的一个重要因素，直接影响产气量和处理效率。在一定范围内，随着有机负荷的提高，产气率即单位重量物料的产气量趋向下降，而消化器的容积产气量则增多，反之亦然。对于具体应用场合，进料的有机物浓度是一定的，有机负荷或投配率的提高意味着停留时间缩短，则有机物分解率将下降，势必使单位重量物料的产气量减少。但因反应器相对的处理量增多了，单位容积的产气量将提高。

如前所述，厌氧处理系统正常运转取决于产酸与产甲烷反应速率的相对平衡。一般产酸速度大于产甲烷速度，若有机负荷过高，则产酸率将大于用酸(产甲烷)率，挥发酸将累积而使pH值下降、破坏产甲烷阶段的正常进行，严重时产甲烷作用停顿，系统失败，并难以调整复苏。此外，有机负荷过高，则过高的水力负荷还会使消化系统中污泥的流失速率大于增长速率而降低消化效率。这种影响在常规厌氧消化工艺中更加突出。相反若有机负荷过低，物料产气率或有机物去除率虽可提高，但容积产气率降低，反应器容积将增大，使消化设备的利用效率降低，投资和运行费用提高。

有机负荷值因工艺类型、运行条件以及废水废物的种类及其浓度而异。在通常的情况下，常规厌氧消化工艺中温处理高浓度工业废水的有机负荷为2～3kg COD/(m^3·d)，在高温下为 4 ~ 6kg COD/(m^3 · d)。上流式厌氧污泥床反应器、厌氧滤池、厌氧流化床等新型厌氧工艺的有机负荷在中温下为 5 ~ 15kg COD/(m^3 · d)，可高达 30kg COD/(m^3 · d)。

5. 厌氧活性污泥

厌氧活性污泥主要由厌氧微生物及其代谢的和吸附的有机物、无机物组成。厌氧活性污泥的浓度和性状与消化的效能有密切的关系。性状良好的污泥是厌氧消化效率的基础保证。厌氧活性污泥的性质主要表现为它的作用效能与沉淀性能，前者主要取决于活微生物的比例及其对底物的适应性和活微生物中生长速率低的产甲烷菌的数量是否达到与不产甲烷菌数量相适应的水平。活性污泥的沉淀性能是指污泥混合液在静止状态下的沉降速度，它与污泥的凝聚性有关，与好氧处理一样厌氧活性污泥的沉淀性能也以 SVI 衡量。G. Lettinga 认为在上流式厌氧污泥床反应器中，当活性污泥的 SVI 为 15 ~ 20 时，污泥具有良好的沉淀性能。

厌氧处理时废水中的有机物主要靠活性污泥中的微生物分解去除，故在一定的范围内，活性污泥浓度愈高，厌氧消化的效率也愈高。但至一定程度后，效率的提高不再明显。这主要因为：①厌氧污泥的生长率低、增长速度慢，积累时间过长后，污泥中无机成分比例增高，活性降低；②污泥浓度过高有时易于引起堵塞而影响正常运行。

6. 搅拌和混合

混合搅拌也是提高消化效率的工艺条件之一。没有搅拌的厌氧消化池，池内料液常有分层现象。通过搅拌可消除池内梯度，增加食料与微生物之间的接触，避免产生分层，促进沼气分离。在连续投料的消化池中，还使进料迅速与池中原有料液相混匀，如图 13－5 所示。

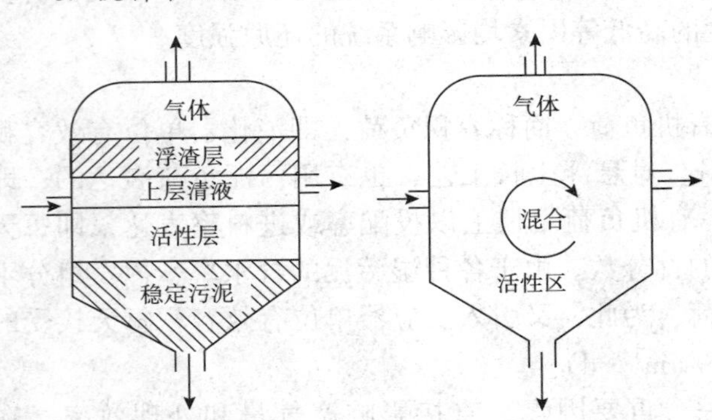

图 13－5　消化池的静止与混合状态

采用搅拌措施能显著提高消化效率，故在传统厌氧消化工艺中，也将有搅拌的消化器称为高效消化器。搅拌的方法有：①机械搅拌器搅拌法；②消化液循环搅拌法；③沼气循环搅拌法等。其中沼气循环搅拌，还有利于使沼气中的 CO_2 作为产甲烷的底物被细菌利用，提高甲烷的产量。厌氧滤池和上流式厌氧污泥床等新型厌氧消化设备，虽没有专设搅拌装置，但以上流的方式连续投入料液，通过液流及其扩散作用，也起到一定程度的搅拌作用。

7. 废水的营养比

厌氧微生物的生长繁殖需按一定的比例摄取碳、氮、磷以及其他微量元素。工程上主要控制进料的碳、氮、磷比例，因为其他营养元素不足的情况较少见。不同的微生物在不同的环境条件下所需的碳、氮、磷比例不完全一致。一般认为，厌氧法中碳：氮：磷控制为(200 ~ 300)∶5∶1 为宜，此比值大于好氧法中 100∶5∶1，这与厌氧微生物对碳素养分的利用率较好氧微生物低有关。

在厌氧处理时提供氮源除满足合成菌体所需之外，还有利于提高反应器的缓冲能力。若氮源不足，即碳氮比太高，则不仅厌氧菌增殖缓慢，而且消化液的缓冲能力降低，pH 值容易下降。相反，若氮源过剩，即碳氮比太低，氮不能被充分利用，将导致系统中氨的过分积累，pH 值上升至 8.0 以上，而抑制产甲烷菌的生长繁殖，使消化效率降低。

8. *有毒物质*

厌氧系统中的有毒物质会不同程度地对过程产生抑制作用，这些物质可能是进水中所含成分，也可能是厌氧菌代谢的副产物，通常包括有毒有机物、重金属离子和一些阴离子等。

对有机物来说，带醛基、双键、氯取代基、苯环等结构，往往具有抑制性。重金属被认为是使反应器失效的最普通及最主要的因素，它通过与微生物酶中的巯基、氨基、羧基等相结合，而使酶失活，或者通过金属氢氧化物凝聚作用使酶沉淀。氨是厌氧过程中的营养物和缓冲剂，但高浓度时也产生抑制作用，其机理与重金属不同，是由 NH_4^+ 浓度增高和 pH 值上升两方面所产生的，主要影响产甲烷阶段，抑制作用是可逆的。过量的硫化物存在也会对厌氧过程产生强烈的抑制。首先，由硫酸盐等还原为硫化物的反硫化过程与产甲烷过程争夺有机物氧化脱下来的氢。其次，当介质中可溶性硫化物积累后，会对细菌细胞的功能产生直接抑制，使产甲烷菌的种群减少。但当与重金属离子共存时，因形成硫化物沉淀而使毒性减轻。

有毒物质的最高容许浓度与处理系统的运行方式、污泥驯化程度、废水特性、操作控制条件等因素有关。

第二节　厌氧生化处理工艺

厌氧生化处理工艺有多种分类方法。按微生物生长状态分为厌氧活性污泥法和厌氧生物膜法；按投料、出料及运行方式分为分批式、连续式和半连续式；根据厌氧消化中物质转化反应的总过程是否在同一反应器中并在同一工艺条件下完成，又可分为一步厌氧消化与两步厌氧消化等。

厌氧活性污泥法包括普通消化池、厌氧接触工艺、上流式厌氧污泥床反应器、膨胀颗粒污泥床等。厌氧生物膜法包括厌氧生物滤池、厌氧流化床、厌氧生物转盘等。

一、普通厌氧消化池

普通消化池又称传统或常规消化池，已有百余年的历史。消化池常用密闭的圆柱形池，如图 13－6 所示。废水定期或连续进入池中，经消化的污泥和废水分别由消化池底和上部排出，所产的沼气从顶部排出。池径从几米至三四十米，柱体部分的高度约为直径的 1/2，池底是圆锥形，以利排泥。一般都有盖子，以保证良好的厌氧条件，收集沼气和保持池内温度，并减少池面的蒸发。为了使进料和厌氧污泥充分接触、使所产的沼气气泡及时逸出而设有搅拌装置，如图 13－7 所示为循环消化液搅拌式消化池。此外，进行中温和高温消化时常需对消化液进行加热。一般情况下每隔 2～4h 搅拌一次。在排放消化液时，通常停止搅拌经沉淀分离后排出上清液。

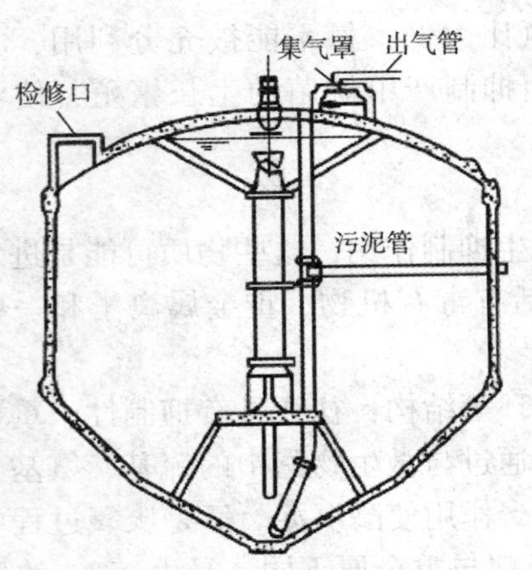

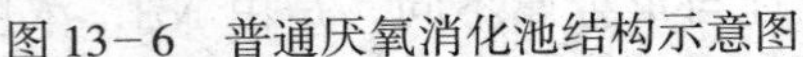
图 13－6　普通厌氧消化池结构示意图

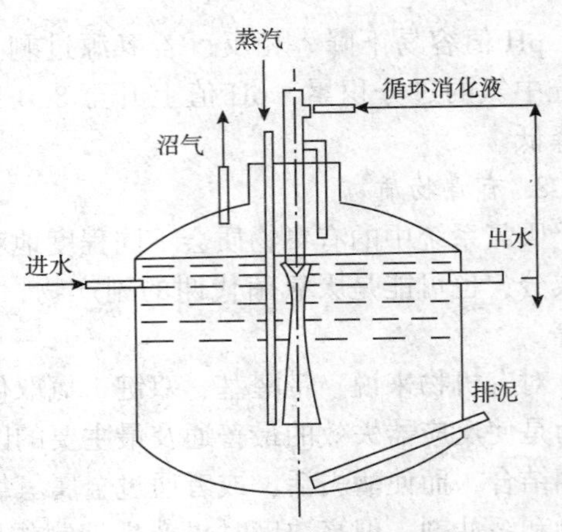

图 13－7　循环消化液搅拌式消化池

常用加热方式有三种：①废水在消化池外先经热交换器预热到定温再进入消化池；②热蒸汽直接在消化器内加热；③在消化池内部安装热交换管。①和③两种方式可利用热水、蒸汽或热烟气等废热源加热。

普通消化池一般的负荷，中温为 2～3kg COD/(m^3 · d)，高温为 5～6 kg COD/(m^3 · d)。

普通消化池的特点是：可以直接处理悬浮固体含量较高或颗粒较大的料液。厌氧消化反应与固液分离在同一个池内实现，结构较简单。但缺乏持留或补充厌氧活性污泥的特殊装置，消化器中难以保持大量的微生物细胞；对无搅拌的消化器，还存在料液分层现象严重，微生物不能与料液均匀接触，温度也不均匀，消化效率低等缺点。

二、厌氧接触法

为了克服普通消化池不能持留或补充厌氧活性污泥的缺点，在消化池后设沉淀池，将沉淀污泥回流至消化池，形成了厌氧接触法，其工艺流程如图 13－8 所示。该系统既可使污泥不流失、出水水质稳定，又可提高消化池内污泥浓度，从而提高设备的有机负荷和处理效率。

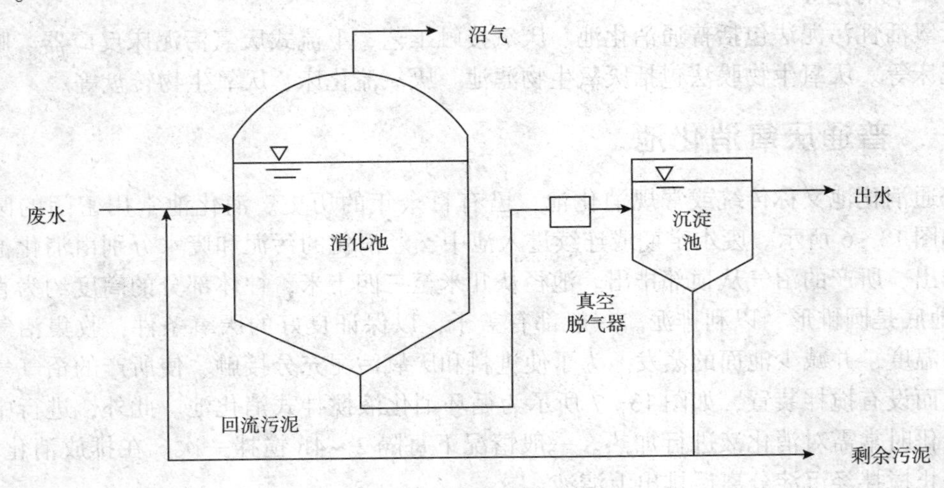

图 13－8　厌氧接触法工艺流程

然而，从消化池排出的混合液在沉淀池中进行固液分离有一定的困难。其原因一方面由于混合液中污泥上附着大量的微小沼气泡，易于引起污泥上浮；另一方面，由于混合液中的污泥仍具有产甲烷活性，在沉淀过程中仍能继续产气，从而妨碍污泥颗粒的沉降和压缩。为了提高沉淀池中混合液的固液分离效果，目前采用以下几种方法脱气：①真空脱气，由消化池排出的混合液经真空脱气器，将污泥絮体上的气泡除去，改善污泥的沉淀性能；②热交换器急冷法，将从消化池排出的混合液进行急速冷却，如中温消化液35℃冷却到15～25℃，可以控制污泥继续产气，使厌氧污泥有效沉淀；图13-9是设真空脱气器和热交换器的厌氧接触法工艺流程；③絮凝沉淀，向混合液中投加絮凝剂，使厌氧污泥易凝聚成大颗粒，加速沉降；④用超滤器代替沉淀池，以改善固液分离效果。此外，为保证沉淀池分离效果，在设计时，沉淀池内表面负荷比一般废水沉淀池表面负荷应小，一般不大于1m/h，混合液在沉淀池内停留时间比一般废水沉淀时间要长，可采用4h。

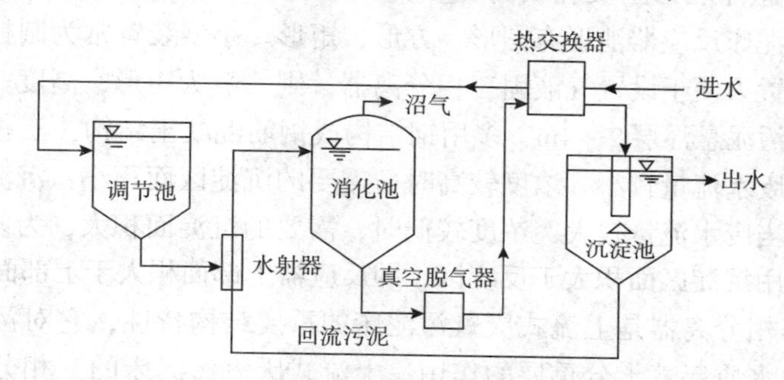

图13-9　设真空脱气器和热交换器的厌氧接触法工艺流程

厌氧接触法的特点：①通过污泥回流，保持消化池内污泥浓度较高，一般为10～15g/L,耐冲击能力强；②消化池的容积负荷较普通消化池高，中温消化时，一般为2～10kg COD/(m^3·d)，水力停留时间比普通消化池大大缩短，如常温下，普通消化池为15～30天，而接触法小于10天；③可以直接处理悬浮固体含量较高或颗粒较大的料液，不存在堵塞问题；④混合液经沉淀后，出水水质好，但需增加沉淀池、污泥回流和脱气等设备。厌氧接触法还存在混合液难于在沉淀池中进行固液分离的缺点。

三、上流式厌氧污泥床反应器(UASB)

上流式厌氧污泥床反应器，简称UASB反应器，是由荷兰的G. Lettinga等在20世纪70年代初研制开发的。UASB反应器内没有载体，是一种悬浮生长型的消化器，其构造如图13-10所示。

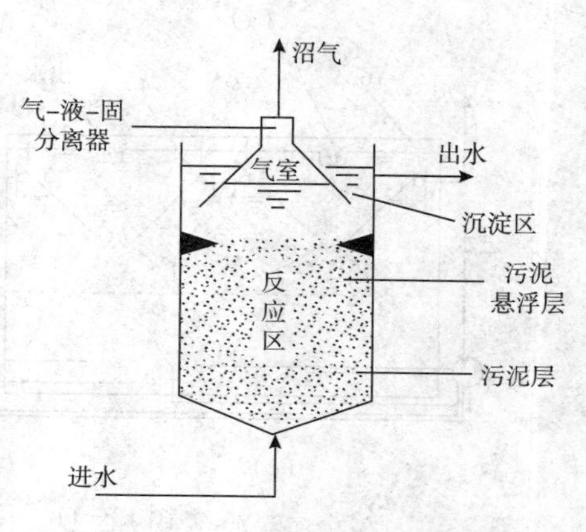

图13-10　UASB反应器构造示意图

UASB反应器由反应区、沉淀区和气室三部分组成。在反应器的底部是浓度较高的污泥层，称为污泥床，在污泥床上都是浓度较低的悬浮污泥层，通常把污泥层和悬浮层统称为反应区，在反应区上部设有气液固三相分离器。废水从污泥床底部进入，与污泥床中的污泥进行混合接触，微生物分解废水中的有机物产生沼气，微小沼气泡在上升过程中，不断合并逐渐形成较大的气泡。由于气泡上升产生较强烈的搅动，在污泥床上部形成悬浮污泥层。气、水、泥的混合液上升至三相分离器内，沼气气泡碰到分离器下部的反射板时，折向气室而被有效地分离排出；污泥和水则经孔道进入三相分离器的沉淀区，在重力作用下，水和泥分离，上清液从沉淀区上部排出，沉淀区下部的污泥沿斜壁返回到反应区内。在一定的水力负荷下，绝大部分污泥颗粒能保留在反应区内，使反应区具有足够的污泥量。

反应区中污泥层高度约为反应区总高度的1/3，但其污泥量约占全部污泥量的2/3以上。由于污泥层中的污泥量比悬浮层大，底物浓度高，酶的活性也高，有机物的代谢速度较快，因此，大部分有机物在污泥层被去除。研究结果表明，废水通过污泥层已有80%以上的有机物被转化，余下的再通过污泥悬浮层处理，有机物总去除率达90%以上。虽然悬浮层去除的有机物量不大，但是其高度对混合程度、产气量和过程稳定性至关重要。因此，应保证适当的悬浮层乃至反应区高度。

上流式厌氧污泥床反应器池形有圆形、方形、矩形。小型装置常为圆柱形，底部呈锥形或圆弧形，大型装置为便于设置气液固三相分离器，则一般为矩形，高度一般为3～8m，其中污泥床1～2m，污泥悬浮层2～4m，多用钢结构或钢筋混凝土结构，三相分离器可由多个单元组合而成。当废水流量较小，浓度较高时，需要的沉淀区面积小，沉淀区的面积和池形可与反应区相同；当废水流量较大，浓度较低时，需要的沉淀面积大，为使反应区的过流面积不致太大，可采用沉淀区面积大于反应区，即反应器上部面积大于下部面积的池形。

设置气液固三相分离器是上流式厌氧污泥床的重要结构特性，它对污泥床的正常运行和获得良好的出水水质起着十分重要的作用。上流式厌氧污泥床的三相分离器构造有多种型式，图13-11是几种气液固三相分离器示意图。

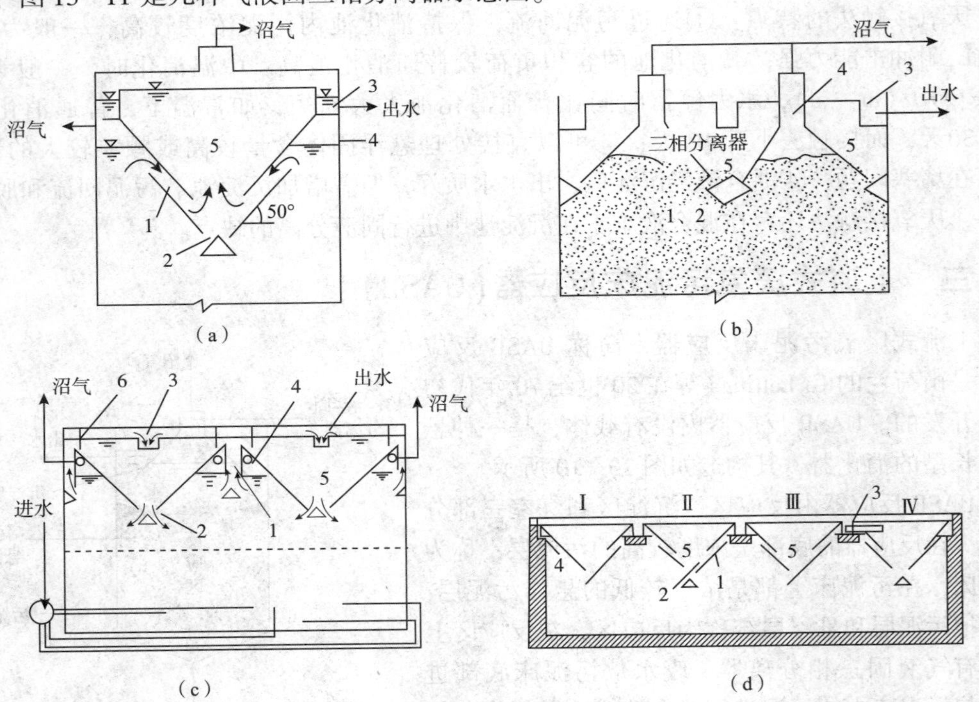

图13-11 几种气液固三相分离器示意图

1—液、固混合液通道；2—污泥回流口；3—集水槽；4—气室；5—沉淀区；6—浮泥挡板一般来说，三相分离器应满足以下条件：①沉淀区斜壁角度为50°，使沉淀在斜底上的污泥不积聚，尽快滑回反应区内；②沉淀区的表面负荷应在0.7$m^3/(m^2 \cdot h)$以下，混合液进入沉淀区前，通过入流孔道(缝隙)的流速不大于2m/h；③应防止气泡进入沉淀区影响沉淀；④应防止气室产生大量泡沫，并控制好气室的高度，防止浮渣堵塞出气管，保证气室出气管畅通无阻。从实践来看，气室水面上总是有一层浮渣，其厚度与水质有关。因此，在设计气室高度时，应考虑浮渣层的高度。此外还需考虑浮渣的排放。

上流式厌氧污泥床反应器的特点是：①反应器内污泥浓度高，一般平均污泥浓度为30～40g/L，其中底部污泥床污泥浓度60～80g/L，污泥悬浮层污泥浓度5～7g/L；②有机负荷高，水力停留时间短，中温消化，COD容积负荷一般为10～20kg COD/($m^3 \cdot d$)；③反应器内设三相分离器，被沉淀区分离的污泥能自动回流到反应区，一般无污泥回流设备；④无混合搅拌设备，投产运行正常后，利用本身产生的沼气和进水来搅动；⑤污泥床内不填载体，节省造价及避免堵塞问题。但反应器内有短流现象，影响处理能力；进水中的悬浮物应比普通消化池低得多，特别是难消化的有机物固体不宜太高，以免对污泥颗粒化不利或减少反应区的有效容积，甚至引起堵塞；运行启动时间长，对水质和负荷突然变化比较敏感。

四、膨胀颗粒污泥床反应器(EGSB)

膨胀颗粒污泥床反应器(Expanded Granular Sludge Bed，简称EGSB)是UASB反应器的变型，是厌氧流化床与UASB反应器两种技术的成功结合。EGSB反应器通过采用出水循环回流获得较高的表面液体升流速度。这种反应器典型特征是具有较高的高径比，较大的高径比也是提高升流速度所需要。EGSB反应器液体的升流速度可达5～10m/h，这比UASB反应器的升流速度(一般在1.0m/h左右)要高得多。

EGSB反应器的基本构造与流化床类似，如图13－12所示，高径比一般可达3～5，生产性装置反应器的高可达15～20m。EGSB反应器顶部可以是敞开的，也可是封闭的，封闭的优点是防止臭味外溢，如在压力下工作，甚至可替代气柜作用。EGSB反应器一般做成圆形，废水由底部配水管系统进入反应器，向上升流过膨胀的颗粒污泥床区，使废水中的有机物与颗粒污泥均匀接触被转化成甲烷和二氧化碳等。混合液升流至反应器上部，通过设在反应器上部的三相分离器，进行气、固、液分离。分离出来的沼气通过反应器顶或集气室的导管排出，沉淀下来的污泥自动返回膨胀床区，上清液通过出水渠排出反应器外。

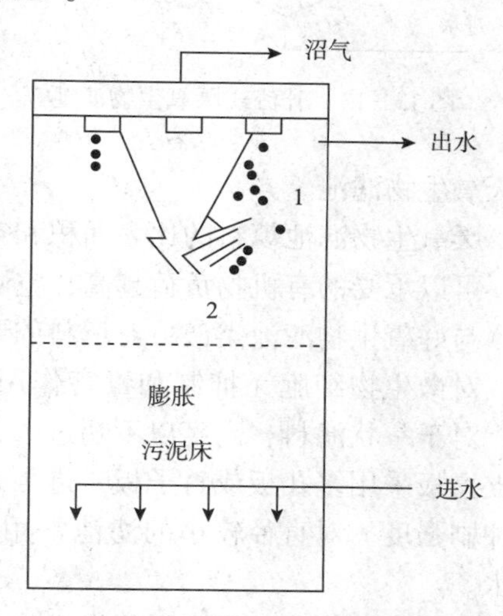

图13－12　EGSB反应器构造示意图
1—泥水混合区；2—沉淀污泥

EGSB反应器可以在较低的温度下处理浓度较低的废水。Rebac等在温度13～20℃下进行了容积为225.5L的EGSB反应器处理麦芽废水的中试研究，进水COD的去除率平均可达56%。在温度为20℃时进水有机负荷率为8.8kg COD/($m^3 \cdot d$)和14.6kg COD/($m^3 \cdot d$)

时，相应的 HRT 为 1.5h，COD 去除率分别为 66% 和 72%。

EGSB 反应器不仅适于处理低浓度废水，而且可处理高浓度有机废水。但在处理高浓度废水时，为了维持足够的液体升流速度，使污泥床有足够大的膨胀率，必须加大出水的回流量，其回流比大小与进水浓度有关，一般进水 COD 浓度越高，所需回流比越大。EGSB 反应器通过出水回流，使其具有抗冲击负荷的能力，使进水中的毒物浓度被稀释至对微生物不再具有毒害作用，所以 EGSB 反应器可处理含有有毒物质的高浓度有机废水。出水回流可充分利用厌氧降解过程，通过致碱物质(如有机氮和硫酸盐等)产生的碱度提高进水的碱度和 pH 值，保持反应器内 pH 值的稳定，减少为了调整 pH 值的投碱量，从而有助于降低运行费用。

EGSB 反应器启动的接种污泥通常采用现有 UASB 反应器的颗粒污泥，接种污泥量以 30g VSS(颗粒污泥)/L 左右为宜。为减少启动初期反应器细小污泥的流失，可对种泥在接种前进行必要的淘洗，先去除絮状的和细小污泥，提高污泥的沉降性能，提高出水水质。

五、厌氧生物滤池

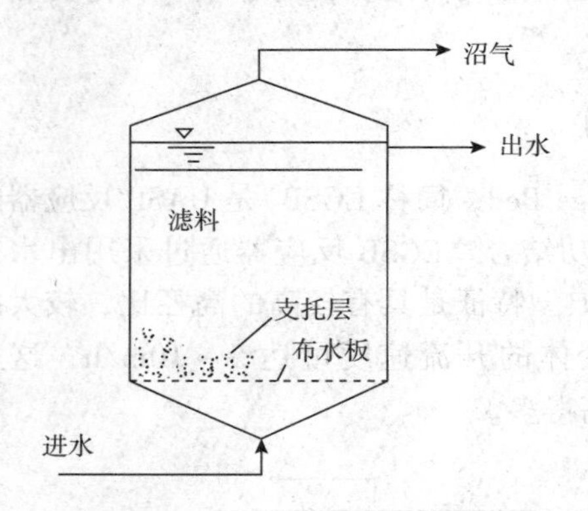

图 13－13　升流式厌氧生物滤池

厌氧生物滤池又称厌氧固定膜反应器，是 20 世纪 60 年代末开发的新型高效厌氧处理装置，其工艺如图 13－13 所示。滤池呈圆柱形，池内装放填料，池底和池顶密封。厌氧微生物附着于填料的表面生长，当废水通过填料层时，在填料表面的厌氧生物膜作用下，废水中的有机物被降解；并产生沼气，沼气从池顶部排出。滤池中的生物膜不断地进行新陈代谢，脱落的生物膜随出水流出池外。废水从池底进入，从池上部排出，称升流式厌氧生物滤池；废水从池上部进入，以降流的形式流过填料层，从池底部排出，称降流式厌氧生物滤池。

厌氧生物滤池填料的比表面积和空隙率对设备处理能力有较大影响。填料比表面积越大，可以承受的有机物负荷越高，空隙率越大，滤池的容积利用系数越高，堵塞减小。因此，与好氧生物滤池类似，对填料的要求为：比表面积大，填充后空隙率高，生物膜易附着，对微生物细胞无抑制和毒害作用，有一定强度，且质轻、价廉、来源广。填料层高度，对于拳状滤料，高度以不超过 1.2m 为宜，对于塑料填料，高度以 1～6m 为宜。填料的支撑板采用多孔板或竹子板。进水系统需考虑易于维修而又使布水均匀，且有一定的水力冲刷强度。对直径较小的滤池常用短管布水，对直径较大的滤池多用可拆卸的多孔管布水。

在厌氧生物滤池中，厌氧微生物大部分存在生物膜中，少部分以厌氧活性污泥的形式存在于滤料的孔隙中。厌氧微生物总量沿池高度分布是很不均匀的，在池进水部位高，相应的有机物去除速度快。当废水中有机物浓度高时，特别是进水悬浮固体浓度和颗粒较大时，进水部位容易发生堵塞现象。为此，对厌氧生物滤池采取如下改进：①出水回流，使进水有机物浓度得以稀释，同时提高池内水流的流速，冲刷滤料空隙中的悬浮物，有利于消除滤池的堵塞。此外，对某些酸性水，出水回流起到中和作用，减少中和药剂的用量。②部分充填载体。为了避免堵塞，仅在滤池底部和中部各设置一填料薄层，空隙率大大提高，处理能力增大。③采用平流式厌氧生物滤池，其构造示意如图 13－14 所示。滤池前段下部进水，后段上部溢流出水，顶部设气室，底部设污泥排放口，使沉淀悬浮物得到连续排除。④采用软性填料。软性填料空隙率大，可克服堵塞现象。

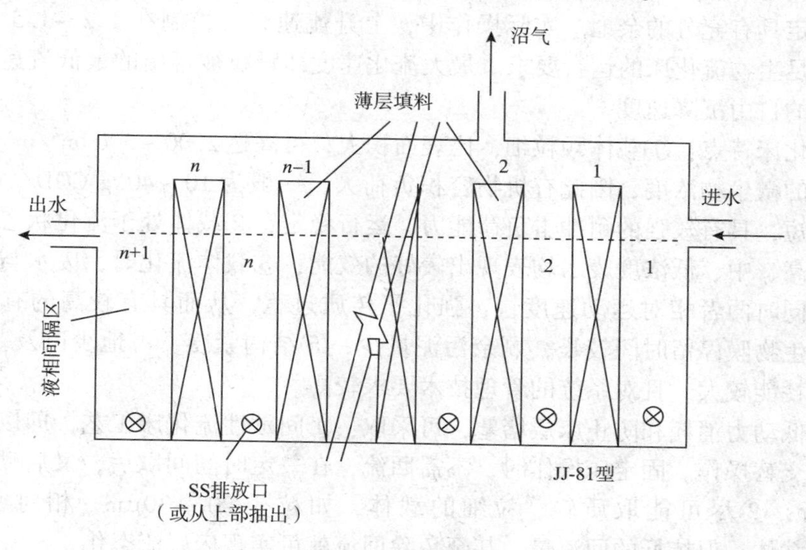

图 13－14　平流式厌氧生物滤池构造示意图

厌氧生物滤池的特点是：①由于填料为微生物附着生长提供了较大的表面积，滤池中的微生物量较高，且生物膜停留时间长，平均停留时间长达 100 天左右，因而可承受的有机容积负荷高，COD 容积负荷为 2～16kg COD/(m^3·d)，且耐冲击负荷能力强；②废水与生物膜两相接触面大，强化了传质过程，因而有机物去除速度快；③微生物固着生长为主，不易流失，因此不需污泥回流和搅拌设备；④启动或停止运行后再启动比前述厌氧工艺时间短。但该工艺也存在一些问题，如处理含悬浮物浓度高的有机废水易发生堵塞，尤以进水部位更严重。滤池的清洗也还没有简单有效的方法等。

六、厌氧流化床

厌氧流化床工艺是借鉴流态化技术的一种生物反应装置，它以小粒径载体为流化粒料，废水作为流化介质，当废水以升流式通过床体时，与床中附着于载体上的厌氧微生物膜不断接触反应，达到厌氧生物降解目的，产生沼气，于床顶部排出，其工艺流程如图 13－15 所示。床内填充细小固体颗粒载体，废水以一定流速从池底部流入，使填料层处于流态化，每个颗粒可在床层中自由运动，而床层上都保持一个清晰的泥水界面。为使填料层流态化，一般需用循环泵将部分出水回流，以提高床内水流

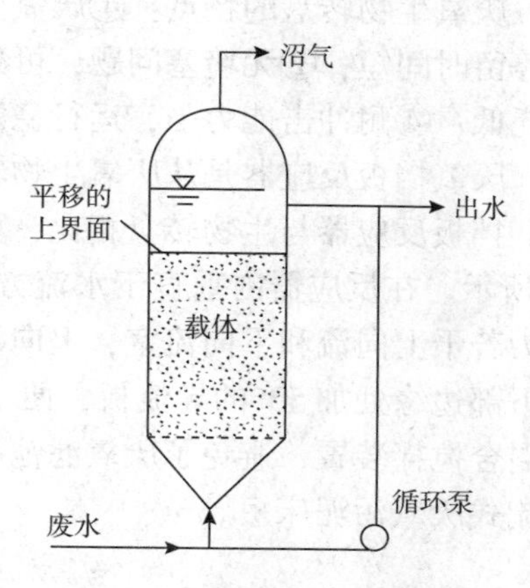

图 13－15　厌氧流化床工艺流程

的上升速度。为降低回流循环的动力能耗，宜取质轻、粒细的载体。常用的填充载体有石英砂、无烟煤、活性炭、聚氯乙烯颗粒、陶粒和沸石等，粒径一般为 0.2 ~ 1mm，大多在 300 ~ 500μm 之间。

流化床操作的首要满足条件是：上升流速即操作速度必须大于临界流态化速度，而小于最大流态化速度。一般来说，最大流态化速度要比临界流化速度大 10 倍以上，所以上升流速的选定具有充分的余地。实际操作中，上升流速只要控制在 1.2 ~ 1.5 倍临界流化速度即可满足生物流化床的运行要求。最大流化速度即颗粒被带出的最低流速，其值接近于固体颗粒的自由沉降速度。

厌氧流化床特点：①载体颗粒细，比表面积大，可高达 2000 ~ 3000m^2/m^3 左右，使床内具有很高的微生物浓度，因此有机物容积负荷大，一般为 10 ~ 40kg COD/(m^3 · d)，水力停留时间短，具有较强的耐冲击负荷能力，运行稳定；②载体处于流化状态，无床层堵塞现象，对高、中、低浓度废水均表现出较好的效能；③载体流化时，废水与微生物之间接触面大，同时两者相对运动速度快，强化了传质过程，从而具有较高的有机物净化速度；④床内生物膜停留时间较长，剩余污泥量少；⑤结构紧凑、占地少以及基建投资省。但载体流化耗能较大，且对系统的管理技术要求较高。

为了降低动力消耗和防止床层堵塞，可采取：①间歇性流化床工艺，即以固定床与流化床间歇性交替操作。固定床操作时，不需回流，在一定时间间歇后，又启动回流泵，回流化床运行；②尽可能取质轻、粒细的载体，如粒径 20 ~ 30μm、相对密度 1.05 ~ 1.2g/cm^3的载体，保持低的回流量，甚至免除回流就可实现床层流态化。

七、厌氧生物转盘和挡板反应器

厌氧生物转盘的构造与好氧生物转盘相似，不同之处在于盘片大部分(70%以上)或全部浸没在废水中，为保证厌氧条件和收集沼气，整个生物转盘设在一个密闭的容器内。厌氧生物转盘由盘片、密封的反应槽、转轴及驱动装置等组成，其构造如图 13 − 16 所示。对废水的净化靠盘片表面的生物膜和悬浮在反应槽中的厌氧菌完成，产生的沼气从反应槽顶排出。由于盘片的转动，作用在生物膜上的剪切力可将老化的生物膜剥落，在水中呈悬浮状态，随水流出槽外。

厌氧生物转盘的特点：①厌氧生物转盘内微生物浓度高，因此有机物容积负荷高，水力停留时间短；②无堵塞问题，可处理较高浓度的有机废水；③一般不需回流，所以动力消耗低；④耐冲击能力强，运行稳定，运转管理方便。但盘片造价高。

厌氧挡板反应器是从厌氧生物转盘发展而来的，生物转盘不转动即变成厌氧挡板反应器。挡板反应器与生物转盘相比，可减少盘的片数和省去转动装置，其工艺流程如图 13 − 17 所示。在反应器内垂直于水流方向设多块挡板来维持较高的污泥浓度。挡板把反应器分为若干上向流和下向流室，上向流室比下向流室宽，便于污泥的聚集。通往上向流的挡板下部边缘处加 50°的导流板，便于将水送至上向流室的中心，使泥水充分混合。因而无需混合搅拌装置，避免了厌氧滤池和厌氧流化床的堵塞问题和能耗较大的缺点，启动期比上流式厌氧污泥床短。

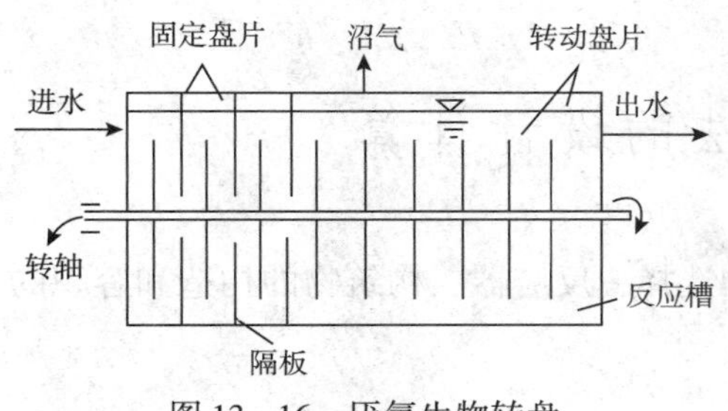

图 13－16　厌氧生物转盘

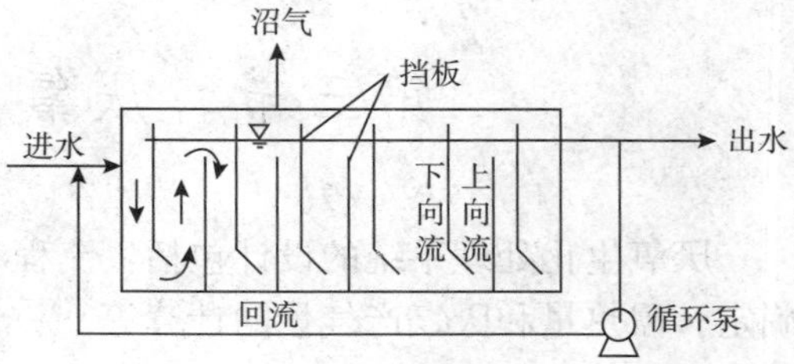

图 13－17　厌氧挡板反应器

八、两步厌氧法和复合厌氧法

两步厌氧法是一种由上述厌氧反应器组合的工艺系统。厌氧消化反应分别在两个独立的反应器中进行，每一反应器完成一个阶段的反应，比如一为产酸阶段，另一为产甲烷阶段，故又称两段式厌氧消化法。根据不产甲烷菌与产甲烷菌代谢特性及适应环境条件不同，第一步反应器可采用简易非密闭装置、在常温、较宽 pH 值范围条件下运行；第二步反应器则要求严格密封、严格控制温度和 pH 值范围。如对悬浮固体含量多的高浓度有机废水，第一步反应器可选不易堵塞、效率稍低的反应装置，经水解产酸阶段后的上清液中悬浮固体浓度降低，第二步反应器可采用新型高效消化器，流程见图 13－18。

两步厌氧法具有如下特点：①耐冲击负荷能力强，运行稳定，避免了一步法不耐高有机酸浓度的缺陷；②两阶段反应不在同一反应器中进行，互相影响小，可更好地控制工艺条件；③消化效率高，尤其适于处理含悬浮固体多、难降解的高浓度有机废水。但两步法设备较多，流程和操作复杂。

两步厌氧法是由两个独立的反应器串联组合而成，而复合厌氧法是在一个反应器内由两种厌氧法组合而成。如厌氧生物滤池与上流式厌氧污泥床反应器组成的复合厌氧法，如图 13－19 所示。设备的上部为厌氧生物滤池，下部为上流式厌氧污泥床反应器，可以集两者优点于一体，反应器下部即进水部位，由于不装填料，可以减少堵塞，上部装设固定填料，充分发挥滤层填料有效截留污泥的能力，提高反应器内的生物量，对水质和负荷突然变化和短流现象起缓冲和调节作用，使反应器具有良好的工作特性。

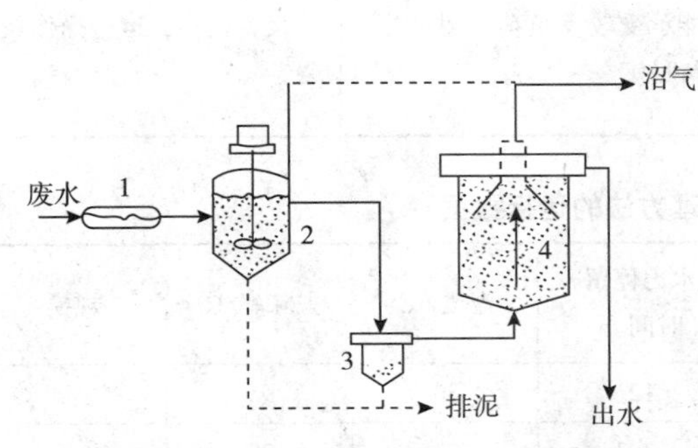

图 13－18　接触消化池－上流式污泥床两步厌氧法工艺流程

1—热交换器；2—水解产酸；3—沉淀分离；4—产甲烷

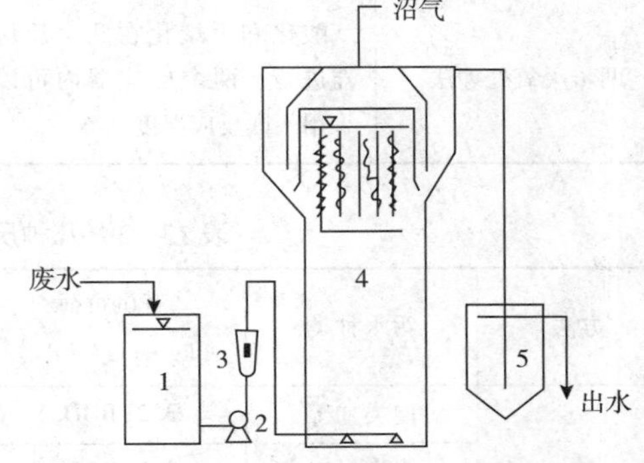

图 13－19　厌氧生物滤池－上流式厌氧污泥床复合厌氧法工艺流程

1—废水箱；2—进水泵；3—流量计；4—复合厌氧反应器；5—沉淀池

第三节　厌氧生化法的设计计算

厌氧生化处理系统的设计包括：流程和设备的选择，反应器、构筑物的构造和容积的确定，需热量和厌氧产气量的计算等。

一、流程和设备的选择

流程和设备的选择包括：处理工艺和设备选择、消化温度、采用单级或两级(段)消化等。表13-1列举了几种厌氧生化处理方法的一般性特点和优缺点，表13-2是几种厌氧生化处理方法的运行数据，在工艺选择和设计中可供参考。

表13-1　几种厌氧生化处理方法的一般性特点和优缺点

方法或反应器	特点	优点	缺点
传统消化法	在一个消化池内进行酸化，甲烷化和固液分离	设备简单	反应时间长，池容积大；污泥易随水流带走
厌氧生物滤池	微生物固着生长在滤料表面，适用于悬浮固体量低的污水	设备简单，能承受较高负荷，出水悬浮固体含量低，能耗小	底部易发生堵塞，填料费用较贵
厌氧接触法	用沉淀池分离污泥并进行回流，消化池中进行适当搅拌，池内呈完全混合，能适应高有机物浓度和高悬浮固体的污水	能承受较高负荷，有一定抗冲击负荷能力，运行较稳定，不受进水悬浮固体含量的影响；出水悬浮固体含量低	负荷高时污泥会流失；设备较多，操作要求较高
升流式厌氧污泥床反应器	消化和固液分离在一个池内，微生物量很高	负荷高；总容积小；能耗低，不需搅拌	如设计不善，污泥会大量消失；池的构造复杂
两步厌氧处理法	酸化和甲烷化在两个反应器进行，两个反应器内可以采用不同反应温度	能承受较高负荷，耐冲击，运行稳定	设备较多，运行操作较复杂

表13-2　几种厌氧处理方法的运行数据

方法	污水种类	有机负荷/($kg \cdot m^{-3} \cdot d^{-1}$)	水力停留时间/h	温度/℃	去除率/%	规模
厌氧接触法	肉类加工	3.2(BOD_5)	12	30	95	小试
	肉类加工	2.5(BOD_5)	13.3	35	90	生产
	小麦淀粉	2.5(COD)	3.6(d)	—	—	中试
	朗姆酒蒸馏	4.5(COD)	2.0(d)	—	63.5	—

续表

方法	污水种类	有机负荷/（$kg \cdot m^{-3} \cdot d^{-1}$）	水力停留时间/h	温度/℃	去除率/%	规模
厌氧生物滤池	有机合成污水	2.5(COD)	96	35	92	小试
	制药污水	3.5(COD)	48	35	98	小试
	酒精上清液	7.3(COD)	20.8	28	85	小试
	Guar 树胶	7.4(COD)	24	37	60	生产
	小麦淀粉废水	3.8(COD)	22	35	65	生产
	食品加工	6(COD)	1.3(d)	35	81	生产
升流式厌氧污泥床	糖厂	22.5(COD)	6	30	94	小试
	土豆加工	25~45(COD)	4	35	93	小试
	蘑菇加工	15.0(COD)	6.8	30	91	生产
	啤酒废水	10.0(COD)	9.0	30	90	生产
	食品加工	10~20(COD)	—	30~35	80~90	生产
	屠宰废水	2.5(COD)	—	常温	77	生产

二、厌氧反应器的设计

第十章所讨论的生化反应动力学和基本方程式，同样适用于厌氧生化处理，但一些动力学常数的数值则有显著的差别。厌氧反应的速率显著低于好氧反应；由于厌氧反应大体上分为酸化和甲烷化两个阶段，甲烷化阶段的反应速率明显地低于酸化阶段的反应速率。因此，整个厌氧反应的总速率主要取决于甲烷化阶段的速率。但是在一般的单级完全混合反应器中，各类细菌是混合生长、相互协调的，酸化过程和甲烷化过程同时存在，因此在进行厌氧过程的动力学分析时，也可以将反应器作为一个系统进行分析。

反应器的设计可以在模型试验的基础上，按照所得的参数值进行计算，也可以按照类似污水的经验值选择采用。

计算确定反应器容积的常用参数是负荷 L 和消化时间 t，公式为：

$$V = Qt \tag{13-3}$$

$$V = \frac{QS_0}{L} \tag{13-4}$$

式中　V——反应（消化）区的容积，m^3；

Q——污水的设计流量，m^3/d；

t——消化时间，d；

S_0——污水有机物的浓度，g BOD_5/L 或 g COD/L；

L——反应区的设计负荷，kg $BOD_5/(m^3 \cdot d)$或 kg $COD/(m^3 \cdot d)$。

在设计升流式厌氧污泥床反应器时，通常上部有一个气体储存空间（一般在 2.5~3.0m），下部是液相区，但实际污泥床（消化区）只占液相区中的一部分，因此在设计升流式厌氧污泥床时考虑一个 0.8~0.9 的比例系数，故总设计液相反应区容积为：

$$V_T = \frac{V}{E} \tag{13-5}$$

式中 V_T——反应器的总容积，m^3；

V——反应（消化）区的容积，m^3；

E——比例系数。

采用中温消化时，对于传统消化法，消化时间在 1 ~ 5d，有机负荷在 1 ~ 3kg COD/(m^3 · d)，BOD_5 去除率可达50% ~90%。对于厌氧生物滤池和厌氧接触法，消化时间可缩短至0.5 ~3d，有机负荷可提高到3 ~10kg COD/(m^3 · d)。对于升流式厌氧污泥床反应器，有时甚至可采用更高的负荷，但上部的三相分离器应缜密设计，避免上升的消化气影响固液分离，造成污泥流失。

消化气的产气量一般可按0.4 ~0.5m^3/kg COD 进行估算。

三、厌氧产气量的计算

回收沼气是厌氧法的主要特点之一，对被处理对象产气量的计算和测定，有助于评价试验结果、工艺运转效率及稳定性。在工程设计方案比较时，能量衡算、经济效益的预测等都建立在产气量计算的基础上。

1. 根据废水有机物化学组成计算产气量

当废水中有机组分一定时，可以利用第一节中所介绍的化学经验方程式（13-1）计算产气量，对不含氮的有机物也可用以下巴斯维尔（Buswell 和 Mueller）通式计算：

$$C_nH_aO_b + \left(n - \frac{1}{4}a - \frac{1}{2}b\right)H_2O \longrightarrow \left(\frac{1}{2}n - \frac{1}{8}a + \frac{1}{4}b\right)CO_2 + \left(\frac{1}{2}n + \frac{1}{8}a - \frac{1}{4}b\right)CH_4 \tag{13-6}$$

从式（13-6）可以看出，若 $n = \left(\frac{a}{4} + \frac{b}{2}\right)$时，水并不参加反应，如乙醇的完全厌氧分解；若 $n > \left(\frac{a}{4} + \frac{b}{2}\right)$时，水是参加反应的，产生的沼气重量将超过所分解有机物质的干重，如1g 丙酸产沼气量为1.13g。

2. 根据 COD 与产气量关系计算

在实际工程中，被处理对象为纯底物的情况很少见。通常废水中的有机物组分复杂，不便于精确定性定量，而以 COD 等综合指标表征。为此，了解去除单位重量 COD 的产气量范围，对于工程设计颇有实用价值。

COD_{Cr}在大多数情况下可以达到理论需氧量（TOD）的95%以上，甚至接近100%。因此可根据去除单位重量 TOD 的产气量，大体上预计出 COD 与产气量的关系。

McCarty 指出，可以根据甲烷气体的氧当量来计算废水厌氧消化的产气量。

$$CH_4 + 2O_2 \longrightarrow CO_2 + 2H_2O \tag{13-7}$$

根据式（13-7），在标准状态下，1mol 甲烷相当于2mol（或64g）COD，则还原1g COD 相当于生成22.4/64 =0.35L 甲烷，以 V_1 代表。实际消化温度下形成的甲烷气体体积可以根据查理定理算出：

$$V_2 = \frac{T_2}{T_1}V_1 \tag{13-8}$$

式中　V_2——消化温度 T_2 的气体体积，L；

V_1——标准条件 T_1 下的气体体积，L；

T_1——标准条件下的温度，273K；

T_2——消化温度，K。

根据COD去除量与甲烷气的产生量的关系，可以下式预测厌氧消化系统的甲烷日产量 V_{CH_4}（m^3/d）：

$$V_{CH_4} = V_2[Q(S_0 - S_e) - 1.42Qx] \times 10^{-3} \tag{13-9}$$

式中 $1.42Qx$ 项代表每天从反应器排泥所流出的COD量；S_e（出水中的COD）包括不能降解和尚未降解的有机物。

一般，甲烷在沼气中的含量约为55%～73%，CO_2 占25%～35%，NH_3 占1%～2%，H_2S 占0.5%～1.5%。由此可得沼气的日产量 V_g 为：

$$V_g = V_{CH_4} \times \frac{1}{P} \tag{13-10}$$

式中 P 为以小数表示的沼气中甲烷含量，P 值越大，沼气热值越高。

由于实际产气率受物料的性质、工艺条件以及管理技术水平等多种因素的影响，实际产气率与理论值会有不同程度的差异，因此在计算产气量时，需要综合考虑以上各种因素。

四、反应器的热量计算

厌氧生化处理特别是甲烷化，需要较高的反应温度，一般需要对投加的污水加温和对反应器保温。加温所需的热量可以利用消化过程中产生的消化气提供。如果消化气所能提供的热量不能满足系统要求，则应由其他能源补充。

反应器所需的热量包括：将污水提高到池温所需的热量和补偿池壁、池盖所散失的热量。提高污水温度所需的热量为 Q_1：

$$Q_1 = Qc(t_2 - t_1) \tag{13-11}$$

式中　Q——污水投加量，m^3/h；

c——污水的比热容，约为4200kJ/（$m^3 \cdot ℃$）（试验值）；

t_2——反应器温度，℃；

t_1——污水温度，℃。

反应器温度高于周围环境时，通过池壁、池盖等散失的热量 Q_2 与池子的构造和材料有关，可用下式估算：

$$Q_2 = KA(t_2 - t_1) \tag{13-12}$$

式中　A——散热面积，m^2；

K——传热系数，kJ/（$h \cdot m^2 \cdot ℃$）；

t_2——反应器内壁温度，℃；

t_1——反应器外壁温度，℃。

对于一般的钢筋混凝土池子，外面加设绝缘层，K 值约为20～25kJ/（$h \cdot m^2 \cdot ℃$）。

【例题13－1】某啤酒厂每日废水产生量为1000m^3/d，进水中溶解有机物浓度为2000mg COD/L，SO_4^{2-} 为200mg/L，pH为6。采用UASB进行处理，要求COD去除率为

90%，温度控制在35℃。计算反应器的尺寸、水力停留时间和消化气产量。

解：其进水有机负荷 L 参考已建UASB反应器在中温条件下处理类似污水的运行数据，当COD去除率为90%时，可以取10kg COD/(m³·d)。当 $COD/SO_4^{2-}=10$ 时，硫酸盐对厌氧消化的影响较小。因为pH为6，进水需要用碱调节至pH为7。

(1)确定反应器的容积：

进水 S_0 换算为2kg COD/m³，则

$$V=\frac{QS_0}{L}=\frac{(1000\text{m}^3/\text{d})(2\text{kg COD/m}^3)}{10\text{kg COD}/(\text{m}^3\cdot\text{d})}$$

$$V=200\text{m}^3$$

(2)根据式(13-5)，取 $E=0.85$，确定液相反应器总容积 V_T：

$$V_T=\frac{V}{E}=\frac{200\text{m}^3}{0.85}=235\text{m}^3$$

(3)确定反应器的横截面积 A 和直径 D：

设升流速度 $v=1.5\text{m/h}$，则

$$A=\frac{Q}{v}=\frac{1000\text{m}^3/\text{d}}{24\cdot(1.5\text{m/h})}=27.8\text{m}^2$$

$$D=6\text{m}$$

(4)确定反应区液相高度 H_L 和总高度 H_T

$$H_L=\frac{V_L}{A}=\frac{235\text{m}^3}{27.8\text{m}^2}=8.5\text{m}$$

$$H_T=H_L+H_C=8.5\text{m}+2.5\text{m}=11.0\text{m}$$

(5)反应器的水力停留时间HRT为：

$$\text{HRT}=\frac{V}{Q}=\frac{200\text{m}^3}{1000\text{m}^3/\text{d}}=0.2\text{d}$$

(6)消化气产量 Q_G（η 为COD去除率，$\eta=90\%$）

$$Q_G=0.4QS_0\eta=720\text{m}^3/\text{d}$$

第四节　厌氧设备的运行管理

一、厌氧设备的启动

厌氧设备在进入正常运行之前应进行污泥的培养和驯化。

厌氧处理工艺的缺点之一是微生物增殖缓慢，设备启动时间长，若能取得大量的厌氧活性污泥就可缩短投产期。

厌氧活性污泥可以取自正在工作的厌氧处理构筑物或江河湖泊沼泽底，下水道及污水集积腐臭处等厌氧生境中的污泥，最好选择同类物料厌氧消化污泥；如果采用一般的未经消化的有机污泥自行培养，所需时间更长。一般来说，接种污泥量为反应器有效容积的10%~90%，依消化污泥的来源方便情况酌定，原则上接种量比例增大，使启动时间缩

短，其次是接种污泥中所含微生物种类的比例也应协调，特别要求含丰富的产甲烷细菌，因为它繁殖的世代时间较长。

在启动过程中，控制升温速度为1℃/h，达到要求温度即保持恒温；注意保持pH值在6.8～7.8之间；此外，有机负荷常常成为影响启动成功的关键性因素。

启动的初始有机负荷因工艺类型、废水性质、温度等工艺条件以及接种污泥的性质而异。常取较低的初始负荷，继而通过逐步增加负荷而完成启动。有的工艺对负荷的要求格外严格，例如厌氧污泥床反应器启动时，初始负荷仅为0.1～0.2kg COD/(kg VSS·d)(相应的容积负荷则依污泥的浓度而异)，至可降解的COD去除率达到80%，或者反应器出水中挥发性有机酸的浓度已较低(低于1000mg/L)的时候，再以每一步按原负荷的50%递增幅度增加负荷。如果出水中挥发性有机酸浓度较高，则不宜再提高负荷，甚至应酌情降低。其他厌氧消化反应器对初始负荷以及随后负荷递增过程的要求，不如厌氧污泥床反应器严格，故启动所需的时间往往较短些。此外，当废水的缓冲性能较佳时(如猪粪液类)，可取较高的负荷下完成启动，如1.2～1.5kg COD/(kg VSS·d)，这种启动方式时间较短，但对含碳水化合物较多、缺乏缓冲性物质的料液，需添加一些缓冲物质，才能高负荷启动，否则易使系统酸败，启动难以成功。

正常的成熟污泥呈深灰到黑色，带焦油气，无硫化氢臭，pH值在7.0～7.5之间，污泥易脱水和干化。当进水量达到要求，并取得较高的处理效率，产气量大，含甲烷成分高时，可认为启动基本结束。

二、欠平衡现象及其原因

厌氧消化系统启动后，其操作与管理主要是通过对产气量、气体成分、池内碱度、pH值、有机物去除率等进行检测和监督，调节和控制好各项工艺条件，保持厌氧消化作用的平衡性，使系统符合设计的效率指标稳定运行。

保持厌氧消化作用的平衡性是厌氧消化系统运行管理的关键。厌氧消化过程易于出现酸化，即产酸量与用酸量不协调，这种现象称为欠平衡。厌氧消化系统欠平衡时显示出如下症状：①消化液挥发性有机酸浓度增高；②沼气中甲烷含量降低；③消化液pH值下降；④沼气产量下降；⑤有机物去除率下降。诸症状中最先显示的是挥发性有机酸浓度增高，故它是一项最有用的监视参数，有助于尽早察觉欠平衡状态的出现。其他症状则因其显示的滞缓性，或者因其并非专一的欠平衡症状，故不如前者那样灵敏。

厌氧消化作用欠平衡的原因是多方面的，如有机负荷过高；进水pH值过低或过高；碱度过低，缓冲能力差；有毒物质抑制；反应温度急剧波动；池内有溶解氧及氧化剂存在等。

一经检测到系统处于欠平衡状态时，就必须立即控制并加以纠正，以避免欠平衡状态进一步发展到消化作用停顿的程度。可暂时投加石灰乳以中和积累的酸，但过量石灰乳能起杀菌作用。解决欠平衡的根本办法是查明失去平衡的原因，有针对性地采取纠正措施。

三、运行管理中的安全要求

厌氧设备的运行管理很重要的问题是安全问题。沼气中的甲烷比空气密度小、非常易燃，空气中甲烷含量为5%～15%时，遇明火即发生爆炸。因此消化池、贮气罐、沼气管道及其附属设备等沼气系统，都应绝对密封，无沼气漏出。并且不能使空气有进入沼气系统的可能，周围严禁明火和电气火花。所有电气设备应满足防爆要求。沼气中含有微量有毒的硫化氢，但低浓度的硫化氢就能被人们所察觉。硫化氢比空气密度大，必须预防它在低凹处积聚。沼气中的二氧化碳也比空气密度大，同样应防止在低凹处积聚，因为它虽然无毒，却能使人窒息。因此，凡需因出料或检修进入消化池之前，务必以新鲜空气彻底置换池内的消化气体，以确保安全。

第十四章　生物脱氮除磷

氮和磷的排放会加速导致水体(特别是封闭水体)的富营养化，其次是氨氮的好氧特性会使水体的溶解氧降低，此外，某些含氮化合物(如 NH_3、NO_3^-、NO_2^-)对人和其他生物有毒害作用。因此，国内外对氮磷的排放标准越来越严格。某些化学法或物理化学法可以有效地从废水中去除氮和磷，如加碱曝气吹脱法、折点加氯法、选择性离子交换法可去除废水中的氨氮，化学沉淀法(铝盐、铁盐、石灰混凝)、离子交换法、吸附法可去除废水中的磷酸盐，在此不作详述。本章主要阐述生物脱氮除磷技术。生物脱氮除磷技术一般来说比化学法和物理化学法去除氮磷经济，尤其是能有效地利用常规的二级生物处理工艺流程进行改造达到生物脱氮除磷的目的，是目前应用广泛和最有前途的氮磷处理方法。

第一节　生物脱氮

一、生物脱氮原理

污水中氮主要以有机氮和氨氮形式存在。在生物处理过程中，有机氮很容易通过微生物的分解和水解转化成氨氮即氨化作用。传统的硝化－反硝化生物脱氮的基本原理就在于通过硝化反应先将氨氮转化为亚硝态氮、硝态氮，再通过反硝化反应将硝态氮、亚硝态氮还原成氮气从水中逸出，从而达到脱氮的目的。

1. 硝化过程

硝化反应是由自养型好氧微生物完成的。它包括两个步骤，第一步是由亚硝酸菌将氨氮转化为亚硝态氮；第二步则由硝酸菌将亚硝态氮进一步氧化为硝态氮。这两类菌统称为硝化菌，它们利用无机碳化物如 CO_3^{2-}、HCO_3^- 和 CO_2 作碳源，从 NH_3、NH_4^+ 或 NO_2^- 的氧化反应中获取能量，两项反应均需在有氧条件下进行。亚硝化和硝化反应式(硝化＋合成)为：

$$NH_4^+ + 1.383O_2 + 1.982HCO_3^- \xrightarrow{\text{亚硝酸菌}} 0.018C_5H_7O_2N + 0.982NO_2^- + 1.036H_2O + 1.892H_2CO_3$$

$$NO_2^- + 0.003NH_4^+ + 0.01H_2CO_3 + 0.005HCO_3^- + 0.485O_2 \xrightarrow{\text{硝酸菌}} 0.003C_5H_7O_2N + 0.008H_2O + NO_3^-$$

硝化总反应式(硝化＋合成)为：

$$NH_4^+ + 1.98HCO_3^- + 1.86O_2 \longrightarrow 0.021C_5H_7O_2N + 1.04H_2O + 0.98NO_3^- + 1.88H_2CO_3$$

由上述反应过程可知，整个硝化过程需耗氧 4.57g O_2/g NH_4-N（其中第一步反应耗氧 3.43g，第二步反应耗氧 1.14g），需消耗碱度 7.14g $CaCO_3$/g NH_4-N。

硝化过程氮的转化及其氧化还原态的变化如图 14－1 所示。

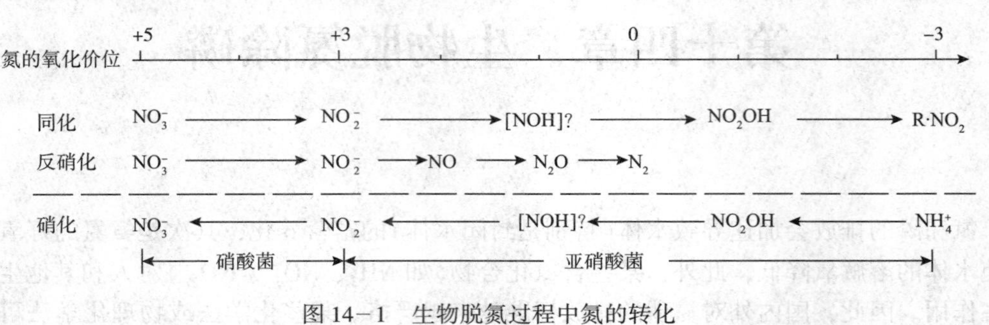

图 14－1 生物脱氮过程中氮的转化

2. 反硝化过程

反硝化反应是由异养型反硝化菌完成的，它的主要作用是将硝态氮或亚硝态氮还原成氮气，反应在无分子态氧的条件下进行。反硝化菌大多是兼性的，在溶解氧浓度极低的环境中，它们利用硝酸盐中的氧作电子受体，有机物则作为碳源及电子供体提供能量并得到氧化稳定。当利用的碳源为甲醇时，反硝化反应式(反硝化＋合成)为：

$$NO_3^- + 1.08CH_3OH + 0.24H_2CO_3 \longrightarrow 0.06C_5H_7O_2N + 0.47N_2\uparrow + 1.68H_2O + HCO_3^-$$

$$NO_2^- + 0.67CH_3OH + 0.53H_2CO_3 \longrightarrow 0.04C_5H_7O_2N + 0.48N_2\uparrow + 1.23H_2O + HCO_3^-$$

由上述反应过程可知，整个反硝化过程每转化 1g $NO_3^- - N$ 为 N_2 时需提供有机物(以 BOD 计)2.86g，同时产生 3.57g 碱度(以 $CaCO_3$ 计)。

反硝化过程氮的转化途径有同化反硝化和异化反硝化，其氮元素的转化及其氧化还原态的变化如图 14－1 所示。当环境中缺乏有机物时，无机物如氢、Na_2S 等也可作为反硝化反应的电子供体。微生物还可通过消耗自身的原生质进行所谓的内源反硝化：

$$C_5H_7O_2N + 4NO_3^- \longrightarrow 5CO_2 + 2N_2 + NH_3 + 4OH^-$$

可见，内源反硝化的结果是细胞物质的减少，并会有 NH_3 的生成，因此，反硝化过程中不希望此种反应占主导地位，而应提供必要的碳源。

3. 脱氮新理念

硝化/反硝化这一传统生物脱氮工艺耗能多，反硝化时还需要有足够的有机碳源还原硝酸盐到氮气。对高浓度氨氮废水上述问题表现得更为突出，因此国内外学者一直在寻找高效低耗的生物脱氮方法。

1)短程硝化－反硝化

由传统硝化－反硝化原理可知，硝化过程是由两类独立的细菌催化完成的两个不同反应，应该可以分开；而对于反硝化菌，NO_3^- 或 NO_2^- 均可以作为最终受氢体。该方法就是将硝化过程控制在亚硝化阶段而终止，随后进行反硝化，在反硝化过程将 NO_2^- 作为最终受氢体，故称为短程硝化－反硝化。其反应式为：

$$NH_4^+ + 1.5O_2 \longrightarrow NO_2^- + 2H^+ + H_2O$$

$$NO_2^- + 3[H] + H^+ \longrightarrow 0.5N_2\uparrow + 2H_2O$$

控制硝化反应停止在亚硝化阶段是实现短程硝化－反硝化生物脱氮技术的关键，在一定程度上取决于对两种硝化细菌的控制，其主要影响因素有温度、污泥龄、溶解氧、pH值和游离氨等。研究表明，控制较高温度（25～35℃）、较低溶解氧和较高pH值和极短的污泥龄条件等，可以抑制硝酸菌生长而使反应器中亚硝酸菌占绝对优势，从而使硝化过程控制在亚硝化阶段。短程硝化－反硝化生物脱氮可减少约25%的供氧量，节省反硝化所需碳源40%，减少污泥生成量50%，以及减少碱消耗量和缩短反应时间。

2）厌氧氨氧化

厌氧氨氧化（Anaerobic Ammonium Oxidation，简称ANAMMOX）是荷兰Delft大学1990年提出的一种新型脱氮工艺。其基本原理是在厌氧条件下以硝酸盐或亚硝酸盐作为电子受体，将氨氮氧化成氮气，或者说利用氨作为电子供体，将亚硝酸盐或硝酸盐还原成氮气。参与厌氧氨氧化的细菌是一种自养菌，在厌氧氨氧化过程中无需有机碳源存在。厌氧氨氧化反应式及反应自由能为：

$$NH_4^+ + NO_2^- \longrightarrow N_2\uparrow + 2H_2O \qquad \Delta G = -358kJ/mol\ NH_4^+$$

$$5NH_4^+ + 3NO_3^- \longrightarrow 4N_2\uparrow + 9H_2O + 2H^+ \qquad \Delta G = -297kJ/mol\ NH_4^+$$

根据热力学理论，上述反应的$\Delta G<0$，说明反应可自发进行，从理论上讲，可以提供能量供微生物生长。

3）亚硝酸型完全自养脱氮

其基本原理是先将氨氮部分氧化成亚硝酸盐氮，控制NH_4^+与NO_2^-比例为1:1，然后通过厌氧氨氧化作为反硝化实现脱氮的目的，其反应式表述为：

$$0.5NH_4^+ + 0.75O_2 \longrightarrow 0.5NO_2^- + H^+ + 0.5H_2O$$

$$0.5NH_4^+ + 0.5NO_2^- \longrightarrow 0.5N_2\uparrow + 2H_2O$$

全过程为自养的好氧亚硝化反应结合自养的厌氧氨氧化反应，无需有机碳源，对氧的消耗比传统硝化反硝化减少62.5%，同时减少碱消耗量和污泥生成量。

二、生物脱氮过程的影响因素

1. 硝化过程影响因素

1）溶解氧浓度

硝化细菌为了获得足够的能量用于生长，必须氧化大量的NH_4^+和NO_2^-，氧是硝化反应过程的电子受体，反应器内溶解氧含量的高低，必将影响硝化反应的进程，在硝化反应的曝气池内，溶解氧含量不得低于1mg/L，多数学者建议溶解氧应保持在1.2～2.0 mg/L。

2）碱度

硝化反应过程释放H^+，使pH值下降，为保持适宜的pH值，应当在污水中保持足够的碱度，以调节pH值的变化，1g氨氮（以N计）完全硝化，需碱度（以$CaCO_3$计）7.14g。

$$NH_4^+ + 2HCO_3^- + 2O_2 \longrightarrow NO_3^- + 2CO_2 + 3H_2O$$

硝化细菌对pH值的变化十分敏感，最佳pH值为8.0～8.4，在最佳pH值条件下，硝化细菌的最大比增长速率可以达到最大值。

3）反应温度

硝化反应的适宜温度是20～30℃，15℃以下时硝化反应速度下降，5℃时完全停止。

4）混合液中有机物含量

硝化细菌是自养菌，有机基质浓度并不是它的增殖限制因素，但它们需要与普通异养菌竞争电子受体，若 BOD 浓度过高，将使增殖速度较快的异养型细菌迅速增殖，从而使硝化细菌在利用溶解氧作为电子受体方面处于劣势而不能成为优势种属。

5）污泥龄

为了使硝化菌群能够在反应器内存活并繁殖，微生物在反应器内的固体平均停留时间（污泥龄）必须大于其最小的世代时间，否则将使硝化细菌从系统中流失，一般认为硝化细菌最小世代时间在适宜的温度条件下为 3d。

6）重金属及有害物质

除有毒有害物质及重金属外，对硝化反应产生抑制作用的物质还有：高浓度的 NH_4^+-N、高浓度的 NO_x-N、高浓度的有机基质以及络合阳离子等。

2. 反硝化过程影响因素

1）碳源

反硝化细菌为兼性异养菌，必须提供有机物作为电子供体，能为反硝化细菌所利用的碳源较多，从污水生物脱氮考虑，可有下列三类：一是原污水中所含碳源，对于城市污水，当原污水 $BOD_5/TKN > 3 \sim 5$ 时，即可认为碳源充足；二是外加碳源，如甲醇、醋酸钠等，工程中多采用甲醇（CH_3OH），因为甲醇作为电子供体反硝化速率高，被分解后的产物为 CO_2 和 H_2O，不留任何难降解的中间产物；三是利用微生物组织进行内源反硝化。在反硝化反应中目前面临最大的问题是碳源的浓度，就是污水中可用于反硝化的有机碳源的多少及其可生化程度。

2）pH 值

反硝化反应最适宜的 pH 值是 6.5 ~ 7.5，pH 值高于 8 或低于 6，反硝化速率将大为下降。

3）溶解氧浓度

反硝化细菌在无分子氧的同时存在硝酸根或亚硝酸根离子的条件下，能够利用这些离子作为电子受体进行呼吸，使硝酸盐还原，如果溶解氧浓度过高，则反硝化细菌将把电子供体提供的电子转交溶解氧以获得更多能量，这时硝酸盐无法得到电子而被还原完成脱氮过程。另一方面，反硝化细菌体内的某些酶系统组分，只有在有氧条件下，才能够合成。这样，反硝化反应宜于在缺氧、好氧条件交替的条件下进行，反硝化时溶解氧浓度应控制在 0.5mg/L 以下。

4）温度

反硝化反应最适宜温度是 20 ~ 40℃，低于 15℃ 反硝化反应速率降低。为了保持一定的反硝化速率，在冬季低温季节，可采用如下措施：提高生物固体平均停留时间；降低负荷率；提高污水的水力停留时间。

三、生物脱氮工艺

1. 三段生物脱氮工艺

该工艺将有机物氧化、硝化及反硝化段独立开来，每一部分都有其各自的沉淀池和独立的污泥回流系统，使除碳、硝化和反硝化在各自的反应器中进行，并分别控制在适宜的条件下运行，处理效率高。三段生物脱氮工艺流程如图 14－2 所示。由于反硝化段设置在有机物氧化和硝化段之后，主要靠内源呼吸利用碳源进行反硝化，效率很低，所以必须在反硝化段投加碳源来保证高效稳定的反硝化反应。

随着对硝化反应机理认识的加深，将有机物氧化和硝化合并成一个系统以简化工艺，从而形成二段生物脱氮工艺(见图14－3)。各段同样有各自的沉淀及污泥回流系统。除碳和硝化作用在一个反应器中进行时，设计的污泥负荷率要低，水力停留时间和污泥龄要长，否则硝化作用不完全。在反硝化段仍需要外加碳源来维持反硝化顺利进行。

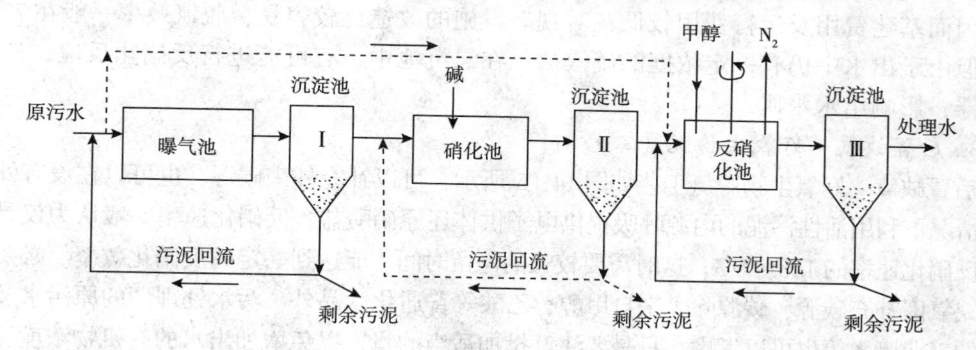

图14－2　三段生物脱氮工艺

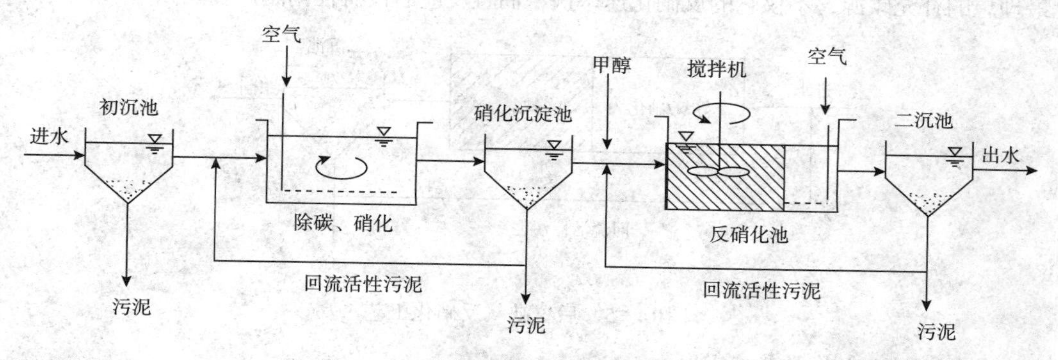

图14－3　外加碳源的二级生物脱氮工艺

2. 前置缺氧－好氧生物脱氮工艺

该工艺于20世纪80年代初开发，其工艺流程如图14－4所示。该工艺将反硝化段设置在系统的前面，因此又称为前置式反硝化生物脱氮系统，是目前较为广泛采用的一种脱氮工艺。反硝化反应以污水中的有机物为碳源，曝气池混合液中含有大量硝酸盐，通过内循环回流到缺氧池，在缺氧池内进行反硝化脱氮。

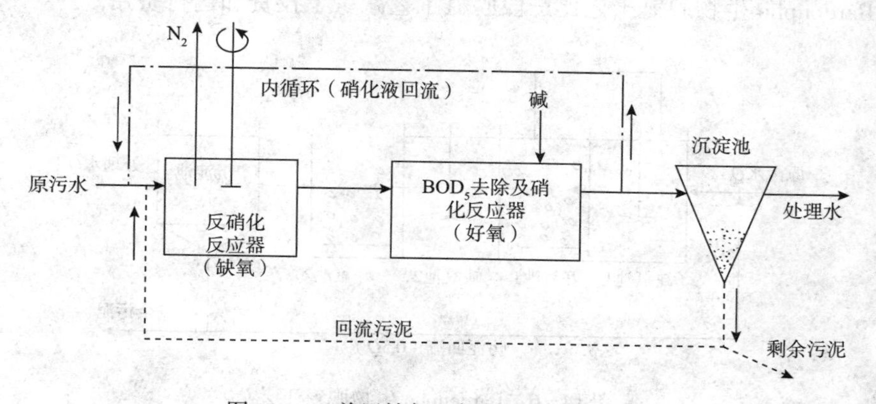

图14－4　前置缺氧－好氧生物脱氮工艺

前置缺氧反硝化具有以下特点：反硝化产生碱度补充硝化反应之需，可补偿硝化反应中所消耗碱度的50%左右；利用原污水中有机物，无需外加碳源；利用硝酸盐作为电子受体处理进水中有机污染物，这不仅可以节省后续曝气量，而且反硝化细菌对碳源的利用更广泛，甚至包括难降解有机物；前置缺氧池可以有效控制系统的污泥膨胀。该工艺流程简单，因而基建费用及运行费用较低，对现有设施的改造比较容易，脱氮效率一般在70%左右，但由于出水中仍有一定浓度的硝酸盐，在二沉池中，有可能进行反硝化反应，造成污泥上浮，影响出水水质。

3. 后置缺氧－好氧生物脱氮工艺

后置缺氧－好氧生物脱氮工艺如图14－5所示，可以补充外来碳源，也可以在没有外来碳源的情况下利用活性污泥的内源呼吸提供电子供体还原硝酸盐，反硝化速率一般认为仅是前置缺氧反硝化速率的1/8～1/3，这时需要较长的停留时间才能达到一定的反硝化效率。必要时应在后缺氧区补充碳源，碳源除了来自甲醇、乙酸等普通化学品外，污水处理厂的原污水及含有机碳的工业废水等也可以考虑，只是要注意投加适当的量，以免增加出水的有机物浓度。甲醇是最理想的补充碳源，不仅它的反硝化速率快，而且反应后没有任何副产物。

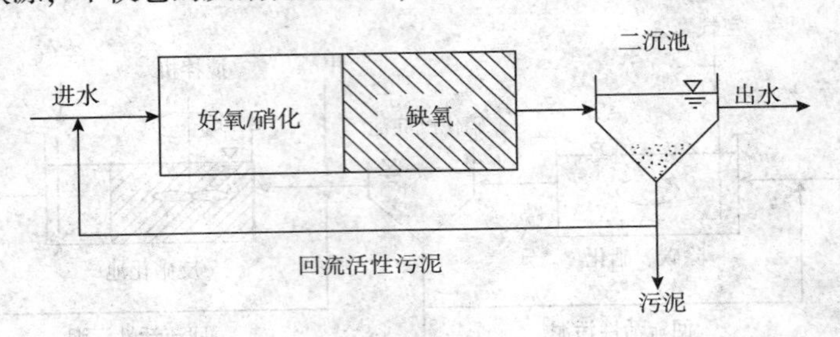

图14－5　后置缺氧反硝化工艺

4. Bardenpho生物脱氮工艺

该工艺取消了三段脱氮工艺的中间沉淀池，如图14－6所示。Bardenpho生物脱氮工艺中设立了两个缺氧段，第一段利用原水中的有机物作为碳源和第一好氧池中回流的含有硝态氮的混合液进行反硝化反应。经第一段处理，脱氮已大部分完成。为进一步提高脱氮效率，废水进入第二段反硝化反应器，利用内源呼吸碳源进行反硝化。最后的曝气池用于净化残留的有机物，吹脱污水中的氮气，提高污泥的沉降性能，防止在二沉池发生污泥上浮现象。Bardenpho生物脱氮工艺比三段脱氮工艺减少了投资和运行费用。

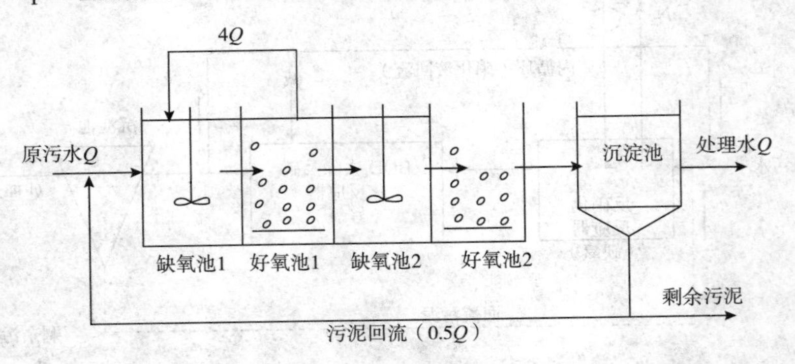

图14－6　Bardenpho生物脱氮工艺

5. 同步硝化反硝化

同步硝化反硝化是指在没有明显独立设置缺氧区的活性污泥法处理系统内总氮被大量去除的过程。对同步硝化反硝化过程的机理解释主要有以下三个方面。

1）反应器溶解氧分布不均理论

在反应器的内部，由于充氧不均衡，混合不均匀，形成反应器内部不同部分的缺氧区和好氧区，分别为反硝化细菌和硝化细菌的作用提供了优势环境，造成事实上硝化和反硝化作用的同时进行。除了反应器不同空间上的溶解氧不均外，反应器在不同时间点上的溶解氧变化也可认为是同步硝化反硝化过程。

2）缺氧微环境理论

在活性污泥絮体中，从絮体表面至其内核的不同层次上，由于氧传递的限制原因，氧的浓度分布是不均匀的，微生物絮体外表面氧的浓度较高，内层浓度较低。在生物絮体颗粒尺寸足够大的情况下，可以在菌胶团内部形成缺氧区，在这种情况下，絮体外层好氧硝化细菌占优势，主要进行硝化反应，内层为反硝化细菌占优势，主要进行反硝化反应（见图 14－7）。除了活性污泥絮体外，一定厚度的生物膜中同样可存在溶解氧梯度，使得生物膜内层形成缺氧微环境。

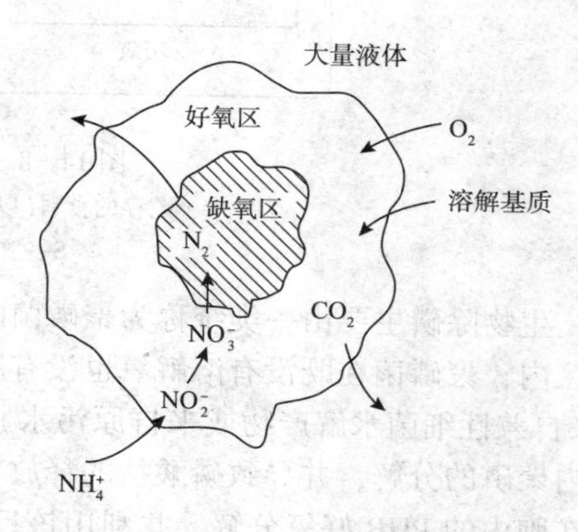

图 14－7　活性污泥颗粒内部存在的好氧区和缺氧区

3）微生物学解释

传统理论认为硝化反应只能由自养菌完成，反硝化只能在缺氧条件下进行，有研究已经证实存在好氧反硝化细菌和异养硝化细菌。在好氧条件下很多反硝化细菌可以进行氨氮硝化作用。在低浓度氧状态下，硝化细菌 Nitrosomonas europaea 和 Nitrosomonas eutropha 可以进行反硝化作用。

在诸多生物脱氮工艺中，目前前置缺氧反硝化使用较为普遍，随着生物脱氮技术的发展，新的工艺不断被研究开发出来，同时，人们将生物脱氮与除磷工艺相结合形成了许多新的生物脱氮除磷处理工艺。

第二节　生物除磷

废水中磷的存在形态取决于废水的类型，最常见的是磷酸盐（$H_2PO_4^-$、HPO_4^{2-}、PO_4^{3-}）、聚磷酸盐和有机磷。常规二级生物处理的出水中，90% 左右的磷以磷酸盐的形式存在。

一、生物除磷原理

大量的实验观测资料证实，有一类特殊的细菌，在厌氧状态释放磷，在好氧状态可以过量地、超出其生理需要地从污水中摄取磷酸盐。生物除磷基本原理如图 14－8 所示。

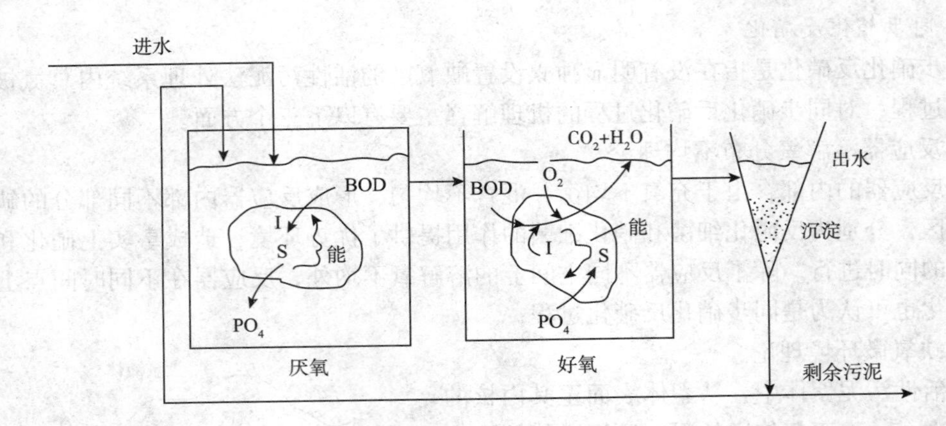

图 14－8　生物除磷的基本原理

注：I— 贮存的食料（以 PHB 等有机颗粒形式贮存在细胞内）

S— 贮存的磷（聚磷酸盐）

生物除磷主要由一类统称为聚磷菌的微生物完成，该类微生物均属异养型细菌。在厌氧区内，聚磷菌在既没有溶解氧也没有原子态氧的厌氧条件下，吸收乙酸等低分子脂肪酸（来自兼性细菌水解产物或来自原污水），并合成 PHB 贮于细胞内，所需的能量来源于菌体内聚磷的分解，并导致磷酸盐的释放。在好氧区内，聚磷菌以游离氧为电子受体，将积贮在胞内的 PHB 好氧分解，并利用该反应产生的能量，过量摄取水体中的磷酸盐，在胞内转化为聚磷，这就是好氧吸磷。好氧吸磷量大于厌氧放磷量，通过剩余污泥排放可实现生物除磷的目的。

从以上论述可知，在厌氧状态下放磷愈多，合成的 PHB 愈多，则在好氧状态下合成的聚磷量也愈多，除磷的效果也就愈好。

二、生物除磷影响因素

1. 溶解氧和氧化态氮

溶解氧分别对摄磷和放磷过程影响不同。在厌氧区中必须控制严格的厌氧条件，既没有分子态氧，也没有 NO_3^- 等化合态氧。溶解氧的存在，将抑制厌氧菌的发酵产酸作用和消耗乙酸等低分子脂肪酸物质；硝态氮的存在，影响聚磷菌的代谢，也会消耗部分乙酸等低分子脂肪酸物质而发生反硝化作用，都影响磷的释放，从而影响在好氧条件下对磷的吸收。在好氧区中要供给足够的溶解氧，以满足聚磷菌对 PHB 的分解和摄磷所需。一般厌氧段的溶解氧应严格控制在 0.2mg/L 以下，而好氧段的溶解氧控制在 2.0mg/L 左右。

2. 污泥龄

由于生物除磷系统主要是通过排除剩余污泥去除磷的，因此剩余污泥量的多少将决定系统的脱磷效果。一般污泥龄较短的系统产生较多的剩余污泥，可以取得较高的脱磷效果。短的污泥龄还有利于好氧段控制硝化作用的发生而利于厌氧段的充分释磷，因此，仅以除磷为目的的污水处理系统中，一般宜采用较短的泥龄。研究表明，当污泥龄为 30 天时，除磷率为 40%，污泥龄为 17 天时，除磷率为 50%，污泥龄降至 5 天时，除磷率可提高到 87%。

3. BOD 负荷和有机物性质

一般认为，较高的 BOD 负荷可取得较好的除磷效果。有人提出 BOD/TP = 20 是正常进行生物除磷的低限。不同有机物为基质对磷的厌氧释放及好氧摄取也有差别。一般低分子易降解的有机物易被聚磷菌吸收、诱导磷释放的能力较强，而高分子难降解的有机物诱导磷释放的能力较弱。

4. 温度

温度对除磷效果的影响不如对生物脱氮过程的影响明显，因为在高温、中温、低温条件下，不同的菌群都具有生物除磷的能力。在 5 ~ 30℃ 的范围内，都可以得到很好的除磷效果，但低温运行时厌氧区的停留时间要长一些。

5. pH 值

pH 值在 6 ~ 8 范围内时，磷的厌氧释放比较稳定。pH 值低于 6 时生物除磷的效果会大大下降。

6. 其他

影响系统除磷效果的因素还有污泥沉降性能和剩余污泥处理方法等。二沉池溢流带出的悬浮固体几乎与剩余污泥含有相同的磷酸盐含量，出水悬浮固体浓度越高，带出的磷酸盐浓度越高。剩余污泥如果采用重力浓缩等处理方式，会导致污泥在浓缩池内进行厌氧磷释放，上清液进入污水处理厂内的排水系统而导致磷酸盐在处理系统中进行循环处理。对污泥处理过程中的回流上清液进行单独加药沉淀处理，也是减少磷再次进入污水处理系统的一个有效方法。

三、生物除磷工艺

废水生物除磷工艺中，污泥必须交替经过厌氧和好氧过程。Barnard 于 1974 年首先发现对回流污泥和入流污水进行厌氧接触反应，然后再好氧曝气能实现生物除磷的目的。这一过程逐渐发展，现在出现了与生物脱氮工艺相结合及强化除磷的多种工艺流程。生物除磷工艺的最基本流程为 A_P/O 工艺，而 Phostrip 工艺为生物除磷与化学除磷的结合。

1. A_P/O 工艺

A_P/O 工艺是由厌氧区和好氧区组成的同时去除污水中有机污染物及磷的处理系统，其流程如图 14－9 所示。

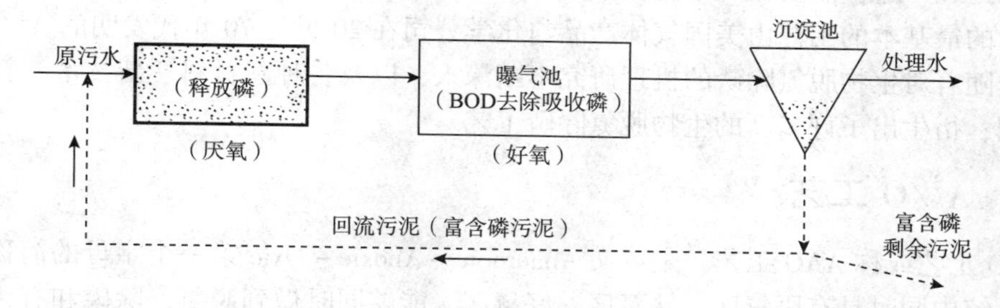

图 14－9　厌氧－好氧除磷工艺流程

为了使微生物在好氧池中易于吸收磷，溶解氧应维持在 2mg/L 以上，pH 值应控制在 7 ~ 8 之间。磷的去除率还取决于进水中的易降解 COD 含量，一般用 BOD_5 与磷浓度之比表示。据报道，如果比值大于 10:1，出水中磷的浓度可降至 1mg/L 左右。由于微生物吸收磷是可逆的过程，过长的曝气时间及污泥在沉淀池中长时间停留都有可能造成磷的释放。

2. Phostrip 除磷工艺

Phostrip 除磷工艺过程将生物除磷和化学除磷结合在一起，如图 14－10 所示。在回流污泥过程中增设厌氧释磷池和上清液的化学沉淀处理系统，称为旁路。一部分富含磷的回流污泥送至厌氧释磷池，释磷后的污泥再回到曝气池进行有机物降解和磷的吸收，用石灰或其他化学药剂对释磷上清液进行沉淀处理。Phostrip 除磷效率不像其他生物除磷系统那样受进水的易降解 COD 浓度的影响，处理效果稳定。

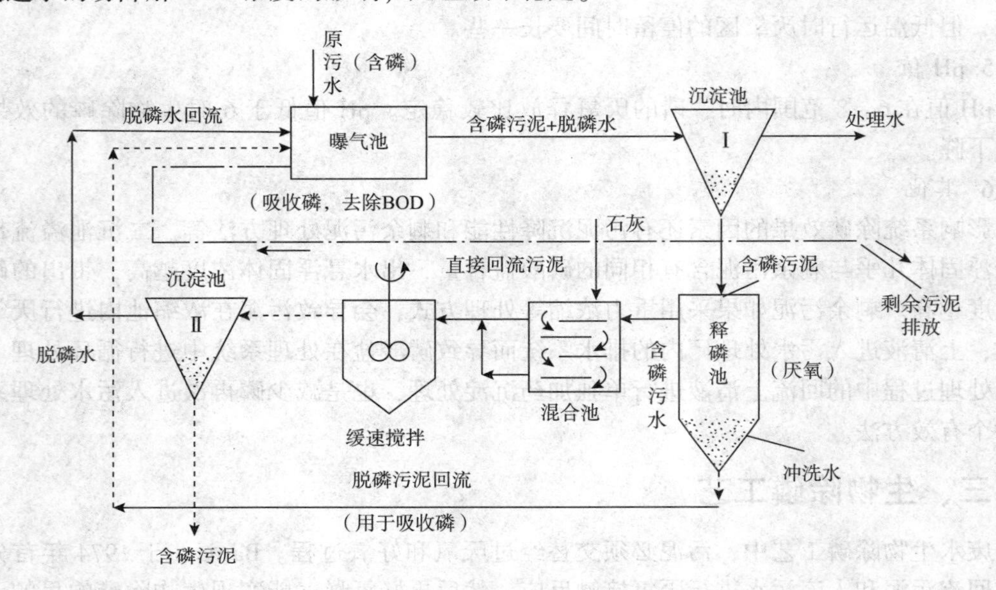

图 14－10 Phostrip 除磷工艺流程

第三节 同步脱氮除磷工艺

污水处理厂通常需要在一个流程中同时完成脱氮、除磷功能，依据生物脱氮除磷的理论而产生的最基本的工艺由美国气体产品与化学公司在 20 世纪 70 年代发明的 A^2/O 工艺。近年来，随着对生物脱氮除磷的机理研究不断深入，以及各种新材料、新技术、新设备的不断运用，衍生出了许多新的生物脱氮除磷工艺。

一、A^2/O 工艺

A^2/O 工艺或称 AAO 工艺，是英文 Anaerobic－Anoxic－Oxic 第一个字母的简称，在一个处理系统中同时具有厌氧区、缺氧区、好氧区，能够同时做到脱氮、除磷和有机物的降解，其工艺流程如图 14－11 所示。

污水进入厌氧反应区，同时进入的还有从二沉池回流的活性污泥，聚磷菌在厌氧环境条件下释磷，同时转化易降解 COD、VFA 为 PHB，部分含氮有机物进行氨化。

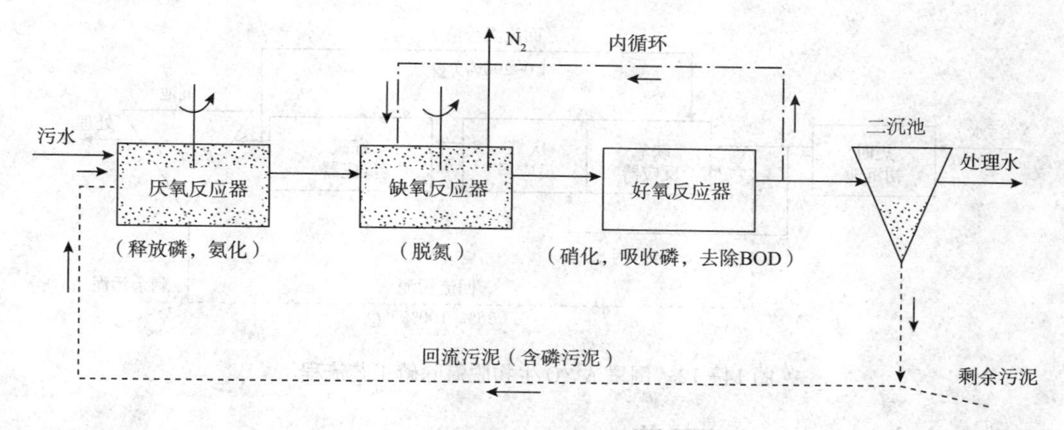

图 14－11　A^2/O 生物脱氮除磷工艺流程

污水经过厌氧反应器以后进入缺氧反应器，此反应器的首要功能是进行脱氮。硝态氮通过混合液内循环由好氧反应器转输过来，通常内回流量为 2～4 倍原污水流量，部分有机物在反硝化细菌的作用下利用硝酸盐作为电子受体而得到降解去除。

混合液从缺氧反应区进入好氧反应区，如果反硝化反应进行基本完全，混合液中的 COD 浓度已基本接近排放标准，在好氧反应区除进一步降解有机物外，主要进行氨氮的硝化和磷的吸收，混合液中硝态氮回流至缺氧反应区，污泥中过量吸收的磷通过剩余污泥排除。

该工艺流程简洁，污泥在厌氧、缺氧、好氧环境中交替运行，丝状菌不能大量繁殖，污泥沉降性能好，碳源充足，设计得当。该处理系统出水中磷浓度基本可达到 1mg/L 以下，氨氮也可达到 5mg/L 以下，总氮去除率大于 50%。

该工艺需要注意的问题是，进入沉淀池的混合液通常需要保持一定的溶解氧浓度，以防止沉淀池中反硝化和污泥厌氧释磷，但这会导致回流污泥和回流混合液中存在一定的溶解氧，回流污泥中存在的硝酸盐对厌氧释磷过程也存在一定影响，同时，系统所排放的剩余污泥中，仅有一部分污泥是经历了完整的厌氧和好氧的过程，影响了污泥充分吸收磷。系统污泥龄因为兼顾硝化细菌的生长而不可能太短，导致除磷效果难以进一步提高。

A^2/O 工艺发展至今，为了进一步提高脱氮、除磷效果和节约能耗，又有了多种变形和改进的工艺流程。近年来，研究开发的改进型 A^2/O 工艺（又称倒置 A^2/O 工艺，如图 14－12所示）由于具有明显的节能和提高除磷效果等优点，在我国一些大、中型城镇污水处理厂的建设和改造工程中得到较为广泛地应用。

该工艺的特点是：采用较短停留时间的初沉池，使进水中的细小有机悬浮固体有相当一部分进入生物反应器，以满足反硝化细菌和聚磷菌对碳源的需要，并使生物反应器中的污泥能达到较高的浓度；整个系统中的活性污泥都完整地经历过厌氧和好氧的过程，因此排放的剩余污泥中都能充分地吸收磷；避免了回流污泥中的硝酸盐对厌氧释磷的影响；由于反应器中活性污泥浓度较高，从而促进了好氧反应器中的同步硝化、反硝化，因此可以用较少的总回流量（污泥回流和混合液回流）达到较好的总氮去除效果。

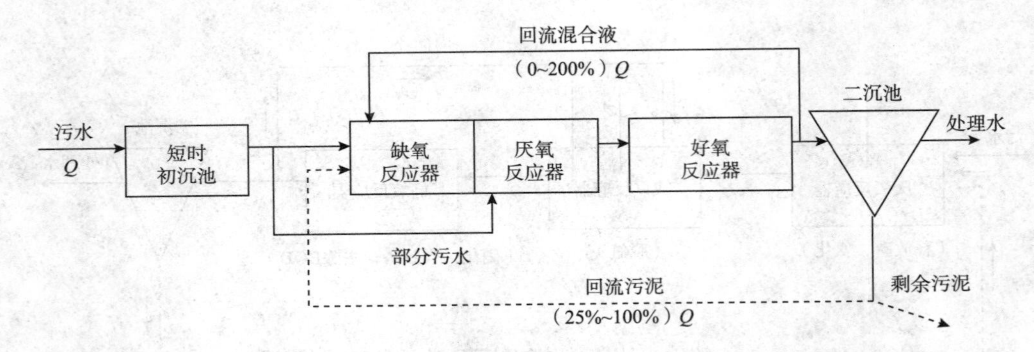

图 14－12　倒置 A^2/O 生物脱氮除磷工艺流程

二、改良 Bardenpho 工艺

改良 Bardenpho 工艺流程如图 14－13 所示，由厌氧－缺氧－好氧－缺氧－好氧五段组成，第二个缺氧段利用好氧段产生的硝酸盐作为电子受体，利用剩余碳源或内碳源作为电子供体进一步提高反硝化效果，最后好氧段主要用于氮气的吹脱。因为系统脱氮效果好，通过回流污泥进入厌氧池的硝酸盐量较少，对污泥的释磷反应影响小，从而使整个系统达到较好的脱氮除磷效果。但本工艺流程较为复杂，投资和运行成本较高。

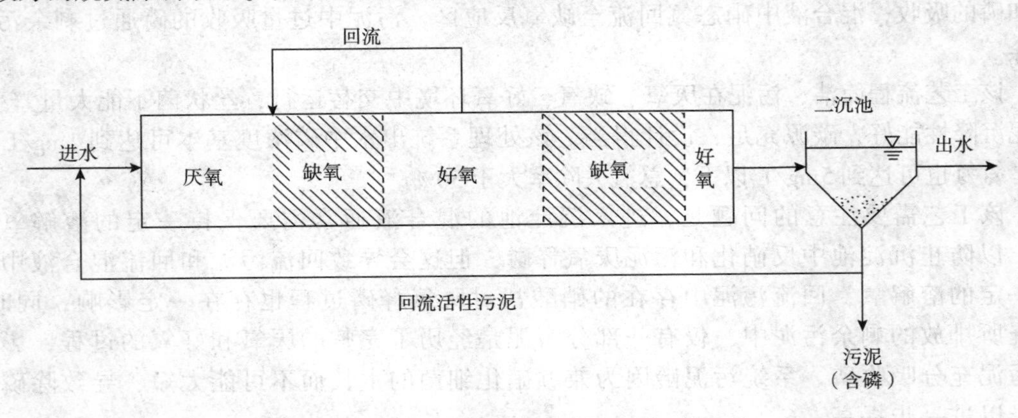

图 14－13　改良 Bardenpho 脱氮除磷工艺流程

三、UCT 及改良 UCT 工艺

UCT 工艺如图 14－14 所示，为南非开普敦大学研究开发，其基本思想是减少回流污泥中的硝酸盐对厌氧区的影响，所以与 A^2/O 不同的是，UCT 工艺的回流污泥是回到缺氧区而不是厌氧区，从缺氧区出来的混合液硝酸盐含量较低，回流到厌氧区后为污泥的释磷反应提供了最佳的条件。由于混合液悬浮固体浓度较低，厌氧区停留时间较长。

改良 UCT 工艺中污泥回流到分隔的第一缺氧区，不与混合液回流到第二缺氧区的硝酸盐混合，第一缺氧区主要是回流污泥中的硝酸盐反硝化，第二缺氧区是系统的主要反硝化区(见图 14－15)。

UCT 工艺和改良 UCT 工艺比 A^2/O 工艺和 Bardenpho 工艺多了一套混合液回流系统，流程较为复杂。

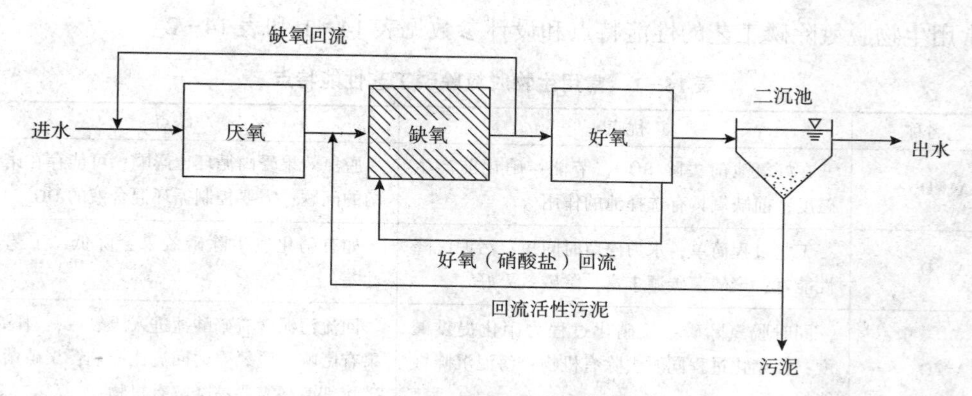

图 14－14　UCT 生物脱氮除磷工艺

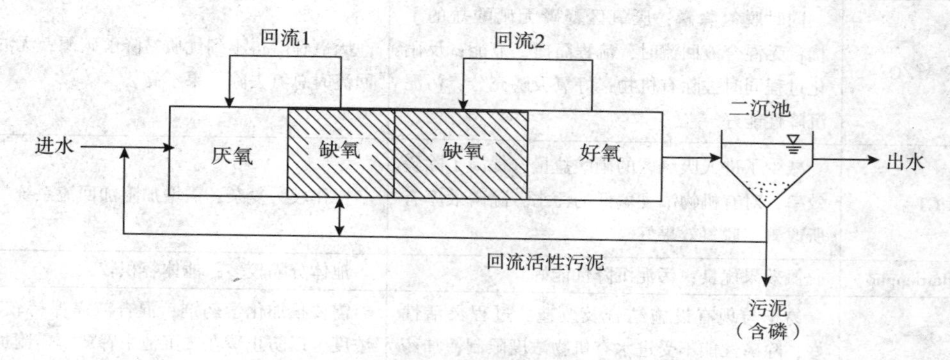

图 14－15　改良 UCT 生物脱氮除磷工艺流程

四、SBR 工艺

通过时间顺序上的控制，SBR 工艺也具有同时脱氮除磷功能。如进水后进行一定时间的缺氧搅拌，好氧菌首先利用进水中携带的有机物和溶解氧进行好氧分解，此时水中的溶解氧将迅速降低甚至达到零，这时反硝化细菌利用原污水碳源进行反硝化脱氮去除沉降分离后留在池中的硝酸盐；然后池体进入厌氧状态，聚磷菌释放磷；接着进行曝气，硝化细菌进行硝化反应，聚磷菌吸收磷，经一定反应时间后停止曝气，进行静置沉淀，当污泥沉淀下来后，滗出上部清水，而后再进入原污水进行下一个周期循环，如此周而复始(见图 14－16)。为了取得更好的脱氮效果，好氧反应后可增加设置缺氧反硝化反应阶段，研究表明，SBR 工艺可取得良好的脱氮除磷效果。自动控制系统的发展和完善，为 SBR 工艺的应用提供了物质基础和控制手段。但因为 SBR 是间歇运行的，为了解决连续进水问题，至少需设置两套 SBR 设施，进行切换运行，其间歇出水也给后续深度处理带来不便。

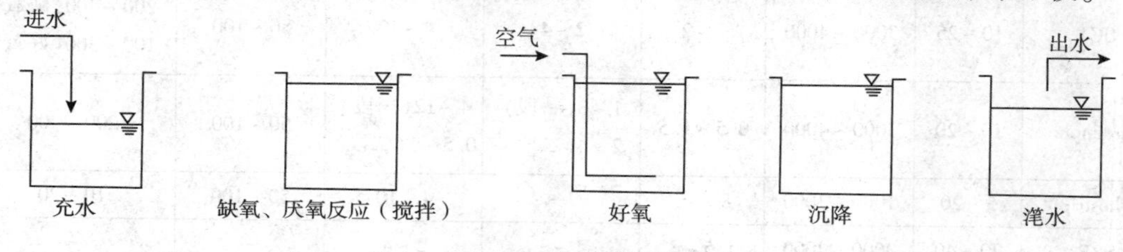

图 14－16　SBR 生物脱氮除磷工艺

常用生物脱氮除磷工艺的性能特点和设计参数见表14－1和表14－2。

表14－1 常用生物脱氮除磷工艺性能特点

工艺名称	优点	缺点
A_N/O	在好氧池前去除BOD，节能；硝化前产生碱度；前缺氧具有选择池的作用	脱氮效果受内循环比影响；可能存在诺卡氏菌的问题；需要控制循环混合液的DO
A_P/O	工艺过程简单；水力停留时间短；污泥沉降性能好；聚磷菌碳源丰富，除磷效果好	如有硝化发生除磷效果会降低；工艺灵活性差
A^2/O	同时脱氮除磷；反硝化过程为硝化提供碱度；反硝化过程同时去除有机物；污泥沉降性能好	回流污泥含有硝酸盐进入厌氧区，对除磷效果有影响；脱氮受内回流比影响；聚磷菌和反硝化细菌都需要易降解有机物
倒置A^2/O	同时脱氮除磷；厌氧区释磷无硝酸盐的干扰；无混合液回流时，流程简捷，节能；反硝化过程同时去除有机物；好氧吸磷充分；污泥沉降性能好	厌氧释磷得不到优质易降解碳源；无混合液回流时总氮去除效果不高
UCT	减少了进入厌氧区的硝酸盐量，提高了除磷效率；对有机物浓度偏低的污水，除磷效率有所改善；脱氮效果好	操作较为复杂；需增加附加回流系统
改良Bardenpho	脱氮效果优良；污泥沉降性能好	池体分隔较多；池体容积较大
Phostrip	易于与现有设施结合及改造；过程灵活性好；除磷性能不受进水有机物浓度限制；加药量比直接采用化学沉淀法小很多；出水磷酸盐浓度可稳定小于mg/L	需要投加化学药剂；混合液需保持较高DO浓度，以防止磷在二沉池中释放；需附加的池体用于磷的解吸；如使用石灰可能存在结垢问题
SBR及变形工艺	单池运行，占地省；可同时脱氮除磷；静置沉淀可获得低SS出水；耐受水力冲击负荷；操作灵活性好；无回流，或回流量小	同时脱氮除磷时操作复杂；滗水设施的可靠性对出水水质影响大；设计过程复杂；维护要求高，运行对自动控制依赖性强；池体容积较大；设备利用率低；出水不连续

表14－2 常用生物脱氮除磷工艺设计参数

工艺名称	SRT/d	MLSS/($mg \cdot L^{-1}$)	停留时间/h			污泥回流比/%	混合液回流比/%
			厌氧区	缺氧区	好氧区		
A_N/O	7～20	3000～4000	—	1～3	4～12	50～100	100～200
A_P/O	3～7	2000～4000	0.5～1.5	—	1～3	25～100	—
A^2/O	10～20	3000～4000	1～2	0.5～3	5～10	25～100	100～400
倒置A^2/O	10～20	3000～4000	1～2	1～2	5～10	25～100	0～200
UCT	10～25	3000～4000	1～2	2～4	4～12	80～100	200～400(缺氧) 100～300(好氧)
Bardenpho	10～20	3000～4000	0.5～1.5	1～3(一段) 2～4(二段)	4～12(一段) 0.5～1(二段)	50～100	200～400
Phostrip	5～20	1000～3000	8～12	—	4～10	50～100	10～20
SBR	20～40	3000～4000	1.5～3	1～3	2～4	—	—

第十五章　污泥处理与处置

污泥处理与处置问题是污水处理过程中产生的新问题。因为首先污泥中含有大量的有害有毒物质如寄生虫卵、病原微生物、细菌、合成有机物及重金属离子等，它将对周围环境产生不利影响；其次污泥量大，其体积约占处理水量的0.3%～0.5%左右，如进行深度处理，污泥量还可能增加0.5～1.0倍。对于一个污水处理厂而言，它的全部基建费用中，用于处理污泥的约占20%～50%，甚至70%，所以污泥处理与处置是污水处理系统的重要组成部分，必须予以充分重视，只有对这些污泥进行及时处理和处置，才能：①确保污水处理效果，防止二次污染；②使容易腐化发臭的有机物得到稳定处理；③使有毒有害物质得到妥善处理或利用；④使有用物质得到综合利用，变害为利。总之，污泥处理和处置的目的是减量、稳定、无害化及综合利用。

图15-1示出了污泥处理与处置的基本流程。通常将通过适当的技术措施，改变污泥性质的过程称为处理，而为污泥安排出路称为处置。

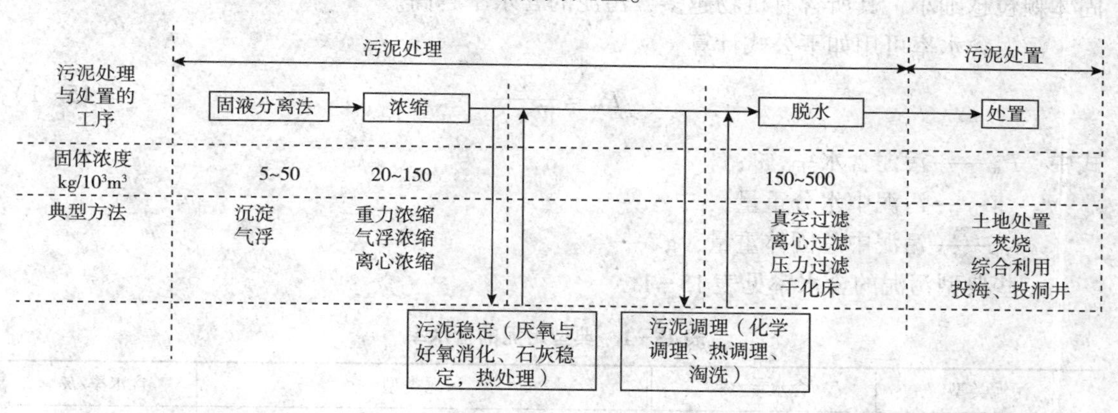

图15-1　污泥处理与处置的基本流程

第一节　污泥来源与特性

一、污泥的来源与种类

污泥来源于污水处理工艺中的不同工序，主要包括：①初沉污泥，即由初次沉淀池排出的污泥；②二沉污泥，即生物处理系统二次沉淀池排出的剩余污泥或腐殖污泥；③消化污泥，即初次沉淀池污泥、腐殖污泥、剩余活性污泥经厌氧消化处理后的污泥；④化学污泥，即经混凝、化学沉淀等处理所产生的污泥。

污泥的种类除可按其来源的不同进行划分之外，还可根据所含固形物成分的不同划分为污泥和沉渣两大类。以有机物为主要成分者俗称污泥，具有密度小、颗粒细、含水率高且不易脱水、易腐化发臭的特点；而以无机物为主要成分者称为沉渣(Sediment)，具有密度大、颗粒粗、含水率低且容易脱水、流动性差等特点。生物化学处理系统中初次沉淀池、二次沉淀池以及消化处理后的沉淀物均属于污泥，习惯上将前两者统称为生污泥，而将厌氧消化或好氧消化处理后的污泥称为熟污泥；沉砂池及某些工业污水处理系统沉淀池的沉淀物多属于沉渣。

二、污泥的性质指标

1. 污泥固体含量

污泥固体(Sludge Solid)包括溶解态和非溶解态两类物质，前者称为溶解固体，后者称为悬浮固体。溶解固体和悬浮固体所构成的总固体又可划分为稳定固体和挥发性固体。所谓挥发性固体是指在600℃条件下能被氧化，并以气体产物形式排出的那部分固体，通常用它来表示污泥的有机物含量。

2. 污泥含水率

污泥中所含水分的含量与污泥总质量之比称为污泥含水率(Sludge Moisture)。污泥的含水率一般都很大，相对密度接近1，主要取决于污泥中固体的种类及其颗粒大小。通常，固体颗粒越细小，其所含有机物越多，污泥的含水率越高。

污泥含水率可用如下公式计算：

$$P_W = \frac{W}{W+S} \tag{15-1}$$

式中　P_W——污泥含水率，%；

W——污泥中水分重量，g；

S——污泥中总固体重量，g。

一些典型污泥的含水率见表15-1。

表15-1　典型污泥的含水率

污泥类型	含水率/%	污泥类型		含水率/%
栅渣	80	活性污泥	空气曝气	98～99
沉渣	60		纯氧曝气	96～98
浮渣	95～97	生物滴滤池污泥	慢速滤池	93
腐殖污泥	96～98		快速滤池	97
初次沉淀污泥	95～97	厌氧消化污泥	初次沉淀污泥	85～90
混凝污泥	93		活性污泥	90～94

3. 污泥密度

污泥密度(Sludge Density)是指污泥重量与同体积水重量的比值，其值大小取决于污泥含水率和固体的密度。固体密度愈大，则污泥密度越高。污泥密度的计算如下：

$$\gamma = 1/\sum_{i=1}^{n}(\frac{W_i}{\gamma_i}) \qquad (15-2)$$

式中　W_i 表示污泥中第 i 项组分的百分含量,%；γ_i 表示污泥中第 i 项组分的密度，kg/m^3。

如果将污泥成分近似为一种成分，且含水率为 P(%)，则式(15−2)可简化为：

$$\gamma = 100\gamma_1\gamma_2/[P\gamma_1 + (100 - P)\gamma_2] \qquad (15-3)$$

式中　γ_1 表示固体密度，kg/m^3；γ_2 表示水的密度，kg/m^3。

4. 污泥体积与含水率的关系

污泥的初始含水率为 P_0，其体积为 V_0。若含水率为 P 时，则对应污泥体积 V 的计算公式为：

$$V = V_0\frac{[100\gamma_2 + P(\gamma_1 - \gamma_2)](100 - P_0)}{[100\gamma_2 + P_0(\gamma_1 - \gamma_2)](100 - P)} \qquad (15-4)$$

当 γ_1 与 γ_2 及 P 与 P_0 接近时，式(15−4)可简化为：

$$V = V_0 \cdot \frac{100 - P_0}{100 - P} \qquad (15-5)$$

当污泥含水率大于80%时，可按简化公式(15−5)计算污泥体积。由式(15−5)可知，当污泥的含水率由99%降到98%时，其污泥体积能减少一半。由此可见，污泥含水率愈高，降低污泥的含水率对减小其体积的作用愈明显。

表15−2给出了污水处理过程中产生的各类污泥的部分性质指标。

表15−2　各类污泥的部分性质指标

污泥种类	相对密度		污泥干固体/[kg/(10^3m^3 污水)]	
	固体物质	污泥	范围	代表性值
初沉污泥	1.4	1.02	110～170	150
剩余活性污泥	1.25	1.005	70～100	85
滴滤池剩余污泥	1.45	1.025	55～90	70
延时曝气法剩余污泥	1.3	1.015	80～120	100
氧化塘剩余污泥	1.3	1.010	80～120	100

三、污泥量

污水处理中污泥的数量是处理构筑物工艺尺寸设计的重要参数，污泥的数量依不同污水的水质和处理工艺不同而不同。

对于初次沉淀池污泥量，可由污泥中的悬浮固体浓度、污水流量、沉淀效率及含水率来计算，计算式如下：

$$V = \frac{100cQ\eta}{1000(100 - P)\rho} \qquad (15-6)$$

式中　V——初次沉淀池污泥量，m^3/d；

Q——污水流量，m^3/d；

η——沉淀效率，%；

c——污泥中悬浮固体浓度，mg/L：

P——污泥含水率，%；

ρ——污泥密度，以 $1000 kg/m^3$ 计。

对于剩余污泥量，也可以按体积计算如下：

$$V_{SS} = \frac{100 \Delta X_{SS}}{(100 - P)\rho} \tag{15-7}$$

式中　V_{SS}——剩余活性污泥量，m^3/d；

ΔX_{SS}——产生的悬浮固体，kgSS/d。

此外，污泥数量也可参考表 15-3 所给污泥数量的相关经验数值进行计算。

表 15-3　污泥数量的部分经验参考值

栅渣		沉砂		初沉污泥		二沉污泥	
当格栅间隙为 16～25mm	0.1～0.05 m^3/t 污水	平流或竖流式沉砂池	$30 \times 10^{-3} m^3/t$ 污水	沉淀 1.5～2.2h，表面负荷 1.5～2.5 $m^3/(m^2 \cdot h)$ 单独沉淀池	15～27g/(人·d) 含水率为 95%～97%	在活性污泥二沉池，沉淀时间为 1.5～2.5h，表面负荷 1.0～1.5 $m^3/(m^2 \cdot h)$	10～21g/(人·d) 含水率为 99.2%～99.6%
当格栅间隙为 25～40mm	0.03～0.01 m^3/t 污水			沉淀时间为 1～2h 表面负荷为 5～35 $m^3/(m^2 \cdot h)$	14～25g/(人·d) 含水率为 95%～97%	生物膜二沉池淀时间为 1.5～2.5h，表面负荷 1.0～2 $m^3/(m^2 \cdot h)$	7～9g/(人·d) 含水率为 96%～98%

四、污泥中水分的存在形式

污泥中的水分按其存在形式大致可分为空隙水、毛细水、吸附水、内部水等四类，如图 15-2 所示。

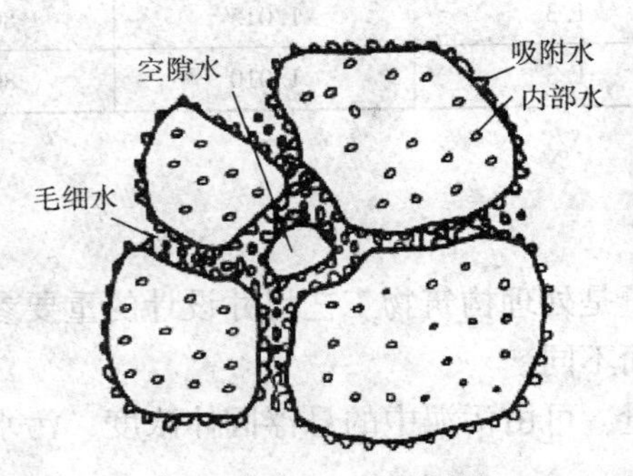

图 15-2　污泥水分示意图

1) 空隙水

存在于污泥颗粒空隙中的水，称为空隙水或游离水，约占污泥水分的 70%。这部分水一般借助外力可脱除。

2)毛细水

存在于污泥颗粒间的毛细管中，称为毛细水，约占污泥水分的20%，可采用物理方法分离出来。

3)吸附水

颗粒的吸附水被吸附在污泥颗粒表面，约占7%，可用加热法脱除。

4)内部水

黏附于污泥颗粒表面的附着水和存在于其内部(包括生物细胞内的水)的内部水，约占污泥中水分的3%，只有干化才能分离，但也不完全。通常，污泥浓缩只能去除游离水中的一部分。

降低污泥含水率的方法有：浓缩法，用于降低污泥中的空隙水，因空隙水所占比例最大，故浓缩是减容的主要方法；自然干化法和机械脱水法，主要脱除毛细水；干燥与焚烧法，主要脱除吸附水与内部水。不同脱水方法的效果如表15－4所示。

表15－4　不同脱水方法及其脱水效果

脱水方法		脱水装置	脱水后含水率/%	脱水后状态
浓缩法		重力浓缩、气浮浓缩、离心浓缩	95～97	近似糊状
自然干化法		自然干化场	70～80	泥饼状
机械脱水	真空过滤法	真空转鼓，真空转盘等	60～80	泥饼状
	压滤法	板框压滤机	45～80	泥饼状
	滚压带法	滚压带式压滤机	78～86	泥饼状
	离心法	离心机	80～85	泥饼状
干燥法		各种干燥设备	10～40	粉状、粒状
焚烧法		各种焚烧设备	0～10	灰状

第二节　污泥浓缩

污泥浓缩的主要目的是去除颗粒间隙的部分游离水，提高污泥的含固率，减少污泥的体积，其技术界限大致为：活性污泥含水率可降至97%～98%，初次沉淀污泥可降至85%～90%。污泥浓缩亦相当于污泥脱水操作的预处理过程，操作方法有间歇式和连续式两种，具体浓缩方法主要包括重力浓缩、气浮浓缩及离心浓缩三种，其中前两种方法的应用最为普遍，需要时根据具体要求选择。

一、重力浓缩法

根据运行方式不同，重力浓缩法可分为连续式和间歇式两种。相应地，重力浓缩池也分为连续式和间歇式两种。

连续式重力浓缩池的基本构造见图15－3。其基本工况为：污泥由中心进泥管1连续进泥，浓缩污泥通过刮泥机4刮到污泥斗中，并从排泥管3排出，澄清水由溢流堰溢出。

该连续流重力浓缩池的特点是，它装有与刮泥机一起转动的垂直搅拌栅，能使浓缩效果提高20%以上。因为搅拌栅通过缓慢旋转，可形成微小涡流，有助于颗粒间的凝聚，并可造成空穴，破坏污泥网状结构，促使污泥颗粒间的空隙水与气泡逸出。

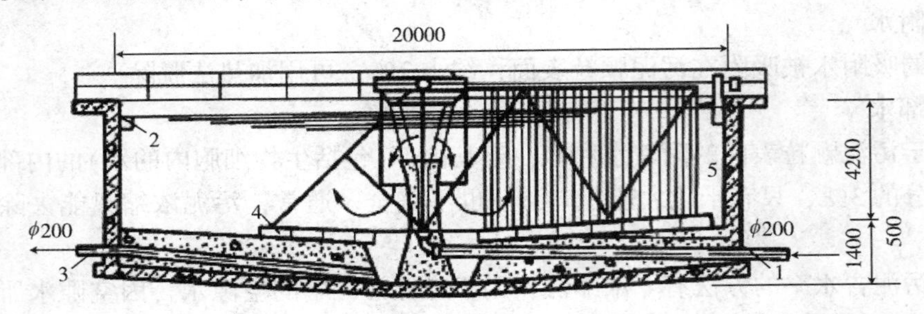

图 15－3　连续式重力浓缩池的基本构造

1—中心进泥管；2—上清液溢流堰；3—排泥管；4—刮泥机；5—搅动栅

浓缩池必须同时满足：①上清液澄清；②排出的污泥固体浓度达到设计要求；③固体回收率高。如果浓缩池的负荷过大，处理量虽然增加，但浓缩污泥的固体浓度低，上清液浑浊，固体回收率低，浓缩效果就差；相反，负荷过小，污泥在池中停留时间过长，可能造成污泥厌氧发酵，产生氮气与二氧化碳，使污泥上浮，同样使浓缩效果降低，往往需要加氯以抑制气体的继续产生。上述情况在浓缩池的设计中必须考虑。

间歇式重力浓缩池的结构如图 15－4 所示。在浓缩池不同深度处均设置了上清液排除管，这是因为运行时要先排除浓缩池中的上清液，以腾出池容，再投入待浓缩的污泥。间歇式浓缩池浓缩时间一般为 8～12h。

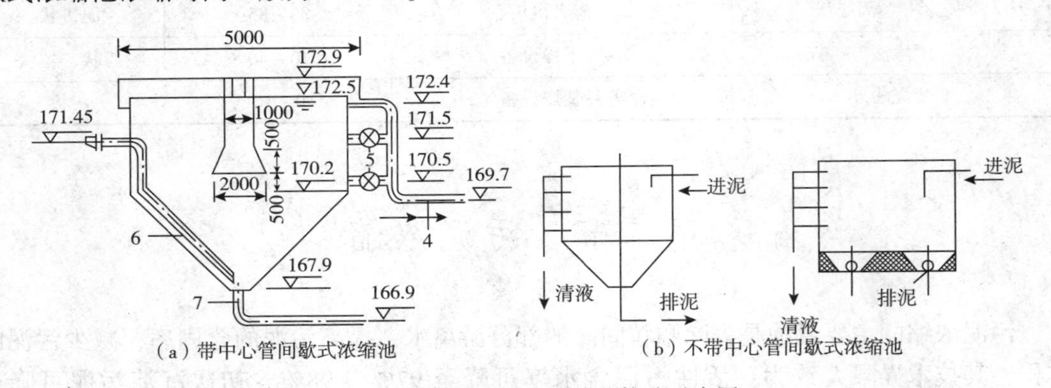

（a）带中心管间歇式浓缩池　　（b）不带中心管间歇式浓缩池

图 15－4　间歇式重力浓缩池构造示意图

二、气浮浓缩法

重力浓缩法比较适合于密度大的污泥，如初次原污泥等，对于相对密度接近于 1 的轻污泥，如活性污泥效果不佳，在此情况下，最好采用气浮浓缩法。部分澄清水回流溶气的气浮浓缩工艺流程如图 15－5 所示。澄清水从池底引出，一部分用水泵引入压力溶气罐加压溶气，另一部分外排。溶气水通过减压阀从底部进入进水室，减压后的溶气水释放出大量微小气泡，并迅速依附在待气浮的污泥颗粒上，从而使污泥颗粒密度下降易于上浮。进入气浮池后，能上浮的污泥颗粒上浮，在池表面形成浓缩污泥层由刮泥机刮出池外。不能上浮的污泥颗粒则沉到池底，由池底排出。

气浮浓缩池的主要设计参数包括气固比、水力负荷和气浮停留时间。气固比是指气浮时有效空气总重量与入流污泥中固体物总重量之比，一般采用0.03～0.04，也可通过气净浓缩试验确定。水力负荷 q 的取值范围在1.0～3.6m^3/(m^2·h)，一般用1.8。气浮停留时间 t 与气浮污泥浓度有关，参见图15－6。由于污泥性质、入流污泥浓度以及是否添加浮选剂等都影响气浮池的固体负荷与水力负荷，所以在设计时，最好结合试验与类似的气浮浓缩池的运行资料进行。

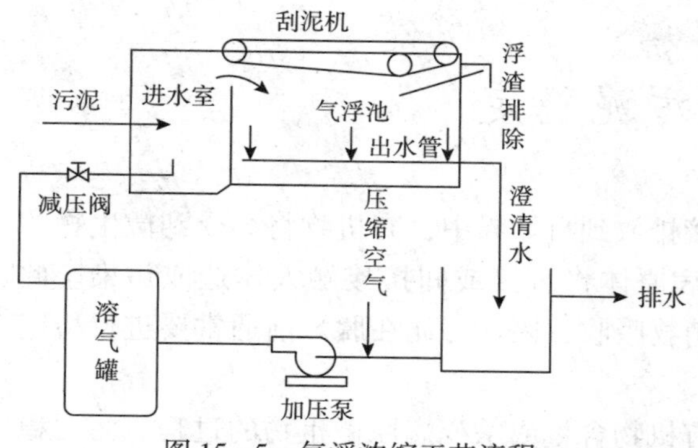

图15－5　气浮浓缩工艺流程

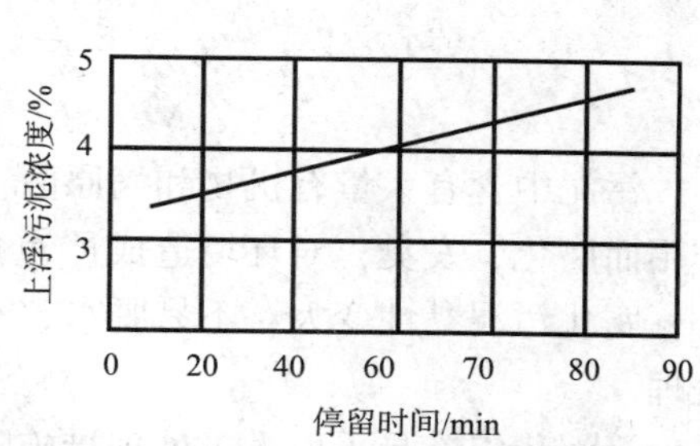

图15－6　停留时间与上浮污泥浓度的关系

三、离心浓缩法

离心浓缩法基于污泥中的固体颗粒和水的密度不同，在高速旋转的离心机中，由于所受离心力大小不同从而使二者得到分离，对于轻质污泥也能获得较好的处理效果。离心浓缩法的最大优点是效率高、需时短、占地少。因离心力比重力大几千倍，它能在很短的时间内就完成浓缩工作。此外，离心浓缩法工作场所卫生条件好，这都使得离心浓缩法的应用越来越广泛。

用于污泥浓缩的离心机种类有转盘式离心机、篮式离心机和转鼓离心机等。各种离心浓缩的运行效果(所处理污泥均为剩余活性污泥)见表15－5。

表15－5　各种离心浓缩的运行效果

离心机	Q_0/(L/s)	c_u/%	c_u/%	固体回收率/%
转盘式	9.5	0.75～1.0	5.0～5.5	90
转盘式	3.2～5.1	0.7	5.0～7.0	93～87
篮式	2.1～4.4	0.7	9.0～10	90～70
转鼓式	4.75～6.30	0.44～0.78	5～7	90～80
转鼓式	6.9～10.1	0.5～0.7	5～8	65 85(加少许混凝剂)

另外一种常用的离心设备是离心筛网浓缩器。它是将污泥从中心分配管输入浓缩器，在筛网笼低速旋转下隔滤污泥。浓缩污泥由底部排出，清液由筛网从出水集水室排出。

离心筛网浓缩器的性能可用三个指标来表示：

(1)浓缩系数——浓缩污泥浓度与入流污泥固体浓度的比值;

(2)分流率——清液流量与入流污泥流量的比值;

(3)固体回收率——浓缩污泥中固体物总量与入流污泥中固体物总量的比值。

离心筛网浓缩器的主要设计参数是固体负荷和面积水力负荷。

离心筛网浓缩器可作为活性污泥法混合液的浓缩用，能减少二沉池的负荷和曝气池的体积，浓缩后的污泥回流到曝气池，分离液因固体浓度较高，应流入二沉池作沉淀处理。离心筛网浓缩器因回收率较低，出水浑浊，不能作为单独的浓缩设备。

第三节 污泥稳定

污泥中含有大量有机物和病原菌，如直接排放到自然界中，有机物将会受到微生物的作用而腐化、发臭，对环境造成严重危害，病原体将直接或间接接触人体造成污染。此外，腐化污泥黏性变大，不易脱水，不易为植物吸收，因此污泥在脱水前通常要进行稳定处理。

污泥稳定就是采取人工处理措施降低其有机物含量或杀死病原微生物的过程。污泥稳定的方法有生物法、化学法和热处理法。

一、污泥的生物稳定

污泥生物稳定的目的是降解有机物，使之成为稳定的无机物或不易被微生物作用的有机物，一般认为当污泥中的挥发性固体量降低40%左右，即可认为已达到污泥的稳定。污泥的生物稳定可分为厌氧消化和好氧消化两种，厌氧消化是对有机污泥进行稳定处理最常用的方法，好氧消化主要用于小型污水处理厂处理污泥。

污泥厌氧消化的原理和影响因素等与厌氧处理废水相同。计算消化池容积方法有三种：投配率计算法、负荷计算法及泥龄计算法，表15-6为城市污水厂污泥厌氧消化设计参数。厌氧消化的优点是产生以甲烷为主(一般为50%~60%)的消化气体，并使污泥固体总量减少(污泥挥发固体的厌氧消化率一般为10%~60%)，同时消化过程尤其是高温消化过程能杀死病菌微生物。厌氧消化的缺点是设备投资大，运行易受环境条件影响，消化污泥夹带气泡不易沉淀，消化反应时间长等。

表15-6 城市污水厂污泥厌氧消化设计参数

参数	传统消化池	高速消化池
污泥固体投配率/%	2~4	6~18
挥发性固体负荷率/[kgVSS/(m^3·d)]	0.6~1.6	2.4~6.4
污泥固体停留时间/d	30~60	10~20

污泥的好氧稳定与活性污泥法类似，好氧稳定机理是微生物内源呼吸稳定污泥中的有机成分，好氧消化池的技术参数如表15-7所示。与厌氧消化比较，好氧消化运行较稳定，反应速率快，温度15℃时，生活污水污泥只需15~20天即可减少挥发性固体达

40%～50%，而厌氧消化约需30～40天。好氧消化的最大缺点是动力消耗大，杀死病菌微生物效果差。为此，利用高纯氧进行氧化、利用高效的曝气装置进行氧化的自热高温（40～70℃）好氧消化可加快反应速度和全部杀灭病原体。

表15-7　好氧消化池的技术参数

水力停留时间（$T=20℃$） 剩余活性污泥 剩余活性污泥（或生物滤池）+初沉污泥	10～15d 15～20d
污泥负荷	1.6～4.8kg（挥发固体）/（m^3·d）
每分解1kgBOD_5所需空气量	1.6～1.9kg
有机械混和所需电能	20～40kW/1000m^3（污泥）
空气混合所需氧量	20～40m^3/［1000m^3（污泥）·min］

二、污泥的化学稳定和热稳定

污泥的化学稳定是向污泥投加化学药剂，抑制和杀死微生物，投加的化学药剂有石灰和氯。石灰稳定法是一种非常简单的方法，其主要作用是抑制污泥臭气和杀灭病原菌。石灰稳定法中，实际上并没有有机物被直接降解，该法不仅不能使固体物量减少，而且使固体物增加。石灰稳定法要求使污泥保持在pH=12以上，接触2h，为此，应当使污泥处于液体状态，投加石灰使pH值至12.5并维持这个水平0.5h，这样就可使2h内pH值不低于12。

氯化稳定法是在密闭容器中向污泥投加大剂量氯气，接触时间不长，实质上主要是消毒，杀灭微生物以稳定污泥。由于pH值低，污泥的过滤性能差，且氯化过程常产生有毒的氯胺，会给后续处理带来一定的困难，因此氯化稳定法应用较少。

污泥热稳定还有热处理和湿式氧化法。热处理既是稳定过程，也是调理过程，即在较高温度（160～200℃）和较大压力（1～2MPa）下处理污泥，促使污泥进行过热反应，从而杀灭微生物，消除臭气以稳定污泥，且污泥易于脱水，热处理最适于生物污泥。湿式氧化法与热处理不同，即在高温高压条件下，加入空气作氧化剂对污泥中有机物和还原性无机物进行氧化，并由此改变污泥的结构、成分和提高污泥脱水性能。此外还有一些热处理方法，如堆肥化热处理、热干化等。

第四节　污泥脱水

污泥脱水的主要方法有真空过滤法、压滤法、离心法和自然干化法。其中前面三种采用的是机械脱水，本质上都属于过滤脱水的范畴。其原理基本相同，都是利用过滤介质两面的压力差作为推动力，使水分强制通过过滤介质，固体颗粒被截留在介质上，达到脱水的目的。对于真空过滤法，其压差是通过在过滤介质的一面造成负压而产生；对于压滤法，压差产生于在过滤介质一面加压：对于离心法，压差是以离心力作为推动力。

一、真空过滤法

真空过滤是目前使用最广泛的一种机械脱水方法，主要用于初沉池污泥和消化污泥的脱水。其特点是连续运行、操作平稳、处理量大、能实现过程操作自动化。缺点是脱水前必须预处理，附属设备多、工序复杂、运行费用高、再生与清洗不充分，易堵塞。

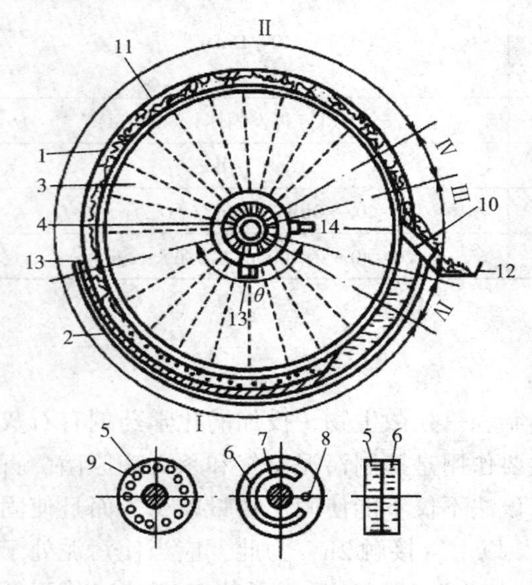

图 15－7　转鼓真空过滤机

真空过滤机有转筒式、绕绳式、转盘式三种类型。其中应用最广的是 GP 型转鼓真空过滤机，如图 15－7 所示，其工艺流程见图 15－8。过滤介质覆盖在空心转鼓 1 表面，转鼓部分浸没在污泥贮槽 2 中，并被径向隔板分割成许多扇形间格 3，每个间格有单独的连通管与分配头 4 相接。分配头由转动部件 5 和固定部件 6 组成。固定部件有缝 7 与真空管路 13 相通，孔 8 与压缩空气管路 14 相通；转动部分有许多孔 9，并通过连通管与各扇形间格相连。

转鼓旋转时，由于真空作用，将污泥吸附在过滤介质上，液体通过过滤介质沿真空管路流到气水分离罐。吸附在转鼓上的滤饼转出污泥槽的污泥面后，若扇形间格的连通管 9 在固定部件的缝 7 范围内，则处于滤饼形成区与吸干区，继续吸干水分。当管孔 9 与固定部件的缝 8 相通时，便进入反吹区，与压缩空气相通，滤饼被反吹松动，然后用刮刀 10 剥落经皮带输送器 12 运走。之后进入休止区，实现正压与负压转换时的缓冲作用。由此可见转鼓每旋转一周，依次经过滤饼形成区、吸干区、反吹区及休止区。

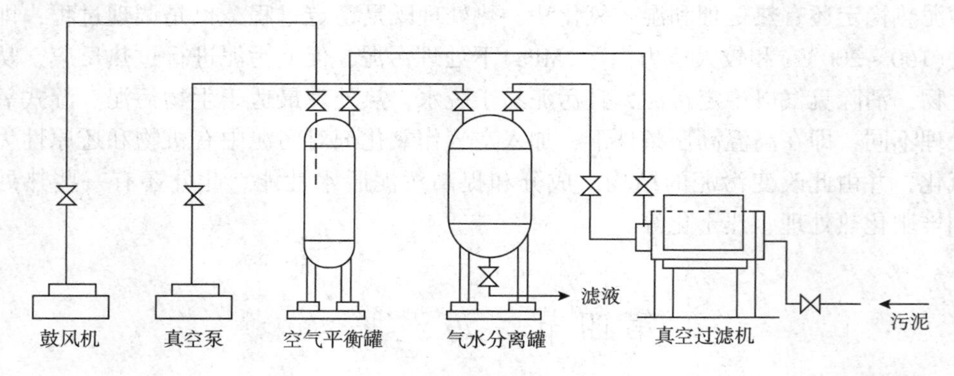

图 15－8　转鼓真空过滤机工艺流程

对于黏度大的污泥，GP 型转鼓真空过滤机容易造成过滤介质包裹在转鼓上，再生与清洗不充分，易堵塞，影响生产效率，为此，可采用链带式转鼓真空过滤机，如图 15－9 所示，用辊轴把过滤介质转出，既便于卸料又便于清洗再生。

转鼓真空过滤机的设计首先是确定过滤机的产率，即单位时间、单位转鼓面积所能提供的干固体重量，然后根据产率与污泥量确定过滤机面积。

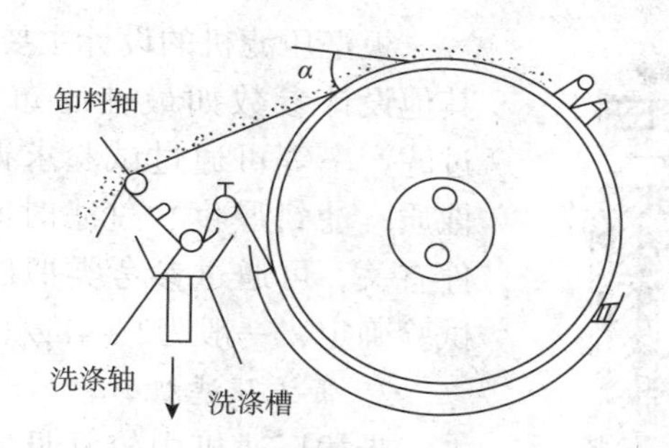

图 15－9　链带式转鼓真空过滤机

二、压滤法

压滤法与真空过滤法基本理论相同，只是压滤法推动力为正压，而真空过滤法为负压。压滤法的压力可达 0.4～0.8MPa，因此推动力远大于真空过滤法。常用的压滤机械有板框压滤机和带式压滤机两种。

1. 板框压滤机

板框压滤机的构造简单，推动力大，适用于各种性质的污泥，且形成的滤饼含水率低。但它只能间断运行，操作管理麻烦，滤布易坏。板框压滤机可分为人工和自动板框压滤机两种。自动板框压滤机与人工的相比，滤饼的剥落、滤布的洗涤再生和板框的拉开与压紧完全自动化，大大减少了劳动强度。自动板框压滤机有立式和卧式两种，见图15－10。

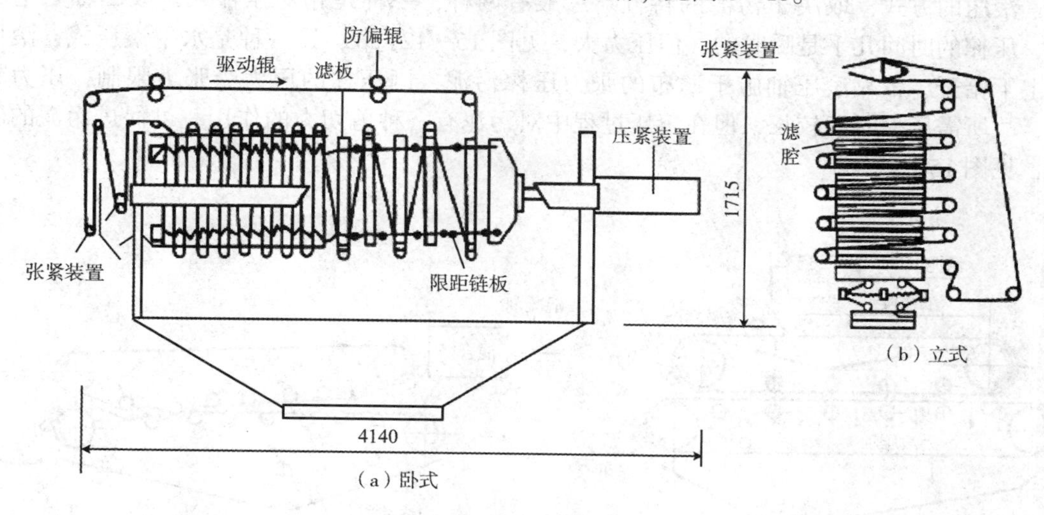

（a）卧式　（b）立式

图 15－10　自动板框压滤机

板框压滤机的工作原理如图 15－11 所示，板与框相间排列而成，并用压紧装置压紧，在滤板两侧覆有滤布，即在板与板之间构成压滤室。在板与框的上端相同部位开有小孔，压紧后，各孔连成一条通道。加压后的污泥由该通道进入，并由滤框上的支路孔道进压滤室，污泥的运动方向见图中箭头。在滤板的表面刻有沟槽，下端有供滤液排出的孔道。滤液在压力作用下，通过滤布并沿着沟槽向下流动，最后汇集于排液孔道排出，使污泥脱水。为了防止污泥颗粒堵塞滤布网孔和滤板沟槽，在压滤开始时，压力要小一点，待污泥在滤布上形成薄层滤饼后，再增大压力。

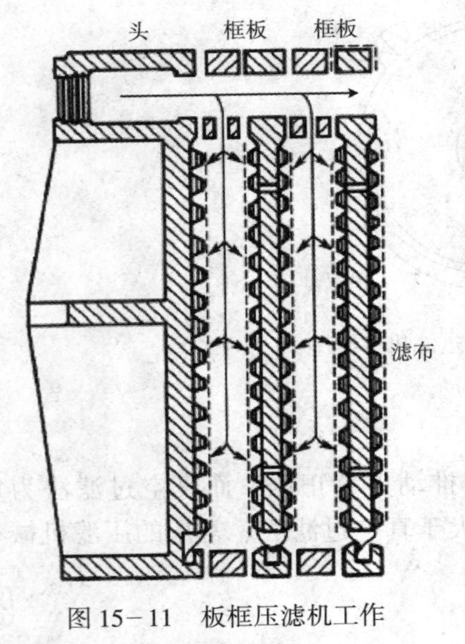

图 15－11　板框压滤机工作原理示意图

板框压滤机的设计主要包括压滤机面积的设计。其他设计参数如最佳滤布、调节方法、过滤压力、过滤产率等可通过试验求得。压滤机的产率与污泥性质、滤饼厚度、过滤时间、过滤压力、滤布等条件有关，可通过参考类似压滤运行的数据选用或经试验确定，一般为2～4kg/(m^2·h)。

2. 带式压滤机

带式压滤机中较常见的是滚压带式压滤机，其特点是可以连续生产，机械设备较简单，动力消耗少，无需设置高压泵或空压机。在国外已经被广泛用于污泥的机械脱水。

滚压带式压滤机由滚压轴及滤布带组成，压力施加在滤布带上，污泥在两条压滤带间挤轧，由于滤布的压力或张力得到脱水。其基本流程如下：

污泥先经过浓缩段，依靠重力过滤脱水，浓缩时间一般为 10～30s，目的是使污泥失去流动性能，以免在压榨时被挤出滤布带，之后进入压榨段，依靠滚压轴的压力与滤布的张力除去污泥中的水分，压榨段的停留时间约为 1～5min。

滚压的方式，取决于污泥的特性。一般有两种，一种是相对压榨式，滚压轴上下相对，压榨的时间几乎是瞬时的，但压力大，见图 15－12(a)；另一种是水平滚压式，滚压轴上下错开，依靠滚压轴施于滤布的张力压榨污泥，因压榨的压力受张力限制，压力较小，故所需压榨时间较长，但在滚压过程中对污泥有一种剪切力的作用，可促进污泥的脱水，见图 15－12(b)。

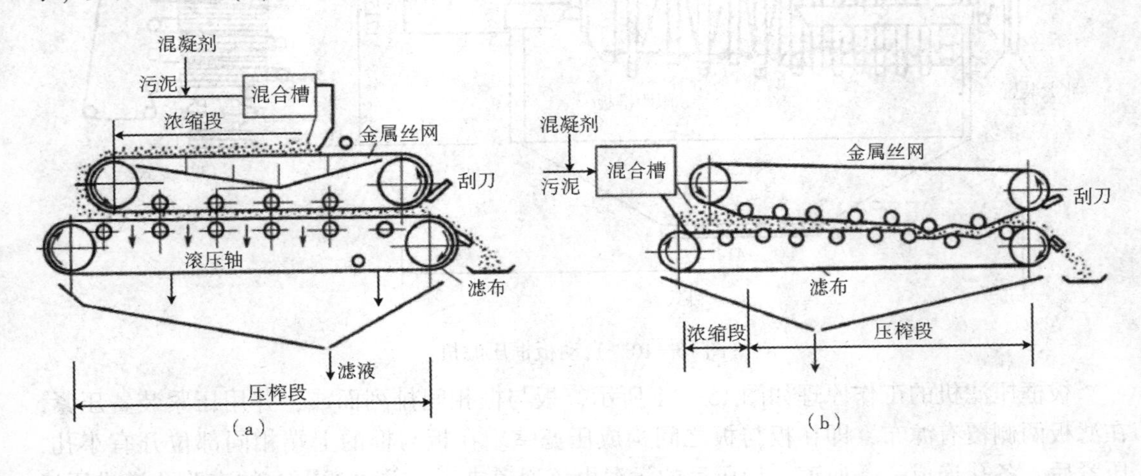

图 15－12　滚压带式压滤机

三、离心法

离心法的推动力是离心力，推动的对象是固相，离心力的大小可控制，比重力大得多，因此脱水的效果比重力浓缩好。它的优点是设备占地小，效率高，可连续生产，自动控制，卫生条件好；缺点是对污泥预处理要求高，必须使用高分子聚合电解质作为调理剂，设备易磨损。

1. 离心机的分离因素

离心机的分离因素就是离心力与重力的比值，即：

$$\alpha = \frac{F}{G} = \frac{\frac{\omega^2 r}{g}G}{G} = \frac{\omega^2 r}{g} = \frac{n^2 r}{900} \tag{15-8}$$

式中 F——离心力，N；

G——重力，N；

ω——旋转角速度，1/s；

r——旋转半径，m；

g——重力加速度，m/s^2；

n——转速，r/min。

离心机的分离因素表征离心力的相对大小和离心机的分离能力。

2. 离心机的分类

根据分离因素的不同，离心机可分为低速离心机（α 为 1000～1500）、中速离心机（α 为 1500～3000）和高速离心机（α 为 3000 以上）三类。在污泥脱水处理中，由于高速离心机转速快、对脱水泥饼有冲击和剪切作用，因此适宜用低速离心机进行污泥离心脱水。

根据离心机的形状，可分为转筒式离心机和盘式离心机等，其中以转筒式离心机在污泥脱水中应用最广泛。它的主要组成部分是转筒和螺旋输泥机（见图 15－13）。工作过程如下：污泥通过中空转轴的分配孔连续进入筒内，在转筒的带动下高速旋转，并在离心力作用下泥水分离。螺旋输泥机和转筒同向旋转，但转速有差异，即二者有相对转动，这一相对转动使得泥饼被推出排泥口，而分离液从另一端排出。

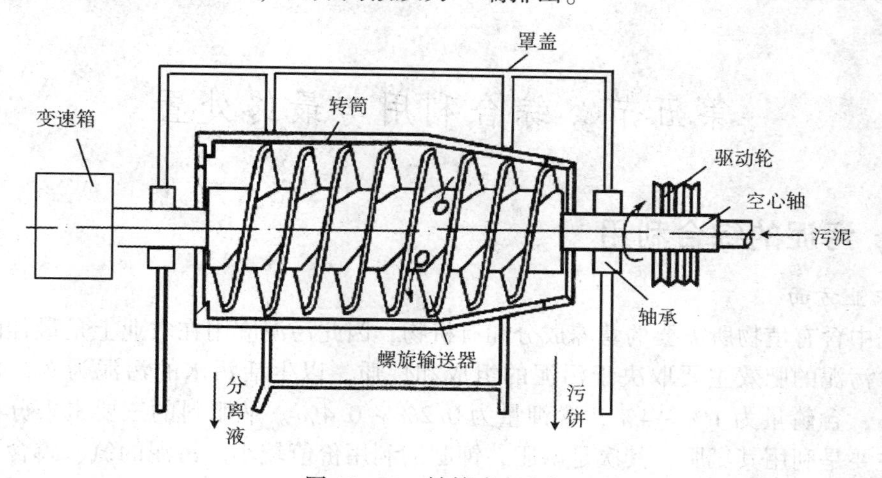

图 15－13　转筒式离心机

转筒式离心机的性能及处理效果见表 15－8，设计时可将其作为参考。

表 15-8　转筒式离心机处理效果

污泥种类	入流污泥浓度/%	脱水后污泥的含固率/%	高分子电解质用量/(g/kg 干固体)	固体物质回收率/%
初沉池污泥	4 ~ 5	25 ~ 30	1 ~ 1.5	95 ~ 97
生物滤池污泥	2 ~ 3	9 ~ 10 10 ~ 12	0 0.75 ~ 1.5	90 ~ 95 95 ~ 97
剩余活性污泥	0.5 ~ 1.5	8 ~ 10 12 ~ 14	0 0.5 ~ 1.5	85 ~ 90 90 ~ 95
70% 初沉污泥 + 30% 生物滤池污泥	2 ~ 3	9 ~ 11 7 ~ 9	0 0.75 ~ 1.5	95 ~ 97 94 ~ 97
50% 初沉污泥 + 50% 剩余活性污泥	2 ~ 3	12 ~ 14	0.5 ~ 1.5	93 ~ 95
60% 初沉污泥 + 40% 生物转盘污泥	2 ~ 3	20 ~ 24 17 ~ 20	0 2 ~ 3	85 ~ 90 ≥98
50% 初沉污泥 + 50% 剩余活性污泥	1 ~ 2	12 ~ 14 10 ~ 12 8 ~ 10	0 0.75 ~ 1.5 2 ~ 3	75 ~ 80 85 ~ 90 93 ~ 95
(均来自厌氧消化)	1 ~ 3	8 ~ 11 12 ~ 14	0 1 ~ 3	80 ~ 85 90 ~ 95

第五节　综合利用与最终处置

一、污泥的综合利用

1. 农业方面

污泥中含有植物所需要的营养成分和有机物，因此污泥应用在农业上是最佳的最终处置办法。污泥的肥效主要取决于污泥的组成和性质。以生活污水的污泥为例，含氮量为 2% ~6%，含磷量为 1% ~4%，含钾量为 0.2% ~0.4%。从肥料的三要素来分析污泥的肥效，主要是利用其氮肥，其次是磷肥，钾肥的利用价值较小。污泥的氮、磷含量都比一般农家肥高，而且污泥中含有的硼、锰、锌等微量元素，对农业增产有重要作用。因此可以说污泥是一种优质的有机肥料。但污泥中含有的病菌、寄生虫、病原体及重金属离子，如直接用作肥料，会对植物有危害作用并进入食物链影响其他生物，而且不利于土壤吸收养分。因此在把污泥用作农田肥料前，应首先进行稳定化处理，使病菌、寄生虫和病原体等死亡或减少，稳定有机物和减少臭气。此外，对于其中重金属离子的含量，也必须符合GB 4284《农用污泥中污染物控制标准》的要求。

较常用的处理方法是堆肥。堆肥是利用嗜热微生物，使污泥中的有机物和水分好氧分解，能达到腐化稳定有机物、杀死病原体、破坏污泥中恶臭成分和脱水的目的。堆肥的缺点是在天气不好时，过程缓慢，且会产生臭气。

2. 建筑材料方面

污泥可用作制砖与制纤维板材等建筑材料，此外还可用于铺路。

污泥制砖可采用干化污泥直接制砖，也可采用污泥焚烧灰制砖。制成的污泥砖强度与红砖基本相同。对制砖黏土的化学成分有一定要求，当用干化污泥直接制砖时，由于干化污泥组成与制砖黏土有一定差异，应对污泥的成分作适当调整，使其成分与制砖黏土的化学成分相当。而焚烧灰的化学成分与制砖黏土的化学成分是比较接近的，因此利用污泥焚烧灰制砖，只需加入适量的黏土与硅砂即可。

污泥制纤维板材主要是利用蛋白质的变性作用，也即活性污泥中所含粗蛋白(有机物)与球蛋白(酶)，在碱性条件下，加热、干燥，加压后，会发生一系列的物理、化学性质的改变，从而制成活性污泥树脂(又称蛋白胶)，再与经过漂白、脱脂处理的废纤维(可利用棉、毛纺厂的下脚料)一起压制成板材，即生化纤维板。

3. 污泥气利用

污泥发酵产生的污泥气既可用作燃料，又可作为化工原料，因此是污泥综合利用中十分重要的方面。它的成分随污泥的性质而异，一般含 CH_4 在50% ~60%以上。

消化池所产生污泥气能完全燃烧，保存运输方便，无二次污染，因此是一种理想的燃料。污泥气发热量一般为5000 ~6000kcal/m^3，当它用作锅炉燃料时，约1m^3 气体就相当于1kg煤。也可利用污泥气发电，1m^3 污泥气约可发电1.25度。

污泥气在化学工业中也有着广阔的利用前景。污泥气的主要成分是甲烷和二氧化碳。将污泥气净化，除去二氧化碳，即可得到甲烷，以甲烷为原料可制成多种化学品。

二、污泥的最终处置

污泥最终处置包括填埋、焚烧、投海等方法，应用时需结合实际情况并充分考虑其对环境可能产生的影响作用，进行具体处置方法的选择。

1. 填埋

污泥既可单独的，也可与固体垃圾混合排于填埋场、废弃矿坑或天然的低洼地。污泥在填埋之前要进行稳定处理，在选择填埋场地时要考虑到土壤和当地的水文地质条件，避免对地表水和地下水的污染。对填埋场地不仅要进行地下水观测，还要做好对地面水、土壤、污泥中的重金属、难分解的有机物、病原体和硝酸盐的动态监测工作。填埋场地应符合一定的设计规范。其中需注意的是：

(1)填埋场地的渗沥水属高浓度有机污水，污染非常强，必须加以收集处理，以防止对地下水和地表水的污染。

(2)应注意填埋场地的卫生，防止鼠类和蚊蝇等的孳生，并防止臭味向外扩散。

(3)除焚烧灰的挥发分在15%以下时，可进行不分层填埋，其他情况均需进行分层填埋。生污泥进行填埋时，污泥层的厚度应≤0.5m，其上面铺砂土层厚0.5m，交替进行填埋，并设置通气装置；消化污泥进行填埋时，污泥层厚度应≤3m，其上面铺砂土层厚0.5m，交替进行填埋。

(4)如在海边进行填埋时，需严格遵守有关法规的要求。

2. 焚烧

焚烧是一种常用的污泥最终处置方法，它可破坏全部有机质，杀死一切病原体，并最大限度地减少污泥体积。当污泥自身的燃烧热值很高，或城市卫生要求高，或污泥有毒物质含量高不能被利用时，可采用焚烧处理。污泥在焚烧前，应先进行脱水处理以减少负荷和能耗。常用的污泥焚烧设备有回转焚烧炉、多段焚烧炉和流化床焚烧炉等。

回转焚烧炉如图15－14所示，其转筒直径与长度之比为1:(10～16)。筒体分干燥段和燃烧段两段，干燥段约占总长度的2/3，燃烧段约占总长度的1/3，燃烧段温度可达700～900℃。

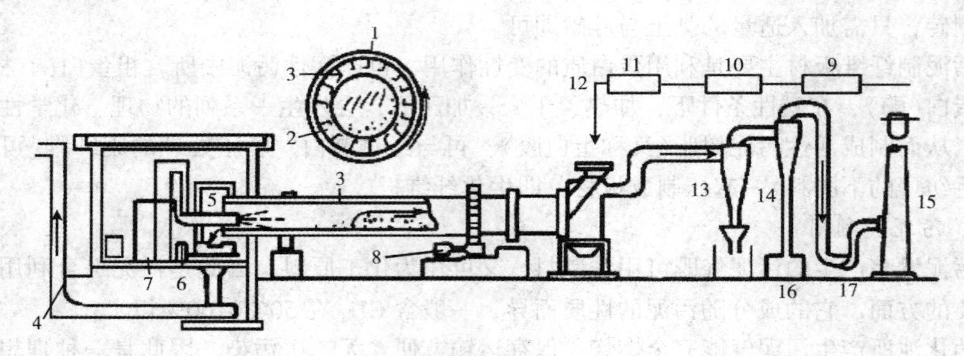

图15－14　逆流回转焚烧炉

1—炉壳；2—炉膛；3—炒板；4—灰渣输送机；5—燃烧器；6—一次空气鼓风机；7—二次空气鼓风机；8—传动装置；9—沉淀池；10—浓缩池；11—压滤机；12—泥饼；13—一次旋流分离器；14—二次旋流分离器；15—烟囱；16—焚烧灰仓；17—引风机

立式多段焚烧炉见图15－15，立式多段炉是一个内衬耐火材料的钢制圆筒，由多层炉床(一般6～12层)组成。各层都有同轴的旋转齿耙，转速为1r/min。空气由底部轴心鼓入，一方面使轴冷却，另一方面预热空气。脱水后的污泥从炉的顶部进入炉内，依靠齿耙翻动逐层下落。炉内温度中间高两端低，顶部两层温度约480～680℃，称干燥层，污泥在此干燥至含水率40%以下。中部几层主要起焚烧作用，称焚烧层，温度达到760～980℃，污泥在此与上升的高温气体和侧壁加入的辅助燃料一并燃烧。下部几层主要起冷却并预热空气的作用，称冷却层，温度为260～350℃，焚灰在此冷却后由排灰口排出。热空气到炉顶后，一部分回流到炉底，另一部分经除尘净化后排空。

流化床炉也叫沸腾炉见图15－16，炉下部堆放一层厚约0.9m的砂层，热空气由下部鼓入，在815℃使砂层呈流化状态。污泥投加到砂层中后，水分迅速蒸发，进而进行燃烧。废气由炉顶引入空气预热器使空气预热，之后经除尘净化后排放。流化床炉还设有投砂口、点火器、辅助燃料燃烧等设备。除砂流化床外，还可用污泥固体作流化床。

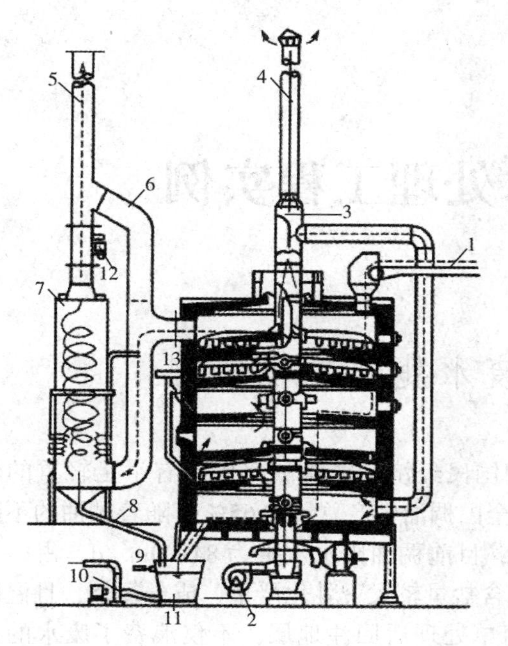

图 15-15　立式多段焚烧炉

1—泥饼；2—冷却空气鼓风机；3—浮动风门；
4—废冷却气；5—清洁气体；6—无水时旁通风道；
7—旋风喷射洗涤器；8—灰浆；9—分离水；10—砂浆；
11—灰桶；12—感应鼓风架；13—轻油

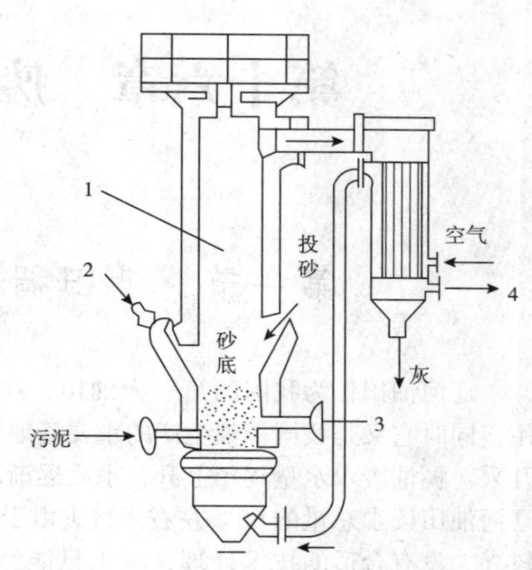

图 15-16　流化床炉

1—炉腔；2—辅助燃烧器；
3—点火器；4—废气出口

3. 投海

沿海地区可考虑把污泥投海，投海污泥最好是经过消化处理的污泥，而且投海地点必须远离海岸。投海的方法可用管道输送或船运，前者比较经济。污泥投海在国外有成功的经验也有造成严重污染的教训，因此必须非常谨慎。

按英国的经验，污泥(包括生污泥、消化污泥)投海区应离海岸至少 10 km 以外，深 25m，潮流水量为污泥量的 500～1000 倍。这样由于海水的自净与稀释作用，可使海区不受污染。

第十六章　废水处理工程实例

第一节　油田稠油废水处理工程实例

辽河油田作为我国的第三大油田，在我国国民经济和能源战略中具有举足轻重的作用，同时它又是我国稠油生产的重要基地，占全国稠油生产总量的65%。随着稠油的不断开采，稠油废水水量逐年上升，水质逐渐恶化，目前稠油废水水量为84100m^3/d，占整个辽河油田废水总量的60%左右。过去由于废水含盐量较大、乳化严重、成分复杂，且温度较高，没有合适的技术处理，废水只能经过简单处理后回注地层，不仅浪费了废水的热能，每年的废水回注费和外排费就高达几千万元。不仅如此，油田生产和生活用水不得不大量使用地下水，过量的开采使地下水位急剧下降，随着生产和生活用水量与日俱增，供水严重不足。如何经济合理地处置这些数量巨大的稠油废水，是油田面临的一个非常严峻的经济和技术难题，直接影响和制约了油田的可持续发展。

在经过大量调研、数据分析之后，油田确定了实施稠油"绿色开采"的战略。鉴于稠油生产所消耗的清水与产生的稠油废水数量相当，决定大力发展循环技术处理废水，把稠油废水处理成合格的清水，重新应用到稠油的开采中，使稠油废水资源化。稠油废水的循环利用，每年可减少排放到辽河流域的COD_{Cr}（化学需氧量）1.14×10^4t，BOD_5（生化需氧量）2850t，对缓解辽河流域的水体污染起到了积极作用。

一、工艺流程

1. 废水处理主工艺流程

原油脱出水首先进入调节水罐，进行水量、水质调节；提升泵从调节罐吸水，变频调速均量输送给斜管除油罐，除油罐出水重力流入浮选机，浮选机出水重力流入机械加速澄清池。机械加速澄清池出水重力流入过滤吸水池，经过滤泵加压依次进入核桃壳过滤器、多介质过滤器和2级弱酸软化器，软化器出水进入外输吸水罐。

在斜管除油罐或调节水罐前投加反相破乳剂，主要除油；在浮选机前加浮选剂，进一步除油和悬浮物；在机械加速澄清池前投加镁盐和液碱，主要去除SiO_2；核桃壳过滤器和多介质过滤器进一步去除油和悬浮物达到设计指标；弱酸软化器对滤后水进行软化，使出水硬度达到设计指标。

流程示意图如下：

原油采出水→调节水罐→提升泵→斜管除油罐→溶气浮选机→机械加速澄清池→过滤泵→核桃壳过滤器→多介质过滤器→一级弱酸软化器→二级弱酸软化器→外输水罐→外输泵→去热注站

2. 废水处理次工艺流程

系统产生的各种废水，按照其水质污染程度，分别进入废水池A格和B格。过滤器初期反洗水、浓缩器上清液、污泥脱出水、池(罐)放空水、溢流水等含油、悬浮物比较多的废水进入废水池A格，A格水经泵提升后进入斜板沉淀器，斜板沉淀器出水进入废水池B格；过滤器后期反洗水、软化器漂洗水等含油、悬浮物比较少的废水，进入废水池B格，经回收水泵提升到机械加速澄清池或调节水罐。

流程示意图如下：

系统产生较脏污水→污水池A格→提升泵→斜板沉淀器→污水池B格→回收水泵→澄清池/调节水罐

3. 污泥脱水工艺流程

处理工艺中产生污泥的单元主要有斜管除油罐、DAF浮选机、机械加速澄清池及污泥浓缩器。斜管除油罐、机械加速澄清池、污泥浓缩器产生的污泥重力流入污泥池，经污泥提升泵输送到污泥浓缩器；浮选机产生的污泥经泵提升直接进入浓缩器；污泥浓缩器中的污泥，经加药浓缩后重力进入污泥加压泵入口，加压后进入厢式污泥压滤机，压滤机出泥经皮带输到污泥装车间，用汽车外运到型煤厂。

流程示意图如下：

系统产生污泥→污泥池→提升泵→污泥浓缩器→污泥脱水泵→厢式压滤机→皮带输送机→装车外运

4. 事故状态检测及事故流程

为了防止过滤和软化系统受到前段非正常水质污染，在过滤泵出口安装在线浊度仪表和取样口。当在线检测仪表检测到水质超过正常范围时，发出信号报警，再通过手工取样化验确认水质超过正常允许值时，开始运行事故流程，即关闭过滤泵出水到核桃壳过滤器管线，将不合格水切换到调节水罐前。与此同时，采取调整加药种类、数量等措施，消除水质冲击负荷带来的不利影响。

二、工艺评价

1. 废水处理主工艺

生产运行表明，废水处理主工艺流程运行可靠、稳定，各处理单元达到了预期设计功能，保证了出水的分段达标，从而保证了整个处理工艺出水水质达标。各处理单元运行情况如下：

1)5000m^3 调节水罐(2座)

调节水罐进水、出水、底部排污、加药点、顶部浮动收油、底部高压水冲洗以及阀组间内收油泵等运行正常，达到了设计目的。

2)2000m^3 斜管除油罐(2座)

斜管除油罐运行平稳，顶部收油、底部排泥系统使用正常，中部玻璃钢斜管结实可靠，没有发生脱落现象。

3)浮选机(2台)

浮选单元运行基本正常。各组成部分管道混合器、回流泵、空气计量系统、顶部刮渣机、底部刮泥机、曝气头、斜板、中心控制盘等运行基本正常，达到了预期设计目的。对生产运行中出现的胶皮老化问题，回流泵机械密封不严及溶气管接头处有断裂现象等问题。采用丁腈橡胶和硅橡胶更换老化胶皮，采用钢制接头更换损坏的塑料接头，更换损坏的机械密封，整改后满足生产需要。

4）核桃壳过滤器（6座）

本次采用的体外搓洗式全自动核桃壳过滤器，运行可靠，体外搓洗效果好，控制柜显示每个过滤器运行状态，直观，操作管理方便。运行水量达 16000m^3/d 时，压差控制在 0.1MPa 以内，24h 反洗一次，达到了设计要求。对生产运行中出现的搓洗泵油封漏油，出水跑核桃壳问题，厂家进行了现场整改，整改后没有出现类似问题。

5）多介质过滤器

本次引进的多介质过滤器自动化水平高，操作参数、水质检测数字化，出水水质高，过滤周期及压差达到了合同规定指标。运行水量达 16000m^3/d 时，不除硅情况下，压差控制在 0.2MPa 以内，12h 反洗一次，达到了设计要求。对生产运行中出现的反洗跑核桃壳问题，鼓风机冒水问题，厂家已经解决。

6）弱酸软化器

软化器自投运以来，分别进行了软化、酸再生、碱转型、正洗、反洗、树脂体外转移等工序，现场操作表明，本次工程采用的大孔弱酸树脂固定床软化器能够适应欢三联废水特性，运行可靠、稳定，自动化水平适中，操作管理方便。软化器及配管选择的衬胶材质耐过流介质的腐蚀，保证了设备使用寿命。

生产运行表明：本次工程树脂选择合理，能够适应欢三联废水性质，没有发生树脂板结、堵塞现象。每个树脂罐累计过水量约 40000m^3，树脂工作交换容量达到理论交换容量的 90% 左右。树脂有集油（主要是溶解油）现象，碱洗工艺是必要的。针对欢三联水质，树脂的完全碱转型工序可以省略，达到碱洗目的即可。

软化器再生系统方便、灵活，酸碱储存、计量、配置系统密闭，安全卫生。树脂体外转移系统、再生系统运行正常，达到了预期设计目的。对生产运行中出现的正洗硬度下不来问题，装置突然断电，进出水气动阀门关闭，造成系统憋压问题，厂家进行了整改，整改后，没有出现类似问题。

2. 污泥脱水工艺

2003 年 3 月 26 日，开始运行污泥脱水工艺，首先对机械加速澄清池产生的硅泥进行浓缩和厢式压滤机脱水，脱水结果表明：污泥脱水工艺和设备完全能够满足硅泥脱水需要，脱出泥饼坚硬、干爽。

2003 年 3 月 27 日，对 2000m^3 斜管除油罐底部排出的含油污泥进行脱水。首先，含油污泥在浓缩器内投加化学药剂（聚沉剂），浓缩后含油污泥经厢式压滤机进行脱水，脱水后污泥完全达到了设计要求，满足装车外运条件。脱水结果表明：污泥脱水工艺和设备能够满足油泥脱水需要。

2003 年 3 月 28 日，对 2000m^3 斜管除油罐底部排出的含油污泥不加任何化学药剂进行脱水试验，试验结果表明：压出污泥成块状，但含水较多，四处流淌。

生产运行表明，污泥加药重力浓缩，厢式压滤机脱水工艺和设备是可行的，不但能处理硅泥，也能处理含油污泥，含油污泥含水率可达 96%、含油量可达 5%，处理后污泥含水率可达 50% 左右运行正常，运输十分方便，不会造成二次污染。硅泥脱水不用加药，含油污泥脱水需要加药，不加药保压时间过长，脱出污泥含水率高，不利运输。

螺杆泵电磁调速污泥保压系统运行可靠、便利，保证了厢式压滤机正常运行。

运行中发现厢式压滤机靠近液压站侧，卸泥时有泥饼落地现象。

3. 除硅工艺

2003年2月12日至3月18日，在机械加速澄清池进行静态除硅试验，筛选出除硅药剂种类及最佳加药量。2003年4月5日开始试运连续除硅工艺，试验结果如下：

(1)每座澄清池投加7t氧化镁培养泥浆层，在加药间投加氯化镁700～800mg/L，氢氧化钠800mg/L，絮凝剂60mg/L，pH值控制在10.3左右，二氧化硅由进水的110mg/L处理到40mg/L左右。

(2)出水硬度上升到180～200mg/L，碱度上升到1800mg/L左右，矿化度上升到4500mg/L左右；

由于澄清池反应区泥浆层培养技术难度较大，培养需较长时间，本次投运泥浆层沉降比不是十分理想，造成出水携带较多细小氢氧化镁絮体，絮体进入过滤系统，造成多介质过滤器进出口压差上升到0.6MPa，发生堵塞现象，此时核桃壳过滤器进出口压差不高，运行正常。

试运结论：镁盐、氢氧化钠机械加速澄清池除硅工艺是可行的，可以将二氧化硅由进水的80～120mg/L处理到30～40mg/L左右，除硅效率60%～70%。多介质过滤器不适用于除硅工艺。

4. 仪表及自控

本次工程采用的DCS自控系统集DCS和PLC的特长于一体，既可用于模拟量的数据采集，又可作连续过程控制及调节，也可快速处理各种开关量的逻辑控制，运行可靠、稳定，操作便利。

除油、除硅岗和过滤软化岗的两台下位机，将各处理单元的运行参数进行监测，监测参数上传中控室上位机，监测数据准确、详尽、直观，给生产运行带来极大便利。浮选机、核桃壳过滤、多介质过滤、软化及再生PLC自控系统，既有手动运行模式又有批自动和全自动运行模式。各种模式适应不同运行状态，操作灵活。生产运行表明本次工程主要处理单元采用的独立PLC自控系统稳定、适用，既满足了处理单元自动化生产要求，又满足现场操作水平的要求，受到现场操作人员的好评。

本次工程采用的水质在线检测仪表有浊度仪、硬度仪、pH计、酸浓度仪、碱浓度仪。生产运行表明，仪表运行稳定、可靠，极大地方便了运行管理，在现有的生产管理水平下，完全能运行起来。

5. 其他辅助工艺

1)酸碱卸车工艺以及酸碱储存、酸碱计量、酸碱配制工艺

能够满足生产需要，运行可靠、稳定、环保、卫生。酸碱提升泵、酸碱射流器及酸碱储罐内防腐能够适应输送介质性质，保证了设备使用寿命。输送酸碱管道采用的玻璃钢塑料复合管道，耐腐蚀性能好、机械强度高、施工质量好，使用效果较好。

酸计量罐顶部最好不用法兰形式连接，虽然采用法兰连接内部衬胶方便，但密封性不好，尤其罐直径较大，需要机械加工精度较高，在法兰接触面加密封垫才能密封严。对于较大酸计量罐，设备厂家今后可以取消顶部大法兰，改为侧壁开入孔方式，既可满足内部

衬胶，又可保证密封性，且降低了设备造价。

2)加药系统

加药系统所选择的药剂搅拌箱、药剂投加泵、药剂计量、管线能够满足处理工艺需要，保证药剂的准确、足量投加。对生产运行出现的投加聚铝药剂管线腐蚀问题进行了更换管材，改为PPR塑料管道。改换管材后，管道运行良好。有腐蚀的计量泵厂家已根据输送介质性质，更换了材质，现运转良好。发生上述现象的主要原因不是技术问题，主要是由于设计前不知使用谁家化学药剂，一般都在投产后，通过众多药剂生产厂家评选后确定，而不同化学药剂厂家生产的同类药剂成分相差较大。

三、运行参数

(1)废水处理主流程运行水量见表16-1。

表16-1 主流程水量运行一览表

序号	运行时间	累计天数/d	累计运行水量/m^3	平均日运行水量/(m^3/d)	最高日运行水量/(m^3/d)	备注
1	2002.10.22～11.19	30	283306	9444	11000	废水投运
2	2002.11.20～2003.2.17	90	1009068	11211	15681	90天生产考核
3	2003.2.18～4.4	46	556600	12100	14000	延长考核期
4	2003.4.5～4.20	16	215000	14000	16000	满负荷考核期
合计		182	2063974			

(2)单座软化器一个软化周期过水量约40000m^3。

(3)软化累计处理水量142.5×10^4m^3。

四、技术指标

1. 水质指标

1)悬浮物和油

各处理单元出水悬浮物和油平均值、最小值及最大值(144天平均值)见表16-2。

表16-2 各处理单元出水悬浮物和油平均值、最小值及最大值

序号	单元名称	平均值/(mg/L)		最小值/(mg/L)		最大值/(mg/L)		设计值/(mg/L)	
		悬浮物	含油	悬浮物	含油	悬浮物	含油	悬浮物	含油
1	老站进水	305.7	281.6	73.0	23.3	1672	1694		
2	新站进水	163.4	84.5	31.5	5.3	1533.0	395.7		
	进水平均值	234.55	183.05					300	1000

续表

序号	单元名称	平均值/(mg/L)		最小值/(mg/L)		最大值/(mg/L)		设计值/(mg/L)	
		悬浮物	含油	悬浮物	含油	悬浮物	含油	悬浮物	含油
3	调节水罐出水	117.0	79.0	53.2	9.9	388.0	429.9	300	700
4	除油罐出水	70.0	59.3	3.0	2.6	372.2	633.0	180	150
5	浮选机出水	9.2	2.2	0.6	0.4	61.5	12.9	40	10
6	澄清池出水	8.2	1.4	1.2	0.3	35.8	12.0	20	10
7	核桃壳出水	2.7	1.2	0.3	0.3	25.5	5.3	10	5
8	多介质出水	1.0	0.9	0.0	0.2	9.2	2.3	2	2
9	软化器出水	0.3	0.8	0.0	0.0	8.2	1.9	2	2

2)二氧化硅

进出水二氧化硅含量见表16-3。

表16-3　二氧化硅分析数据

mg/L

取样点	平均值	最大值	最小值	设计值
进水	98.1	133.5	57.1	100
出水	87.7(42)	113.3	65.4	80(50)

注：数据来自深度处理站化验岗，括号内为除硅出水数据

处理前后二氧化硅(不投除硅单元)变化见图16-1。

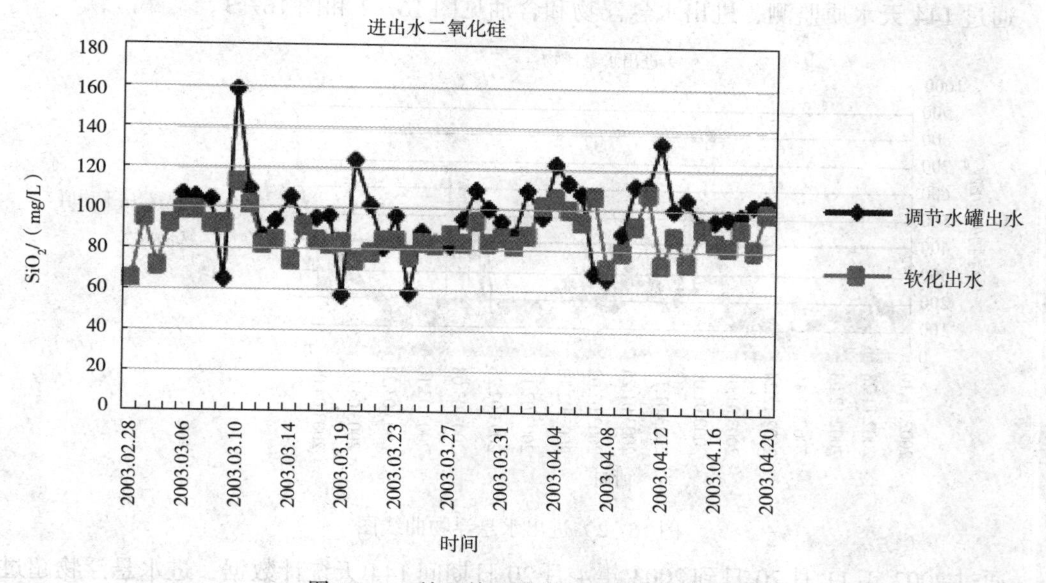

图16-1　处理前后二氧化硅含量分布图

3)144 天生产考核化验全分析数据(表 16-4)

表 16-4 处理后水质分析数据

序号	分析项目	深度处理站化验岗/设计院(平均值)	勘探开发研究院(平均值)	合同要求值(90d 平均值)
1	温度/℃	55		≥50
2	溶解氧/(mg/L)	0.02	—	≤0.3
3	总硬度/(mg/L)	未检出	0.00	≤0.1
4	总铁/(mg/L)	未检出	0.00	≤0.05
5	二氧化硅/(mg/L)	87.7(41)	117.91	≤(50)
6	总碱度/(mg/L)	1400(1800)	—	≤1800
7	悬浮物/(mg/L)	0.30	1.82	≤2
8	油和脂/(mg/L)	0.80	0.18	≤2
9	可溶性固体/(mg/L)	3400(5200)	—	≤4000
10	pH(25℃)	8.0(9.5)	7.74	7.5~11

注：1. 括号内为除硅后数据；2. 悬浮物深度处理站化验岗/设计院采用分光光度法，研究院采用重量法；3. 二氧化硅深度处理站化验岗/设计院采用钼黄法，研究院采用钼蓝法；4. 二氧化硅合同要求钼黄法，悬浮物合同要求重量法。

2. 化验数据分析

1)进出水悬浮物和油

通过 144 天水质监测，进出水悬浮物和含油见图 16-2 和图 16-3。

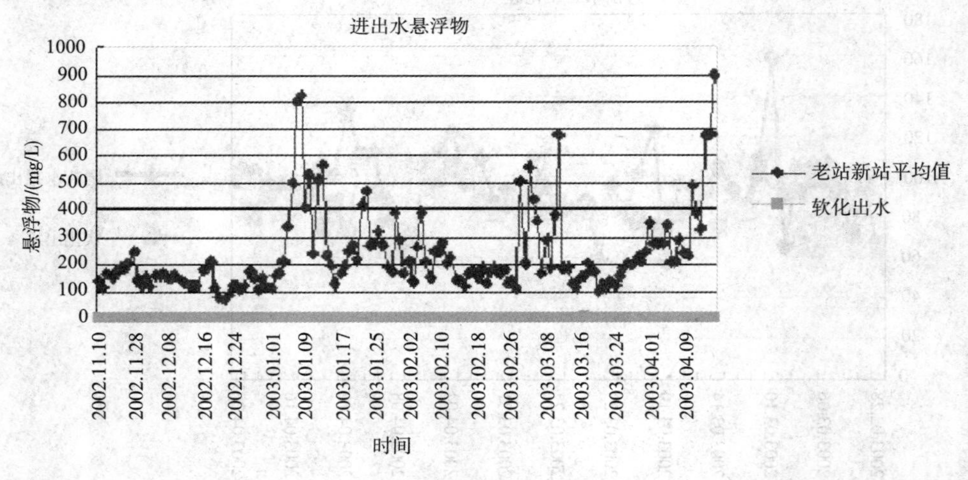

图 16-2 进出水悬浮物曲线图

通过 2002 年 11 月 20 日到 2003 年 4 月 20 日期间 144 天统计数据，进水悬浮物超过合同规定值 300mg/L 27 次，占总进水的 19%。出水悬浮物超过合同规定值 2mg/L 8 次，占总进水的6%。来水超标主要原因是前段原油脱水进液量和药剂投加量变动造成。

通过2002年11月20日到2003年4月20日期间144天统计数据，进水含油144天都没有超过合同规定1000mg/L，出水含油144天都没有超过合同规定2mg/L。

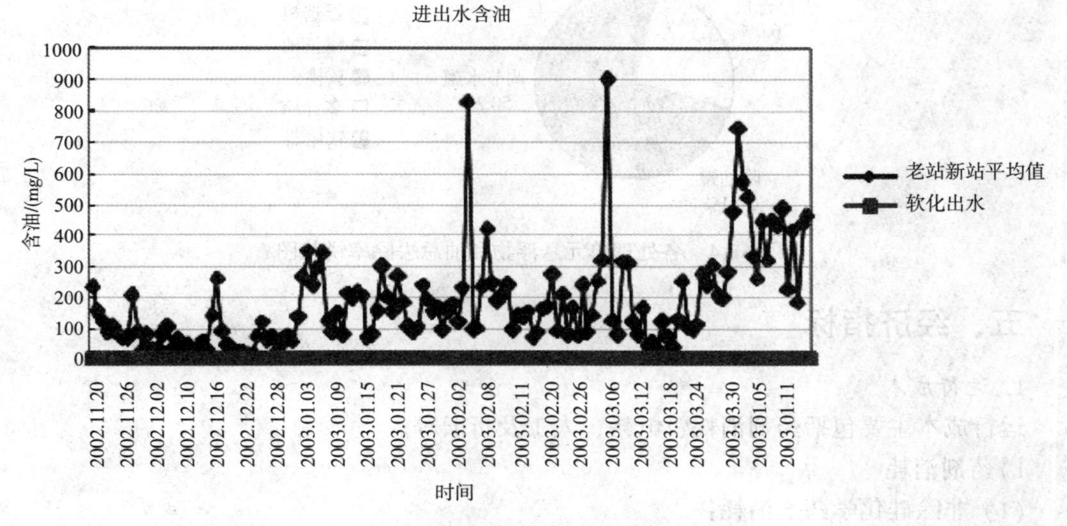

图16-3　进出水含油曲线图

2)处理单元悬浮物和油去除率

从表16-5可以得出，调节水罐和浮选机去除悬浮物和油，无论是单元去除率还是总去除率都是比较高的。浮选机在去除悬浮物和油中起到关键作用，达到了预期目的。

表16-5　处理单元悬浮物和油去除率

序号	单元名称	单元去除率/%		总去除率/%	
		悬浮物	含油	悬浮物	含油
1	调节水罐	50.1	56.8	50.1	56.8
2	除油罐	40.2	24.9	20.0	10.8
3	浮选机	86.9	96.3	25.9	31.2
4	澄清池	10.9	36.4	0.4	0.4
5	核桃壳	67.1	14.3	2.3	0.1
6	多介质	63.0	25.0	0.7	0.2
7	软化器	70.0	11.1	0.3	0.1
8		合计		100	100

各处理单元悬浮物和油总去除率见图16-4。

3)系统除硅效率

通过表16-3可以计算出，不投除硅单元二氧化硅去除率10.6%，投除硅系统二氧化硅去除率57.1%。

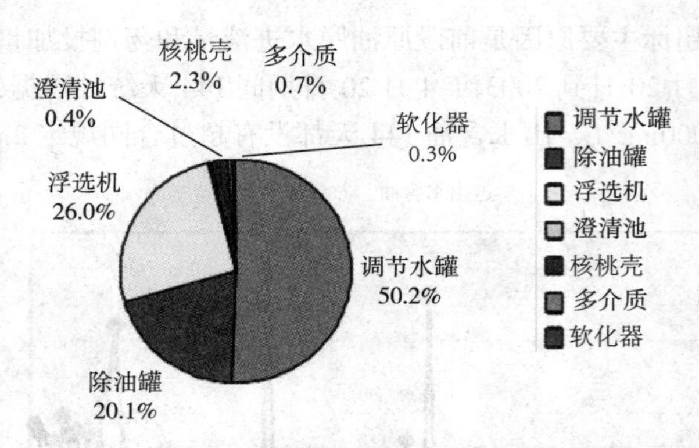

图 16-4　各处理单元悬浮物和油总去除率饼状图

五、经济指标

1. 运行成本

运行成本主要包括药剂消耗、电耗、人工及折旧等。

1) 药剂消耗

(1) 非除硅化学药剂消耗：

单位水量药剂消耗 0.72kg/m³，详见表 16-6。

表 16-6　152 天药剂用量一览表

序号	名称	加药量/t	每日用药量/(t/d)	累计处理水量/($\times10^4m^3$)	单位水量药剂消耗/(kg/m^3)
1	反相破乳剂	148.2	0.97	178	0.08
2	铝盐(PAC)+絮凝剂(PAM)	290	1.90	178	0.16
3	酸	362	2.38	142	0.25
4	碱	330	2.17	142	0.23
5	聚沉剂	3	0.02	178	0.001
6	阻垢剂	13	0.09	178	0.007
	合计	1146.2	7.53		0.72

(2) 除硅化学药剂消耗

a) 氯化镁：700 ~ 800mg/L

b) 氢氧化钠 800mg/L

c) 絮凝剂 60mg/L

单位水量药剂消耗 1.66kg/m³。

2) 电耗

单位水量电耗 0.94kW · h/m³。

3) 药剂费核算

非除硅药剂费核算见表 16-7，单位水量药剂费 2.06 元/m³。

表 16-7 非除硅药剂费核算

序号	名称	单位水量药剂消耗/(kg/m³)	药剂单价/(元/t)	单位水量药剂费/(元/m³)
1	反相破乳剂	0.08	6920	0.55
2	铝盐(PAC)+絮凝剂(PAM)	0.16	6780	1.08
3	酸	0.25	610	0.15
4	碱	0.23	990	0.23
5	聚沉剂	0.001	400	0.0004
6	阻垢剂	0.007	8080	0.05
	合计	0.72		2.06

除硅药剂费核算见表 16-8，单位水量除硅药剂费约 3.30 元/m³。

该工程以可靠、实用、低耗、自动化适中、效益好为目标，积极采用适合欢三联水质特点的新工艺、新技术、新设备和新材料。

表 16-8 除硅药剂费核算

序号	名称	药剂投加浓度/(mg/L)	药剂单价/(元/t)	单位水量药剂费/(元/m³)
1	氯化镁	800	2600	2.08
2	氢氧化钠	800	990	0.79
3	絮凝剂	60	6920	0.41
	合计			3.28

生产运行表明，该工程工艺先进、流程简单、能耗和化学药剂消耗低，平面布置合理、美观，水质在线检测及自动化系统可靠、先进，整体技术达到国内领先水平。

除硅工艺投药量大、成本高，技术管理难度大，并且投除硅工艺后，多介质过滤器运行周期大大缩短，不适合除硅工艺。另外，除硅后水的硬度、pH 值、碱度等都有较大提高。第三，生产运行表明，在高碱度水质条件下，处理后水中二氧化硅保持在 100mg/L 以内，热采锅炉能够安全、稳定运行。所以，针对欢三联水质，鉴于技术、经济及多介质精细过滤器等方面因素，不宜投除硅系统。

2. 效益分析

1)注汽锅炉用清水成本

(1)制水成本($C1$)

此段成本为从水源井到注汽锅炉进口所发生的费用，根据勘探局供水公司统计计算地下水从地下到注汽锅炉软化前的制水成本约 1.4 元/m³，此制水成本包括生产工程中的电费、药费、工资福利、折旧、大修和其他费用。

(2)制汽成本($C2$)

此段成本主要为热注站制汽所消耗的燃料费、电费、药费(软化、脱氧)、工资福利、折旧、大修和其他费用。由于电费、药费、工资福利、折旧、大修等费用用清水和废水时相差不大，认为相等，不再计算，只计算燃料费。经计算单位水量燃料费用：700 元/m^3。

(3)无效回注成本($C3$)

无效回注成本包括电费、工资福利、折旧、大修和其他费用等，为了简化计算，只计算运行电费，其余费用不在计算。经计算单位水量电费：1.67 元/m^3

总成本 C_A = 制水成本 + 制汽成本 + 无效回注成本 = $C1 + C2 + C3 = 1.40 + C2 + 1.67 = 3.07 + C2$(元/m^3)

2)注汽锅炉用废水成本

(1) 制水成本($C1_0$)

此段成本为废水处理成本，包括电费、药费、工资福利、折旧、大修和其他费用。经计算制水成本为 3.05 元/m^3。

(2)制汽成本($C2_0$)

此段成本主要为热注站制汽所消耗的燃料费、电费、药费(软化、脱氧)、工资福利、折旧、大修和其他费用。由于电费、药费、工资福利、折旧、大修等费用用清水和废水时相差不大，认为相等，不再计算，只计算废水与清水温差所节省的燃料费用。

总成本 C_B = 制水成本 + 制汽成本 = $C1_0 + C2_0 = 3.05 + C2_0$(元/m^3)

3)成本比较

将注汽锅炉用清水与用废水总成本进行比较：

$C_A - C_B = (3.07 + C2) - (3.05 + C2_0) \approx (C2 - C2_0)$(元/m^3)

经计算单位水量节省燃料费用 $C2 - C2_0 = 2.45$(元/m^3)。

欢三联日处理水量为 2×10^4m^3，年产生经济效益可达 1788.5 万元。

第二节　炼油废水处理工程实例

一、高桥石化公司炼油厂老三套工艺

长期以来，炼油厂含油废水的处理技术基本上都是采用“隔油 + 气浮 + 生化处理”老三套处理工艺，典型的炼油厂含油废水处理流程如图 16-5 所示。

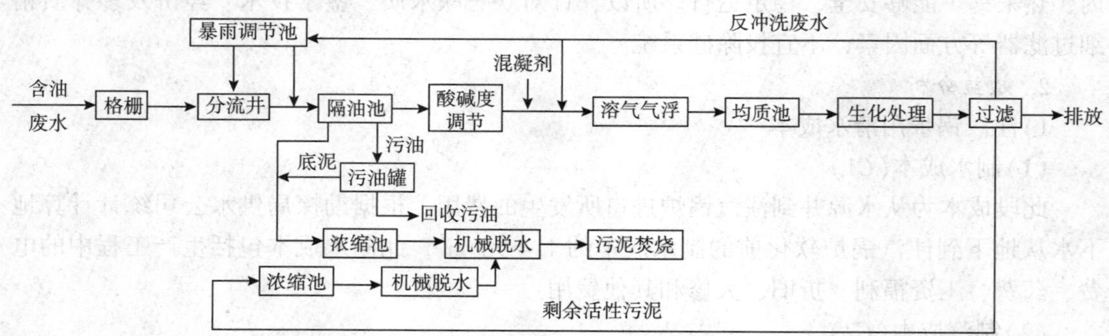

图 16-5　典型炼油厂含油废水处理流程示意图

以高桥石化公司炼油厂一号污水处理装置为例，该厂年加工原油400万t，生产汽油、煤油、柴油及各种润滑油等。排出工业污水装置有：常减压(2套)、酮苯脱蜡(2套)、丙烷(2套)、糠醛精制、酚精制、白土精制、石蜡、添加剂、焦化等。混合工业污水主要组成：石油类、有机物、硫化物、挥发酚、悬浮物等，污水处理量2.16×10^4t/d。工艺流程如图16-6所示，处理前后污染物的含量见表16-9。

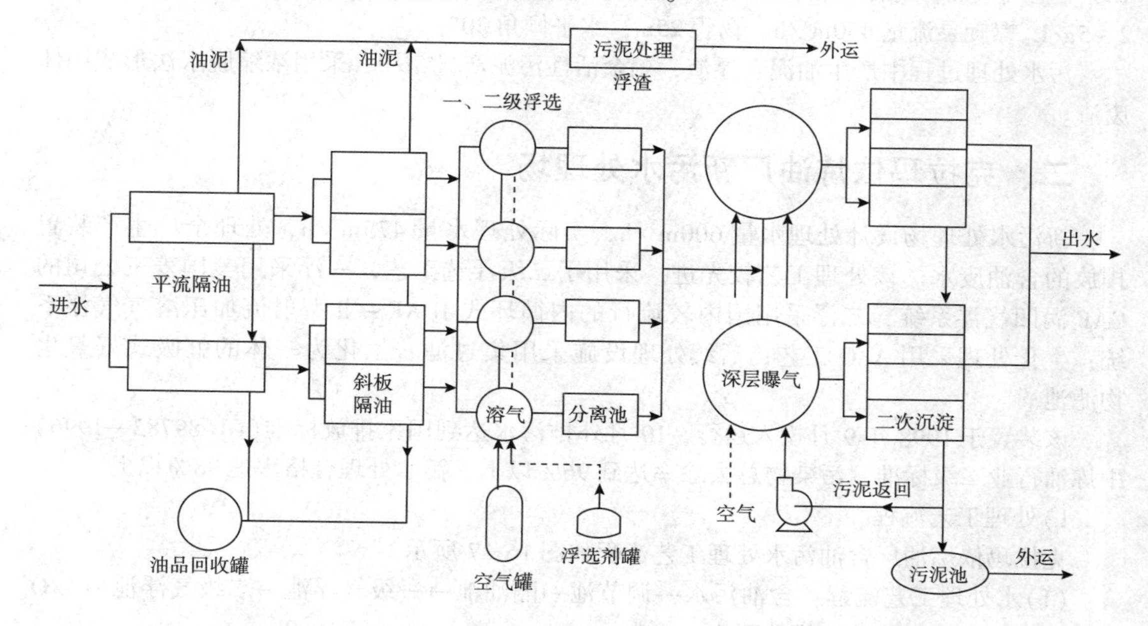

图16-6 炼油厂污水处理装置工艺流程

表16-9 污水处理前后水质指标对比

污水指标	含油量/(mg/L)	COD_{Cr}/(mg/L)	硫化物/(mg/L)	挥发酚/(mg/L)	悬浮物/(mg/L)
处理前指标	421~3235	757~2589	6.49~10.56	2.85~6.67	261~850
处理后指标	1.75	41.9	0.08	0.023	

1)平流式隔油池

两间隔油池，轮换清洗。污水停留35min，可分离直径≥120μm的油珠。池顶加盖，采用绳索牵引式撇油刮泥机械。

2)斜板隔油池

4组斜板隔油池，每组两间，各组轮流清洗，池内设置蜂窝填料(酚醛玻璃钢)，可分离50μm以上油珠。集油管除浮油，有吹扫机构，污泥汇集泥槽定期排泥。池底有风力鼓动器，防泥槽淤泥，风压24.5~34.3kPa。

3)气浮装置

采用全部加压溶气浮选法。一级浮选加压0.3~0.4MPa，混凝剂聚合氯化铝的浓度为8mg/L；二级浮选加压0.5~0.6MPa，混凝剂浓度为4mg/L；浮选装置采用套筒式静态溶气罐。污水从下部切线方向进入，溢入内套筒中从筒底中心排水。每气罐负担两条浮选分离槽。分离池设上、下两层，下层一级分离，上层为二级分离，每池均加盖，并有绳索牵引刮渣机。节省占地面积，效果较好。

4) 深层曝气池

两个深层曝气池，直径 ϕ19.6m，深 8.2m。每池内有两个箱式曝气器，每个曝气器有 120 个空气喷嘴。每池耗空气量 100m^3/min，污泥靠螺旋泵回流提升至曝气池，污泥浓度 2～5g/L。螺旋泵流量 450m^3/h，扬程 25m，水平倾角 30°。

污水处理过程中产生油泥、浮渣，剩余活性污泥产量 3t/d，采用浓缩脱水法形成固体废渣。

二、克拉玛依炼油厂新污水处理场

新污水处理场设计处理水量 600m^3/h，实际处理水量 475m^3/h，处理全厂生产装置排放的含油废水。该处理工艺较先进，采用了二级浮选工艺，一浮采用美国麦王公司的 CAF 涡凹气浮系统，二浮采用国内较流行的内循环式 JDAF－Ⅱ型射流加压溶气气浮系统；生化处理采用 A/O 工艺；后续处理设施采用集过滤、生化为一体的虹吸式好氧生物滤池。

该装置于 1998 年 9 月投入运行，10 月外排污水达到国家排放标准（GB 89782—1996）中炼油行业二级标准，污染物总去除率达到 96% 以上，污水处理合格率达 98% 以上。

1) 处理工艺流程

克拉玛依炼油厂含油污水处理工艺流程如图 16－7 所示。

(1) 水处理工艺流程：含油污水→调节池→隔油池→一级气浮池→二级气浮池→A/O 池→二沉池→好气滤池→排放泵房→出水。

(2)“三泥”处理流程：油泥、浮渣、剩余污泥→储泥泵池→加药调理→离心脱水→外运利用。

(3) 污油回收流程：污油→污油脱水罐→送厂回炼。

(4) 活性污泥回流系统。

(5) 事故排放回流系统。

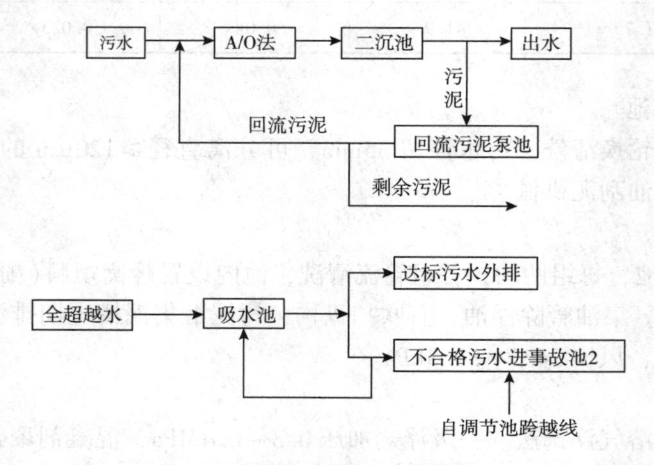

图 16－7　克拉玛依炼油厂含油污水处理工艺流程

2）主要构筑物情况及实际运行结果

表 16-10　主要构筑物情况

构筑物的名称	间数/间	规格/m	有效水深/m	有效容积/m^3	设计停留时间/h
调节池	5	47.4　24.1　8.2	7.0	7300	
隔油池	8	34.2　40.2　3.0	2.0	2500	4
一级气浮	2 组	15.2　3.2　1.8	1.65	200	
二级气浮	2 组 6 格	25.1　20.1　3.3	2.2	800	
事故池 1	4	48.4　26.7　4.8	4.0	4900	
二沉池	2 座	265.05	2.85	2400	
事故池 2	4	45.2　27.5　4.8	4.0	5000	
A/O 池	2 座	单组 31307.1	5.5	10000	16
好气滤池	2 组 8 格	单格 4.0　4.0　3.8		400	

主要构筑物情况见表 16-10。除事故池 1 设计容积稍小，一浮池出口排量小，与进口排量相比差距太大，造成一浮液面居高不下，影响水处理效果外，其他参数选用基本合理正确，符合实际运行需要。

处理设施运行效果见表 16-11。监测结果表明，外排水质除悬浮物指标外，其他指标均达到国家一级标准。污染物去除效果除悬浮物、挥发酚外，其余均达到设计要求。

表 16-11　处理设施运行效果

项目	处理装置进口/(mg/L)	处理装置进口/(mg/L)	二级标准	一级标准	实际去除率/%	设计去除率/%
pH 值	7.2	7.9	6～9	6～9	—	—
悬浮物	229	90	150	70	60.7	97
COD_{Cr}	1504.4	52.9	120	60	96.5	96
油	513.6	3.3	10	5	99.4	99
挥发酚	2.997	0.032	0.5	0.5	98.9	99.9
氰化物	0.007	0.001	0.5	0.5	85.7	90
硫化物	12.54	0.1	10	10	99.2	98

注：标准为 GB 8978—1996 污水综合排放标准；表中数据为几次监测的平均值。

三、某厂炼油废水处理实例

某厂排出含油废水流量 8640 m^3/h，含油废水水质为：油 13552.94 mg/L，硫化物 44.19mg/L，挥发酚 92.5 mg/L，氯化物 3121mg/L，pH＝8.8。废水处理采用图 16-8 所示流程。

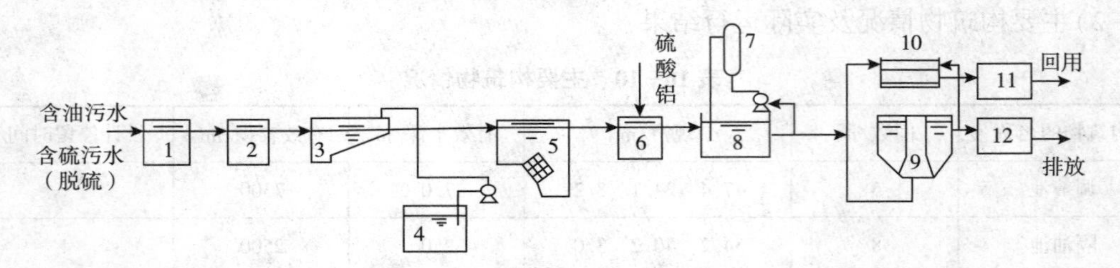

图 16－8　炼油废水处理流程实例

1—格栅；2—计量槽；3—平流隔油池；4—调节阀；5—斜板隔油池；6—加药池；7—溶气罐；8—气浮池；9—表面曝气池；10—砂滤池；11、12—集水池

含油废水与脱硫处理后的含硫废水经格栅后，进入平流隔油池。该池设有浮油刮油机和刮泥机。平流隔油池出水溢流入调节池，经调节再抽至斜板隔油池。隔油池出水加硫酸铝溶液混合后进入气浮池。气浮采用50%回流水加压溶气。气浮池出水可直接流向砂滤池，也可先经曝气池再流入砂滤池。过滤后的出水可供循环水场作补充用水，亦可排放。

主要构筑物及设计参数：

(1)平流式隔油池，停留时间102min，水平流速4.4mm/s；

(2)斜板隔油池，板内流速0.51mm/s，污油上升速度0.167mm/s，去除油粒直径≥60μm，出水含油<50mg/L；

(3)气浮分离池，停留时间2.2h，水平流速3.7mm/s；

(4)表面曝气池，污泥负荷为0.5kg/(kg·d)，污泥浓度为$3kg/m^3$，澄清区上升流速为0.3mm/s，导流区下降流速为0.02m/s；

(5)砂滤池，滤料为$d=1\sim2$mm的石英砂。反冲洗采用热水加压缩空气。压缩空气反冲强度$1m^3/(min\cdot m^2)$，反冲历时3min；60℃热水反冲洗，强度$20L/(s\cdot m^2)$，反洗5～8 min。废水处理后可达到排放标准，工程造价391.77万元，占地$2.8\times10^4\ m^2$，处理成本0.3元/m^2。

第三节　典型难降解化工废水处理工程实例

某石化公司腈纶厂污水处理装置(原)采用生物厌氧(A)－好氧(O)工艺技术流程，主要处理丙烯腈装置的含氰污水及腈纶装置含二甲基甲酰胺的污水，同时丙烯腈装置罐区及腈纶装置罐区的初期雨水、生活污水和少量经过一定处理后的化验室排水也进入污水处理装置处理。2001年对污水处理装置进行了技术改造，调节池南侧、好氧池由散流式曝气头改为可变微孔式曝气头，充氧效率由7%增加到15%，增加三台潜水泵、二台离心风机，使污水处理装置处理能力得到了提高。处理后的污水流入扩建的污水处理装置继续处理，扩建的污水处理装置处理工艺采用化学氧化—混凝沉淀—缺氧—生物流化—硝化—生物炭工艺技术路线，主要对原污水处理场一沉池出水和30%调节池出水进行处理，最终出水经管道排入沈抚灌渠。

污水处理装置(原)主要设施有：化验室、冷却塔、曝沉池、管式过滤机、调节池、厌氧反应池、接触氧化池、一次沉淀池、污水提升泵房、污泥脱水间，该装置的设计处理能力为4440t/d。扩建的污水处理装置主要设施有：调酸池、化学氧化反应器、管式静态混合器、高效沉淀池、缺氧池、生物流化池、硝化池、三次沉淀池、生物炭塔、集泥池、污泥浓缩池、清水池、事故罐、硫酸槽、碳酸钠溶解槽、碳酸钠溶液储槽、氢氧化钠溶液槽，该装置的设计处理能力为6000t/d。

一、工艺流程及说明

腈纶厂污水处理装置工艺流程如图16-9所示。丙烯腈装置的污水经四效蒸发浓缩，经有机物汽提塔将HCN、NH_3蒸出，最后加H_2O_2进一步氧化等一系列预处理后送往污水场。此股污水同其他生产生活污水，经过集水井提升，进入旋转格栅，除去大颗粒或块状废物，污水进入调节池。腈纶装置单体汽提塔、溶剂回收塔所排污水温度高达80~90℃，因此该股污水先经冷却塔降温，使其温度达到40℃左右，然后经管式过滤机过滤后进入调节池。

上述两部分污水进入调节池后均质混合，调节池中设有曝气设施，用以混合及对含有亚硫酸盐的污水进行曝气。经调节后的混合污水用泵提升计量进入厌氧池，厌氧池为填料式，设有脉冲及三相分离器。污水经厌氧池进入生物接触氧化池，接触氧化池为填料式，设有微孔曝气器，由离心风机供给空气，接触氧化池出水进入一次沉淀池，进行泥水分离，处理后污水进入扩建的污水处理装置，沉淀后的污泥经浓缩后用泵打回厌氧池，进行硝化，以减少污泥排放量。考虑到排水氨氮较高，用泵进行回流，以降低出水氨氮含量。

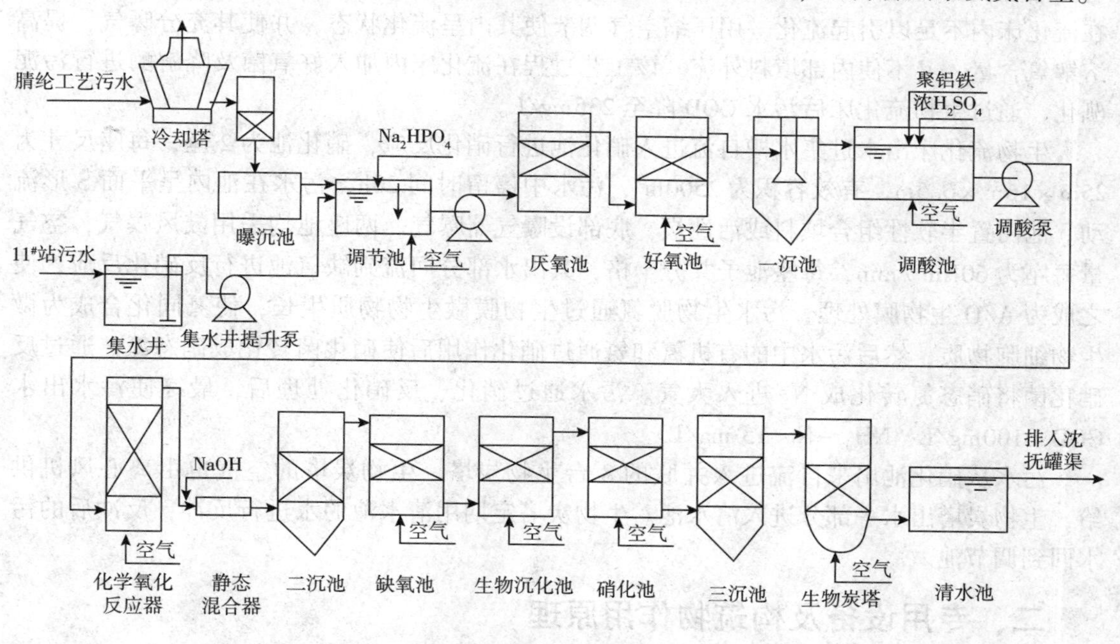

图16-9　腈纶厂污水处理装置工艺流程图

污水处理装置一次沉淀池出水和30%调节池出水进入调酸池进行混合，加98%浓硫酸将pH值调至3~4左右，再加聚合硫酸铁，用泵送至化学氧化反应器。化学氧化反应器共8台，有效容积75m^3，并联连接，污水在其停留2h以上，反应器内分3层，内置铁屑、焦炭及铁钯催化组合填料。污水进入反应器后在压缩空气的微孔曝气作用下，污水与反应器内的填料频繁接触，激烈的混合，提高了化学氧化活性，在催化剂的催化作用下，污水中难生物降解的有机物，在微电解和化学氧化过程中，其化学结构发生变化，COD 被降解，出水的 B/C 明显提高。反应器出水在管式混合器上加氢氧化钠混合调节 pH 值到 8 ~ 8.5，经过高效沉淀池沉淀，高效沉淀池共四座，每座尺寸 6m × 6m × 8.7m，并联连接，污泥放入新污泥浓缩池，经脱泥机处理后制成泥饼外运。上清液流入缺氧池，污水经过化学氧化混凝沉淀，其 COD 可以从 800mg/L 降至 560mg/L。

缺氧池共两座，每座尺寸为 25m × 9.5m × 6.5m，混凝土结构，分成 8 格，每格 6.5m × 4.5m × 6.5m，串联连接，每座进水量 125t/h。污水在池内呈上下 S 形流动，污水在池内停留 12h。池内安装半软性组合填料附着厌氧菌种，底部安装微孔曝气器达到泥水混合的目的。缺氧池使厌氧反应控制在水解酸化阶段，在水解酸化工艺中，大量微生物将污水中颗粒物质和胶体物质截留和吸附，截留下来的物质吸附在污泥表面，慢慢被分解代谢，在系统内的污泥停留时间要大于水力停留时间，在大量水解细菌的协同作用下将大分子难生物降解物质转化为易于生物降解的小分子物质。水解酸化反应一般去除部分 COD，同时还能提高 B/C，有利于下一步的生化处理。缺氧池投加高效菌种，经缺氧处理以后污水的 COD 降至 392 mg/L。

缺氧池流出的污水流至集水槽进入 3 台并联的生物流化床。流化床每台尺寸为 6m × 6m × 6.5m，流化床自下而上放有细颗粒石英砂及活性炭。污水自下而上流出，在底部设有压缩空气曝气搅拌，搅拌时使污水、空气、颗粒与污泥充分接触，呈流化状态，因污水在流化床内不足以引起流化，用压缩空气调节使其内呈流化状态，并使其充分曝气，提高溶解氧含量，又不使内部填料外流。该工艺过程在流化床内加入好氧菌及降解酶进行污泥驯化，通过生物流化床后污水 COD 降至 235mg/L。

生物流化床出水进集水槽自流进入硝化池进行硝化反应，硝化池为 2 座，每座尺寸为 25m × 16m × 6.5m，有效容积为 2500m^3，污水中停留时间 20h，污水在池内呈平面 S 形流动。池内置半软性组合填料或活性炭，底部设曝气器曝气。两座池均采用鼓风曝气，空气量每座为 60Nm^3/min，每座池子共分十格，其出水部分回流到缺氧池进行反硝化反应，使之成为 A/O 生物膜处理。污水生物脱氮通过生物膜微生物物质生长，使氮同化合成为微生物细胞物质，然后污水中的有机氮和氨通过硝化作用后使硝化菌转化成硝态氮。通过反硝化菌将硝态氮转化成 N_2 进入大气。污水通过硝化、反硝化处理后，最终使污水出水 COD < 100mg/L、NH_3-N < 15 mg/L。

污水从硝化池出来自流进入并联的 8 台生物炭塔。生物炭塔的空气也由离心风机供给，生物炭塔出水一部分进入清水池。生物炭塔定期用清水池的水进行反冲，反冲后的污水回到调节池。

二、专用设备及构筑物作用原理

1. 旋转格栅机

利用滤网分离块状物，倾斜滚筒将分离的杂物输送出来，附着在滤网上的污物由冲洗管反冲清洗。

2. 管式过滤机

利用不锈钢网作为过滤介质(其毛细孔径为 5μm)，在其形成滤膜后将腈纶装置工艺污水中的低聚物去除，系统压力达到 0.2MPa 时进行卸料、反吹、反洗，然后恢复正常运转。

3. 污泥脱水机

利用离心原理以卧式螺旋卸料沉降离心机将污水处理中经过预浓缩的污泥(含水率95%~99.5%)进一步脱水而制成泥饼，以便外运处理。

4. 冷却塔

冷却塔是在塔内将热水喷散成水滴或水膜状从上向下流动，空气由下而上流动，利用水的蒸发及空气和水的传热带走水中热量的设备。腈纶高温污水经冷却塔降温后进入下一工序。

5. 调节池

生化处理是利用微生物分解有机物，因此要求 pH 值、水温及有机物浓度要保持稳定，调节池就是起均质均量作用的，全厂生产、生活污水及好氧池回流水全部汇集到此混合均匀后，由提升泵以稳定的流量送入厌氧池，调节池须曝气搅拌，以促进污水混合均匀，去除亚硫酸盐并避免悬浮物在池内沉积。

6. 厌氧反应池

厌氧反应池是本装置中去除有机物的主要构筑物，它有三方面作用：一是将大部分有机物分解；二是将回流到本池的硝酸盐、亚硝酸盐反硝化为 N_2，使总氮降低；三是将回流入本池的氧化池污泥消化分解，以减少剩余污泥造成的二次污染。

厌氧反应池主要由脉冲布水系统、厌氧反应区和三相分离器三部分组成。由于厌氧反应池水力停留时间较长，容积较大，进水不易分布均匀并与菌体充分接触，因此采用了脉冲进水，使脉冲瞬间流量加大，通过布水管孔将进水均匀分布池底面。又由于脉冲水冲击使污泥悬浮，使有机物与菌体充分接触。脉冲器是利用自然虹吸原理，无易损坏部件，无需人工或机械启动，完全利用进水液面变化自动控制。

厌氧反应区包括：污泥和填料层两部分。池的底部污泥浓度较高，菌量较大，为污泥层。池中部由于污泥浓度显著降低，为提高池容积利用率，设置了填料层。可使污泥附着其上，增加中部菌量，提高处理效果。由于厌氧反应使有机物降解为 CH_4、CO_2 等气体，这些气体上升至池顶过程中会将附着在气泡周围的污泥带至池顶，随水流失，故将气、液、固通过三相分离器分开。气体进入气室，液体排出池外，固体回流入池，以保证池内有足够的厌氧菌。

7. 接触氧化池

接触氧化池是污水处理装置的另一主要构筑物，利用好氧菌将未被厌氧菌完全分解的有机物进一步氧化分解，并将有机物分解产生的 NH_3-N 通过硝酸盐和亚硝酸盐菌的作用转化成硝态氮。

接触氧化池中好氧菌分解有机物及硝化 NH_3-N 均需消耗大量的溶解氧。由离心风机供给，氧化池中设有填料，作用同厌氧池。当出水 COD 达标后，开始将氧化池出水 50% 回流，若 NH_3-N 达标，可适当减少回流比到 30%，若不能达标则加大回流比到 60%~65%，逐渐使出水 NH_3-N 达标。

8. 一次沉淀池

好氧池中的微生物在分解有机物的同时，自身在不断的增长、繁殖，使填料上的生物膜加厚，膜内层因缺氧形成厌氧层，厌氧层与填料附着力较差，通过曝气搅拌而脱落上浮并随水流出。沉淀池的作用就是将这些生物膜与水分离。该装置的沉淀池是竖流式沉淀池，含污泥的污水经导流筒进入池下部，由反射板分布开来，水流向上经缓冲层、澄清层后流出。因生物膜密度大于水，所以本池利用其沉降速度大于水的上升流速，使泥水分离，污泥沉入污泥斗后定期排入污泥处理系统进行脱水或回流。

9. 化学氧化反应器

化学氧化反应器利用微电解原理，共有四种效能即氧化作用、还原作用、混凝作用、浮选作用。

10. 缺氧池

在水解－酸化细菌的作用下，将大分子物质、难于生物降解物质转化为易于生物降解物质，去除部分 COD，提高 B/C 值。

11. 生物流化池

利用好氧菌将未被厌氧菌完全分解的有机物进一步氧化分解。

12. 生物炭塔

生物炭塔在该装置中起把关作用，废水经前序处理后，达不到排放要求时，就需要再经过生物炭塔进一步处理。

该装置中的生物炭塔采用的是降流式滤床，活性炭为滤料。利用活性炭对有机物、微生物和水中溶解氧的吸附作用，将三者浓集在炭层表面，使生物降解效率提高，同时还可以使出水中的悬浮物降低。炭塔中的微生物主要是好氧菌，因此生物炭塔也需充氧，溶解氧控制在 4～5mg/L 为宜。水中 NH_3-N 在此将继续被硝化，所以生物炭塔也可以去除 NH_3-N。

由于微生物在炭表面生长繁殖，会使生物膜加厚，影响活性炭的效果，因此需定期反冲洗，使生物膜不致过厚，以便增强处理效果。

三、装置主要构筑物

装置主要构筑物如表 16－12 所示。

表 16－12　装置构筑物一览表

序号	构筑物名称	参数	单位	数量	停留时间	气水比
1	调节池	(23m×15m×4.2m)＋(8m×7.5m×5.2m)	座	1	10h	
2	厌氧反应池	7.4m×4.8m×7m	座	8	10h	
3	接触氧化池	4m×4.2m×5.6m	座	24	12h	30:1
4	一次沉淀池	4.2m×3.8m×4.5m	座	8	2 h	
5	中和间	389.4 m^2	座	1		
6	化验室	190.5 m^2	座	1		
7	曝沉池	5.3m×4.7m×1.45m	座	2		
8	浓缩间	6m×18m	座	1		
9	浓缩池	2.8m×3.1m×(3.1＋1.36/2)m	座	4		
10	调酸池	10m×5m×3.5m	座	1		
11	高效沉淀池	6m×6m×8.7m	座	4	1.5h	
12	缺氧池	25m×9.5m×6.5m	座	2	10.4h	
13	生物流化池	6m×6m×6.5m	座	12	9.9h	
14	硝化池	25m×16m×6.5m	座	2	17h	
15	三次沉淀池	6m×6m×6m	座	4	1.5h	

续表

序号	构筑物名称	参数	单位	数量	停留时间	气水比
16	生物炭塔	φ3m×5m	座	8	1h	(2~4):1
17	集泥池	5m×4m×2.5m	座	1		
18	清水池	4m×4m×2.4m	座	1		
19	1200 事故池	34.9m×8.3m×3.5m	座	1		
20	8000 事故池	34.4m×31.4m×8m	座	1		

第四节　污水回用工程实例

人口迅猛增加和工业高速发展，导致水资源短缺日益加剧，我国水资源短缺与其他国家相比更加突出。在水资源短缺的同时水体污染严重，世界卫生组织统计，每年至少有1500万人死于水污染引起的疾病，我国环境污染日益严重也已成为不争的事实。为了保证经济的快速发展对水的需求，必须做到节流、治污、开源并举，而污水资源化是开源的措施之一。世界各国纷纷开展了污水回用的研究与实践，尤其像美国和日本这样的发达国家和以色列这样水资源缺乏的国家。我国的污水回用起步较晚，除北京高碑店、天津纪庄子、大连等大型的污水回用示范工程外，污水回用的研究与实践已经在城市污水回用、大型工业企业(如炼油企业)里逐步开展，已取得了一定的社会效益和环境效益。

一、哈尔滨炼油厂污水深度处理回用工艺

哈尔滨炼油厂的污水净化回用装置处理规模4000m^3/d，工艺路线见图16-10。

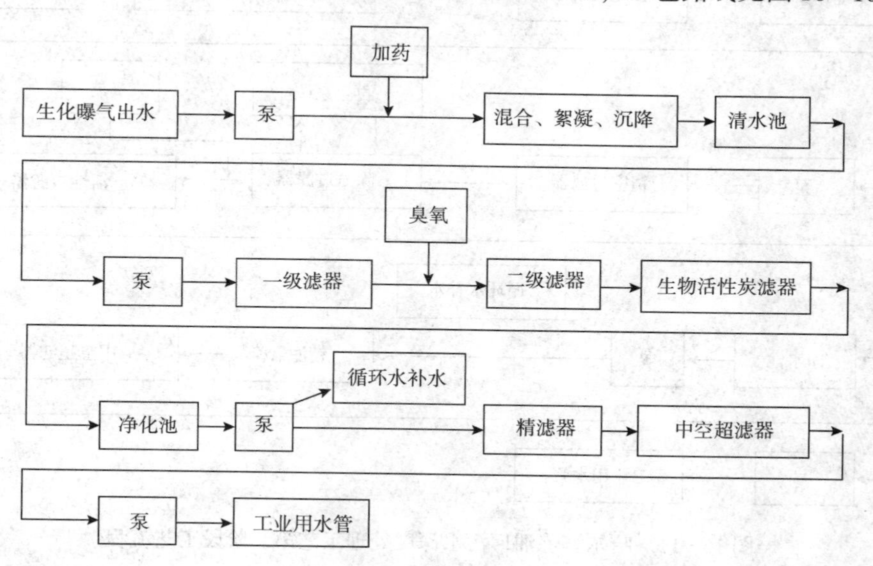

图16-10　哈尔滨炼油厂炼油污水处理回用工业化试验工艺流程

生化曝气池出水由泵提升后加药，进入 24 孔混凝池，然后进入斜管沉降池，经化学絮凝的水通过斜管后，上部为清水，底部为絮凝、沉降的悬浊液。底部的沉积物通过排泥管、排泥阀进入排泥槽，再由排泥泵排至室外。上部的清水经集水管进入集水槽内的混合器，经加药、混合后再进入集水槽内。将二级滤器中的臭氧和空气引入清水池底进行气浮。

一级滤器(高效精密滤器)：滤器内的滤料既能吸附又能拦截污物，降低浊度。其调节能力强，有优良耐化学腐蚀能力，纳污量高，不易堵塞，出水水质可以调节，最佳出水浊度可达 3 度。

臭氧发生器：臭氧(O_3)能有效去除有机物、无机物，脱色，去味，其主要原理是将溶解的有机物、氰化物及油类氧化降解为小分子或是易生化处理的简单化合物，同时起杀灭细菌作用。

二级滤器(石英砂滤器)：石英砂滤器内为经过臭氧氧化处理的水，在滤器内再充分进行氧化降解，然后经石英砂过滤，保护活性炭。

三级滤器(活性炭滤器)：三级滤器采用生物活性炭法，使活性炭外层生成生物膜，以除去水中能被微生物降解的物质，而难于降解的物质被活性炭吸附使水净化，经处理的水进入净水池备用。

中空超滤：中空超滤是目前较先进的膜过滤装置，能有效地拦截水中的细菌、大分子微生物、有机物等，其出水浊度极小。

由于没有考虑氨氮的脱除问题，导致出水氨氮浓度过高，后对流程进行改造。至 2001 年 7 月完成第二阶段试验。试验流程改造如图 16－11 所示。

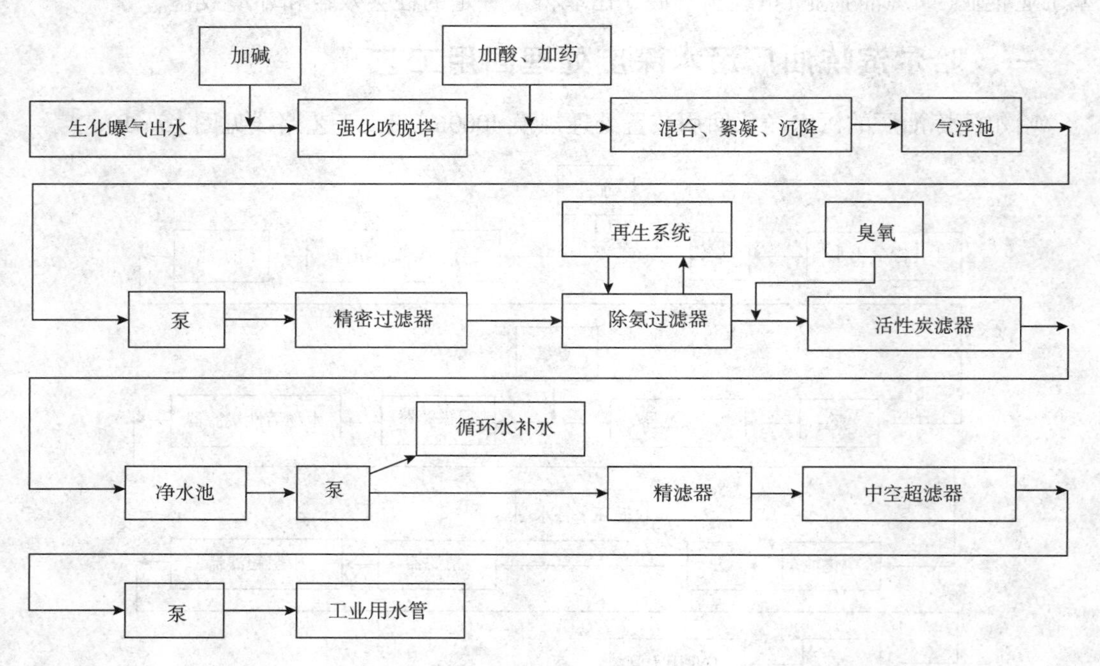

图 16－11　哈尔滨炼油厂污水深度处理工艺第二阶段工艺流程

工艺改进包括增加一氨氮吹脱塔、强化原清水池为气浮池、去掉砂滤器增加除氨过滤器，除氨器为斜发沸石吸附脱氨工艺，两台交替吸附脱附运行。试验统计结果见表 16－13。

表 16-13　哈尔滨炼油厂污水深度处理第二阶段工业试验主要污染物去除效果统计表

项目	COD_{Cr}	pH	氨氮	硫化物	油	浊度
进水浓度平均值/(mg/L)	99.06	6.27	167	0.115	4.03	
要求值/(mg/L)	20	6.25～8.5	5	0.01	0.5	5
出水浓度平均值/(mg/L)	7.42	7.41	1.78	0.007	0	1.58

该处理系统长期运行，处理出水的水质较好，其中约70%回用到循环水系统，有30%的处理出水再经过精密过滤和超滤(UF)后回用作动力装置的补水。

二、锦州石化公司污水回用工艺

锦州石化公司污水回用装置的设计处理能力为550t/h，其中自用反冲洗水为50t/h。污水来源分两处，一是化工污水场二级处理后达标排放的污水，水量390～450t/h，二是公司内可以直接排放的清净废水，水量150～250t/h，装置设计年运行8400h，处理水量420×10^4 t/a，装置的进水水质设计指标及回用水水质指标见表16-14和表16-15。

表 16-14　装置的进水水质设计指标

项目名称	设计指标
pH值	6～9
COD_{Cr}/(mg/L)	≤100
油/(mg/L)	≤10
浊度/度	≤100
NH_3-N/(mg/L)	≤15

表 16-15　装置回用水水质设计指标

项目名称	设计指标
pH值	6.5～8.5
COD_{Mn}/(mg/L)	≤5
NH_3-N/(mg/L)	≤1(切换时72h不超过3)
浊度/度	≤5
油/(mg/L)	≤1
细菌总数/(个/mL)	$\leqslant1\times10^5$
氯离子/(mg/L)	与原水比较增加值不超过30
总铁/(mg/L)	≤0.3

处理合格的产品水全部回用到公司内的循环水场作为循环水补水。该装置共有五条并联的生产线，其中的除氨系统可以根据水质氨氮情况进行切停。

污水回用处理工艺流程如图16-12所示，装置来水首先进入污水调节池进行充分混合均质后由污水提升泵提升进入初级滤池，初级滤池为曝气生物滤池，经滤池的滤料和生物膜作用可去除大部分 COD、氨氮等有机物，初级滤池出水投加絮凝剂 PAC 和助凝剂 PAM 后进入混合反应槽，再入气浮池，采用部分回流式气浮法进行气浮，气浮池上部浮渣由刮渣机刮入螺旋输送机输送至污泥池，由气浮池出来的清水流入清水池，经清水泵升压后进入精密滤器去除浊度，再入除氨器去除氨氮，除氨器出水与臭氧发生器产生的臭氧在混合器内充分反应后再进入活性炭滤器，在活性炭滤器内通过强氧化、生化、物化反应，出水在回用水池内投加杀菌剂后，各项指标都达到回用水要求，由回用水泵加压送至各循环水用户。

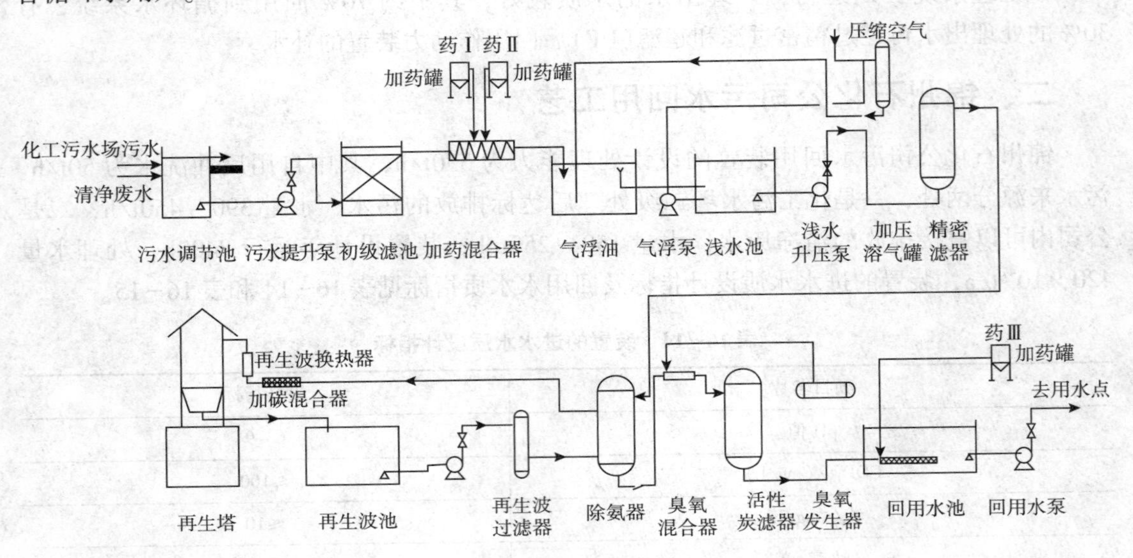

图 16－12　污水回用装置工艺流程图

长期运转表明，外排污水经此回用装置处理后回用于循环水补充水，循环水场水质各项指标均未发生大的波动，使用前后水质对比情况见表 16－16。

表 16－16　补充回用水前后循环水场水质对比

项目	黏附速度/[mg/(cm² · 月)]	腐蚀率/(mm/a)	硬度/(mg/L)	电导率/(μS/cm)	Fe^{2+}/(mg/L)	Cl^-/(mg/L)	细菌/(×10^5 个/mL)	pH 值
补充回用水之后	0.080～2.60	0.004～0.099	518	1020	0.32	98	0.16	8.46
补充回用水之前	0.085～2.76	0.004～0.083	524	980	0.38	91	0.17	8.30

经过处理之后回用水硬度为 273 mg/L，略低于公司的新水硬度(265～357mg/L)，回用水的其他各项指标也都低于或相当于循环水指标，因此回用水作为补水未对循环水场造成任何不利影响。

三、大庆石化污水深度处理中试工艺

大庆石化公司随着生产规模的不断扩大，水资源紧张的矛盾日益显露，排放量约为 4700t/h 的生产污水已达到公司污水东排管线设计能力的极限。

1. 外排污水水量与成分分析

公司各生产厂(炼油、化纤、化肥、化 1、化 2、化 3、腈纶、塑料、热电、水气等厂)共排放污水4700t/h，其中生产废水1450t/h；清洁下水3250t/h。生活区(龙凤、卧里屯、兴化)污水排放量总计为1700t/h。各主要排放口外排污水污染物成分如表16-17所示。

由表中可以看出，在公司外排污水中炼油污水处理场出水，化肥厂排水、热电厂排水和生活区生活污水的水质污染程度较轻，水质较为清洁，这部分外排污水的总排量为3610t/h，约占公司全部外排污水总量的56.4%，若通过适当工艺经处理后作为生产用水予以回用，则既可减轻红旗水库的供水压力，又可合理利用水资源，无论从技术还是经济角度考虑都是合理可行的。

表16-17　主要污水排放口外排水污染物组成

排水处	pH值	电导率/(μS/cm)	COD_{Cr}	BOD_5	Ca^{2+}	Mg^{2+}	SS	Cl^-	T-P	NH_3-N	硬度($Ca^{2+}+Mg^{2+}$)/(μg/L)	水量/(t/h)
			/(mg/L)									
炼油污水处理场	7.68	645	92	32	75.06	29.26	60.87	30.38	1.44	17.16	102.8	960
化肥厂	8.36	30.0	98	11.6	114	6.04	107	21.5	0.134	7.11	120.04	450
热电厂	7.92	24.1	197	36.6	60.45	28.1	110	10.8	2.049	3.05	88.6	500
化工污水处理场	8.39		395				73.5			2.97		450
腈纶污水处理场	7.68		355				70.5			89.0		330
总厂1.3#泵站	8.05		335				85			8.65		4200
生活区污水	7.80	880	86	35	97	32	88	27	1.17	14.1	129	1700

公司循环总水量达151500t/h，而补水量达3330 t/h。根据污水排放的水质特性和乙烯厂区循环冷却水补水量较大的特点，公司以化肥、热电两厂排水和兴化生活污水为回用原水进行了污水深度处理和回用的中试试验研究。

2. 污水深度处理中试试验

污水深度处理回用工程的污水来源于乙烯化工污水深度处理工程，其组成比例为：化肥厂总排水∶热电厂总排水∶兴化生活污水 = 1∶1∶1。由监测数据表明，源污水的COD_{Cr}、BOD_5、SS、浊度等变化幅度较大，而Ca^{2+}、Mg^{2+}、总硬度等变化幅度较小，根据源污水的水质特点及公司对污水回用于循环水补水的水质要求，污水深度处理工艺应满足以下要求：① 能进一步降低源污水中残留的COD、BOD；② 尽可能去除NH_3-N和总磷；③ 去除悬浮物，降低浊度；④ 消毒、灭菌。

为满足以上要求，结合国内外污水深度处理相应技术，乙烯化工区污水深度处理试验工艺流程选择“生物接触氧化—絮凝沉淀—过滤—消毒杀菌”工艺。混合源污水首先进入调节池，在调节池内经沉砂、均质后提升进入生物接触氧化塔；塔内填充烧结的耐水填料以利于微生物驯化、繁殖和挂膜，经生物接触氧化塔处理后，污水中的COD、BOD、NH_3-

N、T－P、石油类等指标已明显降低；污水进入絮凝沉淀单元后，通过投加絮凝沉淀药剂，污水中的SS虽得到初步沉淀，但澄清出水SS含量仍不能满足要求，因此由压滤泵升压后进入压滤单元；压滤单元采用LLY －300型精密过滤器，具有良好的SS去除效果，压滤出水SS含量已较低，自流进中间水箱，中间水箱出水除提供一部份压滤(精密过滤)系统定期反冲洗用水外，全部自流入臭氧消毒杀菌单元；经臭氧消毒杀菌后，各项指标应基本满足循环冷却水补水对水质的要求，流入清水池供循环冷却水补水使用。循环水补水水质指标见表16－18。

表16－18　大庆石化污水回用为循环冷却水补水的水质要求

项目	水质指标要求	项目	水质指标要求
电导率/(μS/cm)	250	Ca^{2+}/(mg/L)	50
浊度/NTU	<5	Mg/(mg/L)	35
pH值	7.0～8.50	TDS/(mg/L)	<350
色度/度	<15	油/(mg/L)	<1
COD_{Mn}/(mg/L)	24(8.0)	NH_3-N/(mg/L)	<3
SS/(mg/L)	<3	TP/(mg/L)	<1
Cl^-/(mg/L)	<35	总硬度/(mg/L)	125
SO_4^{2-}/(mg/L)	<40	总碱度/(mg/L)	125

试验参数为：

(1)设计污水处理量400L/h。

(2)调节池2m×2m×1.5m，污水停留时间12h。

(3)生物接触氧化塔φ0.6m×4m，内填充10mm×10mm凹凸棒0.68m^3，污水有效停留时间1.12h。

(4)絮凝沉降单元混合槽1m×0.5m×0.18m，污水停留时间10.8min；絮凝槽1m×0.5m×0.36m，停留时间21.6min；沉淀槽1m×0.5m×1.08m，停留时间64.6min，

(5)LLY－300型精密过滤器的截污量5kg/m^3滤料，反冲洗周期112h。

(6)消毒杀菌单元选用XFZ －5BⅢ型高中频臭氧发生器，工作电流450mA，进气压力0.058MPa，产气量0.3m^3/h，O_3发生量4.5g/h。

在所确定最佳工艺条件下进行了半年连续试验，结果统计见表16－19。

表16－19　大庆石化污水深度处理中试试验主要污染物去除效果统计表

项目	COD	BOD	氨氮	TP	油	SS	浊度NTU	铁
原污水浓度/(mg/L)	68.90	35.70	16.7	1.48	2.58	98.47	176	0.69
出水浓度/(mg/L)	12.95	10.9	1.43	0.17	0.45	6.77	5.86	0.22
去除率/%	81.0	69.5	91.0	89.0	83.0	93.0	97.0	68.0

出水经静态阻垢、旋转挂片、动态模拟试验证明在合适的水稳剂作用下作为循环水补水可以实现满意的运行效果。

四、抚顺石化公司污水深度处理回用技术

抚顺石化公司现有一套年产18万吨乙烯联合装置，其产生的生产废水为100m^3/h，另有生活污水40m^3/h，未回用前生产废水和生活污水在污水处理场混合池混合后进行生化处理，经处理合格后排入沈抚灌渠。2001年投资200万元建设污水回用工程，将生活污水与原污水处理场处理过的部分生产废水作为原水，处理量为100m^3/h，当年4月开工10月竣工，生物膜经20余天的培养、驯化后投入运行，10月底出水水质达标，引50m^3/h进入循环水系统代替新鲜水作为补充水使用，5个月左右的分析检测结果表明，未引起循环水水质指标的波动，目前已稳定运行。

1. 回用工程原水水质

2000年8月至2001年2月连续对污水水源水质进行化验分析，结果见表16-20。通过近半年的水质分析得出结论，生产废水由于水质指标中如COD、电导率、盐等含量较高且时常波动，对循环水水质有影响，而生活污水的水质相对稳定且经深度处理后，可以满足循环水的水质要求，公司决定先对生活污水进行回用，适量引入生产废水，结合乙烯公司循环水水质的实际情况，确定了适合的回用水指标。

表16-20　生产废水、生活污水和混合污水水质(2000年8月至2001年2月)

分析项目	生产废水(经处理后)	生活污水	混合水
pH值	8.1	7.3	7.7
浊度/(mg/L)	15	13	13.4
COD/(mg/L)	67	32	43
油/(mg/L)	3.5	2.3	3
BOD/(mg/L)	21	9	11
NH_3-N/(mg/L)	16.5	10.3	12.5
磷/(mg/L)	3.3	6.3	3.8
酚/(mg/L)	7.2	1.5	1.9
硫化物/(mg/L)	3.5	1.1	1.8
SS/(m/L)	21	10	13
细菌总数/(个/mL)	7.9×10^5	8.3×10^5	8.1×10^5
Ca^{2+}/(mg/L)	48	29	32
SO_4^{2-}/(mg/L)	185	56	173
总硬度/(mg/L)	455	320	390
总铁/(mg/L)	1.19	0.85	0.97
Cl^-/(mg/L)	159	39	93
电导率/(μS/cm)	760	256	595

2. 工艺流程和技术参数

根据原水水质条件和回用水水质要求，确定水源以生活污水为主，适量引入生产废

水，对 3 套不同的工艺技术方案进行了论证和比较，通过小试、中试，最终确定工艺为图 16－13 所示的流程。

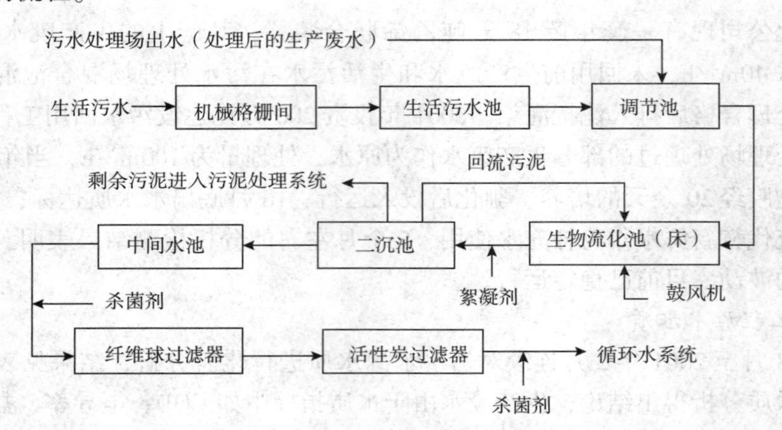

图 16－13　污水回用处理工艺流程

(1)机械格栅。采用不锈钢自动机械格栅，拦截生活污水中较大的悬浮物和其他杂质，格栅条间距 10mm，高 7.5m。

(2)调节池。为了达到较好的均质效果，在利用原生活污水池的基础上，再新建一座调节池，用于调节生活污水和生产废水的水量，同时起到初沉作用，容积为 240m^3，水力停留时间 2h，两池合计停留时间 5h。

(3)生物流化池。在这套污水回用工艺中引入一套曝气生物流化池(Aerated Bio-logical Fluidizing Tank，ABFT)。它的生物载体即流化介质采用改性聚乙烯悬浮填料，其单个填料的总表面积可达 670mm^2，空隙率 84.4%，全池的填料以 70% 的填充率填加，在出口设一 5.5mm 的格网，以防填料流失。曝气装置采用 ZY 无堵塞倒伞型曝气器，氧利用率 18%。浸渍式的生物载体对形成的生物膜起保护作用，并由于无数次的碰撞，增加了空气的利用率，使每一个载体内部形成了无数个微型的厌氧、好氧区，维持了生物的多样性，因此对废水降解的速度快，抗冲击能力强，尤其是对 NH_4^+ – N、P、硫化物等处理效果更佳。池中填料的各个层面微生物的生长呈多样性分布：下部异养微生物为优势菌，污染物主要在这里被去除；上部自养菌如硝化细菌占优势，氨氮被硝化；在生物膜内部以及部分填料间的缝隙还存在兼性微生物。因此，在 ABFT 工艺中发生着硝化和反硝化反应，COD、BOD 的去除率可达 70% 以上，水力停留时间 2.5h，负荷 0.4kg BOD/(m^3 · d)。生物流化池结构示意见图 16－14。

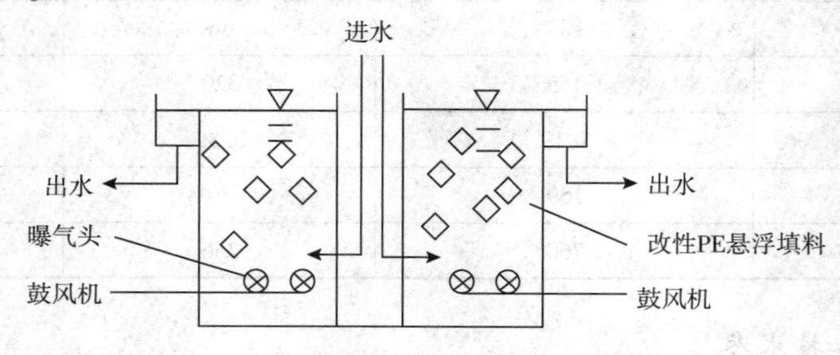

图 16－14　生物流化池结构示意图

(4)混凝加药。经ABFT工艺处理后的出水需进行混凝沉淀处理，在曝气生物流化池的出水中投加6mg/L聚合氯化铝(PAC)，然后进行沉淀。

(5)沉淀池。采用辐流式沉淀池，直径12m，沉淀时间2h。

(6)中间水池。主要是为初滤系统、精滤系统提供反冲洗水，容积为80m^3。

(7)初滤系统。采用高效纤维球过滤器，滤速为30m/h，悬浮物的去除率90%，反冲洗强度为15L/(m^2·s)，其滤材选用涤纶纤维，纤维球呈偏圆形，直径为35～40mm，比表面积约3000m^2/m^3，密度略大于水，具有柔性强、可压缩、孔隙大、截污能力强的特点，工作时滤层孔隙上疏下密，易反洗。

(8)精滤系统。采用活性炭吸附过滤器，对初滤出水进行深度处理以进一步去除有机物。选用柱状煤质活性炭，直径1.5～2mm，堆积密度500kg/m^3，碘值1000 mg/L，再生周期1年，在滤速为8m/h时，接触时间15min，反冲洗强度为15L/(m^2·s)。

(9)杀菌消毒。采用美国JC系列加药设备，无动力消耗，可连续投加，药剂为菌藻净，具有缓释、高效、广谱、低毒、环保的特点，通过在水中水解反应，生成次溴酸和次氯酸，并由其中的平衡体控制释放速度，实现杀菌消毒的作用。其投加点在初滤前和精滤后两处，投加量为5mg/L。

五、大港石化公司污水回用处理工艺

大港石化公司处理能力为500m^3/h。污水处理场处理来自各生产单元的含碱、含盐、含油及脱硫废水，其进、出水水质及污水回用水水质见表16－21。

表16－21　污水场进出水水质及回用水水质要求

项目	进水平均值	出水平均值	回用水水质要求
含油率/(mg/L)	56.4	3.0	≤1.0
COD/(mg/L)	818	97.2	≤50
氨氮质量浓度/(mg/L)	68	21.6	≤10
pH值	8.5	7.18	≤7～9
硫化物质量浓度/(mg/L)	17.5	0.016	≤0.1
BOD/(mg/L)		9.5	≤10
悬浮物质量浓度/(mg/L)		105	≤30

从表16－21看出，污水处理场出水水质除pH、硫化物和BOD符合回用水水质外，含油量、COD和氨氮质量浓度均没达到要求。大港石化公司于2000～2001年开展炼油污水回用研究工作，开发了悬浮填料生物接触氧化深度处理外排废水技术，并于2002年采用该技术建成处理量300t/h污水回用装置，处理工艺流程见图16－15。

1. 生化深度处理

曝气池采用悬浮载体生物接触氧化深度处理技术，利用附着生长在填料表面的微生物来氧化、分解污染物。池内加入一种新型悬浮填料，其密度与水相近，在正常的曝气强度下可以自由流化，其比表面积大，挂膜和脱膜速度快，不会堵塞，可长期运行。填料上附

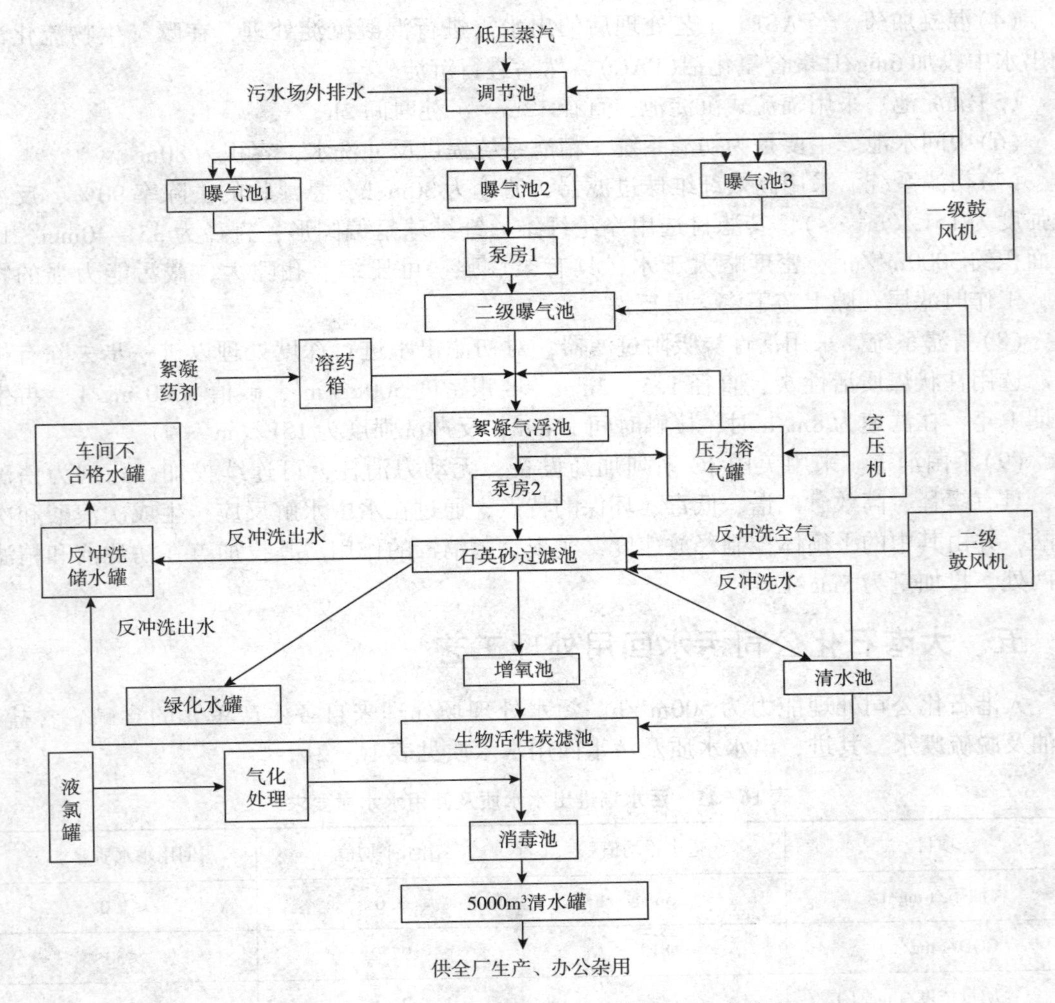

图 16－15　大港石化公司污水回用处理工艺流程

着的微生物主要是好氧细菌，包括自养和异养细菌，此外还有少量的微型动物和藻类。微生物在填料上生长后形成生物膜，不会随水流失，同时具备相当大的抗冲击能力，使生物处理池保持足够的微生物量，可以将外排水中少量的溶解性污染物彻底氧化或分解。微生物生长和代谢所需要的氧气由曝气系统提供。在生物处理池的底部布置了穿孔管曝气装置，运行时通过穿孔管的释放和填料的切割、分散作用，空气中的氧溶解到水里，再通过一系列扩散或传质过程到达微生物表面细胞内，满足微生物的需要。

2. 生物膜的培养

生物膜是填料表面一层薄薄的、褐色或淡色的微生物群体，也是曝气池去除污染物的主体，生物膜状况的好坏对污染物的去除效率有直接的影响。悬浮填料投加到曝气池后需要在其表面富集微生物，培养生物膜，这个过程就是填料的挂膜。挂膜的方式有两种：自然接种富集培养和人工接种培养。两种挂膜方式各有利弊，当处理某些特种行业的有毒废水时可以二者同时兼顾。

本项目深度处理曝气池的微生物挂膜采用自然富集培养的方式，也就是说进水中已有的土著细菌在良好的环境条件下黏附到填料表面，生长、繁殖，形成菌落或菌苔，最后在填料表面连成完整的一层膜。在细菌生长的过程中，微型动物如原生动物和后生动物也会附着在填料表面生长，从而使填料表面形成一个复杂的微生态系统，共同担负去除污染物的作用。

判断填料挂膜结束的方法有两种：一是生物膜成熟，填料表面有一层薄而均匀的生物膜，呈褐色或淡色，原生动物和后生动物均有出现，且固着型动物成为优势种群，高等的微型动物也相继出现；二是进出水水质的变化，对主要污染物具有一定的去除效果，如BOD的去除率上升到60%左右，氨氮的去除率和去除负荷率均较高等。

3. 絮凝气浮

生化处理后的出水存在一定数量的悬浮物、脱落的生物膜和胶体，加入适量的絮凝剂，可以使胶体脱稳形成沉淀物，与絮凝剂结合生成大的絮体，提高沉淀或气浮的效果。根据中试试验结果，絮凝剂采用无机高分子复盐聚双酸铝铁（PAFSC），投加浓度为10～20mg/L；如果出水的悬浮物浓度高或者絮凝生成的矾花小而分散，可以投加适量的聚丙烯酰胺，投加量应通过试验确定。

絮凝剂溶解于水后通过计量泵投加于二级曝气池的出水集水槽，经过管道混合及搅拌机的慢速搅拌生成大的矾花，进入浮选池后矾花被溶气释放器产生的微小气泡上托至水面而被刮除。搅拌机的转速控制为8～10r/min。刮渣机的刮渣频率可根据浮渣量的多少确定，通常为每班1～2次。刮渣时应先利用水位控制器将气浮池的水位抬高约30cm，待浮渣顶层高出排渣槽口时开启刮渣机，浮渣清除完毕后打开水位控制器直至正常运行。运行中应注意，四格气浮池应该独立刮渣，确保有足够的出水供作加压回流水。

气浮池采用加压部分回流的运行方式，回流率应根据出水的水质情况确定或调整，一般为10%～25%。浮选后的出水应清澈，没有大的矾花或沉淀物，仅有少量细小颗粒物，操作中应经常观察出水状况并及时调节絮凝和浮选操作参数。

气浮池刮出的浮渣通过管道流入浮渣池，停留一段时间，自然浓缩后通过污泥泵打到排水车间污泥罐中，一般为每天运行1次。冬季运行后应利用空气管扫线，防止管道冻裂。采用悬浮填料生物接触氧化深度处理外排废水技术对污水场外排污水进行深度处理后再回用，污水平均含油量由3.0mg/L下降到0.6mg/L，COD由97.2mg/L下降到25mg/L，氨氮浓度由21.6mg/L下降到3.72mg/L。深度处理后的出水总体上可以达到地下水的质量，部分指标如阴阳离子浓度、总溶解性固体等指标还比地下水低，能够回用于工业循环冷却系统、动力水水源、绿化，生活办公杂用水等领域，每年可减少废水排放量175×10^4t，用水量也大幅下降。既解决了大港油田和大港石化的缺水矛盾，避免了环境污染，也为石化公司节约了大量购水和排水费用，节水效果显著，环境效益和社会效益突出，有利于公司的良性发展。

六、燕山石化公司污水回用装置

燕山石化全年污水排放量约为1600万m^3，占公司生产用水量的65.1%，这为污水再生利用提供了有利的条件和丰富的水源。近几年，燕化加大技术攻关和技术引进，加大对污水处理技术和资金投入，先后建成了两套技术先进、具有一定规模的污水处理和回用装置：一是将炼油污水经过深度处理后并入工业管网，作为循环水补水或其他杂用水使用；

二是将化工污水进行深度处理后作为锅炉除盐水的补水使用。

1. 前期研究工作

1993 年，燕山石化与中国科学院生态环境研究中心共同承担了国家“八五”科技攻关专题—“石化地区污水回用成套技术”研究。该项研究以化工污水处理场二级处理出水为水源，采用“生物接触氧化－絮凝－沉淀－纤维过滤工艺”，处理过的回用水可用于循环水补水。

2000 年，燕山石化又开展了“牛口峪污水回用于循环冷却水”中试，建成一套 $1m^3/h$ 的中试装置，重点考察该工艺对降低 COD 的效果，试验结果表明处理后污水用于循环水补水是可行的。此后，燕山石化研究院又对燕化西区车间的二沉池出水进行了补充试验，结果表明，西区出水经过简单“絮凝－沉淀－过滤”工艺，其出水可用于循环水补水。由于工业废水色度和臭味都比城市污水严重，攻关中又运用活性炭吸附技术，增加了脱色脱臭单元。经过几年的开发、摸索和尝试，西区污水处理后终于达到了工业用水的标准。

目前，燕山石化的污水回用可以分为两个层次：第一个层次在西区净化车间，常规生化处理的二沉池出水经过生化、过滤、杀菌等深度处理后作为循环水补水；第二个层次是将第一个层次处理后的污水经过超滤—反渗透处理，作为锅炉补给水。

2. 西区净化车间回用水工程

2002 年 9 月 30 日，燕山石化投资 1634 万元，国内同类处理装置规模最大的污水回用装置——西区炼油污水回用装置建成。由于首次应用生物曝气滤池、折点加氯、纤维过滤器、活性炭过滤等技术，其工艺流程如图 16－16 所示，相关技术指标如表 16－22 所示。

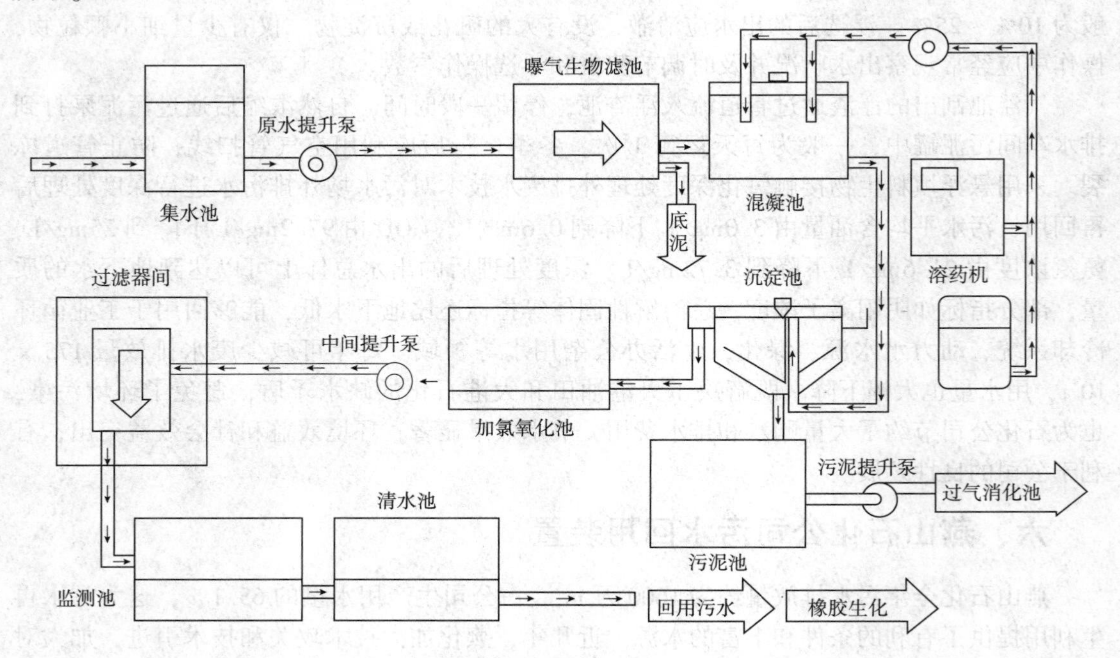

图 16－16　西区净化车间污水回用工艺流程示意图

表 16－22　西区净化车间污水回用相关技术指标　mg/L

名称	COD	SS	BOD_5	NH_3-N	油	异氧菌
二沉池出水	100	70	30	25	5	—
曝气生物滤池出水	50	40	10	5	4	—
小二沉池出水	35	20	6	5	0.5	—
加氯氧化	—	—	—	1	—	—
纤维过滤器出水	30	10	5	—	≤0.5	—
活性炭过滤器出水	≤50	≤5	≤5	≤1	—	—
总出水	≤50	≤5	≤5	≤1	≤0.5	≤300

该装置处理后的污水已成功回用于炼油厂工业用水和橡胶事业部循环水补充用水。2003 年，该装置生产再生水达 240 万 t，2004 年处理污水量达 580 万 t，使燕山石化环保事业部实现了由污水处理达标排放型向污水资源利用型企业的转变。

3. 东区污水回用装置

2003 年，燕山石化在炼油污水成功回用的基础上，开始实施东区污水回用装置的规划和建设。外排污水经过简单处理后，经过超滤膜去除大分子、胶体、悬浮物、细菌等；超滤的产水再经过高效的反渗透膜去除 98% 的盐分；反渗透产水进入现有的离子交换系统，处理后的水是软化水，无论是用于循环水还是锅炉水都有保证。

超滤进水水质为：COD_{Cr}≤40mg/L；浊度≤5.0NTU；油≤2mg/L；氨氮≤1mg/L；悬浮物≤5mg/L；TDS≤1000mg/L；Ca^{2+}≤240mg/L。采用 OMEXELL 公司的超滤 SFP2660，聚偏氟乙烯(PVDF)材质，过滤孔径 0.03μm；共 10 组，8 组运行，1 组备用、1 组清洗，每组出力 70t/h。为节约占地，采用上下两层布置方式。反渗透装置采用二段式 15∶8 排列，设计出力为 103t/h/套；进水加阻垢剂 Flocon－135，加药量为 3×10^{-6}。

2004 年 7 月 26 日，东区污水回用装置一次开车成功并生产出合格的准一级脱盐水，当天就开始对化工厂进行了试送水。7 月 27 日，东区污水回用装置生产的准一级脱盐水以 360t/h 的流量成功输送入化工厂锅炉系统，替代新鲜水成功进行了锅炉补水。东区污水回用装置设计取水量 $1200m^3/h$，每小时生产 $800m^3$ 除盐水，该装置达标运行后每年可为燕山石化节水 600 万～700 万 t。

第十七章　污水处理厂设计与运行

第一节　概述

污水处理厂是排水系统的重要组成部分，由排水管道系统收集的污水，通过由物理、生物及物理化学等方法组合而成的处理工艺，分离去除污水中污染物质，转化有害物为无害物，实现污水的净化，达到进入相应水体环境的排放标准或再生利用水质标准。图 17－1是城市污水处理厂的典型工艺流程。

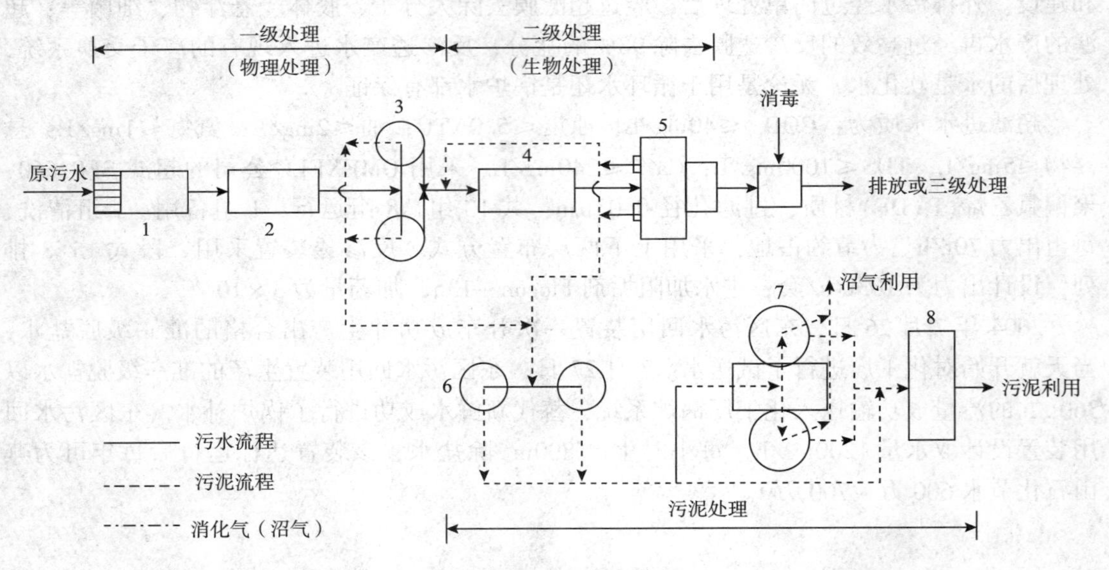

图 17－1　城市污水处理厂典型的工艺流程

1—格栅；2—沉砂池；3—初沉池；4—生物处理设备(活性污泥法或生物膜法)；
5—二沉池；6—污泥浓缩池；7—污泥消化池；8—脱水和干燥设备

污水处理厂一般由污水处理构筑物、污泥处理设施、动力与控制设备、变配电所及附属建筑物组成，有再生回用要求的还包括深度处理设施。污水处理厂的设计以排放标准和设计规范为基本依据，包括工程可行性研究、初步设计和施工图设计等设计阶段。设计内容包括水质水量、工程地质、气象条件等基础资料的收集，处理厂厂址的确定，处理工艺流程的选择，平面布置和高程布置以及技术经济分析等。涉及的专业包括工艺设计、建筑设计、结构设计、机械设计、电气与自控设计及工程概预算等。设计成果包括设计文件和工程图纸。

一、设计依据与资料

污水处理厂工程设计的主要设计依据及资料包括工程设计合同、工程可行性研究报告及批准书、污水处理厂建设的环境影响评价、城市现状与总体规划资料、排水专业规划及现有排水工程概况，以及其他与工程建设有关的文件，其包含的主要内容如下：

1. 设计水质水量

城市污水由城市排水系统服务范围内的生活污水和工业企业排放的工业废水以及部分降水所组成。影响城市污水水质水量的因素较多，不同城市及同一城市不同区域的城市污水水质都可能有较大的变化。工业废水对城市污水的水量水质影响较大，随接纳的工业废水水量和工业企业生产性质的不同，城市污水水质水量有较大的差异，尤其是化工、染料、印染、农药、冶金等工业行业，对一些特殊污染物指标的影响更大。

污水处理工程的设计规模、原水水质及排放标准在工程可行性研究报告和环境影响评价中提出，在初步设计中确定。其中，污水处理厂水质排放标准是按照排放水体的水体环境质量要求和环境影响评价的要求提出的。设计水质水量是城市污水处理厂设计的基本依据，要结合城市的发展规划及环境影响评价过程，深入调查研究，科学合理地确定设计水质水量。

1)设计水质

原水以生活污水为主的城市污水，可以参照生活水平、生活习惯、卫生设备、气候条件及工业废水特点类似地区的实际水质确定。对于工业废水比例较大或接纳化工、染料、印染、农药、冶金等特殊行业的工业废水时，由于工业废水的水质千变万化，需要通过调研的方法确定工业废水的水质。工业废水水质调研的一般方法有：在重点污染源排污口和总排放口采样监测的实测法；分析现有生产企业原材料消耗、用水排水、污染源及排污口水质监测数据的资料分析法；对产品、工艺及原料类似的企业污染源及污水资料进行整理对比的类比调查法；利用生产工艺反应方程式结合生产所用原辅材料及其消耗量计算确定污水水质的物料衡算法等。一般对于现有企业可采用资料分析法和实测法；对新建企业可采用类比调查法及同类生产企业实测法；新建企业无类似企业可以参考时，主要以物料衡算法为主开展水质预测。

2)设计水量

在分流制地区，城市污水设计水量由综合生活污水和工业废水组成。在截留式合流制地区，设计水量还应计入截留雨水量。综合生活污水由居民生活污水和公共建筑污水组成，包括居民日常生活中洗涤、冲厕、洗澡等产生的污水和娱乐场所、宾馆、浴室、商业网点、学校和办公楼等产生的污水。居民生活污水定额和综合生活污水定额应采用当地的用水定额，结合建筑内部给排水设施水平和排水系统普及程度等因素确定，可取用水定额的80%～90%作为污水量。工业废水量及其变化系数，应根据工艺特点，并参照国家现行的工业用水量有关规定，通过调研确定。

在地下水位较高的地区，当地下水位高于排水管渠时，应适当考虑入渗地下水量。入渗地下水量宜根据测定资料确定，一般按单位管长和管径的入渗地下水量计，也可按平均日综合生活污水和工业废水总量的比例计，还可按每天每单位服务面积入渗的地下水量计。

城市污水处理厂设计流量有平均日流量、设计最大流量、合流流量。

1) 平均日流量

一般用以表示污水处理厂的处理规模，计算污水处理厂的年电耗、药耗和污泥总量等。

2) 设计最大流量

表示污水处理厂在服务期限内最大日最大时流量。污水处理厂进水管采用最大流量；污水处理厂进水井(格栅井)之后的最大设计流量，采用组合水泵的工作流量作为处理系统最大设计流量，但应与设计流量相吻合。污水处理厂的各处理构筑物(另有规定除外)及厂内连接各处理构筑物的管渠，都应满足设计最大流量的要求。

3) 合流流量

包括旱天最大流量和截留雨水流量，作为污水处理厂进水构筑物设计最大流量。其处理系统仍采用处理系统水泵的提升流量作为处理系统最大设计流量。

设计最大流量的持续时间较短，一般当曝气池的设计反应时间在 6h 以上时，可采用时平均流量作为曝气池的设计流量。当污水处理厂分期建设时，以相应的各期流量作为设计流量。

合流制处理构筑物，应考虑截留雨水进入后的影响，各处理构筑物的设计流量一般应符合如下要求：

(1) 提升泵站、格栅、沉砂池，按合流设计流量计算；

(2) 初沉池，一般按旱流污水量设计，用合流设计流量校核，校核的沉淀时间不宜小于 30min；

(3) 二级处理系统，按旱流污水量设计，必要时考虑一定的合流水量，同时，可以根据需要，设置调蓄池；

(4) 污泥浓缩池、湿污泥池和消化池的容积，以及污泥脱水规模，应根据合流水量水质计算确定。一般可按旱流情况加大 10% ~ 20% 计算。

2. 自然条件资料

1) 气象特征资料

包括气温(年平均、最高、最低)、土壤冰冻资料和风向玫瑰图等。

2) 水文资料

排放水体的水位(最高水位、平均水位、最低水位)、流速(各特征水位下的平均流速)、流量及潮汐资料，同时还应了解相关水体在城镇给水、渔业和水产养殖、农田灌溉、航运等方面的情况。

3) 地质资料

污水处理厂厂址的地质钻孔柱状图、地基的承载能力、地下水位与地震资料等。

4) 地形资料

污水处理厂厂址和排放口附近的地形图等。

3. 编制概预算资料

概预算编制资料包括当地的《建筑工程综合预算定额》、《安装工程预算定额》；当地建筑材料、设备供应和价格等资料；当地《建筑企业单位工程收费标准》；当地基本建设费率规定以及关于租地、征地、青苗补偿、拆迁补偿等规定与办法。

4. 设计规范

污水处理厂工程设计中，依据的主要设计规范有《室外排水设计规范》(GB 50014—2006)(2014 年版)、《建筑给水排水设计规范》(GB 50015—2003)、《室外给水设计规范》(GB 50013—2006)、《污水再生利用工程设计规范》(GB 50335—2002)、《建筑中水设计规范》(GB 50336—2002)(2009)、《城镇污水处理厂附属建筑和附属设计标准》(CJJ 31—89)及相关设备设计与安装规范。

二、设计原则

1. 基础数据可靠

认真研究各项基础资料、基本数据，全面分析各项影响因素，充分掌握水质水量的特点和地域特性，合理选择好设计参数，为工程设计提供可靠的依据。

2. 厂址选择合理

根据城镇总体规划和排水工程专业规划，结合建设地区地形、气象条件，经全面地分析比较，选择建设条件好、环境影响小的厂址。

3. 工艺先进实用

选择技术先进、运行稳定、投资和处理成本合理的污水污泥处理工艺，积极慎重地采用经过实践证明行之有效的新技术、新工艺、新材料和新设备，使污水处理工艺先进，运行可靠，处理后水质稳定达标排放。

4. 总体布置考虑周全

根据处理工艺流程和各建筑物、构筑物的功能要求，结合厂址地形、地质和气候条件，全面考虑施工、运行和维护的要求，协调好平面布置、高程布置及管线布置间的相互关系，力求整体布局合理完美。

5. 避免二次污染

污水处理厂作为环境保护工程，应避免或尽量减少对环境的负面影响，如气味、噪声、固废等；妥善处置污水处理过程中产生的栅渣、沉砂、污泥和臭气等，避免对环境的二次污染。

6. 运行管理方便

以人为本，充分考虑便于污水厂运行管理的措施。污水处理过程中的自动控制，力求安全可靠、经济实用，以利提高管理水平，降低劳动强度和运行费用。

7. 近远期结合

污水处理厂设计应近远期全面规划，污水厂的厂区面积，应按项目总规模控制，并做出分期建设的安排，合理确定近期规模。

8. 满足安全要求

污水处理厂设计须充分考虑安全运行要求，如适当设置分流设施、超越管线等。厂区消防的设计和消化池、贮气罐及其他危险单元设计，应符合相应安全设计规范的要求。

三、设计步骤

城市污水处理厂的设计程序可分为设计前期工作、初步设计和施工图设计三个阶段。

1. 前期工作

前期工作主要包括编制《项目建议书》和《工程可行性研究报告》等。

1) 项目建议书

编制项目建议书的目的是为上级部门的投资决策提供依据。项目建议书的主要内容包括建设项目的必要性、建设项目的规模和地点、采用的技术标准、污水和污泥处理的主要工艺路线、工程投资估算以及预期达到的社会效益与环境效益等。

2) 工程可行性研究

工程可行性研究应根据批准的项目建议书和工程咨询合同进行。其主要任务是根据建设项目的工程目的和基础资料，对项目的技术可行性、经济合理性和实施可能性等进行综合分析论证、方案比较和评价，提出工程的推荐方案，以保证拟建项目技术先进、可行、经济合理，有良好的社会效益与经济效益。

2. 初步设计

初步设计应根据批准的工程可行性研究报告进行编制。主要任务是明确工程规模、设计原则和标准，深化设计方案，进行工程概算，确定主要工程数量和主要材料设备数量，提出设计中需进一步研究解决的问题、注意事项和有关建议。初步设计文件由设计说明书、工程数量、主要设备和材料数量、工程概算、设计图纸(平面布置图、工艺流程图及主要构筑物布置图)等组成。应满足审批、施工图设计、主要设备订货、控制工程投资和施工准备等要求。

3. 施工图设计

施工图应根据已批准的初步设计进行。其主要任务是提供能满足施工、安装和加工等要求的设计图纸、设计说明书和施工图预算。施工图设计文件应满足施工招标、施工、安装、材料设备订货、非标设备加工制作、工程验收等要求。施工图设计的任务是将污水处理厂各处理构筑物的平面位置和高程布置，精确地表示在图纸上。将各处理构筑物的各个节点的构造、尺寸都用图纸表示出来，每张图纸都应按一定比例，用标准图例精确绘制，使施工人员能够按照图纸准确施工。

四、设计文件编制

污水处理厂工程的设计文件编制应以一定的规范要求进行，下面为《市政公用工程设计文件编制深度规定》中有关城市污水厂内容的摘要，可供参考。

1. 工程可行性研究

(1) 概述，包括简述工程项目的背景、建设项目的必要性，编制可行性研究报告过程、编制依据、编制范围、编制原则、主要研究结论等。

(2) 概况，包括工程区域概况、工程区域性质及规模、自然条件、城市总体规划及排水规划、工程范围和相关区域排水现状、城市水域污染概况等。

(3) 方案论证，包括目标年限、雨污水排水体制、厂址选择和排放口位置选择、污水处理程度、进出水水质和处理工艺流程、污水和污泥综合利用等论证。

(4) 推荐方案内容，包括设计原则、工艺、建筑、结构、供电、仪表、自控、暖通、设备、辅助设施以及环境保护、劳动保护、节能、消防等。

(5) 工程项目实施计划和管理、投资估算及资金筹措、经济评价。

(6)结论、建议、附图及附件。

2. 初步设计

(1)概述，包括设计依据、主要设计资料、设计采用的指标和技术标准、概况及自然资料、排水现状等。

(2)设计内容，包括厂址选择，处理程度，污水、污泥处理工艺选择，总平面布置原则，预计处理后达到的标准，按流程顺序说明各构筑物的方案比较或选型，工艺布置、主要设计参数及尺寸、设备选型、台数与性能，采用新技术的工艺原理和特点；说明处理后的污水、污泥综合利用，对排放水体的环境卫生影响；说明厂内的给排水系统、道路标准、绿化设计；合流制污水处理厂设计，还应考虑雨水进入后的影响。

(3)建筑、结构、供电、仪表、自动控制及通信、采暖通风等设计内容。

(4)环境保护、劳动保护、消防、节能等措施及新技术应用说明。其中，环境保护措施包括处理厂、泵站对周围居民点的卫生、环境影响、防臭措施；排放水体的稀释能力、排放水对水体的影响以及用于污水灌溉的可能性；污水回用、污泥综合利用的可能性或处置方式；处理厂处理效果的监测手段；锅炉房消烟除尘措施和预期效果；降低噪声措施等。

(5)人员编制及经营管理、主要材料及设备数量表、工程概算。

(6)设计图纸，包括①工艺图：平面布置图，比例采用1:200～1:500，标出坐标轴线、风玫瑰图、现有的和设计的构筑物，以及主要管渠、围墙、道路及相关位置，列出构筑物和辅助建筑物一览表和工程数量表；污水、污泥流程断面图，标出工艺流程中各构筑物及其水位标高关系，主要规模指标等。②主要构筑物工艺图：比例采用1:100～1:200，标出工艺布置、设备、仪表等安装尺寸、相对位置和标高，列出主要设备一览表和主要设计技术数据。③主要构筑物建筑图，主要辅助建筑物的建筑图，供电系统和主要变配电设备布置图，自动控制仪表系统布置图，通风、锅炉房及供热系统图及各类配件和附件。

3. 施工图

(1)设计说明，包括设计依据，执行初步设计批复情况，阐明变更部分的内容、原因、依据等；采用新技术、新材料的说明；施工安装注意事项及质量验收要求；运转管理注意事项。

(2)主要材料及设备表、施工图预算。

(3)设计图纸，包括①平面布置图：比例1:200～1:500，包括坐标轴线、风玫瑰图、构(建)筑物、围墙、绿地、道路等的平面位置，注明厂界四角坐标及构(建)筑物四角坐标或相对位置、构(建)筑物的主要尺寸，各种管渠及室外地沟尺寸、长度，地质钻孔位置等。附构(建)筑物一览表、工程量表、图例及说明。②污水、污泥工艺流程纵断面图：标出各构筑物及其水位的标高，主要规模指标。③竖向布置图：对地形复杂的处理厂应进行竖向设计，内容包括原地形、设计地面、设计路面、构筑物标高及土方平衡数量表。④厂内管渠结构示意图：标出各类管渠的断面尺寸和长度、材料、闸门及所有附属构筑物、节点管件，附工程量及管件一览表。⑤厂内各处理构筑物的工艺施工图，各处理构筑物和管渠附属设备的安装详图。⑥管道综合图：当厂内管线种类较多时，应对干管、干线进行平面综合，绘出各管线的平面位置，注明各管线与构(建)筑物的距离尺寸和各管线间距尺寸。⑦泵房、处理构筑物、综合楼、维修车间、仓库的建筑图、结构图；采暖、通风、照明、室内给排水安装图，电气图，自动控制图，非标准机械设备图等。

第二节　厂址选择

厂址选择是污水处理厂设计的重要环节。污水厂的厂址与总体规划、城市排水系统的走向、布置、处理后污水的出路密切相关，必须在城镇总体规划和排水工程专业规划的指导下进行，通过技术经济综合比较，反复论证后确定。污水处理厂厂址选择，应遵循以下原则：

(1)污水处理厂应选在城镇水体下游，污水处理厂处理后出水排入的河段，应对上下游水源的影响最小。若由于特殊原因，污水处理厂不能设在城镇水体的下游时，其出水口应设在城镇水体的下游。

(2)处理后出水考虑回用时，厂址应与用户靠近，减少回用输送管道，但厂址也应与受纳水体靠近，以利安全排放。

(3)厂址选择要便于污泥处理和处置。

(4)厂址一般应位于城镇夏季主风向的下风侧，并与城镇、工厂厂区、生活区及农村居民点之间，按环境评价和其他相关要求，保持一定的卫生防护距离。

(5)厂址应有良好的工程地质条件，包括土质、地基承载力和地下水位等因素，可为工程的设计、施工、管理和节省造价提供有利条件。

(6)我国耕地少、人口多，选厂址时应尽量少拆迁、少占农田和不占良田，使污水厂工程易于实施。

(7)厂址选择应考虑远期发展的可能性，应根据城镇总体发展规划，满足将来扩建的需要。

(8)厂区地形不应受洪涝灾害影响，不应设在雨季易受水淹的低洼处。靠近水体的处理厂，防洪标准不应低于城镇防洪标准，有良好的排水条件。

(9)有方便的交通、运输和水电条件，有利于缩短污水厂建造周期和污水厂的日常管理。

(10)如有可能，选择在有适当坡度的位置，以利于处理构筑物高程布置，减少土方工程量。

第三节　工艺流程的确定

处理工艺流程是指对各单元处理技术(构筑物)的优化组合。处理工艺流程的确定主要取决于要求的处理程度、工程规模、污水性质、建设地点的自然地理条件(如气候、地形)、厂区面积、工程投资和运行费用等因素。影响污水处理工艺流程选择的主要因素如下：

1. 污水的处理程度

处理程度是选择工艺流程的重要因素，通常根据处理后出水的出路来确定：①出水回用时，根据相应的回用水水质标准确定；②排入天然水体或城市下水道时，根据国家制定的排放标准或地方标准，结合环境评价的要求确定。

2. 处理规模和水质特点

处理规模对工艺流程的选择有直接影响，有些工艺仅适用于规模较小的污水处理厂。污水水质水量变化幅度是影响工艺流程选择的另一因素，如水质水量变化大时应选用承受冲击能力较强的处理工艺；对于工业废水比例较高的城镇污水，污染物组分复杂，处理技术和工艺流程应根椐水质的特点进行比较选择。

3. 工程造价和运行费用

工程造价和运行费用是工艺流程选择的重要因素，在处理出水达标的前提条件下，应结合地区社会经济发展水平，对一次性投资、日常设备维护费用和运行费用等进行系统分析，选择处理系统总造价较低、运行费用合理的污水处理工艺。

4. 污水处理控制要求

仪器设备的控制要求对工艺流程的选择也有重要影响，如序批式活性污泥法要求在线监测曝气池水位、运行时间等，并采用计算机进行自动控制。在工艺选择上要充分考虑控制要求的可行性和可靠性，使工艺过程运行能达到高效、安全与经济的目的。

5. 选择合理的污泥处理工艺

污泥处理是污水处理厂工艺的重要组成部分，对环境有重要的影响。实践表明，污泥处理方案的选择合适与否，直接关系到工程投资、运行费用及日后的管理要求，是污水处理厂工艺选择不可分割的重要组成部分。

综上所述，工艺流程的选择必须对各项因素综合分析，进行多方案的技术经济比较，选择技术先进、经济合理、运行可靠的工艺及相应的工艺参数。

图 17-2 是某经济开发区污水处理厂工艺流程图。该污水处理厂服务区范围内工业废水比例较高，由市政管网收集的城市生活污水和工业废水通过进水泵房前设置的粗格栅去除水中较大的漂浮物后，经提升泵进入沉砂池，沉砂池前端设有机械细格栅，用于去除污水中粒径较小的悬浮杂质。沉砂池出水进入生物水解酸化池，针对工业废水可生物降解性差的特点，使污水中难降解的大分子有机污染物发生水解，形成较易生物降解的小分子有机物，以提高后续生物处理的效果。水解酸化后的污水进入 A^2/O 生物处理池和二沉池，实现有机物的降解、脱氮除磷和泥水分离。由于受纳水体对排放要求较高，出水水质要求达到《城镇污水处理厂污染物排放标准》(GB18918－2002)的一级标准，需要采用深度处理工艺。深度处理采用机械加速澄清池，投加混凝剂在澄清池中进行絮凝、沉淀，进一步降低污染指标。同时，经深度处理的部分出水过滤后达到回用水水质标准，可回用于工业冷却用水及城市杂用水，实现城镇污水部分回用的目标。

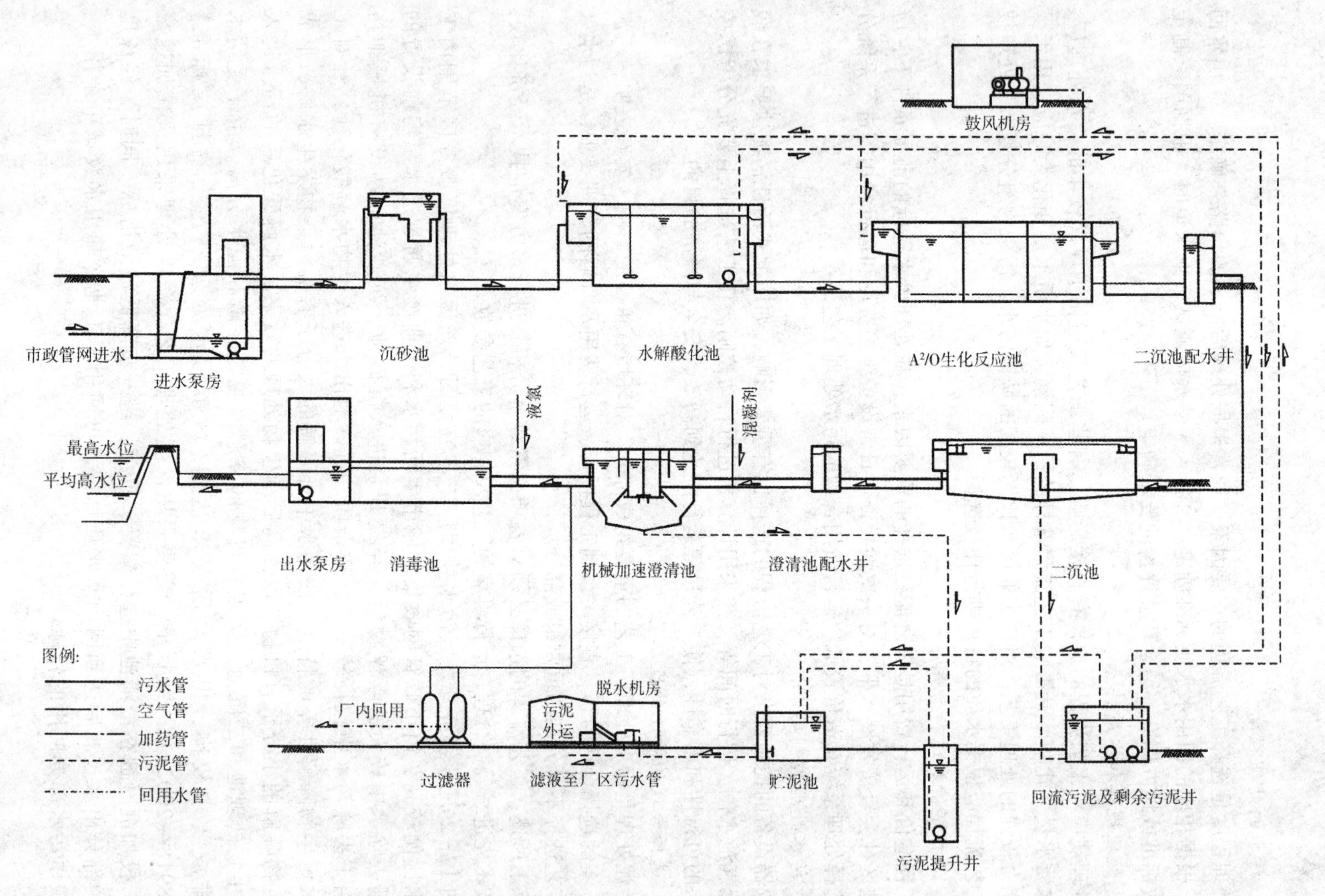

图17-2 某经济开发区污水得理厂工艺流程图

第四节　平面布置与高程布置

一、平面布置

污水处理厂平面设计的任务是对各单元处理构筑物与辅助设施等的相对位置进行平面布置，包括处理构筑物与辅助构筑物（如泵站、配水井等），各种管线，辅助建筑物（如鼓风机房、办公楼、变电站等），以及道路、绿化等。污水处理厂平面布置的合理与否直接影响用地面积、日常的运行管理与维修条件，以及周围地区的环境卫生等。进行平面布置时，应综合考虑工艺流程与高程布置中的相关问题，在处理工艺流程不变的前提下，可根据具体情况做适当调整，如修正单元处理构筑物的数目或池型。污水处理厂的平面布置应遵循如下基本原则：

(1)处理构筑物与生活、管理设施宜分别集中布置，其位置和朝向力求合理，生活、管理设施应与处理构筑物保持一定距离。功能分区明确，配置得当，一般可按照厂前区、污水处理区和污泥处理区设置。

(2)处理构筑物宜按流程顺序布置，应充分利用原有地形，尽量做到土方量平衡。构筑物之间的管线应短捷，避免迂回曲折，做到水流通畅。

(3)处理构筑物之间的距离应满足管线（闸阀）敷设施工的要求，并应使操作运行和检修方便。对于特殊构筑物（如消化池、贮气罐）与其他构筑物（建筑物）之间的距离，应符合国家《建筑设计防火规范》（GB 50016—2006）及国家和地方现行防火规范的规定。

(4)处理厂（站）内的雨水管道、污水管道、给水管道、电气埋管等管线应全面安排，避免相互干扰，管道复杂时可考虑设置管廊。

(5)考虑到处理厂发生事故与检修的需要，应设置超越全部处理构筑物的超越管、单元处理构筑物之间的超越管和单元构筑物的放空管道。并联运行的处理构筑物间应设均匀配水装置，各处理构筑物系统间应考虑设置可切换的连通管渠。

(6)产生臭气和噪声的构筑物（如集水井、污泥池）和辅助建筑物（如鼓风机房）的布置，应注意其对周围环境的影响。

(7)设置通向各构筑物和附属建筑物的必要通道，满足物品运输、日常操作管理和检修的需要。

(8)处理厂（站）内的绿化面积一般不小于全厂总面积的30%。

(9)对于分期建设的项目，应考虑近期与远期的合理布置，以利于分期建设。

平面布置图的比例一般采用1∶500～1∶1000。平面布置图应标出坐标轴线、风玫瑰图、构筑物与辅助建筑物、主要管渠、围墙、道路及相关位置，列出构筑物与辅助建筑物一览表和工程数量表。对于工程内容较复杂的处理厂，可单独绘制管道布置图。

图 17－3 是前述某经济开发区污水处理厂平面布置图，在总平面设计中按照进出水水流方向和处理工艺要求，将污水处理厂按功能分为厂前区、污水处理区(预处理区、生物处理区、深度处理区)、污泥处理区。总平面布置中，按照不同功能、夏季主导风向和全年风频，合理分区布置。厂前区布置在处理构筑物的上风向，与处理构筑物保持一定距离，且用绿化隔离。各相邻处理构筑物之间间距的确定，要考虑管道施工维修方便。各主要构筑物之间均设有道路连接，便于池子间管道敷设及设备运输、安装和维修。

二、高程布置

污水处理厂高程设计的任务是对各单元处理构筑物与辅助设施等相对高程作竖向布置；通过计算确定各单元处理构筑物和泵站的高程，各单元处理构筑物之间连接管渠的高程和各部位的水面高程，使污水能够沿处理流程在构筑物之间通畅地流动。

高程布置的合理性也直接影响污水处理厂的工程造价、运行费用、维护管理和运行操作等。高程设计时，应综合考虑自然条件(如气温、水文、地质等)，工艺流程和平面布置等。必要时，在工艺流程不变的前提下，可根据具体情况对工艺设计作适当调整。如地质条件不好、地下水位较高时，通过修正单元处理构筑物的数目或池型以减小池子深度，改善施工条件，缩短工期，降低施工费用。

污水处理厂的高程布置应满足如下要求：

(1)尽量采用重力流，减少提升，以降低电耗，方便运行。一般进厂污水经一次提升就应能靠重力通过整个处理系统，中间一般不再加压提升。

(2)应选择距离最长、水头损失最大的流程进行水力计算，并应留有余地，以免因水头不够而发生涌水，影响构筑物的正常运行。

(3)水力计算时，一般以近期流量(水泵最大流量)作为设计流量；涉及远期流量的管渠和设施，应按远期设计流量进行计算，并适当预留贮备水头。

(4)注意污水流程与污泥流程间的配合，尽量减少污泥处理流程的提升，污泥处理设施排出的废水应能自流入集水井或调节池。

(5)污水处理厂出水管渠高程，应使最后一个处理构筑物的出水能自流或经提升后排出，不受水体顶托。

(6)设置调节池的污水处理厂，调节池宜采用半地下式或地下式，以实现一次提升的目的。

污水处理厂初步设计时，污水流经处理构筑物的水头损失，可用经验值或参比类似工程估算(如表 17－1 所示)，施工图设计必须通过水力计算来确定水力损失。高程布置图需标明污水处理构筑物和污泥处理构筑物的池底、池顶及水面，高程，表达出各处理构筑物间(污水、污泥)的高程关系和处理工艺流程。

高程布置图在纵向和横向上采用不同的比例尺绘制，横向与总平面布置图相同，可采用 1∶500～1∶1000，纵向为 1∶50～1∶100。图 17－4 为前述某经济开发区污水处理厂的高程布置图。

表 17-1　常见污水处理构筑物的水头损失

构筑物名称		水头损失/m	构筑物名称	水头损失/m
格栅		0.1～0.25	氧化沟	0.5～0.6
沉砂池		0.1～0.25	生物滤池(装有旋转式布水器)	2.7～2.8
沉淀池	平流	0.2～0.4	曝气生物滤池	2.5～3.5
	竖流	0.4～0.5	混合池或接触消毒池	0.1～0.3
	辐流	0.5～0.6	污泥干化场	2～3.5
双层沉淀池		0.1～0.2	配水井	0.1～0.3
曝气池	污水潜流入池	0.25～0.5	集水井	0.1～0.2
	污水跌水入池	0.5～1.5	计量堰	0.2～0.4

三、配水与计量

1. 处理构筑物之间的管渠连接

处理构筑物之间的管渠连接有明渠和管道两种。一般明渠内流速要求在1.0～1.5m/s之间，为防止悬浮物沉淀，最小流速不小于0.4m/s(沉砂池前的渠道中为0.6m/s)；管道内流速宜大于1.0m/s，以防止管道发生淤积难以清除。

2. 配水设备

为运行灵活和维修方便，污水处理厂设计时应设置配水设备，使各处理单元之间配水均匀，并可相互进行水量调节。

图17-5为几种常用的配水设备：(a)为管式配水井；(b)为倒虹吸管式配水井，这两种配水设备水头稳定，配水均匀，常用于两个或四个一组的对称构筑物；(c)为挡板式配水槽，可用于更多个同类型构筑物；(d)为简易配水槽，构造简单，但配水效果较差；(e)为另一种简易配水槽，结构复杂一些，但配水效果较好。配水设备的配水支管(槽)上都应设置堰门、阀门或闸板阀，以调节水量使配水更均匀，必要时可以关闭。

3. 计量设备

污水处理厂需要计量的对象包括污水处理量、污泥回流量、污泥处理量、空气量与各种药剂的投加量等。常用的计量设备有如下几种：

1)巴氏计量槽

简称巴氏槽，是一种咽喉式计量槽，其构造如图17-6所示。巴氏计量槽的精度为95%～98%，其优点是水头损失小，底部冲刷力大，不易沉积杂物。但对施工技术要求高，施工质量不好会影响计量精度。为保证质量，有预制的巴氏槽，在施工时直接安装，效果较好。在巴氏槽中，计量槽的水深随流量而变化，量得水深后便可用公式计算出流量，可配备自动记录仪直接显示出水深与流量。

2)非淹没式薄壁堰

有矩形堰和三角堰两种，图17-7为矩形堰和三角堰计量设备。非淹没式薄壁堰结构简单、运行稳定、精度较高，但水头损失较大。

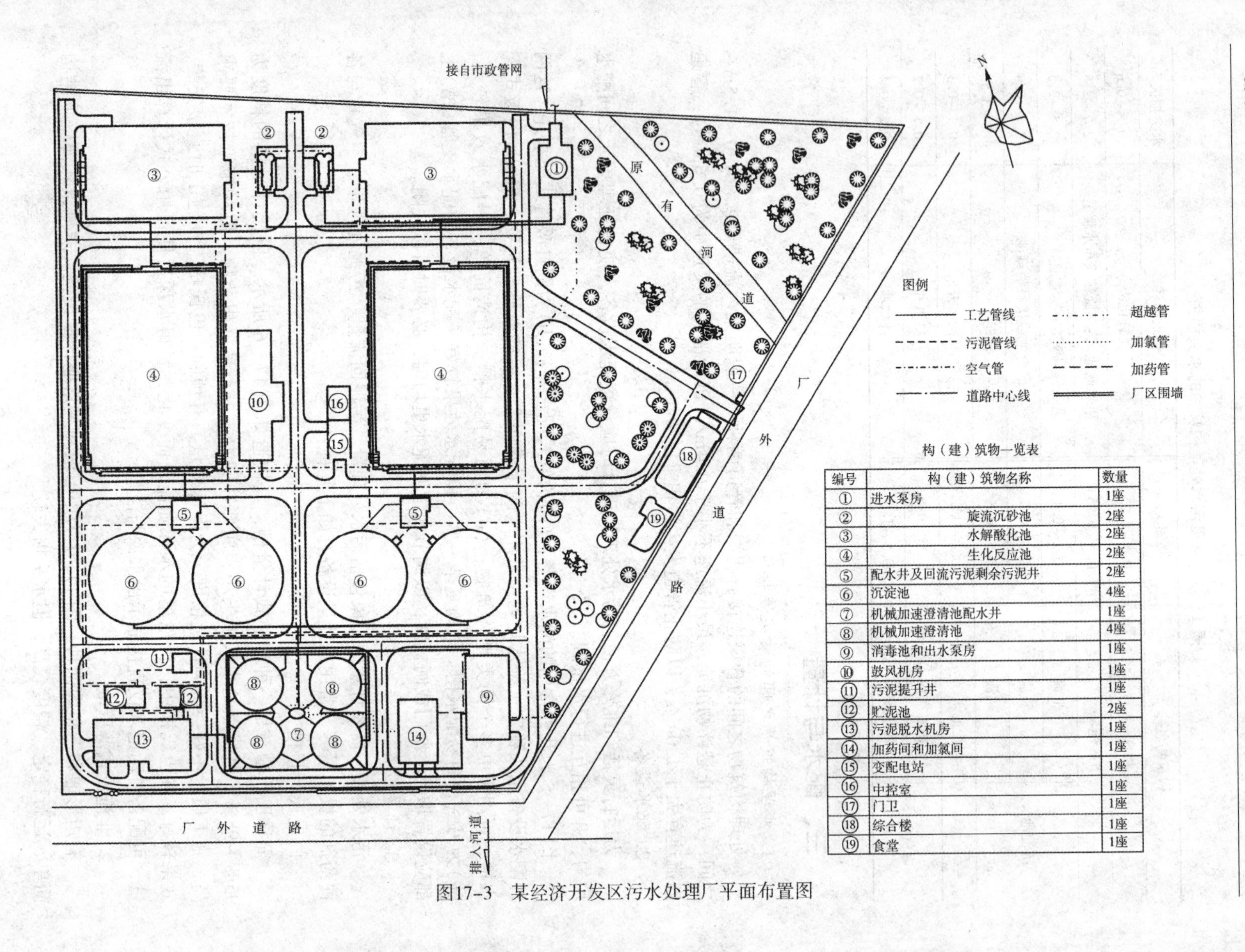

构（建）筑物一览表

编号	构（建）筑物名称	数量
①	进水泵房	1座
②	旋流沉砂池	2座
③	水解酸化池	2座
④	生化反应池	2座
⑤	配水井及回流污泥剩余污泥井	2座
⑥	沉淀池	4座
⑦	机械加速澄清池配水井	1座
⑧	机械加速澄清池	4座
⑨	消毒池和出水泵房	1座
⑩	鼓风机房	1座
⑪	污泥提升井	1座
⑫	贮泥池	2座
⑬	污泥脱水机房	1座
⑭	加药间和加氯间	1座
⑮	变配电站	1座
⑯	中控室	1座
⑰	门卫	1座
⑱	综合楼	1座
⑲	食堂	1座

图17-3 某经济开发区污水处理厂平面布置图

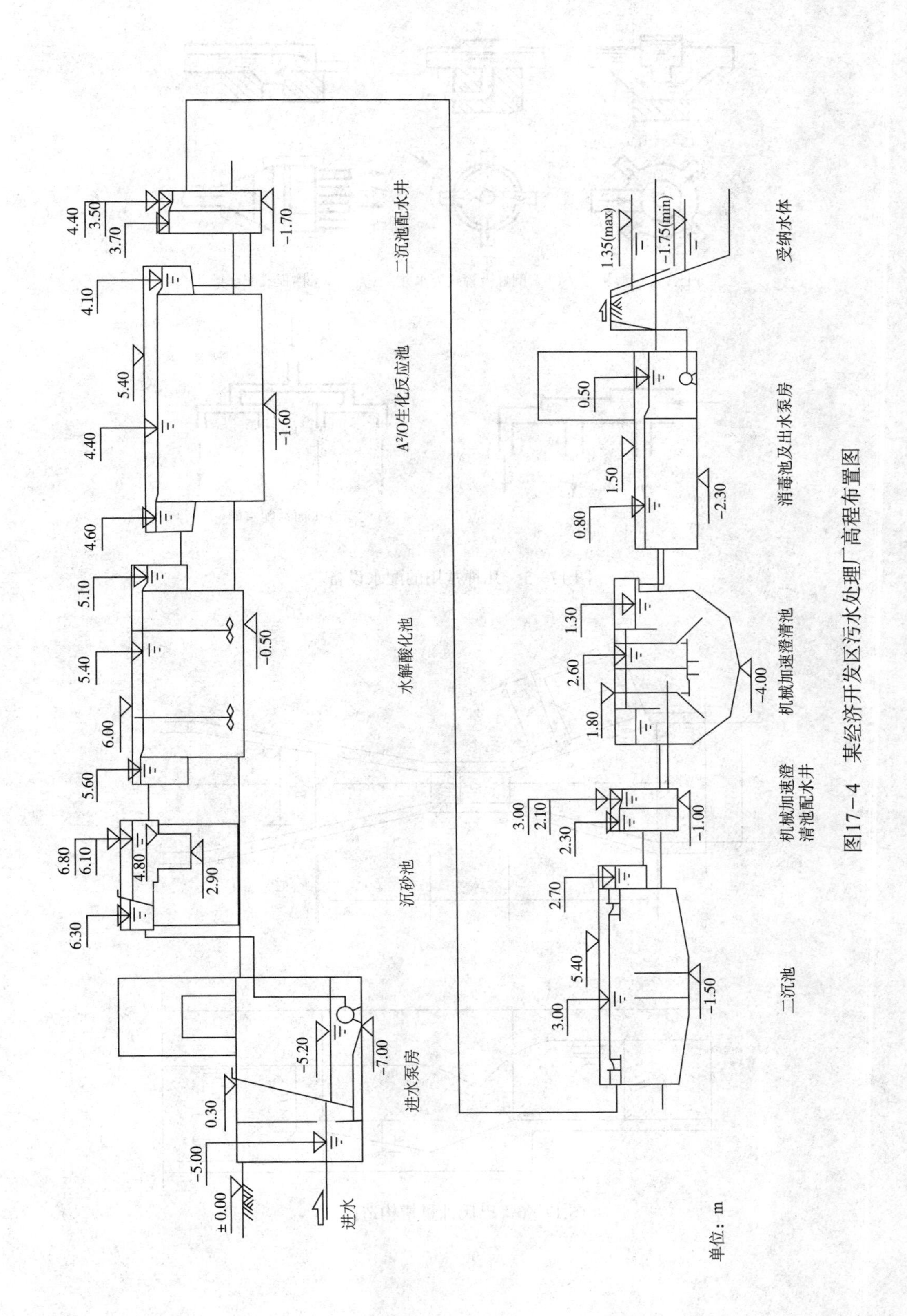

图17－4　某经济开发区污水处理厂高程布置图

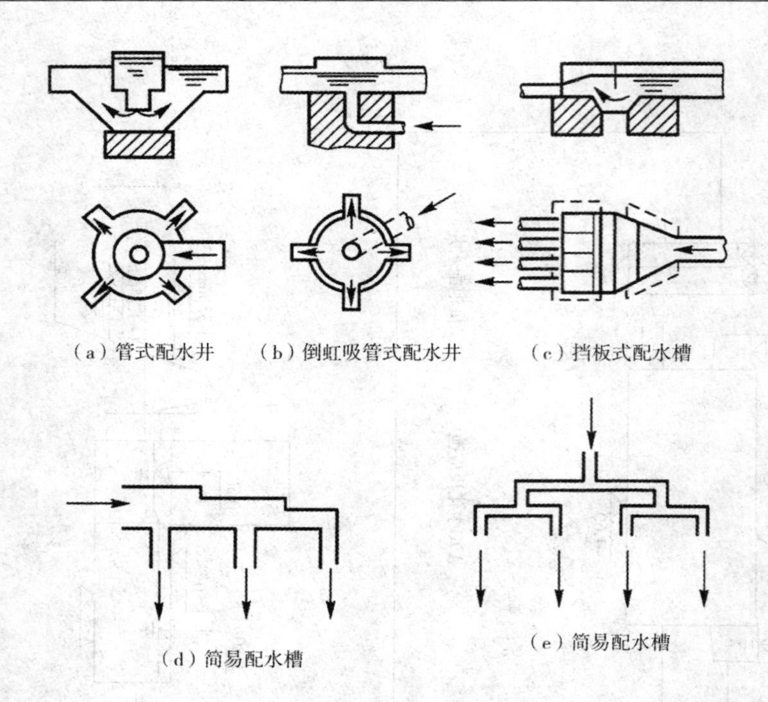

图 17－5　几种常用的配水设备

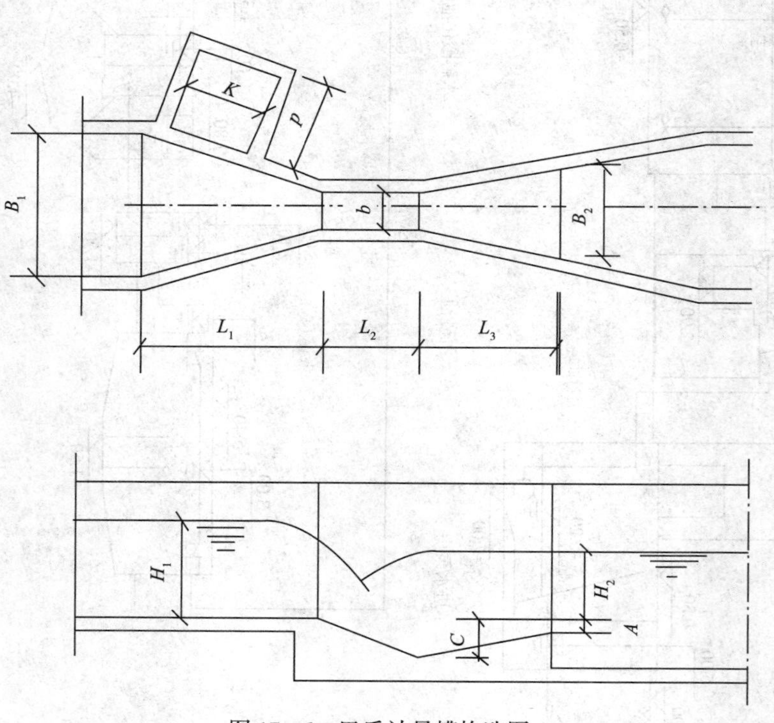

图 17－6　巴氏计量槽构造图

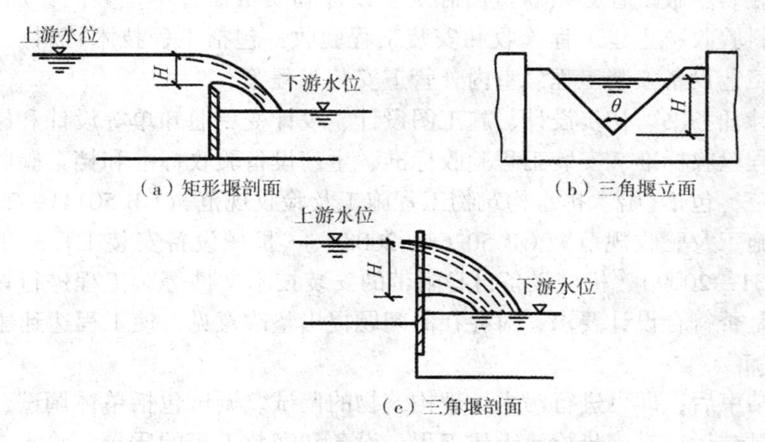

（a）矩形堰剖面　（b）三角堰立面

（c）三角堰剖面

图 17-7　矩形堰和三角堰计量设备

3)电磁流量计

根据法拉第电磁感应定律来测量流体的流量，由电磁流量变送器和电磁流量转换器组成。前者安装在需测量的管道上，当导电流体流过变送器时，切割磁力线而产生感应电势，并以电信号输至转换器进行放大、输出。由于感应电势的大小与流体的平均流速有关，在管径一定的条件下，可以测定管中的流量。电磁流量计可以和其他仪表配套，进行记录、指示、计算、调节控制等，为自动控制创造了条件。

4)超声波流量计

由传感器和主机组成，可显示瞬时、累计流量，其特点同电磁流量计相似。

5)玻璃转子流量计

由一个垂直安装底部锥形的玻璃管与浮子组成。浮子在管内的位置随流量变化而变化，可以从玻璃管外壁的刻度上直接读出液体的流量值。常用于小流量的液体如药剂的计量。

6)计量泵

计量泵可以定量输送各种液体，常用于药剂的计量。计量泵运行稳定，结构牢靠，但价格较高，不适宜输送含固体颗粒的液体。

各种液体计量对象宜使用的计量装置建议如下：

污水：可选用非淹没式薄壁堰、电磁流量计、超声波流量计、巴氏计量槽等。

污泥：污泥回流量可以选用电磁流量计等。

药剂：可以使用玻璃转子流量计、计量泵等。

第五节　污水处理厂运行控制与管理

一、工程验收和调试运行

1. 工程验收

污水处理厂工程竣工后，一般由建设单位组织施工、设计、质量监督和运行管理等单位联合进行验收。隐蔽工程必须通过由施工、设计和质量监督单位共同参加的中间验收。验收内容为资料验收、土建工程验收和安装工程验收，包括工程技术资料、处理构筑物、附属建筑物、工艺设备安装工程、室内外管道安装工程等。

验收以设计任务书、初步设计、施工图设计、设计变更通知单等设计和施工文件为依据，以建设工程验收标准、安装工程验收标准、生产设备验收标准和档案验收标准等国家现行标准和规范，包括《给水排水构筑物工程施工及验收规范》(GB 50141—2008)、《给水排水管道工程施工及验收规范》(GB 50268—2008)、《机械设备安装工程施工及验收通用规范》(GB 50231—2009)、机械设备自身附带的安装技术文件等对工程进行评价，检验工程的各个方面是否符合设计要求，对存在的问题提出整改意见，使工程达到建设标准。

2. 调试运行

验收工作结束后，即可进行污水处理构筑物的调试。调试包括单体调试、联动调试和达标调试。通过试运行进一步检验土建工程、设备和安装工程的质量，验收工程运行是否能够达到设计的处理效果，以保证正常运行过程能够达到污水治理项目的环境效益、社会效益和经济效益。

污水处理工程的试运行，包括复杂的生物化学反应过程的启动和调试，过程缓慢，耗时较长。通过试运行对机械、设备及仪表的设计合理性、运行操作注意事项等提出建议。试运行工作一般由建设单位、试运行承担单位来共同完成，设计单位和设备供货方参与配合，达到设计要求后，由建设主管单位、环保主管部门进行达标验收。

二、运行管理及水质监测

污水处理厂的设计即使非常合理，但运行管理不善，也不能使处理厂运行正常和充分发挥其净化功能。因此，重视污水处理厂的运行管理工作，提高操作人员的基本知识、操作技能和管理水平，做好观察、控制、记录与水质分析监测工作，建立异常情况处理预案制度，对运行中的不正常情况及时采取相应措施，是污水处理厂充分发挥出环境效益、社会效益和经济效益的保障。

水质监测可以反映原水水质、各处理单元的处理效果和最终出水水质等，运用这些资料可以及时了解运行情况，及时发现问题和解决问题，对于确保污水处理厂的正常运行起着重要作用。目前，国内水质监测的自动化程度还较低，很多指标仍然依赖于实验室的化学分析，不能动态跟踪，因此，往往不能及时发现和处理问题。大力推进监测仪器自动化，向多参数监测、遥测方向发展，同时，不断提高实验室分析的自动化、信息化，实现在线监控，对提高处理效果有十分重要的作用。

污水处理厂水质监测指标，因污水性质和处理方法不同有所差异。一般监测的主要指标为水温、pH、BOD、COD、DO、NH_3-N、TN、TP、SS、污泥浓度(MLSS)等。当有特殊工业废水进入时，应根据具体情况增加监测项目。例如，焦化厂的含酚废水需增加酚、氰、油、色度等指标；皮革工业废水需测定Cr^{3+}、S^{2-}、氯化物等项指标。

三、运行过程自动控制

随着社会发展和科技进步，污水处理厂运行过程对自动控制的要求越来越高，自动控制系统已逐步成为污水处理厂的重要组成部分，对稳定处理效果、降低运行成本、提高劳动生产率起着重要的作用。基本的自动控制系统是由检测仪表、控制器、执行机构和控制对象等组成。

1. 检测仪表

检测仪表是用来感受并测量被控参数，将其转变为标准信号输出的仪表。污水处理工程常用的检测仪表有处理过程中的温度、压力、流量、液位等检测仪表，各种水质(或特性)参数如pH、溶解氧(DO)、氮、磷等在线检测仪表。随着计算机的迅速发展，同计算机融为一体的智能化仪表快速发展，能对信息进行综合处理，对系统状态进行预测，全面反映测量的综合信息。

2. 自动控制器

控制器是自动控制系统的核心。在控制器内，将给定值与测量值进行比较，并按一定的控制规律，发出相应的输出信号去推动执行机构。随着计算机技术的不断发展，在自动化控制系统中越来越多地采用以微处理器为核心的计算机作为其自动控制器。由于可编程控制器具有可靠性高、控制功能强、编程方便等优点而越来越受到人们的重视。近年来，我国新建的污水处理厂工程中大多采用了可编程控制器作为自动控制器。

3. 自动控制执行装置

执行装置用来完成控制器的命令，是实现控制调节命令的装置。在污水处理自动控制系统中，主要的执行设备有各种泵，如离心泵、往复式计量泵；各种阀门，如调节阀、电磁阀等；以及鼓风机、加药设备等。通过对自动执行装置的控制，实现对工艺参数、动力设备等自动调节，从而使污水处理厂的运行经常处于优化的工况条件，节约动力费用，提高运行效率。另外，污水处理采用的自动控制系统的结构形式，从自控的角度可以划分为数据采集与控制管理系统、集中控制系统、集散控制系统等。数据采集与控制管理系统联网通信功能较强，侧重于监测和少量的控制，一般适用于被测点地域分布较广的场合。集中控制系统是将现场所有的信息采集后全部输送到中心计算机或PLC进行处理运算后，再由中心计算机系统或PLC发出指令，对系统实行控制操作，主要用于小型的水处理自控系统。

集散控制系统是目前污水处理自动控制系统中应用较多、具有较大发展和应用空间的控制系统。针对污水处理工艺自动化要求越来越高，需要检测的工艺参数不断增加，以及大型污水处理厂处理构筑物分散、管线复杂、控制设备多等特点，集散型控制系统能更有效对过程予以全面控制。集散控制系统一般由分散过程控制装置部分、操作管理装置部分和通信系统部分所组成。

参考文献

[1] 唐玉斌．水污染控制工程[M]．哈尔滨：哈尔滨工业大学出版社，2006.

[2] 高廷耀，顾国维，周琪．水污染控制工程．第四版[M]．下册．北京：高等教育出版社，2015.

[3] 潘涛，田刚．废水处理工程技术手册[M]．北京：化学工业出版社，2010.

[4] 唐受印，戴友芝．废水处理工程．第二版[M]．北京：化学工业出版社，2004.

[5] 赵杉林．石油石化废水处理技术及工程实例[M]．北京：中国石化出版社，2013.

[6] 张自杰．排水工程[M]．下册．4 版．北京：中国建筑工业出版社，2000.

[7] 彭党聪．水污染控制工程[M]．北京：冶金工业出版社，2010.

[8] 金兆丰，徐竟成．城市污水回用技术手册[M]．北京：化学工业出版社，2004.

[9] 孙体昌，娄金生．水污染控制工程[M]．北京：机械工业出版社，2009.

[10] 周岳溪，李杰．工业废水的管理、处理和处置．3 版[M]．北京：中国石化出版社，2012.

[11] 杨岳平，徐新华，刘传富．废水处理工程及实例分析(上篇)[M]．北京：化学工业出版社，2003.

[12] 缪应祺．水污染控制工程[M]．南京：东南大学出版社，2002.

[13] 祁鲁梁，李永存，李本高．水处理工艺与运行管理实用手册[M]．北京：中国石化出版社，2002.

[14] 宋志伟，李燕．水污染控制工程[M]．徐州：中国矿业大学出版社，2013.

[15] 田禹，王树涛．水污染控制工程[M]．北京：化学工业出版社，2011.

[16] 吴芳云，陈进富，赵朝成，孙金蓉．石油环境工程[M]．北京：石油工业出版社，2002.

[17] 成官文．水污染控制工程[M]．北京：化学工业出版社，2009.

[18] 李潜，缪应祺，张红梅．水污染控制工程[M]．北京：中国环境出版社，2013.

[19] 李亚峰，佟玉衡，陈立杰．实用废水处理技术．2 版[M]．北京：化学工业出版社，2009.

[20] 张学洪．工业废水处理工程实例[M]．北京：冶金工业出版社，2009.

[21] 钟琼．废水处理技术及设施运行[M]．北京：中国环境科学出版社，2008.

[22] 陈家庆．石油石化工业环保技术概论[M]．北京：中国石化出版社，2005.

[23] 邹家庆．工业废水处理技术[M]．北京：化学工业出版社，2003.

[24] 王良均，吴孟周．石油化工废水处理设计手册[M]．北京：中国石化出版社，1996.

[25] 汪大翚，徐新华，宋爽．工业废水中专项污染物处理手册[M]．北京：化学工业出版社，2000.

[26] 王国华，任鹤云．工业废水处理工程设计与实例[M]．北京：化学工业出版社，2005.

[27] 崔玉川．废水处理工艺设计计算[M]．北京：水力电力出版社，1994.

[28] 买文宁，邢传宏，徐洪斌．有机废水生物处理技术及工程设计[M]．北京：化学工业出版社，2008.

[29] 张振家．工厂废水处理站工艺原理与维护管理[M]．北京：化学工业出版社，2003.

[30] 曾科，卜秋平，陆少鸣．污水处理厂设计与运行[M]．北京：化学工业出版社，2008.